Ansys Fluent中文版流场分析从入门到精通

曾建邦　单丰武　编著

清華大學出版社
北　京

内 容 简 介

本书将全面介绍通过 Fluent 进行流场分析的各种功能和基本操作方法。全书共 13 章，第 1～2 章介绍流体力学基础知识和流体流动分析软件，第 3～6 章介绍 DesignModeler、Meshing、Fluent 的使用操作，第 7～13 章结合实例介绍 Fluent 中常用的计算模型及其在求解流体和传热等工程问题中的方法。

本书配套的电子资源包含书中所有实例的源文件和素材、教学视频，以方便读者学习使用。

本书可作为科研院所流体力学研究人员、流体力学相关专业硕、博士研究生或本科高年级学生的自学指导用书或参考用书。

本书封面贴有清华大学出版社防伪标签，无标签者不得销售。

版权所有，侵权必究。举报：010-62782989，beiqinquan@tup.tsinghua.edu.cn。

图书在版编目（CIP）数据

Ansys Fluent 中文版流场分析从入门到精通 / 曾建邦，单丰武编著. —北京：清华大学出版社，2024.1
（清华社“视频大讲堂”大系 CAD/CAM/CAE 技术视频大讲堂）
ISBN 978-7-302-65052-2

Ⅰ. ①A… Ⅱ. ①曾… ②单… Ⅲ. ①工程力学—流体力学—有限元分析—应用软件 Ⅳ. ①TB126-39

中国国家版本馆 CIP 数据核字（2024）第 004532 号

责任编辑：贾小红
封面设计：秦　丽
版式设计：文森时代
责任校对：马军令
责任印制：宋　林

出版发行：清华大学出版社
网　址：https://www.tup.com.cn，https://www.wqxuetang.com
地　址：北京清华大学学研大厦 A 座　　邮　编：100084
社 总 机：010-83470000　　邮　购：010-62786544
投稿与读者服务：010-83470000，c-service@tup.tsinghua.edu.cn
质量反馈：010-62772015，zhiliang@tup.tsinghua.edu.cn
印 装 者：三河市东方印刷有限公司
经　销：全国新华书店
开　本：203mm×260mm　　**印　张：**20.25　　**字　数：**595 千字
版　次：2024 年 1 月第 1 版　　**印　次：**2024 年 1 月第 1 次印刷
定　价：99.80 元

产品编号：100137-01

前　言

Preface

computational fluid dynamics（简称 CFD，计算流体动力学），用离散化的数值方法和计算机对流体无黏绕流和黏性流动进行数值模拟和分析。无黏绕流包括低速流、跨声速流、超声速流等；黏性流动包括湍流、边界层流动等。计算流体力学是计算力学的一个分支，是为弥补理论分析方法的不足，于 20 世纪 60 年代发展起来的，并相应地形成了各种数值解法，主要有限差分法和有限元法。流体力学运动偏微分方程有椭圆型、抛物型、双曲型和混合型等，所以计算流体力学很大程度上就是针对不同性质的偏微分方程采用和发展相应的数值解法。

实验研究、理论分析方法和数值模拟是研究流体运动规律的 3 种基本方法，它们的发展是相互依赖、相互促进的。计算流体力学的兴起促进了流体力学的发展，改变了流体力学研究工作的状况，很多原来认为很难解决的问题，如超声速、高超声速钝体绕流、分离流以及湍流问题等，现在对这些问题的分析研究都有了不同程度的发展，而且将为流体力学研究工作提供新的发展前景。

计算流体力学的兴起促进了实验研究和理论分析方法的发展，为简化流动模型的创建提供了更多的依据，使很多分析方法得到了发展和完善。然而，更重要的是计算流体力学采用它独有的、新的研究方法——数值模拟方法，研究流体运动的基本物理特性，其特点如下。

（1）给出流体运动区域内的离散解，而不是解析解，这区别于一般理论分析方法。

（2）它的发展与计算机技术的发展直接相关。这是因为模拟的流体运动的复杂程度、解决问题的广度，都与计算机运算速度、内存等直接相关。

（3）若物理问题的数学提法（包括数学方程及其相应的边界条件）是正确的，则可在较广泛的流动参数（如马赫数、雷诺数、模型尺度等）范围内研究流体力学问题，且能给出流场参数的定量结果。

以上这些是风洞实验和理论分析难以做到的，因此要创建正确的数学方程还必须与实验研究相结合。另外，严格的稳定性分析、误差估计和收敛性理论的发展还跟不上数值模拟的发展。所以在计算流体力学中，仍必须依靠一些较简单的、线性化的、与原问题有密切关系的模型方程的严格数学分析，给出所求解问题数值解的理论依据。依靠数值实验、地面实验和物理特性分析，验证计算方法的可靠性，从而进一步改进计算方法。

Fluent 是目前国际上比较流行的商用 CFD 软件包，在美国的市场占有率为 60%。与流体、热传递和化学反应等有关的行业均可使用它。它具有丰富的物理模型、先进的数值计算方法和强大的前后处理功能，在航空航天、汽车设计、石油、天然气、涡轮机设计等方面都有着广泛的应用。例如，在石油、天然气工业上的应用就包括燃烧、井下分析、喷射控制、环境分析、油气消散与聚积、多相流、管道流动等。另外，通过 Fluent 提供的用户自定义函数可以改进和完善模型，从而处理更加个性化的问题。

一、编写目的

鉴于 Fluent 的强大功能，我们力图编写一本着重介绍 Fluent 实际工程应用的书籍。不求事无巨细地将 Fluent 知识点全面讲解清楚，而是根据工程需要，将 Fluent 大体知识脉络作为线索，以实例作为“抓手”，帮助读者掌握利用 Fluent 进行工程分析的基本技能和技巧。

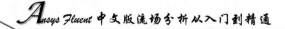

二、本书内容及特点

本书全面介绍了通过 Fluent 中文版进行流场分析的各种功能和基本操作方法。全书共 13 章，第 1～2 章介绍流体力学基础和流体流动分析软件，第 3～6 章介绍 DesignModeler、Meshing、Fluent 软件的使用操作，第 7～13 章结合实例介绍 Fluent 中常用的计算模型及其在求解流体和传热等工程问题中的方法。

三、本书的配套资源

文泉云盘

本书提供了极为丰富的学习配套资源，可以帮助读者在最短的时间内学会并掌握书中介绍的技术。读者可扫描封底的“文泉云盘”二维码，以获取下载方式。

1．15 集同步教学视频

针对本书实例，专门制作了 15 集配套教学视频，读者可像看电影一样轻松愉悦地学习本书内容，然后对照课本加以实践和练习，可以大大提高学习效率。

2．15 个综合实战案例精讲视频，长达 200 分钟

为了帮助读者拓展视野，电子资源中额外赠送了 15 个有限元分析综合实战案例（涵盖 Ansys、Patran 和 Nastran）及其配套的源文件和精讲课堂视频，学习时长达 200 分钟。

3．全书实例的源文件和素材

本书附带了很多实例，光盘中包含实例和练习实例的源文件和素材，读者可以安装 Fluent 2022 软件，打开并使用。

四、关于本书的服务

1．Fluent 安装软件的获取

按照本书的实例进行操作练习，需要事先在计算机上安装 Fluent 软件。读者可以登录 Ansys 官方网站购买 Fluent 安装软件，或者使用其试用版。

2．关于本书的技术问题或有关本书信息的发布

读者如果遇到有关本书的技术问题，可以扫描封底“文泉云盘”二维码查看是否已发布相关勘误/解疑文档。如果没有，可在页面下方找到加群方式联系我们，我们会尽快回复。

3．关于手机在线学习

读者可扫描书后的刮刮卡（需刮开涂层）二维码，以获取书中二维码的读取权限，再扫描书中二维码，可在手机中观看对应的教学视频，以充分利用碎片化时间，取得较好的学习效果。需要强调的是，书中给出的是实例的重点步骤，详细操作过程还需读者通过视频来学习并领会。

五、关于作者

本书由华东交通大学的曾建邦和同济大学的单丰武两位老师编写，其中曾建邦执笔编写了第 1～8 章，单丰武执笔编写了第 9～13 章。本书在编写过程中虽力求尽善尽美，但由于作者能力有限，书中难免存在不妥之处，请广大读者提出建议或意见。

六、致谢

在本书的写作过程中，编辑贾小红和艾子琪女士给予了很多的帮助和支持，提出了很多中肯的建议，在此表示感谢。同时，还要感谢清华大学出版社的所有编辑人员为本书的出版所付出的辛勤劳动。本书的成功出版是大家共同努力的结果，谢谢所有给予支持和帮助的人们。

编　者

目 录

Contents

Note

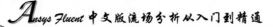

Note

Note

第1章 流体力学基础

流体力学是力学的一个重要分支，也是理论性很强的一门学科，涉及很多复杂的理论和公式。本章重点介绍流体力学和流体运动的基本概念，以及流体流动和传热的基本控制方程、边界层的基本理论。通过本章的学习，读者可以掌握流体流动和传热的基本控制方程，为学习后面的软件操作打下理论基础。

1.1 流体力学基本概念

Note

本节简要介绍了流体的连续介质模型、基本性质，并对作用在流体上的力以及流体运动的方法进行了研究。

1.1.1 连续介质的模型

气体与液体都属于流体。从微观角度讲，无论是气体还是液体，分子间都存在间隙，同时，由于分子的随机运动，不但导致流体的质量在空间上的分布是不连续的，而且任意空间点上流体物理量相对时间也是不连续的。从宏观的角度讲，流体的结构和运动又表现出明显的连续性与确定性，流体力学研究的是流体的宏观运动。在流体力学中，用宏观流体模型来代替微观有空隙的分子结构。1753年，欧拉首先采用连续介质作为宏观流体模型，将流体看作由无限多流体质点组成的稠密而无间隙的连续介质，这个模型被称为连续介质模型。

流体的密度定义为

$$\rho=\frac{m}{V} \tag{1-1}$$

式中，ρ 为流体密度；m 为流体质量；V 为质量 m 的流体所占的体积。对于非均质流体，流体中任一点的密度定义为

$$\rho=\lim_{\Delta v\to\Delta v_0}\frac{\Delta m}{\Delta v} \tag{1-2}$$

式中，Δv_0 是设想的一个最小体积，在 Δv_0 内包含足够多的分子，使密度的统计平均值（$\frac{\Delta m}{\Delta v}$）有确切的意义。$\Delta v_0$ 就是流体质点的体积，所以连续介质中某一点的流体密度实质上是流体质点的密度。同样，连续介质中某一点的流体速度，是指在某瞬时质心在该点的流体质点的质心的速度。不仅如此，对空间任意点上的流体物理量都是指位于该点上的流体质点的物理量。

1.1.2 流体的基本性质

1. 流体压缩性

流体体积随作用在其上的压强的增加而减小的特性称为流体的压缩性，通常用压缩系数 β 来度量，它的具体定义为：在一定温度下，增加单位压强时流体体积的相对缩小量，即

$$\beta=\frac{1}{\rho}\frac{\mathrm{d}\rho}{\mathrm{d}p} \tag{1-3}$$

纯液体的压缩性很差，通常情况下可以认为液体的体积和密度是不变的。对于气体，其密度随压强的变化和热力过程有关的。

2. 流体的膨胀性

流体体积随温度的升高而增大的特性称为流体的膨胀性，通常用膨胀系数 α 来度量，它定义为：在压强不变的情况下，温度上升 1 摄氏度时流体体积的相对增加量，即

$$\alpha=-\frac{1}{\rho}\frac{\mathrm{d}\rho}{\mathrm{d}T} \tag{1-4}$$

一般来说，液体的膨胀系数都很小。通常情况下，在工程中不考虑它们的膨胀性。

3. 流体的黏性

在做相对运动的两流体层的接触面上存在一对等值且反向的力，阻碍两相邻流体层的相对运动，流体的这种性质叫作流体的黏性，由黏性产生的作用力叫作黏性阻力或内摩擦力。黏性阻力产生的物理原因是存在分子不规则运动的动量交换和分子间吸引力。根据牛顿内摩擦定律，两层流体间的切应力表达式为

$$\tau = \mu \frac{\mathrm{d}V}{\mathrm{d}y} \tag{1-5}$$

式中，τ 为切应力；μ 为动力黏性系数，与流体种类和温度有关；$\frac{\mathrm{d}V}{\mathrm{d}y}$ 为垂直于两层流体接触面上的速度梯度。因此，把符合牛顿内摩擦定律的流体称为牛顿流体。

黏性系数受温度的影响很大。当温度升高时，液体的黏性系数减小，黏性下降，而气体的黏性系数增大，黏性增加。在压强不是很高的情况下，黏性系数受压强的影响很小，只有当压强很高（例如，几十兆帕）时，需要考虑压强对黏性系数的影响。

4. 流体的导热性

当流体内部或流体与其他介质之间存在温度差时，温度高的地方与温度低的地方之间会发生热量交换。热量传递有热传导、热对流、热辐射 3 种形式。当流体在管内高速流动时，在紧贴壁面的位置会形成层流底层，液体在该处相对壁面的流速很低，几乎为零，所以与壁面进行的主要是热传导，而层流以外的区域的热量传递形式主要是热对流。

单位时间内通过单位面积由热传导所传递的热量可按傅立叶导热定律确定，表达式为

$$q = -\lambda \frac{\partial T}{\partial n} \tag{1-6}$$

式中，n 是面积的法线方向；$\frac{\partial T}{\partial n}$ 是沿 n 方向的温度梯度；λ 是导热系数，负号表示热量传递方向与温度梯度方向相反。

通常情况下，流体与固体壁面间的对流换热量可表达为

$$q = h \cdot (T_1 - T_2) \tag{1-7}$$

式中，h 为对流换热系数，与流体的物性、流动状态等因素有关，主要是由试验数据得出的经验公式来确定的。

1.1.3　作用在流体上的力

作用在流体上的力可分为质量力与表面力两类。所谓质量力（或称体积力）是指作用在体积 V 内每一液体质量（或体积）上的非接触力，其大小与流体质量成正比。重力、惯性力、电磁力都属于质量力。所谓表面力是指作用在所取流体表面 S 上的力，它是由与这块流体相接触的流体或物体的直接作用而产生的。

在流体表面围绕 M 点选取一微元面积，作用在其上的表面力用 ΔF_S 表示，将 ΔF_S 分解为垂直于微元表面的法向力 ΔF_n 和平行于微元表面的切向力 ΔF_t。在静止流体或运动的理想流体中，表面力只有垂直于表面上的法向力 ΔF_n，这时，作用在 M 点周围单位面积上的法向力就为 M 点上的流体静压强，即

Note

$$P = \lim_{\Delta S \to \Delta S_0} \frac{\Delta \vec{F}_n}{\Delta S} \tag{1-8}$$

式中，ΔS_0是和流体质点的体积具有相比拟尺度的微小面积。静压强又常称为静压。

流体静压强具有如下两个重要特性。

（1）流体静压强的方向总是和作用面相垂直，并且指向作用面。

（2）在静止流体或运动理想流体中，某一点静压强的大小各向相等，与所取作用面的方向无关。

1.1.4 研究流体运动方法

在研究流体运动时有两种不同的方法：一种是从分析流体各个质点的运动入手，来研究整个流体的运动；另一种是从分析流体所占据的空间中各固定点处的流体运动入手，来研究整个流体的运动。

在任意空间点上，流体质点的全部流动参数，例如，速度、压强、密度等都不随时间而改变，这种流动称为定常流动；若流体质点的全部或部分流动参数随时间的变化而改变，则称为非定常流动。

人们常用迹线或流线的概念来描述流场：任何一个流体质点在流场中的运动轨迹称为迹线，迹线是某一流体质点在一段时间内所经过的路径，是同一流体质点在不同时刻所在位置的连线；流线是某一瞬时各流体质点的运动方向线，在该曲线上各点的速度矢量相切于这条曲线。在定常流中，流动与时间无关，流线不随时间改变，流体质点沿着流线运动，流线与迹线重合。对于非定常流，迹线与流线是不同的。

下面给出一维定常流的 3 个基本方程：连续（质量）方程、动量方程、能量方程。

（1）连续（质量）方程。连续方程是把质量守恒定律应用于流体，所得的数学表达式。一维定常流连续方程的微分形式为

$$\frac{\mathrm{d}\rho}{\rho} + \frac{\mathrm{d}A}{A} + \frac{\mathrm{d}V}{V} = 0 \tag{1-9}$$

连续方程是质量守恒的数学表达式，与流体的性质、是否有黏性作用、是否有其他外力作用、是否有外加热无关。

（2）动量方程。动量方程是把牛顿第二运动定律应用于运动流体所得到的数学表达式。此定律可表述为：在某一瞬时，体系的动量对时间的变化率等于该瞬时作用在该体系上的全部外力的合力，而且动量的时间变化率的方向与合力的方向相同。

设环境对瞬时占据控制体内的流体的全部作用力为$\sum \vec{F}$，则根据牛顿第二运动定律得到

$$\sum \vec{F} = \dot{m}\left(\vec{V}_2 - \vec{V}_1\right) \tag{1-10}$$

上式就是牛顿第二运动定律适用于控制体时的表达式。它说明在定常流中，作用在控制体上的全部外力的合力$\sum \vec{F}$，应等于控制面 2 流体动量的流出率与控制面 1 流体动量的流入率的差值。当我们需要研究流体在流动过程中的详细变化情况时，就需要知道微分形式的动量方程，即

$$\rho g \mathrm{d}z + \mathrm{d}p + \rho V \mathrm{d}V = 0 \tag{1-11}$$

上式是无黏流体一维定常流动的运动微分方程，它表明沿任一流线，流体质点的压强、密度、速度和位移之间的微分关系。

（3）能量方程。能量方程是热力学第一定律应用于流动流体，所得到的数学表达式。不可压无黏流体的能量方程表达式为

$$g\mathrm{d}z + \mathrm{d}\left(\frac{p}{\rho}\right) + \mathrm{d}\left(\frac{V^2}{2}\right) = 0 \tag{1-12}$$

Note

1.2 流体运动的基本概念

下面简要介绍一下流体运动的几个基本概念，这些概念都是有关流体运动的最基本的术语，读者有必要了解一下。

1.2.1 层流流动与紊流流动

当流体在圆管中流动时，如果管中流体是一层一层流动的，各层间互不干扰、互不相混，这样的流动状态称为层流流动。当流速逐渐增大时，流体质点除了沿管轴向运动，还有垂直于管轴方向的横向流动，即层流流动已被打破，完全处于无规则的乱流状态，这种流动状态称为紊流或湍流。我们把流动状态发生变化（从层流到紊流）时的流速称为临界速度。

大量实验数据与相似理论证实，流动状态不仅取决于临界速度，而是由综合反映管道尺寸、流体物理属性、流动速度的组合量——雷诺数来决定的。雷诺数 Re 定义为

$$Re=\frac{\rho Vd}{\mu} \tag{1-13}$$

式中，d 为管道直径；V 为平均流速；μ 为动力黏性系数。

由层流开始转变到紊流时所对应的雷诺数称为上临界雷诺数，用 Re_{cr}' 表示；由紊流转变为层流所对应的雷诺数称为下临界雷诺数，用 Re_{cr} 表示。通过比较实际流动的雷诺数 Re 与临界雷诺数，就可确定黏性流体的流动状态。

（1）当 $Re<Re_{cr}$ 时，流动为层流状态。

（2）当 $Re>Re_{cr}'$ 时，流动为紊流状态。

（3）当 $Re_{cr}<Re<Re_{cr}'$ 时，可能为层流，也可能为紊流。

在工程应用中，取 Re_{cr}=2000。当 $Re<2000$ 时，流动为层流流动；当 $Re>2000$ 时，可认为流动为紊流流动。

实际上，雷诺数反映了惯性力与黏性力之比；雷诺数越小，表明流体黏性力作用较大，能够削弱引起紊流流动的扰动，保持层流状态；雷诺数越大，表明惯性力对流体的作用更明显，易使流体质点发生紊流流动。

1.2.2 有旋流动与无旋流动

有旋流动是指流场中的流体微团的旋转角速度不等于零的流动，无旋流动是指流场中各处的旋度都为零的流动。流体质点的旋度是一个矢量，用 $\boldsymbol{\omega}$ 表示，其表达式为

$$\boldsymbol{\omega}=\frac{1}{2}\begin{vmatrix} i & j & k \\ \dfrac{\partial}{\partial x} & \dfrac{\partial}{\partial y} & \dfrac{\partial}{\partial z} \\ u & v & w \end{vmatrix} \tag{1-14}$$

若 $\boldsymbol{\omega}$=0，则称流动为无旋流动，否则为有旋流动。

流体运动是有旋还是无旋，取决于流体微团是否有旋转运动，与流体微团的运动轨迹无关。流体流动中，如果考虑黏性，由于存在摩擦力，这时的流动为有旋流动。如果黏性可以忽略，而来流本身

又是无旋流，如均匀流，这时的流动为无旋流动。例如，均匀气流流过平板，在紧靠壁面的附面层内，需要考虑黏性影响。因此，附面层内为有旋流动，而附面层外的流动，黏性可以忽略，因此可视为无旋流动。

Note

1.2.3 声速与马赫数

声速是指微弱扰动波在流体介质中的传播速度，它是流体可压缩性的标志，对于确定可压缩流的特性和规律起着重要作用。声速表达式的微分形式为

$$c=\sqrt{\frac{\mathrm{d}p}{\mathrm{d}\rho}} \tag{1-15}$$

当声音在气体中传播时，由于在微弱扰动的传播过程中，气流的压强、密度和温度的变化都是无限小量，若忽略黏性作用，整个过程接近可逆过程，同时该过程进行得很迅速，又接近一个绝热过程，所以微弱扰动的传播可以认为是一个等熵的过程。对于完全气体，声速又可表示为

$$c=\sqrt{kRT} \tag{1-16}$$

式中，k 为比热比；R 为气体常数。

上述公式只能用来计算微弱扰动的传播速度；对于强扰动，如激波、爆炸波等，其传播速度比声速大，并随波的强度增大而加快。

流场中某点处气体流速 V 与声速 c 之比称为该点处气流的马赫数，用 Ma 表示，即

$$Ma=\frac{V}{c} \tag{1-17}$$

马赫数表示气体宏观运动的动能与气体内部分子无规则运动的动能（即内能）之比。当 $Ma\leqslant 0.3$ 时，密度的变化可以忽略；当 $Ma>0.3$ 时，就必须考虑气流压缩性的影响。因此，马赫数是研究高速流动的重要参数，是划分高速流动类型的标准。当 $Ma>1$ 时，为超声速流动；当 $Ma<1$ 时，为亚声速流动；当 $Ma\approx 1$ 时，为跨声速流动；当 $1<Ma<3$ 时，为超声速流动；当 $Ma>3$ 时，为超高声速流动。超声速流动与亚声速流动的规律有本质的区别，跨声速流动兼有超声速与亚声速流动的某些特点，是更复杂的流动。

1.2.4 膨胀波与激波

膨胀波与激波是超声速气流特有的重要现象，超声速气流在加速时产生膨胀波，减速时一般会出现激波。

当超声速气流流经由微小外折角所引起的马赫波时，气流加速，压强和密度下降，这种马赫波就是膨胀波。超声速气流沿外凸壁流动的基本微分方程为

$$\frac{\mathrm{d}V}{V}=-\frac{\mathrm{d}\theta}{\sqrt{Ma^2-1}} \tag{1-18}$$

当超声速气流绕物体流动时，在流场中往往出现强压缩波，即激波。气流经过激波后，压强、温度和密度均突然升高，速度则突然下降。超声速气流被压缩时一般都会产生激波，所以激波是超声速气流中的重要现象之一。按照激波的形状，可将激波分为以下几类。

（1）正激波：气流方向与波面垂直。

（2）斜激波：气流方向与波面不垂直。例如，当超声速气流流过楔形物体时，在物体前缘往往产生斜激波。

（3）曲线激波：波形为曲线形。

设激波前的气流速度、压强、温度、密度和马赫数分别为 v_1、p_1、T_1、ρ_1、Ma_1，经过激波后突然增加到 v_2、p_2、T_2、ρ_2、Ma_2，则激波前后气流应满足以下方程。

连续性方程：

$$\rho_1 v_1 = \rho_2 v_2 \tag{1-19}$$

动量方程：

$$p_2 - p_1 = \rho_1 v_1^2 - \rho_2 v_2^2 \tag{1-20}$$

能量方程：

$$\frac{v_1^2}{2} + \frac{k}{k-1}\frac{p_1}{\rho_1} = \frac{v_2^2}{2} + \frac{k}{k-1}\frac{p_2}{\rho_2} \tag{1-21}$$

状态方程：

$$\frac{p_1}{\rho_1 T_1} = \frac{p_2}{\rho_2 T_2} \tag{1-22}$$

据此，可得出激波前后参数的关系为

$$\frac{p_2}{p_1} = \frac{2k}{k+1}Ma_1^2 - \frac{k-1}{k+1} \tag{1-23}$$

$$\frac{v_2}{v_1} = \frac{k-1}{k+1} + \frac{2}{(k+1)Ma_1^2} \tag{1-24}$$

$$\frac{\rho_2}{\rho_1} = \frac{\dfrac{k+1}{k-1}Ma_1^2}{\dfrac{2}{k-1} + Ma_1^2} \tag{1-25}$$

$$\frac{T_2}{T_1} = \left(\frac{2kMa_1^2 - k + 1}{k+1}\right)\left(\frac{2 + (k-1)Ma_1^2}{(k+1)Ma_1^2}\right) \tag{1-26}$$

$$\frac{Ma_2^2}{Ma_1^2} = \frac{Ma_1^{-2} + \dfrac{k-1}{2}}{kMa_1^2 - \dfrac{k-1}{2}} \tag{1-27}$$

1.3　附面层理论

附面层是流体力学中经常涉及的一个概念，下面进行简要介绍。

1.3.1　附面层概念及附面层厚度

当黏性较小的流体绕物体流动时，黏性的影响仅限于贴近物面的薄层中。在薄层之外，黏性的影响可以忽略。普朗特把物面上受到黏性影响的这一薄层称为附面层（或边界层）。他在大雷诺数下，附面层非常薄的前提下，对黏性流体运动方程做了简化，得到了被人们称为普朗特方程的附面层微分方程。

附面层厚度 δ 的定义：如果以 V_0 表示外部无黏流速度，则通常把各个截面上速度达到 $V_x = 0.99V_0$ 或 $V_x = 0.995V_0$ 值的所有点的连线定义为附面层外边界，而将从外边界到物面的垂直距离定义为附面层厚度。

Note

1.3.2 附面层微分方程

根据附面层概念对黏性流动的基本方程的每一项进行数量级的估计，忽略数量级较小的量，这样在保证一定精度的情况下，使方程得到简化，得出适用于附面层的基本方程。

1. 层流附面层方程

$$\begin{gathered}\frac{\partial V_x}{\partial x}+\frac{\partial V_y}{\partial y}=0\\ V_x\frac{\partial V_x}{\partial x}+V_y\frac{\partial V_y}{\partial y}=-\frac{1}{\rho}\frac{\partial p}{\partial x}+\nu\frac{\partial^2 V}{\partial y^2}\\ \frac{\partial p}{\partial y}=0\end{gathered}\tag{1-28}$$

上面是平壁面二维附面层方程，适用于平板及楔形物体。式（1-28）求解的边界条件如下。

（1）在物面上 $y=0$ 处，满足无滑移条件，$V_x=0$，$V_y=0$。

（2）在附面层外边界 $y=\delta$ 处，$V_x=V_0(x)$。$V_0(x)$ 是附面层外部边界上无黏流的速度，它由无黏流场在求解中获得，在计算附面层流动时，为已知的参数。

2. 紊流附面层方程

$$\begin{gathered}\frac{\partial \bar{V}_x}{\partial x}+\frac{\partial \bar{V}_y}{\partial y}=0\\ \bar{V}_x\frac{\partial \bar{V}_x}{\partial x}+V_y\frac{\partial \bar{V}_y}{\partial y}=-\frac{1}{\rho}\frac{\mathrm{d}Pe}{\mathrm{d}x}+\upsilon\frac{\partial^2 \bar{V}_x}{\partial y^2}-\frac{\partial}{\partial y}\left(\overline{V_x'V_y'}\right)\end{gathered}\tag{1-29}$$

对于附面层方程，在 *Re* 数很高时，才有足够的精度，在 *Re* 数不比 1 大许多的情况下，附面层方程是不适用的。

1.4 流体运动及换热的多维方程组

本节将给出求解流体运动与换热的多维方程组。

1.4.1 物质导数

把流场中的物理量看作空间和时间的函数

$$T=T(x,y,z,t)，\quad p=p(x,y,z,t)，\quad v=v(x,y,z,t)。$$

研究各物理量对时间的变化率，例如速度分量 u 对时间的变化率，则有

$$\frac{\mathrm{d}u}{\mathrm{d}t}=\frac{\partial u}{\partial t}+\frac{\partial u}{\partial x}\frac{\mathrm{d}x}{\mathrm{d}t}+\frac{\partial u}{\partial y}\frac{\mathrm{d}y}{\mathrm{d}t}+\frac{\partial u}{\partial z}\frac{\mathrm{d}z}{\mathrm{d}t}=\frac{\partial u}{\partial t}+u\frac{\partial u}{\partial x}+v\frac{\partial u}{\partial y}+w\frac{\partial u}{\partial z}\tag{1-30}$$

上式中的 u、v、w 分别为速度沿 x、y、z 3 个方向的速度矢量。

将上式中的 u 用 N 替换，代表任意物理量，得到任意物理量 N 对时间 t 的变化率，则有

$$\frac{\mathrm{d}N}{\mathrm{d}t}=\frac{\partial N}{\partial t}+u\frac{\partial N}{\partial x}+v\frac{\partial N}{\partial y}+w\frac{\partial N}{\partial z}\tag{1-31}$$

这就是任意物理量 N 的物质导数，也称为质点倒数。

1.4.2　不同形式的 N-S 方程

下面给出不同形式的 N-S 方程。

由流体的黏性本构方程得到直角坐标系下的 N-S（Navier-Stokes）方程为

$$
\begin{aligned}
\rho\frac{Du}{Dt} &= \rho F_x - \frac{\partial p}{\partial x} + \frac{\partial}{\partial x}\left(\mu\frac{\partial u}{\partial x}\right) + \frac{\partial}{\partial y}\left(\mu\frac{\partial u}{\partial y}\right) + \frac{\partial}{\partial z}\left(\mu\frac{\partial u}{\partial z}\right) + \frac{\partial}{\partial x}\left[\left(\frac{\mu}{3}\left(\frac{\partial u}{\partial x}+\frac{\partial v}{\partial y}+\frac{\partial w}{\partial z}\right)\right)\right] \\
\rho\frac{Dv}{Dt} &= \rho F_y - \frac{\partial p}{\partial y} + \frac{\partial}{\partial x}\left(\mu\frac{\partial v}{\partial x}\right) + \frac{\partial}{\partial y}\left(\mu\frac{\partial v}{\partial y}\right) + \frac{\partial}{\partial z}\left(\mu\frac{\partial v}{\partial z}\right) + \frac{\partial}{\partial y}\left[\left(\frac{\mu}{3}\left(\frac{\partial u}{\partial x}+\frac{\partial v}{\partial y}+\frac{\partial w}{\partial z}\right)\right)\right] \\
\rho\frac{Dw}{Dt} &= \rho F_z - \frac{\partial p}{\partial z} + \frac{\partial}{\partial x}\left(\mu\frac{\partial w}{\partial x}\right) + \frac{\partial}{\partial y}\left(\mu\frac{\partial w}{\partial y}\right) + \frac{\partial}{\partial z}\left(\mu\frac{\partial w}{\partial z}\right) + \frac{\partial}{\partial z}\left[\left(\frac{\mu}{3}\left(\frac{\partial u}{\partial x}+\frac{\partial v}{\partial y}+\frac{\partial w}{\partial z}\right)\right)\right]
\end{aligned}
\tag{1-32}
$$

如果忽略黏性的变化，认为黏性系数为常数，则式（1-32）可简化为矢量形式的 N-S 方程：

$$\rho\frac{Dv}{Dt} = \rho F - \nabla p + \mu\nabla^2 v + \frac{1}{3}\mu\nabla(\nabla\cdot v) \tag{1-33}$$

对于不可压流，$\nabla\cdot v = 0$，则由式（1-33）得，不可压流常黏性系数的 N-S 方程：

$$\rho\frac{Dv}{Dt} = \rho F - \nabla p + \mu\nabla^2 v \tag{1-34}$$

在处理实际问题时，为提高边界附近数值计算的精度，使用贴体的任意曲线坐标系对方程进行求解。根据直角坐标系中建立的流体力学诸方程，可利用雅可比（Jacobian）理论导出任意曲线坐标系下的流体力学诸方程。忽略质量力后，在直角坐标系中流体力学诸方程的统一形式可写为

$$\frac{\partial F}{\partial x} + \frac{\partial G}{\partial y} + \frac{\partial H}{\partial z} = \frac{\partial R}{\partial x} + \frac{\partial S}{\partial y} + \frac{\partial T}{\partial z} + K \tag{1-35}$$

式中，F、G、H 为力学体系；R、S、T 为黏性项；K 为压力项。各项的表达式为

$$F = \begin{bmatrix}\rho u \\ \rho u^2 \\ \rho uv \\ \rho uw\end{bmatrix} \qquad G = \begin{bmatrix}\rho v \\ \rho uv \\ \rho v^2 \\ \rho vw\end{bmatrix} \qquad H = \begin{bmatrix}\rho w \\ \rho uw \\ \rho vw \\ \rho w^2\end{bmatrix}$$

$$R = \begin{bmatrix}0 \\ \tau_{xx} \\ \tau_{xy} \\ \tau_{xz}\end{bmatrix} \qquad S = \begin{bmatrix}0 \\ \tau_{yx} \\ \tau_{yy} \\ \tau_{yz}\end{bmatrix} \qquad T = \begin{bmatrix}0 \\ \tau_{zx} \\ \tau_{zy} \\ \tau_{zz}\end{bmatrix} \qquad K = \begin{bmatrix}0 \\ -\dfrac{\partial p}{\partial x} \\ -\dfrac{\partial p}{\partial y} \\ -\dfrac{\partial p}{\partial z}\end{bmatrix}$$

利用守恒方程坐标不变性方程式，将式（1-35）变换为(ξ,η,ζ)坐标系下相应的 N-S 方程组：

$$\frac{\partial \hat{F}}{\partial \xi} + \frac{\partial \hat{G}}{\partial \eta} + \frac{\partial \hat{H}}{\partial \zeta} = \frac{\partial \hat{R}}{\partial \xi} + \frac{\partial \hat{S}}{\partial \eta} + \frac{\partial \hat{T}}{\partial \zeta} + K \tag{1-36}$$

式中

$$\hat{F}=\frac{1}{J}\begin{bmatrix}\rho U\\ \rho UU\\ \rho UV\\ \rho UW\end{bmatrix}\qquad \hat{G}=\frac{1}{J}\begin{bmatrix}\rho V\\ \rho UV\\ \rho VV\\ \rho VW\end{bmatrix}\qquad \hat{H}=\frac{1}{J}\begin{bmatrix}\rho W\\ \rho UW\\ \rho VW\\ \rho WW\end{bmatrix}$$

$$\hat{R}=\frac{1}{J}\begin{bmatrix}0\\ \xi_x\tau_x^{\xi}+\xi_y\tau_y^{\xi}+\xi_z\tau_z^{\xi}\\ \eta_x\tau_x^{\xi}+\eta_y\tau_y^{\xi}+\eta_z\tau_z^{\xi}\\ \zeta_x\tau_x^{\xi}+\zeta_y\tau_y^{\xi}+\zeta_z\tau_z^{\xi}\end{bmatrix}\qquad \hat{S}=\frac{1}{J}\begin{bmatrix}0\\ \xi_x\tau_x^{\eta}+\xi_y\tau_y^{\eta}+\xi_z\tau_z^{\eta}\\ \eta_x\tau_x^{\eta}+\eta_y\tau_y^{\eta}+\eta_z\tau_z^{\eta}\\ \zeta_x\tau_x^{\eta}+\zeta_y\tau_y^{\eta}+\zeta_z\tau_z^{\eta}\end{bmatrix}$$

$$\hat{T}=\frac{1}{J}\begin{bmatrix}0\\ \xi_x\tau_x^{\zeta}+\xi_y\tau_y^{\zeta}+\xi_z\tau_z^{\zeta}\\ \eta_x\tau_x^{\zeta}+\eta_y\tau_y^{\zeta}+\eta_z\tau_z^{\zeta}\\ \zeta_x\tau_x^{\zeta}+\zeta_y\tau_y^{\zeta}+\zeta_z\tau_z^{\zeta}\end{bmatrix}\qquad \hat{K}=\frac{1}{J}\begin{bmatrix}0\\ \rho G_{\xi\xi}-g^{\xi\xi}p_{\xi}-g^{\xi\eta}p_{\eta}-g^{\xi\zeta}p_{\zeta}\\ \rho G_{\eta\eta}-g^{\eta\xi}p_{\xi}-g^{\eta\eta}p_{\eta}-g^{\eta\zeta}p_{\zeta}\\ \rho G_{\zeta\zeta}-g^{\zeta\xi}p_{\xi}-g^{\zeta\eta}p_{\eta}-g^{\zeta\zeta}p_{\zeta}\end{bmatrix}$$

其中，J 为雅可比行列式，其表达式为

$$J=\frac{\partial(\xi,\eta,\zeta)}{\partial(x,y,z)}=\begin{vmatrix}\frac{\partial x}{\partial\xi} & \frac{\partial x}{\partial\eta} & \frac{\partial x}{\partial\zeta}\\ \frac{\partial y}{\partial\xi} & \frac{\partial y}{\partial\eta} & \frac{\partial y}{\partial\zeta}\\ \frac{\partial z}{\partial\xi} & \frac{\partial z}{\partial\eta} & \frac{\partial z}{\partial\zeta}\end{vmatrix}^{-1}$$

可压方程中，密度是参变量而不是常数，方程组中增添一个能量方程。略去质量力、化学反应和辐射效应，在直角坐标系中的雷诺平均 N-S 方程组为

$$\frac{\partial U}{\partial t}+\frac{\partial E}{\partial x}+\frac{\partial F}{\partial y}+\frac{\partial G}{\partial z}=\frac{\partial E_v}{\partial x}+\frac{\partial F_v}{\partial y}+\frac{\partial G_v}{\partial z} \tag{1-37}$$

式中

$$U=\begin{bmatrix}\rho\\ \rho u\\ \rho v\\ \rho w\\ e\end{bmatrix}\quad E=\begin{bmatrix}\rho u\\ \rho u^2+p\\ \rho uv\\ \rho uw\\ (\rho e+p)u\end{bmatrix}\quad F=\begin{bmatrix}\rho v\\ \rho vu\\ \rho v^2+p\\ \rho vw\\ (\rho e+p)v\end{bmatrix}\quad G=\begin{bmatrix}\rho w\\ \rho wu\\ \rho w\upsilon\\ \rho w^2+p\\ (\rho e+p)w\end{bmatrix}$$

$$F_v=\begin{bmatrix}0\\ \tau_{xx}\\ \tau_{yx}\\ \tau_{zx}\\ \tau_{xx}u+\tau_{xy}v+\tau_{xz}w-q_x\end{bmatrix}\quad E_v=\begin{bmatrix}0\\ \tau_{xy}\\ \tau_{yy}\\ \tau_{zy}\\ \tau_{yx}u+\tau_{yy}v+\tau_{yz}w-q_y\end{bmatrix}\quad G_v=\begin{bmatrix}0\\ \tau_{xz}\\ \tau_{yz}\\ \tau_{zz}\\ \tau_{zx}u+\tau_{zy}v+\tau_{zz}w-q_z\end{bmatrix}$$

其中

$$e=\frac{1}{\gamma-1}p+\frac{\rho}{2}\left(u^2+v^2+w^2\right)$$

Note

$$q_x = -\left(1 + \frac{\mu_T}{\mu}\frac{Pr}{Pr_t}\right)k\frac{\partial T}{\partial x},$$

$$q_y = -\left(1 + \frac{\mu_T}{\mu}\frac{Pr}{Pr_t}\right)k\frac{\partial T}{\partial y},$$

$$q_z = -\left(1 + \frac{\mu_T}{\mu}\frac{Pr}{Pr_t}\right)k\frac{\partial T}{\partial z},$$

$$\frac{\mu}{\mu_0} = \left(\frac{T}{T_0}\right)^{\frac{3}{2}}\left(\frac{T_0 + T_s}{T + T_s}\right),$$

$$k = C_p\left(\frac{\mu}{Pr} + \frac{\mu_T}{Pr_t}\right)$$

在以上各式中，Pr（Prandtl）为普朗特数，可取 0.72；Pr_t 为湍流普朗特数，取 0.9；μ 为分子黏性系数，由萨瑟兰势（Sutherland）公式确定；μ_T 为湍流黏性系数；k 为导热系数。

1.4.3 能量方程与导热方程

描述固体内部温度分布的控制方程为导热方程，直角坐标系下三维非稳态导热微分方程的一般形式为

$$\rho c\frac{\partial t}{\partial \tau} = \frac{\partial}{\partial x}\left(\lambda\frac{\partial t}{\partial x}\right) + \frac{\partial}{\partial y}\left(\lambda\frac{\partial t}{\partial y}\right) + \frac{\partial}{\partial z}\left(\lambda\frac{\partial t}{\partial z}\right) + \Phi \tag{1-38}$$

式中，t、ρ、c、Φ 及 τ 分别为微元体的温度，密度，比热容，单位时间、单位体积的内热源生成热及时间，λ 为导热系数。如果将导热系数看作常数，在无内热源且稳态的情况下，上式可简化为拉普拉斯（Laplace）方程

$$\frac{\partial^2 t}{\partial x^2} + \frac{\partial^2 t}{\partial y^2} + \frac{\partial^2 t}{\partial z^2} = 0 \tag{1-39}$$

用来求解对流换热的能量方程为

$$\frac{\partial t}{\partial \tau} + u\frac{\partial t}{\partial x} + v\frac{\partial t}{\partial y} + w\frac{\partial t}{\partial z} = \alpha\left(\frac{\partial^2 t}{\partial x^2} + \frac{\partial^2 t}{\partial y^2} + \frac{\partial^2 t}{\partial z^2}\right) \tag{1-40}$$

式中，$\alpha = \dfrac{\lambda}{\rho c_p}$，称为热扩散率。$u$、$v$、$w$ 为流体速度的分量，对于固体介质，则 $u = v = w = 0$，这时能量方程（1-40）即为求解固体内部温度场的导热方程。

1.5 湍 流 模 型

目前，处理湍流数值计算问题有 3 种方法：直接数值模拟（DNS）方法、大涡模拟（LES）方法和雷诺平均 N-S 方程（RANS）方法。其中，RANS 方法能够应用于工程计算。雷诺平均 N-S 方程方法首先将满足动力学方程的湍流瞬时运动分解为平均运动和脉动运动两部分，然后把脉动运动部分对平均运动的贡献通过雷诺应力项来模化，通过湍流模式来封闭雷诺平均 N-S 方程使之可以求解。根据对模式处理的出发点不同，可将湍流模式理论分为两大类：一类为雷诺应力模式，另一类为涡黏性封闭模式。

Note

在工程湍流问题中得到广泛应用的是涡黏性模式。这是由布西内斯克（Boussinesq）仿照分子黏性的思路提出的，即假设雷诺应力为

$$\overline{u_i u_j} = -\nu_t\left(U_{i,j} + U_{j,i} + \frac{2}{3}U_{k,k}\delta_{ij}\right) + \frac{2}{3}k\delta_{ij} \tag{1-41}$$

式中，$k = \frac{1}{2}\overline{u_i u_j}$ 是湍动能；ν_t 为涡黏性系数。这便是最早提出的基准涡黏性模式，即假设雷诺应力与平均速度应变率呈线性关系，当平均速度应变率确定后，6 个雷诺应力只需要通过确定一个涡黏性系数 ν_t 就可以完全确定，且涡黏性系数各向同性，可以通过附加的湍流量来模化，比如湍动能 k、耗散率 ε，比耗散率 ω 以及其他湍流量 $\tau = k/\varepsilon$、$l = k^{3/2}/\varepsilon$、$q = \sqrt{k}$。根据引入湍流量的不同，可以得到不同的涡黏性模式，如 k-ε 和 k-ω 模式等。对应不同模式，涡黏性系数可表示为

$$\nu_t = C_\mu k^2/\varepsilon \ (k\text{-}\varepsilon\ 模式)，\ \nu_t = C_\mu \frac{k}{\omega}\ (k\text{-}\omega\ 模式)$$

为了使控制方程封闭，引入多少个附加的湍流量，同时，求解多少个附加的微分方程。根据要求解的附加微分方程的数目，一般可将涡黏性模式分为 3 类：零方程和半方程模式、一方程模式、两方程模式。

所有一方程和两方程的湍流模式都可写为如下的一般形式：

$$\frac{\partial}{\partial t}(X) + u_j\frac{\partial}{\partial x_j}(X) = S_P + S_D + D \tag{1-42}$$

式中，S_P 是产生源项；S_D 是破坏源项；D 表示扩散项，其形式为 $\frac{\partial}{\partial x_j}\left[(\ )\frac{\partial X}{\partial x_j}\right]$。

1. SST k-ω 双方程模型

该模型在近壁处采用 Wilcox k-ω 模型，在边界层边缘和自由剪切层采用 k-ε 模型（k-ω 形式），其间通过一个混合函数来过渡。k-ω 湍流模型主要求解湍动能 k 及其比耗散率 ω 的对流输运方程，对于 SST k-ω 双方程模型，其湍动能输运方程为

$$\frac{\partial \rho k}{\partial t} + \frac{\partial}{\partial x_j}\left[\rho u_j k - (\mu + \sigma_k \mu_t)\frac{\partial k}{\partial x_j}\right] = \tau_{tij}S_{ij} - \beta^* \rho\omega k \tag{1-43}$$

湍流比耗散率方程为

$$\frac{\partial \rho\omega}{\partial t} + \frac{\partial}{\partial x_j}\left[\rho u_j \omega - (\mu + \sigma_\omega \mu_t)\frac{\partial \omega}{\partial x_j}\right] = P_\omega - \beta\rho\omega^2 + 2(1 - F_1)\frac{\rho\sigma_{\omega 2}}{\omega}\frac{\partial k \partial \omega}{\partial x_j \partial x_j} \tag{1-44}$$

上两式中，雷诺应力的涡黏性模型为

$$\tau_{tij} = 2\mu_t(S_{ij} - S_{nn}\delta_{ij}/3) - 2\rho k\delta_{ij}/3 \tag{1-45}$$

$\mu_t = \rho k/\omega$ 为涡黏性，S_{ij} 为平均速度应变率张量，δ_{ij} 为克罗内克算子。P_ω 为生成项：

$$P_\omega = 2\gamma\rho(S_{ij} - \omega S_{nn}\delta_{ij}/3)S_{ij} \tag{1-46}$$

F_1、β、γ、σ_k、σ_ω 均为模型参数，β^* 为模型常数，取 0.09。

2. RNG k-ε 湍流模型

RNG k-ε 湍流模型是从暂态 N-S 方程中得出的，其中 k 方程和 ε 方程分别为

$$\frac{\partial}{\partial t}(\rho k) + \frac{\partial}{\partial x_j}(\rho k u_i) = \frac{\partial}{\partial x_j}\left[\left(\mu + \frac{\mu_t}{\sigma_k}\right)\frac{\partial k}{\partial x_j}\right] + G_k + G_b - \rho\varepsilon - Y_M + S_k \tag{1-47}$$

$$\frac{\partial}{\partial t}(\rho\varepsilon)+\frac{\partial}{\partial x_i}(\rho\varepsilon u_i)=\frac{\partial}{\partial x_j}\left[\left(\mu+\frac{\mu_t}{\sigma_\varepsilon}\right)\frac{\partial\varepsilon}{\partial x_j}\right]+C_{1\varepsilon}\frac{\varepsilon}{k}(G_k+C_{3\varepsilon}G_b)-C_{2\varepsilon}\rho\frac{\varepsilon^2}{k}+S_\varepsilon \tag{1-48}$$

与标准 k-ε 模型相比，RNG k-ε 湍流模型考虑了湍流漩涡的影响，并为湍流 Prandtl 数提供了一个解析公式，因而，RNG 模型相比于标准 k-ε 模型对瞬变流和流线弯曲的影响能做出更好的反应。

3. SA 湍流模型

用 SA 模型求解一个有关涡黏性的变量 $\hat{v}$ 的方程表达式为

$$\mu_t=\rho\hat{v}f_{v_1},$$

$$f_{v_1}=\frac{x^3}{x^3+C_{v_1}^3},$$

$$x\equiv\frac{\hat{v}}{v}$$

SA 模型方程为

$$\begin{aligned}&\frac{\partial\hat{v}}{\partial t}+u_j\frac{\partial\hat{v}}{\partial x_j}=C_{b_1}\left(1-f_{t_2}\right)\Omega\hat{v}+\\&\frac{M_\infty}{Re}\left\{C_{b_1}\left[\left(1-f_{t_2}\right)f_{v_2}+f_{t_2}\right]\frac{1}{k^2}-C_{w_1}f_w\right\}\left(\frac{\hat{v}}{d}\right)^2-\\&\frac{M_\infty}{Re}\frac{C_{b_2}}{\sigma}\hat{v}\frac{\partial^2\hat{v}}{\partial x_j^2}+\frac{M_\infty}{Re}\frac{1}{\sigma}\frac{\partial}{\partial x_j}\left\{\left[v+\left(1+C_{b_2}\right)\hat{v}\right]\frac{\partial\hat{v}}{\partial x_j}\right\}\end{aligned} \tag{1-49}$$

式中，d 为到物面的最近距离。

$$f_{t_2}=C_{t_3}\exp\left(-C_{t_4}x^2\right),$$

$$f_w=g\left(\frac{1+C_{w_3}^6}{g^6+C_{w_3}^6}\right)^{\frac{1}{6}}=\left(\frac{g^{-6}+C_{w_3}^{-6}}{1+C_{w_3}^{-6}}\right)^{-\frac{1}{6}}$$

式中

$$g=r+C_{w_2}\left(r^6-r\right),$$

$$r=\frac{\hat{v}}{\hat{S}\left(\frac{Re}{M_\infty}\right)k^2d^2},$$

$$S=\Omega+\frac{\hat{v}f_{v_2}}{\left(\frac{Re}{M_\infty}\right)k^2d^2},$$

$$f_{v_2}=1-\frac{x}{1+xf_{v_1}}$$

其中的各个常数分别为

C_{b_1}=0.1355，　$\sigma=\frac{2}{3}$，　C_{b_2}=0.622，　k=0.41

C_{w_3}=2.0，　C_{v_1}=7.1，　C_{t_3}=1.2，　C_{t_4}=0.5

$C_{w_2}=0.3$，　$C_{w_1}=\frac{C_{b_1}}{k^2}+\frac{\left(1+C_{b_2}\right)}{\sigma}$

Note

如果用湍流模型的一般形式即式（1-42）表示，令 $X=\hat{v}$，则

$$S_P = C_{b_1}\left(1-f_{t_2}\right)\Omega\hat{v},$$

$$S_D = \frac{M_\infty}{\mathrm{Re}}\left\{C_{b_1}\left[\left(1-f_{t_2}\right)f_{v_2}+f_{t_2}\right]\frac{1}{k^2}-C_{w_1}f_w\right\}\left(\frac{\hat{v}}{d}\right)^2,$$

$$D=-\frac{M_\infty}{\mathrm{Re}}\frac{C_{b_2}}{\sigma}\hat{v}\frac{\partial^2\hat{v}}{\partial x_j^2}+\frac{M_\infty}{\mathrm{Re}}\frac{1}{\sigma}\frac{\partial}{\partial x_j}\left\{\left[\nu+\left(1+C_{b_2}\right)\hat{v}\right]\frac{\partial\hat{v}}{\partial x_j}\right\}$$

k-ε 模型、k-ω 模型和 SA 模型都有各自的性能特点：SA 模型对附着边界层的模拟效果同零方程模型相似，除射流外，SA 对自由剪切湍流的计算精度更高；k-ε 模型是应用最广泛的湍流模型；k-ω 模型对自由剪切湍流、附着边界层湍流和适度分离湍流都有较高的计算精度。

1.6 计算网格与边界条件

下面简要介绍一下计算网格和边界条件，它们是流场分析要涉及的一些基本概念。

1.6.1 计算网格

计算网格的合理设计和高质量的生成是 CFD 的前提条件。计算网格按网格点之间的邻近关系可分为结构网格、非结构网格和混合网格。结构网格的网格点之间的邻近关系是有序而规则的，除边界点外，内部网格点都有相同的邻近网格数，其单元是二维的四边形和三维的六面体。非结构网格点之间的邻接是无序的、不规则的，每个网格点可以有不同的邻接网格数，单元有二维的三角形、四边形，三维的四面体、六面体、三棱柱体和金字塔等多种形状。混合网格是对结构网格与非结构网格的混合。结构网格可以方便索引，可以减少相应的存储开销，而且由于网格的贴体性，流场的计算精度可以大大提高。非结构网格能够方便地生成复杂外形的网格，能够通过流场中的大梯度区域自适应来提高对间断（如激波）的分辨率，并且使基于非结构网格的网格分区以及并行计算比结构网格更加直接。但是在同等网格数量的情况下，非结构网格比结构网格所需的内存更大、计算周期更长，而且同样的区域可能需要更多的网格数。此外，在采用完全非结构网格时，因为网格分布各向同性，会降低计算结果的精度，同时对黏流计算而言，还会导致边界层附近的流动分辨率不高。

1.6.2 边界条件

1. 入口边界条件

（1）压力入口：在计算喷管热燃气流场时，可以给出压力入口条件，其中需要输入的主要参数有总压、静压、总温等。

（2）质量入口：在模拟冷却通道内的流动时，通常在冷却剂流量已知的情况下，可以给出质量流量入口条件。由于入口边界上的质量流量给定，入口压力在计算的收敛过程中是变化的。如果将冷却剂在冷却通道内的流动看作不可压或弱可压，则可用速度入口代替质量流量入口。

2. 出口边界条件

（1）压力出口：在燃气流场和冷却通道的计算中，都可使用出口压力边界条件。该条件需给定

出口边界上的静压强，如果当地速度超过音速，则需要根据来流外推出口边界条件。

（2）无穷远压力边界：在计算某些外流场时，可给出无穷远压力边界条件，该边界条件适用于理想气体定律计算密度的问题。在边界上需要给出静压、温度和马赫数。

Note

3. 对称边界条件

对具有一定几何特征的物理模型，可取其部分进行计算。例如，轴对称喷管可取半根冷却通道进行计算，截取后的对称平面需给出对称边界条件。

第2章

流体流动分析软件概述

计算流体力学（computational fluid dynamics，CFD）是从20世纪60年代起伴随计算机技术迅速崛起的一门新型独立学科。它是在流体动力学以及数值计算方法的基础上建立的，以研究物理问题，通过计算机数值计算和图像显示方法，在时间和空间上定量地描述流场数值解。

本章将简要介绍CFD软件以及Fluent软件的相关基础知识，帮助读者初步认识Fluent软件。

2.1　CFD 软件简介

经过发展，CFD 通用性软件陆续出现，成为解决各种流体流动与传热问题的强有力的工具，并作为一种商品化软件被工业界广泛接受。随着其性能日趋完善以及应用范围的不断扩大，如今 CFD 技术早已超越了传统的流体机械与流体工程等应用范畴，成功应用于航空、航运、海洋、环境、水利、食品、化工、核能、冶金、建筑等各种科学技术领域。

CFD 通用软件的出现与商业化，对 CFD 技术在工程应用中的推广起了巨大的促进作用。但由于 CFD 依赖于系统的流体动力学知识和较深的数理基础，这些理论背景与流体力学问题的复杂多变阻碍了它向工业界的推广。如何将 CFD 研究成果与实际应用相结合成为难题。在此情况下，通用软件包应运而生。英国 CHAM（Concentration Heat and Momentum Limited）公司的 Spalding 与 Patankar 在 20 世纪 70 年代提出了 SIMPLE 算法（半隐式压力校正解法），在 80 年代初以该方法为基础推出了计算流体力学与传热学的商业化软件 PHOENICS 的早期版本。在其版本不断更新的同时，新的通用软件，如 Fluent、STAR-CD 与 CFX 等也相继问世。这些软件十分重视商业化的要求，致力于工程实际应用，并在前、后处理人机对话等方面成绩卓越，从而被工业界所认识和接受。进入 90 年代，更多的商业化 CFD 应用软件如雨后春笋般出现，涉及范围越来越广。CFD 通用软件以其模拟复杂流动现象的强大功能、人机对话式的界面操作以及直观清晰的流场显示引起了人们的广泛关注。

2.1.1　CFD 软件结构

CFD 通用软件的数学模型的组成都是以纳维-斯托克斯方程组与各种湍流模型为主体，再加上多相流模型、燃烧与化学反应流模型、自由面流模型以及非牛顿流体模型等。大多数附加模型是在主体方程组上补充一些附加源项、附加输运方程与关系式。随着应用范围的不断扩大和新方法的出现，新的模型也在增加离散方法，采用有限体积法（FVM）或有限元法（FEM）。由于有限体积法继承了有限差分法的丰富格式，具有良好的守恒性，能像有限元素法那样采用各种形状的网格以适应复杂的边界几何形状，且比有限元素法简便得多，因此现在大多数 CFD 软件都采用有限体积法。

CFD 通用软件应能适应从低速到高超声速。然而跨、超声速流动计算涉及激波的精确捕获，对离散格式精度要求甚高，难度较大。由于跨、超声速流动主要存在于各种飞行器、高速旋转叶轮机械以及高速喷管、阀门等，在其他工程应用中很少出现，所以有些主要面向低速流动的 CFD 通用软件在高速流动方面功能比较弱。

CFD 软件的流动显示模块都具有三维显示功能，可以展现各种流动特性，有的还能以动画功能演示非定常过程。

为方便用户使用 CFD 软件处理不同类型的工程问题，一般的 CFD 商用软件往往将复杂的 CFD 过程集成，通过一定的接口，让用户快速地输入问题的有关参数。所有的商用 CFD 软件均包括 3 个基本环节：前处理、求解和后处理。与之对应的程序模块常简称前处理器、求解器、后处理器。下面简要介绍这 3 个程序模块。

1. 前处理器

前处理器（preprocessor）用于完成前处理工作。前处理环节是向 CFD 软件输入所求问题的相关数据，该过程一般是借助与求解器相对应的对话框等图形界面来完成的。在前处理阶段需要用户进行以下工作。

Note

- ☑ 定义所求问题的几何计算域。
- ☑ 将计算域划分成多个互不重叠的子区域，形成由单元组成的网格。
- ☑ 对所要研究的物理和化学现象进行抽象，选择相应的控制方程。
- ☑ 定义流体的属性参数。
- ☑ 为计算域边界处的单元指定边界条件。
- ☑ 对于瞬态问题，指定初始条件。

流动问题的解是在单元内部的节点上定义的，解的精度由网格中单元的数量所决定。一般来讲，单元越多、尺寸越小，所得到解的精度越高，但所需要的计算机内存资源及 CPU 时间也相应增加。为了提高计算精度，在物理量梯度较大的区域，以及我们感兴趣的区域，往往要加密计算网格。在前处理阶段生成计算网格时，关键是要把握好计算精度与计算成本之间的平衡。

目前，在使用商用 CFD 软件进行 CFD 计算时，有 50%以上的时间花在几何区域的定义及计算网格的生成上。我们可以使用 CFD 软件自身的前处理器来生成几何模型，也可以借用其他商用 CFD 或 CAD/CAE 软件，如 Patran、Ansys、I-DEAS、Pro/Engineer 协助提供的几何模型。此外，指定流体参数的任务也是在前处理阶段进行的。

2. 求解器

求解器（solver）的核心是数值求解方案。常用的数值求解方案包括有限差分、有限元、谱元法和有限体积法等。总体上讲，这些方法的求解过程大致相同，包括以下步骤。

- ☑ 借助简单函数来近似待求的流动变量。
- ☑ 将该近似关系代入连续型的控制方程，形成离散方程组。
- ☑ 求解代数方程组。

各种数值求解方案的主要差别在于流动变量被近似的方式及相应的离散化过程。

3. 后处理器

后处理的目的是有效地观察和分析流动计算结果。随着计算机图形功能的提高，目前的 CFD 软件均配备了后处理器（postprocessor），提供了如下较为完善的后处理功能。

- ☑ 计算域的几何模型及网格显示。
- ☑ 矢量图（如速度矢量线）。
- ☑ 等值线图。
- ☑ 填充型的等值线图（云图）。
- ☑ XY 散点图。
- ☑ 粒子轨迹图。
- ☑ 图像处理功能（平移、缩放、旋转等）。

借助后处理功能，还可以动态模拟流动效果，直观地了解 CFD 的计算结果。

2.1.2 CFD 基本模型

流体流动所遵循的物理定律，是建立流体运动基本方程组的依据。这些定律主要包括质量守恒、动量守恒、动量矩守恒、能量守恒、热力学第二定律，以及状态方程、本构方程。在实际计算时，还要考虑不同的流态，如层流与湍流。湍流模型是 CFD 软件的主要组成部分之一。通用 CFD 软件都配有各种层次的湍流模型，通常可分为 3 类：第一类是湍流输运系数模型，即将速度脉动的二阶关联量表示成平均速度梯度与湍流黏性系数的乘积，用笛卡儿张量表示为

$$-\rho\overline{u_i'u_j'}=\mu_t\left(\frac{\partial u_i}{\partial x_j}+\frac{\partial u_j}{\partial x_i}\right)-\frac{2}{3}\rho k\delta_{ij} \tag{2-1}$$

模型的任务就是给出计算湍流黏性系数 μ_i 的方法。根据建立模型所需要的微分方程的数目，可以分为零方程模型（代数方程模型）、单方程模型和双方程模型。

第二类是抛弃了湍流输运系数的概念，直接建立湍流应力和其他二阶关联量的输运方程。

第三类是大涡模拟。前两类是以湍流的统计结构为基础，对所有涡旋进行统计平均。大涡模拟把湍流分成大尺度湍流和小尺度湍流，通过求解三维经过修正的 Navier-Stokes 方程（简称 N-S 方程），得到大涡旋的运动特性，而对小涡旋运动还是采用上述模型。

1. 系统与控制体

在流体力学中，系统是指某一确定流体质点集合的总体。系统以外的环境称为外界。分隔系统与外界的界面，称为系统的边界。系统通常是研究的对象，外界则用来区别系统。系统将随系统内质点一起运动，系统内的质点始终包含在系统内，系统边界的形状和所围空间的大小可随运动而变化。系统与外界无质量交换，但可以有力的相互作用及能量（热和功）的交换。

控制体是指在流体所在的空间中，以假想或真实流体边界包围固定不动、形状任意的空间体积。包围这个空间体积的边界面，称为控制面。控制体的形状与大小不变，并相对于某坐标系固定不动。控制体内的流体质点组成并非不变。控制体既可以通过控制面与外界进行质量和能量交换，也可以与控制体外的环境进行力的相互作用。

2. 质量守恒方程（连续性方程）

在流场中，流体通过控制面 A_1 流入控制体，同时也会通过另一部分控制面 A_2 流出控制体，在这期间控制体内部的流体质量也会发生变化。按照质量守恒定律，流入的质量与流出的质量之差，应该等于控制体内部流体质量的增量，由此可导出流体流动连续性方程的积分形式为

$$\frac{\partial}{\partial t}\iiint_V \rho \mathrm{d}x\mathrm{d}y\mathrm{d}z+\iint_A \rho v\cdot n\mathrm{d}A=0 \tag{2-2}$$

式中，V 表示控制体；A 表示控制面。等式左边第一项表示控制体 V 内部质量的增量；第二项表示通过控制表面流入控制体的净通量。

根据数学中的奥-高公式，在直角坐标系下可将其化为微分形式，即

$$\frac{\partial\rho}{\partial t}+u\frac{\partial(\rho u)}{\partial x}+v\frac{\partial(\rho v)}{\partial y}+w\frac{\partial(\rho w)}{\partial z}=0 \tag{2-3}$$

对于不可压缩均质流体，密度为常数，则有

$$\frac{\partial u}{\partial x}+\frac{\partial v}{\partial y}+\frac{\partial w}{\partial z}=0 \tag{2-4}$$

对于圆柱坐标系，其形式为

$$\frac{\partial\rho}{\partial t}+\frac{\rho v_r}{r}+\frac{\partial(\rho v_r)}{\partial r}+\frac{\partial(\rho v_\theta)}{r\partial\theta}+\frac{\partial(\rho v_z)}{\partial z}=0 \tag{2-5}$$

对于不可压缩均质流体，密度为常数，则有

$$\frac{v_r}{r}+\frac{\partial v_r}{\partial r}+\frac{\partial v_\theta}{r\partial\theta}+\frac{\partial v_z}{\partial z}=0 \tag{2-6}$$

3. 动量守恒方程（运动方程）

动量守恒是流体运动时应遵循的另一个普遍定律，即在一给定的流体系统中，其动量的时间变化

率等于作用在其上的外力总和，其数学表达式即为动量守恒方程（运动方程或 N-S 方程），其微分形式为

$$\begin{cases}\rho\dfrac{\mathrm{d}u}{\mathrm{d}t}=\rho F_{bx}+\dfrac{\partial p_{xx}}{\partial x}+\dfrac{\partial p_{yx}}{\partial y}+\dfrac{\partial p_{zx}}{\partial z}\\ \rho\dfrac{\mathrm{d}v}{\mathrm{d}t}=\rho F_{by}+\dfrac{\partial p_{xy}}{\partial x}+\dfrac{\partial p_{yy}}{\partial y}+\dfrac{\partial p_{zy}}{\partial z}\\ \rho\dfrac{\mathrm{d}w}{\mathrm{d}t}=\rho F_{bz}+\dfrac{\partial p_{xz}}{\partial x}+\dfrac{\partial p_{yz}}{\partial y}+\dfrac{\partial p_{zz}}{\partial z}\end{cases} \tag{2-7}$$

式中，F_{bz}、F_{by}、F_{bx} 分别是单位质量流体上的质量力在 3 个方向上的分量；p_{yx} 是流体内应力张量的分量。

动量守恒方程在实际应用中有许多表达形式，其中比较常见的有如下几种。

（1）可压缩黏性流体的动量守恒方程。

$$\begin{cases}\rho\dfrac{\mathrm{d}u}{\mathrm{d}t}=\rho f_x+\dfrac{\partial p}{\partial x}+\dfrac{\partial}{\partial x}\left\{\mu\left[2\dfrac{\partial u}{\partial x}-\dfrac{2}{3}\left(\dfrac{\partial u}{\partial x}+\dfrac{\partial v}{\partial y}+\dfrac{\partial w}{\partial z}\right)\right]\right\}+\\ \qquad\dfrac{\partial}{\partial y}\left[\mu\left(\dfrac{\partial u}{\partial y}+\dfrac{\partial v}{\partial x}\right)\right]+\dfrac{\partial}{\partial z}\left[\mu\left(\dfrac{\partial w}{\partial x}+\dfrac{\partial u}{\partial z}\right)\right]\\ \rho\dfrac{\mathrm{d}v}{\mathrm{d}t}=\rho f_y+\dfrac{\partial p}{\partial y}+\dfrac{\partial}{\partial y}\left\{\mu\left[2\dfrac{\partial v}{\partial y}-\dfrac{2}{3}\left(\dfrac{\partial u}{\partial x}+\dfrac{\partial v}{\partial y}+\dfrac{\partial w}{\partial z}\right)\right]\right\}+\\ \qquad\dfrac{\partial}{\partial z}\left[\mu\left(\dfrac{\partial v}{\partial z}+\dfrac{\partial w}{\partial y}\right)\right]+\dfrac{\partial}{\partial x}\left[\mu\left(\dfrac{\partial u}{\partial y}+\dfrac{\partial v}{\partial x}\right)\right]\\ \rho\dfrac{\mathrm{d}w}{\mathrm{d}t}=\rho f_z+\dfrac{\partial p}{\partial z}+\dfrac{\partial}{\partial z}\left\{\mu\left[2\dfrac{\partial w}{\partial z}-\dfrac{2}{3}\left(\dfrac{\partial u}{\partial x}+\dfrac{\partial v}{\partial y}+\dfrac{\partial w}{\partial z}\right)\right]\right\}+\\ \qquad\dfrac{\partial}{\partial x}\left[\mu\left(\dfrac{\partial w}{\partial x}+\dfrac{\partial u}{\partial z}\right)\right]+\dfrac{\partial}{\partial z}\left[\mu\left(\dfrac{\partial v}{\partial z}+\dfrac{\partial w}{\partial z}y\right)\right]\end{cases} \tag{2-8}$$

（2）常黏性流体的动量守恒方程。

$$\rho\frac{\mathrm{d}v}{\mathrm{d}t}=\rho F-\mathrm{grad}p+\frac{\mu}{3}\mathrm{grad}(\mathrm{div}v)+\mu\nabla^2 v \tag{2-9}$$

（3）常密度常黏性流体的动量守恒方程。

$$\rho\frac{\mathrm{d}v}{\mathrm{d}t}=\rho F-\mathrm{grad}p+\mu\nabla^2 v \tag{2-10}$$

（4）无黏性流体的动量守恒方程（欧拉方程）。

$$\rho\frac{\mathrm{d}v}{\mathrm{d}t}=\rho F-\mathrm{grad}p \tag{2-11}$$

（5）静力学方程。

$$\rho F=\mathrm{grad}p \tag{2-12}$$

（6）相对运动方程。

在非惯性参考系中的相对运动方程是研究像大气、海洋及旋转系统中的流体运动所必须考虑的。由理论力学得知，绝对速度 v_a 为相对速度 v_v 及牵连速度 v_c 之和，即 $v_\mathrm{a}=v_v+v_\mathrm{c}$。其中，$v_\mathrm{c}=v_0+\Omega\times r$，$v_0$ 为运动系中的平动速度，Ω 是其转动角速度，r 为质点矢径。

而绝对加速度 a_a 等于相对加速度 a_r、牵连加速度 a_e 及科氏加速度 a_c 之和，即

$$a_a = a_r + a_e + a_c \tag{2-13}$$

其中，$a_e = \frac{dv_0}{dt} + \frac{d\Omega}{dt} \times r + \Omega \times (\Omega \times r)$，$a_c = 2\Omega \times v_r$。

将绝对加速度代入运动方程，即得到流体的相对运动方程

$$\rho \frac{dv_r}{dt} = \rho F_b + \mathrm{div}P - a_c - 2\Omega v_r \tag{2-14}$$

4. 能量守恒方程

将热力学第一定律应用于流体运动，把式（2-14）中的各项用有关的流体物理量表示，即能量方程

$$\frac{\partial}{\partial t}(\rho E) + \frac{\partial}{\partial x_i}\left[u_i(\rho E + p)\right] = \frac{\partial}{\partial x_i}\left[k_{\mathrm{eff}} \frac{\partial T}{\partial x_i} - \sum_{j'} h_{j'} J_{j'} + u_j (\tau_{ij})_{\mathrm{eff}}\right] + S_h \tag{2-15}$$

式中，$E = h - \frac{p}{\rho} + \frac{u_i^2}{2}$；$k_{\mathrm{eff}}$ 是有效热传导系数，$k_{\mathrm{eff}} = k + k_t$，其中，$k_t$ 是湍流热传导系数，根据所使用的湍流模型来定义；$J_{j'}$ 是组分 j 的扩散流量；S_h 包括化学反应热以及其他用户定义的体积热源项；方程右边的前 3 项分别描述了热传导、组分扩散和黏性耗散带来的能量输运。

在实际计算时，还要考虑不同的流态，如层流与湍流。在下面的章节中将会详细介绍湍流模型。

2.1.3　常用的 CFD 商用软件

自 1981 年以来，出现了一系列的 CFD 通用软件，如 PHOENICS、Fluent、Star-CD、CFX-TASCflow 与 NUMECA 等。PHOENICS 软件是最早推出的 CFD 通用软件，Fluent、Star-CD 与 CFX-TASCflow 是目前国际市场上的主流软件，而 NUMECA 则使 CFD 通用软件的普及更上一层楼。这些软件通常具有如下显著特点。

☑ 应用范围广，适用性强，几乎可以处理工程界各种复杂的问题。

☑ 前后处理系统以及与其他 CAD、CFD 软件的接口能力比较简单易用，便于用户快速完成造型、网格划分等工作。同时，用户还可以根据个人需要扩展自己的开发模块。

☑ 具有较完善的容错机制和操作界面，稳定性较高。

☑ 可在多种计算机操作系统以及并行环境下运行。

1. PHOENICS 软件

PHOENICS（parabolic hyperbolic or elliptic numerical integration code series）软件是世界上第一套计算流体动力学与传热学的商用软件。由 CFD 著名学者 D.B.Spalding 和 S.V.Patankar 等提出，以低速热流输运现象为主要模拟对象，目前主要由 CHAM 公司开发。除 CFD 软件的基本特征外，PHOENICS 软件还具有自己独特的特征。

☑ 开放性。这个软件附带了从简到繁的大量算例，一般的工程应用问题几乎都可以从中找到相近的范例，再做一些修改就可以计算用户的课题，所以能给用户带来极大方便。

☑ 多种模型选择。PHOENICS 包含的湍流模型、多相流模型、燃烧与化学反应模型等，非常丰富，如将湍流与层流成分假设为两种流体的双流体湍流模型 MFM、专为组件杂阵的狭小空间（如计算机箱体）内的流动和传热计算而设计的代数湍流模型 LVEL 等。

☑ 多种模块选择。PHOENICS 提供了多种专用模块，用于特定领域的分析计算。如暖通空调计算模块 FLAIR 被广泛应用在小区规划、设计以及高大空间建筑的设计模拟；英国集成环境

Note

公司（IES）的虚拟环境软件，用它以模拟局部空间的热流现象。

☑ 双重算法选择。可采用欧拉算法和基于粒子运动轨迹的拉格朗日算法。

☑ 直角形网格（笛卡儿网格）。PHOENICS 提供了网格局部加密功能与网格被边界切割的补偿功能。

☑ 优良性价比。软件的价格比其他 CFD 通用软件低，其高性价比使之成为国内用户使用最多的软件。

2. CFX 软件

CFX 是全球第一个通过 ISO 9001 质量认证的大型商业 CFD 软件，由英国 AEA Technology 公司开发，2003 年被 Ansys 公司收购。目前，CFX 已经遍及航空航天、旋转机械、能源、石油化工、机械制造、汽车、生物技术、水处理、火灾安全、冶金、环保等领域，为使用 CFX 软件的全球用户解决了大量的实际问题。

诞生在工业应用背景中的 CFX 一直将精确的计算结果、丰富的物理模型、强大的用户扩展性作为其发展的基本要求，并以其在这些方面的卓越成就，引领 CFD 技术不断发展。CFX 与其他 CFD 软件的不同之处如下。

☑ 除使用有限体积法外，CFD 还采用基于有限元的有限体积法。

☑ 可以直接访问各种 CAD 软件，如 CADDS 5、CATIA、Euclid3、Pro/Engineer 和 Unigraphics，并从任一 CAD 系统（如 MSC/Patran 和 I-DEAS）以 IGES 格式直接读入 CAD 图形。

☑ 采用 ICEM CFD 前处理模块，在生成网格时，可实现边界层网格自动加密、流场变化剧烈域网格局部加密、分离流模拟等。

☑ 可计算的问题包括大批复杂现象的实用模型，并在其湍流模型中纳入了 k-ε 模型、低 Reynolds 数 k-ε 模型、代数 Reynolds 应力模型、大涡模型等多种模型。

3. Star-CD 软件

Star-CD 最初是由流体力学鼻祖英国帝国理工学院计算流体力学领域的专家、教授开发的，他们根据传统传热基础理论，合作开发了基于有限体积算法的非结构化网格计算程序。在完全不连续网格、滑移网格和网格修复等关键技术上，Star-CD 又经过来自全球 10 多个国家、超过 200 名知名学者的不断补充与完善，成为同类软件中网格适应性、计算稳定性和收敛性最好的。最新湍流模型的推出使其在计算的稳定性、收敛性和结果的可靠性等方面得到了显著提高。其基本特征如下。

☑ 前处理器 Prostar 有较强的 CAD 建模功能，与当前流行的 CAD/CAE 软件有良好的接口，可有效地进行数据转换。

☑ 具有多种网格划分技术（如 Extrusion、Multi-block、Data import 等）和网格局部加密技术，能够很好地适应复杂计算区域，处理滑移网格的问题。

☑ 多种高级湍流模型，具有低阶和高阶的差分格式。

☑ 其后处理器具有动态和静态显示计算结果的功能。能用速度矢量图来显示流动特性，用等值线图或颜色来表示各个物理量的计算结果。

4. FIDAP 软件

FIDAP 是由英国 Fluid Dynamics International（FDI）公司开发的计算流体力学与数值传热学的软件。它是一种基于有限元方法和完全非结构化网格的通用 CFD 软件，可解决从不压缩到可压缩范围内的复杂流动问题。FIDAP 具有强大的流固耦合功能，可以分析由流动引起的结构响应问题，还适合模拟动边界、自由表面、相变、电磁效应等复杂流动问题。FIDAP 的典型应用领域包括汽车、化工、玻璃应用、半导体、生物医学、冶金、环境工程、食品等行业。其特点如下。

☑ 完全基于有限元方法，不但可以模拟广泛的物理模型，而且对于质量源项、化学反应等其他复杂现象都可以精确模拟。
☑ 具有自由表面模型功能，可同时使用变形网格和固定网格，也可以导入 I-DEAS、Patran、Ansys、ICEM CFD 等软件生成的网格模型。
☑ 具有流固耦合分析功能，可同时使用固体结构中的变形和应力，从而模拟液汽界面的蒸发与冷凝相变、材料填充、流面晃动等现象。

5. Fluent 软件

本书将着重介绍该软件，详细内容可参考以下章节。

2.2 Fluent 软件介绍

Fluent 是由美国 Fluent 公司于 1983 推出的 CFD 软件，在美国，市场占有率达到 60%，可解算涉及流体、热传递以及化学反应等工程问题。由于采用了多种求解方法和多重网格加速收敛技术，因而 Fluent 能达到最佳的收敛速度和求解精度。灵活的非结构化网格和基于解的自适应网格技术及成熟的物理模型，使 Fluent 在转捩与湍流、传热与相变、化学反应与燃烧、多相流、旋转机械、动/变形网格、噪声、材料加工、燃料电池等方面有广泛应用。例如，井下分析、喷射控制、环境分析、油气消散/聚积、多相流、管道流动等。

在工程应用上，Fluent 主要可以用在以下几个方面。

☑ 过程和过程装备应用。
☑ 油/气能量的产生和环境应用。
☑ 航天和涡轮机械的应用。
☑ 汽车工业的应用。
☑ 热交换应用。
☑ 电子/HVAC/应用。
☑ 材料处理应用。
☑ 建筑设计和火灾研究。

简而言之，Fluent 适用于各种复杂外形的可压和不可压流动计算。对于不同的流动领域和模型，Fluent 公司还提供了其他几种解算器，其中包括 NEKTON、FIDAP、POLYFLOW、IcePak 以及 MixSim。

2.2.1 Fluent 的软件结构

Fluent 2022 主要包括前处理器、求解器和后处理器 3 个部分。

1. 前处理器

前处理器主要用来建立要进行流体动力学分析的几何模型并对模型进行网格划分。在 Fluent 软件被整合到 Ansys 软件包之后，可以通过 Ansys 软件包中的 DesignModeler 或 SpaceClaim 软件来建立几何模型，然后通过 Meshing 软件或者 ICEM CFD 软件来进行网格的划分。

2. 求解器

求解器是 Fluent 软件模拟计算的核心程序。在读入划分好网格的模型文件后，剩下的操作就是利用求解器进行计算，包括材料的设定、边界条件的设置、求解的方法和控制以及网格的优化等。

Note

3. 后处理器

求解完成后，即可进行后处理操作，包括求解过程的查看、云图的生成、动画的模拟等，这些既可以用 Ansys 软件包中的 CFD-Post 进行操作，也可以用 Fluent 自带的后处理器进行操作。

在 Ansys 公司开发出 Workbench 后，所有的 Fluent 软件被集成在 Ansys Workbench 环境下，可以对 Fluent 分析的前处理、求解和后处理的数据进行传递和分享，集设计、网格划分、仿真、求解、优化功能于一体，对各种数据进行项目协同管理。

2.2.2 Fluent 的功能及特点

1. Fluent 软件的基本结构

Fluent 软件设计基于 CFD 计算机软件群的概念，针对每一种流动的物理问题的特点，采用适合于它的数值解法以在计算速度、稳定性和精度等方面达到最优。

Fluent 软件的结构由前处理、求解器及后处理三大模块组成。Fluent 软件中采用 Gambit 作为专用的前处理软件，使网格可以有多种形状。对于二维流动可以生成三角形和矩形网格；对于三维流动可以生成四面体、六面体、三角柱和金字塔等网格；结合具体计算，还可以生成混合网格。其自适应功能，能对网格进行细分或粗化，或生成不连续网格、可变网格和滑动网格。

Fluent 软件采用的二阶上风格式是 Barth T J 与 Jespersen D C 针对非结构网格提出的多维梯度重构法，后来经过进一步的发展，采用最小二乘法估算梯度，能较好地处理畸变网格的计算。Fluent 率先采用非结构网格使其在技术上处于领先。

Fluent 软件的核心部分是 N-S 方程组的求解模块。用压力校正法作为低速不可压流动的计算方法，包括 SIMPLE、SIMPLER、SIMPLEC、PISO 等。采用有限体积法离散方程，其计算精度和稳定性都优于传统编程中使用的有限差分法。离散格式为对流项二阶迎风插值格式——QUICK（quadratic upwind interpolation for convection kinetics scheme）格式，其数值耗散较低，精度高且构造简单。而对可压缩流动采用耦合法，即连续性方程、动量方程、能量方程联立求解。湍流模型是包括 Fluent 软件在内的 CFD 软件的主要组成部分。

Fluent 软件配有各种层次的湍流模型，包括代数模型、一方程模型、二方程模型、湍应力模型、大涡模拟等。应用最广泛的二方程模型是 $k_2\varepsilon$ 模型，软件中收录有标准 $k_2\varepsilon$ 模型及其几种修正模型。

Fluent 软件的后处理模块具有三维显示功能，可以展现各种流动特性，并能以动画功能演示非定常过程，从而以直观的形式展示模拟效果，便于进一步的分析。该软件的使用步骤如图 2-1 所示。

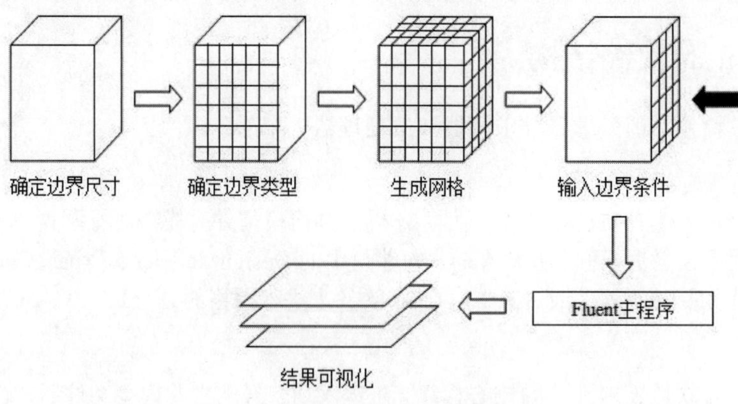

图 2-1 Fluent 使用步骤

Fluent 软件程序具有如下模拟能力。

☑ 无黏流、层流、湍流模型。

☑ 适用于牛顿流体、非牛顿流体。

☑ 强制/自然/混合对流的热传导，固体/流体的热传导、辐射。

☑ 化学组分的混合/反应。

☑ 自由表面流模型，欧拉多相流模型，混合多相流模型，颗粒相模型，空穴两相流模型，湿蒸汽模型，融化/熔化/凝固。

☑ 蒸发/冷凝相变模型。

☑ 离散相的拉格朗日跟踪计算。

☑ 非均质渗透性、惯性阻抗、固体热传导，多孔介质模型（考虑多孔介质压力突变）。

☑ 风扇、散热器，以热交换器为对象的集中参数模型。

☑ 基于精细流场解算的预测流体噪声的声学模型。

☑ 质量、动量、热、化学组分的体积源项。

☑ 复杂表面形状下的自由面流动。

☑ 磁流体模块主要模拟电磁场和导电流体之间的相互作用问题。

☑ 连续纤维模块主要模拟纤维和气体流动之间的动量、质量以及热的交换问题等。

2. Fluent 软件的特点

提供了非常灵活的网格特性，如三角形、四边形、四面体、六面体、金字塔形网格，如图 2-2 所示。

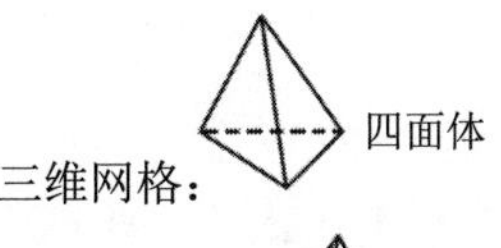

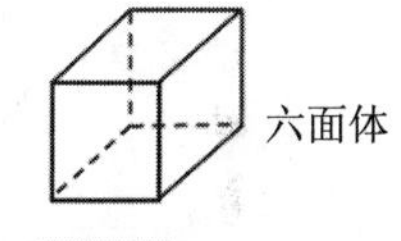

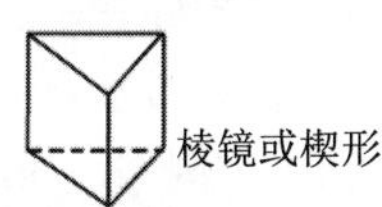

图 2-2　Fluent 的网格特性

☑ Fluent 使用 Gambit 作为前处理软件，读取多种 CAD 软件的三维几何模型以及多种 CAE 软件的网格模型。Fluent 可用于二维平面、二维轴对称和三维流动分析，可完成多种参考体系下流场模拟、定常和非定常流动分析、不可压流和可压流计算、层流和湍流模拟、传热和热混合分析、化学组分混合和反应分析、多相流分析、固体与流体耦合传热分析、多孔介质分析等，它的湍流模型包括 k-ε 模型、Reynolds 应力模型、LES 模型、标准壁面函数、双层近壁模型等。

☑ Fluent 可以自定义多种边界条件，例如，流动入口以及出口边界条件、壁面边界条件等，可采用多种局部的笛卡儿和圆柱坐标系的分量输入，所有边界条件均可以随空间和时间变化，包括轴对称和周期变化等。Fluent 提供的用户自定义子程序功能，可让用户自行设定连续方程、动量方程、能量方程或组分输运方程中的体积源项，自定义边界条件、初始条件、流动的物性，添加新的标量方程和多孔介质模型等。

☑ Fluent 是用 C 语言编写的，可实现动态内存分配及高效的并行数据结构，具有很大的灵活性与很强的处理能力。此外，Fluent 使用 Client/Server 结构，允许在用户桌面工作站和强有力的服务器上同时分离地运行程序。

☑ Fluent 解的计算与显示可以通过交互式的用户界面来完成。用户界面是通过 Scheme 语言写成的。高级用户可以通过写菜单宏及菜单函数自定义及优化界面，还可以使用基于 C 语言的用户自定义函数功能对 Fluent 进行扩展。

Note

此外，Fluent 2022 还具有如下特点。

☑ 可以方便设置惯性或非惯性坐标系、复数基准坐标系、滑移网格以及动静翼互相作用模型化后的连续界面。

☑ 内部集成丰富的物性参数数据库，含有大量的材料可供选用，用户可以方便地自定义材料。

☑ 具有高效率的并行计算功能，提供多种自动/手动分区算法；内置 MPI 并行计算机制可大幅度提高并行效率。

☑ 拥有友好的用户界面，提供了二次开发接口（UDF）。

☑ 含有后处理和数据输出功能，可以对计算结果进行处理，生成可视化图形以及相应的曲线、报表等。

2.3 Fluent 的系统要求和启动

Fluent 包含在 Ansys 中，所以系统要求与 Ansys 2022 的系统要求相同。

2.3.1 系统要求

1. 操作系统要求

（1）Ansys Workbench 2022 R1 可运行于 Linux x64（linx64）、Windows x64（winx64）等计算机及操作系统中，其数据文件是兼容的，Ansys Workbench 2022 R1 不支持 32 位系统。

（2）确定计算机安装有网卡、TCP/IP，并将 TCP/IP 绑定到网卡上。

2. 硬件要求

（1）内存：16 GB（推荐 32 GB）以上。

（2）硬盘：60 GB 以上硬盘空间，用于安装 Ansys 软件及其配套软件。

（3）显示器：支持 1024×768、1366×768 或 1280×800 分辨率的显示器，一些应用会建议使用高分辨率，例如，1920×1080 或 1920×1200 分辨率；可显示 24 位以上颜色显卡。

（4）介质：可网络下载或 USB 储存安装。

2.3.2 Fluent 软件的启动

Fluent 的启动包括直接启动和通过 Ansys Workbench 中的“流体流动（Fluent）”项目模块来启动。

1. 直接启动

选择“开始”→“Ansys 2022 R1”→“Fluent 2022 R1”命令，如图 2-3 所示，打开“Fluent Launcher 2022 R1”启动器，如图 2-4 所示。在启动器中设置分析的是二维问题（2D）或者三维问题（3D），设置计算精度（单精度或者双精度）等参数后，单击启动器中的“Start”按钮，启动 Fluent。

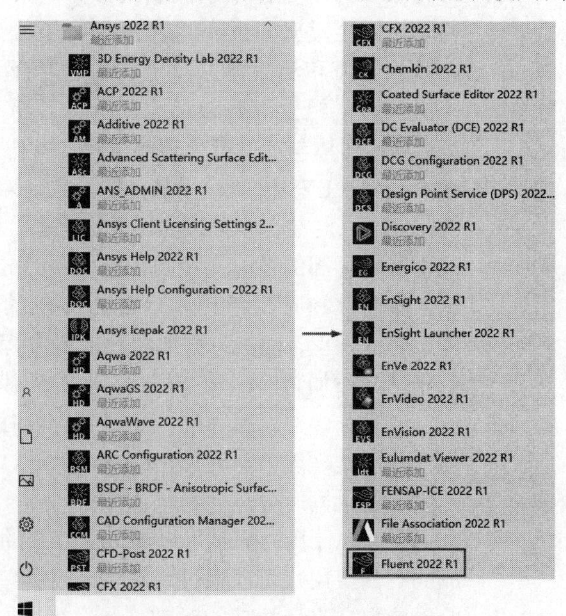

图 2-3 “开始”菜单启动 Fluent

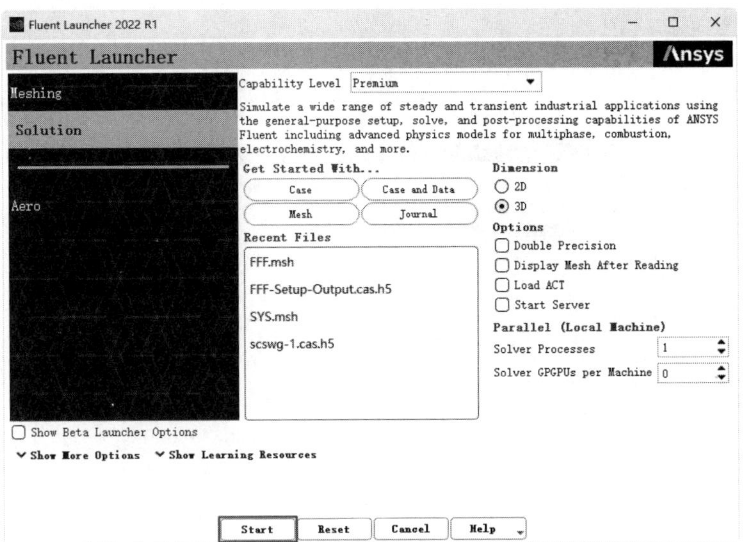

图 2-4　“Fluent Launcher 2022 R1”启动器

2. 在 Workbench 中启动

01 选择“开始”→“Ansys 2022 R1”→“Workbench 2022 R1”命令，打开 Workbench 主界面，如图 2-5 所示。

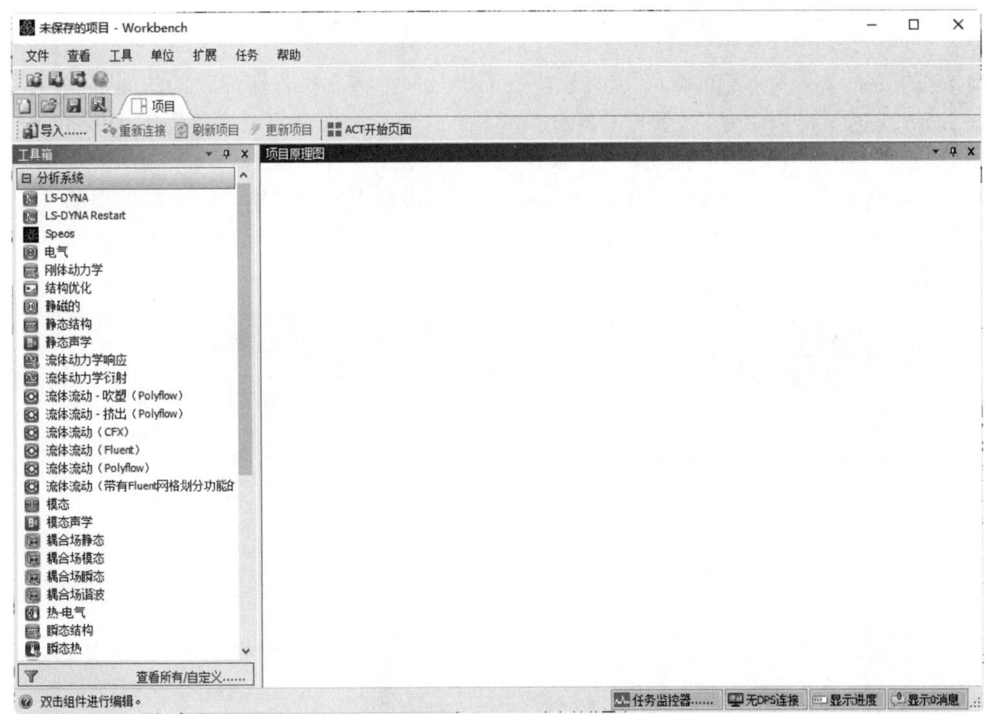

图 2-5　Workbench 主界面

02 展开左边工具箱中的“分析系统”栏，将“流体流动（Fluent）”选项拖曳到“项目原理图”界面中或双击“流体流动（Fluent）”选项，建立一个含有“流体流动（Fluent）”的项目模块，如图 2-6 所示。

Note

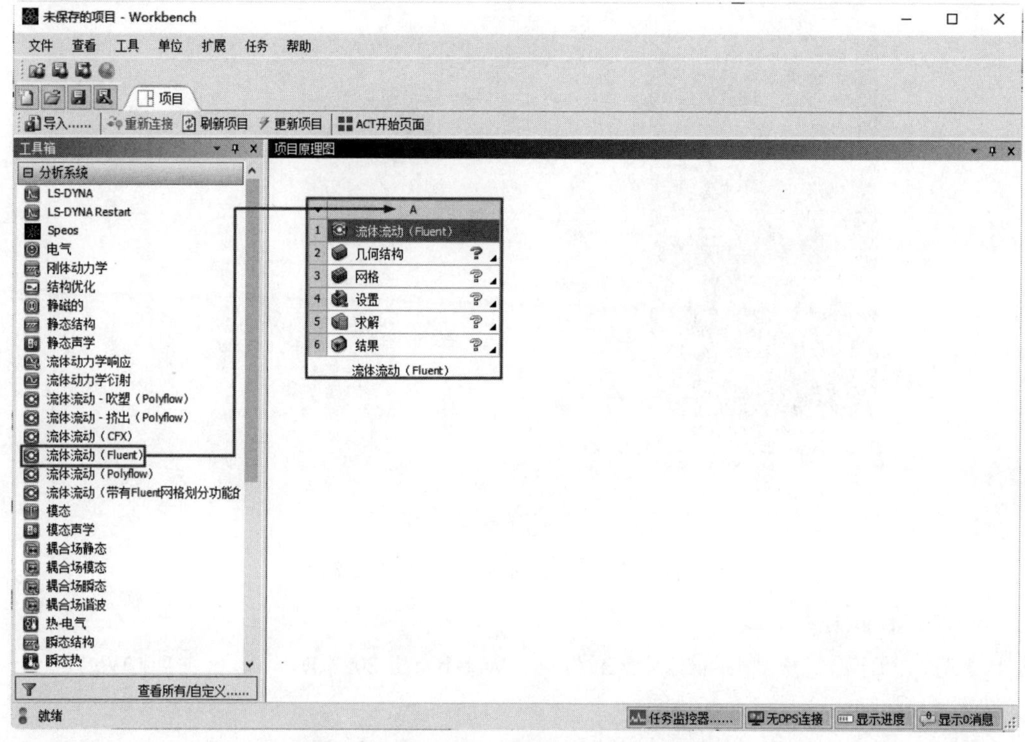

图 2-6　创建“流体流动（Fluent）”项目

03 右击“流体流动（Fluent）”项目模块中的“几何结构”栏，在弹出的快捷菜单中选择“新的 SpaceClaim 几何结构”命令、“新的 DesignModeler 几何结构”命令或者“新的 Discovery 几何结构”命令，创建几何模型；也可以选择“导入几何模型”命令，导入几何模型，如图 2-7 所示。

04 导入模型后，右击“流体流动（Fluent）”项目模块中的“网格”栏，在弹出的快捷菜单中选择“编辑”命令，如图 2-8 所示，启动 Meshing 程序，划分网格，也可以选择“导入网格文件”命令，导入已经划分好网格的文件，这样就可以跳过建模过程。

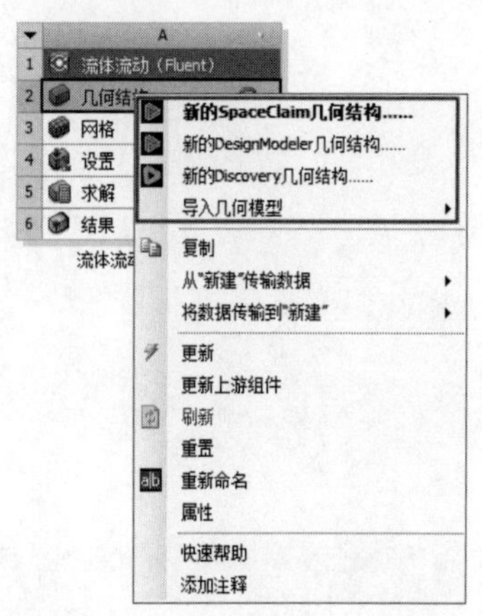

图 2-7　创建或导入几何模型

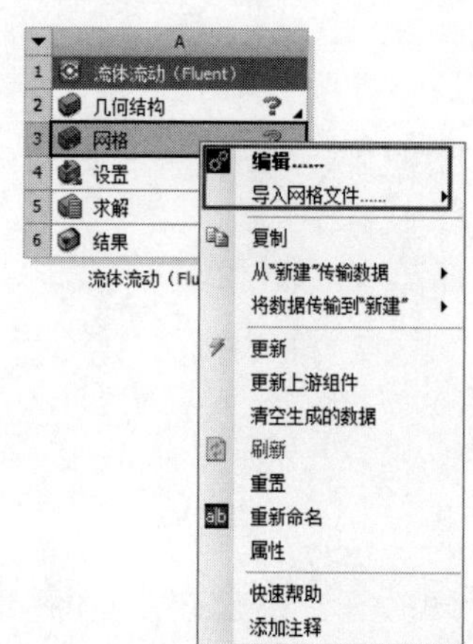

图 2-8　划分网格或导入网格模型

05 划分好网格或导入网格文件后，右击“流体流动（Fluent）”项目模块中的“设置”栏，在弹出的快捷菜单中选择“编辑”命令，如图 2-9 所示，打开“Fluent Launcher 2022 R1（Setting Edit Only）”

启动器，如图 2-10 所示，在启动器中会根据前面创建或导入的几何模型自动选择二维（2D）或三维（3D）分析，在设置计算精度（单精度或者双精度）等参数后，单击启动器中的“Start”按钮，启动 Fluent。

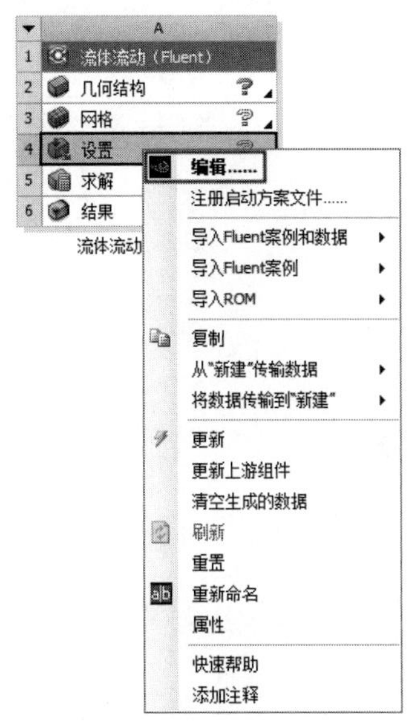

图 2-9　Workbench 启动 Fluent

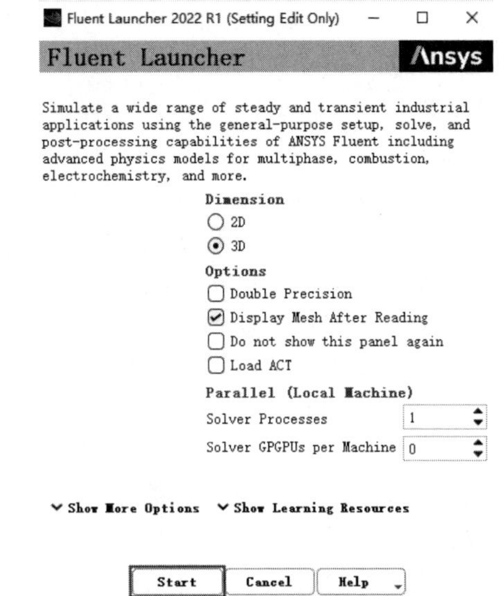

图 2-10　“Fluent Launcher 2022 R1（Setting Edit Only）”启动器

2.4　Fluent 的功能特点和分析过程

Fluent 的主要功能特点有：多种数值算法和先进的物理模型。

2.4.1　数值算法

Fluent 软件采用有限体积法，提供了 3 种数值算法，具体如下。

1. 非耦合隐式算法

该算法适用于不可压缩流动和中等可压缩流动，不对 N-S 方程联立求解，而是对动量方程进行压力修正。该算法是一种很成熟的算法，在应用上经过了广泛的验证。这种算法拥有多种燃烧、化学反应及辐射、多相流模型与其配合，适用于低速流动的 CFD 模拟。

2. 耦合显示算法

该算法由 Fluent 公司与 NASA 联合开发，与 SIMPLE 算法不同，该算法是对整个 N-S 方程组进行联立求解，空间离散采用通量差分分裂格式，时间离散采用多步 Runge-Kutta 格式，并采用了多重网格加速收敛技术。对于稳态计算，还采用了当地时间步长和隐式残差光顺技术。该算法稳定性好，内存占用较少，应用极为广泛。

3. 耦合隐式算法

该算法也对 N-S 方程组进行联立求解，由于采用隐式格式，因此计算精度和收敛性较耦合显示算法要好，但占用内存较多。该算法还有一个优点就是可以对从低速流动到高速流动的全速范围内进行求解。

Note

2.4.2 物理模型

Fluent 软件含有丰富的物理模型，有黏性模型、多相流模型、辐射模型、组分模型、离散相模型以及凝固和熔化模型，具体如下。

1. 黏性模型

Fluent 提供了 11 种黏性模型：无黏模型、层流模型、Spalart-Allmaras（1 eqn）模型、k-epsilon（2 eqn）模型、k-omega（2 eqn）模型、转捩 k-kl-omega（3 eqn）模型、转捩 SST（4 eqn）模型、雷诺应力模型（RSM-7 eqn）、尺度自适应模型（SAS）、分离涡模拟模型（DES）和大涡模拟模型（LES）。其中，大涡模拟模型只对三维问题有效。在“概要视图”中的“模型”列表中双击“黏性”按钮，可在“物理模型”选项卡“模型”面板中单击“黏性”按钮，弹出“黏性模型”对话框，如图 2-11 所示。默认状态下，“黏性模型”对话框的“无黏”单选按钮处于选中状态。

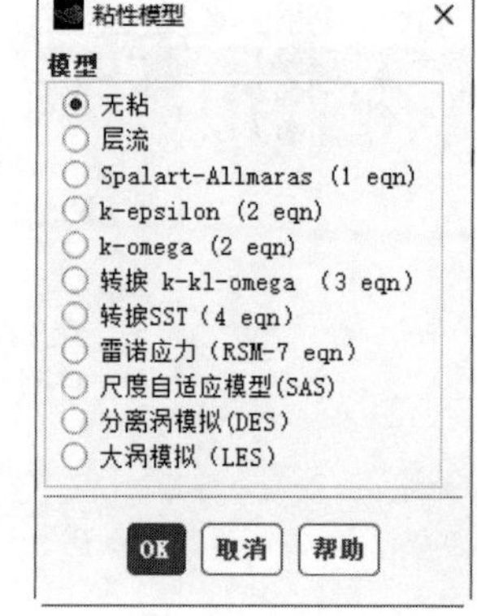

图 2-11 “黏性模型”[①]对话框

☑ 无黏模型：进行无黏流计算。

☑ 层流模型：层流模拟。

☑ Spalart-Allmaras（1 eqn）模型：用于求解动力涡黏输运方程，该模型专门为涉及壁面边界流动的航空、航天应用领域而设计的，并已被证明对受到逆压力梯度作用的边界层具有良好的效果。该模型在旋转机械领域的应用也越来越普遍。

☑ k-epsilon（2 eqn）模型：该模型又分为 Standard 模型、RNG 模型和 Realizable 模型 3 种。Standard 模型忽略分子间黏性，只适用于完全湍流；RNG 模型考虑湍流漩涡，其湍流 Prandtl 数为解析公式（而非常数），考虑低雷诺数黏性等，故而对于瞬变流和流线弯曲有很好的表现；Realizable 模型提供旋流修正，对旋转流动、流动分离有很好的表现。

☑ k-omega（2 eqn）模型：该模型可以进行湍流计算，分为 Standard 模型、GEKO 模型、BSL 模型和 SST 模型。Standard 模型主要应用于壁面约束流动和自由剪切流动；GEKO 模型的目标是提供一个具有足够灵活的单一模型，以覆盖广泛的应用，是一个强大的模型优化工具，但是需要正确理解这些系数的影响，以避免失调；BSL 模型有效地将近壁区域的稳健且精确的模型公式与远场自由流无关的模型公式融合在一起；SST 模型在近壁面区有更高的精度和更好的算法稳定性。

☑ 转捩 k-kl-omega（3 eqn）模型：用于模拟层流向湍流的转捩过程。

☑ 转捩 SST（4 eqn）模型：该模型基于 k-omega（2 eqn）模型中的 SST 模型开发的，额外添加了两个用于求解转捩过程的方程，计算量要比 SST 模型大。

☑ 雷诺应力（RSM-7 eqn）模型：该模型是精细制作的湍流模型，可用于飓风流动、燃烧室高速旋转流、管道中二次流等。

☑ 尺度自适应模型（SAS）：该模型是优先推荐的尺度解析模型，适用于强旋流、混合流、钝体绕流等 Fluent 求解模拟。

☑ 分离涡模拟（DES）模型：该模型是近年来出现的一种结合雷诺平均方法和大涡数值模拟两者优点的湍流模拟方法。采用基于 Spalart-Allmaras 方程模型的 DES 方法，数值求解 N-S 方程，模拟绕流发生分离后的旋涡运动。其中，空间区域离散采用有限体积法，方程空间项和

---

① 文中的“黏性”与图中的“粘性”为同一内容，后文不再赘述。

时间项的数值离散分别采用 Jameson 中心格式和双时间步长推进方法。通过模拟圆柱绕流以及翼型失速绕流，可以观察到与物理现象一致的旋涡结构，得到与实验数据相吻合的计算结果。

☑ 大涡模拟（LES）模型：该模型只对三维问题有效。

2. 多相流模型

Fluent 提供了 3 种多相流模型：VOF（volume of fluid）模型、Mixture（混合）模型和欧拉（Eulerian）模型。在“概要视图”中的“模型”列表中双击“多相流”按钮，也可以在“物理模型”选项卡“模型”面板中单击“多相流”按钮，弹出“多相流模型”对话框，如图 2-12 所示。默认状态下，“多相流模型”对话框的“关闭”单选按钮处于选中状态。

图 2-12　“多相流模型”对话框

Note

（1）VOF 模型。

该模型通过求解单独的动量方程和处理穿过区域的每一流体的容积比来模拟 2 种或 3 种不能混合的流体。典型的应用包括流体喷射、流体中气泡运动、流体在大坝坝口的流动。气液界面的稳态和瞬态处理等，如图 2-13 所示。

（2）Mixture 模型。

该模型用于模拟各相有不同速度的多相流，但是假定了在短空间尺度上局部的平衡。典型的应用包括沉降、气旋分离器、低载荷作用下的多粒子流动、气相容积率很低的泡状流，如图 2-14 所示。

（3）欧拉模型。

该模型可模拟多相分流及相互作用的相，与离散相模型中 Eulerian-Lagrangian 方案只可用于离散相不同，在多相流模型中欧拉可用于模型中的每一相，如图 2-15 所示。

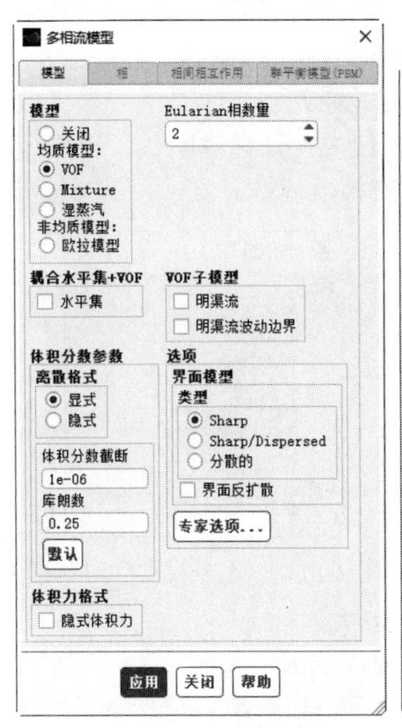

图 2-13　VOF 模型

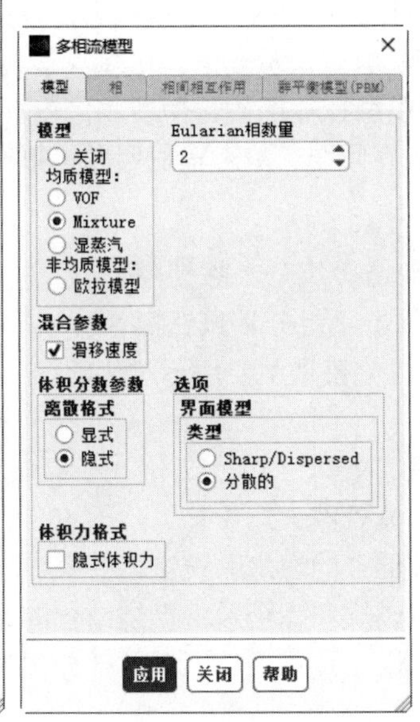

图 2-14　Mixture 模型

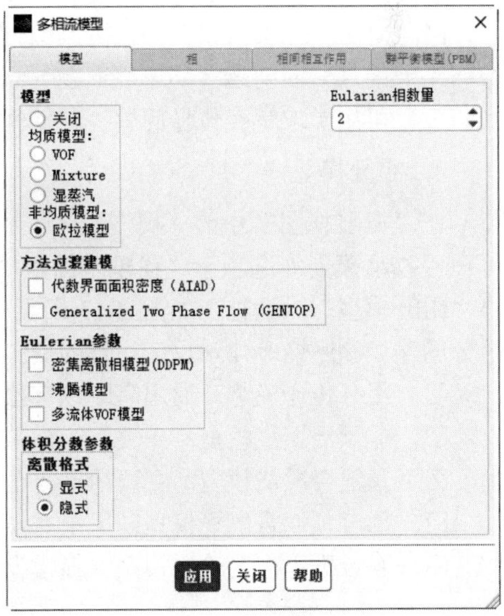

图 2-15　欧拉模型

3. 辐射模型

Fluent 提供了 6 种辐射模型：Rosseland 模型、P1 模型、Discrete Transfer（DTRM）模型、表面到表面（S2S）模型、离散坐标（DO）模型、Monte Carlo（MC）模型。在“概要视图”中的“模型”列表中双击“辐射”按钮，也可在“物理模型”选项卡“模型”面板中单击“辐射”按钮，弹出

“辐射模型”对话框，如图 2-16 所示。辐射模型可用于火焰辐射传热、表面辐射传热、导热、对流与辐射的耦合问题、采暖、通风等。

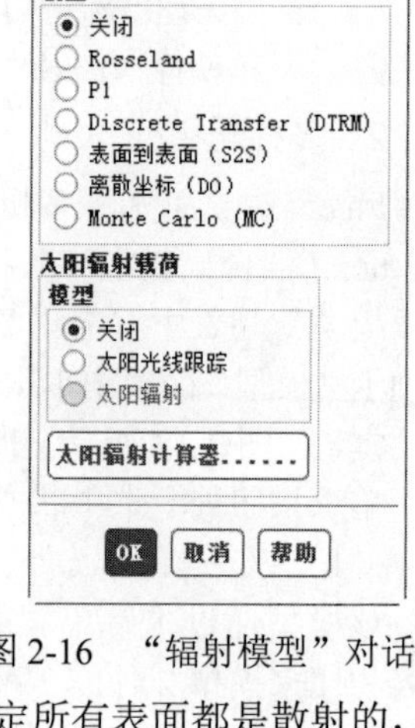

图 2-16 “辐射模型”对话框

☑ Rosseland 模型：该模型不会求解额外的关于入射、辐射的传输方程，因此该模型计算速度快，节省内存。但该模型只能用于光学深度比较大的情况，当光学深度大于 3 时优先使用该模型，并且该模型不能用于密度基求解器。

☑ P1 模型：该模型为一个扩散方程，考虑了扩散效应，因此求解占用较小的内存，尤其当求解光学深度比较大时（如燃烧应用）。但该模型也存在一定的限制条件：该模型假定所有的表面均为散射，且假定基于灰体辐射；当光学深度很小时，求解的精度会降低。

☑ Discrete Transfer（DTRM）模型：该模型可用于光学深度非常大的情况，模型较为简单，可以通过增加射线数量来提高计算精度，但需要占用较大的内存。使用该模型的限制条件为假定所有表面都是散射的，但不包括散射效应，且假定基于灰体辐射；不能与非共形交界面或滑移网格同时使用，不能用于并行计算。

☑ 表面到表面（S2S）模型：该模型适用于封闭空间中没有介质的辐射问题（如太空空间站的排热系统，太阳能的收集系统等）。使用该模型的限制条件为假定所有表面都是散射的，且假定基于灰体辐射；不能用于有介质参与的辐射问题；不能用于含有周期边界的模型；不能用于含有对称边界的问题；不支持非共形交界面、悬挂节点或网格自适应。

☑ 离散坐标（DO）模型：该模型应用广泛，它能够求解所有光学深度区间的辐射问题；能求解燃烧问题中面对面的辐射问题，计算速度和占用内存都比较适中。

☑ Monte Carlo（MC）模型：该模型能够解决从光学薄区域（透明区域）到光学厚区域（扩散区域）的问题（如燃烧问题）。该模型计算准确，但占用的内存较大，计算时间长。该模型可用于求解壳传导问题、周期性边界问题、瞬态辐射问题、热交换器问题。

4. 组分模型[1]

在“概要视图”中的“模型”列表中双击“组分”按钮，也可在“物理模型”选项卡“模型”面板中单击“组分”按钮，弹出“组分模型”对话框，如图 2-17 所示。组分模型主要用于对化学组分的输运和燃烧等化学反应进行的模拟。

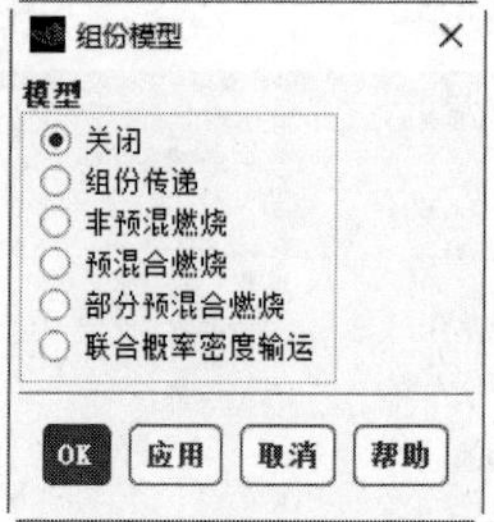

图 2-17 “组分模型”对话框

☑ 组分传递模型：通用有限速率模型。

☑ 非预混燃烧模型：主要用于模拟湍流扩散火焰设计。

☑ 预混合燃烧模型：主要用于完全预混合的燃烧系统。

☑ 部分预混合燃烧模型：用于非预混燃烧和完全预混燃烧结合的系统。

☑ 联合概率密度输运模型：该模型可用于预混、非预混及部分预混火焰中。

5. 离散相模型

在“概要视图”中的“模型”列表中双击“离散相”按钮，也可在“物理模型”选项卡“模型”面板中单击“离散相”按钮，弹出“离散相模型”对话框，如图 2-18 所示。离散相模型主要用于预测连续相中由于湍流旋涡作用而对颗粒造成的影响，离散相的加热或冷却，液滴的蒸发与沸腾、

[1] 文中的“组分”与图中的“组份”为同一内容，后文不再赘述。

Note

崩裂与合并，模拟煤粉燃烧等。

6. 凝固和熔化模型

在“概要视图”中的“模型”列表中双击“凝固和熔化”按钮，也可在“物理模型”选项卡“模型”面板中单击“更多”下拉列表中的“熔化...”按钮，弹出“凝固和熔化”对话框，如图 2-19 所示。如果要进行有关凝固和熔化的计算，需要选中“凝固/熔化”单选按钮，给出“糊状区域参数”值，一般为 10^4～10^7。

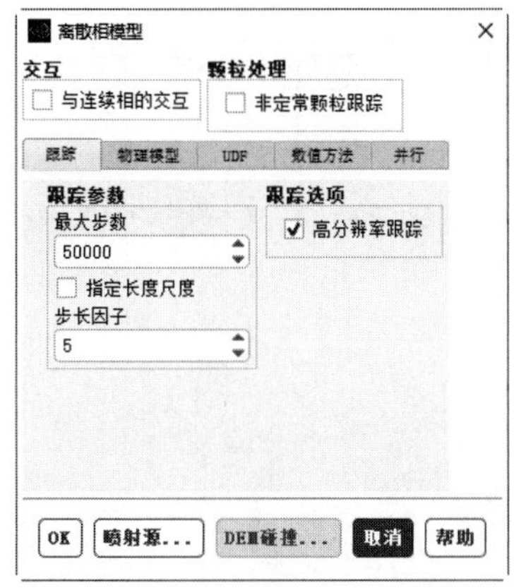

图 2-18 “离散相模型”对话框

图 2-19 “凝固和熔化”对话框

2.4.3 Fluent 的应用

基于强大的功能特点，Flunet 在很多领域得到了广泛应用，主要有以下几个方面。

☑ 水轮机、风机和泵等流体内部的流体流动。
☑ 汽车工业的应用。
☑ 换热器性能分析及换热器形状的选取。
☑ 飞机和航天器等飞行器的设计。
☑ 洪水波及河口潮流计算。
☑ 风载荷对高层建筑物稳定性的影响。
☑ 温室及室内空气流通分析。
☑ 电子元器件冷却分析。
☑ 河流中污染物的扩散分析。
☑ 建筑设计和火灾研究。

2.4.4 Fluent 的分析过程

当使用 Fluent 解决某一问题时，首先要考虑如下几个问题。

（1）定义模型目标：从 CFD 模型中需要得到的结果，从模型中需要得到的精度。选择计算模型：如何隔绝所需要模拟的物理系统，计算区域的起点和终点是什么？在模型的边界处使用什么样的边界条件？二维问题还是三维问题？什么样的网格拓扑结构适合解决问题？

（2）物理模型的选取：层流还是湍流？定常还是非定常？可压流还是不可压流？是否需要应用其他的物理模型？

（3）确定解的程序：问题可否简化？是否使用默认的解的格式与参数值？采用哪种解格式可以

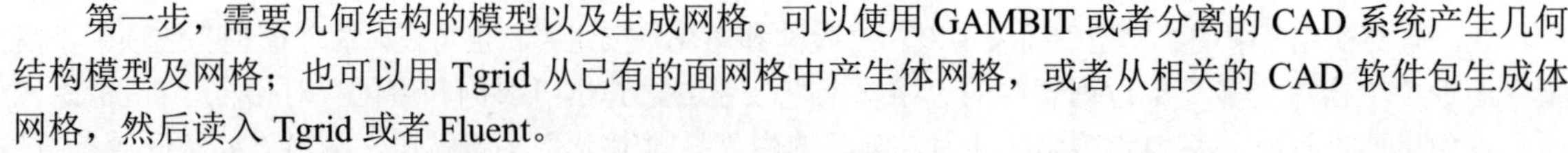

Note

加速收敛？使用多重网格计算机的内存是否够用？得到收敛解需要多长时间？

（4）具体解决问题的步骤。

第一步，需要几何结构的模型以及生成网格。可以使用 GAMBIT 或者分离的 CAD 系统产生几何结构模型及网格；也可以用 Tgrid 从已有的面网格中产生体网格，或者从相关的 CAD 软件包生成体网格，然后读入 Tgrid 或者 Fluent。

第二步，启动 Fluent 解算器。各步骤需要操作的菜单如表 2-1 所示。利用 Fluent 软件进行求解的具体步骤如下。

① 确定几何形状，生成计算网格（可在 Workbench 中生成，也可以读入其他制定程序生成的网格）。

② 输入并检查网格。

③ 选择求解器（2D 或 3D 等）。

④ 选择求解的方程：层流或湍流（或者无黏流）、化学组分或化学反应、传热模型等。确定其他需要的模型，如风扇、热交换器、多孔介质等。

⑤ 确定流体的物性参数。

⑥ 确定边界类型以及其边界条件。

⑦ 条件计算控制参数。

⑧ 流场初始化。

⑨ 求解计算。

⑩ 保存结果，进行后处理等。

表 2-1　Fluent 菜单概述

解 的 步 骤	菜　　单
读入网格	文件菜单
检查网格	网格菜单
选择解算器格式	定义菜单（define menu）
选择基本方程	定义菜单
物性参数	定义菜单
边界条件	定义菜单
调整解的控制	解菜单（solve menu）
初始化流场	解菜单
计算解	解菜单
结果的检查	显示菜单（display menu）或绘图菜单（plot menu）或报告菜单（report menu）
保存结果	文件菜单
网格适应	适应菜单

（5）Fluent 的求解器：包括 Fluent 2d（二维单精度求解器）、Fluent 3d（三维单精度求解器）、Fluent 2ddp（二维双精度求解器）、Fluent 3ddp（三维双精度求解器）等。

（6）Fluent 求解方法的选择：包括非耦合求解方法和耦合求解方法。非耦合求解方法主要用于不可压缩流动或者低马赫数压缩性流体的流动。耦合求解方法则用于高速可压流动。

Fluent 默认设置为非耦合求解，但对于高速可压流动，或者需要考虑体积力（浮力或者离心力）的流动。求解问题时网格要密，建议采用耦合隐式求解方法求解能量和动量方程，可较快地得到收敛解，缺点是需要的内存比较大（是非耦合求解迭代时间的 1.5～2.0 倍）。如果必须进行耦合求解，但是内存不够，则用户可以考虑使用耦合显式解法器求解。该解法器也耦合了动量、能量和组分方程，且占用的内存要比隐式求解方法小，但缺点是收敛时间比较长。

第3章

创建几何模型

在进行有限元分析之前，一般需要在 Workbench 中创建或导入模型。创建模型通常使用 DesignModeler 组件，该组件可以用于 2D 和 3D 模型的创建。

本章主要介绍启动 DesignModeler、绘制草图、三维建模、概念建模以及创建横截面等内容。

3.1 启动 DesignModeler

Note

DesignModeler 是 Workbench 中的一个组件，它没有独立的启动程序，我们可以在 Workbench 中通过分析系统单元格或组件系统单元格进行启动，步骤如下。

01 双击分析系统或者组件系统中的组件，或者拖动组件到项目原理图中，则在右边的项目原理图空白区域内出现该组件的项目原理图 A，如图 3-1 所示。

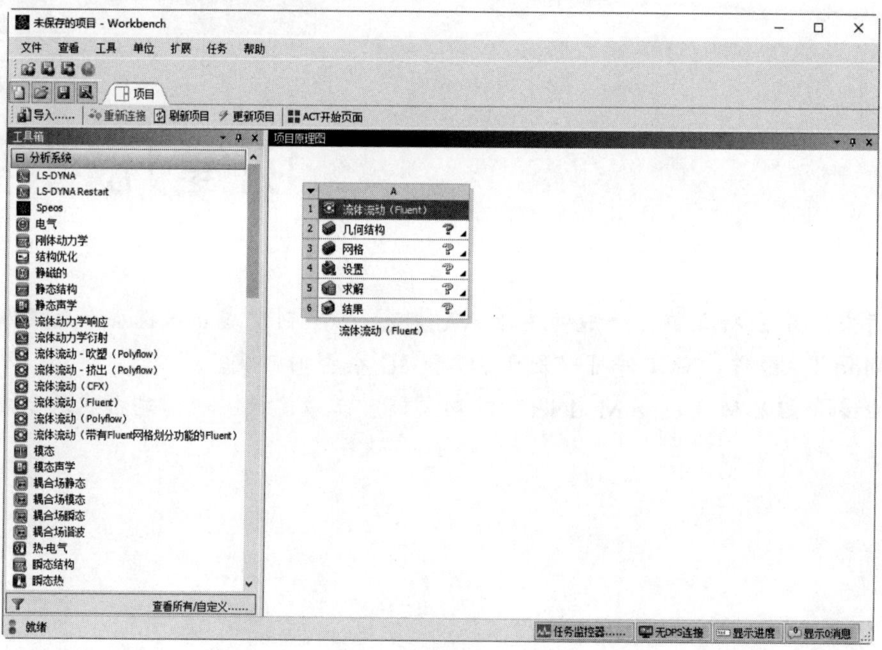

图 3-1　创建项目

02 右击“几何结构”模块，在弹出的快捷菜单中选择“新的 DesignModeler 几何结构”命令，如图 3-2 所示，打开 DesignModeler 应用程序；也可以右击“几何结构”模块，在弹出的快捷菜单中选择“导入几何模型”→“浏览”命令，如图 3-3 所示，然后导入其他格式的模型文件，进入 DesignModeler 应用程序。

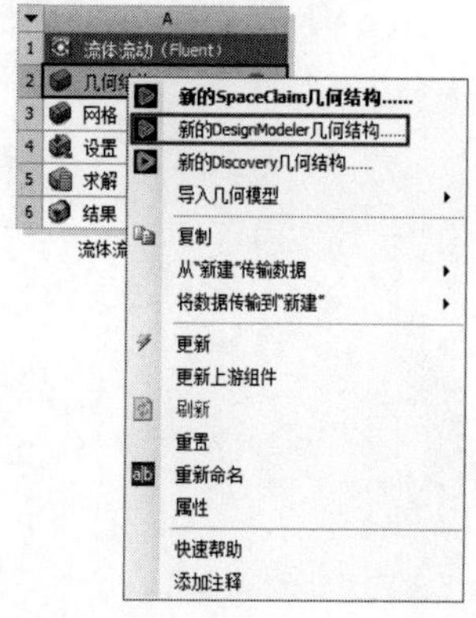

图 3-2　右击打开 DesignModeler 应用程序

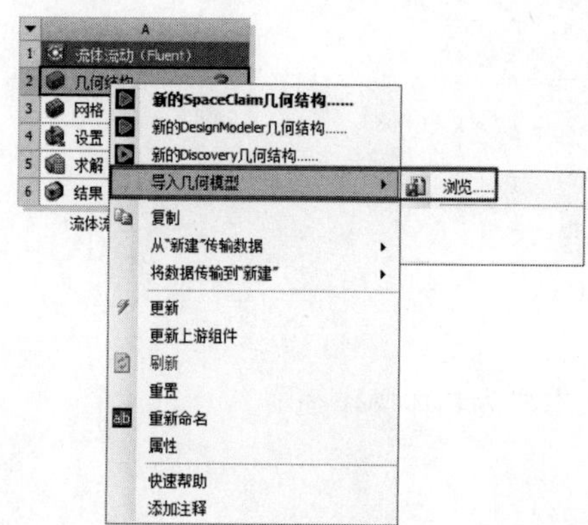

图 3-3　右击导入文件打开 DesignModeler 应用程序

3.2　DesignModeler 图形界面

Ansys Workbench 2022 R1 提供的 DesignModeler 图形用户界面具有直观、分类科学的优点，方便用户学习和应用。

3.2.1　图形界面介绍

图 3-4 所示为一个标准的图形界面，包括菜单栏、工具栏、树轮廓、信息栏、状态栏、图形窗口等区域。

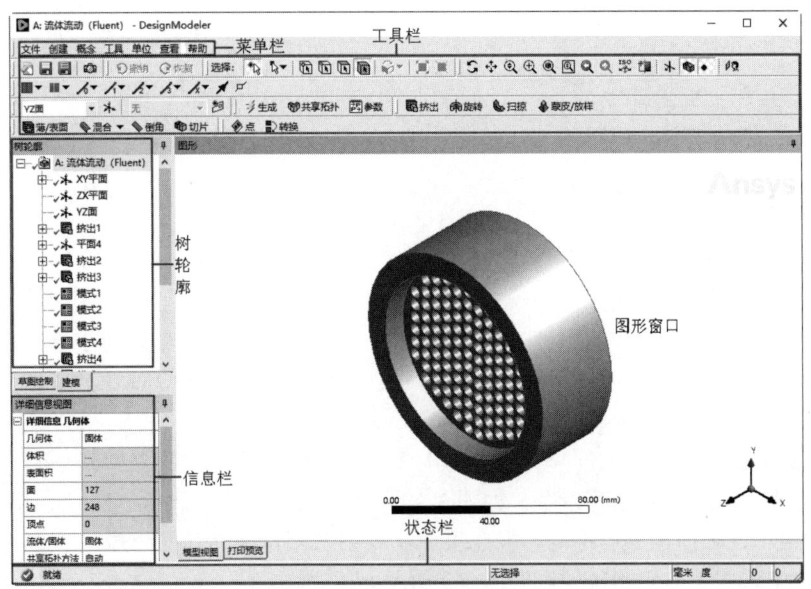

图 3-4　图形界面

（1）菜单栏：以下拉菜单的形式组织图形界面层次，菜单栏主要包括文件、创建、概念、工具、单位、查看和帮助等下拉菜单。

（2）工具栏：利用工具菜单可以完成该软件的大部分操作。用户将光标移动到图标上，停留片刻，系统自动提示该图标对应的命令，使用时，单击相应的图标就能方便快捷地启动对应的命令。另外为了操作方便，工具栏可以放置在任何地方，以方便使用习惯不同的用户。

（3）树轮廓：记录了创建模型的操作步骤，包括平面、特征、草图、几何模型等。用户可以对操作不当的特征或草图直接进行修改，提高了建模的效率。在树轮廓下方还有两个切换按钮：草图绘制和建模。通过单击这两个按钮，可以在草图模式和建模模式间进行切换，图 3-5 所示为草图模式下的标签，图 3-6 所示为建模模式下的标签。

（4）信息栏：信息栏是用来查看或修改模型细节的。在信息栏中以表格的方式来显示，左栏为细节名称，右栏为具体操作细节。

（5）状态栏：在图形界面的底部，显示当前命令的提示信息，在操作过程中，经常浏览状态栏，可以帮助初学者解决操作中遇到的困难或出现的问题。

（6）图形窗口：是图形界面中最大的空白区域，也是建模和绘制草图的显示区域。

Note

图 3-5　草图标签

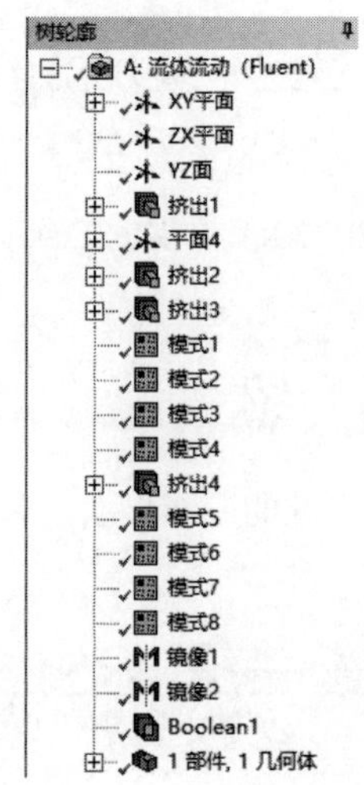

图 3-6　建模标签

3.2.2　菜单栏

DesignModeler 菜单栏中包括文件、创建、概念、工具、单位、查看和帮助几个下拉菜单，可以实现包括工具栏在内的大部分功能，如文件的保存、导出和导入，模型的创建和修改，单位的设置，图形的显示样式，帮助功能等。

（1）文件菜单：用来进行基本的文件操作，包括文件的输入、新建、保存、导入、导出、与 CAD 进行交互以及写入活动面的脚本等，如图 3-7 所示。

（2）创建菜单：用于模型的创建和修改，主要针对 3D 模型，包括创建新平面、模型的拉伸、旋转、扫掠、抽壳、圆角、倒角等命令，如图 3-8 所示。

（3）概念菜单：与创建菜单不同，概念菜单主要用来创建线体和面体模型，这些线体和面体可作为有限元分析中梁和壳单元的模型，如图 3-9 所示。

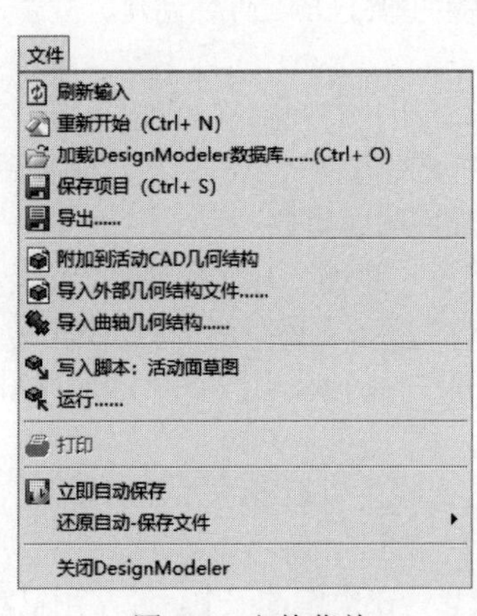

图 3-7　文件菜单

图 3-8　创建菜单

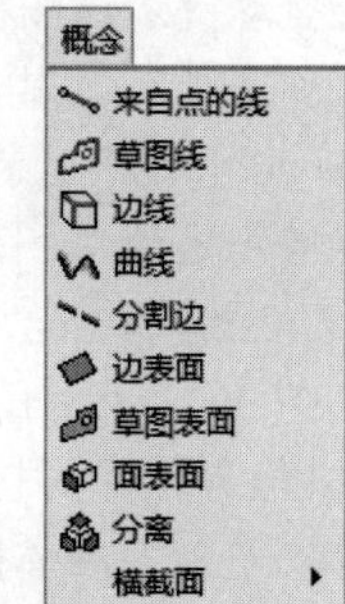

图 3-9　概念菜单

（4）工具菜单：用来进行整体建模、参数管理以及用户程序化等，包括冻结、解冻、生成中层

面、面分割、投影等建模工具，如图 3-10 所示。

（5）单位菜单：提供建模的单位，包括长度单位、角度单位以及模型容差，如图 3-11 所示。

（6）查看菜单：用于修改显示设计，包括模型的外观颜色、显示方式、标尺的显示以及显示坐标系等功能，如图 3-12 所示。

（7）帮助菜单：用于取得帮助文件，如图 3-13 所示。Ansys Workbench 2022 R1 提供了内容完备的帮助功能，包括大量关于 GUI、命令和基本概念等的帮助信息。熟练使用帮助功能是学习 Ansys Workbench 2022 R1 取得进步的必要条件。这些帮助以 Web 页方式存在，也可以授权安装，用户可以很容易地访问。

图 3-10 工具菜单

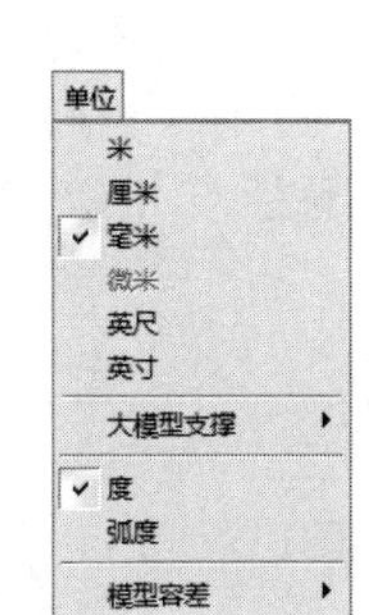

图 3-11 单位菜单

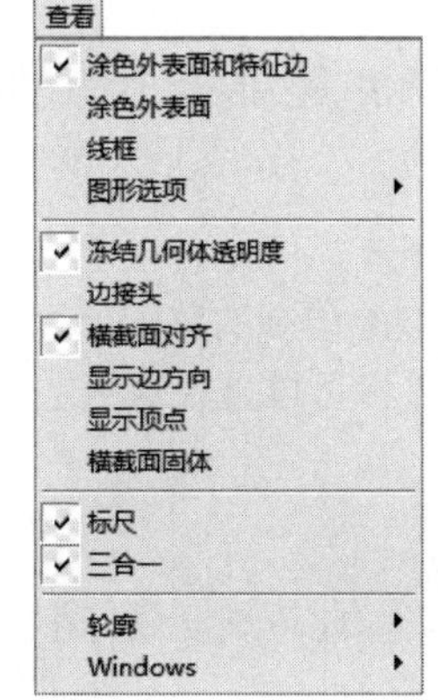

图 3-12 查看菜单

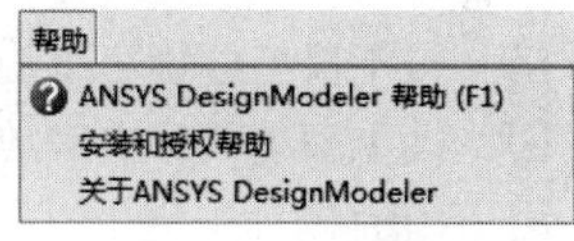

图 3-13 帮助菜单

3.2.3 工具栏

DesignModeler 的工具栏位于菜单栏的下方，如图 3-14 所示，同样可以进行大部分的命令操作，包括文件管理工具、选择过滤工具、新建平面/草图工具、图形控制工具、图形显示工具以及几何建模工具等，与其他软件不同的是，用户只能改变 DesignModeler 工具栏的放置位置，而不能对其进行添加或删减操作。

图 3-14 工具栏

3.2.4 信息栏

信息栏又叫详细信息视图栏，选择内容不同所显示的信息也不相同，图 3-15 为草图的详细信息，图 3-16 为模型的详细信息。信息栏分为左右两列，左侧为细节名称，右侧为具体细节，包括一些操

作过程，对于显示信息的可编辑范围，信息栏用不同的颜色进行区分，如图 3-16 所示，白色区域为当前输入的数据；黄色区域为未进行信息输入的数据，这两区域都是可以进行数据的编辑，而灰色区域是信息显示区域，不能进行数据编辑。

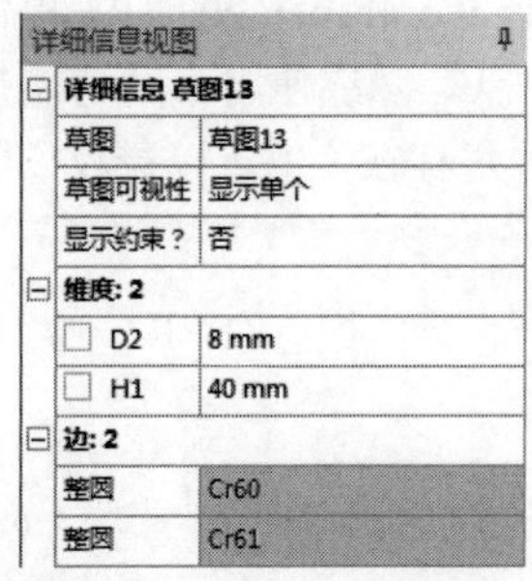

图 3-15　草图详细信息视图栏

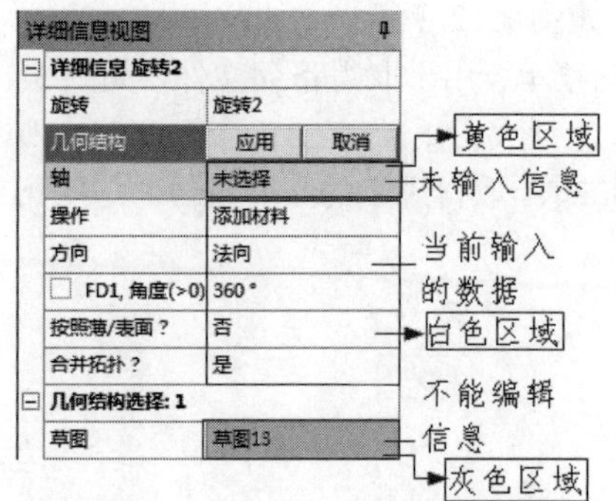

图 3-16　模型详细信息视图栏

3.2.5　鼠标操作

鼠标有左键、右键和中键，可以利用鼠标快速地对图形进行选择、旋转和缩放操作。

1. 鼠标左键

☑　单击鼠标左键可以选择草图或几何体（包括点、线、面、体）。

☑　Ctrl+鼠标左键可以添加或删除选择的草图或几何体（包括点、线、面、体）。

☑　按下鼠标左键，然后拖动鼠标可以进行连续选择。

2. 鼠标中键

☑　按下鼠标中键可以旋转图形。

☑　向上滚动鼠标中键放大图形，向下滚动鼠标中键缩小图形。

☑　Ctrl+鼠标中键可以平移图形。

☑　Shift+鼠标中键可以缩放图形。

3. 鼠标右键

☑　按下鼠标右键同时框选图形，可局部放大图形。

☑　单击鼠标右键可以打开快捷菜单。

3.2.6　选择过滤器

在进行操作时，需要经常选择不同的对象，比如选择点、线、面和体等，利用选择过滤器可以进行很好的操作，如图 3-17 所示。使用选择过滤器，首先需要在相应的过滤器图标上单击，然后在绘图区域就只能选中相应的特征。比如要选择某一实体上的边线，我们可以先选中边选择过滤器，这时就只能选择该实体上的边而不能选择面和体了。

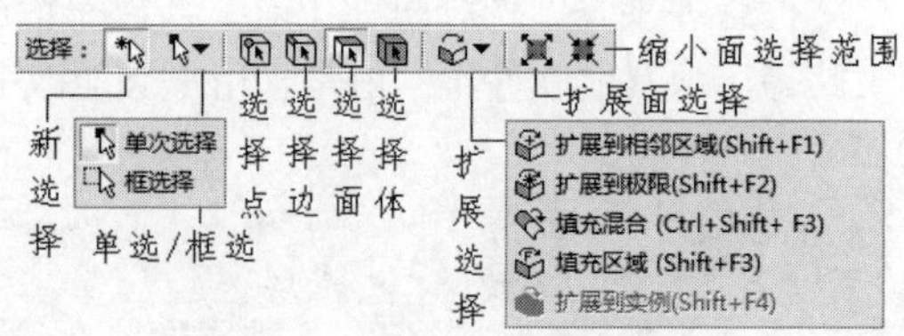

图 3-17　选择过滤器

3.2.7　单选

在 Ansys Workbench 2022 R1 中，选择目标是指选择点、线、面、体，可以通过图 3-18

所示工具栏中的“选择模式”按钮选取选择的模式，包含“单次选择”单次选择和“框选择”框选择。

单击“选择模式”按钮，选择“单次选择”选项，进入单选模式。利用鼠标左键在模型上单击进行目标的选取。

在选择几何体时，有些是在后面被遮盖上，这时使用选择面板十分有用。具体操作为首先选择被遮盖几何体的最前面部分，这时在视图区域的左下角将显示选择面板的待选窗格，如图 3-19 所示。它用来选择被遮盖的几何体（线、面等），待选窗格的颜色和零部件的颜色相匹配（适用于装配体）。可以直接单击待选窗格的待选方块，每一个待选方块都代表一个实体（面、边等）。

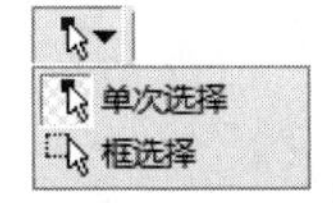

图 3-18　选择过滤器

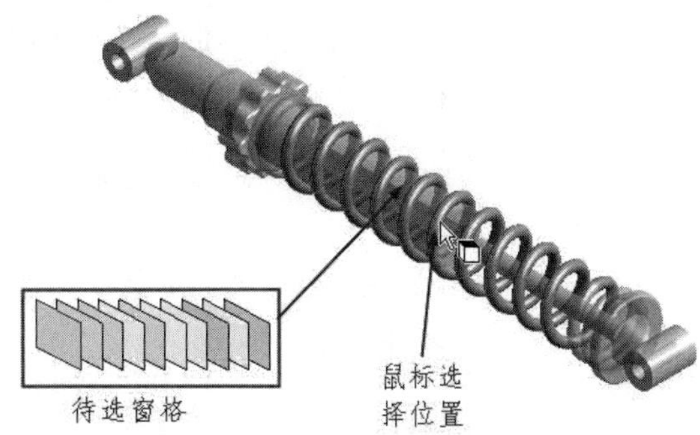

图 3-19　选择面板

3.2.8　框选

与单选的方法类似，只需选择“框选择”选项，进入框选模式，然后在视图区中按住鼠标左键拖动、画矩形框进行选取。框选也是基于当前激活的过滤器来选择，如果采取面选择过滤模式，则框选同样也是只可以选择面。另外，在框选时，不同的拖动方向代表不同的含义，若从左向右框选，则只选择完全被框住的几何体；若从右向左框选，则选择框中所有的几何体，如图 3-20 所示。

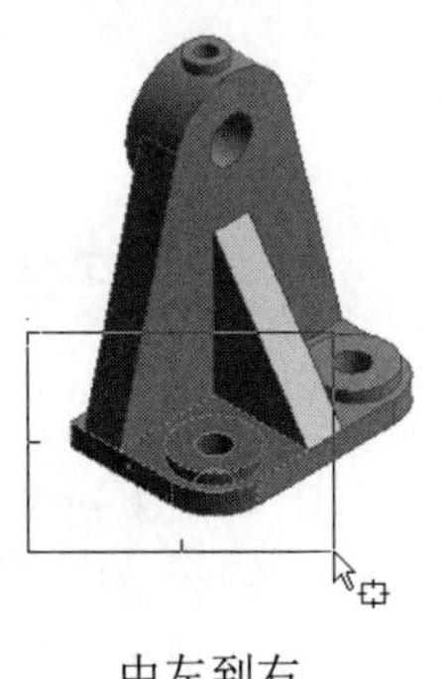

由左到右

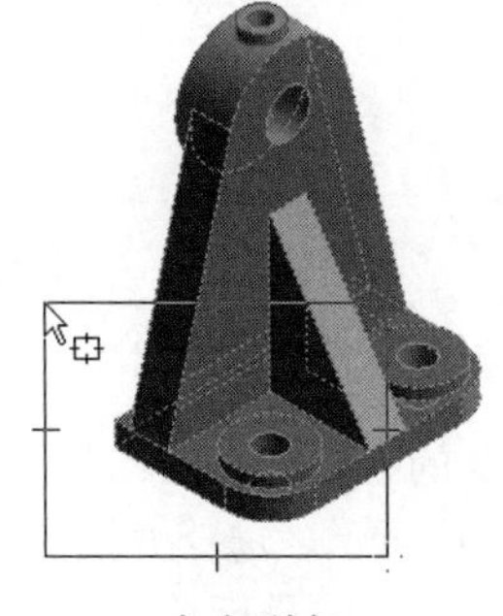

由右到左

图 3-20　框选模式

3.3　绘 制 草 图

3.3.1　设置单位

在创建一个新的设计模型进行草图绘制前或者导入模型到 DesignModeler 后，首先需要设置单位，设置单位需要在单位下拉菜单中进行选择，如图 3-21 所示。用户要根据所建模型的大小来选择单位的大小，确定单位后，所建模型就会以当下单位确定大小。如果在建模过程中再次更改单位，模型的实际大小不会发生改变，比如在毫米单位值下创建一个高度为 100 mm 的圆柱体，如果将单位改为米制单位后，该模型不会变为 100 m 的圆柱。

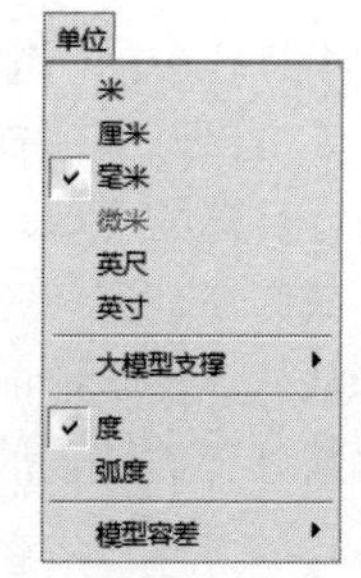

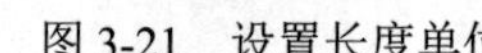
图 3-21　设置长度单位

Note

3.3.2　绘图平面

在绘制草图之前，应先确定草图绘制的平面，可以在初始的平面上绘制草图，也可以在模型的平直表面绘制草图，或在创建的新平面上绘制草图。创建新平面的步骤如下。

01 选择“创建”下拉菜单中的“新平面”命令，如图 3-22 所示。

02 单击工具栏中的“新平面”按钮，如图 3-23 所示。

03 完成上述操作后在树轮廓中将出现一个带有“闪电”符号的新平面，如图 3-24 所示，表示该平面还没有生成，同时，在树轮廓下方弹出信息栏，在信息栏中可以设置创建新平面的方法，如图 3-25 所示，一共有如下 8 种方法。

☑　从平面：基于一个已有的平面创建新平面。

☑　从面：基于模型的外表面创建平面。

☑　从质心：从质心创建平面。

☑　从圆/椭圆：基于圆或椭圆创建平面。

☑　从点和边：用一条边和边外的一个点创建平面。

☑　从点和法线：过一点且垂直某一直线创建平面。

☑　从三点：通过 3 个点创建平面。

☑　从坐标：通过输入距离原点的坐标和法线定义平面。

图 3-22　菜单栏新建平面

图 3-23　工具栏新建平面

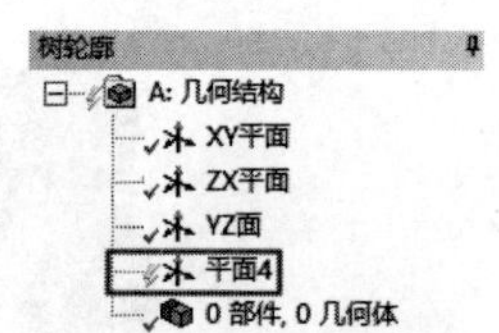

图 3-24　新建平面

在选择了创建平面的方法后，在信息栏中单击“转换 1（RMB）”组下拉菜单中的选项完成所选平面的变换，如图 3-26 所示，选择变换后，会出现输入偏移距离、旋转角度、旋转轴的属性选项，用户根据自己所需创建平面，最后单击工具栏中的“生成”按钮，完成平面的创建。

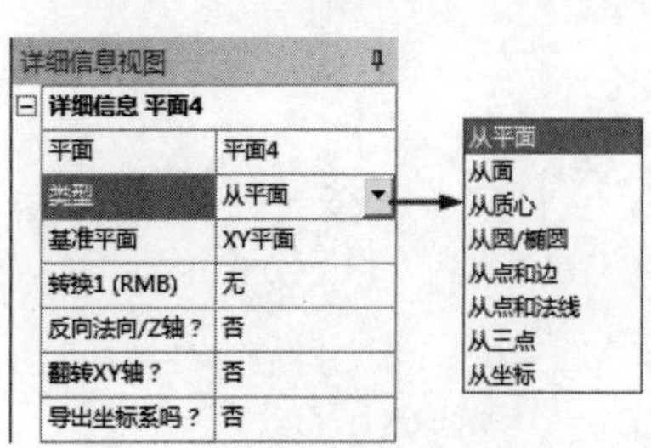

图 3-25　信息栏

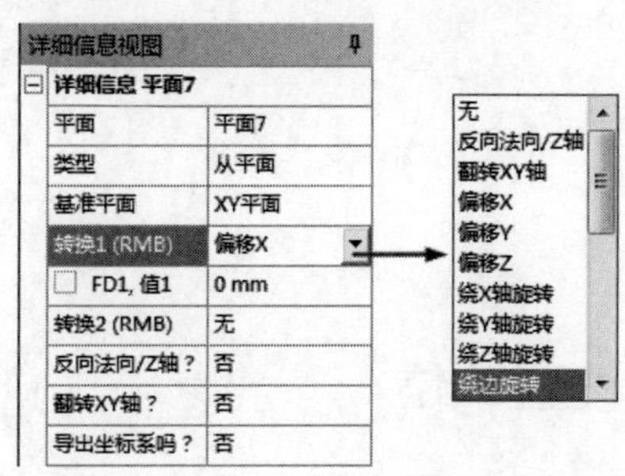

图 3-26　转换平面

3.3.3 草图工具箱

在绘制草图的工程中需要用到草图工具，草图工具集成在左侧的草图工具箱中，主要分为五大类，包括草图的绘制、修改、维度、约束和设置，如图 3-27 所示。对初学者来说，要多关注状态栏，其中可以显示每个功能的提示，以及将要进行的操作。

图 3-27 草图工具箱

1. 绘制工具栏

图 3-28 所示为绘制工具栏，其中包括一些常用的草图绘制命令，如绘制直线、切线、矩形、多边形、圆、圆弧、椭圆、样条线等，和其他软件的绘图功能基本类似，可以直接选择以绘制草图，绘制完成后会自动结束操作。有些操作需要利用鼠标右键来结束，如绘制多段线和样条曲线，在绘制完成后，需要单击鼠标右键，在弹出的快捷菜单中选择相应的结束方式来结束操作，图 3-29 所示为不同命令下绘制的多段线。

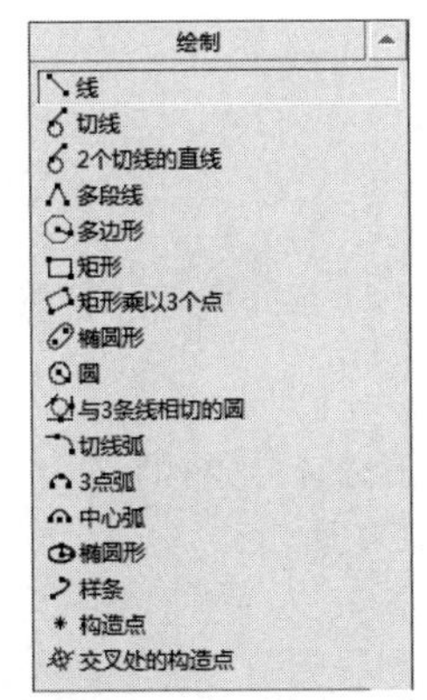

图 3-28 绘制工具栏

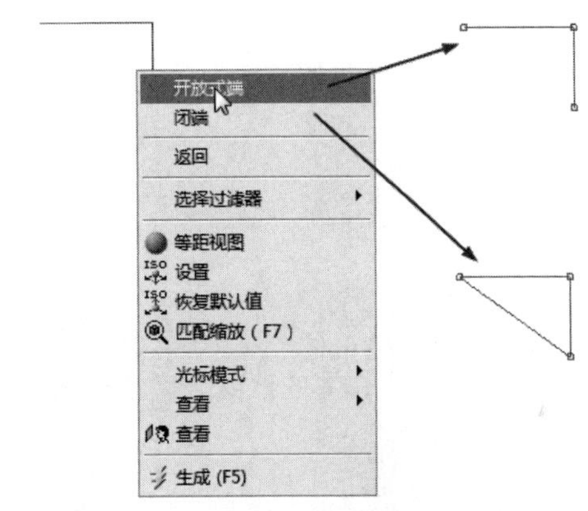

图 3-29 绘制多段线

2. 修改工具栏

修改工具栏中有许多编辑草图的工具，如圆角、倒角、拐角、修剪、扩展、分割、阻力（拖曳）、移动、复制、偏移和样条编辑等命令，如图 3-30 所示。下面主要介绍一些不常使用的命令。

（1）拐角：将两段既不平行又不相交的线段延伸，使其相交，然后在交点之外选择要删除的线段，形成一个拐角，如图 3-31 所示，生成的拐角有两种形式，系统会默认删除所选择的一段。

（2）分割：对所选的边进行分割，在选择边界之前，在绘图区域右击，系统弹出如图 3-32 所示的右键快捷菜单，里面有 4 种分割类型可供选择。

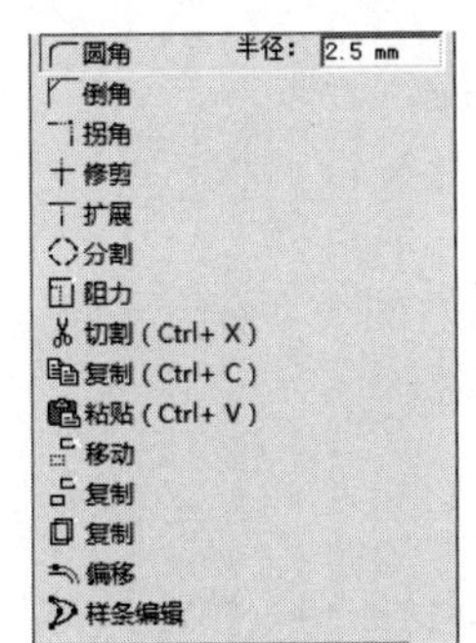

图 3-30 修改工具栏

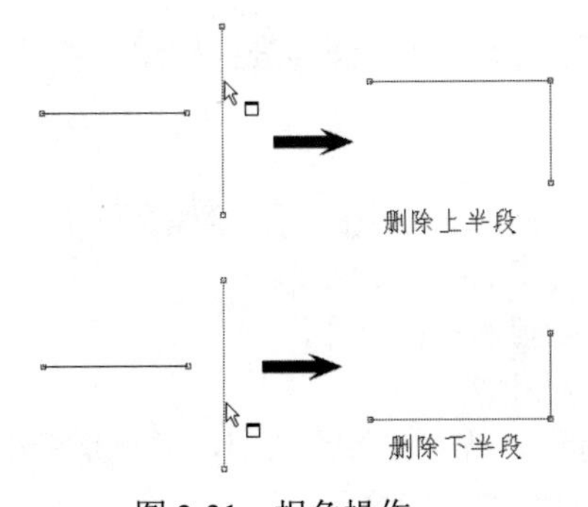

图 3-31 拐角操作

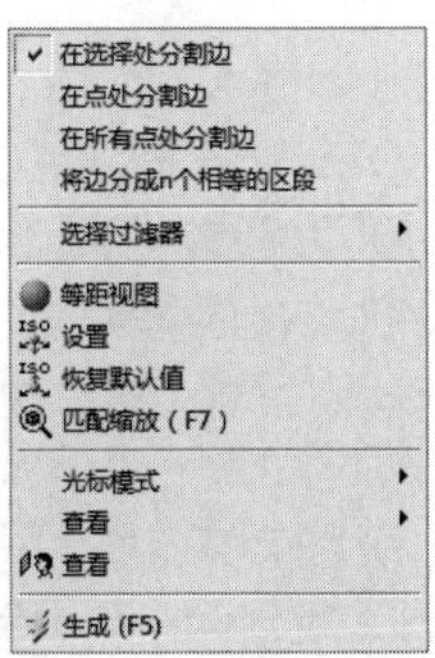

图 3-32 右键分割选项

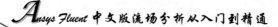

☑ 在选择处分割边：该分割方法将要分割的边在鼠标单击处进行分割。若是线段则在点选处将线段分为两段；若是闭合的圆或椭圆则需要在图形上选择两处作为分割的起点和终点对图形进行分割。

☑ 在点处分割边：选择一个点后，所有通过此点的边都将被分割成两段。

☑ 在所有点处分割边：选择一个带有点的边，则这个边将被所有的点分成若干段，同时在分割点处自动添加重合约束。

☑ 将边分成 n 个相等的区段：这是等分线段，在分割前先设置分割的数量（n≤100），然后选择要分割的线段，则该线段就被分成相等长度的几条线段。

（3）阻力：对所选的对象进行拖曳，可以拖曳一条边或一个点，拖动方向取决于所选的对象及添加的约束。例如，拖曳圆的边线可以改变圆的大小，拖曳圆的圆心则可以改变圆的位置；拖曳线段，只能在线段的垂直方向平移；而拖曳线段上的点，则可以改变线段的长度和角度。图 3-33 列出了几个不同的拖曳效果。

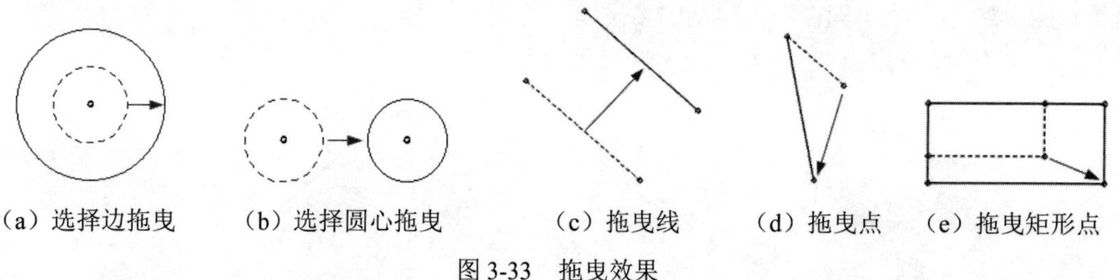

（a）选择边拖曳　（b）选择圆心拖曳　（c）拖曳线　（d）拖曳点　（e）拖曳矩形点

图 3-33　拖曳效果

（4）样条编辑：该命令用于对样条曲线进行修改，在该命令下选择样条曲线后，显示样条曲线的拟合点，通过对这些拟合点位置的修改来调整样条曲线，如图 3-34 所示。

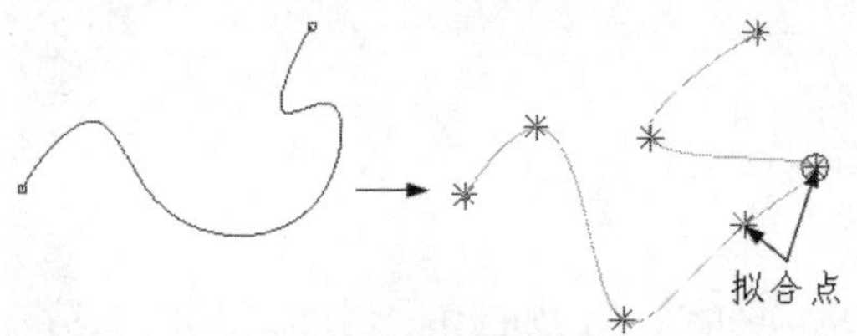

图 3-34　编辑样条曲线

3. 维度工具栏

维度工具栏也就是标注工具栏，包括一套完整的尺寸标注工具。尺寸标注是进行草图绘制的必要工具，是确定模型大小的砝码，如图 3-35 所示。在标注工具栏打开的状态下右击，会弹出标注的快捷菜单，如图 3-36 所示。

（1）通用：单击该命令，可以快速地对图形进行标注，类似智能标注。

（2）水平的：用于标注水平尺寸。

（3）顶点：用于标注垂直尺寸。

（4）长度/距离：用于标注线段的长度或距离，通常用于具有倾斜角度的线。

（5）半径：用于标注圆弧或圆的半径尺寸。

（6）直径：用于标注圆弧或圆的直径尺寸。

（7）角度：用于标注角度尺寸。

（8）半自动：用于半自动标注，优点是标注快速，缺点是标注顺序不受控制，标注显得杂乱。

（9）编辑：对标注的尺寸进行数值的修改。

Note

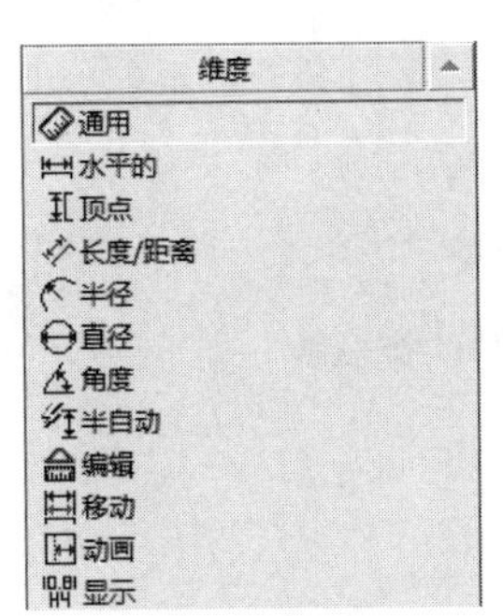

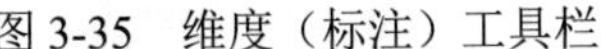

图 3-35　维度（标注）工具栏

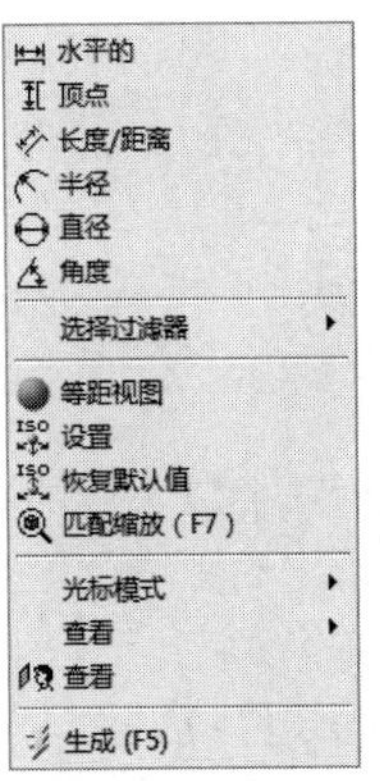

图 3-36　右键快捷菜单

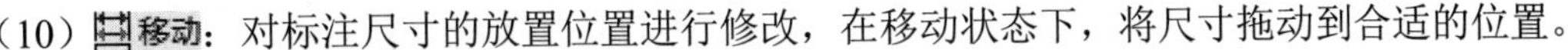

（10）移动：对标注尺寸的放置位置进行修改，在移动状态下，将尺寸拖动到合适的位置。

（11）动画：用来观察所选尺寸的动态变化。

（12）显示：用来修改标注的显示形式，包括名称、数值或两者都显示，图 3-37 所示为尺寸的不同显示状态。

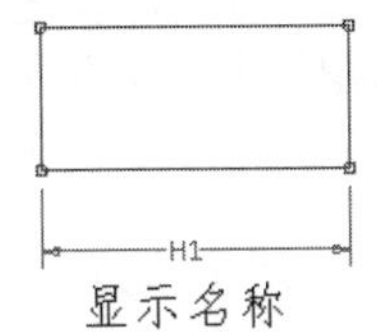

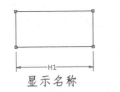

显示名称

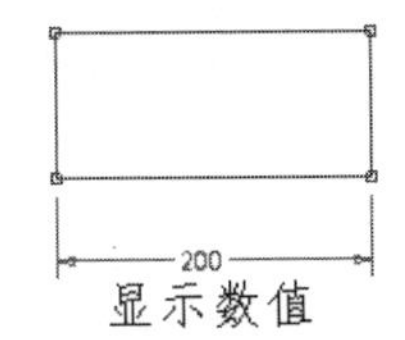

显示数值

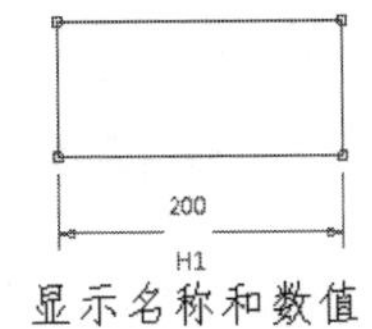

显示名称和数值

图 3-37　尺寸不同显示状态

4. 约束工具栏

在草图绘制过程中还可以通过约束命令来控制图形之间的几何关系，如固定、水平、竖直、相切、等半径、平行、同心等，系统默认的是“自动约束”模式，该模式可以在绘图过程中自动捕捉位置和方向，鼠标指针可以显示约束类型，约束工具栏如图 3-38 所示。

固定的
水平的
顶点
垂直
切线
重合
中间点
对称
并行
同心
等半径
等长度
等距离
自动约束

图 3-38　约束工具栏

（1）固定的：用来固定二维草图的移动，对于单独的线段可以选择约束固定端点使其固定。

（2）水平的：可用来约束线段，使其与 *X* 轴平行。

（3）顶点：该约束是竖直约束，用来约束线段，使其与 *Y* 轴平行。

（4）垂直：对选取的两条线进行垂直约束。

（5）切线：使选择的圆或圆弧与另外一个图形相切。

（6）重合：使选取的两个图形或端点重合。

（7）中间点：选择一条线，然后再选择另一条线的端点，使该端点约束在第一条线的中点上。

（8）对称：先选择对称轴，再选择两个图形，使其相对于对称轴对称。

（9）并行：选择两条直线使其平行。

（10）同心：使选定的两个圆或圆弧同心。

（11）等半径：使选定的两个圆或圆弧的半径相等。

（12）等长度：使选定的两条直线长度相等。

（13）等距离：使选择的几条直线之间的距离相等。

（14）自动约束：系统默认的约束状态，鼠标指针显示约束类型，如图 3-39 所示。

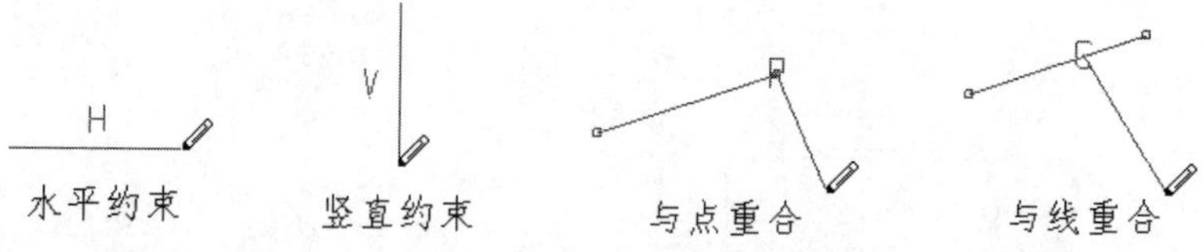

图 3-39　约束类型

Note

对草图进行约束后，会以不同的颜色显示当前图形的约束状态。

☑　深青色：表示未约束或欠约束。

☑　蓝色：表示完全约束。

☑　黑色：表示固定约束。

☑　红色：表示过定义约束。

☑　灰色：表示矛盾或未知约束。

草图中的详细信息视图栏也可以显示草图约束的详细情况，如图 3-40 所示。约束可以通过自动约束产生，也可以由用户自定义。选中定义的约束后右击，在弹出的快捷菜单中选择“删除”命令可以删除该约束（或按 Delete 键删除约束）。

5. 设置工具栏

设置工具栏用于定义和显示草图栅格，如图 3-41 所示。在默认情况下网格处于关闭状态。

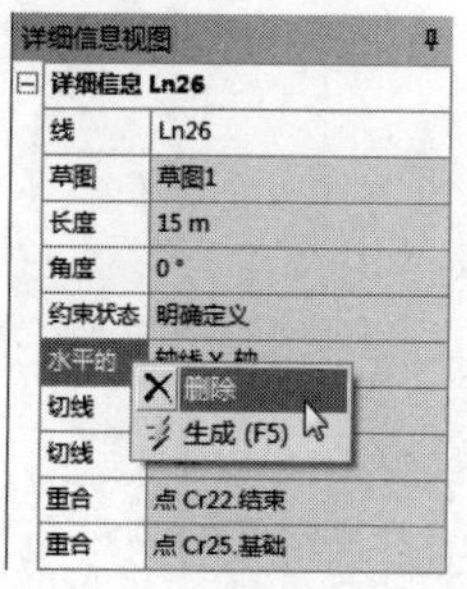

图 3-40　详细信息视图栏

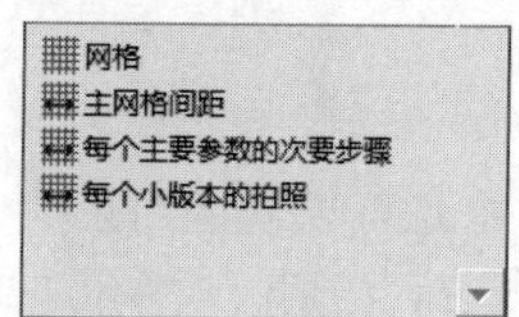

图 3-41　设置工具栏

（1）网格：设置是否显示网格。

（2）主网格间距：用来设置网格间距。

（3）每个主要参数的次要步骤：用来设置每个网格之间的捕捉点数。

（4）每个小版本的拍照：将每个网格之间的捕捉点数对齐。

3.4　三维建模

3.4.1　挤出特征

挤出特征即拉伸特征，是将绘制的草图，通过挤出的方式生成实体、薄壁和表面特征。

创建挤出特征的操作步骤如下。

01 草图绘制完成后，选择“创建”菜单栏中的“挤出”命令或者单击工具栏中的“挤出”按钮挤出，系统自动选择绘制的草图为“几何结构”，同时弹出挤出详细信息视图栏。

02 设置挤出详细信息视图栏中的参数，如“操作”“方向矢量”“方向”“扩展类型”“深度”“按照薄/表面”“合并拓扑”等。

03 设置完成后单击工具栏中的“生成”按钮生成，完成操作。

挤出详细信息视图栏如图 3-42 所示，各参数说明如下。

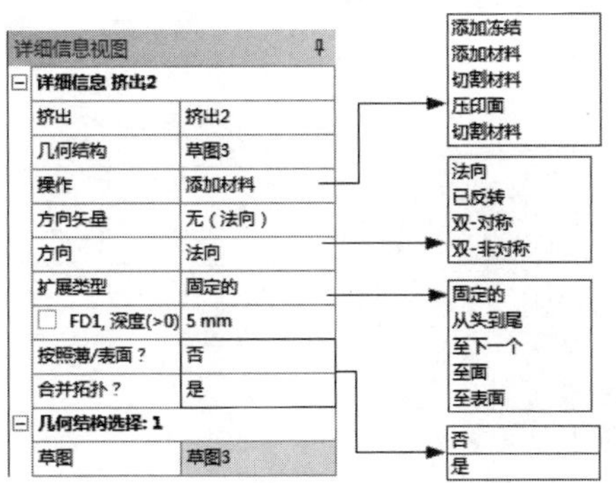

图 3-42　挤出详细信息

1. 操作（可打开本节源文件 3.4.1.1 进行操作）

操作指布尔操作，这里包括 5 种不同的布尔操作。

☑ 添加冻结：新增特征体不被合并到已有的模型中，而是作为冻结体加入，结果如图 3-43（a）所示；树轮廓中的表现形式如图 3-43（b）所示。

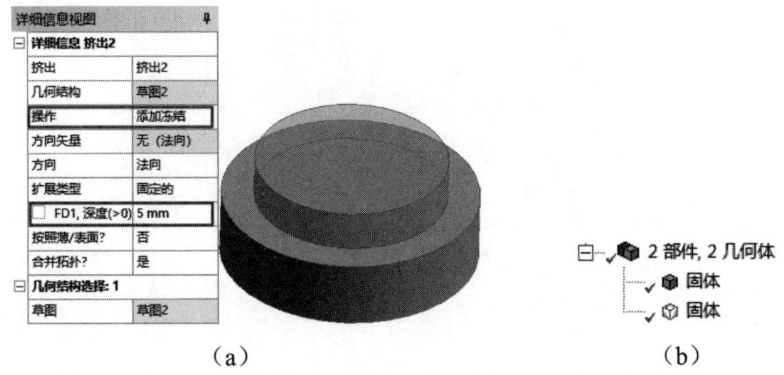

（a）　　　　　　　　　　（b）

图 3-43　添加冻结

☑ 添加材料：默认选项，将创建特征合并到激活体中，结果如图 3-44（a）所示；树轮廓中的表现形式如图 3-44（b）所示。

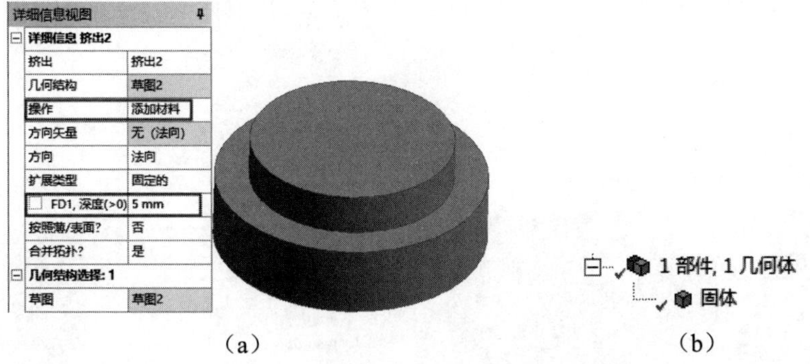

（a）　　　　　　　　　　（b）

图 3-44　添加材料

☑ 切割材料：从激活体上切除材料，结果如图 3-45 所示。

Note

☑ 压印面：仅仅分割体上的面，如果需要也可以在边线上增加印记（不创建新题），结果如图 3-46 所示。

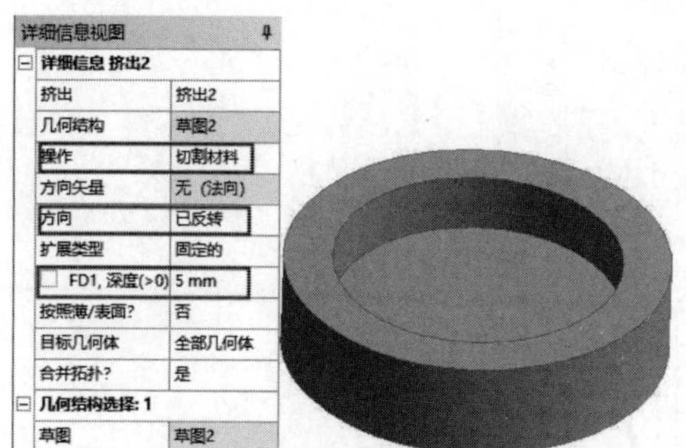

图 3-45　切割材料

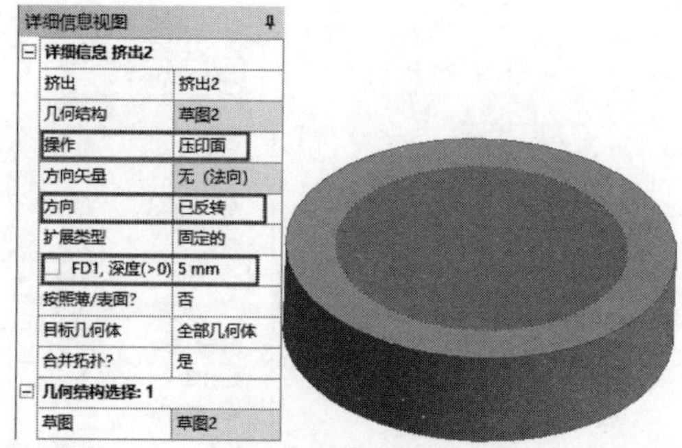

图 3-46　压印面

☑ 切片材料：将冻结体切片。仅当体全部被冻结时才可用，结果如图 3-47 所示。（此处软件汉化错误，应为切片材料。）

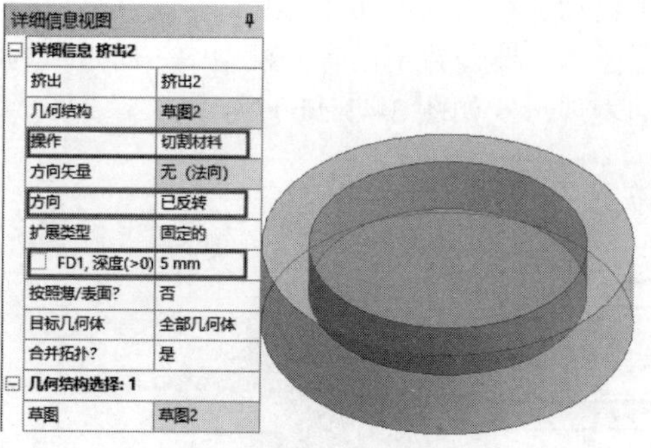

图 3-47　切割（片）材料

2. 方向（可打开本节源文件 3.4.1.2 进行操作）

指挤出操作模型的生成方向。包括法向、已反转、双-对称和双-非对称 4 种方向类型。

☑ 法向：默认方向，是挤出模型的正方向，如图 3-48（a）所示。

☑ 已反转：默认方向的反方向，如图 3-48（b）所示。

☑ 双-对称：通过设置一个挤出长度，使模型对称向两侧拉伸，如图 3-48（c）所示。

☑ 双-非对称：通过设置两个挤出长度，使模型向两侧按设计值拉伸，如图 3-48（d）所示。

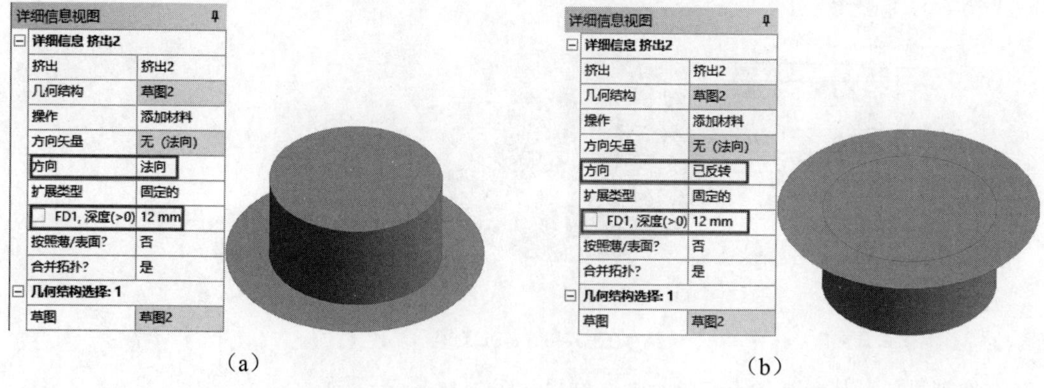

（a）　　（b）

图 3-48　挤出方向

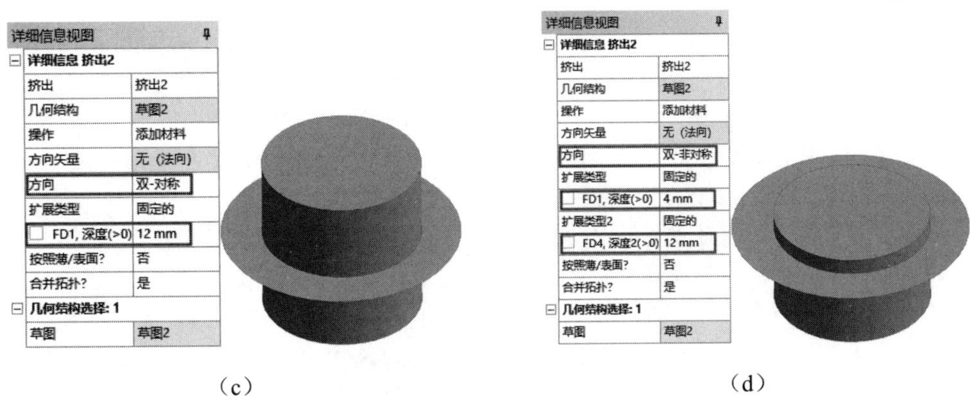

（c）　　　　（d）

图 3-48　挤出方向（续）

3. 扩展类型

指挤出操作的类型，包括固定的、从头到尾、至下一个、至面和至表面 5 种类型。

☑ 固定的：是默认操作，通过设置挤出操作的值，来确定挤出的长度。

☑ 从头到尾：使挤出特征贯通整个模型，在添加材料的操作中延伸轮廓必须完全和模型相交。

☑ 至下一个：此操作将延伸挤出特征到所遇到的第一个面，在剪切、印记及切片操作中，将轮廓延伸至所遇到的第一个面或体。

☑ 至面：可以延伸挤出特征到一个或多个面形成的边界，对多个轮廓而言要确保每一个轮廓至少有一个面和延伸线相交，否则会导致延伸错误。

☑ 至表面：除只能选择一个面外，和“至面”选项类似。

如果选择的面与延伸后的体是不相交的，则涉及面延伸情况。延伸情况类型由选择面的潜在面与可能的游离面来定义。在这种情况下选择一个单一面，该面的潜在面被用作延伸。该潜在面必须完全和拉伸后的轮廓相交，否则会报错。

4. 按照薄/表面（可打开本节源文件 3.4.1.4 进行操作）

将其后面的选项改为“是”，即可创建带有内外厚度的实体特征，如图 3-49（a）所示，若设置内外表面均为“0”则可创建表面特征，如图 3-49（b）所示。

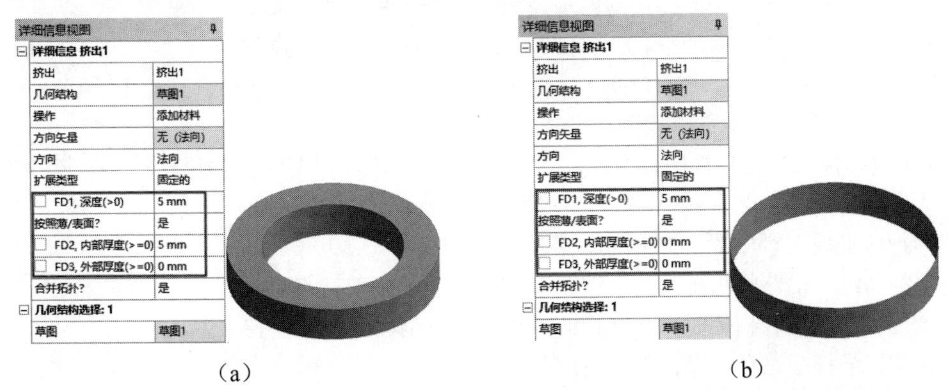

（a）　　　　（b）

图 3-49　按照薄/表面

3.4.2　旋转特征

将一个封闭的或不封闭的截面轮廓围绕选定的旋转轴来创建旋转特征。如果截面轮廓是封闭的，

Note

则创建实体特征；如果是非封闭的，则创建表面特征；如果在草图中有一条自由线，如图 3-50 所示，则被作为默认的旋转轴。

创建旋转特征的操作步骤如下。（可打开本节源文件 3.4.2 进行操作。）

01 草图绘制完成后，选择“创建”菜单栏中的“旋转”命令或者单击工具栏中的“旋转”按钮旋转，系统弹出旋转详细信息视图栏。

02 设置旋转详细信息视图栏中的参数，如“操作”“方向”“合并拓扑”等。

03 设置完成后单击工具栏中的“生成”按钮生成，完成操作。

旋转详细信息视图栏如图 3-51 所示，各参数说明与挤出特征类似，这里不再赘述。

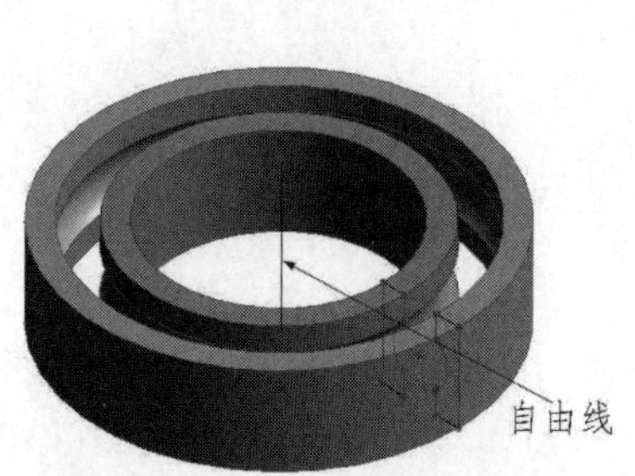
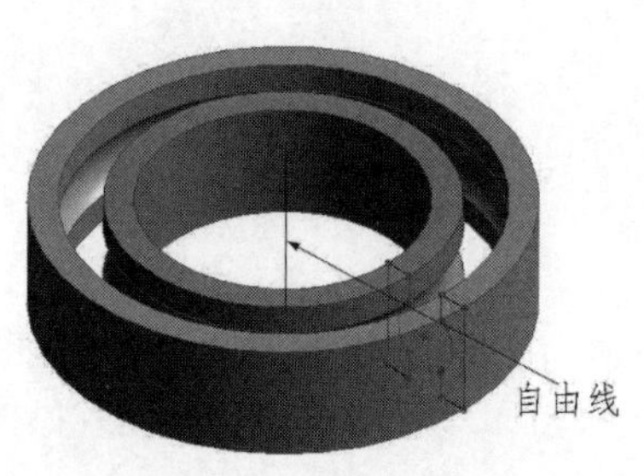

图 3-50　旋转特征

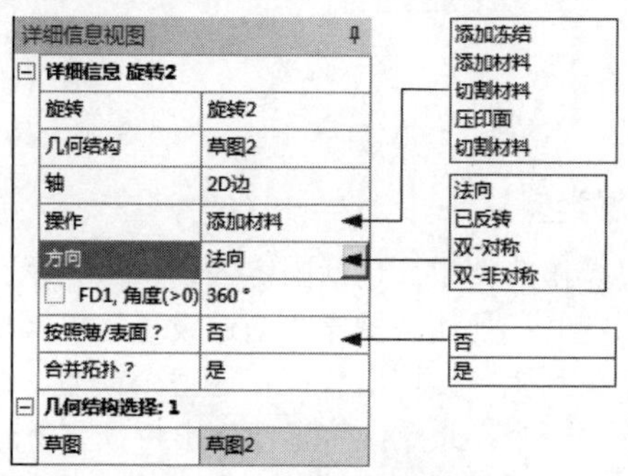

图 3-51　旋转详细信息

3.4.3　扫掠特征

扫掠特征通过沿一条平面路径移动草图截面轮廓来创建一个特征。可以创建实体特征、薄壁特征和表面特征。

创建扫掠特征最重要的两个要素就是截面轮廓和扫掠路径，如图 3-52 所示。

截面轮廓可以是闭合的或非闭合的曲线，截面轮廓可嵌套，但不能相交。如果选择多个截面轮廓，则按住 Ctrl 键，然后继续选择即可。

扫掠路径可以是开放的曲线或闭合的回路，扫掠路径的起点必须放置在截面轮廓和扫掠路径所在平面的相交处。扫掠路径草图必须在与扫掠截面轮廓平面相交的平面上。

创建扫掠特征的操作步骤如下。（可打开本节源文件 3.4.3 进行操作。）

01 草图绘制完成后，选择“创建”菜单栏中的“扫掠”命令或者单击工具栏中的“扫掠”按钮扫掠，系统弹出扫掠详细信息视图栏。

02 设置扫掠详细信息视图栏中的参数，如“操作”“对齐”“扭曲规范”“按照薄/表面”等。

03 设置完成后单击工具栏中的“生成”按钮生成，完成操作。

扫掠详细信息视图栏如图 3-53 所示，各参数说明如下。

☑　路径切线：沿路径扫掠时自动调整剖面以保证剖面垂直路径。

☑　全局轴：沿路径扫掠时不管路径的形状如何，剖面的方向保持不变。

☑　俯仰：沿扫掠路径逐渐扩张或收缩。

☑　匝数：沿扫掠路径转动剖面。负圈数，即剖面沿与路径相反的方向旋转；正圈数，即逆时针旋转。

注意： 如果扫掠路径是一个闭合的环路，则圈数必须是整数，如果扫掠路径是开放链路则圈数可以是任意数值，比例和圈数的默认值分别为 1.0 和 0.0。

Note

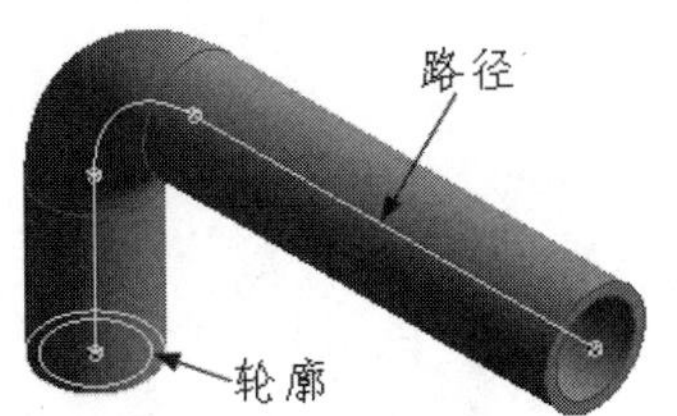

图 3-52　扫掠特征

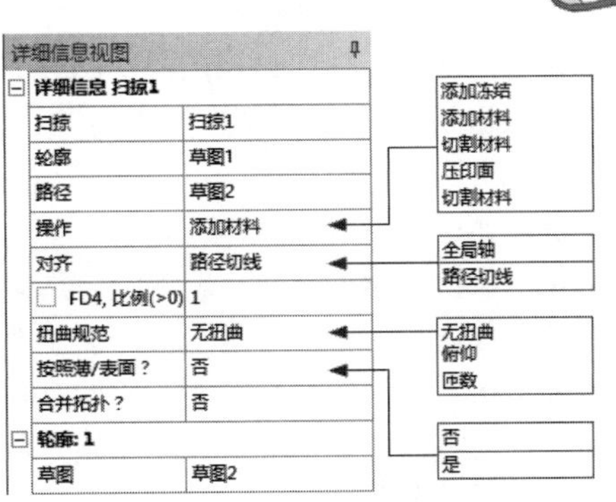

图 3-53　扫掠详细信息

3.4.4　蒙皮/放样

蒙皮/放样是用不同平面上的一系列草图轮廓或表面产生一个与它们拟合的三维几何体（必须选两个以上的草图轮廓或表面），如图 3-54 所示。

要生成放样的剖面可以是一个闭合或开放的环路草图或由表面得到的一个面，所有的剖面必须有同样的边数，不能混杂开放和闭合的剖面，所有的剖面必须是同种类型，草图和面可以通过在图形区域内单击它们的边或点，或者在特征或面树形菜单中单击选取。

创建蒙皮/放样特征的操作步骤如下。（可打开本节源文件 3.4.4 进行操作。）

01 草图绘制完成后，选择“创建”菜单栏中的“蒙皮/放样”命令或者单击工具栏中的“蒙皮/放样”按钮蒙皮/放样，系统弹出蒙皮/放样详细信息视图栏。

02 设置蒙皮/放样详细信息视图栏中的参数，如“操作”“按照薄/表面”“轮廓”等。

03 设置完成后单击工具栏中的“生成”按钮生成，完成操作。

蒙皮/放样详细信息视图栏如图 3-55 所示。

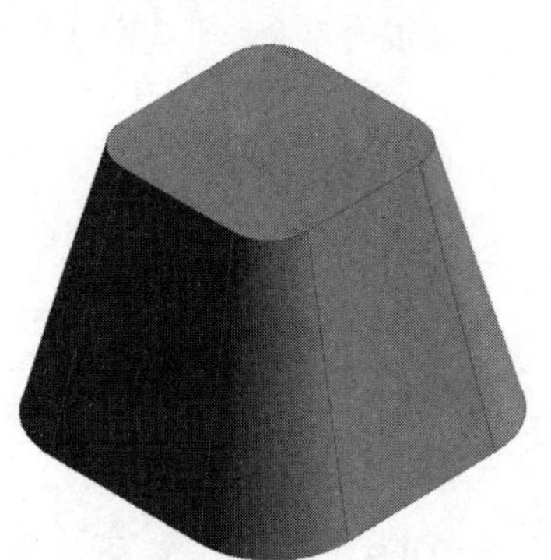

图 3-54　蒙皮/放样特征

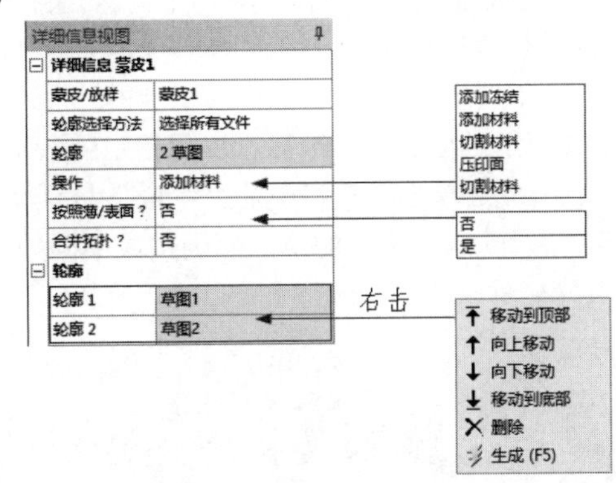

图 3-55　蒙皮/放样详细信息

3.4.5　薄/表面

薄/表面特征是指从零件的内部去除材料，创建一个具有指定厚度的空腔零件，主要是用来创建薄壁实体和创建简化壳，如图 3-56 所示。

创建薄/表面特征的操作步骤如下。（可打开本节源文件 3.4.5 进行操作。）

01 特征创建完成后，选择“创建”菜单栏中的“薄/表面”命令或者单击工具栏中的“薄/表面”按钮薄/表面，系统弹出薄/表面详细信息视图栏。

Note

02 设置薄/表面详细信息视图栏中的参数，如“选择类型”“几何结构”“方向”等。

03 设置完成后，单击工具栏中的“生成”按钮生成，完成操作。

薄/表面详细信息视图栏如图 3-57 所示，各参数说明如下。

☑ 待移除面：所选面将从体中删除。
☑ 待保留面：保留所选面，删除没有选择的面。
☑ 仅几何体：只对所选体进行操作，不删除任何面。
☑ 内部：向零件内部偏移表面，原始零件的外壁成为抽壳的外壁。
☑ 向外：向零件外部偏移表面，原始零件的外壁成为抽壳的内壁。
☑ 中间平面：向零件内部和外部以相同距离偏移表面，每侧偏移厚度是设置数值的一半。

图 3-56 薄/表面特征

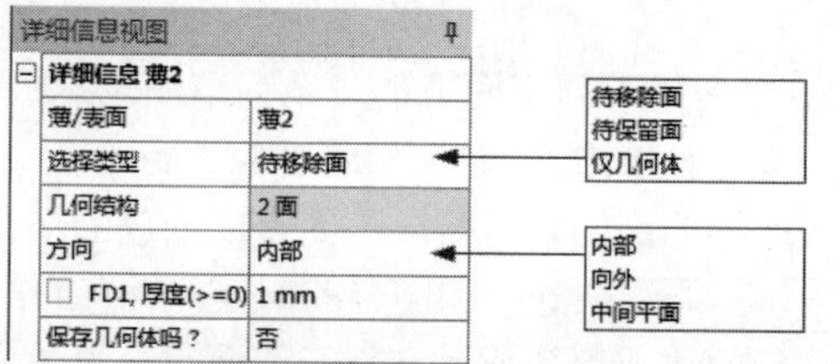

图 3-57 薄/表面详细信息

3.4.6 固定半径圆角

固定半径圆角命令可以在模型边界上创建倒圆角。在创建圆角特征时，要选择模型的边或面来生成圆角。如果选择面则在所选面上的所有边上倒圆角。

创建固定半径圆角特征的操作步骤如下。（可打开本节源文件 3.4.6 进行操作。）

01 特征创建完成后，选择“创建”菜单栏中的“固定半径混合”命令或者单击工具栏中“混合”下拉菜单中的“固定半径”按钮固定半径，系统弹出固定半径混合详细信息视图栏。

02 设置固定半径混合详细信息视图栏中的参数，如“半径”“几何结构”等。

03 设置完成后单击工具栏中的“生成”按钮生成，完成操作。

如图 3-58 所示，选择不同的线或面则生成不同的圆角特征。

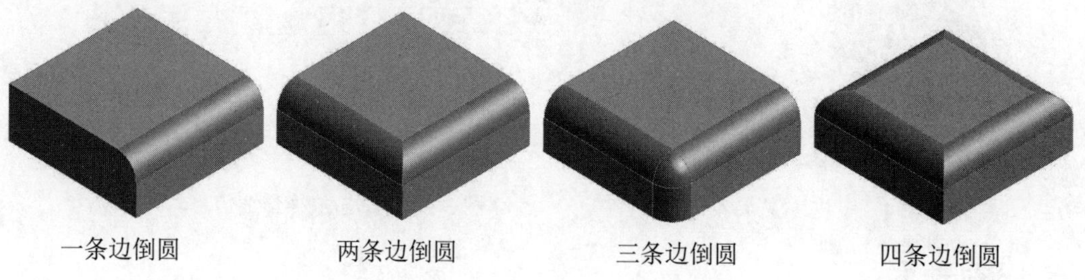

图 3-58 固定圆角特征

固定半径混合详细信息视图栏如图 3-59 所示，各参数说明如下。

☑ 半径：设置创建圆角特征的圆角大小。
☑ 几何结构：选择创建圆角特征的边或面。

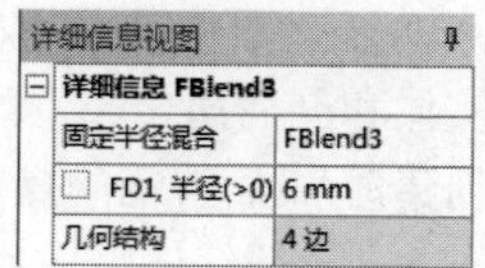

图 3-59 固定半径混合详细信息

3.4.7　变量半径圆角

变量半径圆角命令可以在模型边界上创建光滑过渡或线性过渡的圆角。

创建变量半径圆角特征的操作步骤如下。(可打开本节源文件 3.4.7 进行操作。)

01 特征创建完成后，选择“创建”菜单栏中的“变量半径混合”命令或者单击工具栏中“混合”下拉菜单中的“变量半径”按钮 变量半径，系统弹出变量半径混合详细信息视图栏。

02 设置变量半径混合详细信息视图栏中的参数，如“过渡”“边”“起点半径”“终点半径”等。

03 设置完成后单击工具栏中的“生成”按钮 生成，完成操作。

图 3-60 所示为不同过渡类型圆角特征。

变量半径混合详细信息视图栏如图 3-61 所示，各参数说明如下。

☑ 线性过渡：创建的圆角按线性比例过渡。

☑ 平滑过渡：创建的圆角逐渐混合过渡，过渡是相切的。

☑ Sigma 半径：设置变量半径的起点半径的大小。

☑ 终点半径：设置变量半径的终点半径的大小。

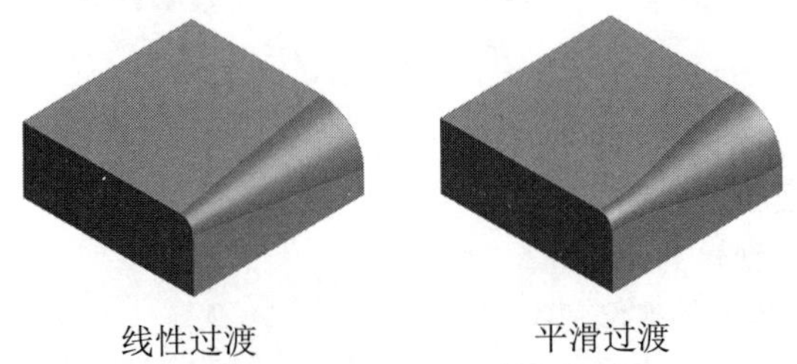

图 3-60　变量圆角特征

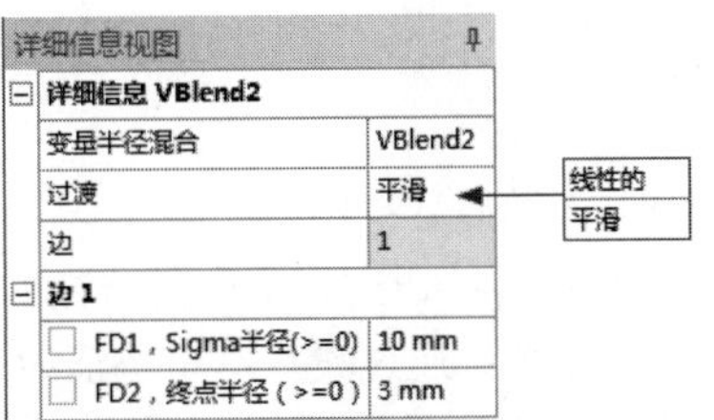

图 3-61　变量半径混合详细信息

3.4.8　顶点圆角

顶点圆角是对曲面体和线体进行倒圆角操作，采用此命令时顶点必须属于曲面体或线体，必须与两条边相接，另外顶点周围的几何体必须是平面的。

创建顶点圆角特征的操作步骤如下。(可打开本节源文件 3.4.8 进行操作。)

01 特征创建完成后，选择“创建”菜单栏中的“顶点混合”命令或者单击工具栏中“混合”下拉菜单中的“顶点混合”按钮 顶点混合，系统弹出 VertexBlend（顶点混合）详细信息视图栏。

02 设置 VertexBlend（顶点混合）详细信息视图栏中的参数，如半径、顶点等。

03 设置完成后单击工具栏中的“生成”按钮 生成，完成操作。

图 3-62 所示为顶点圆角特征。

VertexBlend（顶点混合）详细信息视图栏如图 3-63 所示，各参数说明如下。

☑ 半径：设置创建圆角特征的圆角大小。

☑ 顶点：创建顶点圆角的顶点。

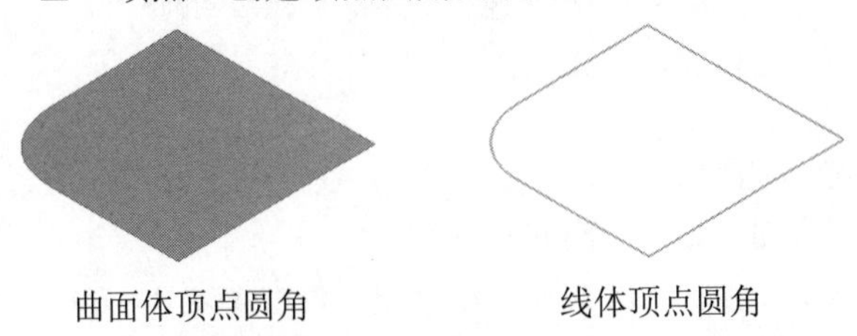

图 3-62　顶点圆角特征

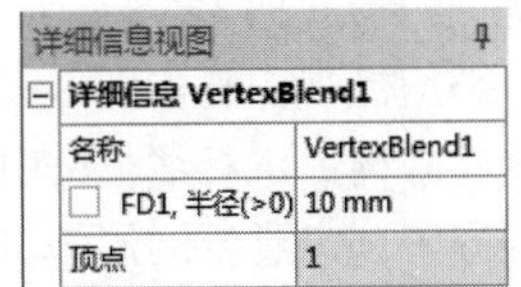

图 3-63　VertexBlend（顶点混合）详细信息

Note

3.4.9 倒角

倒角特征用来在模型边上创建倒角特征。如果选择的是面，则所选面上的所有边将被倒角。

创建倒角特征的操作步骤如下。（可打开本节源文件 3.4.9 进行操作。）

01 特征创建完成后，选择“创建”菜单栏中的“倒角”命令或者单击工具栏中的“倒角”按钮倒角，系统弹出倒角详细信息视图栏。

02 设置倒角详细信息视图栏中的参数，如“几何结构”“类型”“长度”“角度”等。

03 设置完成后单击工具栏中的“生成”按钮生成，完成操作。

图 3-64 所示为倒角特征。

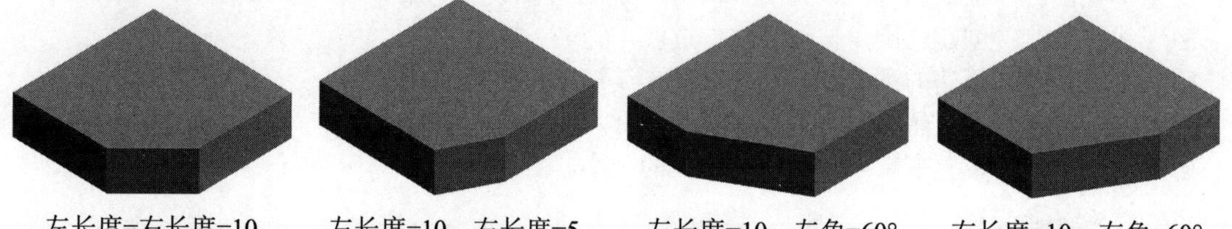

左长度=右长度=10　　左长度=10，右长度=5　　左长度=10，左角=60°　　右长度=10，右角=60°

图 3-64　倒角特征

倒角详细信息视图栏如图 3-65 所示，各参数说明如下。

☑　左-右：通过设置倒角特征的左右边长来创建倒角特征。

☑　左角：通过设置倒角特征的左边长和左角来创建倒角特征。

☑　右角：通过设置倒角特征的右边长和右角来创建倒角特征。

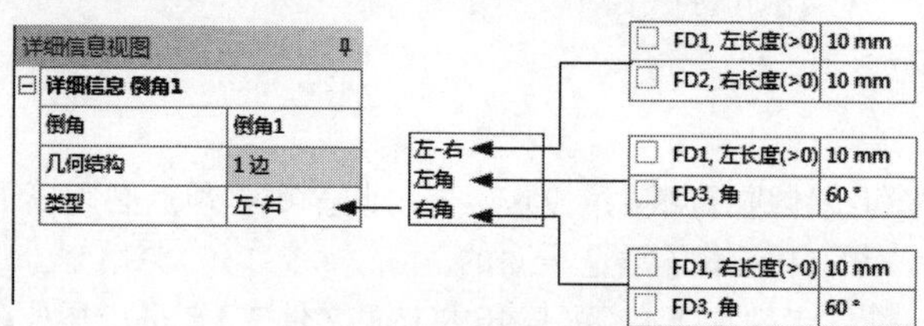

图 3-65　倒角详细信息

3.4.10 模式

模式是对所选的源特征进行阵列，并按照线性、环形和矩形的方式进行排列。在进行阵列时，阵列的源特征必须没有被合并到已有的模型中，可以先冻结已有模型，再创建要阵列的特征。

创建阵列特征的操作步骤如下。（可打开本节源文件 3.4.10 进行操作。）

01 特征创建完成后，选择“创建”菜单栏中的“模式”命令，系统弹出模式详细信息视图栏。

02 设置模式详细信息视图栏中的参数，如“方向图类型”“轴”“方向”等。

03 设置完成后单击工具栏中的“生成”按钮生成，完成操作。

阵列特征的形式如图 3-66 所示。

模式详细信息视图栏如图 3-67 所示，各参数说明如下。

☑　线性阵列：进行线性阵列需要设置阵列方向、偏移距离和阵列数。

☑　圆周阵列：进行圆周阵列需要设置阵列轴、阵列角度和阵列数。如将角度设为 0，系统会自动计算均布放置。

- ☑ 矩形阵列：进行矩形阵列需要设置两个阵列方向、偏移距离和阵列数。
- ☑ 方向：选择线性阵列或矩形阵列的阵列方向，一般为模型的边线。
- ☑ 偏移：设置阵列的距离。
- ☑ 复制：设置阵列的数量，这里的数量不包含阵列源。
- ☑ 轴：选择圆周阵列的阵列轴。

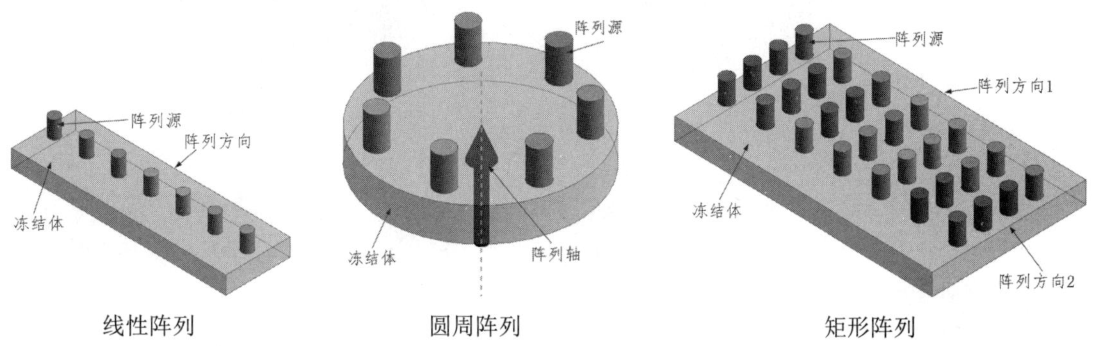

图 3-66 阵列特征

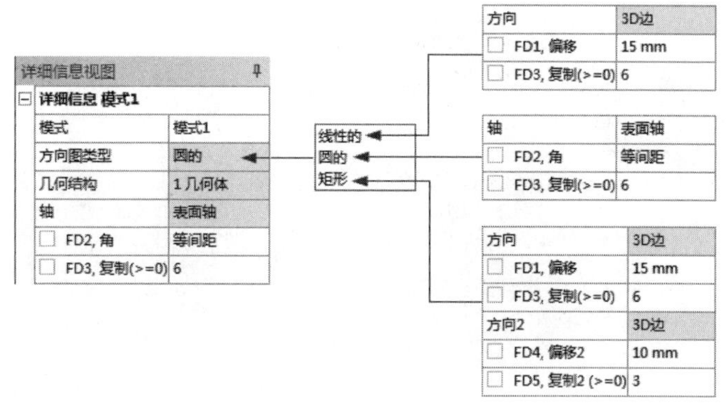

图 3-67 模式详细信息

3.4.11 几何体转换

几何体转换可以对模型进行移动、平移、旋转、镜像、比例等操作，下面逐一进行介绍。

1. 移动

对导入的外部几何结构文件，若存在多个体，且这些体的对齐状态不符合用户分析的要求时，需要将这些体进行对齐操作，这时候利用移动命令将会解决这个问题。

移动操作的步骤如下。（可打开本节源文件 3.4.11.1 进行操作。）

01 导入外部几何结构文件或特征创建完成后，选择“创建”菜单栏中“几何体转换”下一级菜单中的“移动”命令，系统弹出移动详细信息视图栏。

02 选择“移动类型”，如“按平面”移动、“按点”移动或“按方向”移动等。

03 设置移动详细信息视图栏中的其他参数，如源平面、目标平面、几何体；移动、对齐、定向；源移动、目标移动、源对齐、目标对齐、源定向、目标定向等。

04 设置完成后单击工具栏中的“生成”按钮 生成，完成操作。

图 3-68 所示为按平面移动体，是通过确定移动的几何体和对齐面来移动模型的。

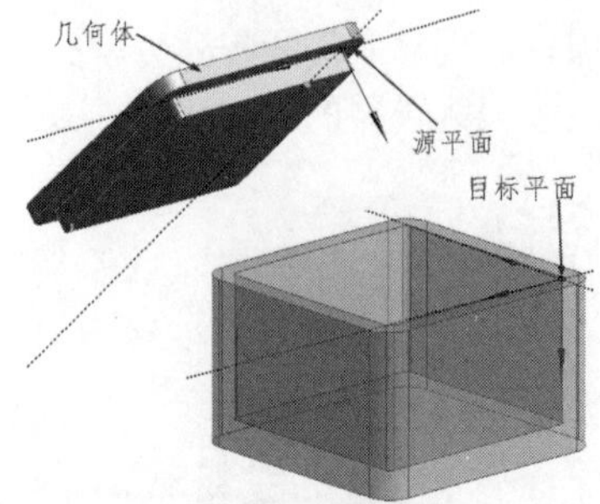

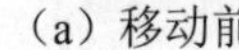

（a）移动前　　　　　　　　　　（b）多次创建平面移动后

图 3-68　按平面移动体操作

注意： 按平面移动模型时，不能直接选择模型本身的表面作为源平面或目标平面，用户需要通过“新平面”按钮建立新的平面进行对齐操作。创建新平面时，平面所在坐标系的原点和方向要求一致。创建好平面后，进行一次移动，然后再创建其他平面，再进行移动，直到几何体移动到合适位置。

图 3-69 所示为按点移动体，是通过确定移动的几何体和对齐的 3 对点（移动对、对齐对、定向对）来移动模型的。

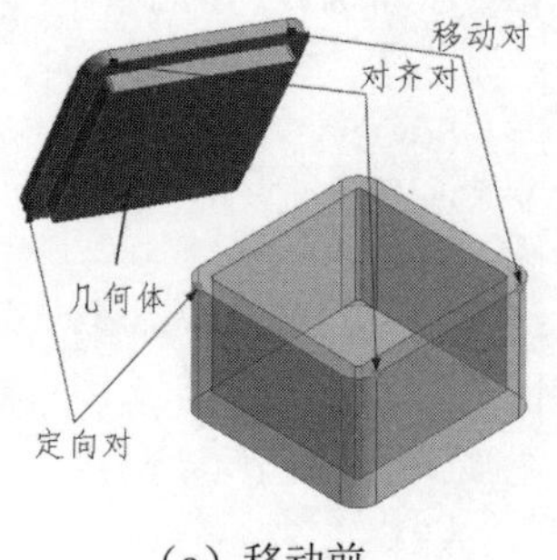

（a）移动前　　　　　　　　　　（b）移动后

图 3-69　按点移动体操作

图 3-70 所示为按方向移动体，是将源几何体通过移动、对齐、定向来移动模型的。

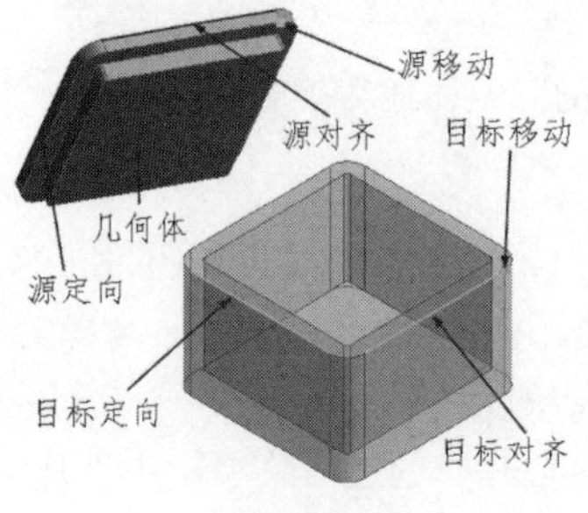

（a）移动前　　　　　　　　　　（b）移动后

图 3-70　按方向移动体操作

移动详细信息视图栏如图 3-71 所示，各参数说明如下。

☑　保存几何体吗：确定移动后是否保留源目标。

☑　源平面：要移动的几何体所在的平面。

☑　目标平面：要对齐的几何体所在的平面。

☑　移动：要移动的点对。
☑　对齐：要对齐的点对。
☑　定向：要定向的点对。
☑　源移动：移动体上的点。
☑　目标移动：目标体上的点。
☑　源对齐：移动体上要对齐的点、线或面。
☑　目标对齐：目标体上要对齐的点、线或面。
☑　源定向：移动体上要定向的点、线或面。
☑　目标定向：目标体上要定向的点、线或面。

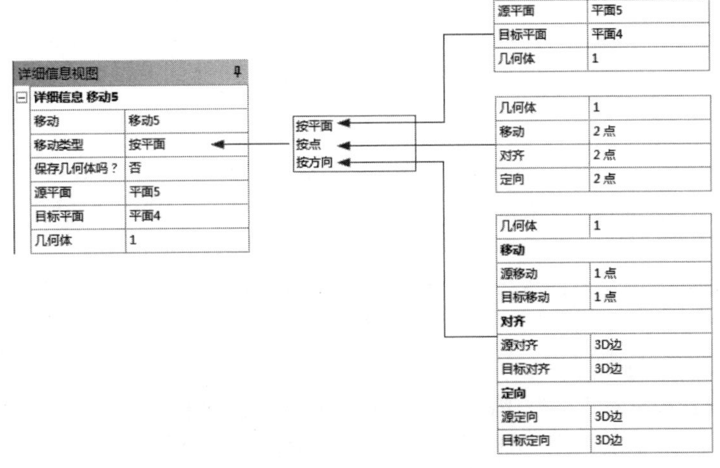

图 3-71　移动详细信息

2. 平移

用于对模型的平移，只能对模型由 A 点移动到 B 点，不能对导入的外部几何结构文件进行对齐操作。

平移操作的步骤如下。(可打开本节源文件 3.4.11.2 进行操作。)

01 特征创建完成后，选择“创建”菜单栏中的“几何体转换”下一级菜单中的“平移”命令，系统弹出平移详细信息视图栏。

02 选择要移动的模型。

03 设置平移详细信息视图栏中的其他参数，如方向定义、方向选择和距离参数等。

04 设置完成后单击工具栏中的“生成”按钮 生成，完成操作。

图 3-72 所示为模型的平移操作。

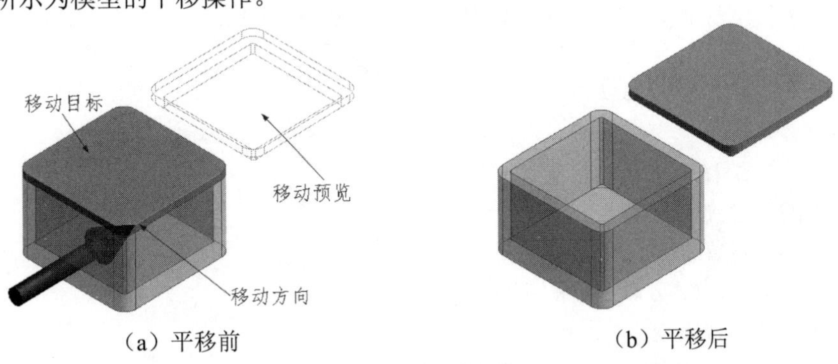

(a) 平移前　　(b) 平移后

图 3-72　平移操作

平移详细信息视图栏如图 3-73 所示，各参数说明如下。

☑ 保存几何体吗：确定平移后是否保留源目标。

☑ 选择：通过选择移动的方向和确定沿该方向移动的距离来移动模型。

☑ 坐标：通过设置沿 X、Y、Z 轴坐标的移动距离移动模型。

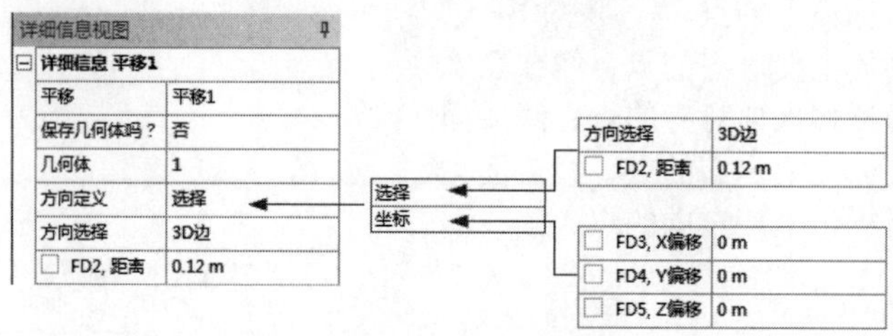

图 3-73 平移详细信息

3. 旋转

用于对模型的旋转，只能对模型绕某一轴由 A 状态旋转到 B 状态，不能对导入的外部几何结构文件进行对齐操作。

旋转操作的步骤如下。（可打开本节源文件 3.4.11.3 进行操作。）

01 特征创建完成后，选择“创建”菜单栏中“几何体转换”下一级菜单中的“旋转”命令，系统弹出旋转详细信息视图栏。

02 选择要旋转的模型。

03 设置旋转详细信息视图栏中的其他参数，如轴定义、轴选择和旋转角度等。

04 设置完成后单击工具栏中的“生成”按钮生成，完成操作。

图 3-74 所示为模型的旋转操作。

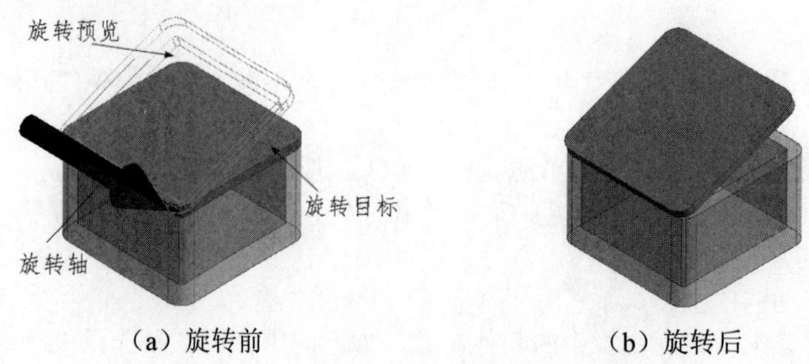

（a）旋转前　　（b）旋转后

图 3-74 旋转操作

旋转详细信息视图栏如图 3-75 所示，各参数说明如下。

☑ 保存几何体吗：确定旋转后是否保留源目标。

☑ 选择：通过选择旋转的轴和确定沿该轴旋转的角度旋转模型。

☑ 分量：通过设置绕 X、Y、Z 分量旋转的角度和沿 X、Y、Z 轴移动的距离以及旋转角度旋转模型。

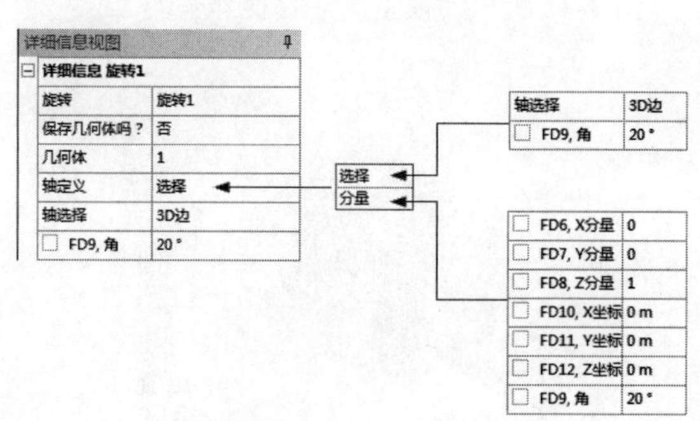

图 3-75 旋转详细信息

4. 镜像

用于对具有对称性的模型进行镜像，可提高建模效率。

镜像操作的步骤如下。（可打开本节源文件 3.4.11.4 进行操作。）

01 特征创建过程中，选择“创建”菜单栏中“几何体转换”下一级菜单中的“镜像”命令，系统弹出镜像详细信息视图栏。

02 选择要镜像的模型。

03 选择将相面。

04 设置完成后单击工具栏中的“生成”按钮生成，完成操作。

图 3-76 所示为模型的镜像操作。

注意： 不能通过直接选择模型本身的表面来作为镜像面，用户需要通过“新平面”按钮建立新的平面进行镜像操作。

镜像详细信息视图栏如图 3-77 所示，各参数说明如下。

☑ 保存几何体吗：确定镜像后是否保留源目标。

☑ 镜像面：用来进行模型镜像的平面。

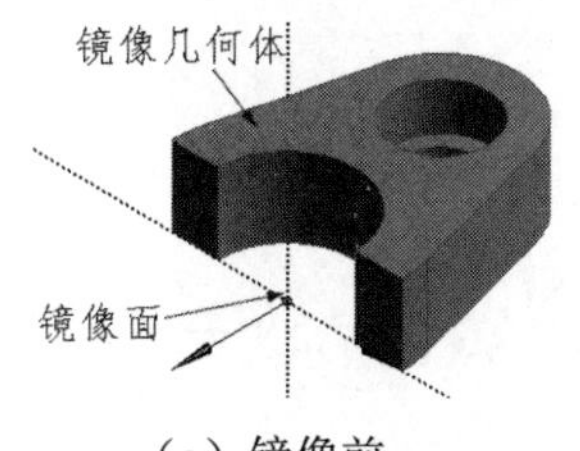

（a）镜像前

（b）镜像后

图 3-76 镜像操作

详细信息视图

详细信息 镜像1	
镜像	镜像1
保存几何体吗？	是
镜像面	YZ面
几何体	1

图 3-77 镜像详细信息

5. 比例

用于对现有模型进行比例缩放。

比例操作步骤如下。（可打开本节源文件 3.4.11.5 进行操作。）

01 特征创建完成后，选择“创建”菜单栏中“几何体转换”下一级菜单中的“比例”命令，系统弹出比例详细信息视图栏。

02 选择要缩放的模型。

03 设置比例详细信息视图栏中的其他参数，如缩放源、缩放类型和全局比例因子等。

04 设置完成后单击工具栏中的“生成”按钮生成，完成操作。

图 3-78 所示为模型的缩放操作。

比例详细信息视图栏如图 3-79 所示，各参数说明如下。

☑ 保存几何体吗：确定缩放后是否保留源目标。

☑ 世界起源：以系统默认的全局坐标系原点为缩放点。

☑ 几何体质心：以要进行缩放的模型自身的质点为缩放点。

☑ 点：以用户选定的基点为缩放点。

☑ 全局比例因子：设置缩放比例的大小。

☑ 非均匀：模型在 X、Y、Z 轴上以不同比例进行缩放。

Note

（a）缩放前　　（b）缩放后

图 3-78　缩放操作

详细信息视图	
详细信息 比例1	
比例	比例1
保存几何体吗？	否
缩放源	世界起源
几何体	1
缩放类型	均匀
FD1, 全局比例因子(>0)	2

缩放源：世界起源 / 几何体质心 / 点

几何体	1
缩放类型	均匀
FD1, 全局比例因子(>0)	2

几何体	1
缩放类型	均匀
FD1, 全局比例因子(>0)	2
基点	顶点

缩放类型：均匀 / 非均匀

FD13, X轴比例因子 (>0)	1
FD14, Y轴比例因子 (>0)	1
FD15, Z轴比例因子 (>0)	1
基点	顶点

图 3-79　比例详细信息

3.4.12　布尔运算

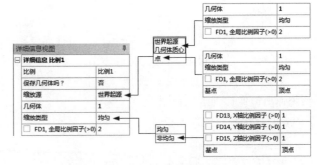

使用布尔操作对现成的体做相加、相减或相交操作。这里所指的体可以是实体、面体或线体（仅适用于布尔加）。另外，在操作时面体必须有一致的法向。

布尔操作的步骤如下。（可打开本节源文件 3.4.12 进行操作。）

01 特征创建完成后，选择“创建”菜单栏中的“Boolean”（布尔）命令，系统弹出 Boolean 详细信息视图栏。

02 选择进行布尔运算的几何体。

03 选择布尔运算的类型，如选单位（求和）、提取（求差）、交叉和压印面等。

04 设置完成后单击工具栏中的“生成”按钮 生成，完成操作。

图 3-80 所示为布尔求和操作；图 3-81 所示为布尔求差运算；图 3-82 所示为布尔求交操作；图 3-83 所示为布尔压印面操作。

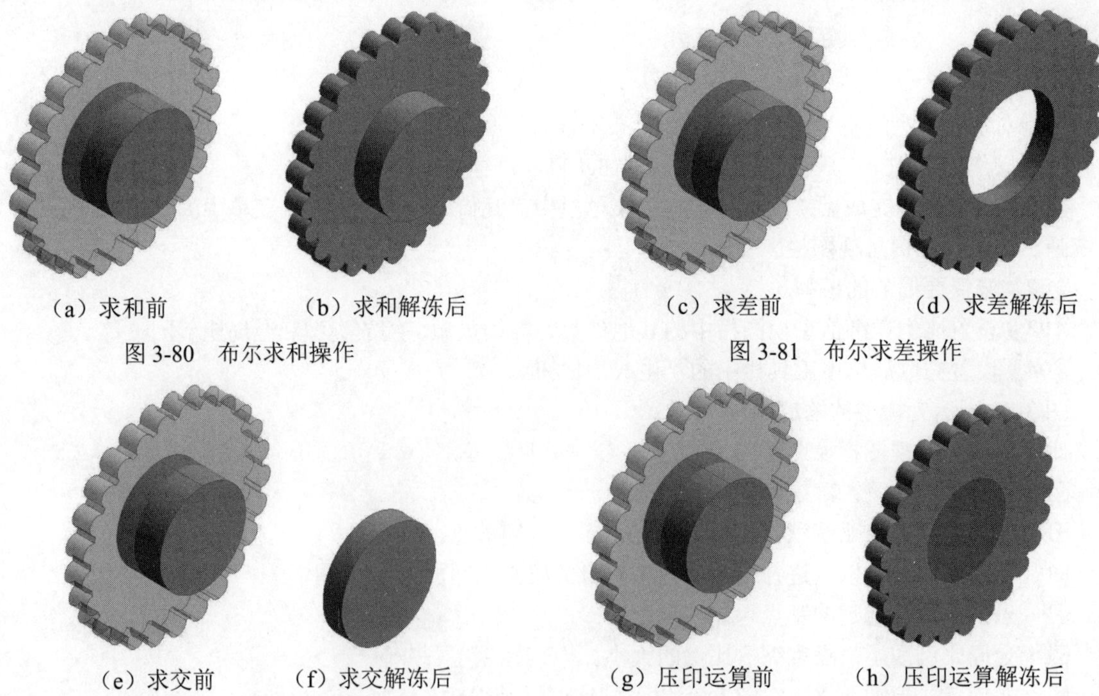

（a）求和前　　（b）求和解冻后

图 3-80　布尔求和操作

（c）求差前　　（d）求差解冻后

图 3-81　布尔求差操作

（e）求交前　　（f）求交解冻后

图 3-82　布尔求交操作

（g）压印运算前　　（h）压印运算解冻后

图 3-83　布尔压印面操作

Note

Boolean 详细信息视图栏如图 3-84 所示，各参数说明如下。

☑ 单位：指布尔求和操作。
☑ 提取：指布尔求差操作。
☑ 交叉：指布尔求交操作。
☑ 压印面：用布尔运算进行压印面操作。
☑ 工具几何体：布尔运算过程中用来求和、求差、求交或者压印面使用的几何体。

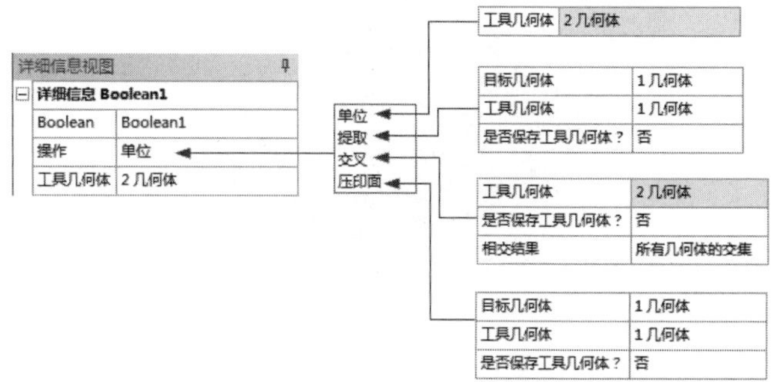

图 3-84　Boolean 详细信息

☑ 目标几何体：布尔运算过程中对其进行求差或压印的几何体。

3.4.13　切片

切片工具仅用于模型完全由冰冻体组成的情况。

切片操作的步骤如下。（可打开本节源文件 3.4.13 进行操作。）

01 特征创建完成后，选择“创建”菜单栏中的“切片”命令，系统弹出切割详细信息视图栏。

02 选择切割类型，如按平面切割、切掉面、按表面切割、切掉边缘、按边循环切割。

03 按切割类型设置其他选项，如基准平面、切割目标、面、目标面、边等。

04 设置完成后单击工具栏中的“生成”按钮 生成，完成操作。

图 3-85 所示为按平面切割，切割后模型变为冰冻体，模型被所选平面分为两个体。

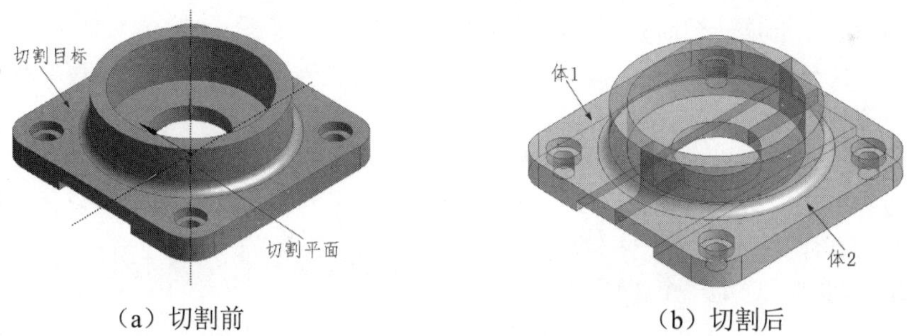

（a）切割前　　（b）切割后

图 3-85　按平面切割操作

图 3-86 所示为切掉面操作，切片后将选中的表面切开，然后就可以用这些切开的面创建一个分离体，使模型分为两个体。

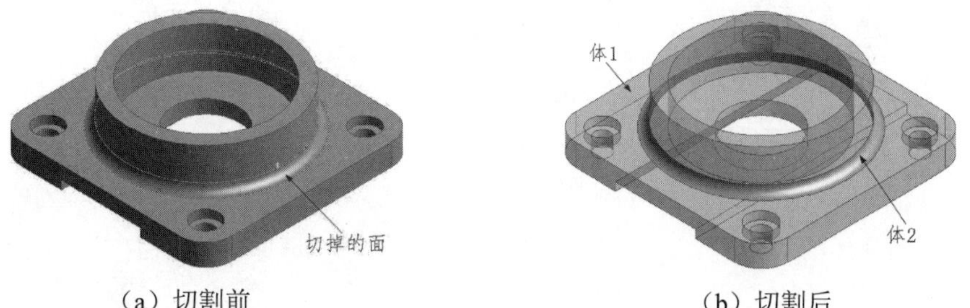

（a）切割前　　（b）切割后

图 3-86　切掉面操作

图 3-87 所示为按表面切割，模型被所选表面分为两个体。

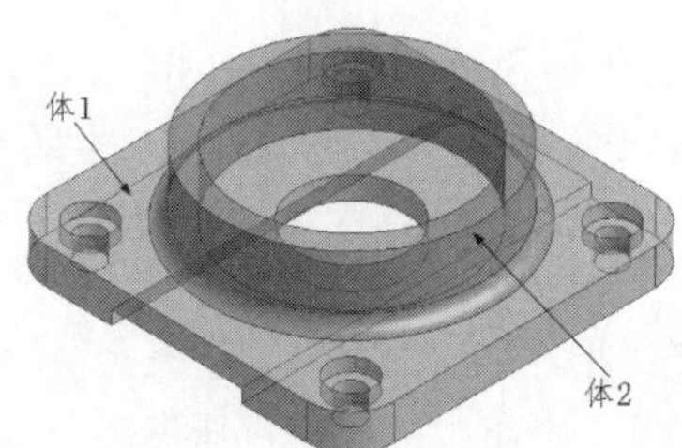

（a）切割前　　（b）切割后

图 3-87　按表面切割操作

图 3-88 所示为按边循环切割，所选的边需为封闭边线，若是开放边线，则需将其闭合，模型被所选边线分为两个体。

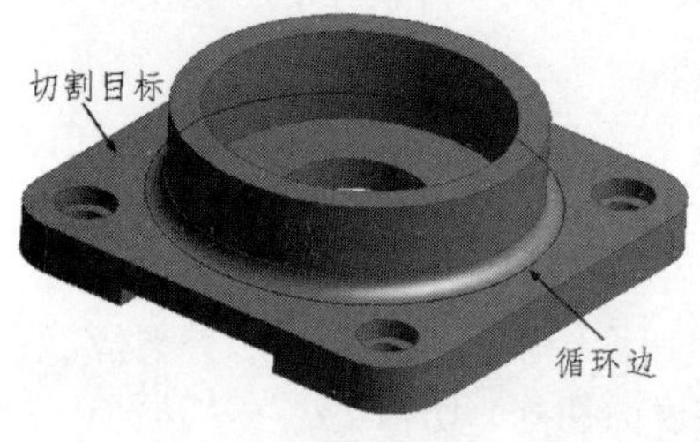

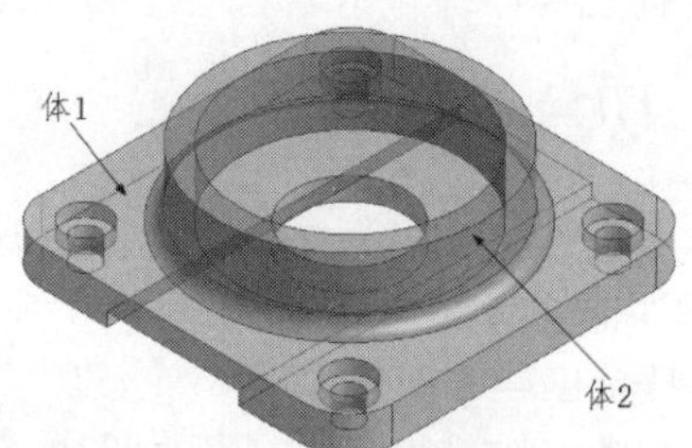

（a）切割前　　（b）切割后

图 3-88　按边循环切割

切割详细信息视图栏如图 3-89 所示，各参数说明如下。

☑　按平面切割：选定一个面并用此面对模型进行切片操作。

☑　切掉面：在模型中选择表面，DesignModeler 将这些表面切开，然后就可以用这些切开的面创建一个分离体。

☑　按表面切割：选定一个表面来切分体。

☑　切掉边缘：在模型中选择边，DesignModeler 将这些边切开，然后就可以用这些切开的边创建一个分离体。

☑　按边循环切割：选定一个闭环边来切分体。

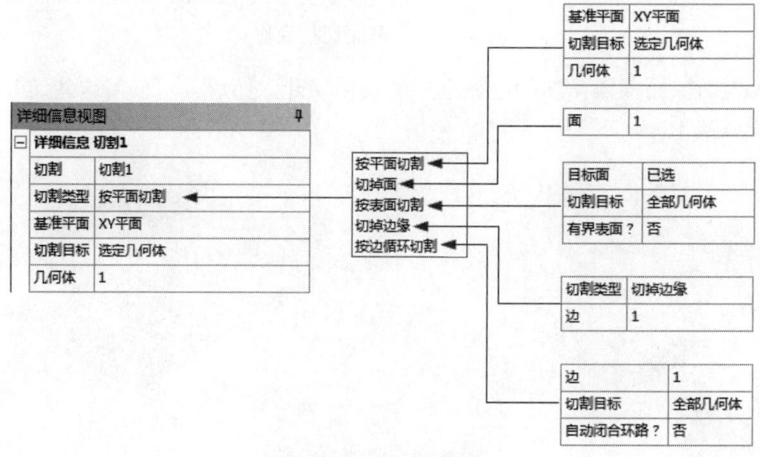

图 3-89　切割详细信息

3.4.14　单一几何体

单一几何体直接创建几何模型，不需要绘制草图，直接设置几何体的属性创建，包括球体、平行六面体、圆柱体、圆锥体、圆环体等。

单一几何体的操作步骤如下。

01 选择“创建”菜单栏中“原语”下一级菜单中的单一几何体命令，如球体、平行六面体、圆柱体等，系统弹出相应命令的详细信息视图栏。

02 设置单一几何体的参数。

03 设置完成后单击工具栏中的“生成”按钮 生成，完成操作。

直接创建的几何体与由草图生成的几何体的详细信息视图列表不同，图 3-90 所示为直接创建圆柱几何体的属性窗格，包括设置基准平面、原点定义、轴定义（定义圆柱高度）、定义半径、生成图形，如图 3-91 所示。

详细信息视图

详细信息 圆柱体1	
圆柱体	圆柱体1
基准平面	XY平面
操作	添加材料
原点定义	坐标
FD3, X坐标原点	0 mm
FD4, Y坐标原点	0 mm
FD5, Z坐标原点	0 mm
轴定义	分量
FD6, 轴X分量	0 mm
FD7, 轴Y分量	0 mm
FD8, 轴Z分量	30 mm
FD10, 半径(>0)	10 mm
按照薄/表面？	否

图 3-90　圆柱体详细信息

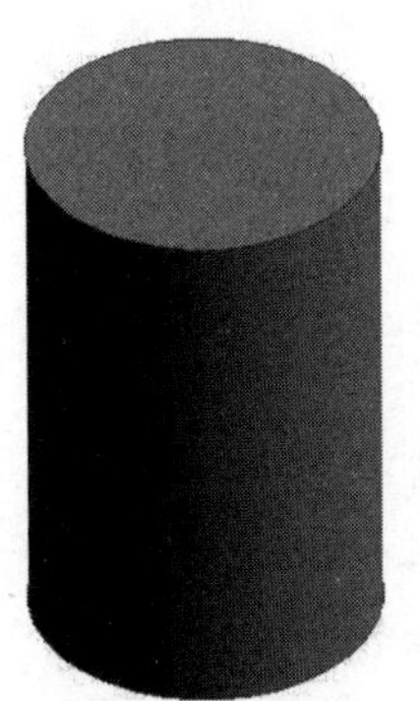

图 3-91　圆柱几何体

3.5　概念建模

概念建模用于创建和修改线和体，并将它们变成有限元梁和板壳模型，图 3-92 所示为概念建模菜单。

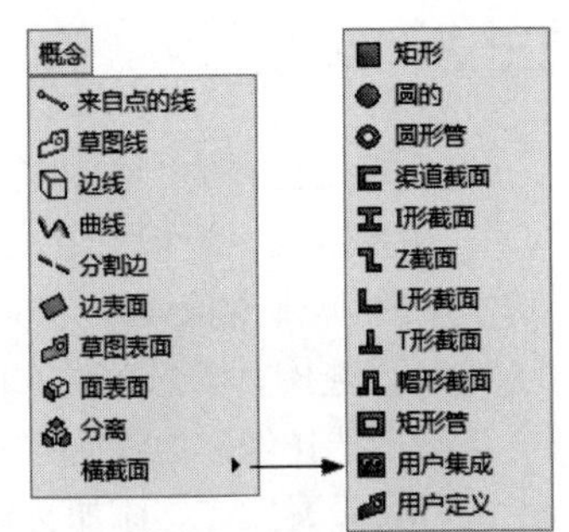

图 3-92　概念建模菜单

用概念建模工具创建线体的方法如下。

☑　来自点的线。

☑　草图线。

☑　从边生成线。

用概念建模工具创建表面体的方法如下。

☑　从线生成表面。

☑　从草图生成表面。

概念建模中首先需要创建线体，线体是概念建模的基础。

Note

3.5.1 来自点的线

来自点的线，这里的点可以是任何二维草图的点，也可以是三维模型的顶点或其他特征点。一条由点生成的线通常是一条连接两个选定点的直线，并且允许在线体中通过选择点来添加或冻结生成的线。

来自点的线的操作步骤如下。（可打开本节源文件 3.5.1 进行操作。）

01 选择“概念”菜单栏中的“来自点的线”命令，系统弹出来自点的线详细信息视图栏。

02 选择“点段”。

03 设置操作，添加材料或者添加冻结。

04 设置完成后单击工具栏中的“生成”按钮生成，完成操作。

图 3-93 所示为创建的线。来自点的线详细信息视图栏如图 3-94 所示，各参数说明如下。

☑ 添加冻结：新增线体不被合并到已有的线体中，而是作为冻结体加入。

☑ 添加材料：默认选项，将创建线体合并到激活线体中。

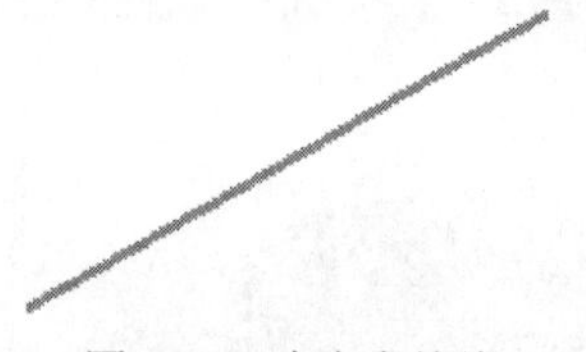

图 3-93 来自点的线

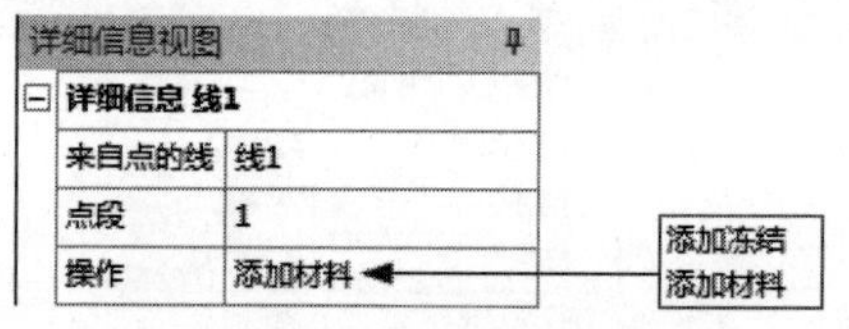

详细信息视图	
详细信息 线1	
来自点的线	线1
点段	1
操作	添加材料

图 3-94 来自点的线详细信息

3.5.2 草图线

草图线命令是基于草图创建线体。

草图线的操作步骤如下。（可打开本节源文件 3.5.2 进行操作。）

01 选择“概念”菜单栏中的“草图线”命令，系统弹出线详细信息视图栏。

02 选择草图。

03 设置操作，添加材料或者添加冻结。

04 设置完成后单击工具栏中的“生成”按钮生成，完成操作。

图 3-95 所示为创建的线。草图线类型详细信息视图栏和“来自点的线”类似，这里不做解释。

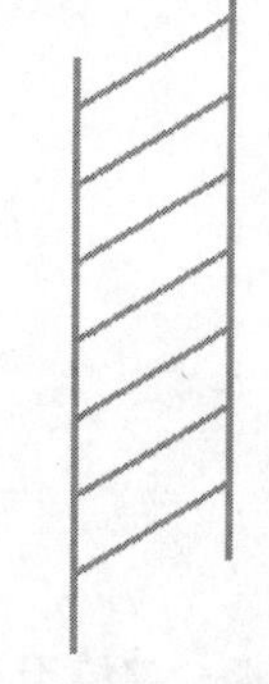

图 3-95 草图线

3.5.3 边线

边线基于已有的二维和三维模型边界创建线体，取决于所选边和面的关联性质，可以创建多个线体，在树形目录中或模型上选择边或面，表面边界将变成线体。

边线的操作步骤如下。（可打开本节源文件 3.5.3 进行操作。）

01 选择“概念”菜单栏中的“边线”命令，系统弹出线详细信息视图栏。

02 选择创建边线的边或面。

03 设置操作，添加材料或者添加冻结。

04 设置完成后单击工具栏中的“生成”按钮生成，完成操作。

图 3-96 所示为创建的边线。

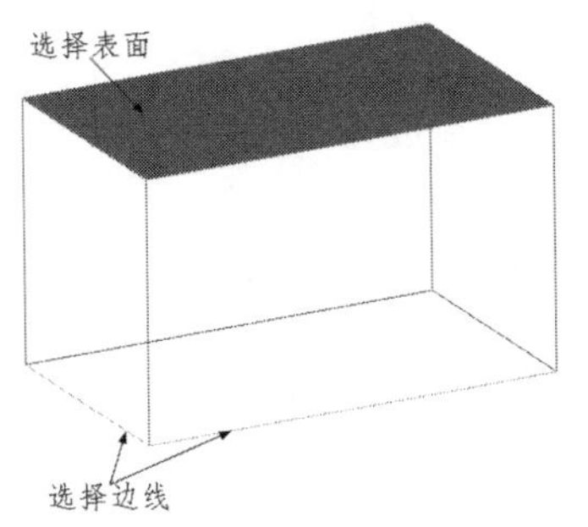

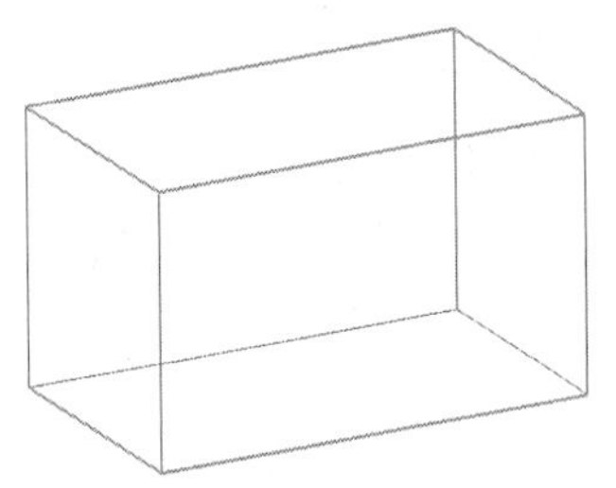

图 3-96　边线

边线详细信息视图栏如图 3-97 所示，各参数说明如下。

☑　边：选择创建边线的边。

☑　面：选择创建边线的面。

详细信息视图	
详细信息 线3	
边线	线3
边	2
面	1
操作	添加材料
#生成的边接头	6
#过期的边接头	6

操作选项：添加冻结 / 添加材料

图 3-97　边线详细信息

3.5.4　曲线

可以基于点或坐标系文件创建曲线。

曲线的操作步骤如下。（可打开本节源文件 3.5.4 进行操作。）

01 选择“概念”菜单栏中的“曲线”命令，系统弹出曲线详细信息视图栏。

02 选择创建曲线的点。

03 设置操作，添加材料或者添加冻结。

04 设置完成后单击工具栏中的“生成”按钮 生成，完成操作。

图 3-98 所示为创建的曲线。

曲线详细信息视图栏如图 3-99 所示，各参数说明如下。

☑　点选择：选择点创建曲线。

☑　从坐标文件：通过选择事先创建的坐标文件创建曲线。

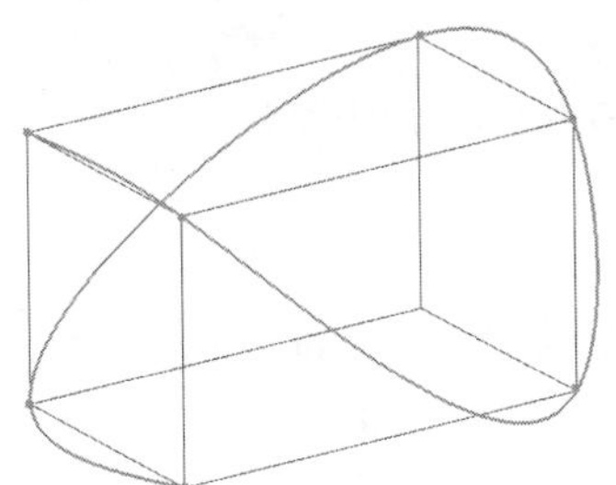

图 3-98　通过点创建曲线

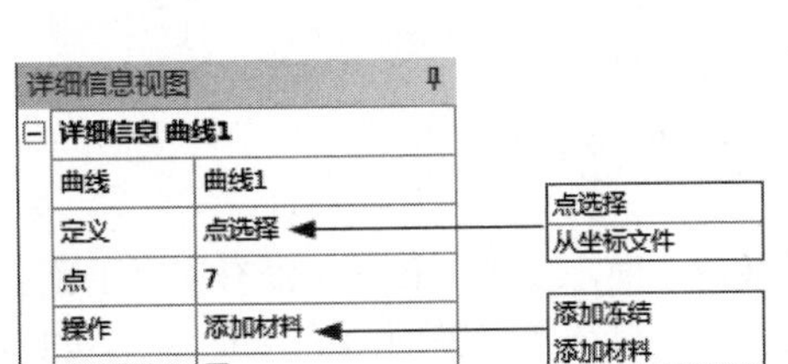

详细信息视图	
详细信息 曲线1	
曲线	曲线1
定义	点选择
点	7
操作	添加材料
合并拓扑？	否

图 3-99　曲线详细信息

3.5.5　分割边

分割边可以对创建的线进行分割。

分割边的操作步骤如下。（可打开本节源文件 3.5.5 进行操作。）

01 选择“概念”菜单栏中的“分割边”命令，系统弹出分割边详细信息视图栏。

02 选择要分割的边。

03 选择要分割边的类型，如分数、按 Delta 分割、按 N 分割、按分割位置。

Note

04 设置要分割的其他参数，如分数、Sigma 值、Delta 值、Omega 值、N 值等。

05 设置完成后单击工具栏中的“生成”按钮生成，完成操作。

图 3-100 所示为按分数分割的边。

分割边详细信息视图栏如图 3-101 所示，各参数说明如下。

☑ 分数：按所选边的分割比例进行分割。

☑ 按 Delta 分割：按起始边长和边长增量进行分割。

☑ 按 N 分割：按起始边长、结束边长和总分数进行分割。

☑ 按分割位置：在要分割的边上选取一点，按该点的位置进行分割。

☑ FD1，分数：设置边长分割比例。

☑ FD2，Sigma：起始边长。

☑ FD5，Delta：增量。

☑ FD3，Omega：结束边长。

☑ FD4，N：分割总数量。

☑ FD6，分数：设置分割边长比例。

☑ X 坐标、Y 坐标、Z 坐标：按位置分割的 *X*、*Y*、*Z* 坐标值。

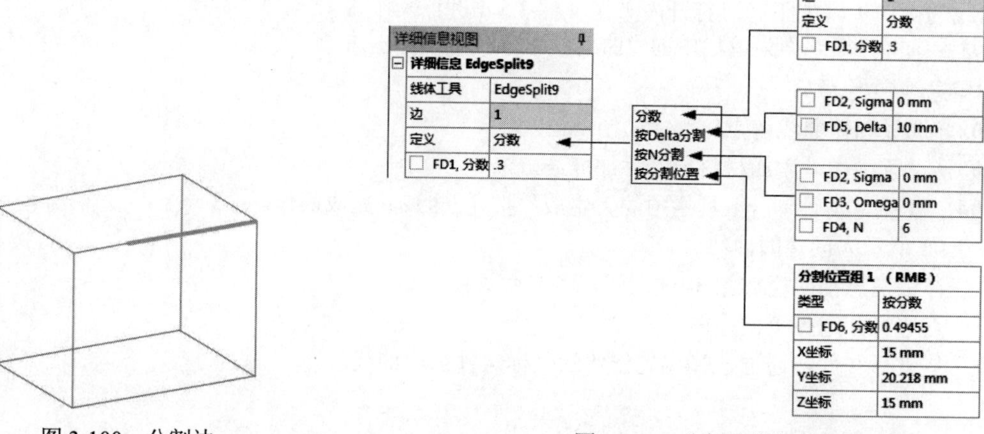

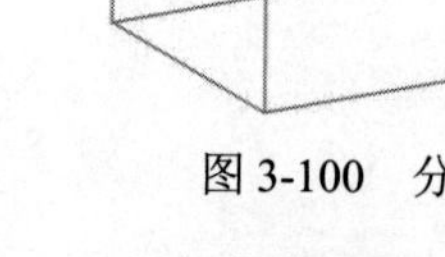

图 3-100　分割边

图 3-101　分割边详细信息

3.5.6　边表面

从边线建立面，线体边必须是没有交叉的闭合回路，每个闭合回路都创建一个冻结表面体，回路应该形成一个可以插入模型的简单表面形状，可以是平面、圆柱面、圆环面、圆锥面、球面和简单扭曲面等。

边表面的操作步骤如下。(可打开本节源文件 3.5.6 进行操作。)

01 选择“概念”菜单栏中的“边表面”命令，系统弹出边表面详细信息视图栏。

02 选择创建面的边线。

03 设置创建面的厚度。

04 设置完成后单击工具栏中的“生成”按钮生成，完成操作。

图 3-102 所示为创建的边表面。边表面详细信息视图栏如图 3-103 所示，各参数说明如下。

☑ 边：创建边表面所选的边线。

☑ 翻转表面法线？：设置创建面的法线方向，可理解为所建表面的正面在前还是反面在前。

☑ 厚度：所建面的厚度。

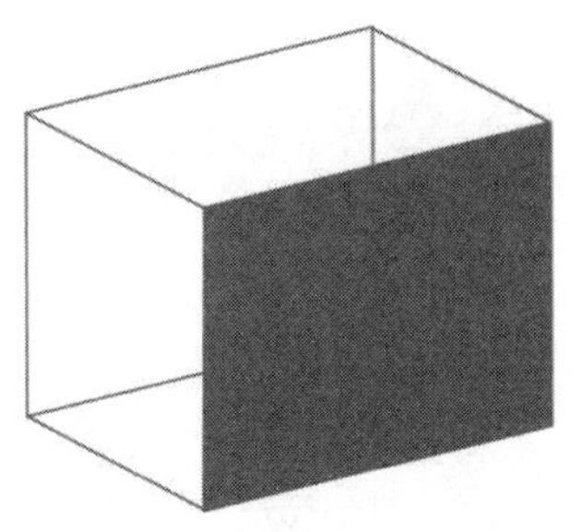

图 3-102 边表面

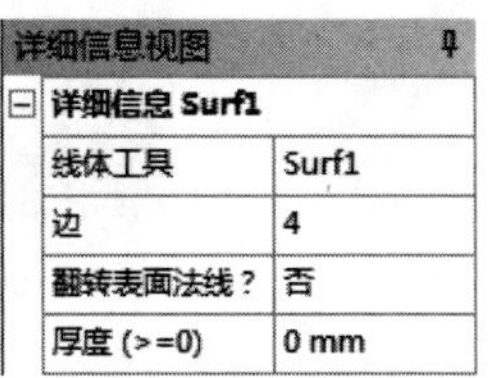

详细信息视图	
详细信息 Surf1	
线体工具	Surf1
边	4
翻转表面法线？	否
厚度 (>=0)	0 mm

图 3-103 边表面详细信息

3.5.7 草图表面

由所绘制的草图（单个或多个草图都可以）作为边界来创建面体，但所绘制的草图必须是封闭的且不自相交叉的草图。

草图表面的操作步骤如下。（可打开本节源文件 3.5.7 进行操作。）

01 选择“概念”菜单栏中的“草图表面”命令，系统弹出草图表面详细信息视图栏。

02 选择要创建草图面的草图。

03 设置创建草图面的其他参数，如操作和厚度等。

04 设置完成后单击工具栏中的“生成”按钮 生成，完成操作。

图 3-104 所示为创建的边表面。草图表面详细信息视图栏如图 3-105 所示，各参数说明如下。

☑ 基对象：选择创建草图表面的草图。

☑ 以平面法线定向吗：设置创建面的法线方向，可理解为所建表面的正面在前还是反面在前。

☑ 厚度：所建面的厚度。

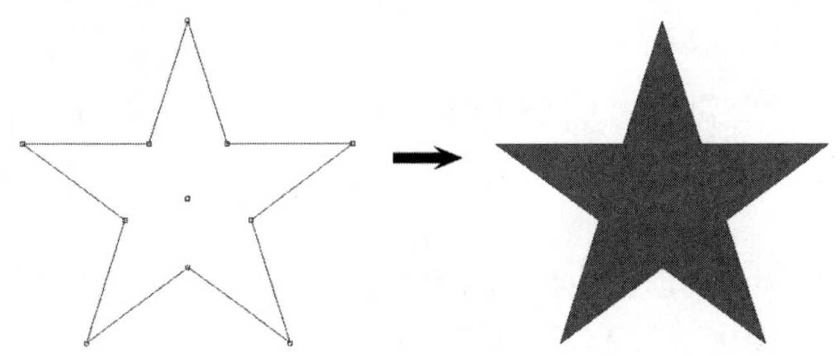

图 3-104 边表面

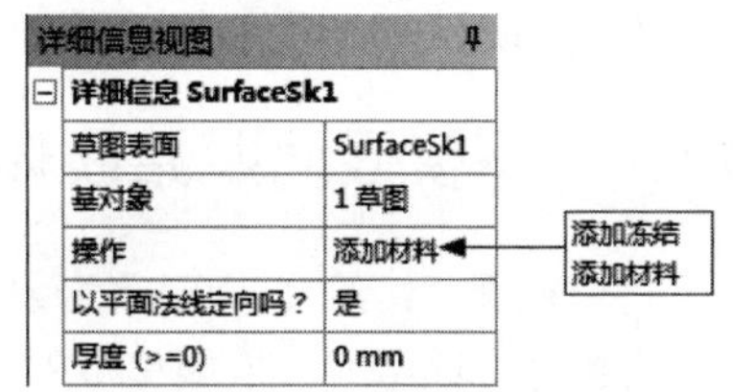

详细信息视图	
详细信息 SurfaceSk1	
草图表面	SurfaceSk1
基对象	1 草图
操作	添加材料
以平面法线定向吗？	是
厚度 (>=0)	0 mm

图 3-105 草图表面详细信息

3.5.8 面表面

面表面是在已有模型的外表面创建一个新表面，可以用来对模型外表面进行修补。

面表面的操作步骤如下。（可打开本节源文件 3.5.8 进行操作。）

01 选择“概念”菜单栏中的“面表面”命令，系统弹出面表面详细信息视图栏。

02 选择要创建面表面的面。

03 设置创建草图面的其他参数，如操作和孔修复方法等。

04 设置完成后单击工具栏中的“生成”按钮 生成，完成操作。

图 3-106 所示为创建的面表面。面表面类型详细信息视图栏如图 3-107 所示，各参数说明如下。

☑ 无修复：不对表面的孔或缝隙进行修复。

☑ 自然修复：修复表面的孔或缝隙。

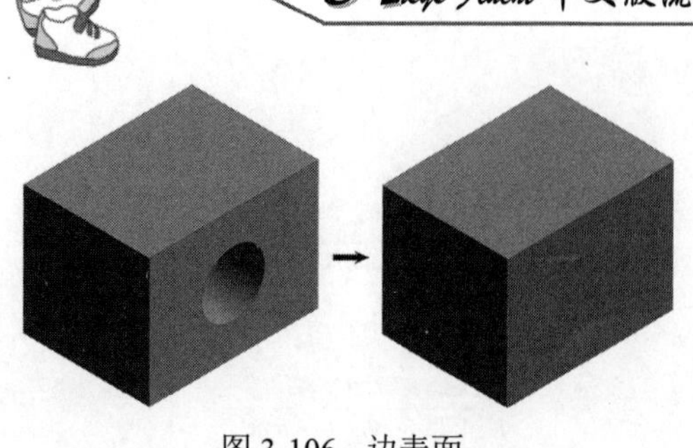

图 3-106　边表面

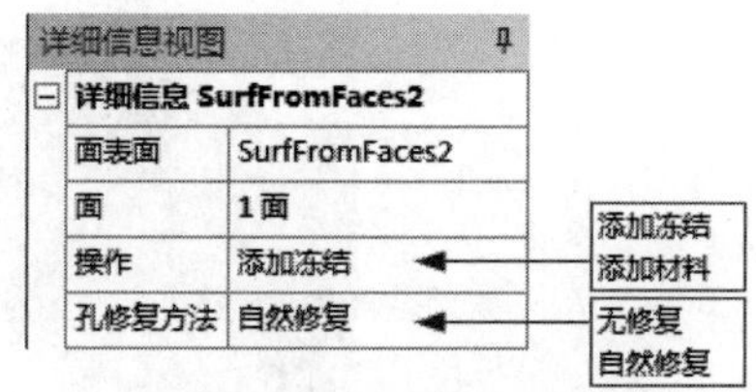

图 3-107　面表面详细信息

3.6　横　截　面

横截面命令可以给线赋予梁的属性。此横截面可以使用草图描绘，并可以赋予它一组尺寸值，而且只能修改界面的尺寸值和横截面的尺寸位置，在其他情况下是不能进行编辑的。图 3-108 所示为横截面的菜单栏。

图 3-108　横截面菜单

3.6.1　创建横截面

创建横截面和创建单一几何体类似，只是横截面创建的是面体。

创建横截面的操作步骤如下。（可仿照源文件 3.6.1 进行操作。）

01 选择“概念”菜单栏“横截面”下一级菜单中的横截面类型，如矩形、圆形、圆形管等。

02 系统弹出相应的横截面的详细信息。

03 在详细信息列表中修改要创建横截面的参数。

04 设置完成后单击工具栏中的“生成”按钮生成，完成操作。

3.6.2　将横截面赋给线体

将横截面赋给线体，可以给线体创建梁属性，在创建梁壳模型时经常用到。

将横截面赋给线体的操作步骤如下。（可仿照源文件 3.6.2 进行操作。）

01 创建好线体零件后，再创建想要赋予线体的横截面。

02 选中线体零件。

03 在弹出的线体详细信息中出现横截面属性。

04 在横截面属性下拉列表中选择需要的横截面。

05 设置完成后单击工具栏中的“生成”按钮生成，完成操作。

注意：将横截面赋给线体后，系统默认显示横截面的线体，并没有将带有横截面的梁作为一个实体显示。用户需要单击“查看”菜单栏中的“横截面固体”命令来显示带有梁的实体。

如图 3-109 所示为创建的面表面。

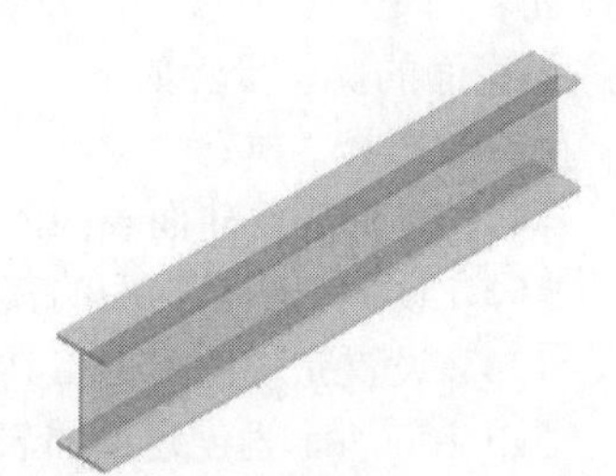

图 3-109　将横截面赋给线体零件

3.7　冻结和解冻

DesignModeler 会默认将新的几何体和已有的几何体合并来保持单个体。如果想要生成不合并的几何体模型，可以用冻结和解冻来控制。将已有模型冻结后，再创建几何体模型，则生成独立的几何模型，可以对独立的几何模型进行阵列和布尔操作等；解冻后独立的几何模型与元模型合并，通过使用冻结和解冻工具可以在冻结和解冻状态之间进行切换。

冻结和解冻命令集成在工具菜单栏中，如图 3-110 所示。

在 DesignModeler 中有两种状态体，如图 3-111 所示，具体说明如下。

☑ 冻结：主要为仿真装配建模提供不同选择的方式。一般情况下，建模中的操作均不能用于冻结。用冻结特征可以将所有的解冻转到冻结状态，选取体对象后用解冻特征可以解冻单个体。冻结在树形目录中显示为较淡的颜色。

☑ 解冻：在解冻的状态下，体可以进行常规的建模操作修改，解冻在特征树形目录中显示为蓝色，而体实体、表面或线体在特征树形目录中的图标取决于它的类型。

图 3-110　冻结和解冻菜单

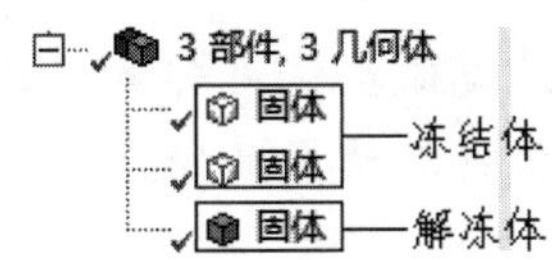

图 3-111　解冻或冻结

第4章 划分网格

网格生成技术是流体机械内部流动数值模拟中的关键技术之一，直接影响数值计算的收敛性，决定着数值计算结果的精度和计算过程的效率。网格主要分为结构化网格和非结构化网格。

本章主要介绍流体机械 CFD 中的网格生成方法。

4.1　网格生成技术

在前面的章节，已经提到计算流体力学的本质就是对控制方程在所规定的区域上进行点离散或区域离散，从而转变为在各网格节点或子区域上定义的代数方程组，最后用线性代数的方法迭代求解。网格生成技术是离散技术中的一个关键技术，网格质量对 Fluent 计算精度和计算效率有直接的影响。对于复杂问题的 Fluent 计算，划分网格是一个极为耗时又容易出错的步骤，有时要占到整个软件使用时间的 80%。因此，我们有必要对网格生成技术给予足够的关注。

4.1.1　常用的网格单元

单元是构成网格的基本元素。在结构网格中，常用的二维网格单元是四边形单元，三维网格单元是六面体单元。而在非结构网格中，常用的二维网格单元还有三角形单元，三维网格单元还有四面体单元和五面体单元，其中五面体单元可分为棱锥形（或楔形）和金字塔形单元等。图 4-1 所示为常用的二维网格单元，图 4-2 所示为常用的三维网格单元。

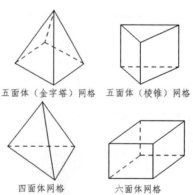

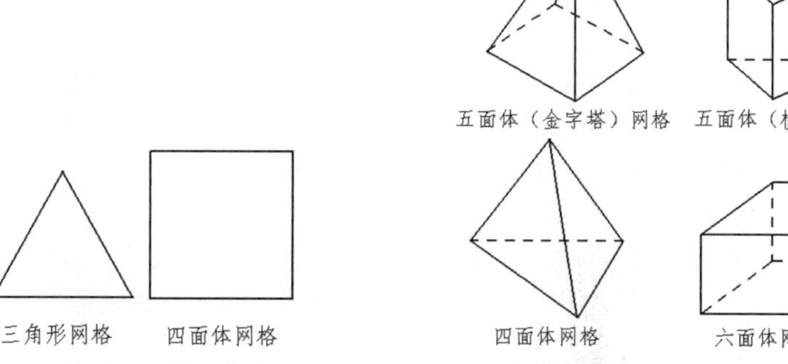

图 4-1　常用的二维网格单元　　图 4-2　常用的三维网格单元

4.1.2　网格生成方法分类

生成复杂计算区域中网格的方法大致可以按图 4-3 所示的方式来分。从总体上来说，流动与传热问题数值计算中采用的网格可以大致分为结构化网格、非结构化网格和混合网格三大类。

1. 结构化网格

一般，数值计算中正交与非正交曲线坐标系中生成的网格都是结构化网格，其特点是每一节点与其邻点之间的连接关系固定不变且隐含在所生成的网格中，因而我们不必专门设置数据去确认节点与邻点之间的这种联系。从严格意义上讲，结构化网格是指网格区域内所有的内部点都具有相同的毗邻单元。结构化网格的主要优点如下。

☑　网格生成的速度快。

☑　网格生成的质量好。

☑　数据结构简单。

☑　对曲面或空间的拟合大多数采用参数化或样条插值的方法得到，区域光滑，与实际的模型更接近。

☑　它可以很容易地实现区域边界拟合，适用于流体和表面应力集中等方面的计算。

Note

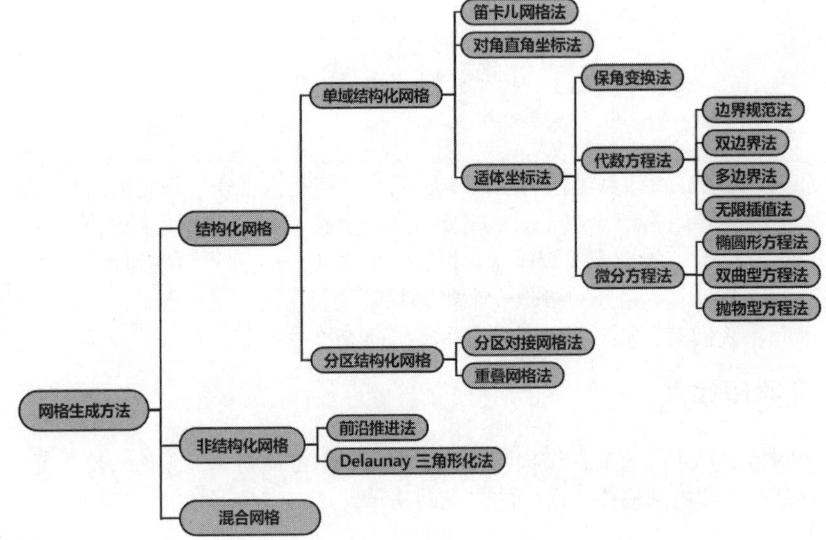

图 4-3　网格生成方法分类

结构化网格可以分为单域结构化网格和分区结构化网格，图 4-4 所示为两种划分网格方法示意图。较成熟的生成单域结构化网格的方法有保角变换法、代数方程法和微分方程网格生成方法 3 类，具体如下。

☑ 保角变换法：保角变换方法是利用解析的复变函数来完成物理平面到计算平面的映射。保角变换方法的主要优点是能精确地保证网格的正交性，主要缺点是对于比较复杂的边界形状，有时难以找到相应的映射关系式，且局限于二维问题，适用范围较小，已经逐渐被新的网格生成方法所取代。

☑ 代数方程法：也称为代数网格法，是通过采用特定的代数关系式以中间插值的方式构造网格的方法，不同的插值方式产生了性质不同的代数网格，有各种以代数方程为基础的坐标变换方法、规范边界的双边界法、无限插值方法等。

☑ 微分方程法：在微分方程法中，物理空间坐标和计算空间坐标之间是通过偏微分方程组联系起来的。根据生成贴体网格的偏微分方程的类型不同，可分为椭圆型方程法、双曲型方程法和抛物型方程法。最常用的是椭圆型方程法，因为对大多数流体力学问题来说，物理空间中的求解域是几何形状比较复杂的已知封闭边界的区域，并且在封闭边界上的计算坐标对应值是给定的。最简单的椭圆型方程是拉普拉斯方程，但使用最广泛的是泊松方程，因为其中的非齐次项可用来调节求解域中网格密度的分布。

（a）单域结构化网格　　（b）分区结构化网格

图 4-4　结构化网格

如果只在求解域的一部分边界上规定计算坐标值，则可采用抛物型或双曲型偏微分方程生成网格。例如，当流场的内边界给定，而外边界是任意的情况。

2. 非结构化网格

为了方便地进行数值模拟绕复杂外形的流动，20 世纪 80 年代末人们提出了采用非结构网格技术手段，而且 Fluent 采用非结构网格使它处理复杂问题具有很强的适应性。非结构网格就是指网格单元和节点之间彼此没有固定的规律可循，其节点分布完全是任意的。其基本思想基于这样的假设：任何空间区域都可以被四面体（三维）或三角形（二维）单元填满，即任何空间区域都可以被以四面体或三角形为单元的网格所划分。非结构网格技术能够方便地生成复杂外形的网格，能够通过流场中的大梯度区域自适应来提高对间断（如激波）的分辨率，并且使基于非结构网格的网格分区以及并行计算比结构网格更加直接。但是在同等网格数量的情况下，非结构网格比结构网格所需的内存容量更大、计算周期更长，而且同样的区域可能需要更多的网格数。此外，在采用完全非结构网格时，因为网格分布各向同性，会降低计算结果的精度，同时对黏流计算而言，还会导致边界层附近的流动分辨率降低。单元有二维的三角形、四边形，三维的四面体、六面体、三棱柱体、金字塔等多种形状。非结构网格的类型如图 4-5 和图 4-6 所示。

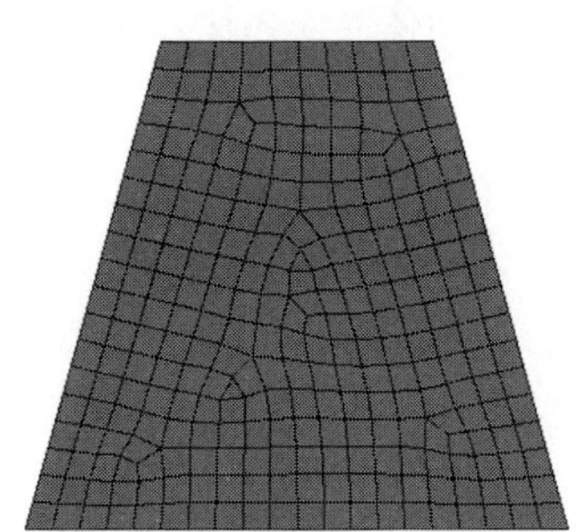

图 4-5　二维非结构网格

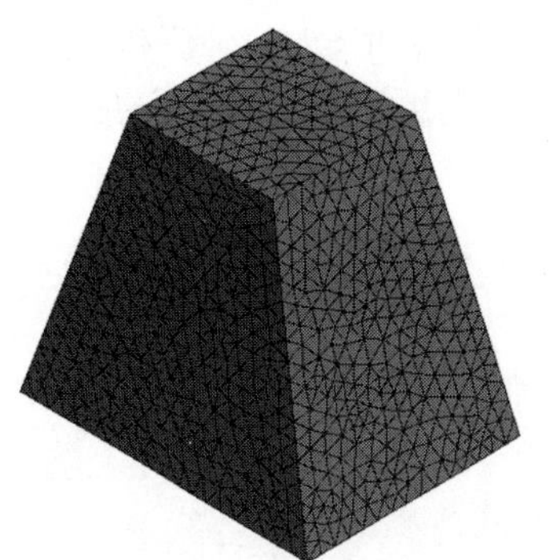

图 4-6　三维非结构网格

3. 混合网格

非结构网格技术是一类新型网格技术。由于非结构网格省去了网格节点的结构性限制，网格节点和网格单元可以任意分布且很容易被控制，因而能较好地处理复杂外形问题。近年来，该方法受到了高度的重视，但由于流场解算的效率与精度问题，流场求解器的改造问题以及非结构网格自身的一些缺陷，使上述网格生成技术在应用中有一定的局限性。因此，结合了结构与非结构网格的混合网格技术近年来发展迅速，该技术将结构网格与非结构网格通过一定的方式结合起来，综合了结构网格与非结构网格的优势，成为一种处理复杂外形的新型、有效的网格技术。

4.1.3　网格类型的选择

网格类型的选择依赖于具体的问题。在选择网格类型时，应该考虑下列问题：初始化的时间、计算的花费和数值的耗散。

1. 初始化的时间

很多实际问题具有复杂几何外形，对于这些问题采用结构网格或块结构网格可能要花费大量的时间，甚至根本无法得到结构网格。复杂几何外形初始化时间的限制刺激了人们在非结构网格中使用三角形网格和四面体网格。如果几何外形并不复杂，则两种方法所耗费的时间没有明显差别。

Note

2. 计算的花费

当几何外形复杂或者流动的长度、尺度太大时，三角形网格和四面体网格所生成的单元会比等量的包含四边形网格和六面体网格的单元少得多。这是因为三角形网格和四面体网格允许单元聚集在流域的所选区域内，而四边形网格和六面体网格会在不需要加密的地方产生单元。非结构的四边形网格和六面体网格为一般复杂外形提供了许多三角形/四面体网格所没有的单元。

四边形和六边形单元的一个特点是它们在某些情况下，可以允许有比三角形/四面体单元更大的比率。三角形/四面体单元的大比率总是会影响单元的歪，斜。因此，如果有相对简单的几何外形，而且流动和几何外形很符合（如长管），即可使用大比率的四边形和六边形单元，这种网格可能会比三角形/四面体网格少很多单元。

3. 数值的耗散

多维条件下，主要的误差来源是数值耗散，又称虚假耗散（因为耗散并不是真实现象，它和真实耗散系数影响流动的方式相似）。

当流动和网格成一条直线时数值耗散最明显，使用三角形/四面体网格流动永远不会和网格成一条直线，而如果几何外形不是很复杂，四边形网格和六面体网格可能就会出现流动和网格成一条直线。所以只有在简单的流动（如长管流动）中，才可以使用四边形/六面体网格来减少数值耗散，而且在这种情况下，使用四边形/六面体网格有很多优点，与三角形/四面体网格相比，可以使用更少的单元得到更好的解。

4.1.4 网格质量

网格质量对其计算精度和稳定性有很大的影响。网格质量包括其节点分布、光滑性以及单元的形状等。

1. 节点分布

连续性区域被离散化，使流动的特征解（剪切层、分离区域、激波、边界层和混合区域）与网格上节点的密度和分布直接相关。在很多情况下，关键区域的弱解反倒成了流动的主要特征。例如，由逆压梯度造成的分离流依靠边界层上游分离点的解。边界层解（即网格近壁面间距）在计算壁面切应力和热导率的精度时有重要的意义，这一结论在层流流动中尤其准确，网格接近壁面需要满足

$$y_p\sqrt{\frac{u_\infty}{\nu x}}\leqslant 1 \tag{4-1}$$

式中：y_p 为从临近单元中心到壁面的距离；u_∞ 为自由流速度；ν 为流体的动力黏度；x 为从边界层起始点开始沿壁面的距离。

网格的分辨率对于湍流也十分重要。由于平均流动和湍流的强烈作用，湍流的数值计算结果比层流更容易受到网格的影响。在近壁面区域，不同的近壁面模型需要不同的网格分辨率。

一般来说，无流动通道应该用少于 5 个单元来描述，大多数情况下，需要更多的单元来完全解决。大梯度区域如剪切层或者混合区域，网格必须被精细化以保证相邻单元的变量变化足够小。提前确定流动特征的位置很困难，而且在复杂三维流动中，网格受到 CPU 时间和计算机资源的限制。在求解运行和后处理时，若网格精度提高，则 CPU 的时间和内存量也会随之增加。

2. 光滑性

临近单元体积的快速变化会导致截断误差。截断误差指控制方程偏导数和离散估计之间的差值。Fluent 可以改变单元体积或者网格体积梯度来精化网格，从而提高网格的光滑性。

3. 单元的形状

单元的形状能明显影响数值解的精度，包括单元的歪、斜和比率。单元的歪斜可以定义为该单元和具有同等体积的等边单元外形之间的差别。单元的歪斜太大会降低解的精度和稳定性。四边形网格最好的单元就是顶角为 90°，三角形网格最好的单元就是顶角为 60°。比率是表征单元拉伸的度量，对于各向异性流动，较大的比率可以用较少的单元产生较为精确的结果，但是一般避免比率大于 5：1。

4. 流动流场相关性

分辨率、光滑性、单元的形状对于解的精度和稳定性的影响依赖于所模拟的流场。例如，在流动开始的区域可以有过度歪、斜的网格，但是在具有大流动梯度的区域内，过度歪、斜的网格可能会使整个计算无功而返。由于大梯度区域是无法预知的，所以我们只能尽量使整个流域具有高质量的网格。所谓高质量网格就是指密度高、光滑性好、单元歪、斜小的网格。

4.2 Meshing 网格划分模块

随着 CFD 计算能力的提高和对网格问题研究的深入，网格生成技术处理的外形越来越复杂。在耗时的网格生成过程中，几何建模与表面网格处理占了其中大部分的人力时间，因而显得十分重要。国内外均有多家机构组织专人进行相应的专用软件开发，其主要软件包括 GAMBIT、TGrid、prePDF、ICEM-CFD、Meshing 等。其中，Meshing 网格划分模块是 Ansys Workbench 常用的网格划分工具，能够划分 CFD 网格、CAE 分析网格和电磁分析网格。本章主要介绍利用 Meshing 网格划分模块进行 CFD 网格划分，然后导入 Fluent，进行流体力学分析。

4.2.1 网格划分步骤

网格划分的具体步骤如下。

01 创建或导入要划分网格的模型：包括对模型的共享拓扑和模块的分类。

02 全局设置：包括设置目标物理环境（结构、CFD 等）；网格最大值、最小值的设置，以及曲率、狭缝的设置。

03 局部设置：包括网格划分方法设置、边和面的尺寸设置、影响球的设定以及面网格划分。

04 边界层设置：用于流体力学分析中，包括出入口边界命名、固体壁面边界条件命名以及对称边界条件的命名等。

05 生成网格。

4.2.2 分析类型

在 Ansys Workbench 中，不同分析类型有不同的网格划分要求。在进行结构分析时，使用高阶单元划分较为粗糙的网格；在进行 CFD 分析时，需要平滑过渡的网格，进行边界层的转化，另外，不同 CFD 求解器也有不同的要求；而在显示动力学分析时，需要均匀尺寸的网格。

表 4-1 所示为物理优先权，即通过设定物理优先选项设置的默认值。

Note

表 4-1　物理优先权

物理优先选项	自动设置下列各项			
	实体单元默认节点	关联中心默认值	平　滑　度	过　　渡
力学分析	保留	粗糙	中等	快
CFD	消除	粗糙	中等	慢
电磁分析	保留	中等	中等	快
显示分析	消除	粗糙	高	慢

在 Ansys Workbench 中分析类型的设置是通过网格详细信息表来进行定义的，图 4-7 所示为定义不同物理环境的网格详细信息。

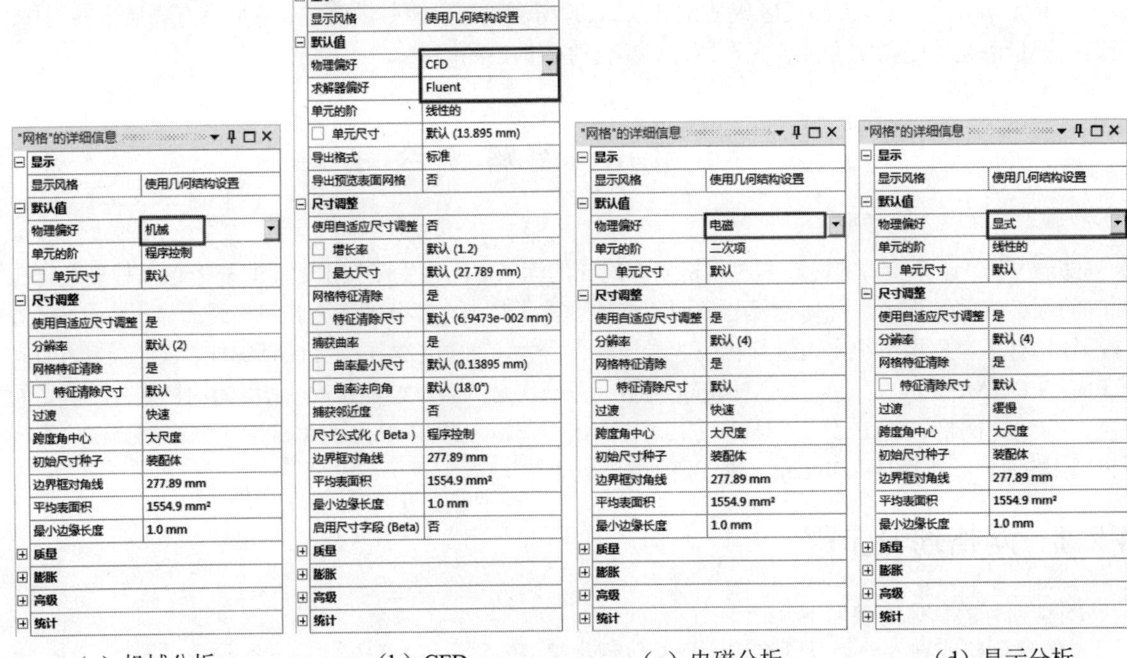

（a）机械分析　（b）CFD　（c）电磁分析　（d）显示分析

图 4-7　不同分析类型

4.3　全局网格控制

选择分析的类型后并不等于网格控制的完成，仅仅是初步的网格划分，用户还可以通过网格详细信中的其他选项进行网格控制。

4.3.1　全局单元尺寸

全局单元尺寸设置即通过网格详细信息中的单元尺寸设置整个模型使用的单元尺寸。这个尺寸将应用于所有边、面和体的划分。单元尺寸栏可以采用默认设置，也可以通过输入尺寸的方式来定义。图 4-8 所示为两种不同的方式。

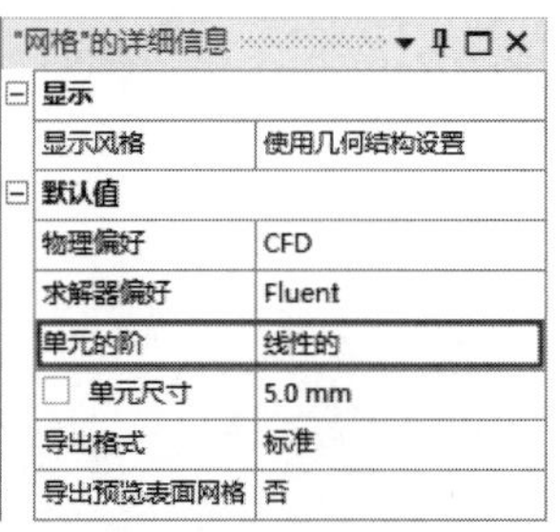

图 4-8　全局单元尺寸

4.3.2　全局尺寸调整

网格尺寸默认值描述了如何计算默认尺寸，以及修改其他尺寸值时这些值会得到相应变化。使用的物理偏好不同，默认设置的内容也不相同。

☑　当物理偏好为“机械”“电磁”或“显式”时，“使用自适应尺寸调整”默认设置为“是”。

☑　当物理偏好为“非线性机械”或“CFD”时，“捕捉曲率”默认设置为“是”。

☑　当物理偏好为“流体动力学”时，只能设置“单元大小”和“破坏大小”。

当“使用自适应尺寸调整”设置为“是”时，它包括求解、网格特征清除（特征清除尺寸）、过渡、跨度角中心、初始尺寸种子、边界框对角线、平均表面积和最小边缘长度。

当“使用自适应尺寸调整”设置为“否”时，它包括增长率、最大尺寸、网格特征清除、捕捉曲率（曲率最小尺寸和曲率法向角）、捕获临近度（接近度最小值、穿过间隙的单元数和接近度大小函数源）、边界框对角线、平均表面积、最小边缘长度。

加载模型时，软件会使用模型的物理偏好和特性自动设置默认单元大小。当“使用自适应大小调整”设置为“是”时，该因子通过使用“物理偏好”和“初始大小”的组合来确定。其他默认网格大小（如“失效大小”“曲率大小”“近似大小”）是根据单元大小设置的。从 Ansys 的 18.2 版本开始，用户可以依赖动态默认值根据单元大小调整其他值的大小。修改单元大小时，其他默认值大小会动态更新以响应，从而提供更直接的调整。

动态默认值由“机械最小尺寸因子”“CFD 最小尺寸因子”“机械失效尺寸因子”“CFD 失效尺寸因子”选项控制。使用这些选项可以设置缩放的首选项。

在 Ansys Workbench 中用户通过设置跨度角中心来设定基于边的细化的曲度目标，如图 4-9 所示。网格在弯曲区域细分，直到单独单元跨越这个角。有以下几种选项可供选择。

☑　大尺度：91°～60°。

☑　中等：75°～24°。

☑　精细：36°～12°。

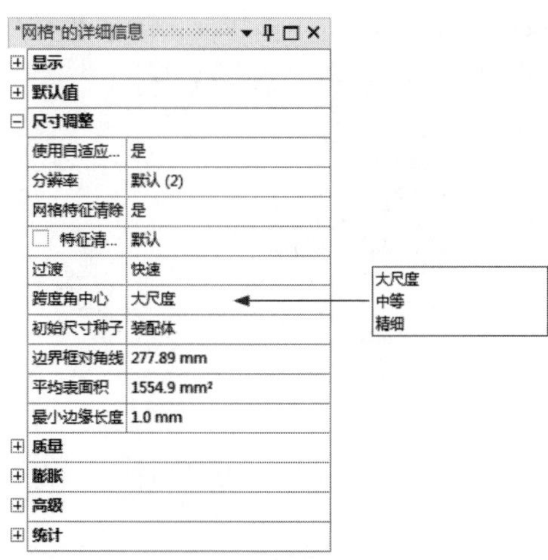

图 4-9　跨度角中心

跨度角中心只在高级尺寸函数关闭时使用，选择大尺度和精细的效果分别如图 4-10（a）和图 4-10（b）所示。

（a）

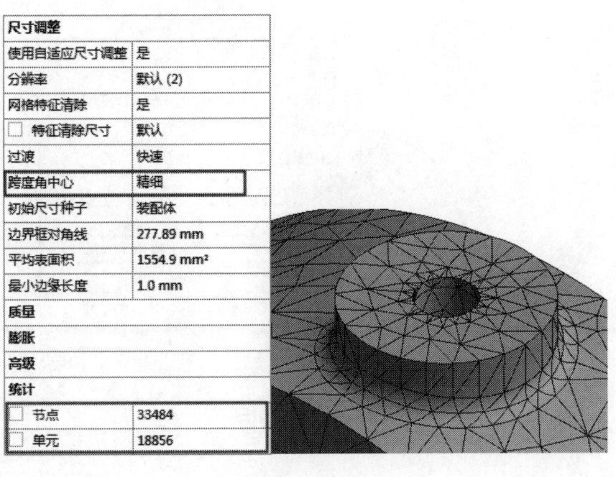

（b）

图 4-10　跨度角中心

在网格详细信息中可以通过设置初始尺寸种子来控制每一部件的初始网格种子。如图 4-11 所示，单元尺寸具有两个选项。

☑　装配体：基于这个设置，初始种子放入所有装配部件，因为抑制部件网格不改变，所以不用管抑制部件的数量。

☑　部件：基于这个设置，初始种子在网格划分时放入个别特殊部件。抑制部件网格也不改变。

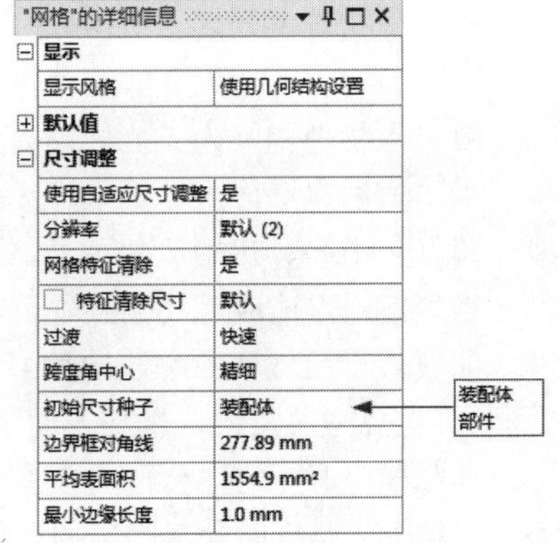

图 4-11　初始尺寸种子

4.3.3　质量

网格质量描述了配置网格质量的步骤。质量设置的内容包括检查网格质量、误差限值、目标质量、平滑、网格度量标准。

通过在网格详细信息中设置"平滑"栏来控制网格的平滑程度，如图 4-12 所示。通过"网格度量标准"栏来查看网格质量标准的信息，如图 4-13 所示。

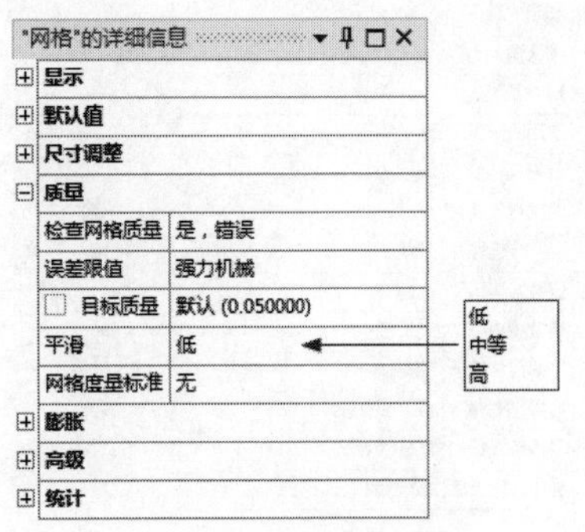

图 4-12　平滑和过渡

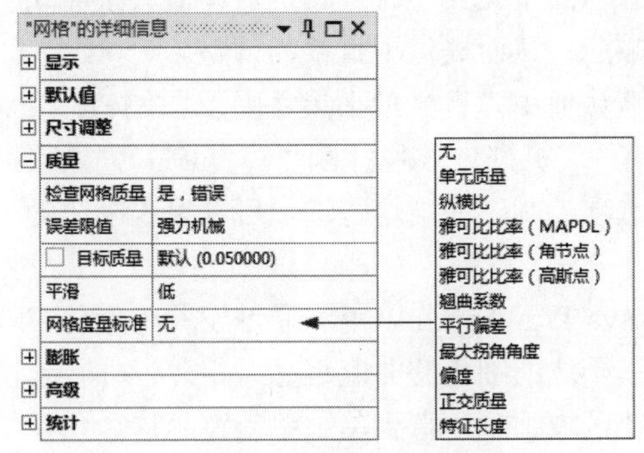

图 4-13　网格质量标准

1. 平滑

平滑网格即通过移动周围节点和单元的节点位置来改进网格质量。下列选项和网格划分器开始平滑的门槛尺度一起控制平滑迭代次数。

☑　低。

☑　中等。

☑　高。

2. 网格度量标准

“网格度量标准”选项允许查看网格度量标准信息，从而评估网格质量。生成网格后，可以选择查看有关以下任何网格度量标准的信息：三角形纵横比或四边形纵横比、雅可比比率（MAPDL、角节点或高斯点）、翘曲系数、平行偏差、最大拐角角度、偏度、正交质量和特征长度。选择“无”将关闭网格度量查看。

选择网格度量标准时，其最小值、最大值、平均值和标准偏差值将在详细信息视图中报告，并在“几何图形”窗口下显示条形图。对于模型网格中表示的每个元素形状，图形用彩色编码条进行标记，并且可以进行操作以查看感兴趣的特定网格统计信息。

4.3.4　高级尺寸功能

前几节进行的设置均为无高级尺寸功能时的设置。在无高级尺寸功能时，根据已定义的单元尺寸对边划分网格，对曲率和邻近度进行细化，对缺陷和收缩控制进行调整，然后通过面和体进行网格划分。

图 4-14 所示为采用标准尺寸功能和采用高级尺寸功能的对比图。

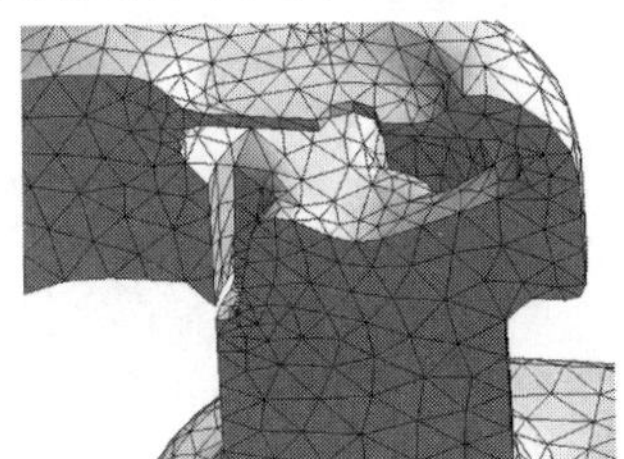

标准尺寸功能

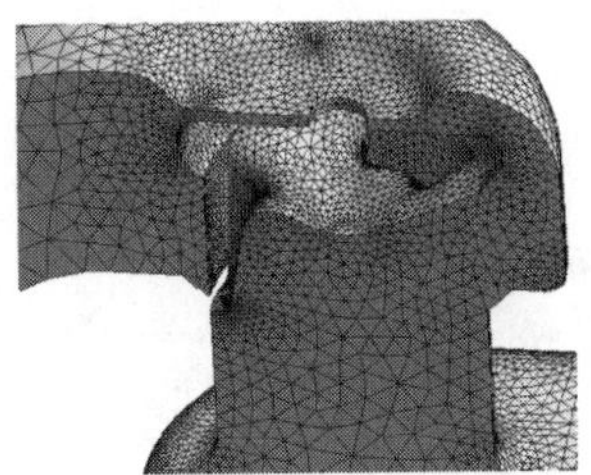

高级尺寸功能

图 4-14　标准尺寸功能和高级尺寸功能

在网格详细信息中高级尺寸功能的选项和默认值包括捕获曲率与捕获临近度，如图 4-15 所示。

☑　捕获曲率（默认）：默认值为 60°。

☑　捕获邻近度：默认每个间隙有 3 个单元（2D 和三维），默认精度为 0.5，如果邻近度不允许则增大到 1。

图 4-16 所示为有捕获曲率与同时有捕获曲率和捕获邻近度网格划分后的图形。

"网格"的详细信息

显示	
显示风格	使用几何结构设置
默认值	
物理偏好	非线性机械
单元的阶	程序控制
单元尺寸	默认 (13.895 mm)
尺寸调整	
增长率	默认 (1.5)
最大尺寸	默认 (27.789 mm)
网格特征清除	是
特征清除尺寸	默认 (6.9473e-002 mm)
捕获曲率	是
曲率最小尺寸	默认 (0.13895 mm)
曲率法向角	默认 (60.0°)
捕获邻近度	否
尺寸公式化（Beta）	程序控制
边界框对角线	277.89 mm
平均表面积	1554.9 mm²
最小边缘长度	1.0 mm
启用尺寸字段 (Beta)	否
质量	
膨胀	
高级	
统计	

图 4-15　邻近度与曲率选项

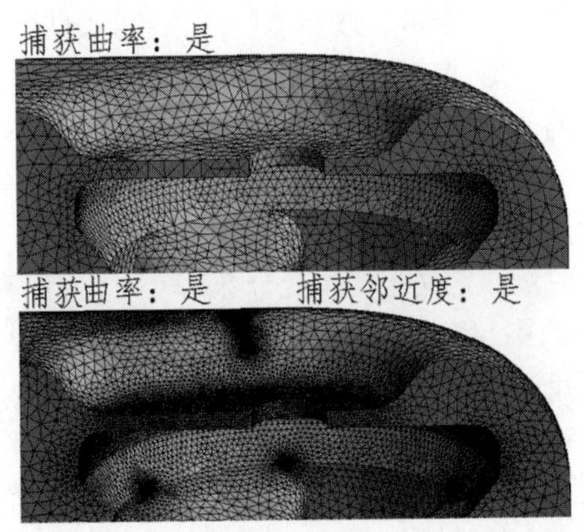

图 4-16　捕获曲率与同时捕获曲率和邻近度

4.4 局部网格控制

Note

局部网格控制（可用性取决于使用的网格划分方法）包含尺寸调整、接触尺寸、加密、面网格剖分、匹配控制、收缩和膨胀。在树形目录中右击“网格”分支，在弹出的快捷菜单中进行局部网格控制，如图 4-17 所示。

4.4.1 局部尺寸调整

若要实现局部网剖划分，可在树形目录中右击“网格”分支，在弹出的快捷菜单中选择“插入”下的“尺寸调整”命令，即可定义局部网格的划分，如图 4-18 所示。

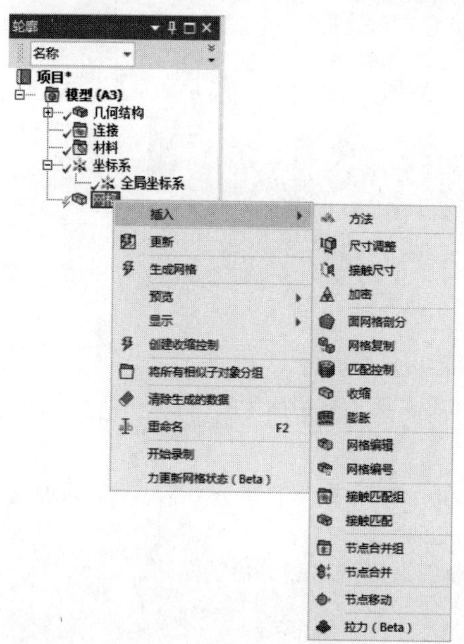

图 4-17　局部网格控制

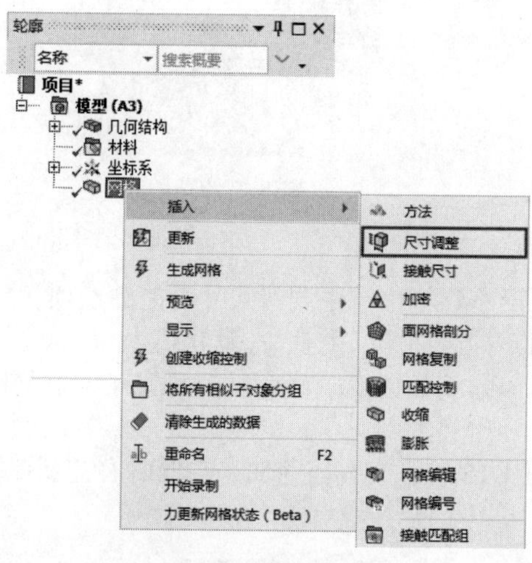

图 4-18　局部尺寸命令

在局部尺寸的网格详细信息中设置要划分的线或体的选项，如图 4-19 所示。选择需要划分的对象后，单击几何结构栏中的“应用”按钮。

局部尺寸的类型主要包括如下 3 个选项。

☑　单元尺寸：定义体、面、边或顶点的平均单元边长。

☑　分区数量：定义边的单元分数。

☑　影响范围：用球体的单元设定平均单元尺寸。

☑　全局尺寸因数：定义全局单元给定单元尺寸。

以上可用选项取决于作用的实体。选择边与选择体所含的选项不同，表 4-2 所示为选择不同的作用对象时网格详细信息中的选项。

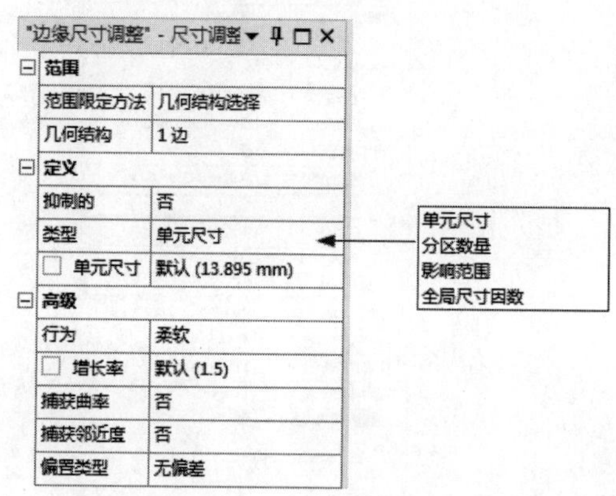

图 4-19　网格详细信息

表 4-2　可用选项

作 用 对 象	单 元 尺 寸	分 区 数 量	影 响 范 围
体	√		√
面	√		√
边	√	√	√
顶点			√

在进行影响范围的局部网格划分操作中，已定义的“影响范围”面尺寸，如图 4-20 所示。位于球内的单元具有给定的平均单元尺寸。常规影响范围控制所有可触及面的网格。在进行局部尺寸网格划分时，可选择多个实体并且所有球体内的作用实体受设定的尺寸的影响。

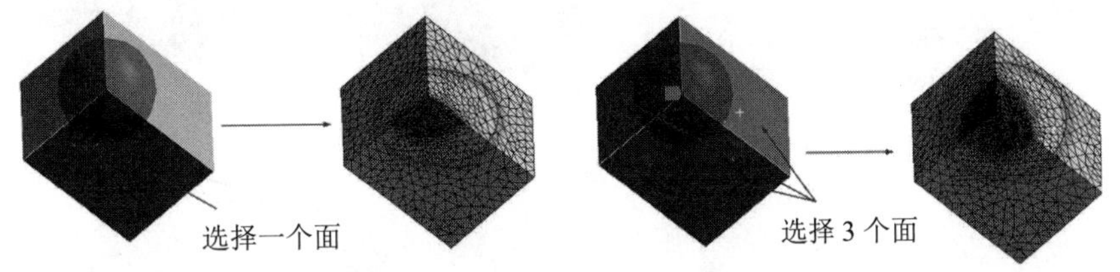

图 4-20　选择作用对象不同，效果不同

边尺寸，可通过对一个端部、两个端部或中心的偏置把边离散化。在进行边尺寸时，如图 4-21 所示的源面使用了扫掠方法，源面的两对边都被定义了边尺寸，偏置边尺寸以在边附近得到更细化的网格，如图 4-22 所示。

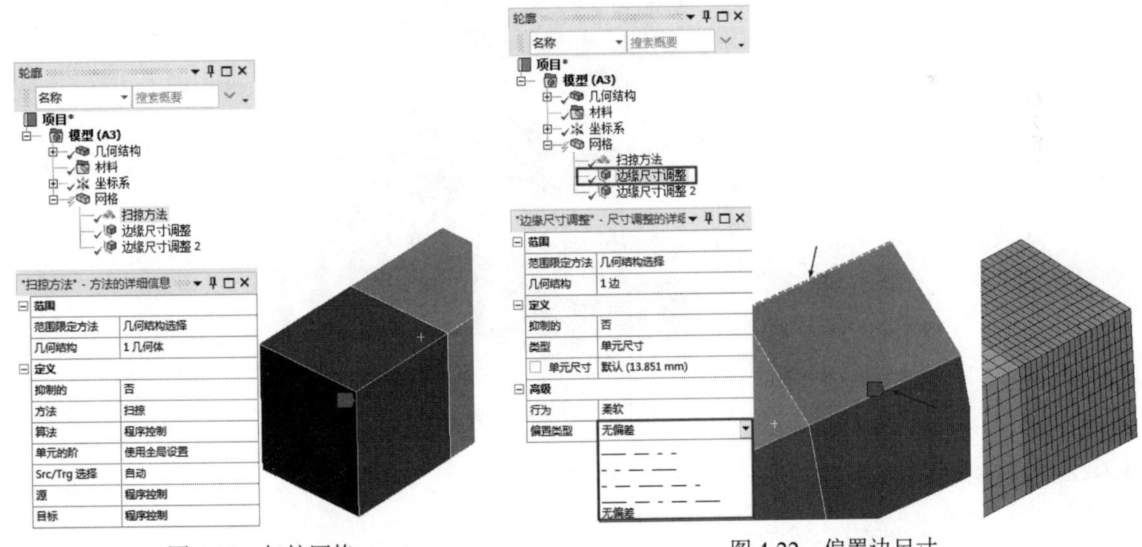

图 4-21　扫掠网格

图 4-22　偏置边尺寸

顶点也可以定义尺寸，顶点尺寸即模型的一个顶点定义为影响范围的中心。尺寸将定义在球体内所有实体上，如图 4-23 所示。

受影响的几何体只在高级尺寸功能打开时被激活。受影响的几何体可以是任何的 CAD 线、面或实体。使用受影响的几何体划分网格其实没有真正划分网格，只是作为一个约束来定义网格划分的尺寸，如图 4-24 所示。

受影响的几何体的操作通过三部分来定义，分别是拾取几何、拾取受影响的几何体及指定参数，其中指定参数含有单元尺寸及增长率。

Note

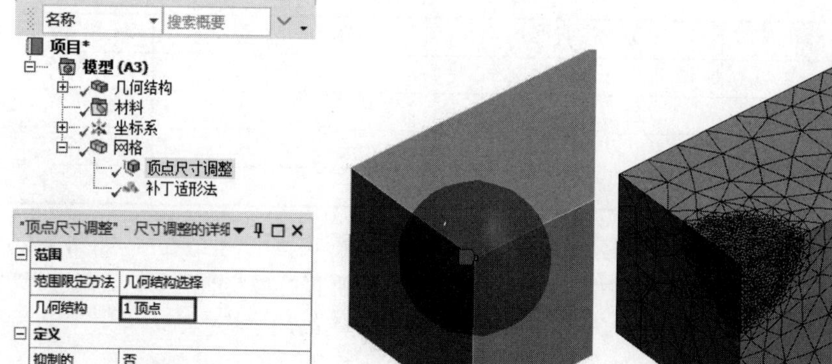

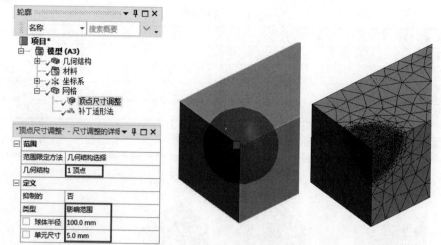

图 4-23　顶点影响范围

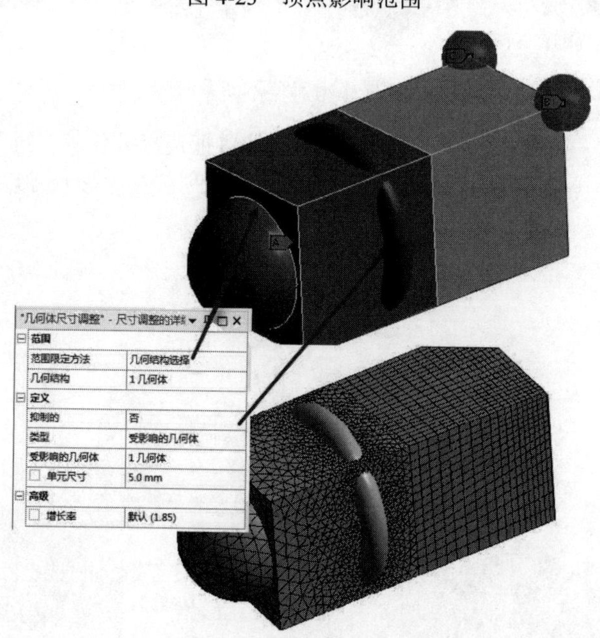

图 4-24　受影响的几何体

4.4.2　接触尺寸

接触尺寸命令提供了一种在部件间接触面上产生近似尺寸单元的方式，如图 4-25 所示（网格的尺寸近似但不共形）。对给定接触区域可设置“单元尺寸”或“分辨率”参数。

4.4.3　加密

单元加密即划分现有网格，图 4-26 所示为在树形目录中右击“网格”分支，在弹出的快捷菜单中选择“插入”下的“加密”命令。网格的加密划分对面、边和顶点均有效，但对补丁独立四面体或 CFX-Mesh 不可用。

Note

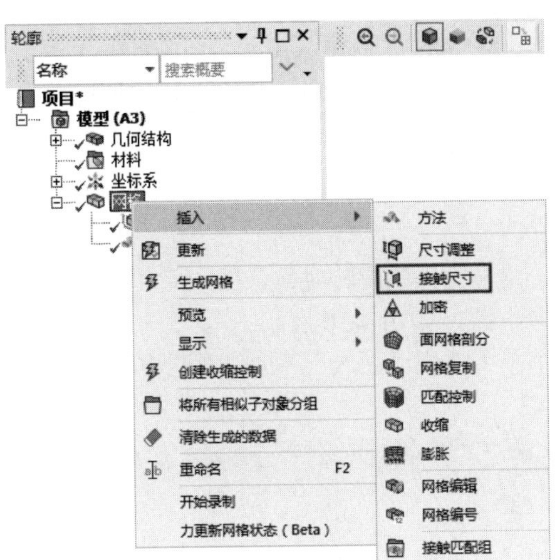

图 4-25　接触尺寸

图 4-26　加密

在进行加密划分时首先由全局和局部尺寸控制形成初始网格，然后在指定位置进行单元加密。

加密水平可从 1（最小的）到 3（最大的）改变。当加密水平为 1 时将初始网格单元的边一分为二。由于不能使用膨胀，所以在对 CFD 进行网格划分时不推荐使用加密划分。如图 4-27 所示，长方体左端采用了加密水平 1，而右边保留了默认的设置。

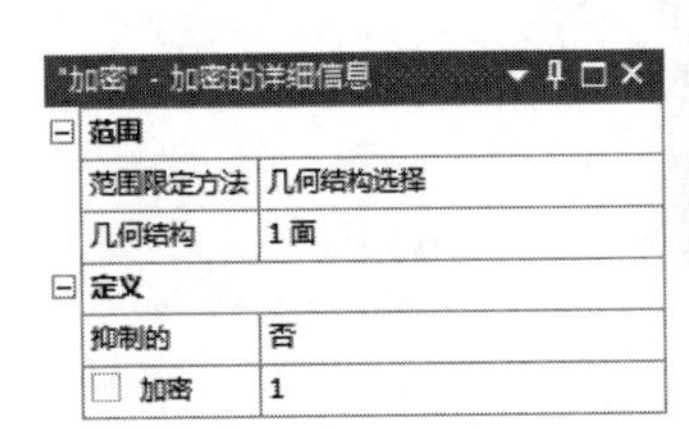

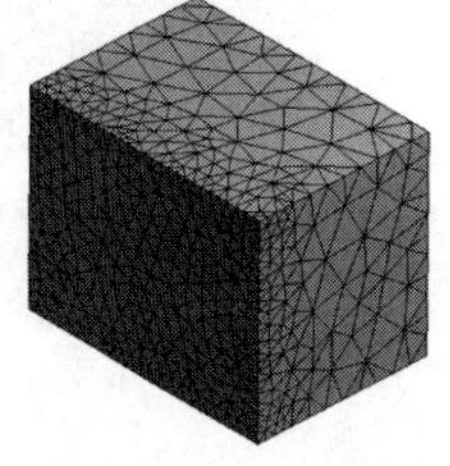

图 4-27　长方体左端面加密

4.4.4　面网格剖分

在进行局部网格剖分时，面网格剖分可以在面上产生结构网格。

在树形目录中右击“网格”分支，在弹出的快捷菜单中选择“插入”下的“面网格剖分”命令可以定义局部映射面网格的划分，如图 4-28 所示。

如图 4-29 所示，面网格剖分的内部圆柱面有更均匀的网格模式。

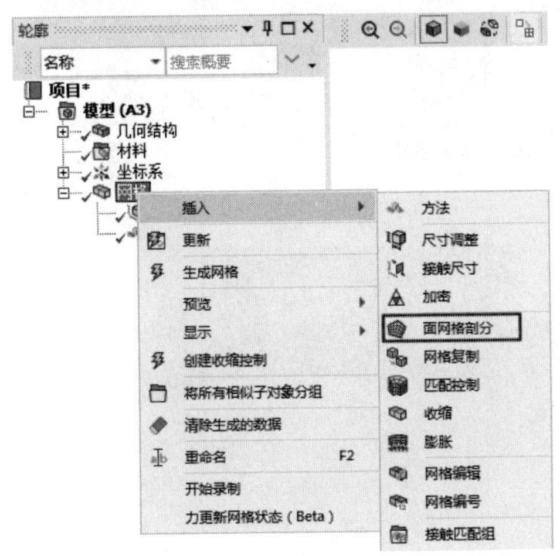

图 4-28　面网格剖分

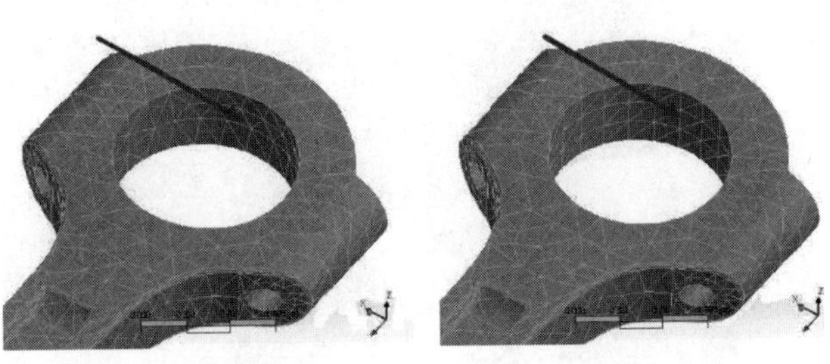

（a）无面网格剖分　　（b）有面网格剖分

图 4-29　面网格剖分对比

如果面由于某些原因不能进行映射划分，网格划分仍将继续，但可从树状略图的图标上看出。

进行面网格划分时，如果选择的面网格划分的面是由两个回线定义的，就要激活径向的分割数。扫掠时指定穿过环形区域的分割数。

Note

4.4.5 匹配控制

一般用于在对称面上划分一致的网格，尤其适用于旋转机械的旋转对称分析，因为旋转对称所使用的约束方程其连接的截面上节点的位置除偏移外必须一致，如图 4-30 所示。

在树形目录中右击“网格”分支，在弹出的快捷菜单中选择“插入”下的“匹配控制”命令可以定义局部匹配控制网格的划分，如图 4-31 所示。

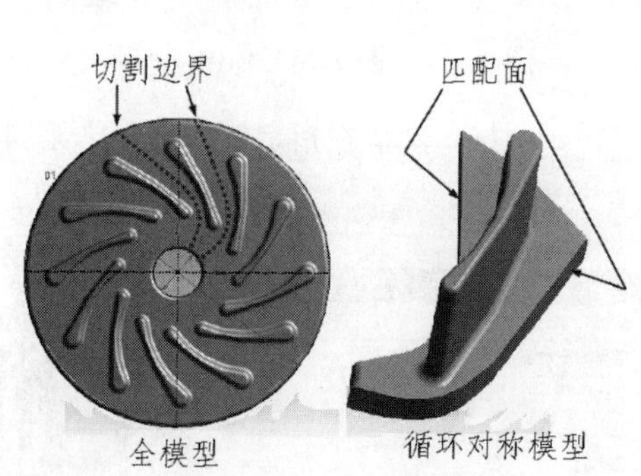

图 4-30　匹配控制

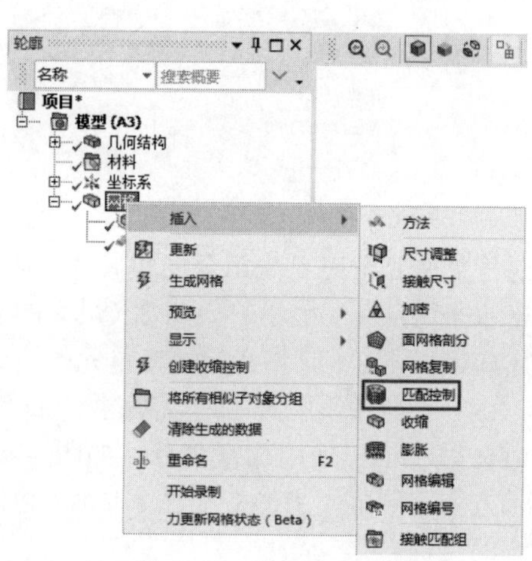

图 4-31　插入匹配控制

建立匹配控制的过程如图 4-32 所示，具体步骤如下。

01 在“网格”分支下插入“匹配控制”。

02 识别对称边界的面。

03 识别坐标系（Z 轴是旋转轴）。

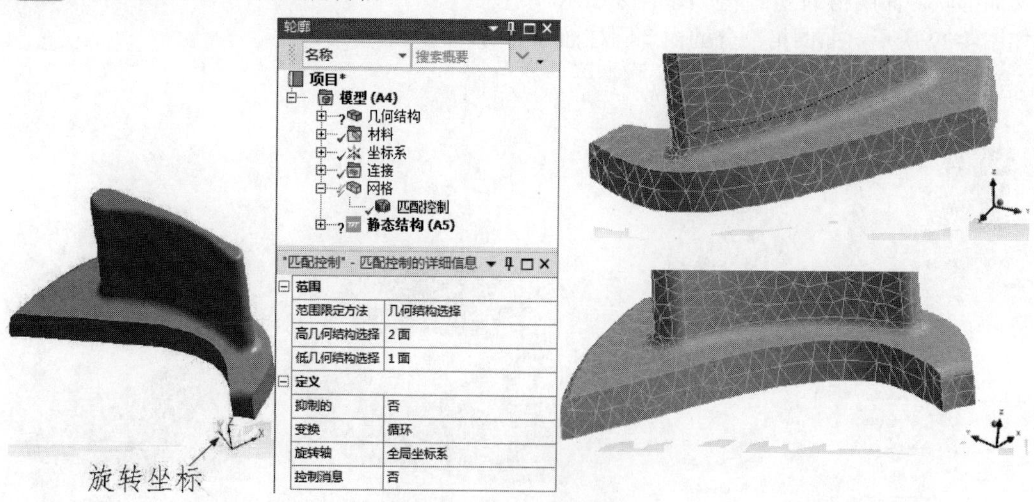

图 4-32　建立匹配控制

4.4.6　收缩控制

如果定义了收缩控制，则网格生成时会产生缺陷。收缩只对顶点和边起作用，面和体不能被收缩。如图 4-33 所示为运用收缩控制的结果。

在树形目录中右击“网格”分支，在弹出的快捷菜单中选择“插入”下的“收缩”命令可以定义局部尺寸网格的收缩控制，如图 4-34 所示。

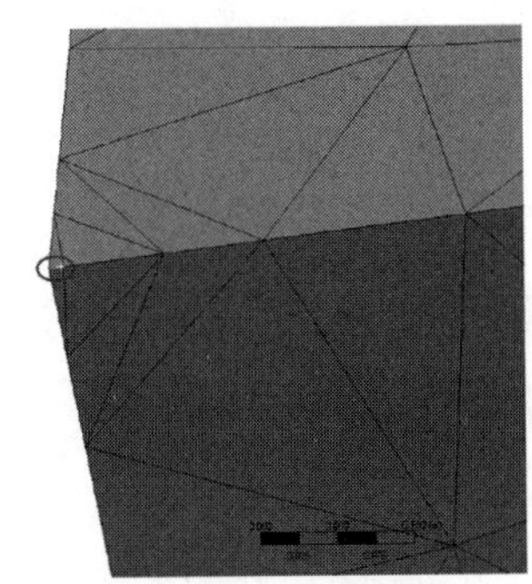

图 4-33　收缩控制

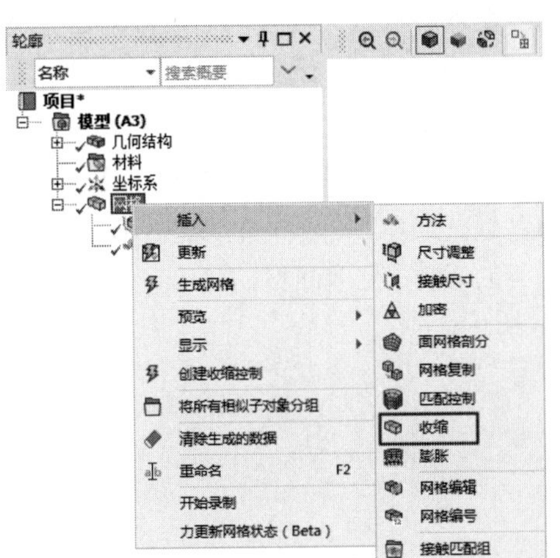

图 4-34　插入收缩控制

支持收缩特性的网格方法如下。

☑　补丁适形四面体。

☑　薄实体扫掠。

☑　六面体控制划分。

☑　四边形控制表面网格划分。

☑　所有三角形表面划分。

4.4.7　膨胀

当网格方法设置为四面体或多区域时，可以通过选择想要膨胀的面，来处理边界层处的网格，实现从膨胀层到内部网格的平滑过渡；而当网格方法设置为扫掠时，则通过选择源面上要膨胀的边来施加膨胀。

在树形目录中右击“网格”分支，在弹出的快捷菜单中选择“插入”下的“膨胀”命令可以定义局部膨胀网格的划分，如图 4-35 所示。

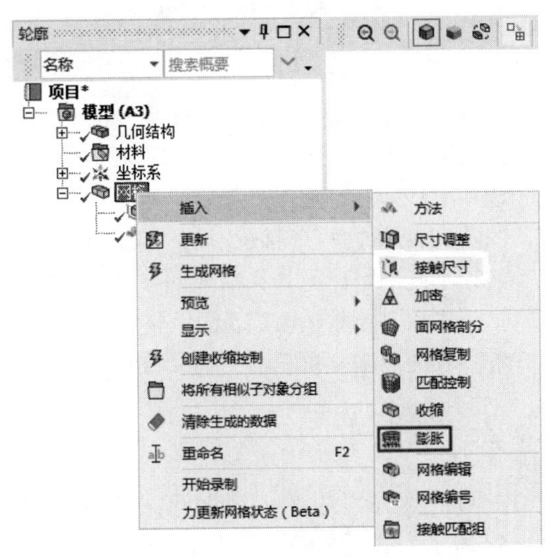

图 4-35　插入膨胀控制

添加膨胀后，网格详细信息的选项如下。

☑　使用自动膨胀，在所有面无命名选择且共享体间没有内部面的情况下，就可以通过“程序控制”使用自动膨胀。

☑　膨胀选项，包括平滑过渡（对 2D 和四

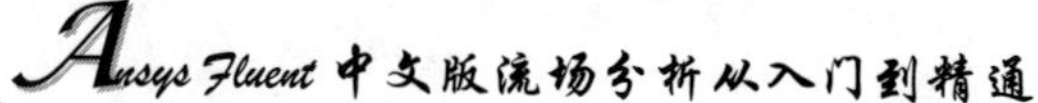

面体划分是默认的）、第一层厚度及总厚度（对其他是默认的）。

☑ 膨胀算法，包含前处理、后处理。

Note

4.5 网格工具

对网格进行全局控制或局部控制之后，需要生成网格并进行查看，需要一些工具，本节将介绍生成网格、截面和命名选择。

4.5.1 生成网格

生成网格是划分网格不可缺少的步骤。利用生成网格命令可以生成完整体网格，对之前进行的网格划分进行最终的运算。生成网格的命令可以在功能区中执行，也可以在树形目录中利用右键菜单执行，如图 4-36 所示。

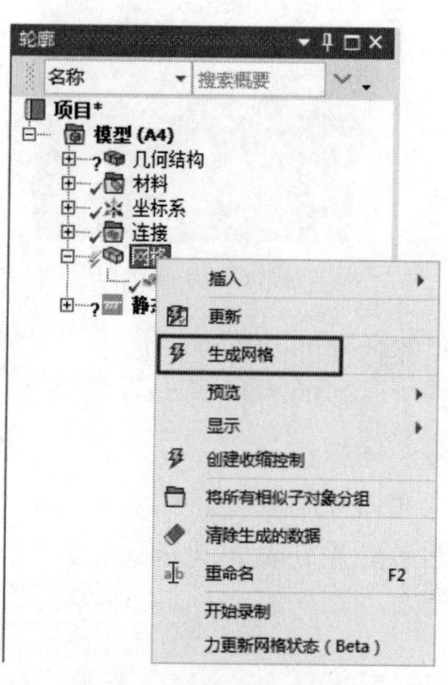

图 4-36　生成网格

在划分网格之前可以使用“预览”中的“表面网格”工具，对大多数方法（除四面体补丁独立方法）来说，这个选项更便捷，因此，它通常被首选用来预览表面网格。图 4-37 所示为树形目录中的“表面网格”命令。

如果不能满足单元质量需要的参数，网格的划分有可能生成失败，因此，预览表面网格是十分有用的。它允许看到表面网格，可以看到需要改进的地方。

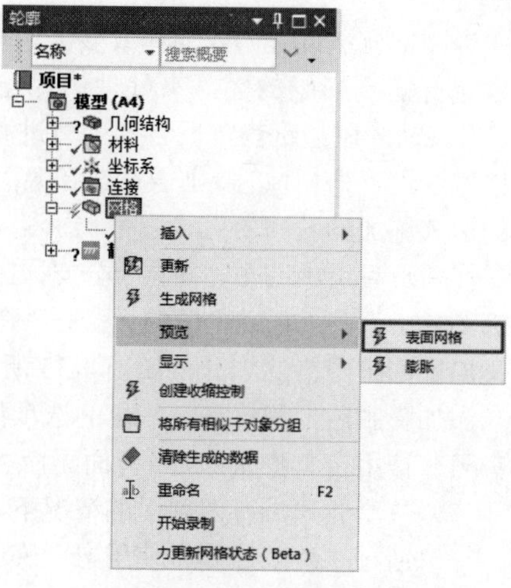

图 4-37　表面网格

4.5.2 截面

在网格划分程序中，截面可显示内部的网格，图 4-38 所示为截面窗格，默认在程序的左下角。

若要执行截面命令，也可以找到功能区的“截面”

按钮，如图 4-39 所示。

图 4-38　截面窗格

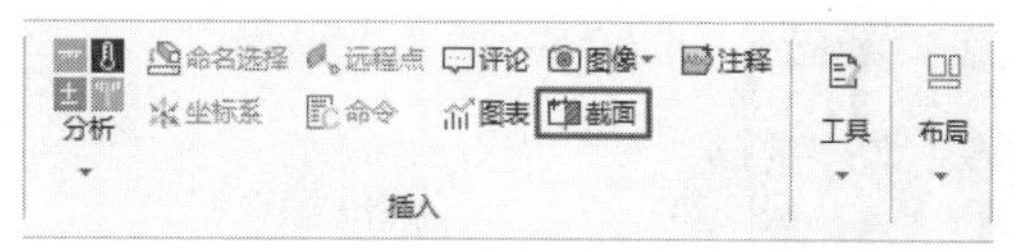

图 4-39　“截面”按钮

利用截面命令可显示位于截面任一边的单元、切割或完整的单元和位面上的单元。

在利用截面工具时，可以通过使用多个位面生成需要的截面。图 4-40 所示为利用两个位面得到的 120° 剖视的截面。

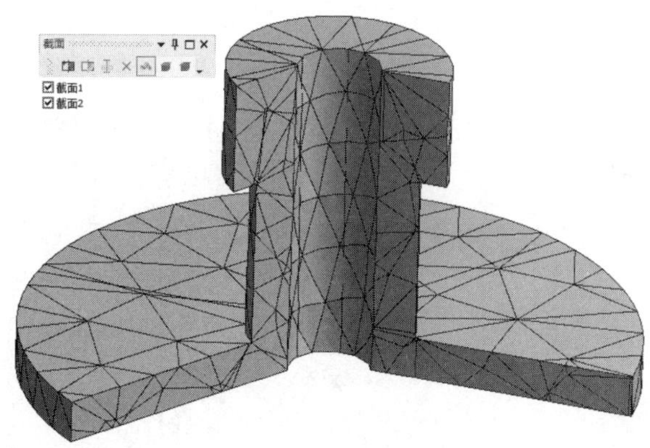

图 4-40　多位面截面

下面介绍截面的操作步骤。

01 如图 4-41 所示，没有截面时，绘图区域只能显示外部网格。

02 在绘图区域创建截面，在绘图区域将显示创建的截面的一边，如图 4-42 所示。

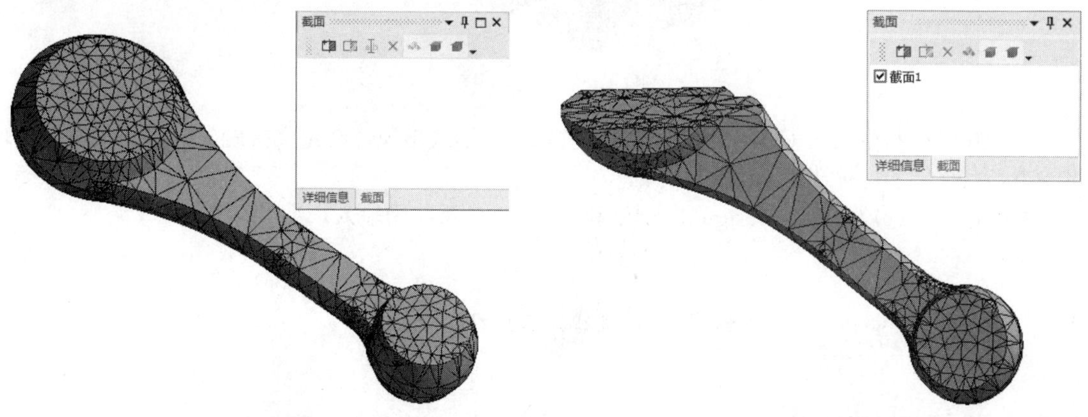

图 4-41　外部网格　　　　图 4-42　创建截面

03 单击绘图区域中的虚线则转换为显示截面边，也可拖动绘图区域中的蓝方块调节位面的移动，如图 4-43 所示。

04 在截面窗格中单击“显示完整单元”按钮，显示完整的单元，如图 4-44 所示。

Note

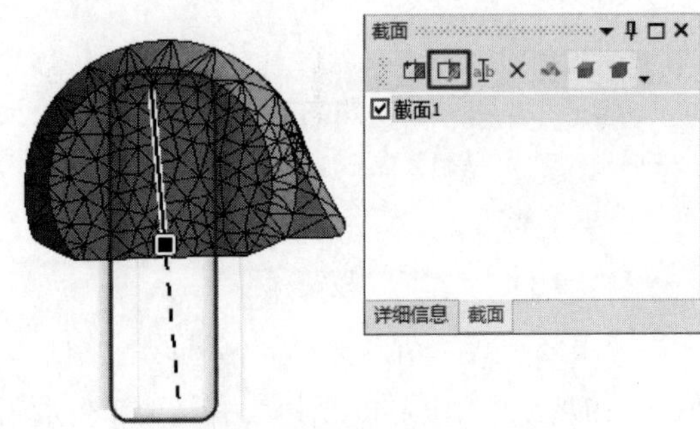

图 4-43 截面另一面

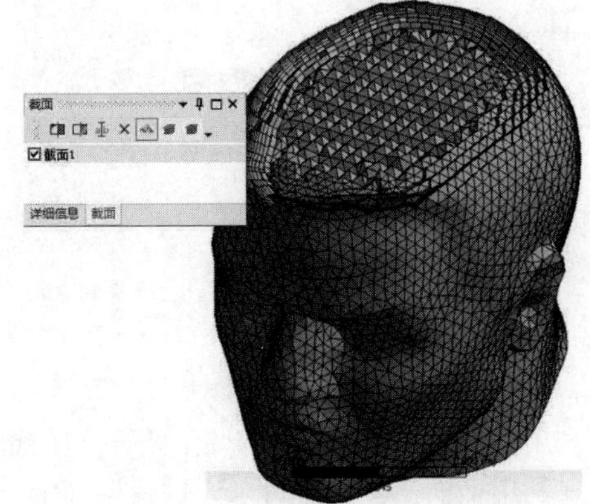

图 4-44 显示完整单元

4.5.3 命名选择

命名选择允许用户对顶点、边、面或体创建组，命名选择可用来定义网格控制，施加载荷和结构分析中的边界等，如图 4-45 所示。

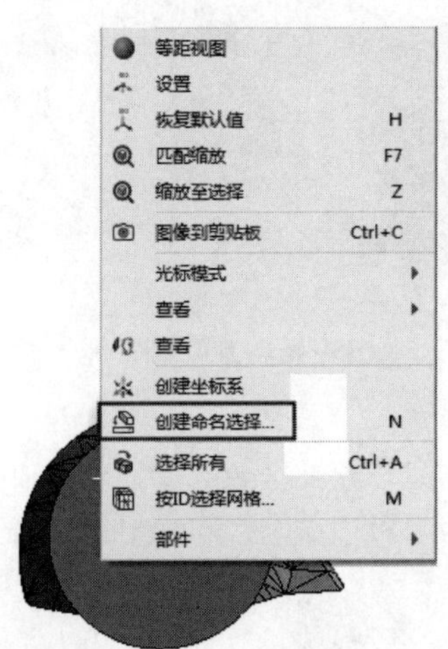

图 4-45 命名选择

命名选择将在网格输入 CFX-Pre 或 Fluent 时以域的形式出现，在定义接触区、边界条件等选项时可参考。其提供了一种选择组的简单方法。

另外，命名的选项组可从 DesignModeler 和某些 CAD 系统中输入。

4.6 网格划分方法

4.6.1 自动划分方法

在网格划分的方法中，自动划分方法是最简单的。系统自动进行网格的划分，是一种比较粗糙的方式，在实际运用中如果不要求精确的解，可以采用这种方式。自动进行四面体（补丁适形）或扫掠网格划分，取决于体是否可扫掠。如果几何体不规则，程序会自动产生四面体；如果几何体规则，则可以产生六面体网格，如图 4-46 所示。

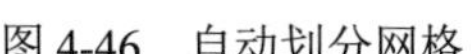

图 4-46　自动划分网格

4.6.2　四面体

四面体网格划分方法是基本的划分方法，其中包含两种方法，即补丁适形法与补丁独立法。其中，补丁适形法为 Workbench 自带的功能，而补丁独立法主要依靠 ICEM CFD 软件包完成。

1. 四面体网格特点

利用四面体网格进行划分具有很多优点：任意体都可以用四面体网格进行划分；利用四面体进行网格的划分可以快速、自动生成，并适用于复杂几何；在关键区域容易使用曲度和近似尺寸功能自动细化网格；可使用膨胀细化实体边界附近的网格（边界层识别）。

当然利用四面体网格进行划分还有一些缺点：在近似网格密度情况下，单元和节点数要高于六面体网格；四面体一般不可能使网格在一个方向排列，由于几何和单元性能的非均质性，不适合于薄实体或环形体。

2. 四面体算法

（1）补丁适形：首先由默认的考虑几何所有面和边的 Delaunay 或 AdvancingFront 表面网格划分器生成表面网格（注意：一些内在缺陷在最小尺寸限度之下），然后基于 TGRIDTetra 算法由表面网格生成体网格。

（2）补丁独立：生成体网格并映射到表面产生表面网格。如果没有载荷、边界条件或其他作用，则不必考虑面和它们的边界（边和顶点）。这个方法更加容许质量差的 CAD 几何。补丁独立算法基于 ICEMCFDTetra。

3. 补丁适形四面体

（1）在树形目录中右击网格，插入方法并选择应用此方法的体。

（2）将方法设置为四面体，将算法设置为补丁适形。

不同部分有不同的方法。多体部件可混合使用补丁适形四面体和扫掠方法生成共形网格，如图 4-47 所示。补丁适形方法可以联合 PinchControls 功能，有助于移除短边。基于最小尺寸具有内在网格缺陷。

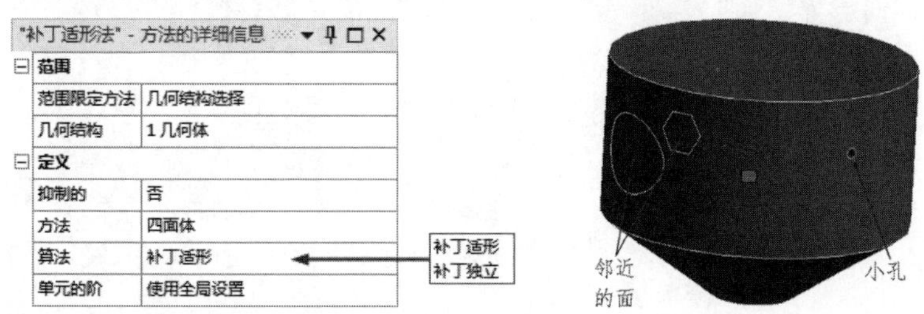

图 4-47　补丁适形

4. 补丁独立四面体

补丁独立四面体的网格划分可以对 CAD 许多面的修补有用，碎面、短边、差的面参数等，补丁独立四面体网格详细信息如图 4-48 所示。

Note

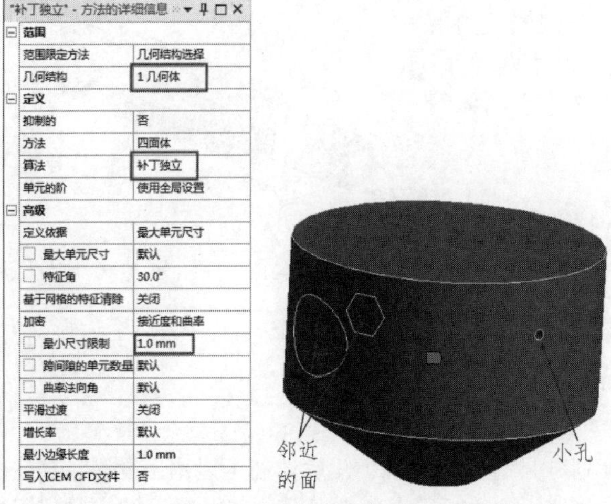

图 4-48　四面体

可以通过建立四面体的方法，设置算法为补丁独立。如果没有载荷或命名选择，面和边可不必考虑。这里除设置曲率和邻近度外，对所关心的细节部位有额外的设置，如图 4-49 所示。

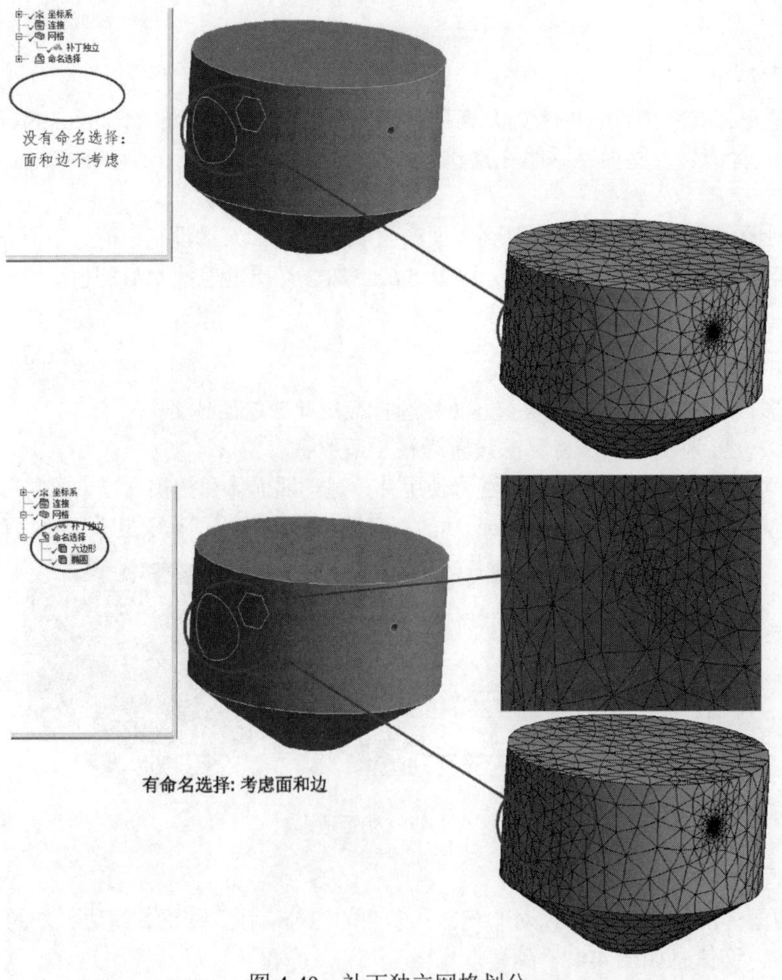

图 4-49　补丁独立网格划分

4.6.3　扫掠

扫掠方法网格划分会生成六面体网格，可以在分析计算时缩短时间，因为它所生成的单元与节点数要远低于四面体网格。但扫掠方法网格需要的体必须是可扫掠的。

膨胀可以产生纯六面体或棱柱网格，扫掠可以手动或自动设定“源/目标”。通常是单个源面对单个目标面。薄壁模型自动网格划分会有多个面，且厚度方向可划分为多个单元。

可以通过右击“网格”分支，在弹出的快捷菜单中选择“显示”→“可扫掠的几何体”命令显示可扫掠体。当创建六面体网格时，先划分源面再延伸到目标面。扫掠方向或路径由侧面定义，源面和目标面间的单元层是由插值法建立并投射到侧面的，如图 4-50 所示。

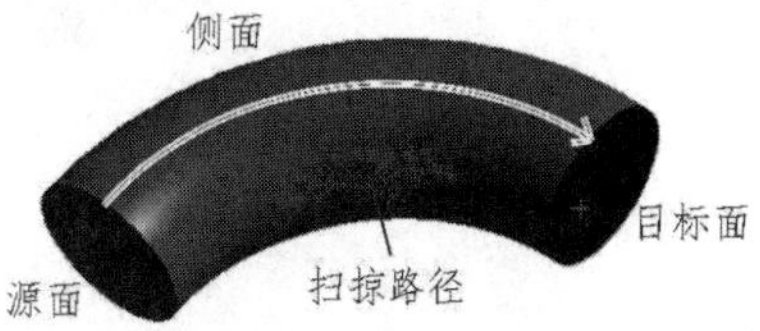

图 4-50　扫掠

使用此技术，可扫掠体由六面体和楔形单元有效划分。在进行扫掠划分操作时，体相对侧源面和目标面的拓扑可手动或自动选择；源面可划分为四边形和三角形面；源面网格复制到目标面；随体的外部拓扑，生成六面体或楔形单元连接两个面。

可对一个部件中的多个体应用单一扫掠方法。

4.6.4　多区域

多区域法为 Ansys Workbench 网格划分的亮点之一。

多区域扫掠网格划分是基于 ICEMCFD 六面体模块的，会自动进行几何分解。如果使用扫掠方法，这个元件被切成 3 个体来得到纯六面体网格，如图 4-51 所示。

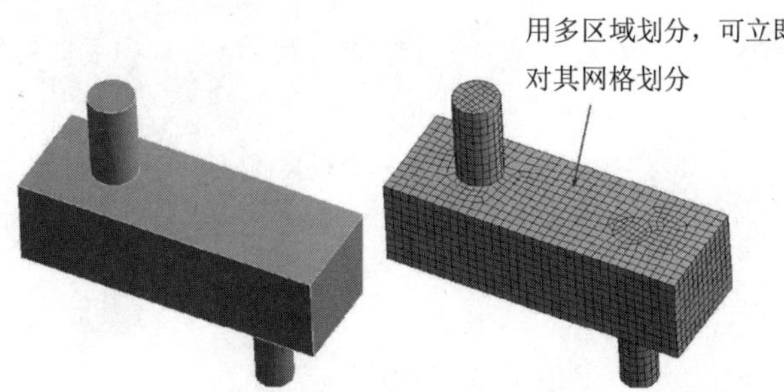

图 4-51　多区域网格划分

1. 多区域方法

多区域的特征是自动分解几何，从而避免将一个体分裂成可扫掠体以用扫掠方法得到六面体网格。

例如，图 4-52 所示的几何需要分裂成 3 个体以扫掠得到六面体网格。用多区域方法，可直接生成六面体网格。

2. 多区域方法设置

多区域不利用高级尺寸功能（只用补丁适形四面体和扫掠方法）。源面的选择不是必须的，但却是有用的。可拒绝或允许自由网格程序块。图 4-53 所示为多区域的网格详细信息。

3. 多区域方法可以进行的设置

（1）映射的网格类型：可生成的映射网格有“六面体”“六面体/棱柱和棱柱”。

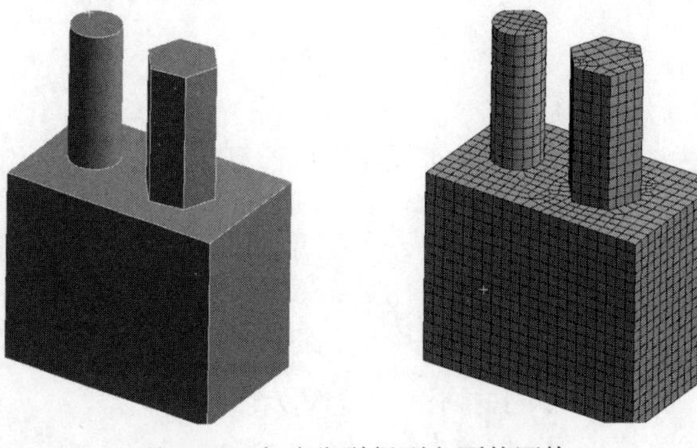

图 4-52　自动分裂得到六面体网格

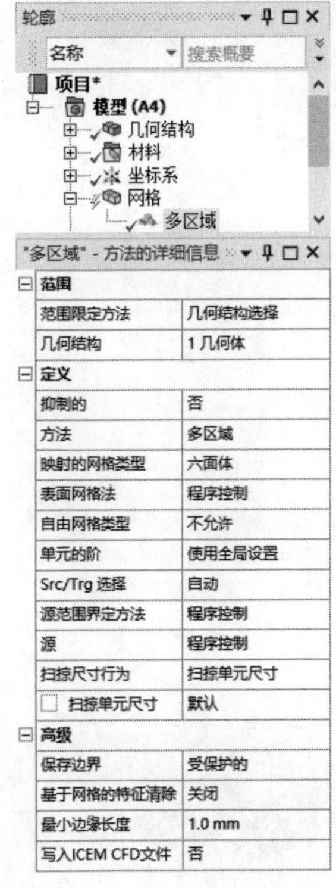

范围	
范围限定方法	几何结构选择
几何结构	1 几何体
定义	
抑制的	否
方法	多区域
映射的网格类型	六面体
表面网格法	程序控制
自由网格类型	不允许
单元的阶	使用全局设置
Src/Trg 选择	自动
源范围界定方法	程序控制
源	程序控制
扫掠尺寸行为	扫掠单元尺寸
扫掠单元尺寸	默认
高级	
保存边界	受保护的
基于网格的特征清除	关闭
最小边缘长度	1.0 mm
写入ICEM CFD文件	否

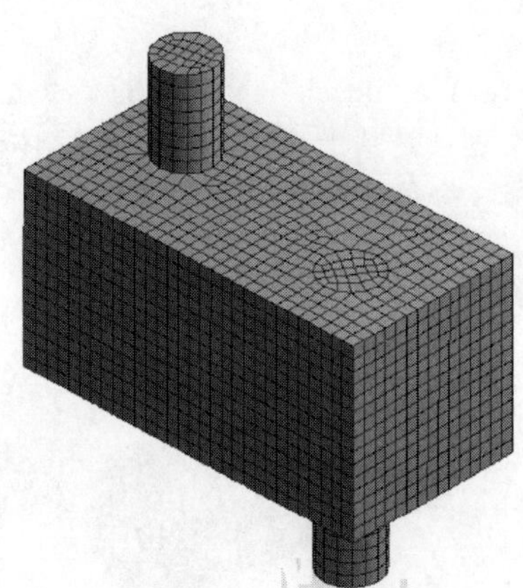

图 4-53　网格详细信息

（2）自由网格类型：在自由网格类型选项中含有 5 个选项，分别是“不允许”“四面体”“四面体/金字塔”“六面体支配”“六面体内核”。

（3）源面/目标面（Src/Trg）选择：包含“自动”及“手动源”。

（4）高级：高级栏中可编辑“基于网格的特征清除”及“最小边缘长度”参数。

Fluent 软件的操作使用

本章主要介绍Fluent软件的基本操作。Fluent软件的功能主要包括网格的导入与检查、求解器与计算模型的选择、边界条件的设置、求解计算等。本章的学习可为读者使用Fluent软件解决问题奠定基础。

Note

5.1 Fluent 的操作界面

Fluent 的操作界面分为图形用户界面（graphical user interface，GUI）和文本用户界面（text-based user interface，TUI），包括功能区、对话框和图形显示窗口，还包括文本命令行的界面。

5.1.1 Fluent 启动界面

运行 Fluent，在弹出的 Fluent Version 对话框中选择需要使用的二维/三维单精度/双精度解算体等选项，单击"Start"按钮启动 Fluent，如图 5-1 所示。

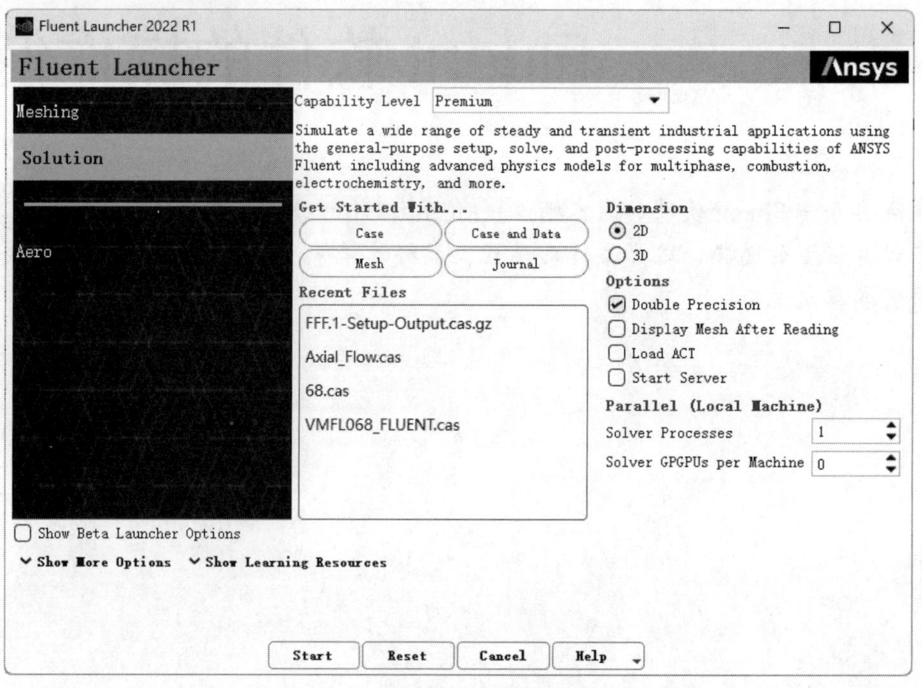

图 5-1 Fluent 启动界面

5.1.2 Fluent 图形用户界面

Fluent 图形用户界面包括功能区、工具栏、导航面板、任务页、控制台、对话框及图形窗口等。用户可以单击窗口功能区的命令，在弹出的对话框中进行命令、数据和表达式的设定，如图 5-2 所示。

1. 功能区

Fluent 功能区如图 5-3 所示，菜单按钮用下拉菜单组织图形界面的层次，用户可以从控制台顶端的功能区选择所需的命令，也可以从窗口命令行输入。

Fluent 功能区的使用方法和 Windows 相同。例如，单击功能区的"域"选项卡，找到"区域"面板并选择面板中的"分离"选项，单击"分离"后面的黑色倒三角就会出现一个下拉菜单，选择"面"命令，就会弹出"分离面区域"对话框，如图 5-4 所示，可以按 Esc 键退出。

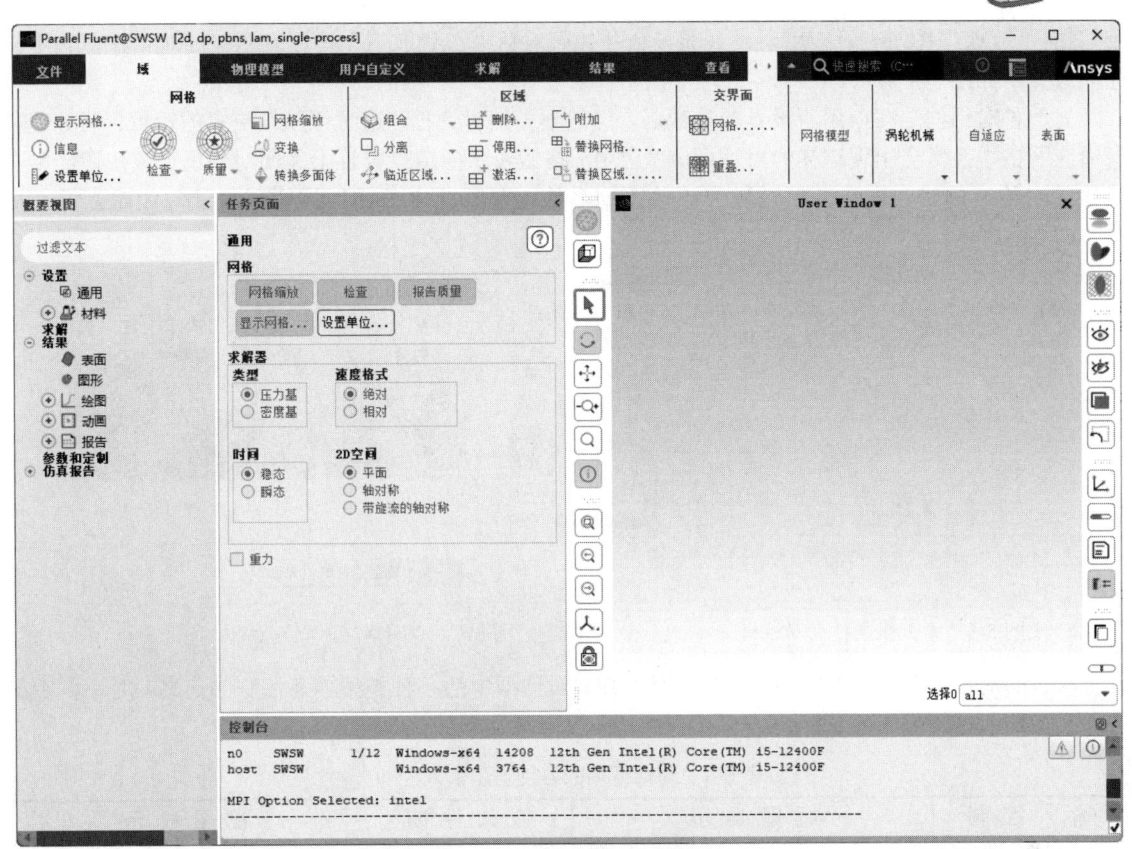

图 5-2 Fluent 图形用户界面

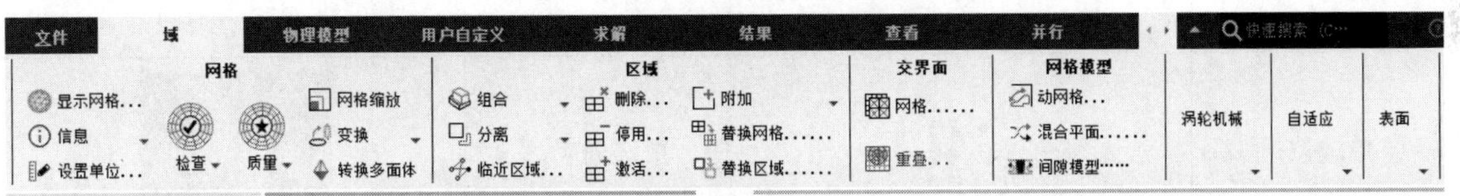

图 5-3 功能区

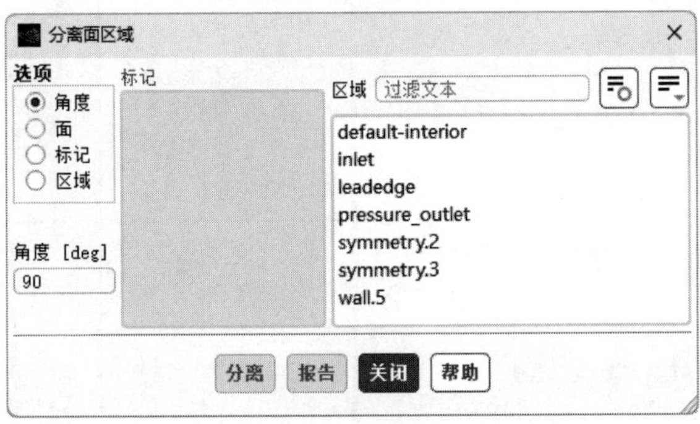

图 5-4 “分离面区域”对话框

2. 对话框

对话框用于处理复杂的输入任务。对话框是一个独立的窗口，但是使用对话框更像是在填充一个表格。每一个对话框都是独一无二的，并且使用各种类型的输入控制参数进行设置。这种对话框有两

个按钮："OK"按钮表示应用所设置的参数并关闭对话框；"取消"按钮表示关闭对话框而且不做任何改变，如图 5-5 所示。

另一种对话框是在应用所设置的参数后，仍然不关闭对话框，这时可以做更多的设置。后处理和自适应网格中经常会出现这样的对话框。"应用"按钮表示应用设置且不关闭对话框，该按钮经常有其他的名称，例如，在后处理过程中该按钮的名称为显示；"关闭"按钮则表示关闭对话框，如图 5-6 所示。

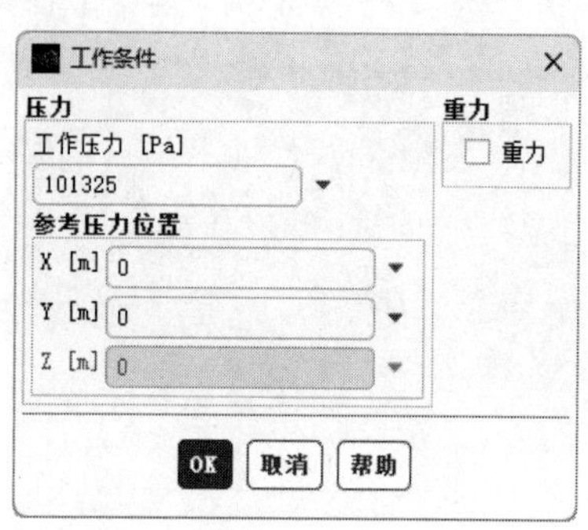

图 5-5 "工作条件"对话框

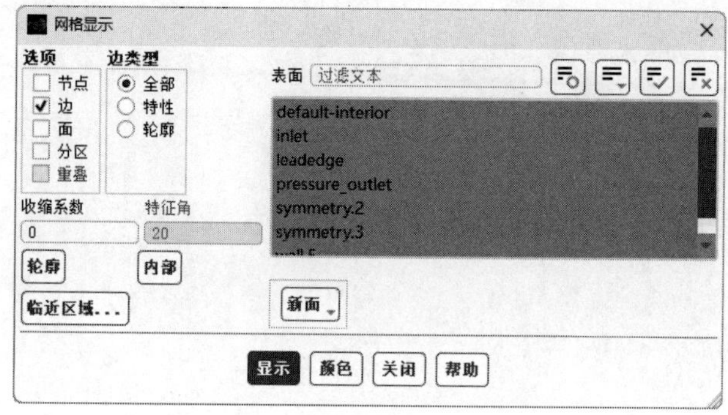

图 5-6 "网格显示"对话框

所有的对话框都包含"帮助"按钮，用于查询对话框中的各种类型输入控制的信息，对话框中的各种类型输入控制如表 5-1 所示。

表 5-1 对话框中的各种类型输入控制

输 入 控 制	视 图 显 示	输 入 控 制	视 图 显 示
按钮	关闭	文本框	名称 air
单选按钮	◉ 全部 ○ 特性 ○ 轮廓	单选列表	default-interior inlet leadedge pressure_outlet symmetry.2 symmetry.3
复选框	□ 节点 ☑ 边 □ 面 □ 分区 □ 重叠	多选列表	表面 过滤文本 default-interior inlet leadedge pressure_outlet symmetry.2 symmetry.3 wall.5
实数框	密度 [kg/m³] constant 编辑…… 1	下拉列表框	类型 velocity-inlet
自然数框	存储的最大迭代步数 1000	标尺	1 Frame

3. 图形显示窗口

显示选项对话框可以控制图形显示的属性，也可以打开另一个显示窗口。鼠标按钮对话框用于设定鼠标在图形显示窗口中单击时所执行的操作。当为图形显示处理数据时，要取消显示操作，可以按 Ctrl+C 组合键，如果已经开始画图，则无法取消显示操作。

Note

5.2　Fluent 对网格的基本操作

5.2.1　导入和检查网格

Fluent 可以输入各种类型、各种来源的网格；可以通过各种手段对网格进行修改，如转换和调解节点坐标系、对并行处理划分单元、在计算区域内对单元重新排序以减少带宽，以及合并和分割区域等；还可以获取网格的诊断信息，包括内存的使用与简化、网格的拓扑结构、解域的信息。除此之外，还可以在网格中确定节点、表面以及单元的个数，决定计算区域内单元体积的最大值和最小值，并且检查每一单元内适当的节点数。下面将详细叙述 Fluent 关于网格的各种功能。

1. 网格的导入

Fluent 能够处理大量具有不同结构的网格拓扑结构。它处理 O 型结构网格、零厚度壁面网格、C 型结构网格、一致块结构网格、多块结构网格、非一致网格、非结构三角形、四边形和六边形网格都是有效的，如图 5-7～图 5-17 所示。同时它有很多可以产生网格的工具，如 GAMBIT、TMesh、GeoMesh、preBFC、ICEMCFD、I-DEAS、Nastran、Patran、Aries、Ansys 以及其他的前处理器，或者使用 Fluent/UNS、Rampant 以及 Fluent 文件中包含的网格，也可以准备多个网格文件，然后把它们结合在一起创建网格。

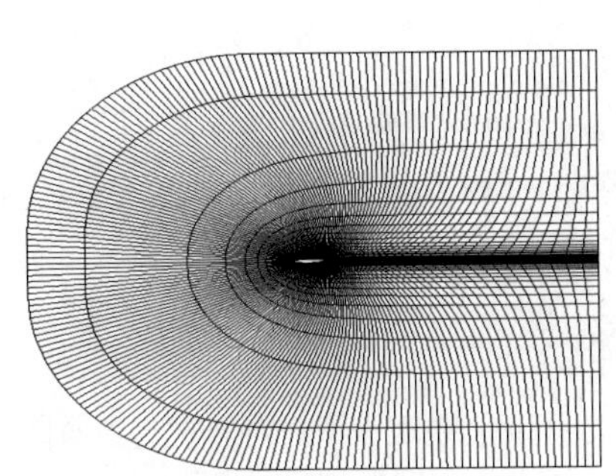

图 5-7　机翼的四边形结构网格

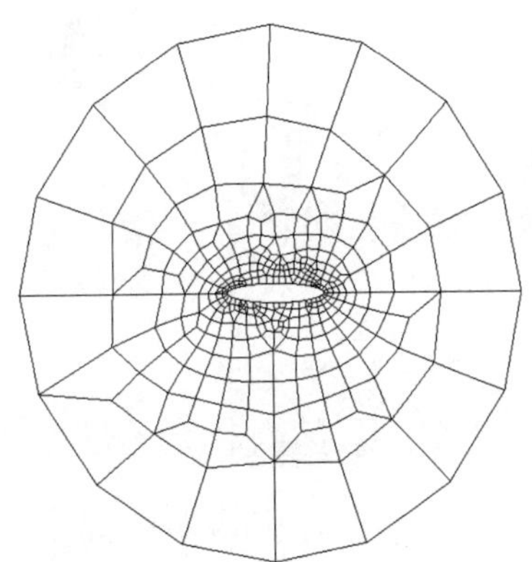

图 5-8　非结构四边形网格

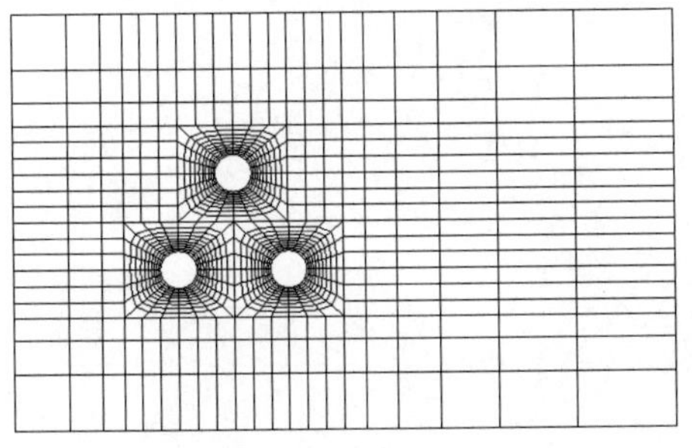

图 5-9　多块结构四边形网格

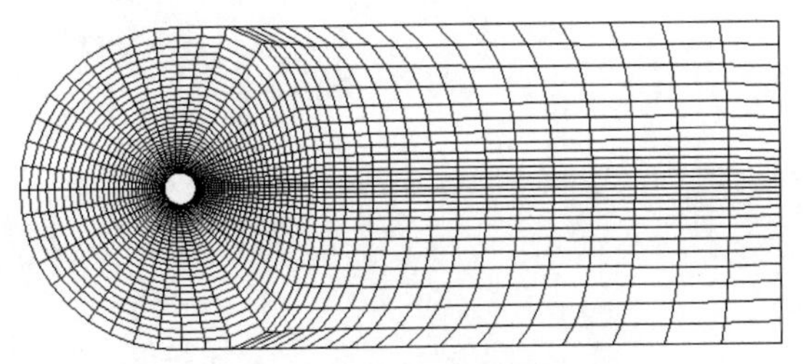

图 5-10　O 型结构四边形网格

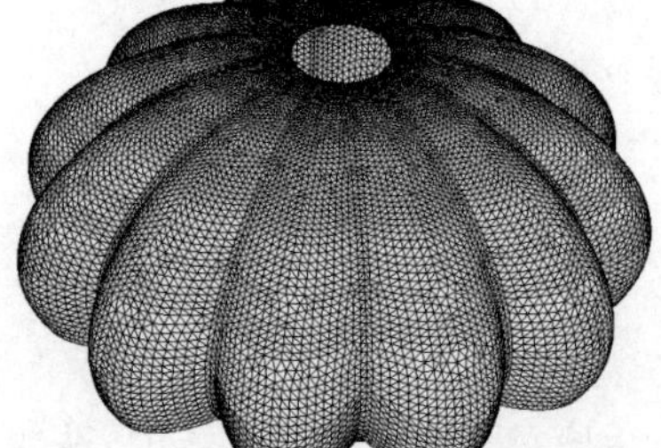

图 5-11　降落伞的零厚度壁面网格

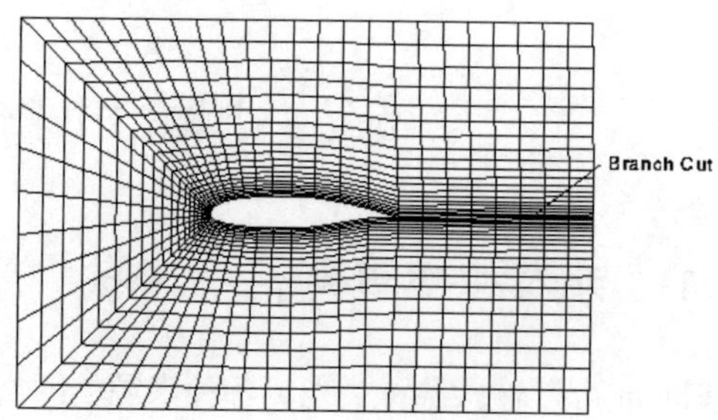

图 5-12　C 型结构四边形网格

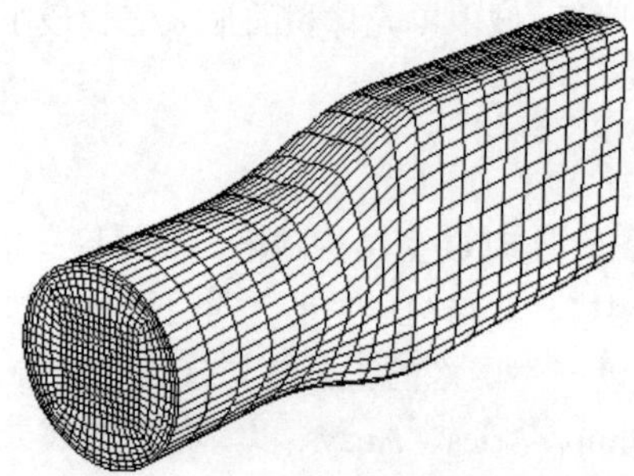

图 5-13　三维多块结构网格

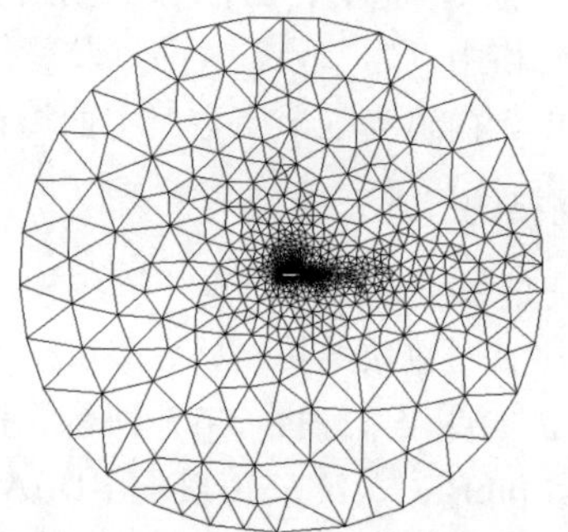

图 5-14　不规则三角形网格模型

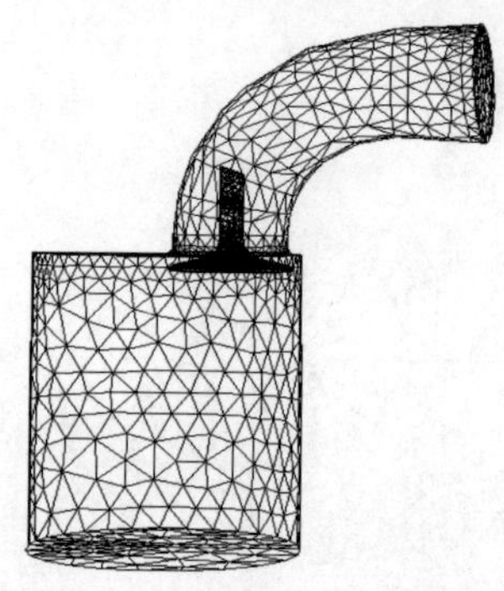

图 5-15　非结构四面体网格

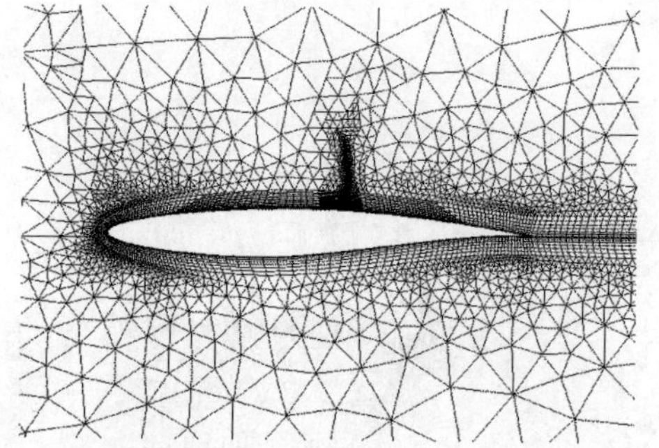

图 5-16　具有悬挂节点的混合型三角形/四边形网格

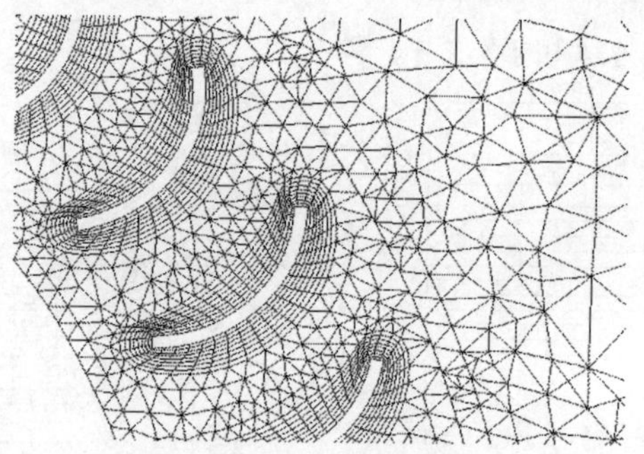

图 5-17　非一致混合网格

2. GAMBIT 网格文件

使用 GAMBIT 创建二维和三维结构/非结构/混合网格。通过选择菜单栏中的“文件”→“导入”→

"Case"命令，所有这些网格都可以直接导入 Fluent。

3. GeoMesh 网格文件

使用 GeoMesh 创建二维四边形网格或三角形网格以及三维六面体网格和三维四面体网格的三角网格面。具体可参阅 GeoMesh 用户向导。若要完成三维四面体网格的创建必须把表面网格导入 TMesh，然后产生体网格。通过选择菜单栏中的"文件"→"导入"→"Case"命令，可以将其他的网格直接导入 Fluent。

4. TMesh 网格文件

用 TMesh 从边界或表面网格产生二维或三维非结构三角形/四面体网格。选择菜单栏中的"文件"→"导入"→"Case"命令，可以导入网格。

5. preBFC 网格文件

用 preBFC 可以产生两种 Fluent 所使用的不同类型的网格：结构四边形/六面体网格和非结构三角形/四面体网格。

6. ICEMCFD 网格文件

ICEMCFD 可以创建 Fluent 的结构网格和 Rampant 格式的非结构网格。导入三角形和四面体 ICEMCFD 网格，需要光滑和交换网格以提高该网格的质量。

7. 第三方 CAD 软件包产生的网格文件

Fluent 可以使用 fe2ram 格式转换器从其他的 CAD 软件包导入网格，如 I-DEAS、Nastran、Patran 以及 Ansys。

8. 检查网格

Fluent 中的网格检查功能提供了区域范围、体积统计、网格拓扑结构和周期性边界的信息、单一计算的确认以及关于 *X* 轴的节点位置的确认（对于轴对称算例）。选择功能区中的"域"→"网格"→"检查"→"执行网格检查"选项，网格检查信息会出现在控制台窗口，如图 5-18 所示。

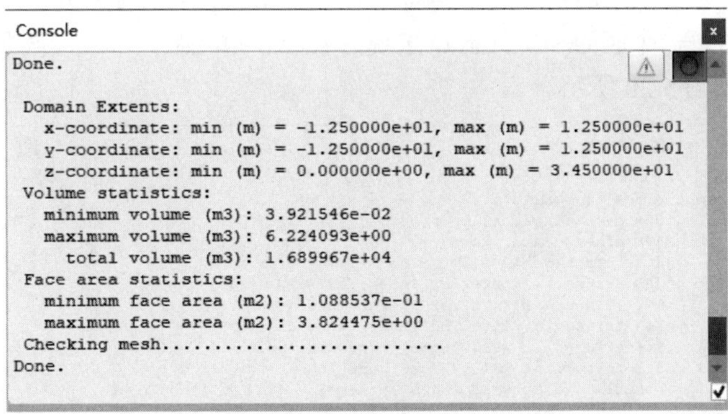

图 5-18　网格检查

注意：建议在导入解算器之后检查网格的正确性，这样可以在设定问题之前检查任何网格错误。

其中各部分含义如下。

（1）区域范围。列出了 *X*、*Y* 和 *Z* 坐标的最大值和最小值，单位是 m。

（2）体积统计。包括单元体积的最大值、最小值以及总体积，单位是 m^3。体积为负值表示一个或多个单元有不正确的连接。通常来说，可以用 Iso-Value Adaption 确定负体积单元，并在图形窗口

Note

中查看它们。进行下一步操作之前这些负体积必须被消除。

（3）网格拓扑结构和周期性边界的信息。每一区域的旋转方向将会被检测，区域应该包含所有的右手旋向的面。通常有负体积的网格都是左手旋向。在这些连通性问题没有解决之前是无法获得流动的解的。最后的拓扑验证是单元类型的相容性。如果不存在混合单元（三角形和四边形或者四面体和六面体混合），Fluent 会确定它不需要明确单元类型，这样做可以消除一些不必要的工作。

对于轴对称算例，在 X 轴下方的节点数将被列出。对轴对称算例来说，X 轴下方是不需要有节点的，因为轴对称单元的体积是通过旋转二维单元体积得到的，如果 X 轴下方有节点，就会出现负体积。

对于具有旋转周期性边界的解域，Fluent 会计算周期角的最大值、最小值、平均值以及规定值。读者对于平移性周期边界，Fluent 会检测边界信息以保证边界具有周期性。

（4）证实单一计算。Fluent 会将解算器所建构的节点、面和单元的数量与网格文件的相应声明相比较。任何不符内容都会被提示。

5.2.2 显示和修改网格

1. 显示网格

选择功能区中的“域”→“网格”→“信息”→“尺寸”选项可以输出节点数、表面数、单元数以及网格的分区数，输出结果如图 5-19 所示。

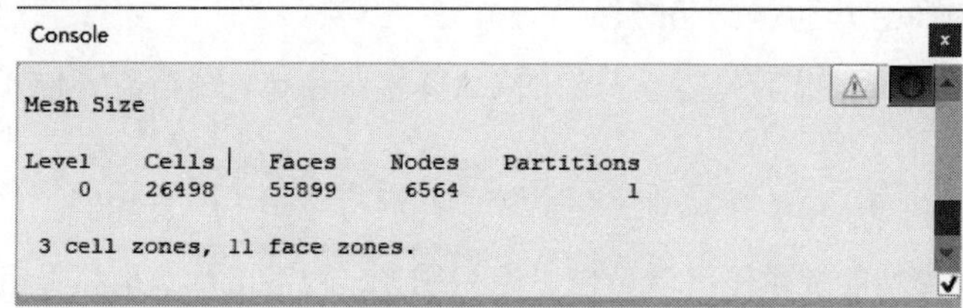

图 5-19 输出结果 1

选择功能区中的“域”→“网格”→“信息”→“区域”选项，可以显示不同区域内有多少节点和表面被分开，以及对每一个表面和单元区域来说的表面和单元数、单元的类型、边界条件类型、区域标志等。输出结果如图 5-20 所示。

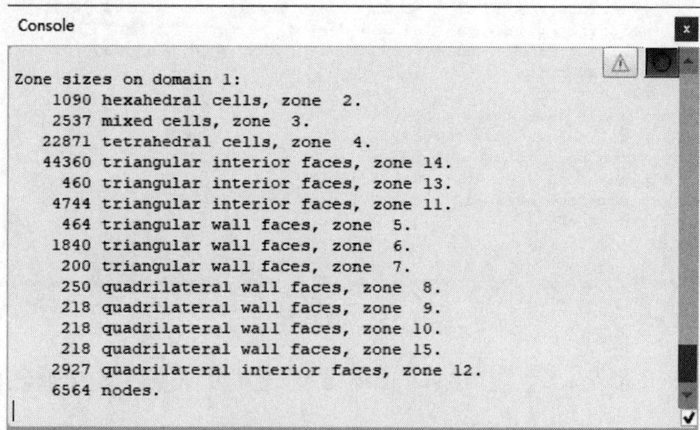

图 5-20 输出结果 2

获取划分统计的信息可选择功能区中的“域”→“网格”→“信息”→“分区”选项。统计内容包括单元数、表面数、界面数和与每一划分相邻的划分数。

2. 修改网格

网格被导入之后有几种方法可以对其进行修改。包括缩放和平移网格，合并和分离区域，创建或切开周期性边界。除此之外，还可以在区域内记录单元以减少带宽，对网格进行光滑和交换处理。并行处理时还可以分割网格。

Note

注意： 不论何时修改网格，都应该保存一个新的 Case 文件和 Data 文件（如果有的话）。如果想导入旧的 Data 文件，同时也要把旧的 Case 文件保留，因为旧的数据无法在新的 Case 文件中使用。

（1）缩放网格。

Fluent 内部存储网格的单位是 m——长度的国际单位。网格导入时，假定网格的长度单位是 m，如果创建网格时使用的是其他长度单位，就必须将网格的单位改为 m。缩放也可以用于改变网格的物理尺寸，如图 5-21 所示。

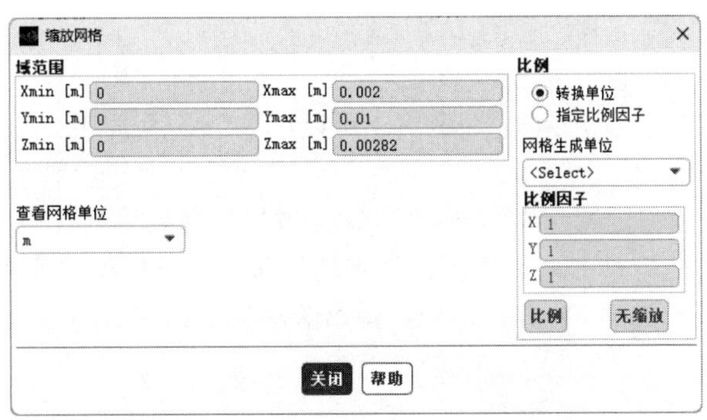

图 5-21　“缩放网格”对话框

注意： 无论以何种方式缩放网格，都必须在初始化流场或开始计算之前完成网格的缩放。在缩放网格时，任何数据都会无效。选择功能区中的“域”→“网格”→“网格缩放”选项，弹出的对话框如图 5-21 所示。

使用“缩放网格”对话框的步骤如下。

01 在“转换单位”选项组中，可以在“网格生成单位”的下拉列表框中选择适当的单位。比例因子会自动被设置为正确值（如 0.0254 m/in 或者 0.3048 m/in，1 in=25.4 mm）。如果所用的单位不在下拉列表框中，可以手动输入比例因子（如 m/yd 的因子，1 yd（码）≈0.91 m）。

02 单击“比例”按钮。区域范围（域范围）会自动更新，并输出正确的单位范围（m）。如果用户希望在 Fluent 进程中使用最初的单位，可以在“缩放网格”对话框中设置单位。

03 当不改变单位缩放网格，只是转换网格点的最初尺寸时，则转换方法就是用网格坐标乘以比例因子。单击“无缩放”按钮之后区域范围（域范围）就会被更新成最初单位的范围。如果使用了错误的比例因子、单击了“比例”按钮两次或者想重新缩放，则可以单击“无缩放”按钮。无缩放用比例因子去除所有的节点坐标（在创建的网格中选择 m 并且单击“比例”按钮，不会重新缩放网格的）。

除此之外，还可以使用“缩放网格”对话框改变网格的物理尺寸。例如，网格的最初尺寸是 5 in×8 in，可以通过设定比例因子为 2，得到 10 in×16 in 的网格。

（2）平移网格。

通过指定节点的笛卡儿坐标的偏移量来平移网格。例如，如果网格是需要通过旋转得到的，但是旋转轴不经过原点，则需要平移网格。对于轴对称问题，如果网格的设定是由旋转设定的，并且与 *X*

Note

轴不一致，那么也需要平移网格。如果想将网格移到特定的点处（如平板的边缘）来画一个距 *X* 轴有一定距离的 *XY* 图，可以选择功能区中的“域”→“网格”→“变换”→“平移”选项，弹出的对话框如图 5-22 所示。

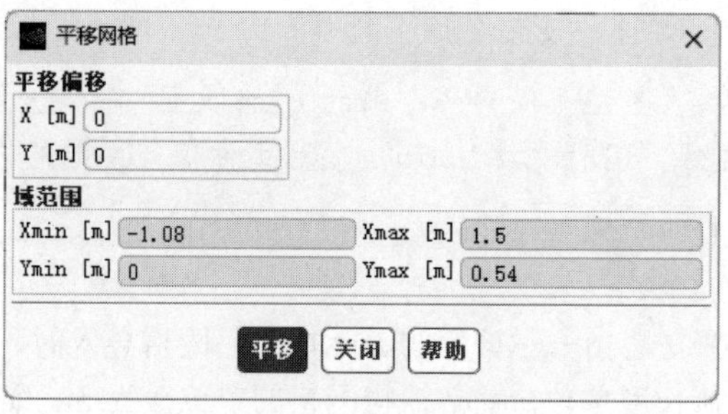

图 5-22　“平移网格”对话框

使用“平移网格”对话框平移网格的步骤如下。

01 输入偏移量（可以是正、负实数）。

02 单击“平移”按钮，下面的区域范围不可以在这个对话框中改变。

（3）合并区域。

为了简化解的过程可以将区域合并为一个区域。合并区域包括将具有相似类型的多重区域合并为一个区域。将相似类型的区域合并之后，会使设定边界条件以及后处理变得简单。选择功能区中的“域”→“区域”→“组合”→“合并”选项，弹出的对话框如图 5-23 所示。

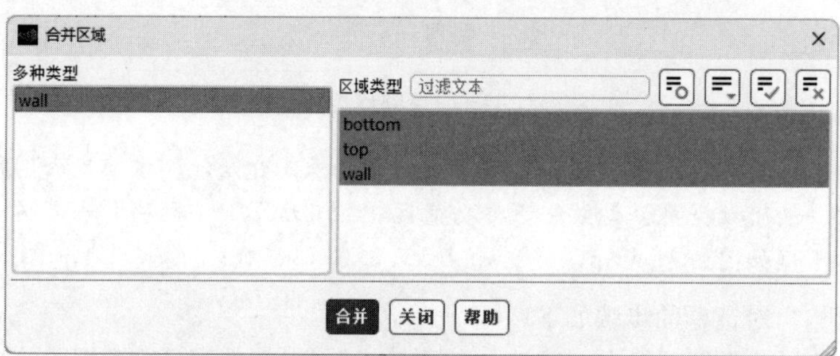

图 5-23　“合并区域”对话框

使用“合并区域”对话框将相似类型的区域合并为一个区域的步骤如下。

01 在多重区域列表中选择区域类型。这一列表中包括多重区域的所有类型。选择区域类型之后，相应的区域就会出现在区域列表中。

02 在区域列表中选择两个以上的区域。

03 单击“合并”按钮，合并所选区域。

注意： 一定要记住保存新的 case 文件和 Data 文件（如果 Data 文件存在）。

（4）分割区域。

Fluent 中有以下几种方法可以将单一表面或者单元区域分为多个同一类型的单元。如果想将一个区域分为几个更小的区域就可以使用这个功能。例如，对管道创建网格时，同时，也会创建壁面区域，这些壁面区域在不同的位置有不同的温度，因此，需要将这个壁面区域分为两个以上的小区域。

注意： 在任何分割处理之后都应该保存一个新的 Case 文件。如果 Data 文件存在，当分割开始时它们会自动分配到适当的区域，所以要保存新的 Data 文件。

表面区域有 4 种分割方法，单元区域有 2 种分割方法。下面先介绍表面区域的分割方法，然后介绍单元区域的分割方法。周期区域的裁剪将在后续章节介绍。

注意：所有的分割方法在分割之前都报告分割的结果。

① 分割表面区域。

对于有尖角的几何区域，在具有明显角度的基础上可以很容易地分割表面区域，也可以使用保存在适应寄存器中的标号分割表面区域。例如，可以在单元所在区域位置（区域适应）的基础上为了适应网格划分而标记单元，或者在它们狭窄的边界（边界适应）、一些变量等值线或在其他的适应方法的基础上标记单元。除此之外，还可以在连续性区域的基础上分割表面区域。选择功能区中的“域”→“区域”→“分离”→“面”选项，弹出的对话框如图 5-24 所示。

注意：在使用悬挂节点适应方法（默认）进行任何适应之前，应该先分割表面区域。包含悬挂节点的区域不能分割。

分割表面区域的步骤如下。

01 选择分离方法（角度、面、标记或者区域）。

02 在区域列表中选择要分离的区域。

03 如果用表面或者区域分割请跳到下一步，否则请遵照下面的步骤。

☑ 如果要用角度分割表面，可在角度集合中指定特征角。

☑ 如果用标记分割表面，可在寄存器列表中选择所要使用的适应寄存器。

☑ （此步可选）若要在分割之前检查分割结果，可单击“报告”按钮。

04 分离表面区域，可单击“分离”按钮。

② 分割单元区域。

如果存在两个及其以上共用内部边界的被包围的单元区域（见图 5-25），但是所有的单元被包含在一个单元区域，则可以用区域分割方法将单元分割为不同的区域。

图 5-24 “分离面区域”对话框

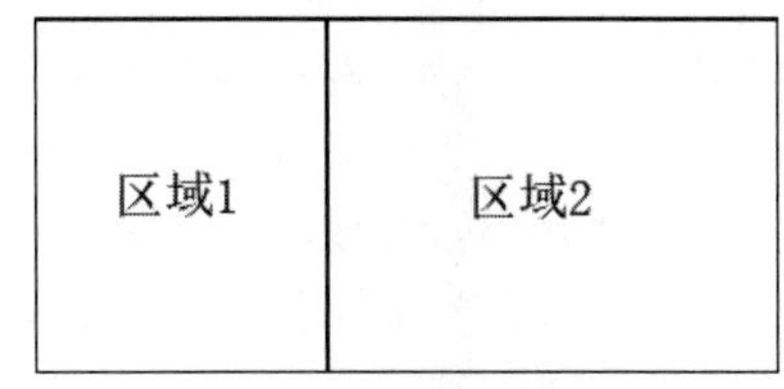

图 5-25 在区域的基础上分割单元区域

注意：如果共用边界的类型是内部类型，必须在分割之前把它们改为双边表面区域类型。

也可以用适应寄存器中的标志分割单元区域。当指定分割单元区域的寄存器之后，被标记的单元会放在新的单元区域（使用管理寄存器对话框确定所要使用的寄存器的 ID）。要在区域或适应标志的基础上分割单元区域，可以选择功能区中的“域”→“区域”→“分离”→“单元”选项，弹出的对话框如图 5-26 所示。

注意：应该在使用悬挂节点适应方法（默认）进行任何适应之前，先分割表面区域。包含悬挂节点的区域不能被分割。

分割单元区域的步骤如下。

01 选择分割的方法："标记"或"区域"。

02 在区域列表中选择要分割的区域。

03 如果用标记分割区域，在寄存器列表中选择适应寄存器。

04 （此步可选）在分割之前，检查分割结果可单击"报告"按钮。

05 分离表面区域，可单击"分离"按钮。

（5）创建周期区域。

如果两个区域有相同的节点和表面分布，可以将这对表面区域耦合来为网格分配周期性。在前处理过程中，必须保证所要分配周期性边界的两个区域具有相同的几何图形和节点分布，即它们是可以相互复制的。这是在解算器中创建网格周期性区域的唯一需要，两个区域的最初边界类型是不相关的。

（6）融合表面区域。

在组合多重网格区域之后，表面融合是一个很方便的功能，它可以将边界融合，将节点和表面合并。当区域被分为子区域，并且每一个子区域分别产生网格时，需要在将网格导入解算器之前，把子区域结合为一个文件。选择功能区中的"域"→"区域"→"组合"→"融合"选项，弹出的对话框如图 5-27 所示，允许将双重节点合并，并将人工内部边界删除。

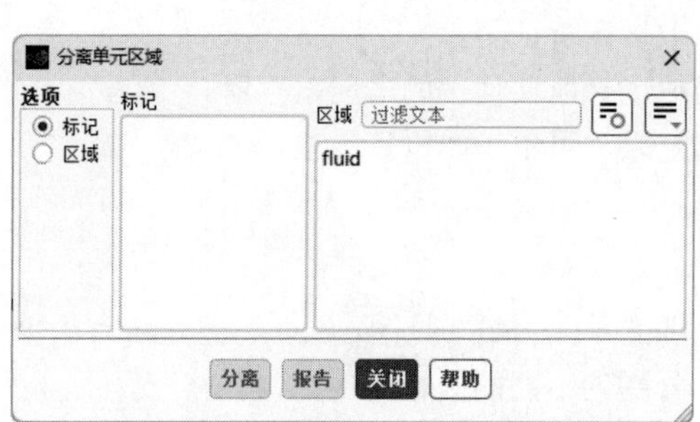

图 5-26 "分离单元区域"对话框

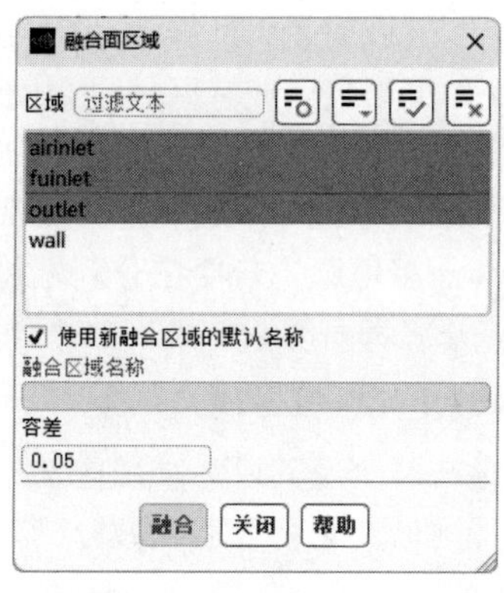

图 5-27 "融合面区域"对话框

融合表面区域的步骤如下。

01 在区域列表中选择要融合的区域。

02 单击"融合"按钮融合所选区域。

03 如果使用默认容差没有设法融合所有适当的表面，应该增加容差重新融合（这一容差和创建周期性区域所讨论的匹配容差一致），容差不应该超过 0.5。

（7）剪开表面区域。

剪开表面区域功能有如下两种用途。

☑ 将任何双边类型的单一边界区域剪开为两个不同的区域。

☑ 将耦合壁面区域剪开为两个不同的非耦合壁面区域。

剪开表面区域之后，解算器会将除区域的二维端点或三维边缘节点以外的所有表面和节点复制。一组节点和表面将会属于剪开之后的一个边界区域，其他的在另一个区域。

注意： 裁剪完边界之后，不能再将边界进行融合。

剪开表面"slitting"命令和分割表面"separating"命令是不同的。剪开表面是指，剪开表面后附加的表面和节点将会被创建并放到新的区域。分离表面是指新的区域将会被创建，新的节点和表面不会被创建，原表面和节点被重新分配到区域。

5.3 选择 Fluent 求解器及运行环境

5.3.1 Fluent 求解器的比较与选择

单精度和双精度解算器

在所有计算机操作系统上，Fluent 都包含这两个解算器。大多数情况下，单精度解算器高效准确，但是对于某些问题使用双精度解算器更合适。下面举几个例子。

如果几何图形长度、尺度相差太多（如细长管道），那么描述节点坐标时不适合采用单精度网格计算；如果几何图形是由很多层小直径管道包围而成（如汽车的集管），平均压力不大，但是局部区域压力可能相当大（因为只能设定一个全局参考压力位置），此时，采用双精度解算器来计算压差是很有必要的。

对于包括热传导比率高和（或）高比率网格的成对问题，如果使用单精度解算器无法有效实现边界信息的传递，从而导致收敛性和（或）精度下降。

Fluent 的求解器包括二维单精度求解器（Fluent 2d）、三维单精度求解器（Fluent 3d）、二维双精度求解器（Fluent 2ddp）、三维双精度求解器（Fluent 3ddp）。如果几何体为细长形，用双精度求解器；如果模型中存在通过小直径管道相连的多个封闭区域，不同区域之间存在很大的压差，同样用双精度求解器。对于有较高的热传导率的问题和有较大的面比的网格，也要用双精度求解器。

下面介绍几种传统的 Fluent 求解器。Segregated Solver（分离式求解器）：该方法的适用范围为不可压缩流动和中等可压缩流动。这种算法不对 Navier-Stokes 方程联立求解，而是对动量方程进行压力修正，是一种很成熟的算法，在应用上经过了广泛的验证。这种方法拥有多种燃烧、化学反应及辐射、多相流模型与其配合，适用于汽车领域的 CFD 模拟。Coupled Explicit Solver（耦合显式求解器）：这种算法主要用来求解可压缩流动。与 SIMPLE 算法不同，Coupled Explicit Solver 是对整个 Navier-Stokes 方程组进行联立求解，空间离散采用通量差分分裂格式，时间离散采用多步 Runge-Kutta 格式，并采用了多重网格加速收敛技术。对于稳态计算，还采用了当地时间步长和隐式残差光顺技术。该算法稳定性好，内存占用小，应用极为广泛。Coupled Implicit Solver（耦合隐式求解器）：该算法是其他所有商用 CFD 软件都不具备的。该算法也对 Navier-Stokes 方程组进行联立求解。由于采用隐式格式，因而计算精度与收敛性要优于 Coupled Explicit Solver 方法，但却占用较大的内存。该算法另一个突出的优点是可以求解全速度范围，即求解范围从低速流动到高速流动。

在 Fluent 2022 中，改用了 pressure based（压力）和 density based（密度）这两个求解器。压力基求解器是从原来的分离式求解器中发展来的，依次求解动量方程、压力修正方程、能量方程和组分方程及其他标量方程，如湍流方程等，压力基求解器还增加了耦合算法，可以自由地在分离求解和耦合求解之间转换，耦合求解就是依次求解前述的动量方程、压力修正方程、能量方程和组分方程，然后再求解其他标量方程，如湍流方程等，收敛速度快，但是需要更多的内存和计算量。

压力基求解器主要用于低速不可压缩流动的求解，而密度基方法则主要针对高速可压缩流动的求解，但是现在两种方法都已经拓展成为可以求解很大流动速度范围的求解方法。两种求解方法的共同点是都使用有限容积的离散方法，但线性化和求解离散方程的方法不同。

密度基求解器是从原来的耦合求解器发展来的，同时求解连续性方程、动量方程、能量方程和组分方程。然后再依次求解标量方程（注：密度基求解器不求解压力修正方程，因为其压力是由状态方程得出的）。密度基求解器收敛速度快，需要的内存和计算量比压力基求解器要大。

Note

5.3.2 Fluent 计算模式的选择

传统 Fluent 提供了 3 种计算模式：分离方式（非耦合式）、耦合隐式和耦合显式。这 3 种计算方式都可以给出精确的计算结果，只是针对某些特殊问题时，不同的计算方式具有不同的运算特点。

分离计算和耦合计算的区别在于求解连续、动量、能量和组分方程的方法有所不同。分离方式是分别求解上面的几个方程，最后得到全部方程的解；耦合方式则是用求解方程组的方式，同时进行计算并最后获得方程的解。两种计算方式的共同点是，在求解附带的标量方程时，比如计算湍流模型或辐射换热时，都是采用单独求解的方式，即先求解控制方程，再求解湍流模型方程或辐射方程。两种计算方式的区别在于分离方式一般用于不可压缩或低马赫数压缩性流体的流动计算，耦合方式则通常用于高速可压流计算。而在 Fluent 中，两种方式都可以用于可压和不可压流动计算，只是在计算高速可压流时，耦合方式的计算结果更好一些。

Fluent 求解器的默认设置是分离算法，但是对于高速可压流、彻体力强耦合型问题（如浮力问题或旋转流动问题）、超细网格计算问题等，建议采用耦合隐式求解方法求解能量和动量方程，可较快地得到收敛解。缺点是计算时需要的内存比较大（是非耦合求解迭代时间的 1.5～2.0 倍）。如果必须要进行耦合求解，但机器内存不够，可以考虑用耦合显式解法器求解问题。该解法器也耦合了动量、能量及组分方程，但占用的内存却比隐式求解方法要小，缺点是计算时间比较长。

Fluent 2022 的计算模式可以通过通用面板选择压力基或密度基、隐式或显式、定常或非定常等基本模型。通用面板的启动方法为选择功能区中的“物理模型”→“求解器”→“通用”选项，如图 5-28 所示。

图 5-28 “通用”面板

5.3.3 Fluent 运行环境的选择

1. 参考压力的选择

在 Fluent 中，压力（包括总压和静压）都是相对压力值，即相对于运行参考压力而言的。当需要绝对压力时，Fluent 会把相对压力与参考压力相加后输出给用户。

选择功能区中的“物理模型”→“求解器”→“工作条件”选项，弹出的对话框如图 5-29 所示。用户可以根据需要设定参考压力的大小，若不作任何设置，则默认为标准大气压。

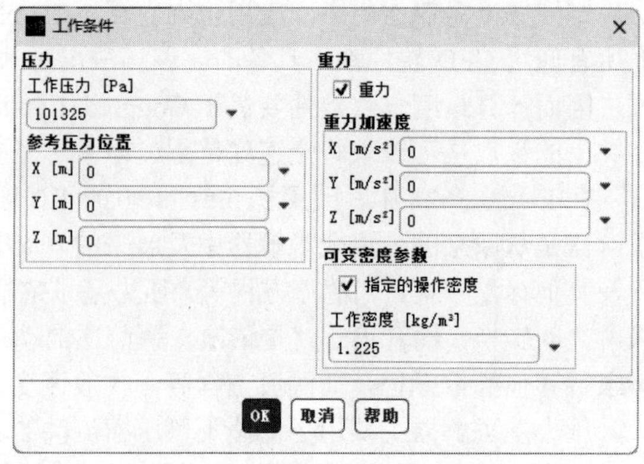

图 5-29 “工作条件”对话框

对于不可压流动，若边界条件中不包括压力边界条件，用户应该设置一个参考压力的位置。在计算中，Fluent 会强制这一点的压力为 0，若不做任何指定，则默认此位置为（0，0，0）点。

2. 重力选项

如果所计算的问题涉及重力的影响，需要选中“工作条件”对话框中的“重力”复选框。同时在

X、Y、Z 3 个方向上指定重力加速度的分量值。默认情况下，Fluent 是不计重力影响的。

5.3.4 Fluent 的基本物理模型

Note

1. 连续性和动量方程

对于所有的流动，Fluent 都是解质量和动量守恒方程。对于包括热传导或可压性的流动，需要解能量守恒的附加方程。对于包括组分混合和反应的流动，需要解组分守恒方程或者使用 PDF 模型（概率密度模型）来解混合分数的守恒方程以及方差。当流动是湍流时，还要解附加的输运方程。

（1）质量守恒方程。

质量守恒方程又称连续性方程，即

$$\frac{\partial \rho}{\partial t}+\frac{\partial}{\partial x_i}(\rho u_i)=S_{\mathrm{m}} \tag{5-1}$$

该方程是质量守恒方程的一般形式，它适用于可压流动和不可压流动。源项 S_{m} 是从分散的二级相中加入连续相的质量（如液滴的蒸发），源项也可以是任何的自定义源项。

二维轴对称问题的连续性方程为

$$\frac{\partial \rho}{\partial t}+\frac{\partial}{\partial x}(\rho u)+\frac{\partial}{\partial x}(\rho v)\frac{\rho v}{r}=S_{\mathrm{m}} \tag{5-2}$$

具体各个变量的意义可以参阅相关的流体力学书籍，其中有详细的介绍。

（2）动量守恒方程。

在惯性（非加速）坐标系中 i 方向上的动量守恒方程为

$$\frac{\partial}{\partial t}(\rho u_i)+\frac{\partial}{\partial x_j}(\rho u_i u_j)=-\frac{\partial p}{\partial x_i}+\frac{\partial \tau_{ij}}{\partial x_j}+\rho g_i+F_i \tag{5-3}$$

其中，ρ 是静压；τ_{ij} 是下面将会介绍的应力张量；ρg_i 和 F_i 分别为 i 方向上的重力体积力和外部体积力（如离散相互作用产生的升力）。F_i 包含了其他的模型相关源项，如多孔介质和自定义源项。

应力张量由下式给出

$$\tau_{ij}=\left[\mu\left(\frac{\partial u_i}{\partial x_j}+\frac{\partial u_j}{\partial x_i}\right)\right]-\frac{2}{3}\mu\frac{\partial u_l}{\partial x_l}\delta_{ij} \tag{5-4}$$

对于二维轴对称几何外形，轴向和径向的动量守恒方程分别为

$$\begin{aligned}\frac{\partial}{\partial t}(\rho u)+\frac{1}{r}\frac{\partial}{\partial x}(r\rho uu)+\frac{1}{r}\frac{\partial}{\partial r}(r\rho vu)=-\frac{\partial p}{\partial x}+\frac{1}{r}\frac{\partial}{\partial x}\left[r\mu\left(2\frac{\partial u}{\partial x}-\frac{2}{3}(\nabla\cdot\vec{v})\right)\right]\\+\frac{1}{r}\frac{\partial}{\partial r}\left[r\mu\left(2\frac{\partial u}{\partial r}+\frac{\partial v}{\partial x}\right)\right]+F_x\end{aligned} \tag{5-5}$$

以及

$$\begin{aligned}\frac{\partial}{\partial t}(\rho v)+\frac{1}{r}\frac{\partial}{\partial x}(r\rho uv)+\frac{1}{r}\frac{\partial}{\partial r}(r\rho vv)=-\frac{\partial p}{\partial r}+\frac{1}{r}\frac{\partial}{\partial x}\left[r\mu\left(\frac{\partial v}{\partial x}+\frac{\partial u}{\partial r}\right)\right]\\+\frac{1}{r}\frac{\partial}{\partial r}\left[r\mu\left(2\frac{\partial v}{\partial x}-\frac{2}{3}(\nabla\cdot\vec{v})\right)\right]-2\mu\frac{v}{r^2}+\frac{2}{3}\frac{\mu}{r}(\nabla\cdot\vec{v})+\rho\frac{w^2}{r}+F_r\end{aligned} \tag{5-6}$$

其中

$$\nabla\cdot\vec{v}=\frac{\partial u}{\partial x}+\frac{\partial v}{\partial r}+\frac{v}{r}$$

Note

w 是漩涡速度（具体可以参阅模拟轴对称涡流中漩涡和旋转流动的信息）。

2. 热传导

Fluent 允许在模型的流体和/或固体区域中包含热传导。Fluent 可以预测周期性几何外形的热传导，如密集的热交换器，它只需要考虑单个的周期性模块进行分析。关于这种流动的处理，需要使用周期性边界条件。

热传导问题的设定步骤如下。

01 激活热传导的计算。选中功能区中的“物理模型”→“模型”→“能量”复选框，如图 5-30 所示，在能量对话框中打开激活能量方程选项。

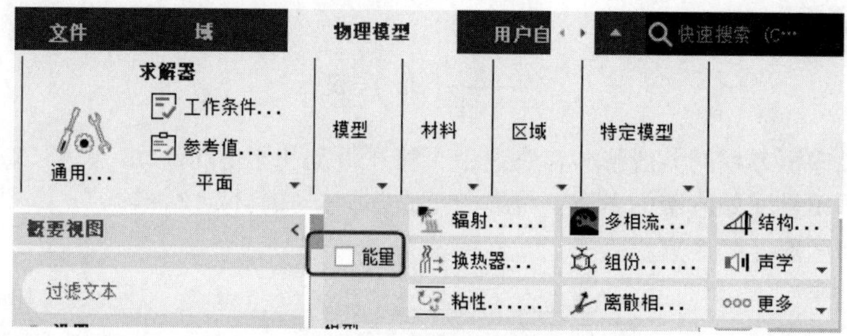

图 5-30 “能量”复选框

02 如果模拟黏性流动，而且希望在能量方程中包括黏性热传导项，则在黏性模型对话框中打开黏性热传导项。选择功能区中的“物理模型”→“模型”→“黏性”选项。

03 在流动入口、出口和壁面处定义热边界条件。选择功能区中的“物理模型”→“区域”→“边界”选项，在流动的出入口设定温度，在壁面处可设定下面的某一热条件。

☑ 指定热流量。

☑ 指定温度。

☑ 对流热传导。

☑ 外部辐射。

☑ 外部辐射和外部对流热传导的结合。

入口处默认的热边界条件为指定的温度（300 K），壁面处默认的条件为零热流量（绝热）。

04 定义适合热传导的材料属性。选择功能区中的“物理模型”→“Material”→“Create/Edit”选项。

（1）温度的上下限。

设定温度上下限的目的是提高计算的稳定性，从物理意义上说，温度应该处于已知极限的范围之内。有时，方程中间解会导致温度超出极限范围，无法很好地定义属性。温度极限保证要计算问题的温度在预期的范围之内。如果计算的问题温度超出最大极限，那么所存储的温度就会固定在最大值处。默认的温度上限是 5000 K。如果计算的问题温度低于最小极限，那么存储的温度就会固定在最小值处。默认的温度下限是 1 K。

如果所预期的温度超过 5000 K，则应该使用解限制对话框来增加最大温度，可以选择功能区中的“求解”→“控制”→“Limits”选项。

（2）热传导的报告。

Fluent 为热传导模拟提供了附加的报告选项。可以生成图形或者报告下面的变量或函数：静温、总温、焓、相对总温、壁面温度（内部表面）、壁面温度（外部表面）、总焓、总焓误差、熵、总能量、

内能、表面热流量、表面热传导系数、表面努塞尔（Nusselt）数、表面斯坦顿（Stanton）数。

3．浮力驱动流动和自然对流

当加热流体，而且流体密度随温度变化时，流体会由于重力原因而导致密度发生变化。这种流动现象被称为自然对流（或者混合对流），Fluent 可以模拟这种流动。

可以用 Grashof（格拉斯霍夫）数与 Reynolds（雷诺）数的比值来度量浮力在混合对流中的作用。

$$\frac{Gr}{Re^2}=\frac{\Delta\rho gh}{\rho v^2} \tag{5-7}$$

当这个数接近或者超过 1 时，就应该考虑浮力对于流动的贡献。反之，就可以忽略浮力对流动的影响。在纯粹的自然对流中，浮力诱导流动由瑞利数（Rayleigh）度量

$$Ra=g\beta\Delta TL^3\rho/\mu\alpha \tag{5-8}$$

其中，热膨胀系数为 $\beta=-\dfrac{1}{\rho}\dfrac{\partial\rho}{\partial T}$，热扩散系数为 $\alpha=\dfrac{k}{\rho c_p}$。

瑞利数小于 10^{-8} 表明浮力诱导为层流流动；当瑞利数为 10^{-8}～10^{-10} 时，表示浮力诱导开始向湍流流动过渡。

在混合或自然对流中，必须提供下面的输入来考虑浮力问题。

（1）在能量对话框中打开能量方程选项。选中功能区中的“物理模型”→“模型”→“能量”复选框。

（2）选择功能区中的“物理模型”→“求解器”→“工作条件”选项，在图 5-31 所示的“工作条件”对话框中选中“重力”复选框，并在每个方向上输入相应的重力加速度数值。

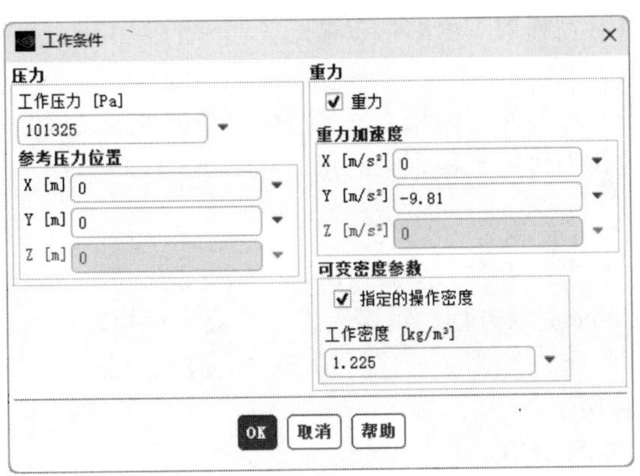

图 5-31　“工作条件”对话框

注意：Fluent 中默认的重力加速度为零。

（3）如果使用不可压理想气体定律，则要在“工作条件”对话框中检查操作压力的数值（非零值）。

4．多相流模型

Fluent 提供了 3 种多相流模型：VOF 模型、Mixture（混合）模型和 Eulerian（欧拉）模型。选择功能区中的“物理模型”→“模型”→“多相流模型”选项，弹出“多相流模型”对话框，如图 5-32 所示。默认状态下，“多相流模型”对话框的“关闭”单选按钮处于选中状态。

（1）VOF 模型。

该模型通过求解单独的动量方程和处理穿过区域的每一流体的容积比来模拟 2 种或 3 种不能混合的流体。典型的应用包括流体喷射、流体中气泡运动、流体在大坝坝口的流动、气液界面的稳态和瞬态处理等，如图 5-33 所示。

图 5-32 “多相流模型”对话框

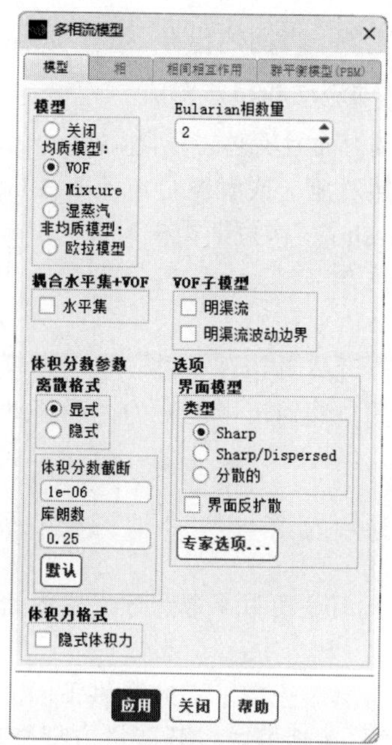

图 5-33 VOF 模型

（2）Mixture 模型。

该模型用于模拟各相有不同速度的多相流，但是假定了在短空间尺度上局部的平衡。典型的应用包括沉降、气旋分离器、低载荷作用下的多粒子流动、气相容积率很低的泡状流。

（3）欧拉模型。

该模型可模拟多相分流及相互作用的相，与离散相模型中 Eulerian-Lagrangian 方案只用于离散相不同，在多相流模型中欧拉模型可用于模型中的每一相。

5. 黏性模型

Fluent 提供了多种黏性模型：无黏、层流、Spalart-Allmaras 单方程、k-epsilon 双方程、k-omega 双方程、雷诺应力和分离涡模拟。选择功能区中的“物理模型”→“模型”→“黏性”选项，弹出“黏性模型”对话框，如图 5-34 所示。

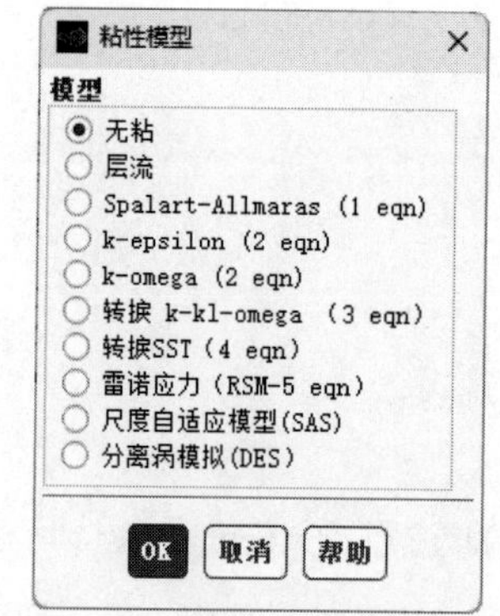

图 5-34 “黏性模型”对话框

☑ 无黏模型：进行无黏流计算。

☑ 层流模型：层流模拟。

☑ Spalart-Allmaras（1 eqn）：用于求解动力涡黏输运方程，无须计算和局部剪切层厚度相关的长度尺度。

☑ k-epsilon（2 eqn）模型：该模型又分为标准 k-ε 模型、RNG k-ε 模型和 Realizable k-ε 模型 3 种。

☑ k-omega（2 eqn）模型：使用 k-ω 双方程模型进行湍流计算，它分为标准 k-ω 模型和 SST k-ω 模型。标准 k-ω 模型主要应用于壁面约束流动和自由剪切流动。SST k-ω 模型在近壁面区有更高的精度和更好的算法稳定性。

☑ 雷诺应力模型：该模型是最精细制作的湍流模型，可用于飓风流动、燃烧室高速旋转流、管道中二次流等。

☑ 大涡模拟模型：该模型只对三维问题有效。

☑ 分离涡模拟模型：该模型是近年来出现的一种结合雷诺平均方法和大涡数值模拟两者优点的

湍流模拟方法。采用基于 Spalart-Allmaras 方程模型的 DES 方法，数值求解 Navier-Stokes 方程，模拟绕流发生分离后的旋涡运动。其中空间区域离散采用有限体积法，方程空间项和时间项的数值离散分别采用 Jameson 中心格式和双时间步长推进方法。通过模拟圆柱绕流以及翼型失速绕流，可以观察到与物理现象一致的旋涡结构，得到与实验数据相吻合的计算结果。

6. 辐射模型

选择功能区中的“物理模型”→“模型”→“辐射”选项，弹出“辐射模型”对话框，如图 5-35 所示。可用于火焰辐射传热、表面辐射传热、导热、对流与辐射的耦合问题、采暖、通风等。

7. 组分模型

主要用于对化学组分的输运和燃烧等化学反应进行模拟。选择功能区中的“物理模型”→“模型”→“组分”选项，弹出“组分模型”对话框，如图 5-36 所示。

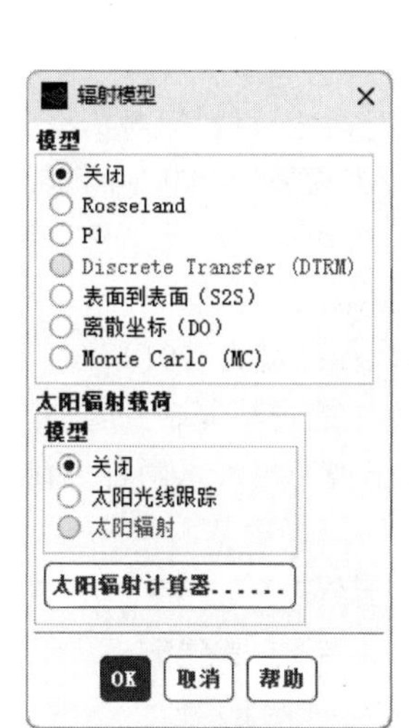

图 5-35　“辐射模型”对话框

图 5-36　“组分模型”对话框

“组分模型”对话框的主要参数说明如下。

☑ 组分传递模型：通用有限速率模型。
☑ 非预混燃烧模型：非预混和燃烧模型，主要用于模拟湍流扩散火焰设计。
☑ 预混合燃烧模型：主要用于完全预混合的燃烧系统。
☑ 部分预混合燃烧模型：用于非预混燃烧和完全预混燃烧结合的系统。
☑ 联合概率密度输运模型：用于预混、非预混及部分预混火焰中。

8. 离散相模型

用于预测连续相中由于湍流旋涡作用而对颗粒造成的影响，离散相的加热或冷却、液滴的蒸发与沸腾、崩裂与合并、模拟煤粉燃烧等。选择功能区中的“物理模型”→“模型”→“离散相”选项，弹出“离散相模型”对话框，如图 5-37 所示。

9. 凝固和熔化

选择功能区中的“物理模型”→“模型”→“更多”→“熔化”选项，弹出“凝固和熔化”对话框，如图 5-38 所示。如果要进行凝固和熔化的计算，需要选中“凝固/熔化”复选框，给出“糊状区

域参数”值，一般为 10^4～10^7。

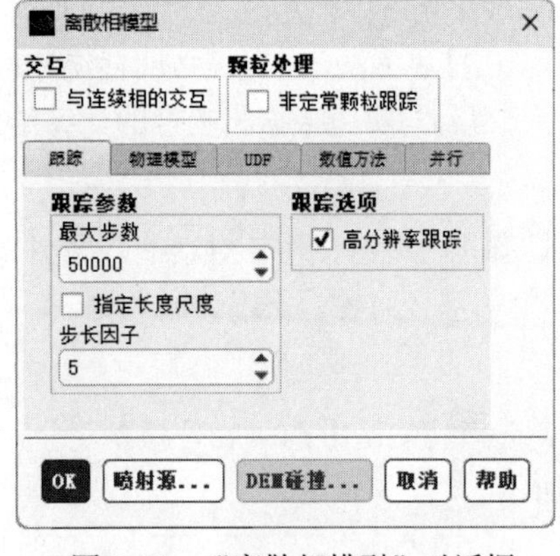

图 5-37 “离散相模型”对话框

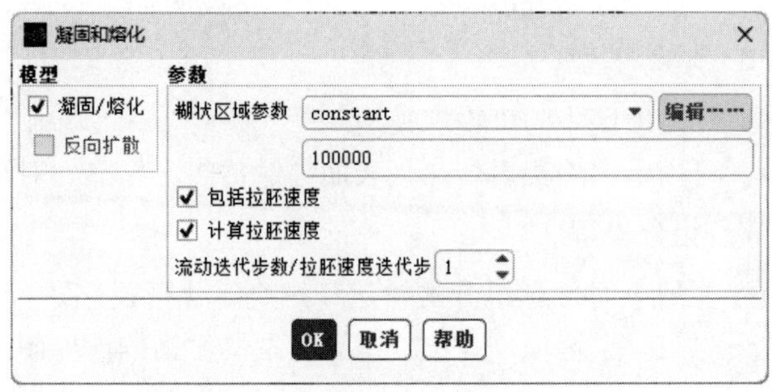

图 5-38 “凝固和熔化”对话框

5.3.5 Fluent 的材料定义

选择功能区中的“物理模型”→“材料”→“创建/编辑”选项，在“创建/编辑材料”对话框中定义各项参数，如图 5-39 所示。Fluent 默认的材料为空气（air），倘若在问题中需要用到其他材料，如水就需要从 Fluent 自带的材料数据库中调用，具体操作方法为单击“创建/编辑材料”对话框右侧的“Fluent 数据库”按钮，弹出“Fluent 数据库材料”对话框，从列表中选择所需的材料——水，单击“water-liquid（h2o<1>）”，则会在“属性”栏中显示相应的物理属性数据，如密度为 791 kg/m³，比热容为 2160 j/（kg•K）等，如图 5-40 所示。单击“复制”按钮，将数据库中的材料复制到当前工程中。然后在“创建/编辑材料”对话框的“Fluent 流体材料”下拉列表中就会出现空气和水两种材料。最后，依次单击“更改/创建”和“关闭”按钮，完成材料的定义。

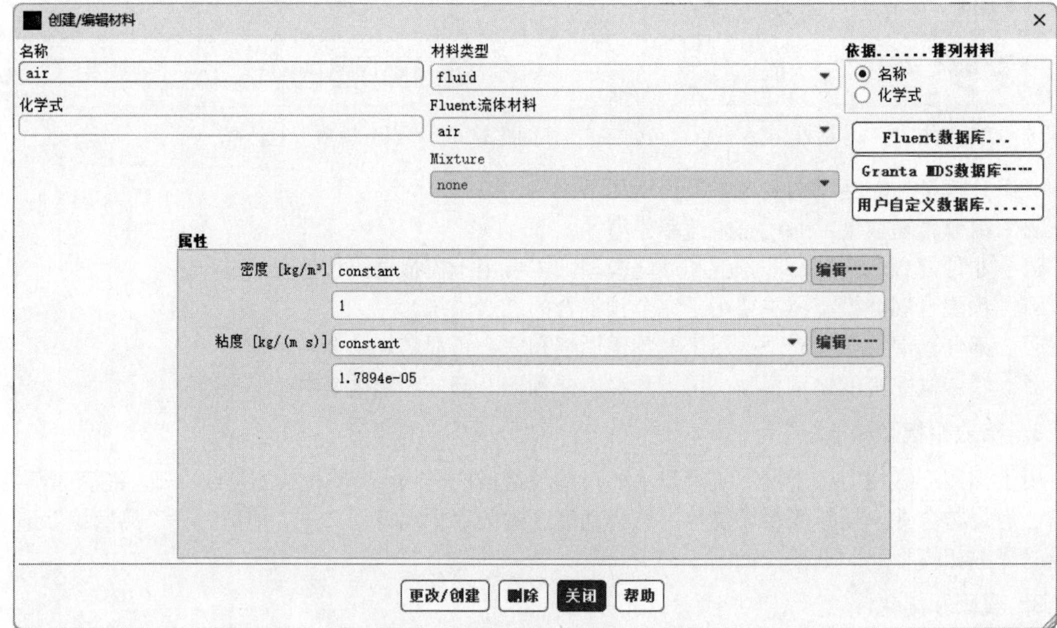

图 5-39 “创建/编辑材料”对话框

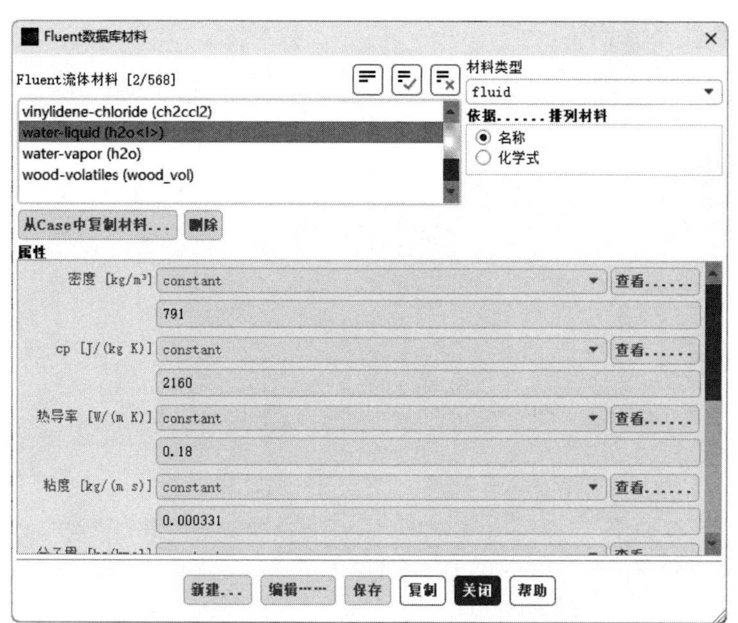

图 5-40 “Fluent 数据库材料”对话框

5.4 设置 Fluent 的边界条件

边界条件包括流动变量和热变量在边界处的值。它是 Fluent 分析中很关键的一部分，设定边界条件必须小心谨慎。

边界条件的分类如下。进出口边界条件：压力、速度、质量进口、进风口、进气扇、压力出口、压力远场边界条件、质量出口、通风口、排气扇；壁面、重复和极点边界；壁面、对称、周期、轴。内部单元区域：流体、固体（多孔是一种流动区域类型）。内部表面边界条件：风扇、散热器、多孔跳跃、壁面、内部。内部表面边界条件定义在单元表面（这意味着它们没有有限厚度），并提供了流场性质的每一步的变化。这些边界条件用来补充描述排气扇、细孔薄膜以及散热器的物理模型。内部表面区域的内部类型不需要输入任何内容。

这一节将详细介绍上面所述的边界条件，并详细介绍它们的设定方法以及设定的具体合适条件。

1. 使用边界条件对话框

边界条件对于特定边界允许改变边界条件区域类型，并且打开其他的对话框以设定每一区域的边界条件参数。

选择功能区中的“物理模型”→“区域”→“边界”选项，弹出如图 5-41 所示的“边界条件”面板。

2. 改变边界区域类型

设定任何边界条件之前，必须检查所有边界区域的区域类型，如有必要就做适当的修改。比如，若网格是压力入口，但是想要使用速度入口，就要把压力入口改为速度入口之后再设定。

改变类型的步骤如下。

01 在“区域”下拉列表框中选定所要修改的区域，如图 5-42 所示。

图 5-41　“边界条件”面板

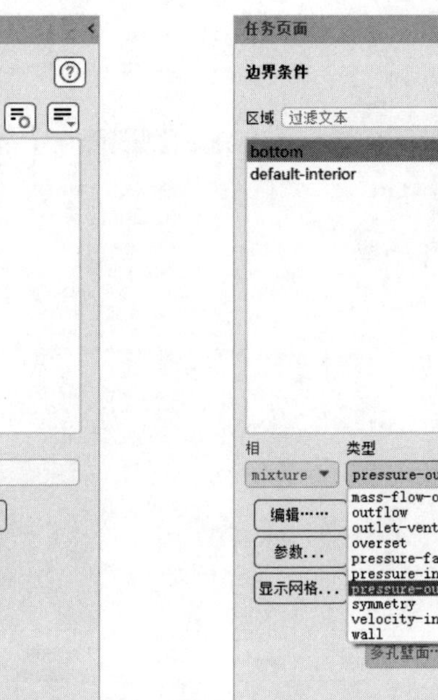

图 5-42　改变边界区域类型

02 在“类型”下拉列表框中选择正确的区域类型。

确认改变之后，区域类型将会改变，名字也将自动改变，设定区域边界条件的对话框也将自动打开。

注意： 这个方法不能用于改变周期性类型，因为该边界类型已经有了附加限制。需要注意的是，只能在图 5-43 中每一个类别中改变边界类型（注意：双边区域表面是分离的不同单元区域）。

3. 设定边界条件

在 Fluent 中，边界条件和区域有关而与个别表面或者单元无关。设定每一特定区域的边界条件，需要遵循下面的步骤。

01 在边界条件区域的下拉列表中选择区域，单击设置按钮；或者在“区域”下拉列表框中选择区域。

02 在“类型”列表中选择需要的类型，或者在区域列表中双击所需区域，选择的边界条件区域将会被打开，并且可以指定适当的边界条件。

03 在图像显示方面选择边界区域。在边界条件中都能用鼠标在图形窗口选择适当的区域。如果是第一次设定问题，这一功能尤其有用；如果有两个或者更多的具有相同类型的区域而且想要确定区域的标号（也就是画出哪一区域是哪个），这一功能也很有用。

要使用该功能请按以下步骤进行。

（1）用网格显示对话框显示网格。

（2）用鼠标指针（默认是鼠标右键——参阅控制鼠标键函数以改变鼠标键的功能）在图形窗口中单击边界区域。在图形显示中选择的区域将会自动被选入边界条件对话框中的区域列表，它的名字和编号也会自动在控制窗口中显示。

① 改变边界条件名字。

边界的名字由它的类型加标号数构成，如 pressure-inlet-7。在某些情况下，可能需要对边界区域分配更多的描述名。如果有两个压力入口区域，想重命名它们为 small-inlet 和 large-inlet（改变边界的名字不会改变相应的类型），则遵循如下步骤。

01 在边界条件的“区域”下拉列表框中选择所要重命名的区域。

02 单击设置按钮打开所选区域的对话框。

03 在区域名字中输入新的名字。

04 单击“OK”按钮。

> **注意：** 如果指定区域的新名字然后改变它的类型，所改的名字将会被保留，如果区域名字是类型加标号，名字将会自动改变。

Note

② 边界条件的非一致输入。

每一类型的边界区域的大多数条件定义为轮廓函数而不是常值。可以使用外部产生的边界轮廓文件的轮廓，或者用自定义函数（UDF）来创建。具体情况可参阅后面章节 UDF 的使用。

4．流动入口和出口

（1）使用流动边界条件。

对于流动的出入口，Fluent 提供了 10 种边界单元类型：速度入口、压力入口、质量流动、压力出口、压力远场、质量出口、进气口、进气扇、出气口以及排气扇。

下面是 Fluent 中的进出口边界条件选项。

☑ 速度入口边界条件用于定义流动入口边界的速度和标量。

☑ 压力入口边界条件用于定义流动入口边界的总压和其他标量。

☑ 质量流动边界条件用于可压流规定入口的质量流速。在不可压流中不必指定入口的质量流，因为当密度是常数时，速度入口边界条件就确定了质量流条件。

☑ 压力出口边界条件用于定义流动出口的静压（在回流中还包括其他的标量）。当出现回流时，使用压力出口边界条件来代替质量出口条件常常有更好的收敛速度。

☑ 压力远场条件用于模拟无穷远处的自由可压流动，该流动的自由流动马赫数以及静态条件已经指定了。这一边界类型只用于可压流。

☑ 质量出口边界条件用于在解决流动问题之前，所模拟的流动出口的流速和压力的详细情况还未知的情况。在流动出口是完全发展时这一条件是适合的，这是因为质量出口边界条件假定除压力之外的所有流动变量正法向梯度为零。对于可压流计算，这一条件是不适合的。

☑ 进气口边界条件用于模拟具有指定的损失系数，流动方向以及周围（入口）环境总压和总温的进风口。

☑ 进气扇边界条件用于模拟外部进气扇，它具有指定的压力跳跃、流动方向以及周围（进口）总压和总温。

☑ 出气口边界条件用于模拟通风口，它具有指定的损失系数以及周围环境（排放处）的静压和静温。

☑ 排气扇边界条件用于模拟外部排气扇，它具有指定的压力跳跃以及周围环境（排放处）的静压。

（2）决定湍流参数。

在入口、出口或远场边界流入流域的流动，Fluent 需要指定输运标量的值。本节描述了特定模型需要哪些量，以及如何指定它们，也为确定流入边界值最为合适的方法提供了指导方针。

（3）使用轮廓指定湍流参量。

在入口处要准确描述边界层和完全发展的湍流流动，应该通过实验数据和经验公式创建边界轮廓文件来完美地设定湍流量。如果有轮廓的分析描述而不是数据点，也可以用这个分析描述来创建边界轮廓文件，或者创建用户自定义函数来提供入口边界的信息。一旦创建了轮廓函数，就可以使用如下方法。

Spalart-Allmaras 模型：在湍流指定方法下拉菜单中指定湍流黏性比，并在湍流黏性比之后的下拉菜单中选择适当的轮廓名。通过将 m_t/m、密度与分子黏性的适当结合，Fluent 为修改后的湍流黏性

Note

计算边界值。

k-e 模型：在湍流指定方法下拉菜单中选择 K 和 Epsilon 并在湍流动能（Turb. Kinetic Energy）和湍流扩散速度（Turb. Dissipation Rate）之后的下拉菜单中选择适当的轮廓名。

雷诺应力模型：在湍流指定方法下拉菜单中选择雷诺应力部分，并在每一个单独的雷诺应力部分之后的下拉菜单中选择适当的轮廓名。在湍流指定方法下拉菜单中选择雷诺应力部分，并在每一个单独的雷诺应力部分之后的下拉菜单中选择适当的轮廓名。

① 压力入口边界条件。

压力入口边界条件用于定义流动入口的压力以及其他标量属性。它既可以用于可压流，也可以用于不可压流。压力入口边界条件可用于压力已知但是流动速度和/或速率未知的情况。这一情况适用于很多实际问题，如浮力驱动的流动。压力入口边界条件也可用来定义外部或无约束流的自由边界。

01 压力入口边界条件的输入。

对于压力入口边界条件需要输入如下信息：驻点总压、驻点总温、流动方向、静压、湍流参数（对于湍流计算）、辐射参数（对于使用 P-1 模型、DTRM 模型或者 DO 模型的计算）、化学组分质量百分比（对于组分计算）、混合分数和变化（对于 PDF 燃烧计算）、程序变量（对于预混和燃烧计算）、离散相边界条件（对于离散相的计算）、次要相的体积分数（对于多相计算）。

所有的值都在“压力进口”对话框中输入，该对话框是从边界条件中打开的，如图 5-43 所示。

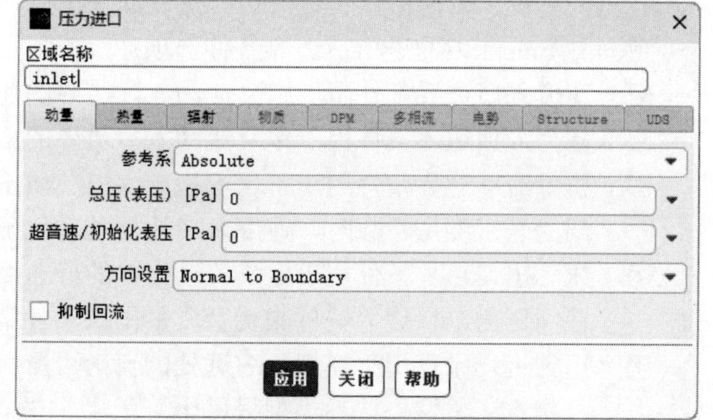

图 5-43 “压力进口”对话框

02 定义流动方向。

可以在压力入口明确地定义流动的方向，或者定义流动垂直于边界。如果选择指定方向矢量，既可以设定笛卡儿坐标 x、y 和 z 的分量，也可以设定（圆柱坐标的）半径、切线和轴向分量。对于使用分离解算器计算移动区域问题，流动方向是绝对速度或者相对于网格的相对速度方向，这取决于解算器对话框中的绝对速度公式是否被激活。对于耦合解算器，流动方向通常是绝对坐标系中的。

定义流动方向的步骤如下。

a．在“方向设置”下拉列表框中选择指定流动方向的方法，或者方向矢量，或者垂直于边界。

b．如果在第一步中选择垂直于边界，并且是模拟轴对称涡流，可输入流动适当的切向速度；如果不是，则模拟涡流不需要其他的附加输入。

c．如果第一步中选择指定方向矢量，并且几何外形是三维的，则需要选择定义矢量分量的坐标系统。在坐标系下拉菜单中选择笛卡儿（X, Y, Z）坐标、柱坐标（半径、切线和轴）或者局部柱坐标。

☑ 笛卡儿坐标系是基于几何图形所使用的正交直角坐标系。

☑ 柱坐标在坐标系统的基础上使用轴、角度和切线 3 个分量。

☑ 对于包含一个单独的单元区域，坐标系由旋转轴和在流体对话框中的原始指定来定义。

☑ 对于包含多重区域的问题（如多重参考坐标或滑动网格），坐标系由流体（固体）对话框中临近入口的流体（固体）区域的旋转轴来定义。

03 定义湍流参数。

04 定义辐射参数。

05 定义组分质量百分比。

06 定义 PDF/混合分数参数。

07 定义预混和燃烧边界条件。

08 定义离散相边界条件。

09 定义多相边界条件。

10 压力入口边界处的计算程序。

Fluent 压力入口边界条件的处理可以描述为从驻点条件到入口条件的非自由化的过渡。对于不可压流，是通过入口边界伯努利方程的应用来完成的；对于可压流，使用的是理想气体的各向同性流动关系式。

11 压力入口边界处的不可压流动计算。

流动进入压力入口边界时，Fluent 使用边界条件压力，该压力是作为入口平面 p_0 的总压输入的。在不可压流动中，入口总压、静压和速度之间有如下关系：$p_0=p_s+1/2\rho v^2$。通过在出口分配的速度大小和流动方向可以计算速度的各个分量。入口质量流速以及动量、能量和组分的流量可以作为计算程序在速度入口边界的大纲来计算流动。

对于不可压流，入口平面的速度既可以是常数也可以是温度或者质量分数的函数。其中，质量分数是输入时的值作为入口条件的值。通过压力出口流出的流动，用指定的总压作为静压来使用。对于不可压流动来说，总温和静温是相等的。

12 压力入口边界的可压流动计算。

对于可压流，应用理想气体的各向同性关系可以在压力入口将总压、静压和速度联系起来。在入口处输入总压，在临近流体单元中输入静压，有如下关系式：

$$\frac{p_o'+p_{op}}{p_s'+p_{op}}=\left[1+\frac{\gamma-1}{2}M^2\right]^{\gamma/(\gamma-1)} \tag{5-9}$$

其中，马赫数定义为

$$M=\frac{v}{c}=\frac{v}{\sqrt{\gamma RT_s}} \tag{5-10}$$

马赫数的定义这里不再详述。需要注意的是，上面的方程中出现了操作压力 p_{op}，因为边界条件的输入是和操作压力有关的压力。给定 p_o' 和 p_s'，上面的方程就可以用于计算入口平面流体的速度范围。入口处的各个速度分量用方向矢量来计算。对于可压流，入口平面的密度由理想气体定律来计算。

$$\rho=\left(p_s'+p_{op}\right)\Big/RT_s \tag{5-11}$$

其中，R 由压力入口边界条件定义的组分质量百分比来计算。入口静温和总温的关系由下式计算。

$$\frac{T_o}{T_s}=1+\frac{\gamma-1}{2}M^2 \tag{5-12}$$

② 速度入口边界条件。

速度入口边界条件用于定义流动速度以及流动入口的流动属性相关标量。在这个边界条件中，流动总的（驻点）属性不是固定的，所以无论什么时候，提供流动速度描述，它们都会增加。

这一边界条件适用于不可压流，如果用于可压流它会导致非物理结果，这是因为它允许驻点条件浮动。

注意： 不要让速度入口靠近固体妨碍物，会导致流动入口驻点属性具有太高的非一致性。

对于特定的实例，Fluent 可能使用速度入口在流动出口处定义流动速度，在这种情况下，不使用标量输入，必须保证区域内的所有流动性。

速度入口边界条件需要输入下列信息：速度大小与方向或者速度分量、旋转速度（对于具有二维轴对称问题的涡流）、温度（用于能量计算）、流出压力（使用耦合求解器进行计算）、湍流参数（对

Note

湍流进行计算）、辐射参数（对于 P-1 模型、DTRM 或者 DO 模型的计算）、化学组分质量百分数（对组分进行计算）、混合分数和变化（对 PDE 燃烧进行计算）、发展变量（对预混和燃烧进行计算）、离散相边界条件（对离散相进行计算）、二级相的体积分数（对多相流进行计算）。

上面的所有值都要在“速度入口”对话框中输入，该对话框可以通过选择功能区中的“物理模型”→“区域”→“边界”选项打开，如图 5-44 所示。

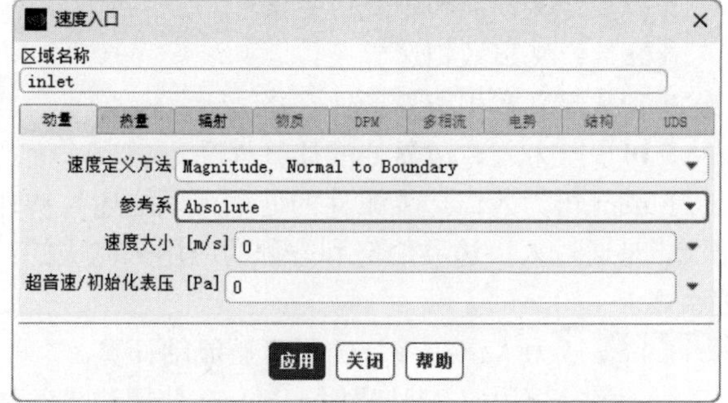

图 5-44 “速度入口”对话框

01 定义速度。

可以通过定义来确定入口速度。如果临近速度入口的单元区域是移动的（也就是说使用旋转参考坐标系、多重坐标系或者滑动网格），也可以指定相对速度和绝对速度。对于 Fluent 中的涡流轴对称问题，还要指定涡流速度。

定义流入速度的程序如下。

a．选择指定流动方向的方法：在“速度定义方法”下拉列表框中选择速度大小和方向、速度分量或者垂直于边界的速度大小。

b．如果临近速度入口的单元区域是移动的，可以指定相对或绝对速度。相对于临近单元区域或者参考坐标系下拉列表的绝对速度。如果临近单元区域是固定的，相对速度和绝对速度是相等的，这时不用查看下拉列表。

c．如果想要设定速度的大小和方向或者速度分量，而且几何图形是三维的，下一步就要选择定义矢量和速度分量的坐标系。坐标系就是前面所述的 3 种。

d．设定适当的速度参数，下面介绍每一个指定方法。

如果第一步中选择的是速度的大小和方向，需要在流入边界条件中输入速度矢量的大小以及方向。

如果是二维非轴对称问题，或者在第三步中选择笛卡儿坐标系，则需要定义流动 X、Y 和（在三维问题中）Z 3 个分量的大小。

如果是二维轴对称问题，或者第三步中使用柱坐标系，请输入流动方向的径向、轴向和切向的 3 个分量值。

如果在第三步中选择当地柱坐标系，请输入流动方向的径向、轴向和切向的 3 个分量值，并指定轴向的 X、Y 和 Z 分量以及坐标轴起点的 X、Y 和 Z 坐标的值。

e．定义流动方向表明这些不同坐标系矢量分量。

如果在定义速度的第一步中选择速度大小以及垂直的边界，需要在流入边界处输入速度矢量的大小。如果模拟二维轴对称涡流，也要输入流向的切向分量。如果在定义速度的第一步中选择速度分量，需要在流入边界中输入速度矢量的分量。

如果是二维非轴对称问题，或者在第三步中选择笛卡儿坐标系，需要定义流动 X、Y 和（在三维问题中）Z 3 个分量的大小。

如果是模拟涡流的二维轴对称问题，需要在速度设定中设定轴向、径向和旋转速度。

如果在第三步中使用柱坐标系，应输入流动方向的径向、轴向和切向 3 个分量值，以及（可选）旋转角速度。

如果在第三步中选择当地柱坐标系，请输入流动方向的径向、轴向和切向 3 个分量值，并指定轴向的 X、Y 和 Z 分量以及坐标轴起点的 X、Y 和 Z 坐标的值。

速度的正负分量和坐标方向的正负是相同的。柱坐标系下速度的正负也是一样。

如果在第一步中定义的是速度分量，并在模拟轴对称涡流，可以指定除涡流速度之外的入口涡流角速度 ω。相似地，如果在第三步中使用柱坐标或者当地柱坐标系，可以指定除切向速度之外的入口角速度 ω。

02 定义温度。

在解能量方程时，需要在温度场中的速度入口边界设定流动的静温。

03 定义流出标准压力。

如果是用一种耦合解算器，可以为速度入口边界指定流出标准压力。如果可在某表面边界处流出，表面会被处理为压力出口，该压力出口为流出标准压力场中规定的压力。注意：这一影响和在 RAMPANT 中得到的速度远场边界相似。

04 定义湍流参数。

05 定义辐射参数。

06 定义组分质量百分比。

07 定义 PDF/混合分数参数。

08 定义预混和燃烧边界条件。

09 定义离散相边界条件。

10 定义多相边界条件。

11 速度入口边界的计算程序。

Fluent 使用速度入口的边界条件输入计算流入流场的质量流以及入口的动量、能量和组分流量。本节介绍了通过速度入口边界条件流入流场的算例，以及通过速度入口边界条件流出流场的算例。

12 流动入口的速度入口条件处理。

使用速度入口边界条件定义流入物理区域的模型，Fluent 既使用速度分量也使用标量。这些标量通过定义为边界条件来计算入口质量流速、动量流量以及能量和化学组分的流量。

13 邻近速度入口边界流体单元的质量流速由下式计算。

$$\dot{m} = \int \rho v \cdot \mathrm{d}A \tag{5-13}$$

> 注意：只有垂直于控制体表面的流动分量才对流入质量流速有贡献。

14 流动出口的速度入口条件处理。

有时，速度入口边界条件用于流出物理区域的流动。如当通过某一流域出口的流速已知，或者被强加在模型上时，就需要使用这一方法。

> 注意：这种方法在使用之前必须保证流域内的全部连续性。

在分离解算器中，当流动通过速度入口边界条件流出流场时，Fluent 在边界条件中使用速度垂直于出口区域的速度分量。它不使用任何用户输入的其他边界条件。除垂直速度分量之外的所有流动条件，都被假定为逆流的单元。

在耦合解算器中，如果流动流出边界处的任何表面的区域，那一表面就会被看成压力出口，这一压力为流出压力场中所规定的压力。

15 密度计算。

入口平面的密度既可以是常数也可以是温度、压力和/或组分质量百分数（在入口条件中输入的）的函数。

③ 质量流动边界条件。

该边界条件用于规定入口的质量流量。为了实现规定的质量流量中需要的速度，需要调节当地入口总压。这和压力入口边界条件是不同的。在压力入口边界条件中，规定的是流入驻点的属性，质量

流量的变化依赖于内部解。

当匹配规定的质量和能量流速而不是匹配流入的总压时，通常会使用质量流动边界条件。如一个小的冷却喷流流入主流场并和主流场混合，此时，主流的流速主要由（不同的）压力入口/出口边界条件对控制。

Note

调节入口总压可能会导致节的收敛，所以如果压力入口边界条件和质量流动条件都可以接受，应该选择压力入口边界条件。

在不可压流中不必使用质量流动边界条件，因为密度是常数，速度入口边界条件就已经确定了质量流。

质量流动边界条件需要输入：质量流速和质量流量、总温（驻点温度）、静压、流动方向、湍流参数（对湍流进行计算）、辐射参数（对 P-1 模型、DTRM 或者 DO 模型的计算）、化学组分质量百分数（对组分进行计算）、混合分数和变化（对 PDE 燃烧进行计算）、发展变量（对预混和燃烧进行计算）、离散相边界条件（对离散相进行计算）。

上面的所有值都从“质量流入口”对话框输入，该对话框可以通过选择功能区中的“物理模型”→“区域”→“边界”选项打开，如图 5-45 所示。

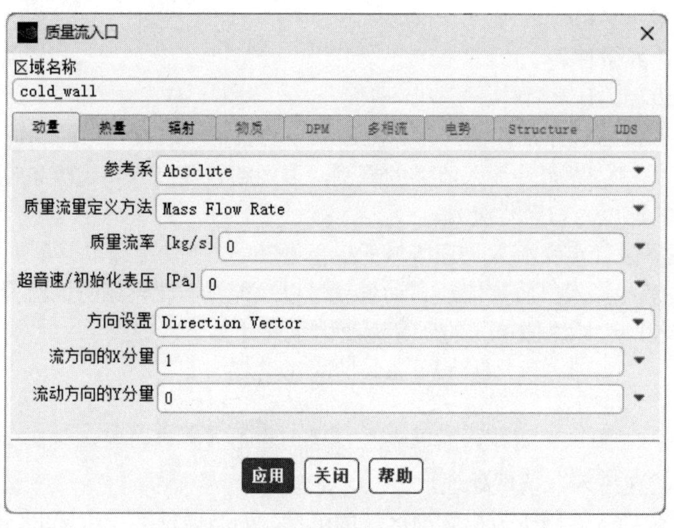

图 5-45 “质量流入口”对话框

01 定义质量流速和流量。

用户可以输入通过质量入口的质量流速，然后 Fluent 将这个值转换为质量流量，或者直接指定质量流量。如果用户设定了规定的质量流速，它将在内部转换为区域上规定的统一质量流量，这一区域由流速划分；用户也可以使用边界轮廓或者自定义函数来定义质量流量（不是质量流速）。

质量流速或者流量的输入如下。

选择质量流速的方法：如果选择质量流速（默认），在质量流速框中输入规定的质量流速。

> **注意：** 对于轴对称问题，质量流速是通过完整区域（2p-radian）的流速，而不是 1-radian 部分的流速。

如果选择质量流量，可在“质量流率”框中输入质量流量。

> **注意：** 对于轴对称问题，质量流量是通过完整区域（2p-radian）的流量，而不是 1-radian 部分的流量。

02 定义总温。

在“质量流入口”对话框的流入流体的总温框中输入总温（驻点温度）值。

03 定义静压。

如果入口流动是超声速的，或者打算用压力入口边界条件来对解进行初始化，那么必须指定静压（termed the Supersonic/Initial Gauge Pressure）。

只要流动是亚声速的，Fluent 会忽略 Supersonic/Initial Gauge Pressure，它是由指定的驻点值来计算的。如果打算使用压力入口边界条件来初始化解域，Supersonic/Initial Gauge Pressure 是与计算初始值的指定驻点压力相联系的，计算初始值的方法有各向同性关系式（对于可压流）或者伯努利方程（对于不可压流）。因此，对于亚声速入口，它是在关于入口马赫数（可压流）或者入口速度（不可压流）合理的估计之上设定的。

04 定义流动方向。

05 定义湍流参数。

06 定义辐射参数。

07 定义组分质量百分比。

08 定义 PDF/混合分数参数。

09 定义预混和燃烧边界条件。

10 定义离散相边界条件。

11 质量流入口边界的计算程序。

对入口区域使用质量流动边界条件，该区域每一个表面的速度都能被计算出来，并且这一速度用于计算流入区域的相关解变量的流量。对于每一步迭代，调节计算速度以保证正确的质量流数值。需要使用质量流速、流动方向、静压以及总温来计算此速度。有两种指定质量流速的方法：第一种方法是指定入口的总质量流速 m（dot），第二种方法是指定质量流量 ρv（每个单位面积的质量流速）。如果指定总质量流速，Fluent 会在内部通过将总流量除以垂直于流向区域的总入口面积得到统一质量流量。

$$\rho v = \frac{\dot{m}}{A} \tag{5-14}$$

如果使用直接质量流量指定选项，可以使用轮廓文件或者自定义函数来指定边界处的各种质量流量。一旦给定表面的 ρv 值确定了，就必须确定表面的密度值 ρ，以找到垂直速度 v。密度获取的方法依赖于所模拟的对象是不是理想气体。下面检查了各种情况。

12 理想气体的质量流边界的流动计算。

如果是理想气体，要用下式计算密度

$$p = \rho RT \tag{5-15}$$

如果入口是超声速，所使用的静压是边界条件静压值。如果入口是亚声速，所使用的静压是由从入口表面单元内部推导出来的。入口的静温是由总焓推出的，总焓是由边界条件所设的总温推出的。入口的密度是根据理想气体定律，使用静压和静温推导出来的。

13 不可压流动的质量流边界的流动计算。

如果是模拟非理想气体或者液体，静温和总温相同。入口处的密度很容易从温度函数和（可选）组分质量百分比计算出来。速度用质量流动边界的计算程序中的方程计算出来。

14 质量流边界的流量计算。

要计算所有变量在入口处的流量，流速 v 和方程中变量的入口值一起使用。例如，质量流量为 ρv，湍流动能的流量为 ρkv。这些流量用于边界条件来计算解过程的守恒方程。

④ 进气口边界条件。

进气口边界条件用于模拟具有指定损失系数、流动方向以及环境（入口）压力和温度的进气口。

Note

进气口边界需要输入如下内容。

☑ 总压即驻点压力。

☑ 总温即驻点温度。

☑ 流动方向。

☑ 静压。

☑ 湍流参数（对湍流进行计算）。

☑ 辐射参数（对 P-1 模型、DTRM 或者 DO 模型的计算）。

☑ 化学组分质量百分数（对组分进行计算）。

☑ 混合分数和变化（对 PDE 燃烧进行计算）。

☑ 发展变量（对预混和燃烧进行计算）。

☑ 离散相边界条件（对离散相进行计算）。

☑ 二级相的体积分数（对多相流进行计算）。

☑ 损失系数。

上面的所有值都由“质量流入口”对话框输入，如图 5-46 所示。

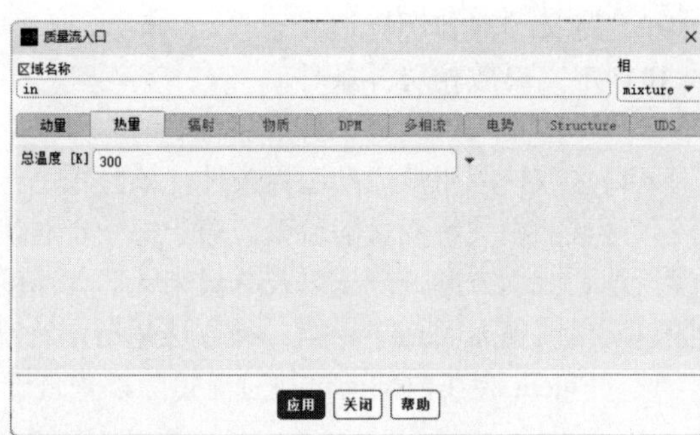

图 5-46 “质量流入口”对话框

上面前 11 项的设定和压力入口边界的设定一样，下面介绍损失系数的设定。

Fluent 中的进气口模型，进气口假定为无限薄，通过进气口的压降假定和流体的动压成比例，并由经验公式确定所应用的损失系数。也就是说，压降 Δp 和通过进气口速度的垂直分量的关系为

$$\Delta p = k_{\mathrm{L}} \frac{1}{2} \rho v^2 \tag{5-16}$$

式中，ρ 是流体密度；k_{L} 为无量纲的损失系数。

注意：Δp 是流向压降，因此，即使是在回流中，进气口都会出现阻力。

可以定义通过进气口的损失系数为常量、多项式、分段线性函数或者垂向速度的分段多项式函数。

⑤ 进气扇边界条件。

进气扇边界条件用于定义具有特定压力跳跃、流动方向以及环境（进气口）压力和温度的外部进气扇流动。

进气扇边界需要输入如下内容。

☑ 总压，即驻点压力。

☑ 总温，即驻点温度。

☑ 流动方向。

☑ 静压。

- ☑ 湍流参数（对湍流进行计算）。
- ☑ 辐射参数（对 P-1 模型、DTRM 或者 DO 模型的计算）。
- ☑ 化学组分质量百分数（对组分进行计算）。
- ☑ 混合分数和变化（对 PDE 燃烧进行计算）。
- ☑ 发展变量（对预混和燃烧进行计算）。
- ☑ 离散相边界条件（对离散相进行计算）
- ☑ 二级相的体积分数（对多相流进行计算）。
- ☑ 压力跳跃。

上面的所有值都由“吸风扇”对话框输入，如图 5-47 所示。

上面前 11 项的设定和压力入口边界的设定一样。

⑥ 压力出口边界条件。

压力出口边界条件需要在出口边界处指定静压。静压值的指定只用于亚声速流动。如果当地流动变为超声速，就不再使用指定压力值，此时压力值要从内部流动中推出。所有其他的流动属性都从内部推出。

压力出口边界条件需要输入如下内容。

- ☑ 静压。
- ☑ 回流条件。
- ☑ 总温，即驻点温度（用于能量计算）。
- ☑ 湍流参数（用于湍流计算）。
- ☑ 化学组分质量百分数（用于组分计算）。
- ☑ 混合分数和变化（用于 PDE 燃烧计算）。
- ☑ 发展变量（用于预混和燃烧计算）。
- ☑ 二级相的体积分数（用于多相流计算）。
- ☑ 辐射参数（用于 P-1 模型、DTRM 或者 DO 模型的计算）。
- ☑ 离散相边界条件（用于离散相计算）。

上面的所有值都由“压力出口”对话框输入，如图 5-48 所示。

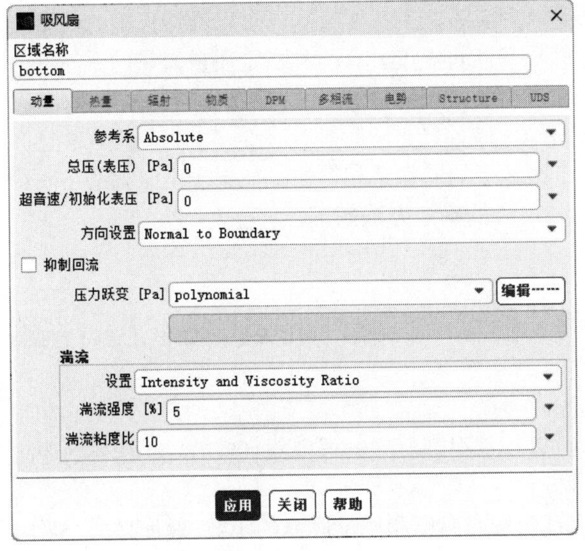

图 5-47 “吸风扇”对话框

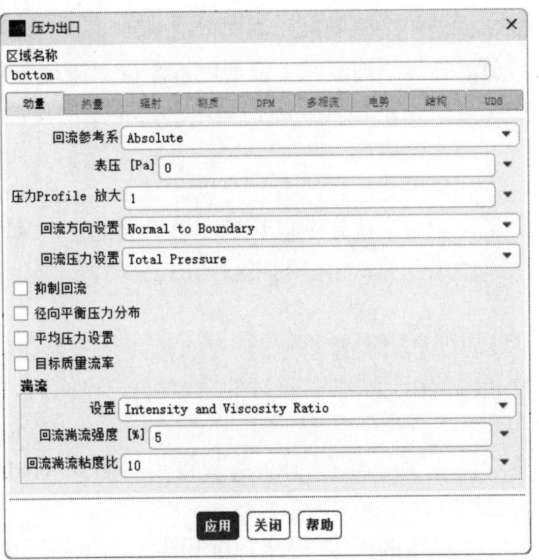

图 5-48 “压力出口”对话框

Note

01 定义静压。

要在压力出口边界设定静压，请在“压力出口”对话框设定适当的压力值。这一值只用于亚声速。如果出现当地超声速情况，压力要从上游条件推导出来。

需要记住的是静压和在操作条件对话框中的操作压力是相关的。Fluent 还提供了使用平衡出口边界条件的选项。要将该选项激活，当辐射平衡压力分布被打开激活时，指定的压力只用于边界处的最小半径位置（相对于旋转轴）。其余边界的静压是从辐射速度可忽略不计的假定中计算出来的，压力梯度由下式给出

$$\frac{\partial p}{\partial r} \equiv \frac{\rho v_{\theta}^{2}}{r} \tag{5-17}$$

式中，r 是到旋转轴的距离；v_θ 是切向速度。即使旋转速度为零也可以使用这一边界条件。例如，上式也可以用于计算具有导流叶片的环面流动。

注意： 辐射平衡出口条件只用于三维或者轴对称涡流计算。

02 定义回流条件。

与所使用的模型一致的回流属性会出现在“压力出口”对话框中。指定的值只用于通过出口流出再次进入的流动。

03 定义辐射参数。

04 定义离散相边界条件。

05 压力出口边界的计算程序。

在压力出口，Fluent 使用出口平面处的流体静压作为边界条件的压力，其他所有的条件从区域内部推导出来。

06 压力远场边界条件。

Fluent 中使用压力远场条件模拟无穷远处的自由流条件，其中，自由流马赫数和静态条件被指定了。压力远场边界条件通常被称为典型边界条件，这是因为它使用典型的信息（黎曼不变量）来确定边界处的流动变量。

⑦ 质量出口边界条件。

在一个区域使用质量流进口边界条件时，区域的每一个面都会有一个对应的由计算得到的速度，该速度用于计算和解算有关的其他变量。在每一步迭代时，该速度都要重新计算以维持正确的质量流数值。计算该速度时，使用质量流量、流动方向、静止和滞止温度。有两种指定质量流量的方法：一种是直接指定总流量 $\dot{m}$，另一种是指定质量通量 ρv_n（单位面积质量流量）。两者之间的关系为

$$\rho v_n = \dot{m} / A \tag{5-18}$$

如果给定质量流量，可以计算 ρv_n，但这时每个面积上的通量是相等的。如果一个面处的 ρv_n 给定了，则必须确定 ρ 以计算垂直壁面的法向速度 v_n。前者的确定方法如下。

理想气体：需要利用静止的温度和压力计算

$$P = \rho RT \tag{5-19}$$

如果气体是超声速的，那么静压是一个边界条件。对于亚声速流动，静压由壁面处单元计算得到。静止温度由边界条件设置的总熵进行计算。

$$H_0(T_0) = h(T) + 1/2v^2 \tag{5-20}$$

其中，速度由式（5-18）计算得到。由式（5-19）可以计算得到温度，再由式（5-20）计算得到滞止温度。

不可压缩流体：静止温度和滞止温度相等，密度是常量或温度和质量成分的函数。速度按式（5-18）进行计算。

⑧ 进口排气孔边界条件。

用于计算进口排气孔处的损失系数，以及周围的温度和压力，判断流动方向。

除了输入一些常见的参数外，还需要输入损失系数（前面的 11 个参数和压力边界条件参数的设定相同）。对于损失系数，按照下列公式计算

$$\Delta p=k_{\mathrm{L}}1/2\rho v^2 \tag{5-21}$$

式中，ρ 为密度；k_{L} 是一个无量纲的损失系数。

> 注意：Δp 表示流动方向的压力损失，可以定义为常数或者速度的多项式、分段式函数。定义对话框与定义温度相关属性对话框相同。

⑨ 进气风扇边界条件。

用于模型化一个外部的有指定压力升高、流动方向、周围温度和压力的进气风扇。输入：前 11 项参数和压力边界条件的参数设定相同。另外，可以通过输入流速的函数设置进气风扇的压力上升。对于逆向流，进气风扇被当作一个带有损失系数的出口排气孔。可以设置压力上升为常量或者速度的函数。

⑩ 壁面边界条件。

用于限制液体和固体区域。对于黏性流，默认使用无滑动的壁面边界条件，但是可以为壁面指定一个切向速度（当壁面做平移或者旋转运动时），或者通过指定剪切力以定义一个滑动壁。（也可以通过使用对称性边界条件在剪切力为 0 时定义一个滑动壁。）

壁面边界条件需要输入如下内容。

☑ 热力边界条件。
☑ 壁面运动条件。
☑ 剪切力条件（对于滑动壁）。
☑ 壁面粗糙度。
☑ 成分边界条件。
☑ 化学反应边界条件。
☑ 辐射边界。
☑ 分散相边界。
☑ 多相边界。

5.5 设置 Fluent 的求解参数

1. 设置离散格式与欠松弛因子

选择功能区中的“求解”→“控制”→“控制”选项，弹出“解决方案控制”面板，如图 5-49 所示。

2. 设置求解限制项

选择功能区中的“求解”→“控制”→“极限”选项，弹出“解决方案极限”对话框，如图 5-50 所示。一般来说，不需要改变默认值。

3. 监视参数的设置

选择功能区中的“求解”→“报告”→“残差”选项，弹出“残差监控器”对话框，如图 5-51 所示。在这里可以改变变量的收敛精度。选中“绘图”复选框即可绘制残差图。

Note

4. 流场初始化

需要激活解决方案初始化面板。选择功能区中的“求解”→“初始化”→“标准”→“选项”选项。在“解决方案初始化”面板的“计算参考位置”下拉列表框中选择特定区域的名称，即根据该区域的边界条件来计算初始值，然后在“初始值”选项组中手动输入初始值，如图 5-52 所示。

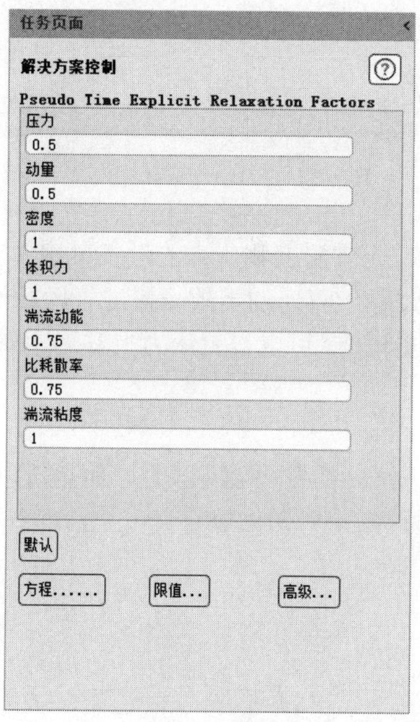

图 5-49 “解决方案控制”面板

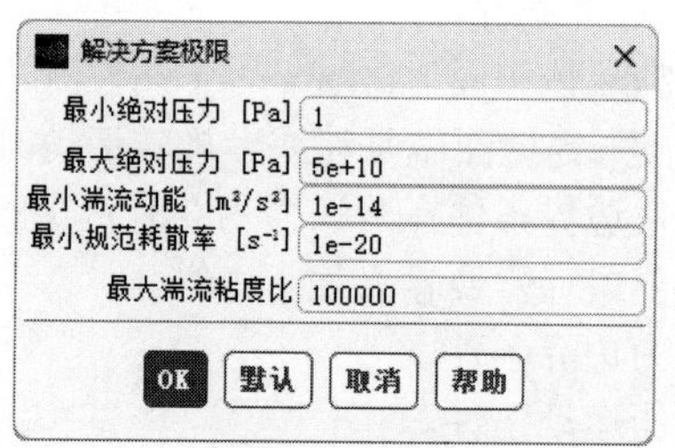

图 5-50 “解决方案极限”对话框

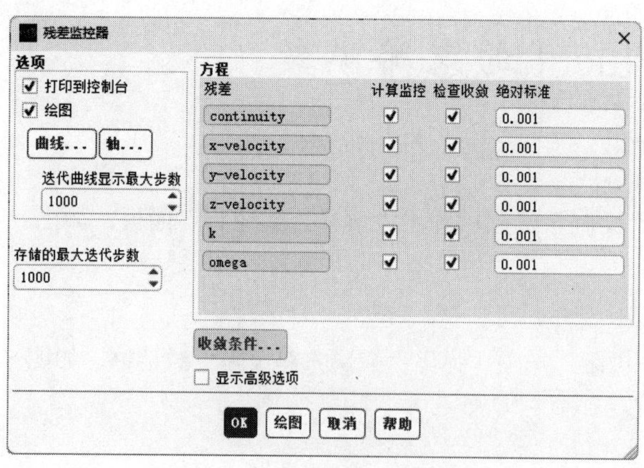

图 5-51 “残差监控器”对话框

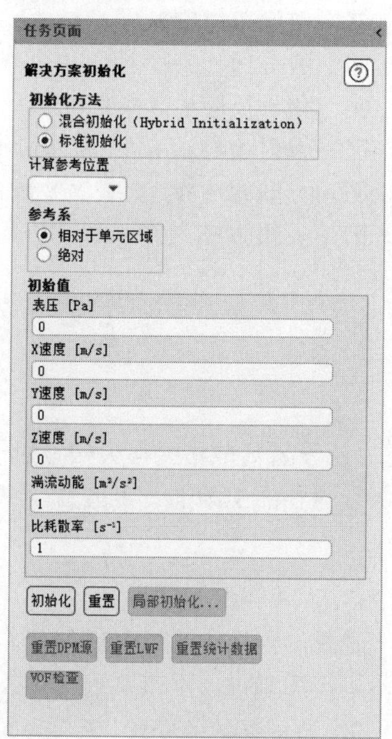

图 5-52 “解决方案初始化”面板

第6章 Fluent高级应用

UDF（user-defined function）、UDS（user defined scalar）和并行计算属于Fluent分析中相对比较复杂的知识。UDF是Fluent软件提供的一个用户接口，用户可以通过它与Fluent模块的内部数据进行交流，从而解决一些标准的Fluent模块不能解决的问题。用户可以通过UDS引入新的方程进行求解。并行计算就是利用多个处理器同时进行计算。本章将重点介绍Fluent中UDF和UDS的应用。

本章主要对Fluent中UDF和UDS的相关基础知识以及并行计算的特点和使用步骤进行介绍，为用户进一步熟练使用Fluent进行必要的补充。

6.1 UDF 概述

Note

本节将简要介绍 UDF 相关基本概念和基础知识。

6.1.1 UDF 基础知识

UDF 是 Fluent 软件提供的一个用户接口，用户可以通过它与 Fluent 模块的内部数据进行交流，从而解决一些标准的 Fluent 模块不能解决的问题。UDF 的编写必须采用 C 语言，并且与 Fluent 模块的内部进行交流只能通过一些预定义宏才可进行，在调用宏前必须包含 UDF 头文件（udf.h）的声明。

UDF 利用 C 语言编写完毕后，不是在普通的编译器中进行编译调试，而是在 Fluent 软件中进行编译。若在 Fluent 中发现错误，需要回到源文件中进行修改，直到在 Fluent 中调试通过。UDF 的编译类型有解释型 UDF（interpreted UDF）和编译型 UDF（compiled UDF）两种。其中，解释型 UDF 是指函数在运行时读入并进行解释，而编译型 UDF 则在编译时被嵌入共享库中并与 Fluent 连接。

解释型 UDF 用起来简单，独立于计算机结构，能够完全当作 compiled UDF。它的缺点是不能与其他编译系统或用户库连接，并且只支持部分 C 语言（goto 语句、非 ANSI——C 语法、结构、联合、函数指针、函数数组等不能使用）。

编译型 UDF 执行起来较快也没有源代码限制，有些编译型 UDF 不能当作 interpreted UDF，并且设置和使用较为麻烦。

在实际的数值计算中，要根据具体情况选择 UDF 的类型，在使用中要特别重视前面提到的注意事项。两种类型的 UDF 的具体使用会在下面的章节中详细介绍。

6.1.2 UDF 能够解决的问题

概括起来，UDF 可以解决以下几方面的问题。

☑ 处理边界条件。
☑ 修改源项。
☑ 定义材料属性。
☑ 变量初始化。
☑ 表面和体积反应速率。
☑ 处理与多相流相关的问题。
☑ 动网格运动的定义。
☑ 通过 UDS 引入额外的方程。

6.1.3 UDF 宏

1. 宏的概述

宏 DEFINE 用来定义 UDF 的。简单来说，它是 Fluent 和 UDF 程序的一个接口。只有通过 Fluent 提供的宏，才能实现 UDF 程序与 Fluent 中信息的交互。宏 DEFINE 可以被分为 4 类：通用的、离散相的、多相的和动网格的。从宏 DEFINE 下画线的后缀可以看出该宏的功能，如通过 DEFINE_SOURCE

可以修改方程源项，而 DEFINE_PROPERTY 则用来修改物质的物理性质。为了对 Fluent 的宏有了解，下面列出了通用的、离散相的、多相的和动网格的宏。

（1）通用的。

☑ DEFINE_ADJUST。
☑ DEFINE_DIFFUSIVITY。
☑ DEFINE_HEATFLUX。
☑ DEFINE_INIT。
☑ DEFINE_ON_DEMAND。
☑ DEFINE_PROFILE。
☑ DEFINE_PROPERTY。
☑ DEFINE_RW_FILE。
☑ DEFINE_SCAT_PHASE_FUNC。
☑ DEFINE_SOURCE。
☑ DEFINE_SR_RATE。
☑ DEFINE_UDS_FLUX。
☑ DEFINE_UDS_UNSTEADY。
☑ DEFINE_VR_RATE。

（2）离散相的。

☑ DEFINE_DPM_BODY FORCE。
☑ DEFINE_DPM_DRAG。
☑ DEFINE_DPM_EROSION。
☑ DEFINE_DPM_INJECTION INIT。
☑ DEFINE_DPM_LAW。
☑ DEFINE_DPM_OUTPUT。
☑ DEFINE_DPM_PROPERTY。
☑ DEFINE_DPM_SCALAR UPDATE。
☑ DEFINE_DPM_SOURCE。
☑ DEFINE_DPM_SWITCH。

（3）多相的。

☑ DEFINE_DRIFT_DIAMETER。
☑ DEFINE_SLIP_VELOCITY。

（4）动网格的。

☑ DEFINE_CG_MOTION。
☑ DEFINE_GEOM。
☑ DEFINE_GRID_MOTION。
☑ DEFINE_SDOF_PROPERTIES。

2. 常用宏的介绍

下面对常用宏进行简单的介绍，如表 6-1 所示。关于其他宏的介绍，读者可以参考 Fluent 中的帮助文件。

Note

表 6-1 常用宏

宏 名	参 数	参 数 类 型	返回值类型
DEFINE_ADJUST	domain	Domain *domain	void
DEFINE_DIFFUSIVITY	c，t，i	cell_t c，Thread *t，int i	real
DEFINE_INIT	domain	Domain *domain	void
DEFINE_ON_DEMAND			void
DEFINE_PROFILE	t，i	cell_t c，Thread *t	void
DEFINE_RW_FILE	fp	FILE *fp	void
DEFINE_PROPERTY	c，t	cell_t c，Thread *t	real
DEFINE_SOURCE	c，t，dS，i	cell_t c，Thread *t，real dS[]，int i	real

（1）DEFINE_ADJUST。该宏定义的函数在每一步迭代开始前执行。利用它修改流场变量。在选择菜单栏中该宏定义的函数时，它的参数 domain 将被传递给处理器，说明该函数作用于整个流场的网格区域。

（2）DEFINE_DIFFUSIVITY。利用该宏定义的函数修改组分扩散系数或者用户自定义标量输运方程的扩散系数。其中，c 代表单元网格，t 是指向网格的指针，i 表示第 i 种组分或第 i 个用户自定义标量（被传递给处理器）。函数的返回值是 real 类型的数据。

（3）DEFINE_INIT。该宏用以初始化流场变量，它在 Fluent 默认的初始化之后执行。作用区域为全场，无返回值。

（4）DEFINE_ON_DEMAND。该宏定义的函数在计算中不是由 Fluent 自动调用的，而是根据需要手动调用运行的。

（5）DEFINE_PROFILE。利用该宏定义的函数可以指定边界条件。其中，t 指向定义边界条件的网格线，i 用来表示边界的位置。函数在执行时，需要循环扫遍所有的边界网格线，其值存储在 F_PROFILE(f,t,i)中，无返回值。

（6）DEFINE_RW_FILE。该宏用于读写 Case 文件和 Data 文件。其中，fp 是指向所读写文件的指针。

（7）DEFINE_PROPERTY。利用该宏定义的函数可以指定物质的物性参数。其中，c 表示网格，t 表示网格线，返回实型值。

（8）DEFINE_SOURCE。利用该宏定义除 DO 辐射模型之外其他所有输运方程的源项。在实际计算中，函数需要扫遍全场网格。其中，c 表示网格；t 表示网格线；dS 表示源项对所求输运方程的标量偏导数，用于对源项的线性化；i 表示已定义源项对应的输运方程。

3. 矢量宏

ND_ND：表示某个变量的维数，例如，x[ND_ND]。

NV_MAG：表示某个矢量的大小。例如，NV_MAG(x)，它对应的二维展开式为 sqrt(x[0]*x[0]+x[1]*x[1])，对应的三维展开式为 sqrt(x[0]*x[0]+x[1]*x[1]+x[2]*x[2])。

ND_DOT：用来表示两个矢量的点积。例如，ND_DOT(x,y,z,u,v,w)，它对应的二维展开式为(x*u+y*v)，对应的三维展开式为(x*u+y*v+z*w)。

6.1.4 UDF 的预定义函数

Fluent 已经预先定义了一些函数，通过这些函数可以从 Fluent 求解器中读写数据，从而达到 UDF 和 Fluent 标准求解器结合的目的。这些函数定义在扩展名为.h 的文件里，例如，mem.h、metric.h 和

dpm.h。一般来说，在 UDF 源程序的开头包含 udf.h 文件，即可使用这些预定义的函数。这里所说的函数是广义的，因为其中包括函数和宏，只有在源文件 appropriate.h 中定义的才是真正的函数。如果使用的是解释型的 UDF，则只能使用这些 Fluent 提供的函数。通过这些 Fluent 中的预定义函数可以得到的变量归类如下。

☑ 几何变量（坐标、面积、体积等）。

☑ 网格和节点变量（节点的速度等）。

☑ 溶液变量及其组合变量（速度、温度、湍流量等）。

☑ 材料性质变量（密度、黏度、导电性等）。

☑ 离散相模拟变量。

如果用户熟悉编程语言，肯定清楚函数里面有参数，并且对这个参数有数据类型的要求。在进行 UDF 的编程时，除了使用常用的 C 语言数据类型外，Fluent 增加了几个数据类型。例如，前面提到的函数 F_CENTROID(x,f,thread)，它的参数 f 的数据类型为 face_t。下面简单介绍 Fluent 中增加的常用的数据类型。

☑ Node：表示相应的网格节点。

☑ cell-t：单独一个控制体体积元，用来定义源项或物性。

☑ face-t：对应于网格面，用来定义入口边界条件等。

☑ Thread：相应边界或网格区域的结构类型数据。

☑ Domain：它是一种结构，包含所有的 threads、cells、faces 和 nodes。

对于这些数据类型需要注意的是：Thread、cell-t、face-t、Node 和 Domain 要区分大小写。

结合上面的介绍，再来看函数 F_CENTROID(x,f,thread)，它有 3 个参数，即 x、f、thread。其中，f 的数据类型为 face_t，thread 的数据类型为 Thread，它们都属于系统输入参数，而一维数组 x（单元格的质心）则用来接收 F_CENTROID(x,f,thread)的返回值。

除函数 F_CENTROID(x,f,thread)以外，Fluent 还定义了非常多的函数，如表 6-2～表 6-6 所示。

表 6-2　辅助几何关系函数

函 数 名 称	参 数 类 型	返 回 值	函 数 源
C_NNODES(c,t)	cell_t c，Thread *t	网格节点/单元	mem.h
C_NFACES(c,t)	cell_t c，Thread *t	网格面数/单元	mem.h
F_NNODES(f,t)	face_t f　Thread *t	面节点数/单元	mem.h

表 6-3　网格坐标与面积函数

函 数 名 称	参 数 类 型	返 回 值	函 数 源
C_CENTROID(x,c,t)	real x[ND_ND]，cell_t c，Thread *t	x（网格坐标）	metric.h
	real x[ND_ND]，face_t f，Thread *t		
F_CENTROID(x,f,t)	A[ND_ND]，face_t f，Thread *t	x（面坐标）	metric.h
	A[ND_ND]		
F_AREA(A,f,t)	face_t f，Thread *t	A（面矢量）	metric.h
NV_MAG(A)	face_t f，Thread *t	面矢量 A 大小	metric.h
C_VOLUME(c,t)	cell_t c，Thread *t	2D 或 3D 网格体积	metric.h
	cell_t c，Thread *t	对称体网格体积/2π	

Note

表 6-4　节点坐标与节点速度函数

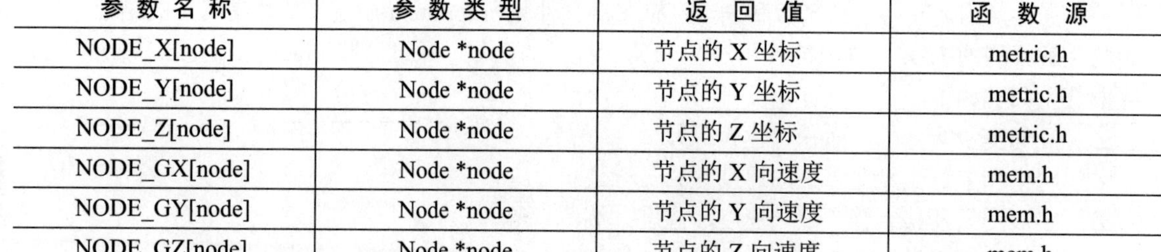

参数名称	参数类型	返回值	函数源
NODE_X[node]	Node *node	节点的 X 坐标	metric.h
NODE_Y[node]	Node *node	节点的 Y 坐标	metric.h
NODE_Z[node]	Node *node	节点的 Z 坐标	metric.h
NODE_GX[node]	Node *node	节点的 X 向速度	mem.h
NODE_GY[node]	Node *node	节点的 Y 向速度	mem.h
NODE_GZ[node]	Node *node	节点的 Z 向速度	mem.h

表 6-5　面变量函数

函数名称	参数类型	返回值	函数源
F_P(f,t)	face_t f，Thread *t	压力	mem.h
F_U(f,t)	face_t f，Thread *t	U 方向上的速度	mem.h
F_V(f,t)	face_t f，Thread *t	V 方向上的速度	mem.h
F_W(f,t)	face_t f，Thread *t	W 方向上的速度	mem.h
F_T(f,t)	face_t f，Thread *t	温度	mem.h
F_H(f,t)	face_t f，Thread *t	焓	mem.h
F_K(f,t)	face_t f，Thread *t	湍流动能	mem.h
F_D(f,t)	face_t f，Thread *t	湍流能量的分散速率	mem.h
F_YI(f,t,i)	face_t f，Thread *t，int i	组分质量分数	mem.h
F_UDSI(f,t,i)	face_t f，Thread *t，int i	用户自定义的标量（i 表示第几个方程）	mem.h
F_UDMI(f,t,i)	face_t f，Thread*t，int i	用户自定义的存储器（i 表示第几个）	mem.h
F_FLUX(f,t)	face_t f，Thread*t	通过边界面 f 的质量流速	mem.h

注：该表中的函数只能在 segregated solver 中使用，在耦合计算时不能使用。

表 6-6　网格变量函数

函数名称	参数类型	返回值	函数源
C_P(c,t)	cell_t c，Thread *t	压力	mem.h
C_U(c,t)	cell_t c，Thread *t	U 方向速度	mem.h
C_V(c,t)	cell_t c，Thread *t	V 方向速度	mem.h
C_W(c,t)	cell_t c，Thread *t	W 方向速度	mem.h
C_T(c,t)	cell_t c，Thread *t	温度	mem.h
C_H(c,t)	cell_t c，Thread *t	焓	mem.h
C_YI(c,t)	cell_t c，Thread *t	组分质量分数	mem.h
C_UDSI(c,t,i)	cell_t c，Thread *t，int i	用户自定义标量	mem.h
C_UDMI(c,t,i)	cell_t c，Thread *t，int i	用户自定义的存储器	mem.h
C_K(c,t)	cell_t c，Thread *t	湍流动能	mem.h
C_D(c,t)	cell_t c，Thread *t	湍流能量的分散速度	mem.h
C_RUU(c,t)	cell_t c，Thread *t	uu 雷诺应力	sg_mem.h
C_RVV(c,t)	cell_t c，Thread *t	vv 雷诺应力	sg_mem.h
C_RWW(c,t)	cell_t c，Thread *t	ww 雷诺应力	sg_mem.h
C_RUV(c,t)	cell_t c，Thread *t	uv 雷诺应力	sg_mem.h

续表

函数名称	参数类型	返回值	函数源
C_RVW(c,t)	cell_t c，Thread *t	vw 雷诺应力	sg_mem.h
C_RUW(c,t)	cell_t c，Thread *t	uw 雷诺应力	sg_mem.h
C_FMEAN(c,t)	cell_t c，Thread *t	第一平均混合物分数	sg_mem.h
C_FMEAN2(c,t)	cell_t c，Thread *t	第二平均混合物分数	sg_mem.h
C_FVAR(c,t)	cell_t c，Thread *t	第一混合物分数偏差	sg_mem.h
C_FVAR2(c,t)	cell_t c，Thread *t	第二混合物分数偏差	sg_mem.h
C_PREMIXC(c,t)	cell_t c，Thread *t	反应进程变量	sg_mem.h
C_LAM_FLAME	cell_t c，Thread *t	层流火焰速度	sg_mem.h
C_RATE(c,t)	cell_t c，Thread *t	临界应变率	sg_mem.h
C_POLLUT(c,t,i)	cell_t c，Thread *t，int i	污染物组分	sg_mem.h
C_VOF(c,t,0)	cell_t c，Thread *t	第一相体积分数	sg_mem.h
C_VOF(c,t,1)	cell_t c，Thread *t	第二相体积分数	sg_mem.h
C_DUDX(c,t)	cell_t c，Thread *t	U 在 X 方向速度梯度	mem.h
C_DUDY(c,t)	cell_t c，Thread *t	U 在 Y 方向速度梯度	mem.h
C_DUDZ(c,t)	cell_t c，Thread *t	U 在 Z 方向速度梯度	mem.h
C_DVDX(c,t)	cell_t c，Thread *t	V 在 X 方向速度梯度	mem.h
C_DVDY(c,t)	cell_t c，Thread *t	V 在 Y 方向速度梯度	mem.h
C_DVDZ(c,t)	cell_t c，Thread *t	V 在 Z 方向速度梯度	mem.h
C_DWDX(c,t)	cell_t c，Thread *t	W 在 X 方向速度梯度	mem.h
C_DWDY(c,t)	cell_t c，Thread *t	W 在 Y 方向速度梯度	mem.h
C_DWDZ(c,t)	cell_t c，Thread *t	W 在 Z 方向速度梯度	mem.h
C_DP(c,t) [i]	cell_t c，Thread *t，int i	压力梯度（i 表示方向）	mem.h
C_D_DENSITY(c,t)[i]	cell_t c，Thread *t，int i	密度梯度（i 表示方向）	mem.h
C_MU_L(c,t)	cell_t c，Thread *t	层流黏性系数	mem.h
C_MU_T(c,t)	cell_t c，Thread *t	湍流黏性系数	mem.h
C_MU_EFF(c,t)	cell_t c，Thread *t,	有效黏性系数	mem.h
C_K_L(c,t)	cell_t c，Thread *t	层流导热系数	mem.h
C_K_T(c,t)	cell_t c，Thread *t	湍流导热系数	mem.h
C_K_EFF(c,t)	cell_t c，Thread *t	有效导热系数	mem.h
C_CP(c,t)	cell_t c，Thread *t	确定热量	mem.h
C_RGAS(c,t)	cell_t c，Thread *t	气体常数	mem.h
C_DIFF_L(c,t,i,j)	cell_t c，Thread *t，int i，int j	层流组分扩散系数	mem.h
C_DIFF_EFF(c,t,i)	cell_t c，Thread *t，int i	物质有效组分扩散系数	mem.h

如果要实现扫描全场的网格就需要使用循环宏，Fluent 的循环宏如下。

☑ thread_loop_c：在一个 domain 中循环所有的 cell 线程。

☑ thread_loop_f：在一个 domain 中循环所有的 face 线程。

☑ begin…end_c_loop：在一个 cell 线程中循环所有的 cell。

☑ begin…end_f_loop：在一个 face 线程中循环所有的 face。

☑ c_face_loop：在一个 cell 中循环所有的 face。

☑ c_node_loop：在一个 cell 中循环所有的 node。

循环宏大体可以归为两种类型，一种以 begin 开始，end 结束，用来扫描线上的所有网格和面；另一种用来扫描所有的线，大体结构如下。

Note

```
cell_t c;
face_t f;
Thread *t;
Domain *d:
begin_f_loop(c,t)
{
}
end_c_loop(c,t)/*循环遍历线上的所有网格*/
begin_f_loop(f,t)
{
}
end_f_loop(f,t)/*循环遍历线上的所有面*/
thread_loop_c(t,d)
{
}    /*循环遍历网格线*/
thread_loop_f(t,d)
{
}    /*遍历面上的线*/
```

6.1.5 UDF 的编写

本节介绍 UDF 程序编写的基本步骤和基本格式。

（1）UDF 程序编写的基本步骤。在使用 UDF 处理 Fluent 模型的过程中，需按照以下步骤编写 UDF 代码。

☑ 分析实际问题的模型，得到 UDF 对应的数学模型。

☑ 将数学模型用 C 语言源代码表达出来。

☑ 编译调试 UDF 源程序。

☑ 选择 Fluent 菜单栏中的“UDF”命令。

☑ 将所得结果与实际情况进行比较。若不满足要求，则需要重复上面的步骤，直到与实际情况吻合为止。

（2）UDF 的基本格式。编写 Interpreted 型和 Compiled 型用户自定义函数的过程和书写格式是一样的，其主要区别在于与 C 语言的结合程度，Compiled 型能够完全使用 C 语言的语法，而 Interpreted 型只能使用其中一小部分。尽管有上述的差异，UDF 的基本格式可以归为以下 3 部分。

☑ 定义恒定常数和包含库文件，分别由#DEFINE 和#INCLUDE 陈述。

☑ 使用宏（DEFINE）定义 UDF 函数。

☑ 函数体部分。

包含的库有 udf.h、sg.h、mem.h、prop.h、dpm.h 等，其中 udf.h 是必不可少的，书写格式为#include udf.h，所有数值都应采用 SI 单位制，函数体部分字母采用小写，Interpreted 型只能包含 Fluent 支持的 C 语言语法和函数。

Fluent 提供的宏都以 DEFINE 开始，对它们的解释包含在 udf.h 文件中，所以必须包含库 udf.h。

UDF 编译和连接之后，函数名就会出现在 Fluent 相应的下拉列表内。例如，DEFINE_PROFILE (inlet_x_velocity,thread,position)，编译连接之后，就能在相应的边界条件面板内找到一个名为 inlet_x_velocity 的函数，选定它之后即可使用。

6.2　UDS 基础知识

UDS 是 user defined scalar 的缩写，通过 UDS，用户可以引入新的方程进行求解。

Fluent 提供的 UDS 可以求解的方程为

$$\frac{\partial \rho \phi_k}{\partial t}+\frac{\partial}{\partial x_i}\left(\rho u_i \phi_k-\Gamma_k \frac{\partial \phi_k}{\partial x_i}\right)=S_{\phi k} \quad (k=1,\cdots,N) \tag{6-1}$$

式中，Γ_k 和 $S_{\phi k}$ 分别是第 k 个 UDS 对应的扩散系数和源项。上述方程是最一般化的方程。该方程左端的第一项是时间项，第二项包含对流项和扩散项两部分；它的右端是源项。这些项在 Fluent 中的具体设置介绍如下。

1. 自定义标量（UDS）的定义

当读入 Mesh 文件以后，设置基本求解器，求解非定常问题（此处只是为了介绍全面考虑，求解器的选择可以根据所要解决的具体问题而定）。选择功能区中的“用户自定义”→“用户自定义”→“标量”选项，弹出如图 6-1 所示的“用户自定义标量”对话框，在“用户自定义标量数量”文本框中可以设置 UDS 的数值。

假如将图 6-1 中“用户自定义标量数量”文本框中的数值设为“1”，则“用户自定义标量”对话框刷新为图 6-2 所示。

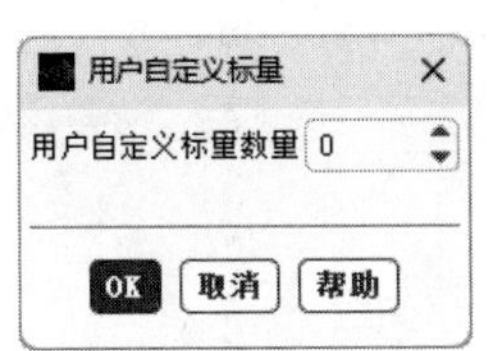

图 6-1　“用户自定义标量”对话框 1

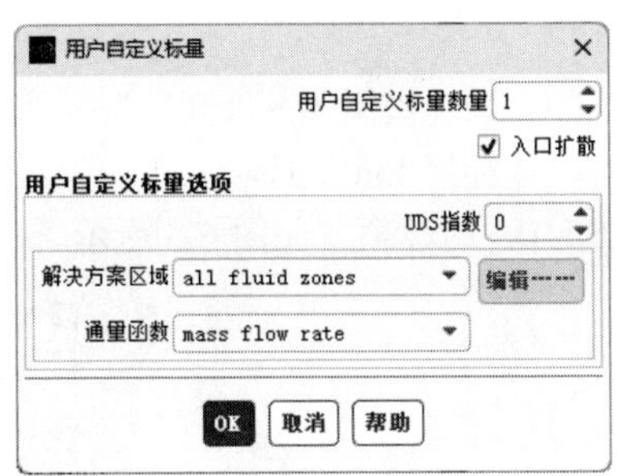

图 6-2　“用户自定义标量”对话框 2

2. 设置对流项

通过“通量函数”下拉列表框可以设置自定义标量（UDS）的对流项，如图 6-2 所示。

（1）设置通量函数为“mass flow rate”，此时对应的 UDS 方程为

$$\frac{\partial \rho \phi_k}{\partial t}+\frac{\partial}{\partial x_i}\left(\rho u_i \phi_k-\Gamma_k \frac{\partial \phi_k}{\partial x_i}\right)=S_{\phi k} \quad (k=1,\cdots,N) \tag{6-2}$$

说明上述设置对应非定常问题，并且要考虑对流项。

（2）设置通量函数为“none”，此时对应的 UDS 方程为

$$\frac{\partial \rho \phi_k}{\partial t}-\frac{\partial}{\partial x_i}\left(\Gamma_k \frac{\partial \phi_k}{\partial x_i}\right)=S_{\phi k} \quad (k=1,\cdots,N) \tag{6-3}$$

Note

说明上述设置对应非定常问题，不考虑对流项。

3. 设置扩散系数 Γ_k

选择功能区中的“物理模型”→“模型”→“创建/编辑”选项，弹出如图 6-3 所示的“创建/编辑材料”对话框。如果设定了 UDS，则对话框中会出现“用户自定义数据库”的设置选项，单击该选项后的“编辑”按钮，弹出如图 6-4 所示的“打开数据库”对话框，通过它可以设置 UDS 的扩散系数 Γ_k。

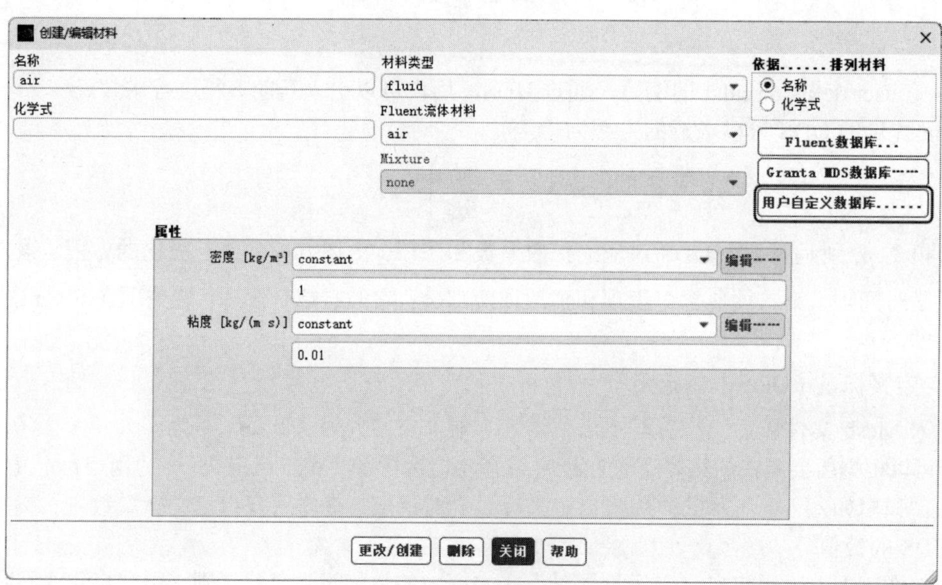

图 6-3 “创建/编辑材料”对话框

4. 设置源项

选择功能区中的“物理模型”→“区域”→“单元区域”选项，弹出“单元区域条件”任务页面。在“区域”列表框中选择“fluid”选项，单击“编辑”按钮，弹出“流体”对话框。在流体区域对应的边界条件中设置 UDS 的源项，如图 6-5 所示。

图 6-4 “打开数据库”对话框

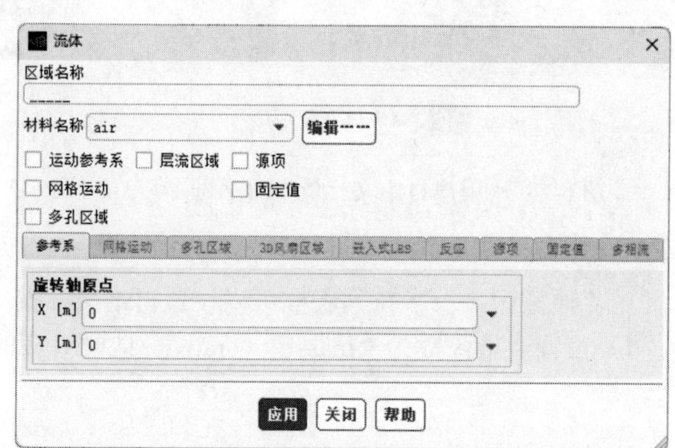

图 6-5 “流体”对话框

总之，Fluent 求解的 UDS 方程形式为

$$\frac{\partial \rho \phi_k}{\partial t}+\frac{\partial}{\partial x_i}\left(\rho u_i \phi_k-\Gamma_k \frac{\partial \phi_k}{\partial x_i}\right)=S_{\phi k} \quad (k=1,\cdots,N) \tag{6-4}$$

虽然该方程的形式复杂，但是可以根据具体问题进行简化。简化后常见的问题有以下两类。

（1）定常问题并且含有对流项的。

$$\frac{\partial}{\partial x_i}\left(\rho u_i\phi_k - \Gamma_k\frac{\partial \phi_k}{\partial x_i}\right) = S_{\phi k} \quad (k=1,\cdots,N) \tag{6-5}$$

（2）定常并且不含有对流项的问题。

$$-\frac{\partial}{\partial x_i}\left(\Gamma_k\frac{\partial \phi_k}{\partial x_i}\right) = S_{\phi k} \quad (k=1,\cdots,N) \tag{6-6}$$

6.3　并行计算

Fluent 并行计算就是利用多个处理器同时进行计算，它可将网格分割成多个子域，子域的数量是计算节点的整数倍（如 8 个子域可对应 1、2、4、8 个计算节点）。每个子域（或子域的集合）会存在于不同的计算节点。有可能是并行机的计算节点，或是运行在多个 CPU 工作平台上的程序，或是运行在用网络连接的不同工作平台（UNIX 平台或是 Windows 平台）上的程序。计算信息传输率的增加将导致并行计算效率的降低，因此，在做并行计算时选择求解问题是很重要的。

6.3.1　开启并行求解器

在 Windows 系统下，可通过 MS-DOS 窗口开启 Fluent 专用并行版本。如在 x 处理器上开启并行版本，可输入 Fluent version –t x。在提示命令下，将 version 替换为求解器版本（2d、3d、2dpp、3ddp），将 x 替换为处理器的数量（如 Fluent 3d –t3 是在 3 台处理器上运行 3D 版本）。在 Windows 工作平台上运行 Fluent 有两种方法：一种是用 RSHD 传输装置软件，另外一种是采用硬件支持的信息传输接口（MPI），具体内容请参考 Windows 并行安装说明书。

采用 RSHD 软件进行网络传输的命令如下。

```
Fluent version -pnet [-path sharename ] [-cnf= hostfile ] -t nprocs
```

采用硬件支持的 MPI 软件进行网络传输的命令如下。

```
Fluent version -pvmpi [-path sharename ] [-cnf= hostfile ] -t nprocs
```

6.3.2　使用并行网络工作平台

利用在网络上连接的工作平台引入（杀掉）计算节点可以形成一个虚拟并行机。即使一个工作平台仅有一个 CPU，也允许有多个计算节点共同存在。

1. 配置网络

若想将计算节点引入到几台机器上，或是对当前网络配置进行一些修改（如当启动求解器时发现主机上引入了太多的计算节点），可执行“Parallel Network Configure”命令。

在网络结构中，计算节点的标签从 0 开始顺序增加。除计算节点外，还有一个主机节点。Fluent 启动时主机节点也自动启动，而退出 Fluent 时它也随之被关闭，在 Fluent 中运行时它不能被关掉。而计算节点时可以关闭，节点 0 除外，因为它是最后一个计算节点，所以主机总是引入节点，而节点 0

引入其他所有节点。

2. 引入计算节点

Note

引入计算节点的基本步骤如下。

（1）在 Available Hosts 列表中选取要引入节点的主机。如果所需要的机器未被列出，可在 Host Entry 里手动增加一台主机，或是从 host database 中复制所需要的主机。

（2）在 Spawn Count 里为每台被选主机设置计算节点数。

（3）单击 Spawn 按钮，新的节点就会被引入，并被添加到 Spawned Compute Nodes 列表中。

3. 主机文件操作

主机文件操作的步骤如下。

（1）加载到主机数据库上。

建立工作平台的并行网络时，很容易生成局域网机器列表（hosts file），将包含这些机器名的文件加载到主机数据库，然后单击“Parallel Network Database”（或单击“Network Configuration”控制对话框中的“Database”按钮），利用“Hosts Database”控制对话框在工作平台上选择那些组成并行配置（或网络）的主机。如果主机文件 Fluent.hosts 或.Fluent.hosts 在根目录里，其里面的内容将在程序启动时自动加载到主机数据库中，否则主机数据库为空，直到读入一个主机文件。

（2）读取主机文件。

若已有包含局域网内机器列表的主机文件，可单击“Load”按钮，在弹出的“Select File”对话框中选择此文件，将其加载到“Hosts Database”控制对话框。文件被读入之后，主机名字就会被显示在“Hosts”列表中（Fluent 自动添加每台可识别机器的 IP 地址，如果某台机器不在当前局域网内，它将被标以 unknown）。

（3）将主机复制到 Network Configuration 控制对话框。

若想将“Hosts Database”控制对话框内的“Hosts”复制到“Network Configuration”控制对话框的“Available Hosts”列表中，选择列表中所需复制的名字，单击按钮，被选中的主机就会被添加到节点机器的“Available Hosts”列表中。

4. 检测网络连通性

对任何计算节点，都可以查看如下网络连通性信息：主机名、体系结构、操作 ID、被选节点 ID 以及所有被连接的计算机。被选节点的 ID 用星号标识。Fluent 主进程的 ID 总是主机，计算节点则从 node-0 开始按顺序排列，所有计算节点都被连接在一起，计算节点 0 被连接到主进程中。为了获得某计算节点的连通性信息，可单击“Parallel Show Connectivity”按钮，也可以在“Network Configuration”控制对话框中查看某个计算节点的连通性，方法是在“Spawned Compute Nodes”列表中选择此节点，然后单击“Connectivity”按钮。

6.3.3 分割网格

在使用 Fluent 的并行求解器时，需要将网格分割为几组单元，以便在分离处理器上求解。将未分割的网格读入并行求解器里，可用系统默认的分割原则，还可以在连续求解器里或将 Mesh 文件读入并行求解器后自动分割，如图 6-6 所示。

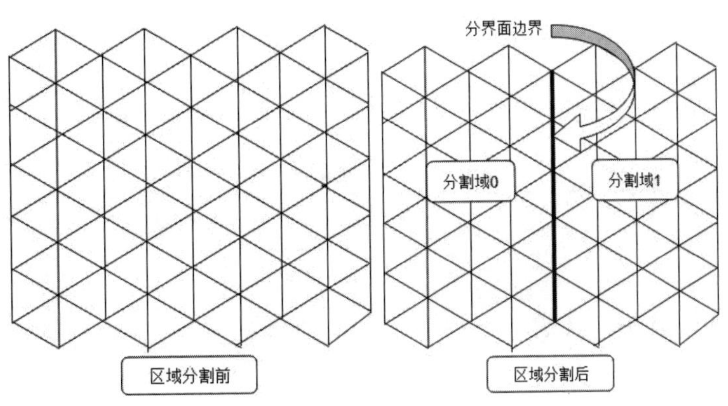

图 6-6　分割网格

1. 自动分割网格

并行求解器上自动网格分割的步骤如下。

（1）选择功能区中的“并行”→“通用”→“自动分区”选项，在弹出的“自动分区网格”对话框中设置分割参数，如图 6-7 所示。

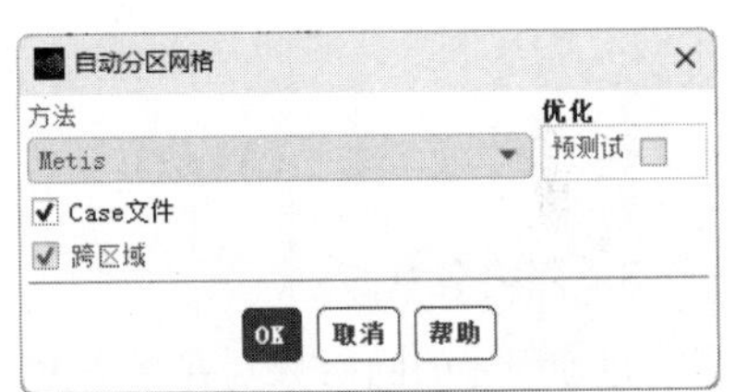

图 6-7　“自动分区网格”对话框

读入 Mesh 文件或 Case 文件时如果没有获取分割信息，则保持“Case 文件”选项处于开启状态，Fluent 使用“方法”下拉列表框中的方法分割网格。

设置分割方法和相关选项的步骤如下。

01 关闭“Case 文件”选项，就可以选择控制对话框中的其他选项。

02 在“方法”下拉列表框中选取两分方法。

03 可为每个单元分别选取不同的网格分割方法，也可以利用“跨区域”让网格分割穿过区域边界。推荐不对单元进行单独分割（取消选中“跨区域”复选框），除非溶解过程需要不同区域上的单元输出不同的计算信息（主区域包括固体区域和流体区域）。

04 若选取 Principal Axes 或 Cartesian Axes 方法，可在实际分割之前进行预测试，以提高分割性能。

05 单击“OK”按钮。

如果 Case 文件已经完成网格分割，且网格分割的数量和计算节点数一样，则可以在“自动分区网格”对话框中保持选中“Case 文件”复选框，使 Fluent 在 Case 文件中应用分割。

（2）读入 Case 文件，方法是在菜单栏中选择“File Read Case”命令。

2. 手动分割网格

手动分割网格时推荐采用如下步骤。

01 用默认的两分方法（principal axes）和优化方法（smooth）分割网格。

02 检查分割统计表。在开启负载平衡（单元变化）时，主要是使球形接触面曲率和接触面曲率变量最小。

03 一旦确定问题所采用的最佳两分方法，如有需要可以开启预测试（Pre-Test）提高分割质量。

04 如需要可用相融（Merge）优化提高分割质量。

具体步骤：选择功能区中的“并行”→“通用”→“分区/负载平衡”选项，弹出“分区和负载平衡”对话框，可在该对话框中设置所有相关的输入参数，如图 6-8 所示。

Note

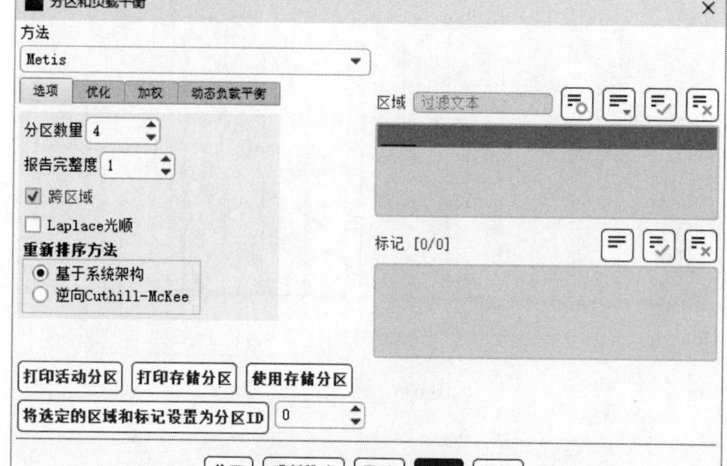

图 6-8 “分区和负载平衡”对话框

3. 网格分割方法

并行程序的网格分割有 3 个主要目标。

☑ 生成等数量单元的网格分割。

☑ 使分割的接触面数最小——减小分割边界面积。

☑ 使分割的邻域数最小。

平衡分割（平衡单元数）可确保每个处理器有相同的负载，分割被同时传输。既然分割间的传输是强烈依赖于时间的，那么使分割的接触面数最小就可以减少数据交换的时间。使分割的邻域数最小，可减少网络繁忙的机会，而且对那些初始信息传输比较长、信息传输更耗时间的机器来说尤为重要，特别是对依靠网络连接的工作站来说非常重要。

Fluent 里的分割格式是采用两分法的原则来进行的，但不像其他格式那样需要分割数，它对分割数没有限制，对每个处理器都可以产生相同分割数（也就是分割总数是处理器数量的倍数）。

（1）两分法。

网格采用两分法原则进行分割。被选用的原则被用于父域，然后利用递归以应用于子域。例如，将网格分割成 4 部分，求解器将整个区域（父域）对分为两个子域，然后对每个子域进行相同的分割，总共分割为 4 部分。若将网格分割成 3 部分，求解器先将父域分成两部分——一部分大概是另一部分的两倍大——然后再将较大子域两部分，这样就分成了 3 部分。

（2）优化。

优化可以提高网格分割的质量。垂直于最长主轴方向的两分方法并不是生成最小接触边界的最好方法，预测试操作可用于在分割之前自动选择最好的方向。

（3）光滑。

通过分割间交换单元的方式使分割接触面数最小。此格式贯穿分割边界，如果接触边界面消失就传到相邻分割，如图6-9所示。

（4）合并。

从每个分割中消除孤串。一个孤串就是一组单元，组里的每个单元至少都有一个面是接触边界。孤串会降低网格质量，导致大量传输损失，如图 6-10 所示。

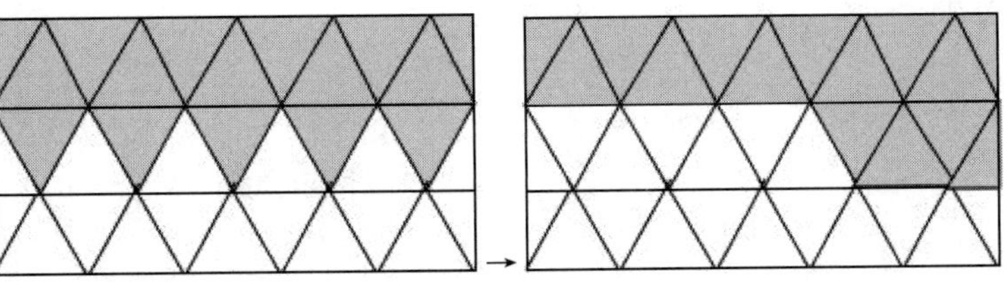

图 6-9　光滑优化

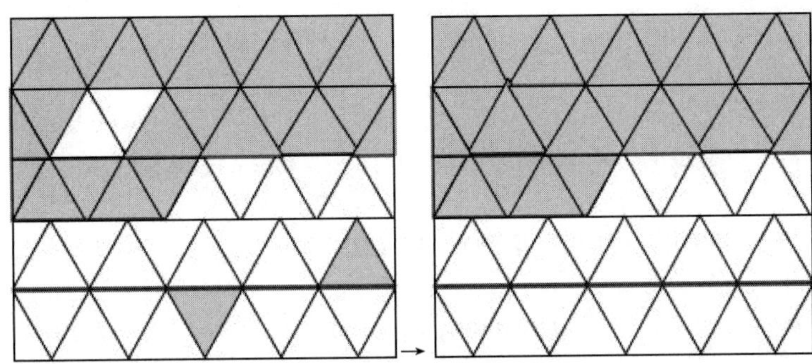

图 6-10　合并优化

4. 检查分割

自动或手动分割完成后需要显示报告。在并行求解器中，单击“分区和负载平衡”对话框中的“打印活动分区”或“打印存储分区”按钮，在“连续求解器”中单击“打印分区”按钮。

Fluent 在并行时是区分活动单元分割和存储单元分割这两种单元分割格式的。初始时，两者都被设为读入 Case 文件建立的单元分割。如果用网格分割法（Partition Grid）重新分割网格，新的分割指存储单元分割。要使其成为活动分割，在“分区和负载平衡”对话框中单击“使用存储分区”按钮。活动单元分割被用于当前计算中，而存储单元分割用于保存 Case 文件。这种区别可让我们在某一台机器或网络上分割成 Case 文件，而在另一台机器上进行求解。基于这两种格式的区别，在不同的并行机器上，可以用一定数量的计算节点将网格划分为任意不同个数的分割，保存 Case 文件，再将其加载到指定机器上。

5. 负载分布

如果用于并行计算的处理器的速度明显不同，可打开并行分区负载分布，为分割设置一个负载分布。

6.3.4　检测并提高并行性能

若想了解并行计算的性能，可通过执行观测窗口来观测计算时间、信息传输时间和并行效率。为了优化并行机，可利用 Fluent 自带的负载平衡来控制计算节点间的信息量。

1. 检测并行性能

执行观测窗口可报告所剩计算时间，以及信息传输的统计表。执行观测窗口总是被激活的，也可在计算完成后通过打印来获取统计表。要观看当前的统计表，可在功能区中选择“并行”→“计时器”→“使用”选项。在功能区中选择“并行”→“计时器”→“重置”选项可以清除执行表，即可以在将来的报告中删除过去的统计信息。

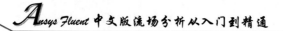

Note

2. 优化并行求解器

（1）增加报告间隔。

在 Fluent 中，通过增加残差“打印/绘图”或其他求解追踪报告的间隔可以减少信息传输，提高并行性能。单击“求解迭代”，在弹出的“迭代”控制对话框中修改“Reporting Interval”的值即可。

（2）负载平衡。

在 Fluent 中有动态负载平衡功能。用并行程序的主要原因是减少模拟的变化时间，在理想情况下，它是和计算源的总速度成比例的。

使用负载平衡的操作步骤如下。

01 开启“负载平衡”选项。

02 在分区方法下拉列表框中，选择对分（bisection）方法产生新的网格分割。作为自动负载平衡程序的一部分，可用特定的方法将网格重新细分。这样的分割被分配在计算节点之间以获得平衡的负载。

03 设置所需的平衡间隔。如果其值为 0，Fluent 会自己为其取一个最佳值，初始值为 25 次迭代的间隔，取一个非零值就可以限制其行为。然后 Fluent 会在每 N 步之后进行一次负载平衡，N 是设置的平衡间隔。选择一个足够大的间隔来平衡负载。

第7章 二维流动和传热的数值模拟

二维流动和传热问题属于流场分析中相对简单的问题，也是解决其他复杂问题的基础。本章重点介绍二维定常流动和流动传热的数值模拟。通过本章的学习，读者重点掌握 Fluent 的基本操作及后处理方法。

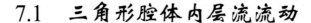

视频讲解

Note

7.1 三角形腔体内层流流动

本案例利用 Fluent 计算三角形腔体内流体流动特征。如图 7-1 所示，三角形腔体，上部顶盖水平速度为 2 m/s，验证竖直轴线上速度分布。腔体内介质密度为 1 kg/m^3，动力黏度为 0.01 N·s/m^2。

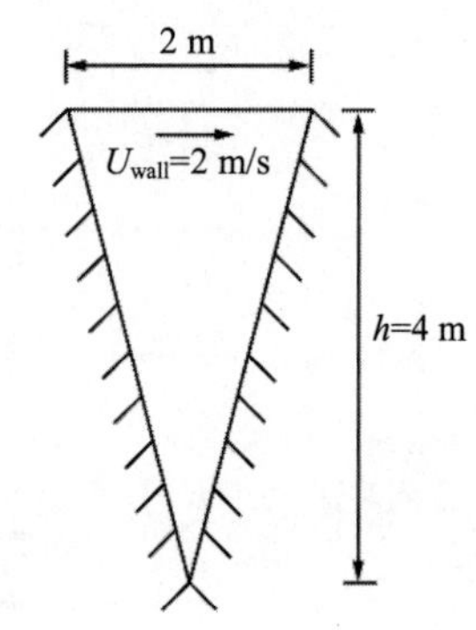

图 7-1 三角形腔体模型尺寸图

7.1.1 创建几何模型

（1）启动 DesignModeler 建模器。打开 Workbench 程序，展开左边工具箱中的“分析系统”栏，将“流体流动（Fluent）”选项拖动到“项目原理图”界面，创建一个含有“流体流动（Fluent）”的项目模块，然后右击“几何结构”栏，在弹出的快捷菜单中选择“新的 DesignModeler 几何结构”命令，如图 7-2 所示，启动 DesignModeler 建模器。

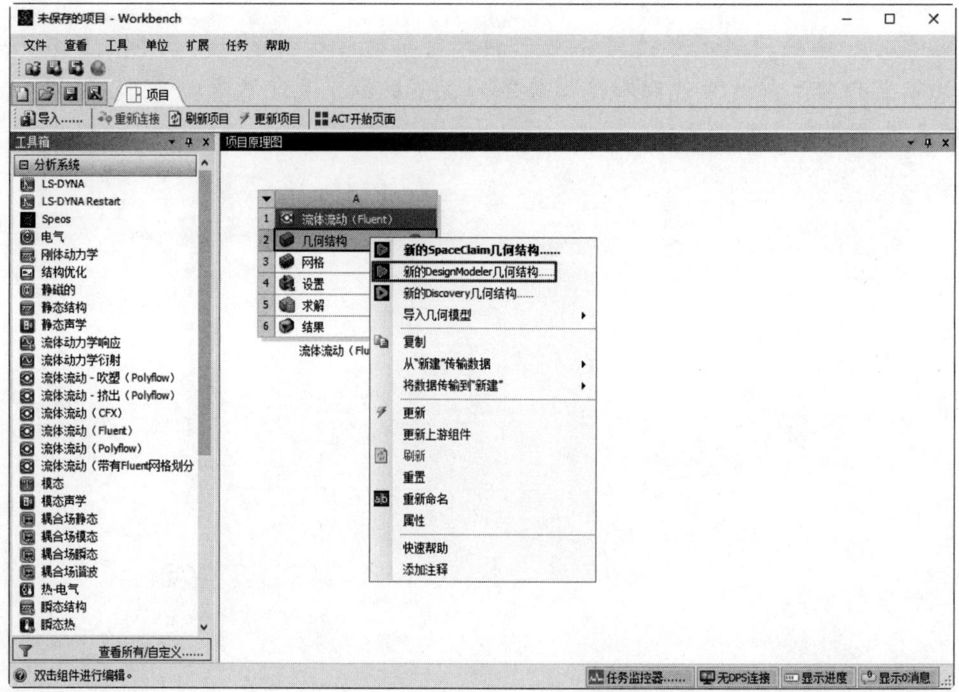

图 7-2 启动 DesignModeler 建模器

（2）设置单位。进入 DesignModeler 建模器后，在菜单栏中选择“单位”→“毫米”命令，如图 7-3 所示，设置绘图环境的单位为毫米。

（3）新建草图。单击树轮廓中的“XY 平面”按钮 XY平面，然后单击工具栏中的“新草图”按钮，新建一个草图。此时树轮廓中“XY 平面”分支下会多出一个名为“草图 1”的草图，然后右击“草图 1”，在弹出的快捷菜单中选择“查看”命令，如图 7-4 所示，将视图切换为正视于“XY 平面”方向。

（4）切换标签。单击树轮廓下端的“草图绘制”标签，如图 7-5 所示，打开“草图工具箱”，

进入草图绘制环境。

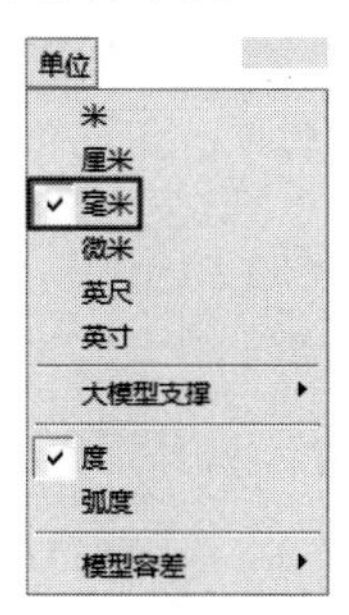

图 7-3　选择“毫米”单位

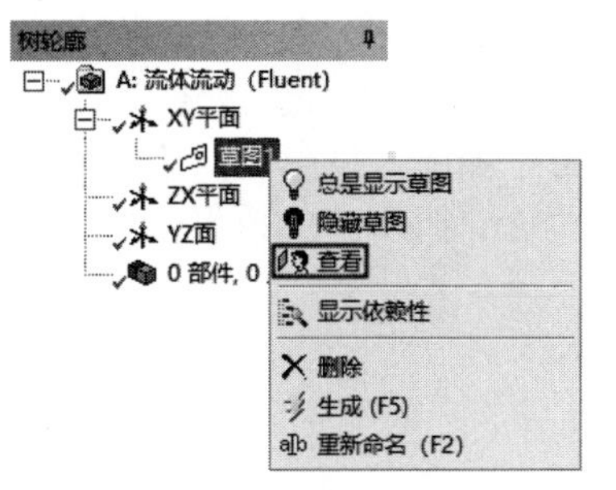

图 7-4　草图快捷菜单

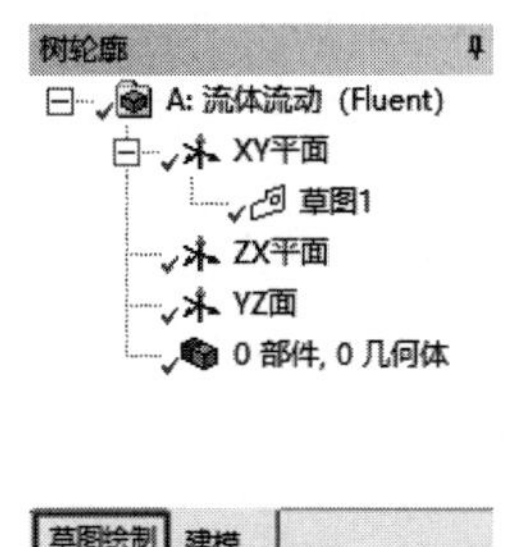

图 7-5　“草图绘制”标签

（5）绘制草图。利用“草图工具箱”中的工具绘制三角形草图，如图 7-6 所示，然后单击“生成”按钮，完成草图的绘制。

（6）创建草图表面。在“概念”下拉列表框中选择“草图表面”选项，在弹出的详细信息视图中设置“基对象”为草图 1，设置“操作”为“添加材料”，如图 7-7 所示，单击“生成”按钮，创建草图表面 1，如图 7-8 所示，然后关闭 DesignModeler 建模器。

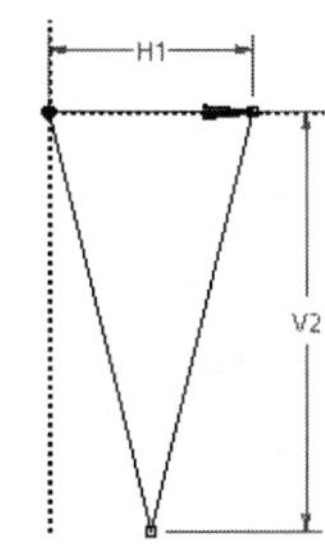

图 7-6　绘制草图

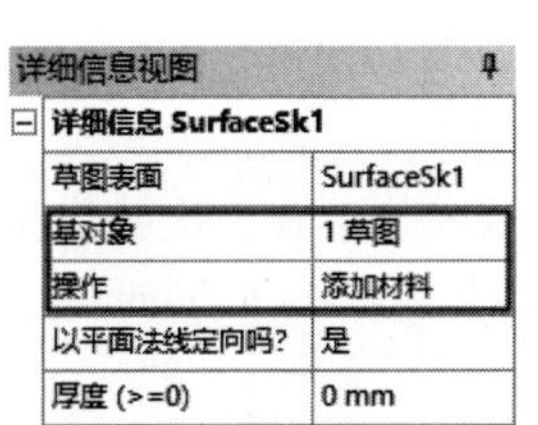

图 7-7　详细信息视图

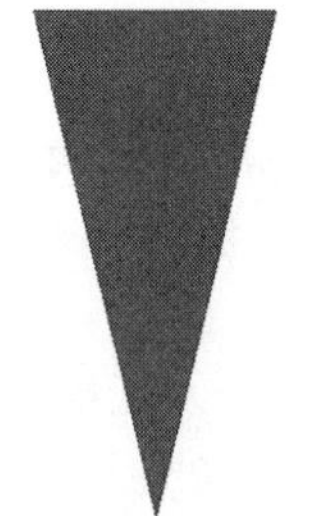

图 7-8　创建草图表面

7.1.2　划分网格及边界命名

（1）启动 Meshing 网格应用程序。右击“流体流动（Fluent）”项目模块中的“网格”栏，在弹出的快捷菜单中选择“编辑”命令，如图 7-9 所示，启动 Meshing 网格应用程序。

（2）全局网格设置。在树轮廓中单击“网格”分支，系统切换到“网格”选项卡，同时左下角弹出网格的详细信息，设置“单元尺寸”为“10 mm”，如图 7-10 所示。

图 7-9　启动 Meshing 网格应用程序

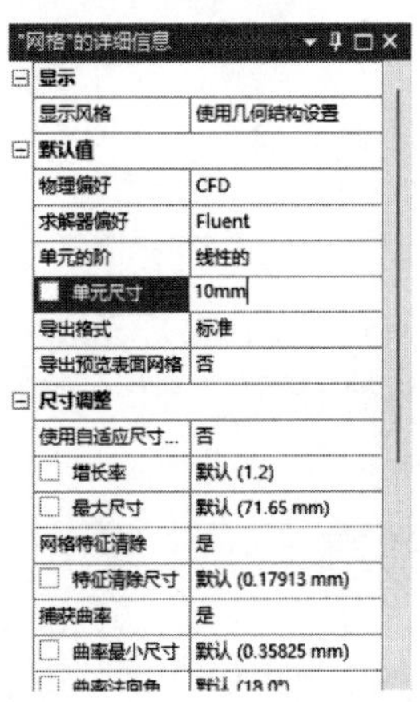

图 7-10　网格的详细信息

Note

（3）添加尺寸控制。在树轮廓仍处于选中状态的情况下，单击图形显示中的三角形并将其选中。在图形区域中右击，然后从弹出的快捷菜单中选择“插入”→“尺寸调整”命令，如图 7-11 所示。在树轮廓的“网格”下会出现一个新的“尺寸调整”条目，单击“尺寸调整”选项。在尺寸调整的详细信息中输入“20.0 mm”作为单元尺寸，如图 7-12 所示，然后按 Enter 键。

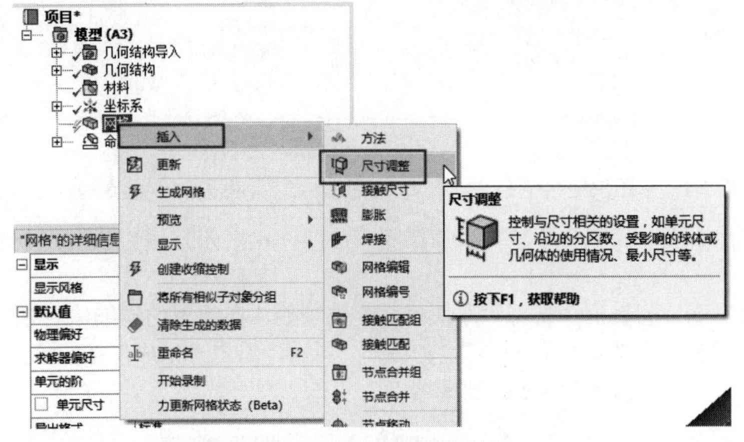

图 7-11　尺寸调整快捷菜单

"面尺寸调整" - 尺寸调整的详细信息

范围	
范围限定方法	几何结构选择
几何结构	1 面
定义	
抑制的	否
类型	单元尺寸
单元尺寸	20.0 mm
高级	
特征清除尺寸	默认 (1.118 mm)
行为	柔软
增长率	默认 (1.2)
捕获曲率	否
捕获邻近度	否

图 7-12　几何体尺寸调整的详细信息

（4）划分网格。单击“网格”选项卡“网格”面板中的“生成”按钮，系统自动划分网格，结果如图 7-13 所示。

（5）边界命名。选择模型的上边线右击，在弹出的快捷菜单中选择“创建命名选择”命令，弹出“选择名称”对话框，然后在文本框中输入“movewall”，如图 7-14 所示，设置完成后单击该对话框的“OK”按钮，完成入口的命名。

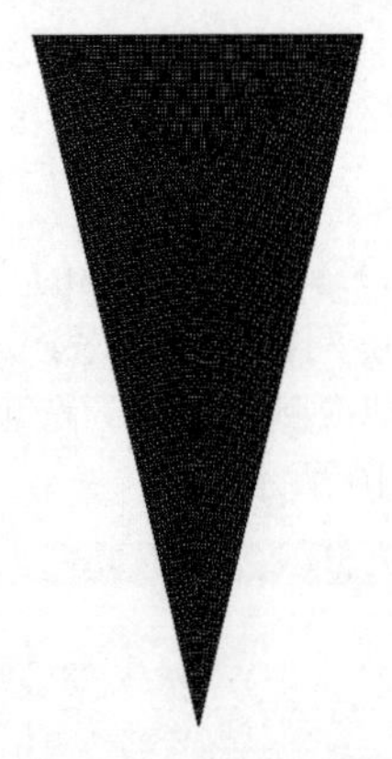

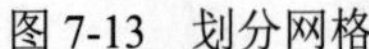

图 7-13　划分网格

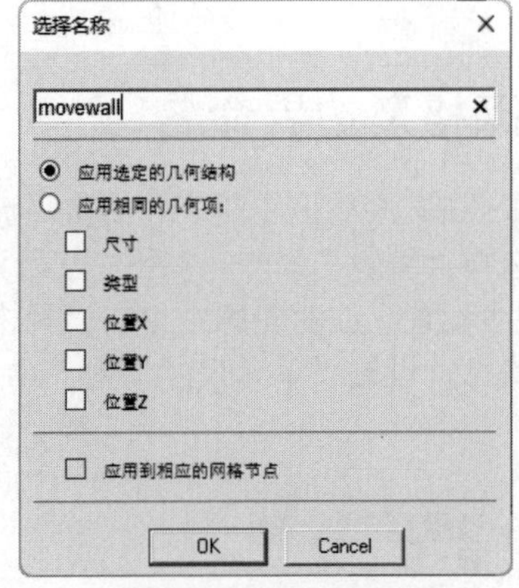

图 7-14　命名入口

（6）完成网格划分及命名边界后，需要将划分好的网格平移到 Fluent。选择“模型树”中的“网格”分支，系统自动切换到“网格”选项卡，然后单击“网格”面板中的“更新”按钮，系统弹出提示对话框，完成网格的更新。

7.1.3　分析设置

（1）启动 Fluent 应用程序。右击“流体流动（Fluent）”项目模块中的“设置”栏，在弹出的快捷菜单中选择“编辑”命令，如图 7-15 所示，然后弹出“Fluent Launcher 2022 R1（Setting Edit Only）”

启动器对话框，选中“Double Precision”（双精度）复选框，单击“Start”（启动）按钮，如图 7-16 所示，启动 Fluent 应用程序。

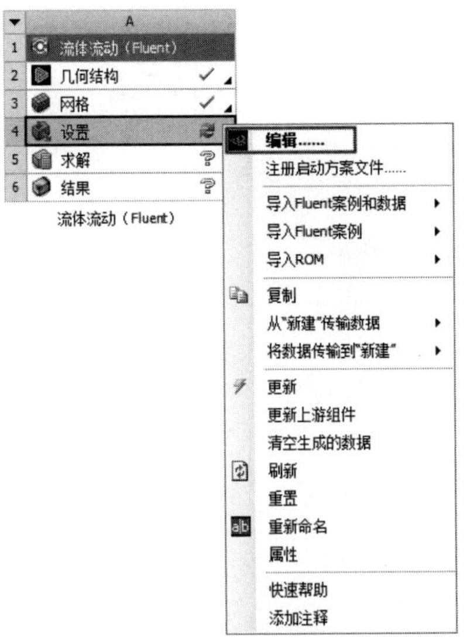

图 7-15 启动 Fluent 应用程序

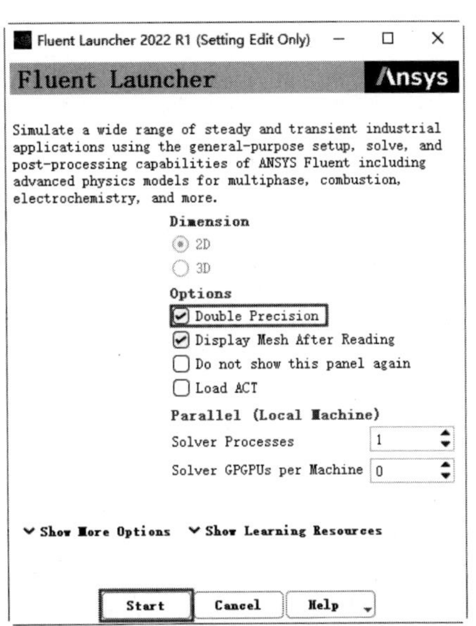

图 7-16 “Fluent Launcher 2022 R1（Setting Edit Only）”对话框

（2）检查网格。单击任务页面“通用”设置“网格”选项组中的“检查”按钮 检查 ，检查网格，当“控制台”中显示“Done”（完成）时，表示网格可用，如图 7-17 所示。

（3）设置求解类型。在任务页面“通用”设置“求解器”选项组中选择类型为“压力基”，设置时间为“瞬态”，如图 7-18 所示。

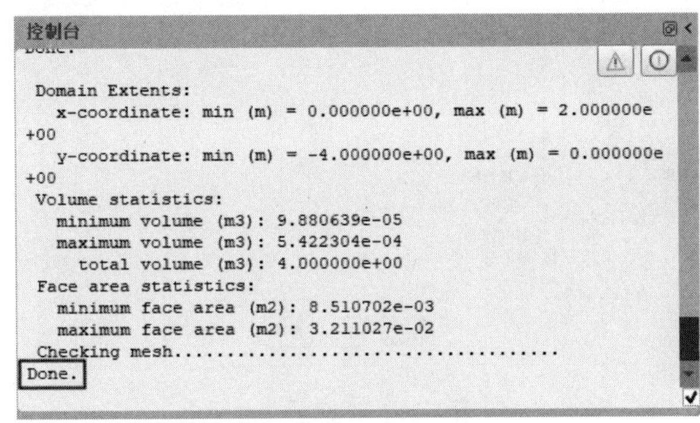

图 7-17 检查网格

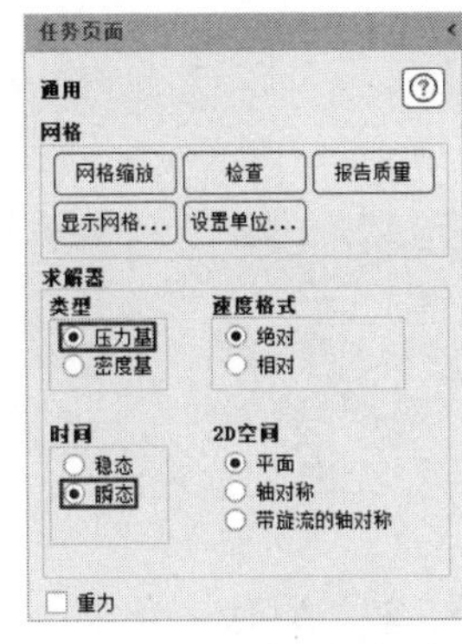

图 7-18 设置求解类型

（4）定义空气材料。单击“物理模型”选项卡“材料”面板中的“创建/编辑”按钮，弹出“创建/编辑材料”对话框，如图 7-19 所示，设置“密度”值为“1”，设置“黏度”值为“0.01”，单击“更改/创建”按钮 更改/创建 更改空气的密度和黏度。

（5）设置边界条件。单击“物理模型”选项卡“区域”面板中的“边界”按钮，任务页面切换为“边界条件”，在“边界条件”下方的“区域”列表中选择“movewall”选项，显示“类型”为“wall”，如图 7-20 所示。然后单击“编辑”按钮 编辑…… ，弹出“壁面”对话框，设置“壁面运动”为“移动壁面”，设置“运动”为“平移的”，设置“速度”值为“2”，如图 7-21 所示。单击“应用”按钮 应用 ，然后单击“关闭”按钮 关闭 ，关闭“壁面”对话框。

Note

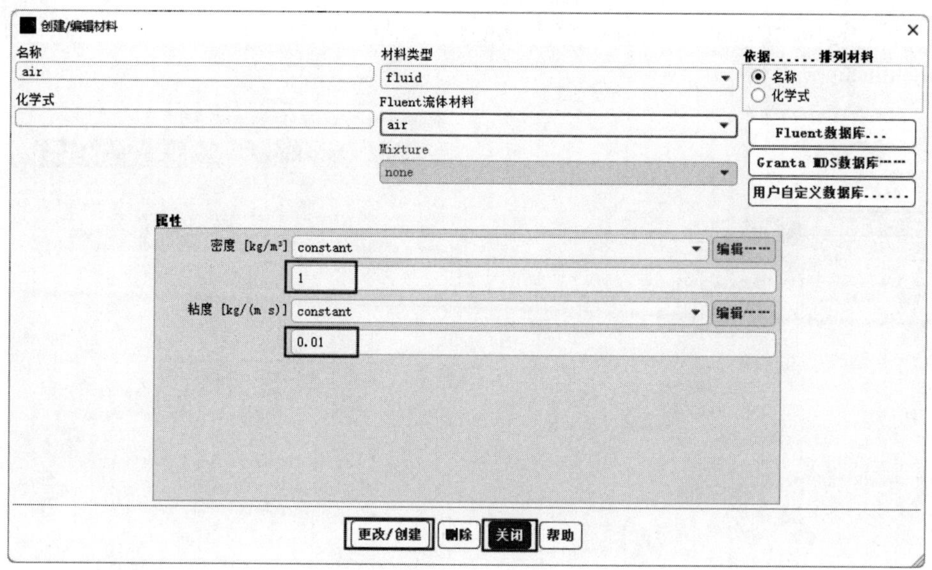

图 7-19 “创建/编辑材料”对话框

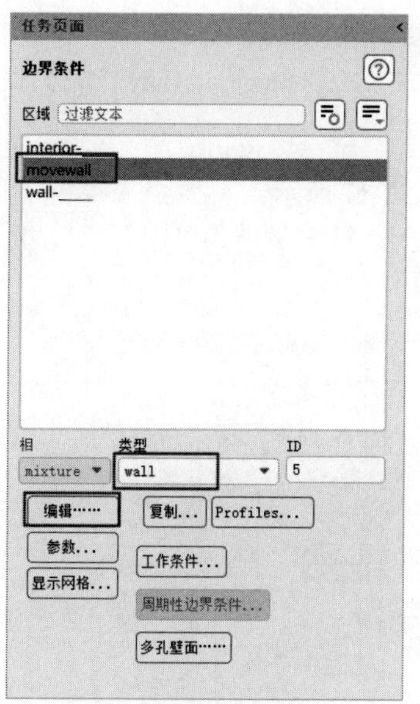

图 7-20 入口边界条件

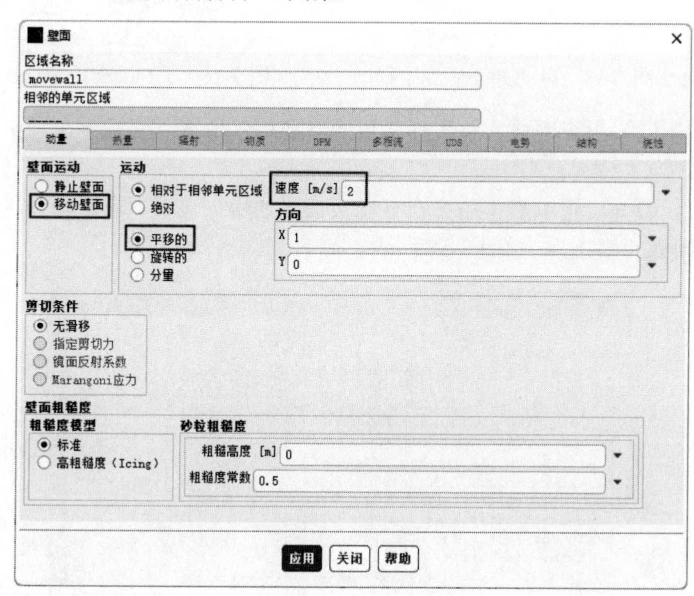

图 7-21 “壁面”对话框

7.1.4 求解设置

（1）设置求解方法。单击“求解”选项卡“求解”面板中的“方法”按钮，任务页面切换为“求解方法”，在“压力速度耦合”栏中设置“方案”为“Coupled”算法，选中“Warped-Face 梯度校正（WFGC）”及“高阶项松弛”复选框，其余各项保持默认设置，如图 7-22 所示。

（2）修改残差。单击“求解”选项卡“报告”面板中的“残差”按钮，打开“残差监控器”对话框，修改所有参数的残差标准为“1e-06”，如图 7-23 所示，其余选项采用默认设置，单击“OK”按钮，完成残差设置。

（3）流场初始化。在“求解”选项卡“初始化”面板中单击“初始化”按钮，进行初始化。

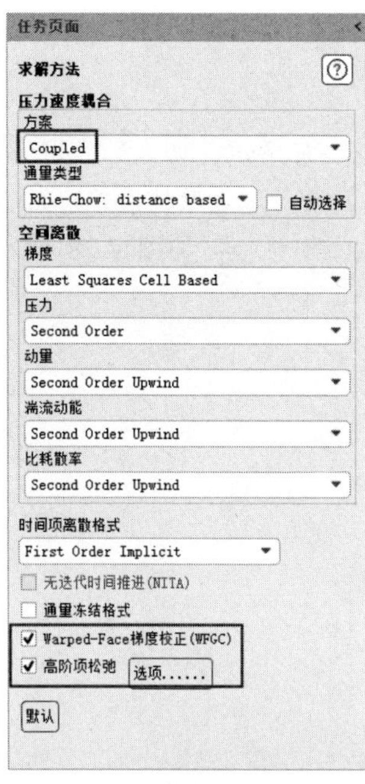

图 7-22　设置求解方法

图 7-23　“残差监控器”对话框

（4）设置解决方案动画。选择“求解”选项卡“活动”面板“创建”下拉列表框中的“解决方案动画”选项，如图 7-24 所示，弹出如图 7-25 所示的“动画定义”对话框，单击“新对象”按钮，在弹出的下拉列表框中选择“云图”选项，弹出如图 7-26 所示的“云图”对话框。设置“云图名称”为“contour-2”（等高线-2），设置“着色变量”为“Velocity”（速度），如图 7-26 所示。然后单击“保存/显示”按钮，再单击“关闭”按钮，关闭“云图”对话框，返回“动画定义”对话框，设置动画对象为创建的云图“contour-2”（等高线-2），然后单击“使用激活”按钮，再单击“OK”按钮，关闭该对话框。

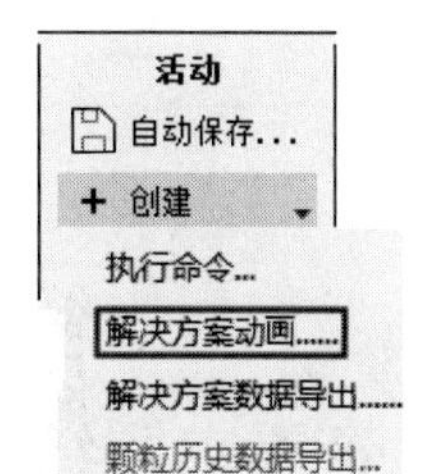

图 7-24　选择“解决方案动画”选项

图 7-25　“动画定义”对话框

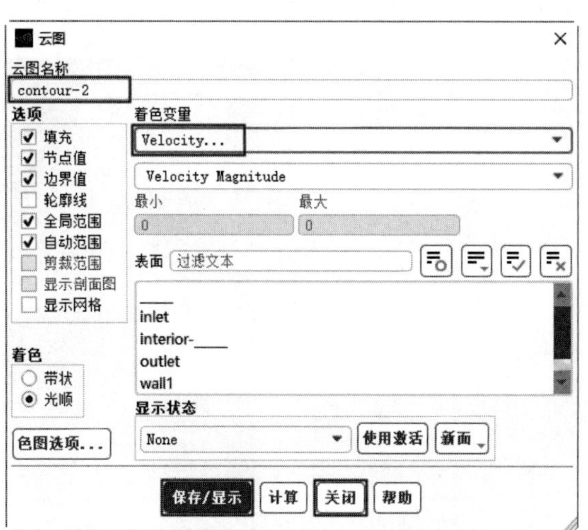

图 7-26　“云图”对话框

Note

7.1.5 求解

单击“求解”选项卡“运行计算”面板中的“运行计算”按钮，任务页面切换为“运行计算”，在“参数”栏中设置“时间步数”为“500”，“时间步长”为“0.01”，其余各项为默认设置，如图 7-27 所示，然后单击“开始计算”按钮，开始求解。计算完成后，弹出提示对话框，如图 7-28 所示，单击“OK”按钮，完成求解。

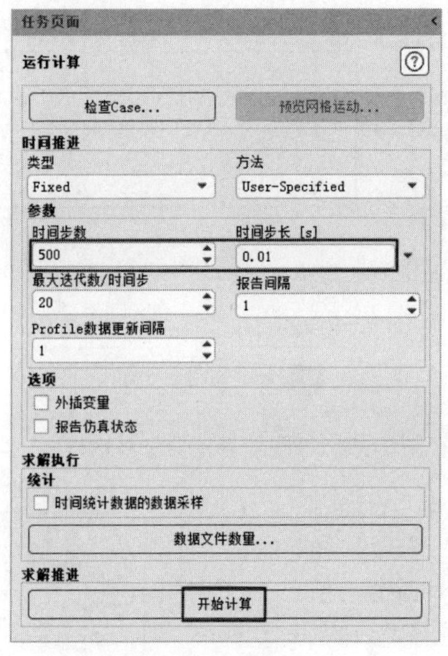

图 7-27　求解设置

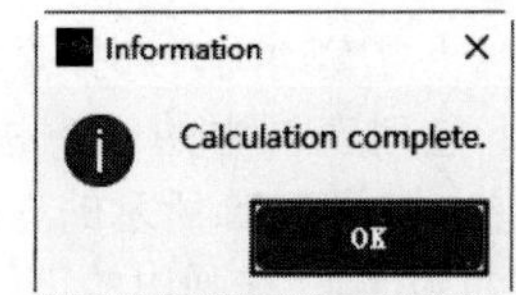

图 7-28　求解完成提示对话框

7.1.6 查看求解结果

（1）查看云图。选择“结果”选项卡“图形”面板“云图”下拉菜单中的“创建”命令，打开“云图”对话框，设置“云图名称”为“contour-1”（等高线-1），设置“着色变量”为“Velocity”和“X Velocity”（X 方向），然后单击“保存/显示”按钮，显示速度云图，如图 7-29 所示。

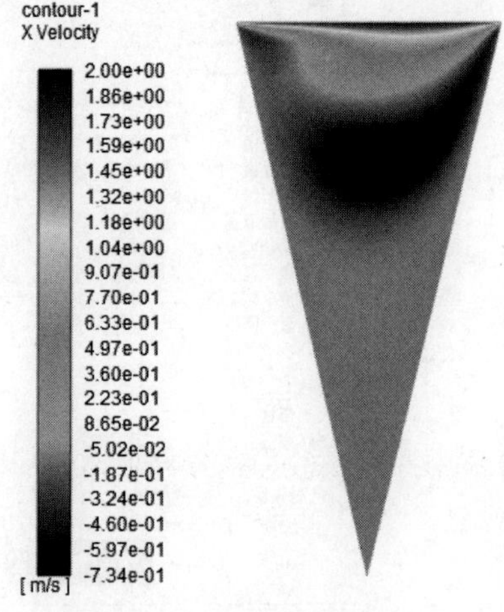

图 7-29　速度云图

Note

（2）查看残差图。单击“结果”选项卡“绘图”面板中的“残差”按钮，打开“残差监控器”对话框，采用默认设置，单击“绘图”按钮，显示残差图，如图 7-30 所示。

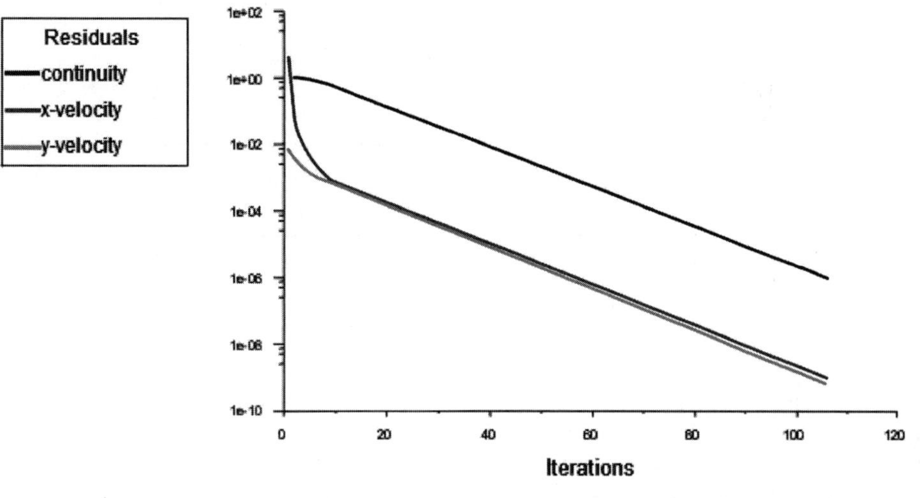

图 7-30　残差图

（3）查看动画。单击“结果”选项卡“动画”面板中的“求解结果回放”按钮，弹出“播放”对话框，按照如图 7-31 所示进行设置，单击“播放”按钮，播放动画。

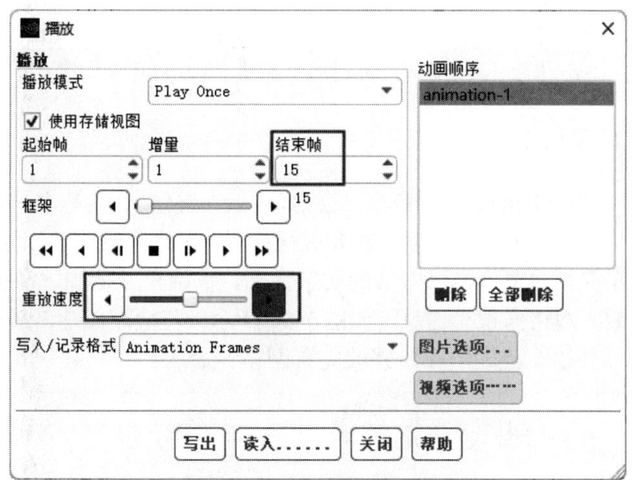

图 7-31　“播放”对话框

7.2　二维三通管内流体的流动分析

在我们日常输水、输气、输油管路中，经常会见到有分支或者交叉的管道，三通管就是最为常见的一种。图 7-32 所示是一个水平放置的三通管，干管为 200 mm 的钢管，管段中间接入直径为 100 mm 的直管，管中通水，水流方向从左到右，流速为 2 m/s。支管中水流速度为 1m/s。需要解决的问题是支管水流汇入后对干管水流产生多大的影响，交汇后在下游的流动情况如何？用 Fluent 进行管内流动模拟，具体步骤如下。

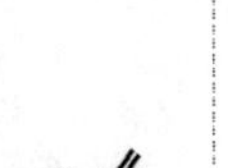

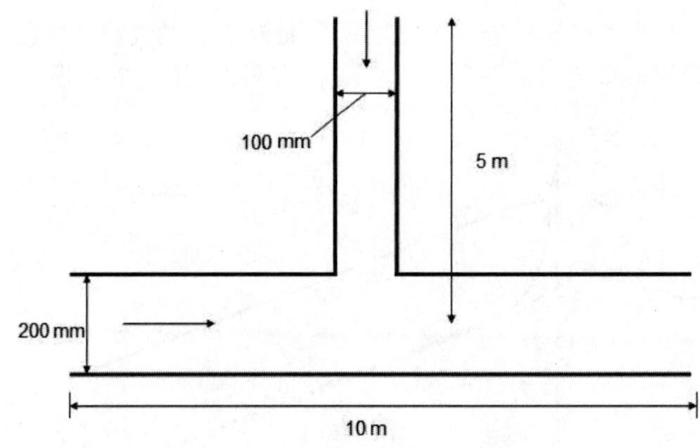

图 7-32　三通管几何模型简图

7.2.1　导入 Mesh 文件

（1）读入 Mesh 文件。打开 Workbench 程序，展开左边工具箱中的“分析系统”栏，将“流体流动（Fluent）”选项拖曳到“项目原理图”界面中，创建一个含有“流体流动（Fluent）”的项目模块，然后右击“网格”栏，在弹出的快捷菜单中选择“导入网格文件”→“浏览”命令，弹出文件导入对话框，找到 santong.msh 文件，单击“打开”按钮，Mesh 文件就被导入 Fluent 求解器。

（2）启动 Fluent 应用程序。右击“流体流动（Fluent）”项目模块中的“设置”栏，在弹出的快捷菜单中选择“编辑”命令，然后弹出“Fluent Launcher 2022 R1（Setting Edit Only）”启动器对话框，选用 2D 单精度求解器。单击“Start”（启动）按钮，启动 Fluent 应用程序。

7.2.2　计算模型的设定

（1）读入网格文件之后，Fluent 控制台窗口会自动显示网格文件的基本属性，包括面数、单元数等信息，如图 7-33 所示。网格文件被读入后，需要进行检查，选择“域”→“网格”→“检查”→“执行网格检查”选项，并在控制台窗口显示网格的质量信息，包括尺寸范围、最小网格体积、最大网格体积、最小网格面积、最大网格面积等信息，如图 7-34 所示。若检测成功，最后一行会出现 Done 语句，若检测不成功，则需要检查问题所在，修改完善网格。

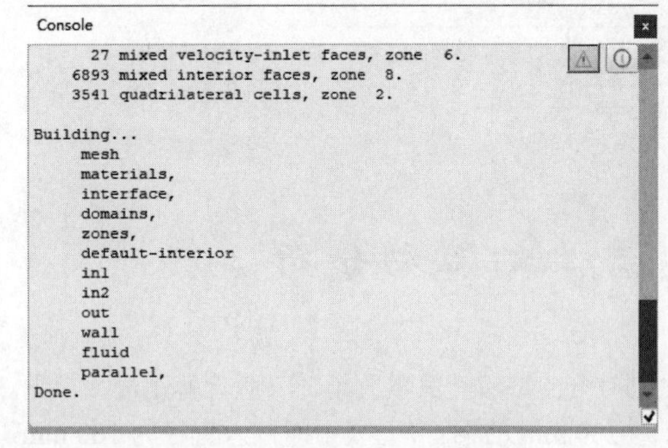

图 7-33　网格读入后窗口信息

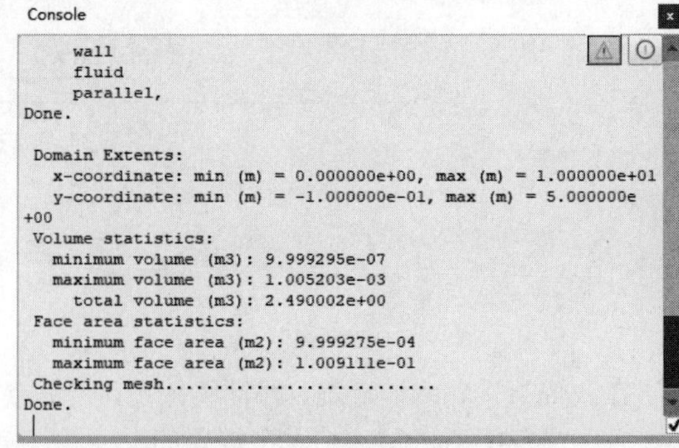

图 7-34　网格检查信息

（2）选择功能区中的“域”→“网格”→“网格缩放”选项，弹出“缩放网格”对话框，如图 7-35 所示。在该对话框中，用户可以重新定义网格的尺寸，还可以查看网格文件的各方向尺寸范围。

Note

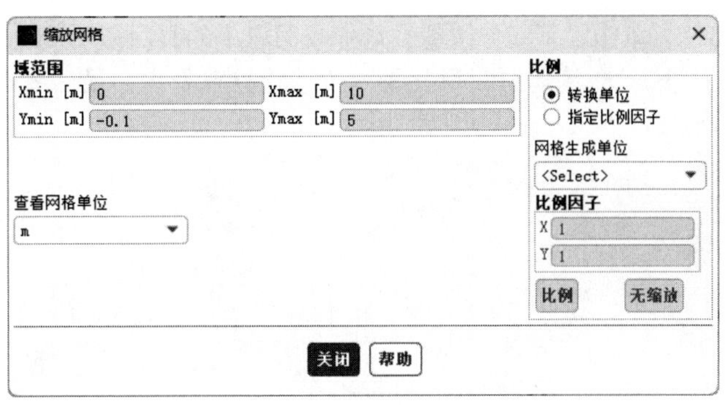

图 7-35　“缩放网格”对话框

（3）显示网格。选择功能区中的“域”→“网格”→“显示网格”选项，弹出“网格显示”对话框，选中“边”复选框，单击“显示”按钮，即可看到网格，最后单击“关闭”按钮关闭对话框。

（4）选择功能区中的“物理模型”→“求解器”→“通用”选项，弹出“通用”面板，如图 7-36 所示。这里选中“压力基”（pressure based）单选按钮，即默认值。

（5）本例中的水流速度为 1 m/s～2 m/s，管内为湍流流动，选择功能区中的“物理模型”→“模型”→“黏性”选项，在弹出的“黏性模型”对话框中选择“k-epsilon（2 eqn）”（k~ε 模型），如图 7-37 所示。对话框右侧“模型常数”（model constant）中的数值不作变动，取为默认值，单击“OK”按钮。

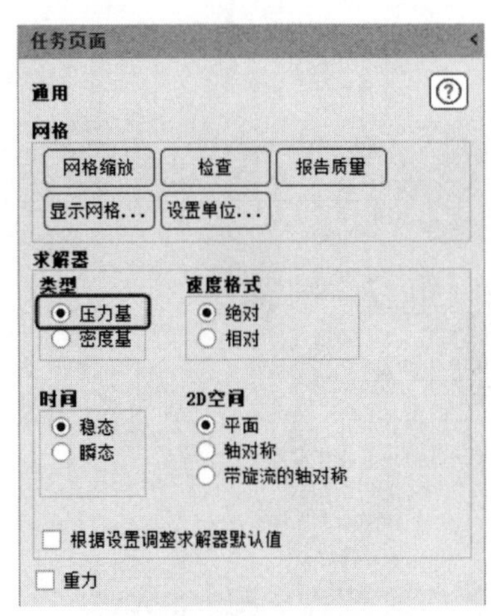

图 7-36　基本模型选择

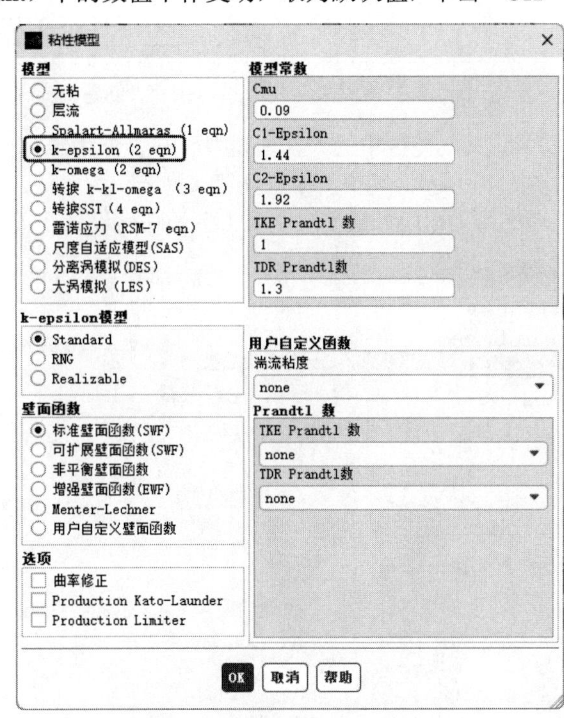

图 7-37　湍流模型选择对话框

（6）选择功能区中的“物理模型”→“材料”→“创建/编辑”选项。在“创建/编辑材料”对话框中定义流动的材料，如图 7-38 所示。

这里所需的材料为水，因此，需要从 Fluent 自带的材料数据库中调用，具体操作方法为在“创建/编辑材料”对话框中，单击“创建/编辑材料”对话框右侧的“Fluent 数据库”按钮，在弹出的“Fluent 数据库材料”对话框中，选择列表框中的“water-liquid（h2o<1>）”，在下方的属性中出现相应的物理

属性数据，如图 7-39 所示。单击“复制”按钮，则将数据库中的材料复制到当前工程中。然后在“创建/编辑材料”对话框的“Fluent 流体材料”列表框中选择材料为水。最后单击“更改/创建”和“关闭”按钮，完成材料的定义。

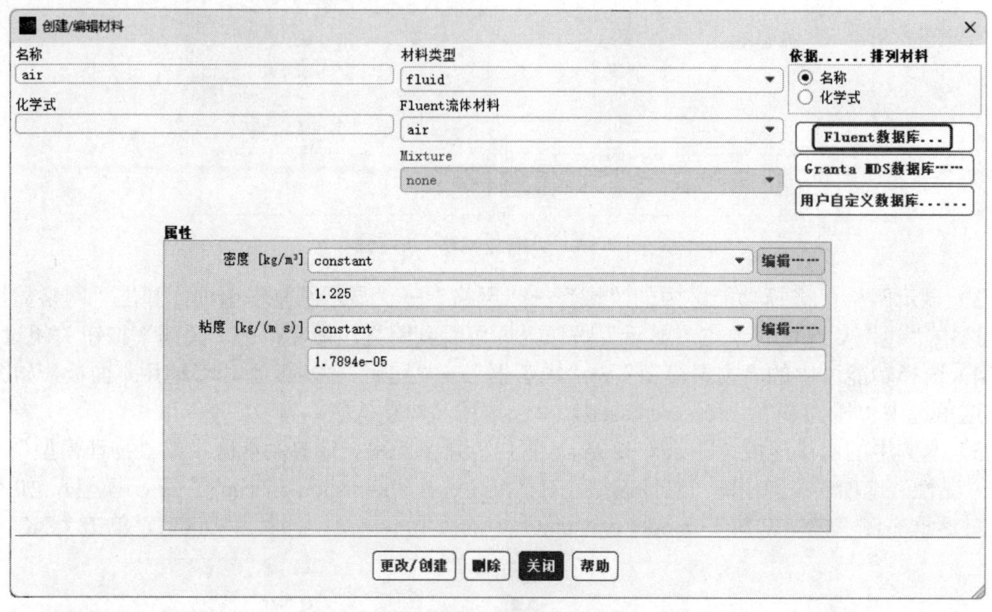

图 7-38 “创建/编辑材料”对话框

（7）选择功能区中的“物理模型”→“求解器”→“工作条件”选项，弹出“工作条件”对话框，如图 7-40 所示。其中操作压强默认为一个大气压，操作压强的参考位置默认为原点（0,0），此处不需要考虑重力作用，故不对“重力”做任何设置，单击“OK”按钮。

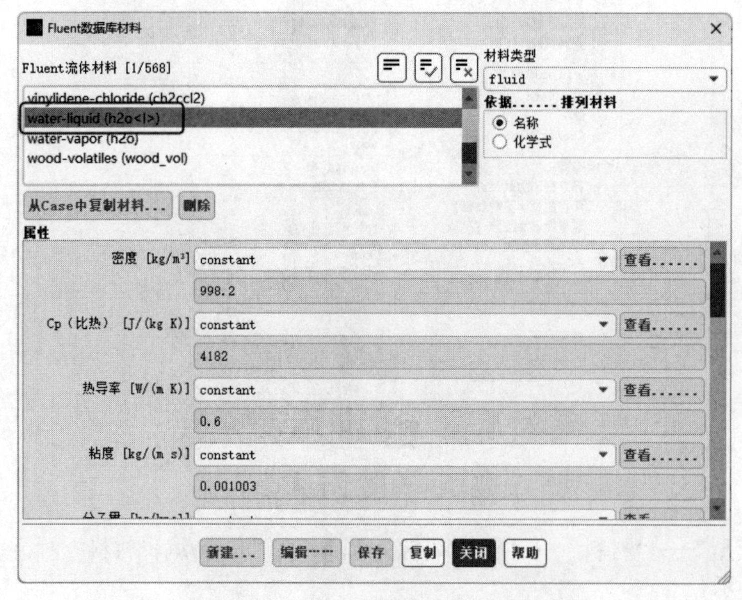

图 7-39 “Fluent 数据库材料”对话框

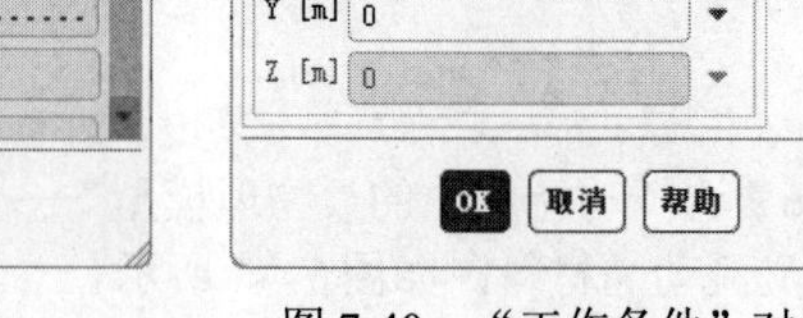

图 7-40 “工作条件”对话框

（8）定义边界数据，选择功能区中的“物理模型”→“区域”→“单元区域”选项，弹出“单元区域条件”面板，如图 7-41 所示。

01 在图 7-41 所示的列表框中选择“fluid“，其类型为“fluid”，单击“编辑”按钮，弹出图 7-42 所示的“流体”对话框，在“材料名称”下拉列表框中选择“water-liquid”，单击“应用”按钮。

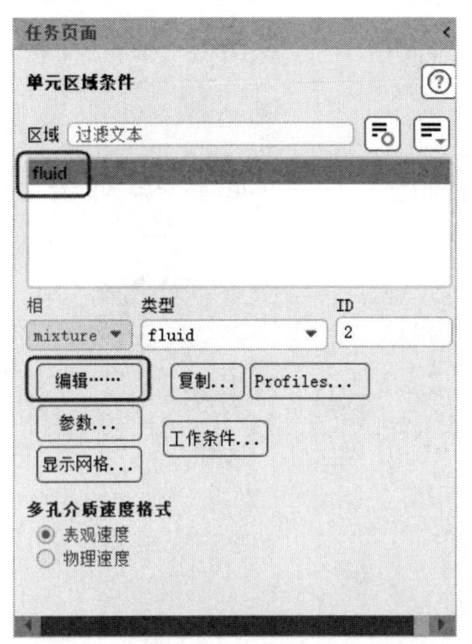

图 7-41　“单元区域条件”面板

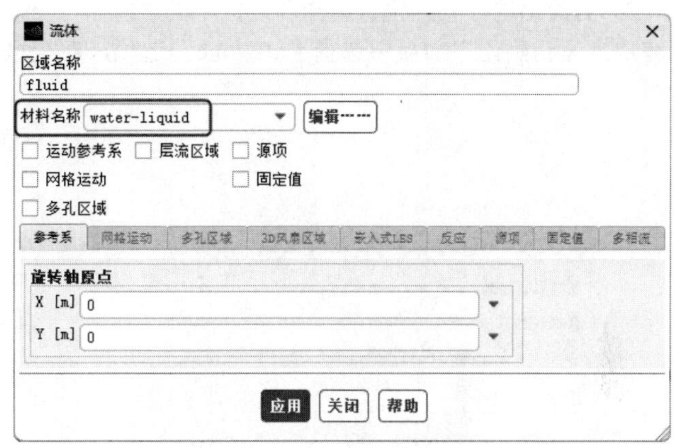

图 7-42　“流体”对话框

02 对边界数据的定义。选择功能区中的“物理模型”→“区域”→“边界”选项，弹出“边界条件”面板，需要定义的有“in1”“in2”和“out”3 个边界条件。

03 在区域中选择 in1，显示其类型为“velocity-inlet”，单击“编辑”按钮，在图 7-43 所示的“速度入口”对话框的“速度定义方法”中选择“Magnitude,Normal to Boundary”，表示速度进口方向垂直于入口边界；在“速度大小”文本框中输入“2”，表示进口速度为 2 m/s；在“湍流”选项组中可以进行湍流参数的设置，本例选择“设置”中的“Intensity and Hydraulic Diameter”，在“湍流强度”文本框中输入“1”，在“水力直径”文本框中输入“0.1”；最后单击“应用”按钮完成对速度入口 1 的设置。

in2 的设置同 in1，区别在于 in2 的设置，在“速度大小”文本框中输入“1”，在“水力直径”文本框中输入“0.05”。

04 选择 out，其类型为“outflow”，单击“编辑”按钮，在图 7-44 所示的“出流边界”对话框的“速度加权”下拉列表框中选择“1”，表示进入的水均从该出口流出。

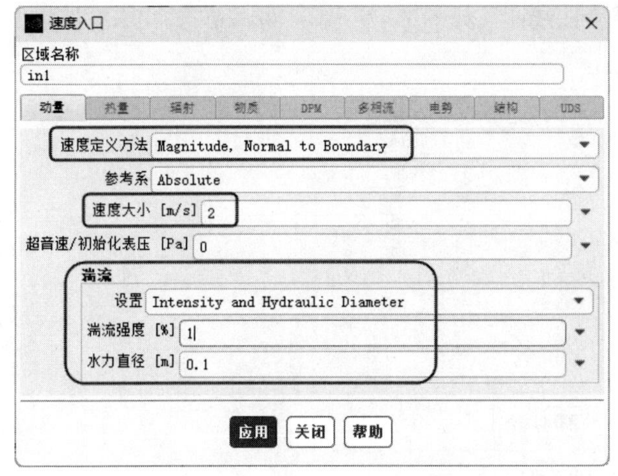

图 7-43　“速度入口”对话框

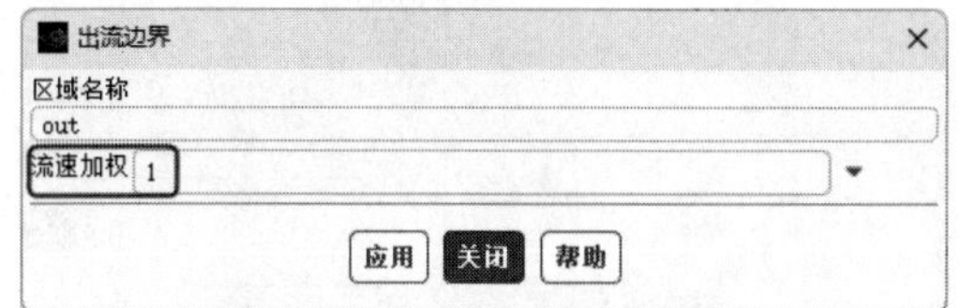

图 7-44　“出流边界”对话框

Note

7.2.3 求解设置

（1）选择功能区中的“求解”→“控制”→“控制”选项，弹出“解决方案控制”面板，如图 7-45 所示。其余各项保持默认值。

（2）对流场进行初始化。选择功能区中的“求解”→“初始化”→“标准”→“选项”，在弹出的“解决方案初始化”面板中选择“all-zone”选项，对全区域初始化，如图 7-46 所示，单击“初始化”按钮。

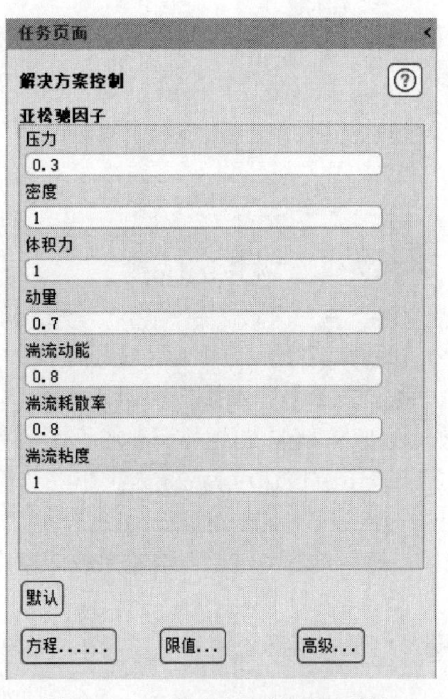

图 7-45 “解决方案控制”面板

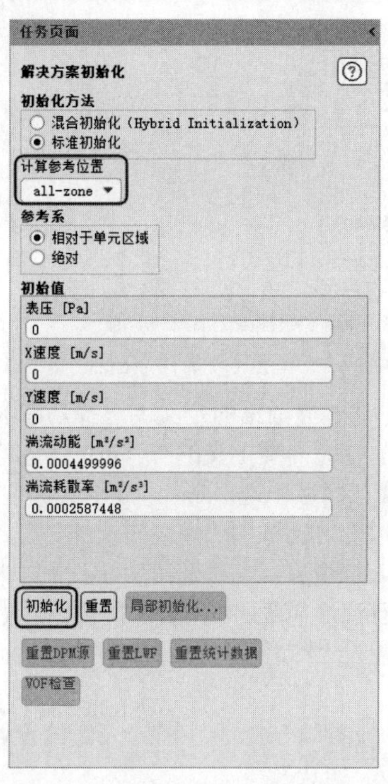

图 7-46 “解决方案初始化”面板

（3）初始化完成后，选择功能区中的“结果”→“绘图”→“残差”选项，在弹出的“残差监控器”对话框中选中“绘图”复选框，以打开残差曲线图，如图 7-47 所示，最后单击“OK”按钮。

图 7-47 “残差监控器”对话框

（4）定义迭代参数。选择功能区中的“求解”→“运行计算”→“运行计算”选项，在弹出的“运行计算”面板中设置“迭代次数”为“1000”，单击“开始计算”按钮开始解算，如图 7-48 所示。

（5）解算过程中，控制台窗口会实时显示计算的基本信息，包括 x 与 y 方向的速度、k 和 g 的收敛情况。本例在 97 步达到了收敛，此时窗口出现“Calculation complete”提示语句，如图 7-49 所示，其残差曲线如图 7-50 所示。

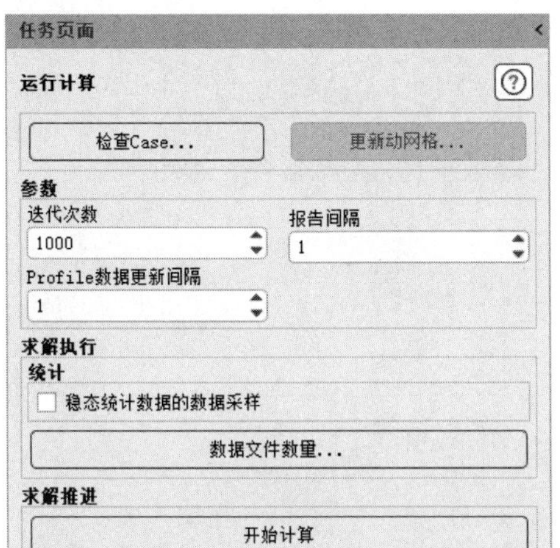

图 7-48　“运行计算”面板

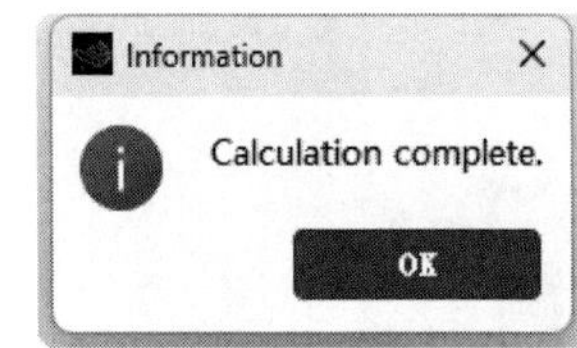

图 7-49　“Calculation complete”提示语句

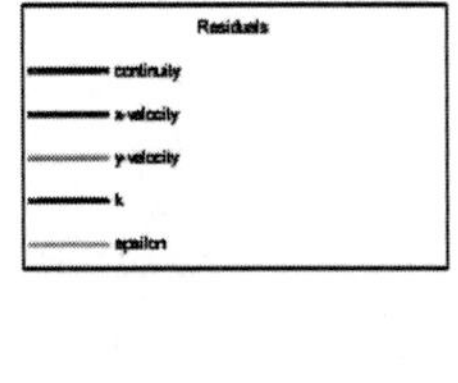

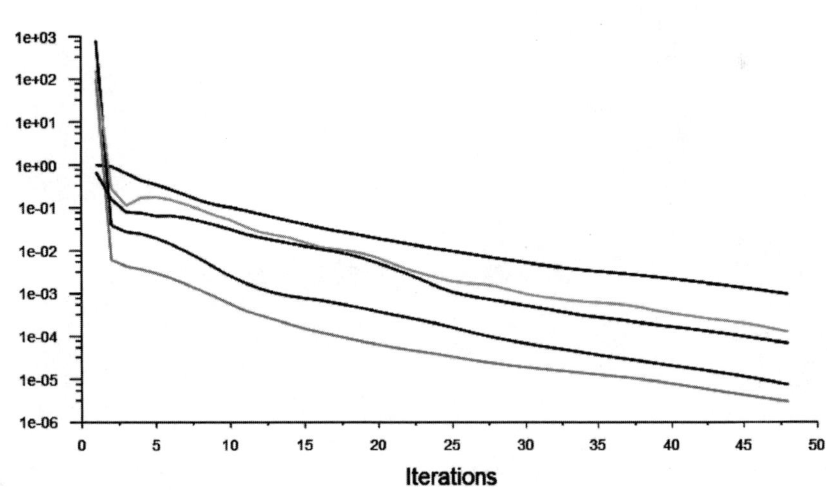

图 7-50　残差曲线

7.2.4　查看求解结果

（1）计算完毕后，选择功能区中的“结果”→“图形”→“云图”→“创建”选项，弹出“云图”对话框，如图 7-51 所示。“选项”栏中保持“填充”复选框未被选中，则求解结果被显示为等值线图，如图 7-52 所示。若选中“填充”复选框，则求解结果被显示为速度云图，如图 7-53 所示。在“着色变量”下拉列表框中选择显示各种物理参数的等值线图或云图，如图 7-54 所示。

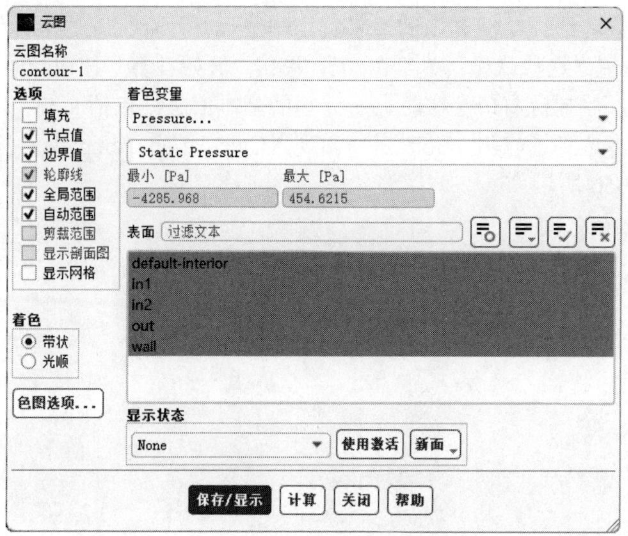

图 7-51 “云图”对话框

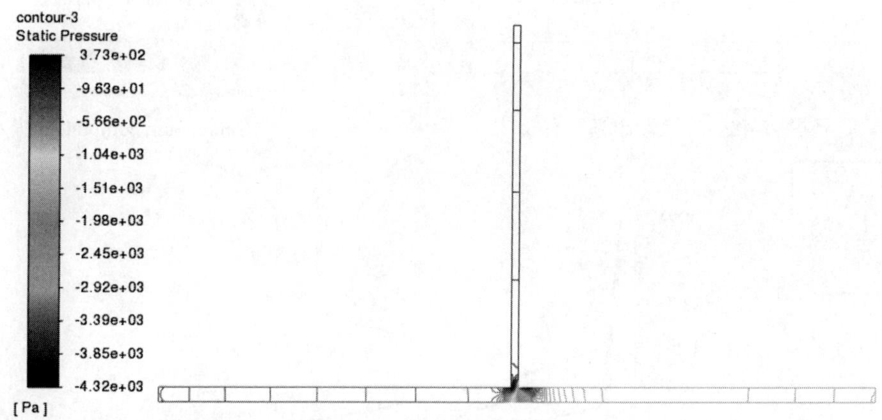

图 7-52 压强等值线图

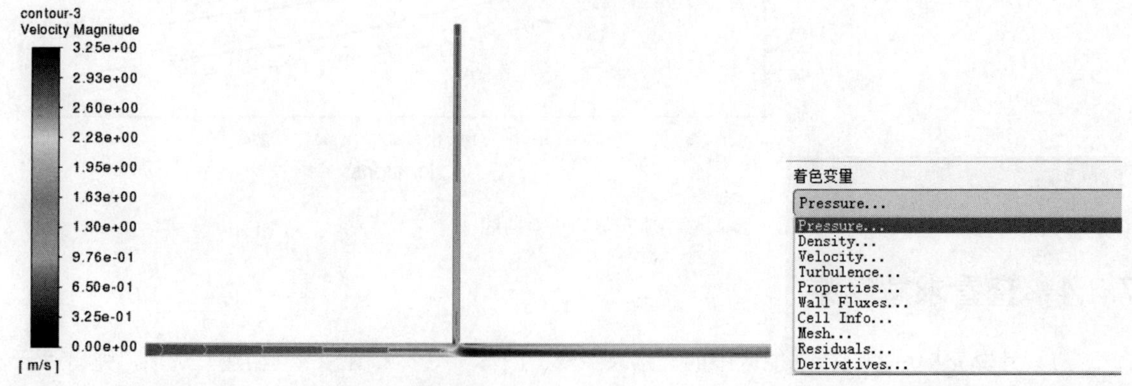

图 7-53 速度云图

图 7-54 “着色变量”下拉列表框

（2）选择功能区中的“结果”→“图形”→“矢量”→“创建”选项，弹出如图 7-55 所示的“矢量”对话框，设置“比例”为“2”，单击功能区中的“显示”按钮，则显示如图 7-56 所示的速度矢量图。

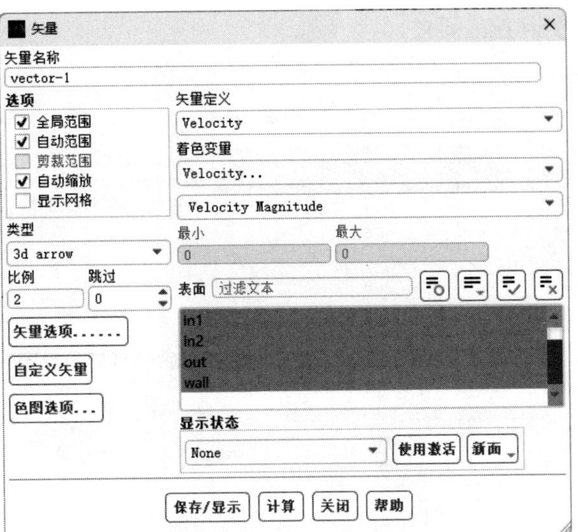

图 7-55　“矢量”对话框

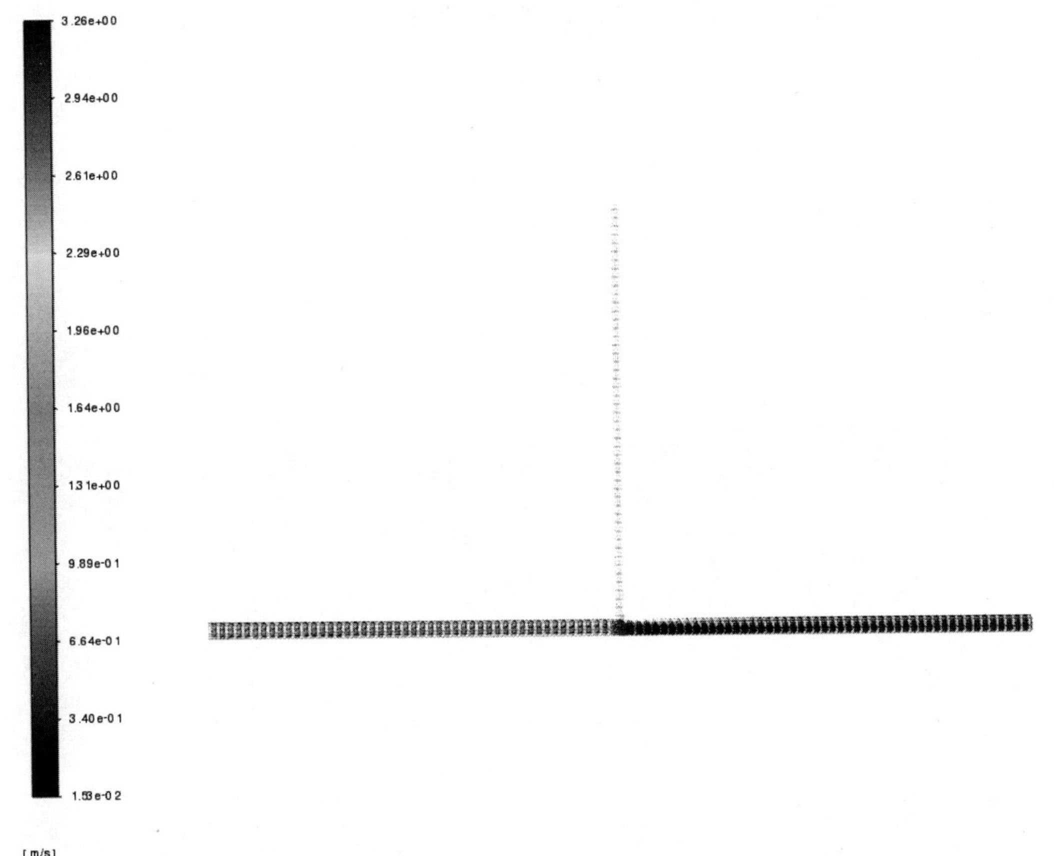

图 7-56　速度矢量图

（3）除了按需要选择要显示的图形外，还可以进行计算报告的显示。选择功能区中的“结果”→“报告”→“通量”选项，弹出“通量报告”对话框，如图 7-57 所示。选中进、出口边界，单击“计算”按钮，完成进、出口质量流量的计算，如“结果”一栏所示。可知进、出口质量流量相差

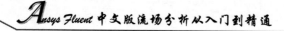

Note

2.288818×10^{-6}，满足了计算精度的要求。

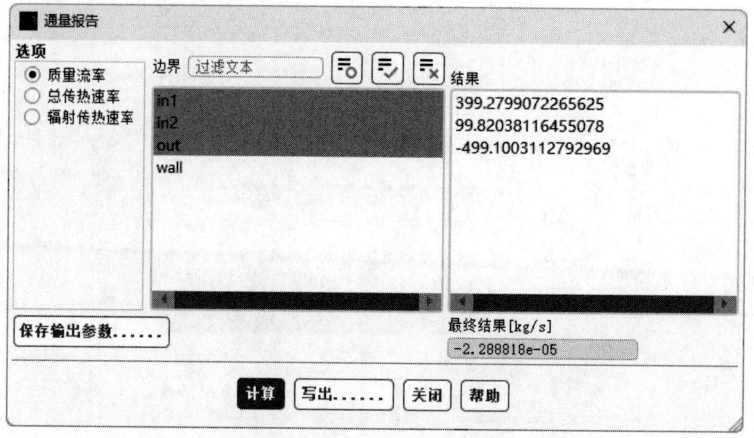

图 7-57 “通量报告”对话框

（4）完成的计算结果保存为 Case 文件和 Data 文件，选择“文件”→“导出”→“Case&Data”命令，在弹出的“文件保存”对话框中将结果文件命名为 santong.cas，保存 Case 文件的同时也保存了 Data 文件。

第8章

三维流动和传热的数值模拟

三维流动和传热问题是工程实践中经常遇到的问题，也是本书研究的重点。本章将重点介绍三维导热和三维流动传热的数值模拟，还将介绍三维周期边界的流动和传热的数值模拟。通过本章的学习，读者应重点掌握Fluent的基本操作和三维问题后处理的方法。

视频讲解

Note

8.1 混合器流动和传热的数值模拟

如图 8-1 所示的混合器是化工中经常用到的设备，了解混合器内的速度场和温度场对混合器的设计和应用有十分重要的意义。

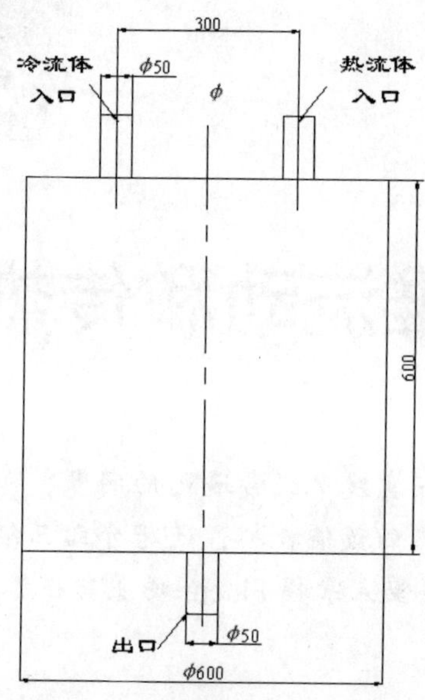

图 8-1　混合器的结构尺寸图

本节通过一个较为简单的三维算例——三维混合器的数值模拟，来介绍如何使用 Fluent 解决一些较为简单却常见的三维流动与传热问题。

8.1.1　导入 Mesh 文件

（1）读入 Mesh 文件。打开 Workbench 程序，展开左边工具箱中的“分析系统”栏，将“流体流动（Fluent)”选项拖曳到“项目原理图”界面，创建一个含有“流体流动（Fluent)”的项目模块，然后右击“网格”栏，在弹出的快捷菜单中，选择“导入网格文件”→“浏览”命令，弹出“文件导入”对话框，找到 santong.msh 文件，单击“打开”按钮，Mesh 文件就被导入 Fluent 求解器。

（2）启动 Fluent 应用程序。右击“流体流动（Fluent)”项目模块中的“设置”栏，在弹出的快捷菜单中选择“编辑”命令，然后弹出“Fluent Launcher 2022 R1（Setting Edit Only)”启动器对话框，选用 3D 单精度求解器。单击“Start”（启动）按钮，启动 Fluent 应用程序。

8.1.2　计算模型的设定

（1）检查网格文件。读入网格文件后，一定要对网格进行检查，选择功能区中的“域”→“网格”→“检查”→“执行网格检查”选项，用 Fluent 求解器检查网格的部分信息。

```
     Domain Extents: x.coordinate: min (m) = -3.000000e+002, max (m) = 3.000000e+002
y.coordinate: min (m) = .2.998325e+002, max (m) = 2.998325e+002  z.coordinate: min
(m) = .1.000000e+002, max (m) = 7.000000e+002 Volume statistics: minimum volume (m3):
3.165287e+001  maximum volume (m3): 1.192027e+004  total volume (m3): 1.718721e+008
```

由此可以看出网格文件几何区域的大小。

注意： 这里的最小体积（minimum volume）必须大于零，否则不能进行后续计算。若是出现最小体积小于零的情况，就要重新划分网格，此时可以适当增加实体网格划分中的 Spacing 值，必须注意该值对应的项目为 Interval Size。

（2）设置计算区域尺寸。选择功能区中的“域”→“网格”→“网格缩放”选项，弹出如图 8-2 所示的“缩放网格”对话框，对几何区域的尺寸进行设置。从检查网格文件步骤中可以看出，几何区域默认的尺寸单位都是 m。此处，在“网格生成单位”下拉列表框中选择“mm”选项，然后单击“比例”按钮，即可满足计算区域的实际几何尺寸，最后单击“关闭”按钮，关闭对话框。

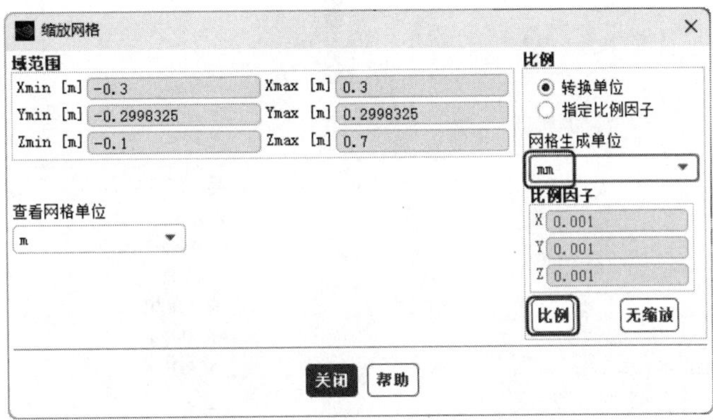

图 8-2　“缩放网格”对话框

（3）显示网格。选择功能区中的“域”→“网格”→“显示网格”选项，弹出如图 8-3 所示的“网格显示”对话框。当网格满足最小体积的要求后，可以在 Fluent 中显示网格。要显示文件的哪一部分，可以在“表面”列表框中进行选择，单击“显示”按钮，在 Fluent 中显示的网格如图 8-4 所示。

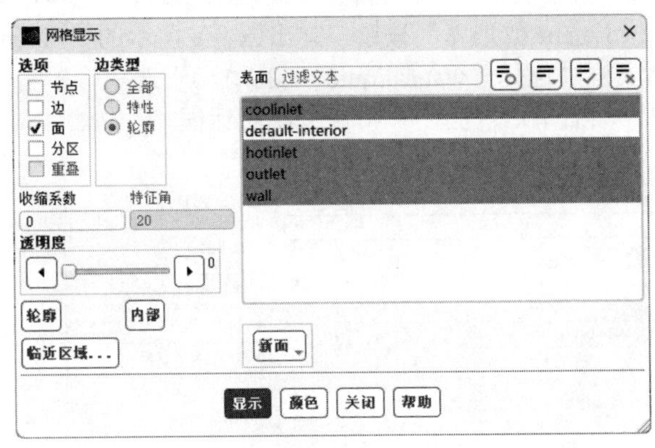

图 8-3　“网格显示”对话框

图 8-4　Fluent 中显示的网格

（4）定义基本求解器。选择功能区中的“物理模型”→“求解器”→“通用”选项，弹出“通用”面板，在本例中保持系统默认设置即可满足要求，然后单击“OK”按钮。

（5）打开能量方程。选择功能区中的“物理模型”→“模型”选项，选中“能量”复选框即打开能量方程。

（6）指定其他计算模型。选择功能区中的“物理模型”→“模型”→“黏性”选项，弹出“黏性模型”对话框，假定混合器中的流动形态为湍流，在“模型”选项组中选中“k-epsilon（2 eqn）”单选按钮，“黏性模型”对话框刷新为如图 8-5 所示，在本例中保持系统默认设置即可满足要求，然后单击“OK”按钮。

（7）选择功能区中的“物理模型”→“求解器”→“工作条件”选项，弹出图 8-6 所示的“工作条件”对话框，在本例中保持系统默认设置即可满足要求，然后单击“OK”按钮。

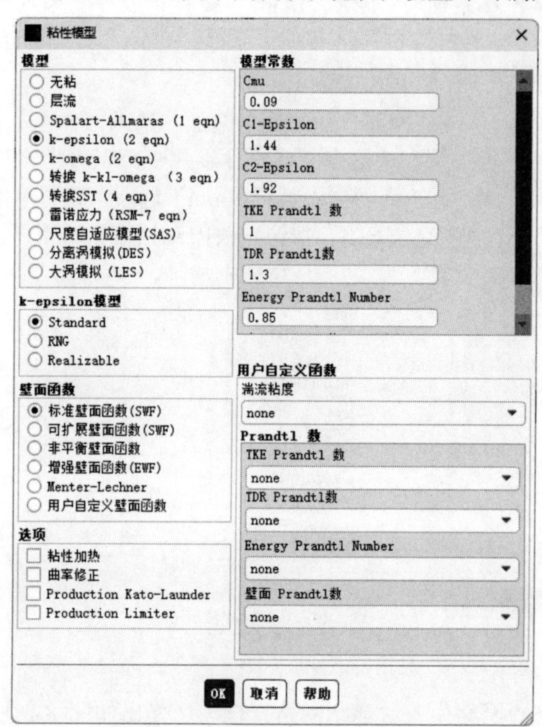

图 8-5　“黏性模型”对话框

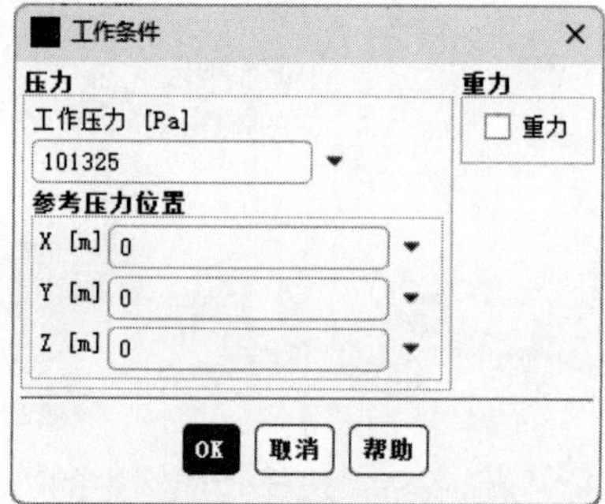

图 8-6　“工作条件”对话框

（8）本例中的流体为水，选择功能区中的“物理模型”→“材料”→“创建编辑”选项，弹出图 8-7 所示的“创建/编辑材料”对话框。单击“Fluent 数据库”按钮，弹出图 8-8 所示的“Fluent 数据库材料”对话框，在“Fluent 流体材料”列表框中选择“water-liquid（h2o<1>)”选项，单击“复制”按钮，即把水的物理性质从数据库中调出，然后单击“关闭”按钮关闭对话框。

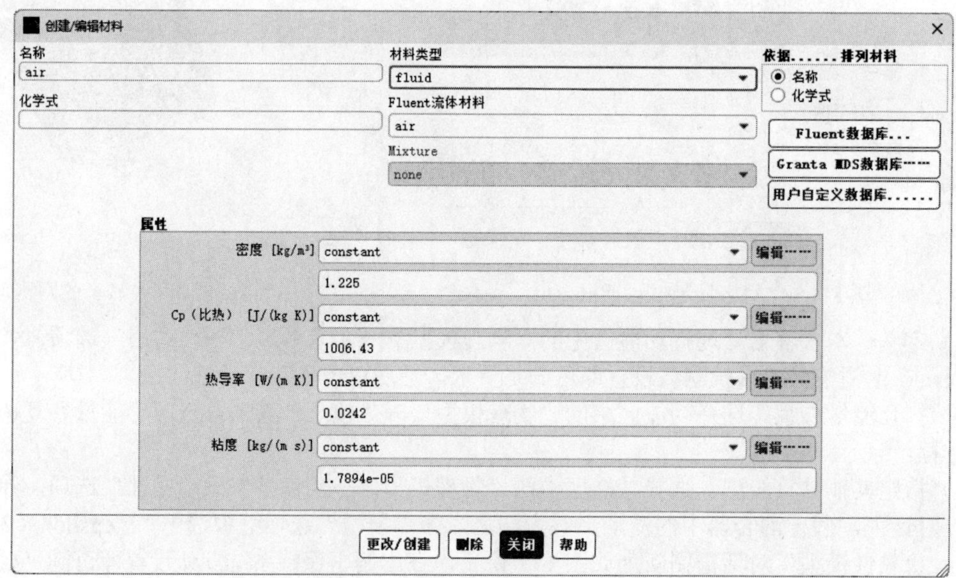

图 8-7　“创建/编辑材料”对话框

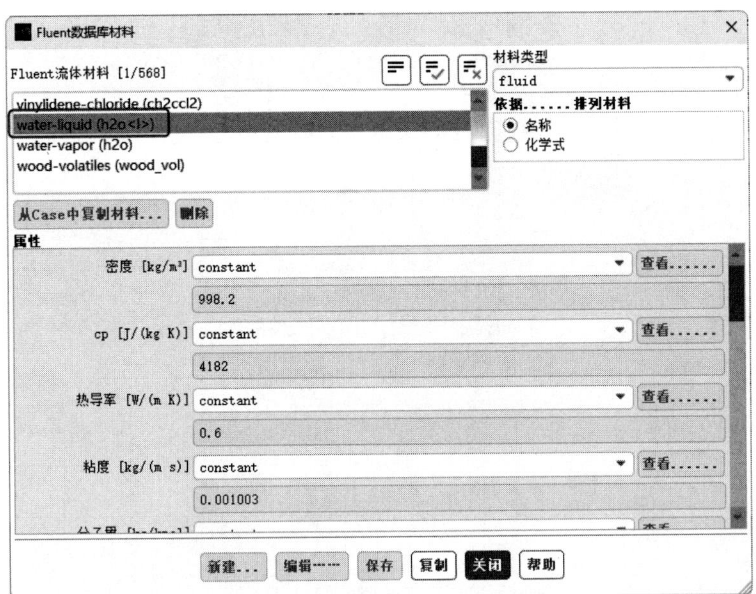

图 8-8　“Fluent 数据库材料”对话框 1

（9）在图 8-7 中的“材料类型”下拉列表框中选择“solid”选项，单击“Fluent 数据库”按钮，弹出如图 8-9 所示的“Fluent 数据库材料”对话框。在“Fluent 固体材料”列表框中选择“steel”选项，单击“复制”按钮，即把钢的物理性质从数据库中调出，然后单击“关闭”按钮关闭对话框。

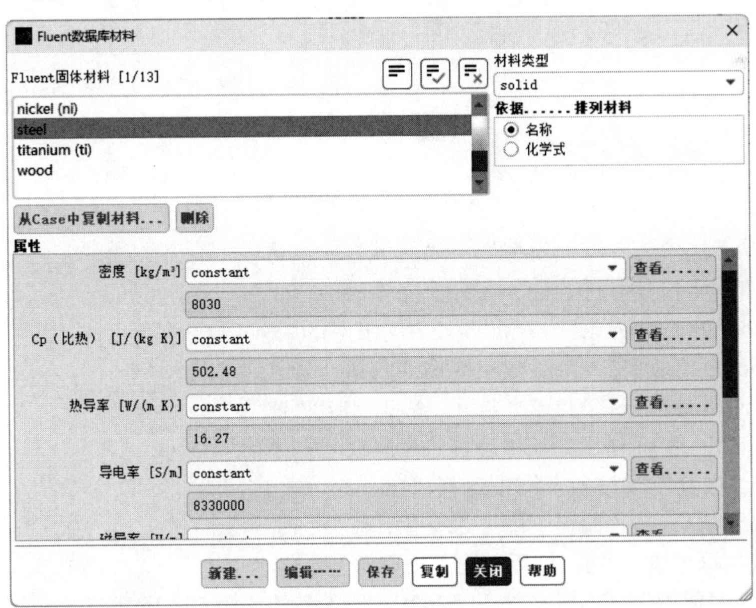

图 8-9　“Fluent 数据库材料”对话框 2

（10）设定材料的物理性质后，选择功能区中的“物理模型”→“区域”→“单元区域”选项，弹出如图 8-10 所示的“单元区域条件”面板。

（11）流动区域的材料。在“区域”列表框中选择“fluid”选项，单击“编辑”按钮，弹出如图 8-11 所示的“流体”对话框。在“材料名称”下拉列表框中选择“water-liquid”选项，单击“应用”按钮，即可把流体区域中的流体定义为水。

Note

图 8-10 “单元区域条件”面板

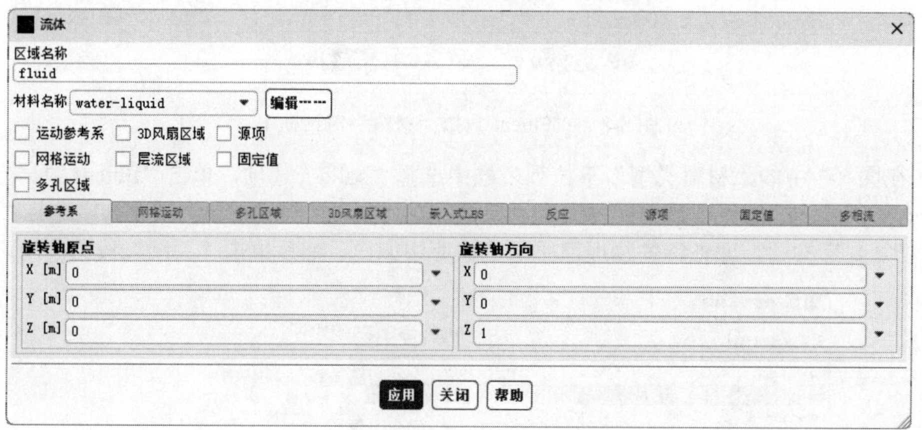

图 8-11 “流体”对话框

（12）选择功能区中的“物理模型”→“区域”→“边界”选项，弹出如图 8-12 所示的“边界条件”面板。

（13）设置 hotinlet 的边界条件。在图 8-12 所示的“区域”列表框中选择“hotinlet”选项，也就是热流体的入口，确认它对应的类型为“velocity-inlet”，单击“编辑”按钮，弹出“速度入口”对话框。如图 8-13 所示，在“速度大小”文本框中输入“0.03”，在“设置”下拉列表框中选择“Intensity and Hydraulic Diameter”选项，在“湍流强度”文本框中输入“5”，在“水力直径”文本框中输入 0.1；然后单击“热量”选项卡，如图 8-14 所示，在“温度”文本框中输入“363”，即入口的热水温度约为 90 ℃，单击“应用”按钮，然后单击“关闭”按钮，热流体入口边界条件设定完毕。

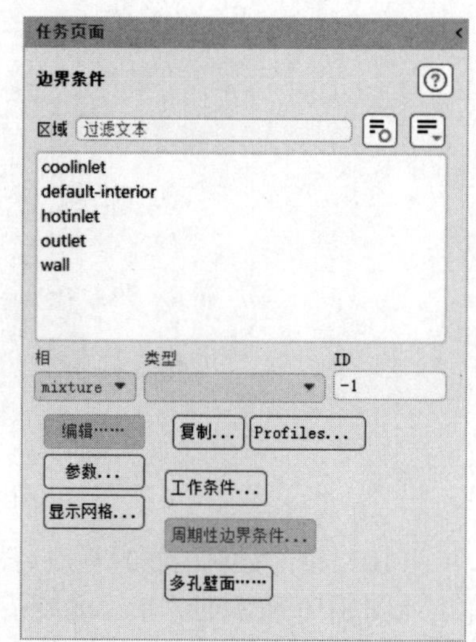

图 8-12 “边界条件”面板

（14）设置 coolinlet 的边界条件。在图 8-12 中的“区域”列表框中选择 coolinlet 选项，也就是冷流体的入口，确认它对应的类型为“velocity-inlet”，单击“编辑”按钮，弹出“速度入口”对话框。在“速度大小”文本框中输入“0.02”，在“设置”下拉列表框中选择“Intensity and

Hydraulic Diameter”选项，在“湍流强度”文本框中输入“5”，在“水力直径”文本框中输入“0.1”；然后单击“热量”选项卡，在“温度”文本框中输入“303”，即入口的冷水温度约为30℃，单击“应用”按钮，然后单击“关闭”按钮，冷流体入口边界条件设定完毕。

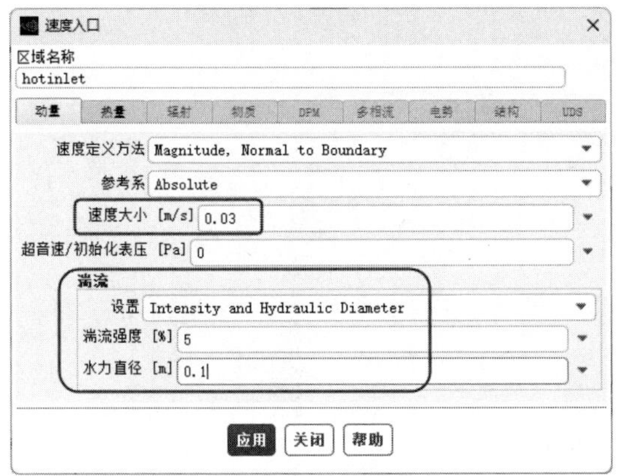

图 8-13　“速度入口”对话框

图 8-14　“热量”选项卡 1

（15）设置 outlet 的边界条件。在图 8-12 中的“区域”列表框中选择“outlet”选项，也就是流体的出口，确认它对应的类型为“outflow”，单击“编辑”按钮，弹出图 8-15 所示的“出流边界”对话框，保持系统默认设置，单击“应用”按钮，然后单击“关闭”按钮。

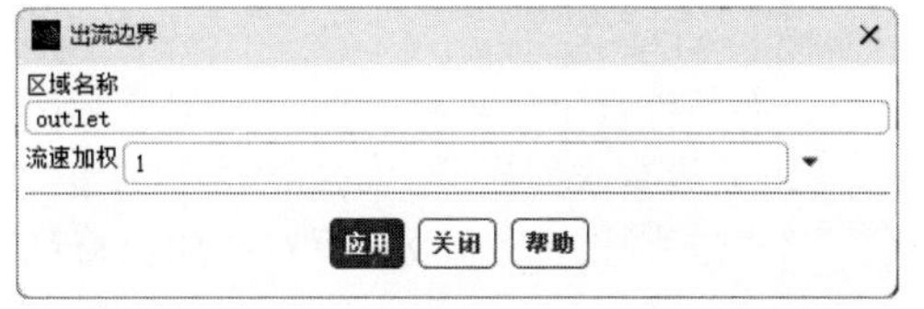

图 8-15　“出流边界”对话框

（16）设置 wall 的边界条件。在图 8-12 中的“区域”列表框中选择“wall”选项，单击“编辑”按钮，弹出图 8-16 所示的“壁面”对话框。单击“热量”选项卡，如图 8-17 所示，在“传热相关边界条件”选项组中选中“对流”单选按钮，在“材料名称”下拉列表框中选择“steel”选项，在“传热系数”文本框中输入“30”，即壁面和空气的换热系数为 30（W/m²·K），在“来流温度”文本框中输入“303”，即空气的温度为 30 ℃，单击“应用”按钮，然后单击“关闭”按钮。

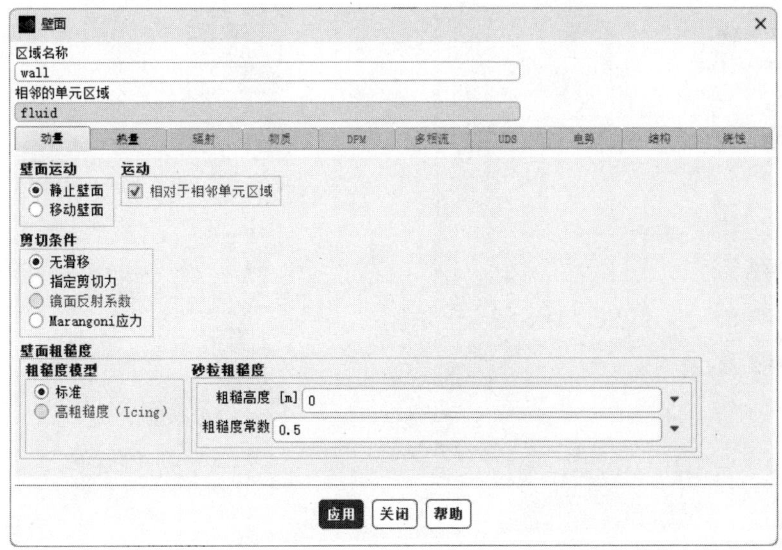

图 8-16　“壁面”对话框

Note

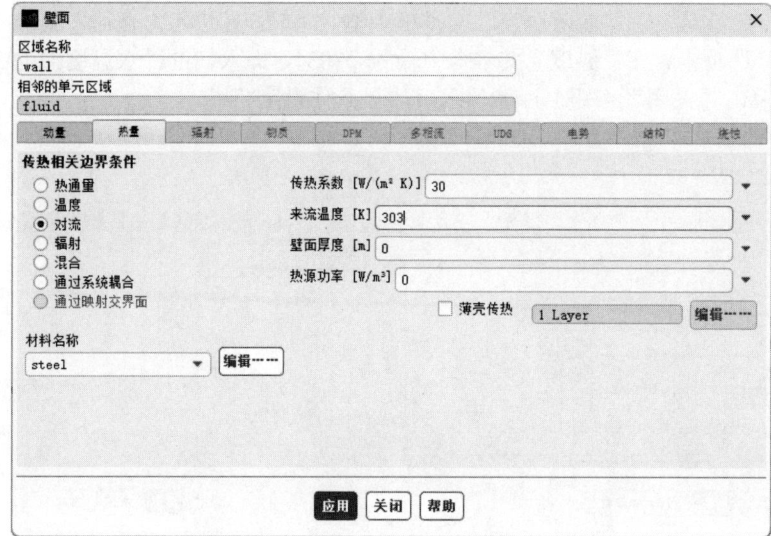

图 8-17　“热量”选项卡 2

8.1.3　求解设置

边界条件设定好以后，即可设定连续性方程和能量方程的具体求解方式。

（1）设置求解参数。选择功能区中的“求解”→“控制”→“控制”选项，弹出如图 8-18 所示的“解决方案控制”面板，所有选项保持系统默认设置。

（2）初始化。选择功能区中的“求解”→“初始化”→“标准”→“选项”，弹出如图 8-19 所示的“解决方案初始化”面板。在“初始化方法”栏中选中“标准初始化”单选按钮，然后在“计算参考位置”下拉列表框中选择“oolinlet”选项，再单击“初始化”按钮。

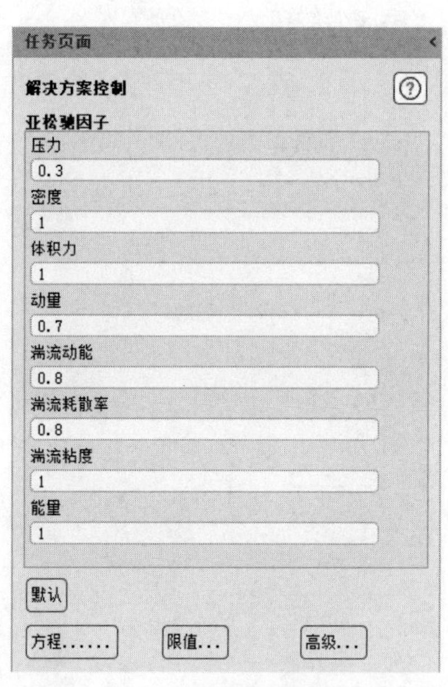

图 8-18　“解决方案控制”面板

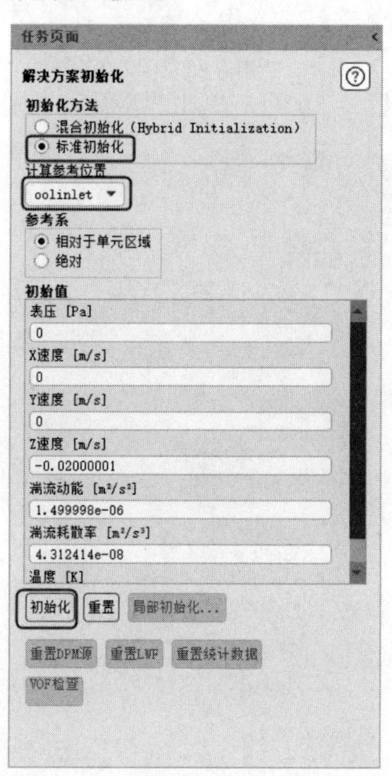

图 8-19　“解决方案初始化”面板

（3）打开残差图。选择功能区中的“求解”→“报告”→“残差”选项，弹出如图 8-20 所示的“残差监控器”对话框，选中“选项”选项组中的“绘图”复选框，从而在迭代计算时，动态显示计算残差，求解精度保持系统默认设置，最后单击“OK”按钮。

（4）保存 Case 文件和 Data 文件。选择功能区中的“文件”→“导出”→“Case&Data”选项，保存前面所做的所有设置。

（5）迭代。选择功能区中的“求解”→“运行计算”→“运行计算”选项，弹出“运行计算”面板，迭代设置如图 8-21 所示，单击“开始计算”按钮，Fluent 求解器开始求解，计算一段时间后，在求解过程中确认如图 8-22 所示的残差图，在迭代到 552 步时计算收敛。

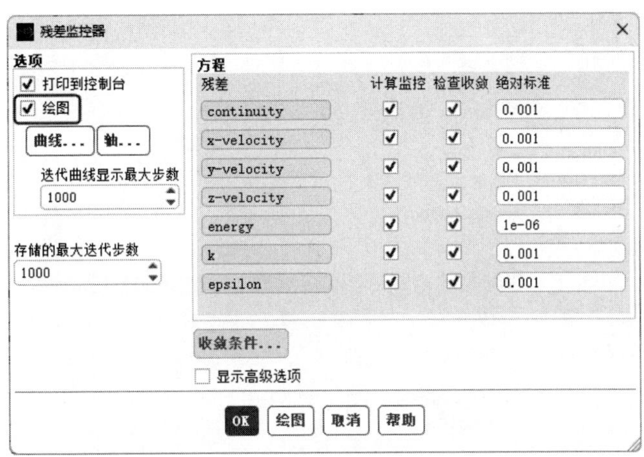

图 8-20　“残差监控器”对话框

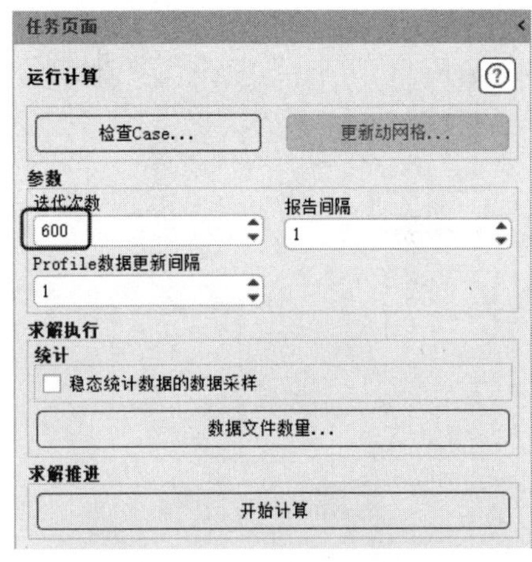

图 8-21　“运行计算”面板

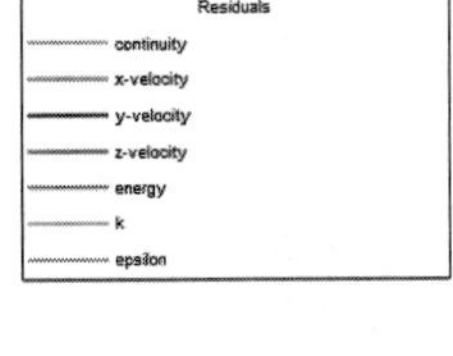

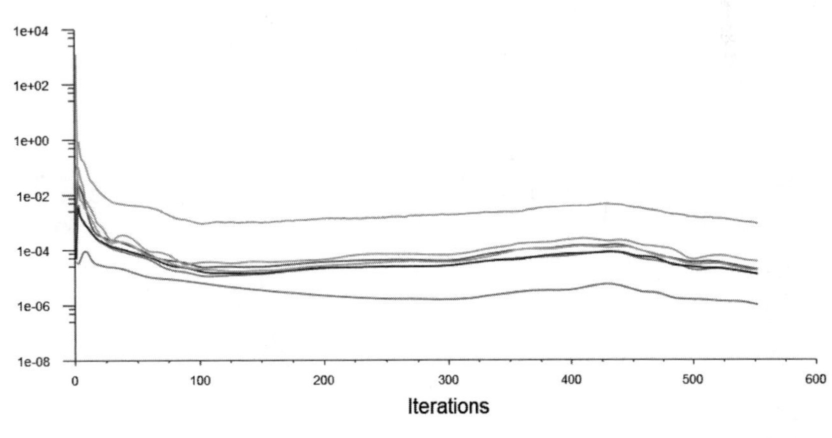

图 8-22　残差图

8.1.4　后处理

由于三维计算不便于直接查看计算结果，所以要创建内部的面来查看计算结果，具体操作步骤如下。

（1）创建内部的面。

选择功能区中的“结果”→“表面”→“创建”→“平面”选项，弹出“平面”对话框。在“方法”列表框中选择 ZX 平面选项。本例要创建 YZ 平面，如图 8-23 所示。单击“创建”按钮，创建内部的面 plane-4。

（2）显示压力云图和等值线。

Note

迭代收敛后，选择功能区中的“结果”→“图形”→“云图”→“创建”选项，弹出如图 8-24 所示的“云图”对话框。在“表面”列表框中选择“plane-4”选项，单击“保存/显示”按钮，得到如图 8-25 所示的压力等值线图；取消选中“选项”选项组中的“填充”复选框，单击“保存/显示”按钮，得到如图 8-26 所示的压力云图。

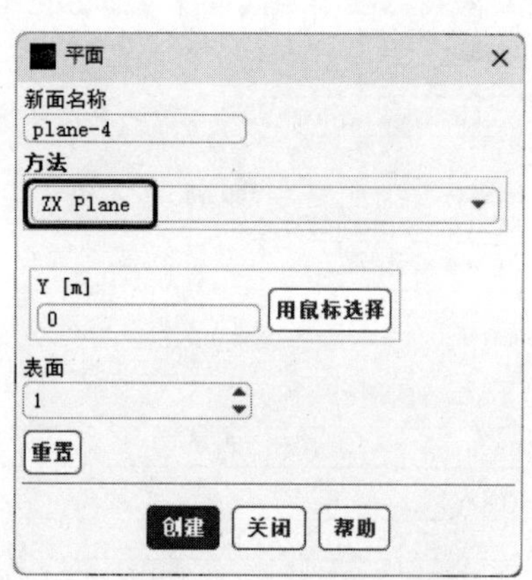

图 8-23 “平面”对话框

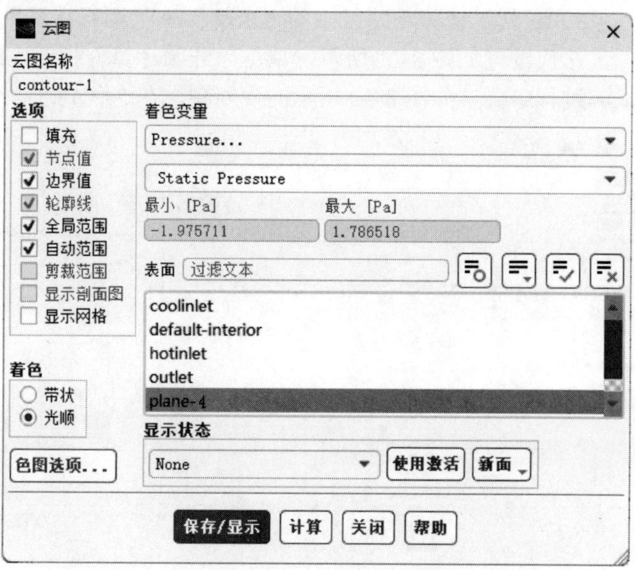

图 8-24 “云图”对话框

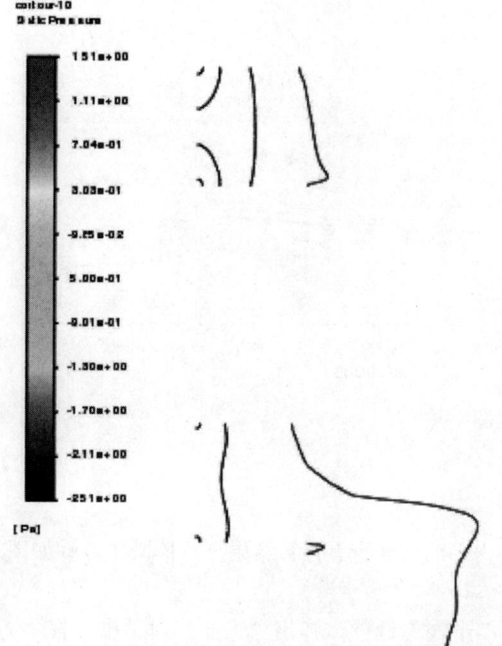
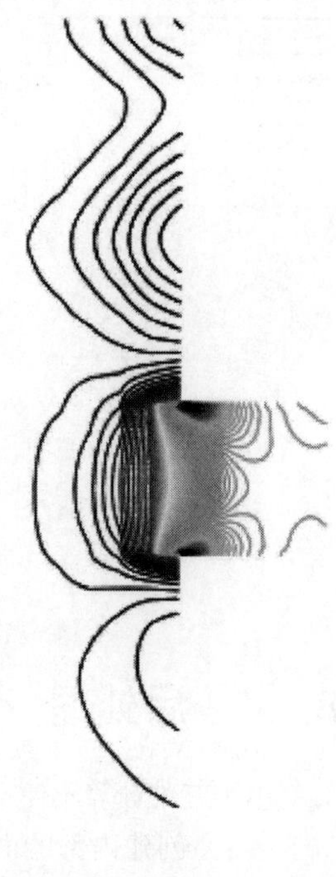

图 8-25 压力等值线图

图 8-26　压力云图

（3）显示速度云图和等值线。

在“云图”对话框“着色变量”选项组的第一个下拉列表框中选择“Velocity”选项，单击“保存/显示”按钮，得到如图 8-27 所示的速度云图，取消选中“选项”选项组中的“填充”复选框，单击“保存/显示”按钮，得到如图 8-28 所示的速度等值线。

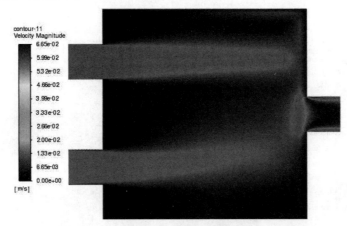

图 8-27　速度云图

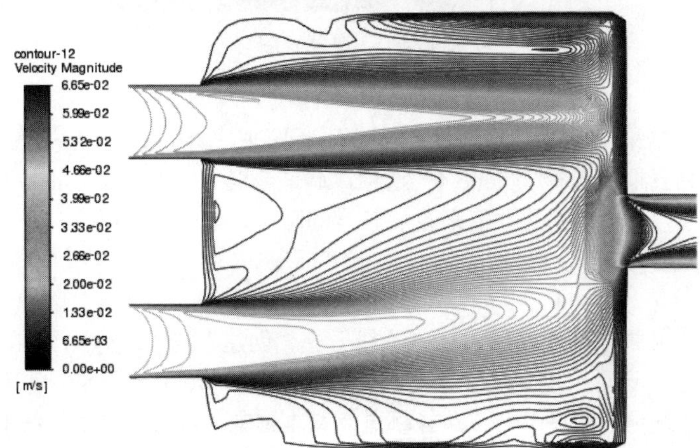

图 8-28　速度等值线

Note

（4）显示温度云图和等值线。

在“云图”对话框“着色变量”选项组的第一个下拉列表框中选择“Temperature”选项，单击“保存/显示”按钮，得到如图 8-29 所示的温度等值线，选中“选项”选项组中的“填充”复选框，单击“保存/显示”按钮，得到如图 8-30 所示的温度云图。

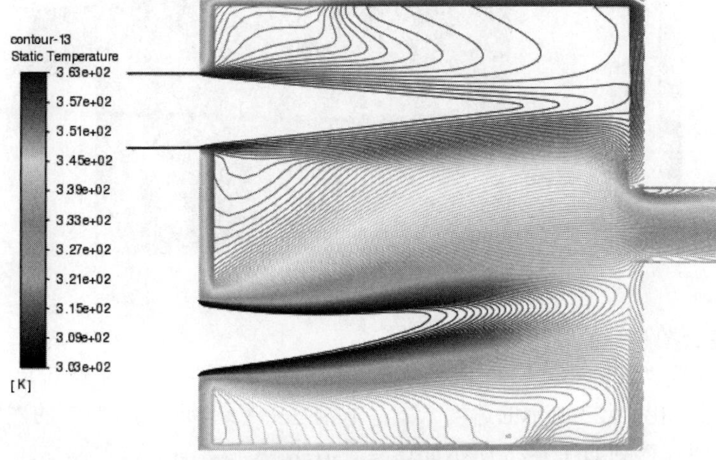

图 8-29　温度等值线

图 8-30　温度云图

（5）显示速度矢量。

选择功能区中的“结果”→“矢量”→“云图”→“创建”选项，弹出如图 8-31 所示的“矢量”对话框。在“表面”列表框中选择“plane-4”选项，通过改变“比例”文本框中的数值来改变矢量的长度，通过改变“跳过”文本框中的数值来改变矢量的疏密，单击“保存/显示”按钮，得到如图 8-32 所示的速度矢量图。

（6）显示流线。

选择功能区中的“结果”→“图形”→“迹线”→“创建”选项，弹出如图 8-33 所示的“迹线”对话框，在“着色变量”选项组的第一个下拉列表框中选择“Velocity”选项，在“从表面释放”列表框中选择“plane-4”选项，通过改变“路径跳过”文本框中的数值来改变流线的疏密，单击“保存/显示”按钮，得到如图 8-34 所示的流线图。

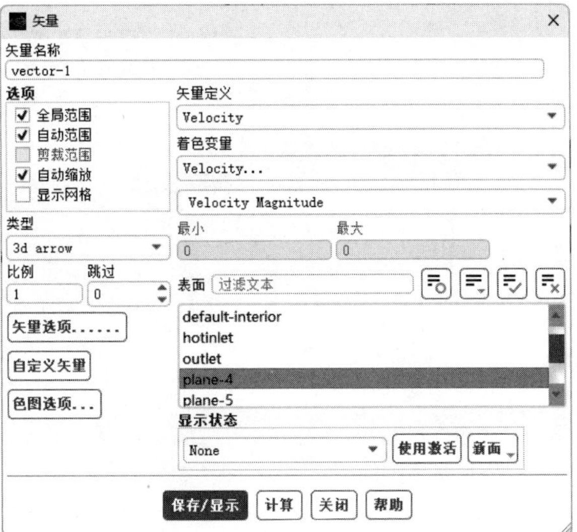

图 8-31　“矢量”对话框

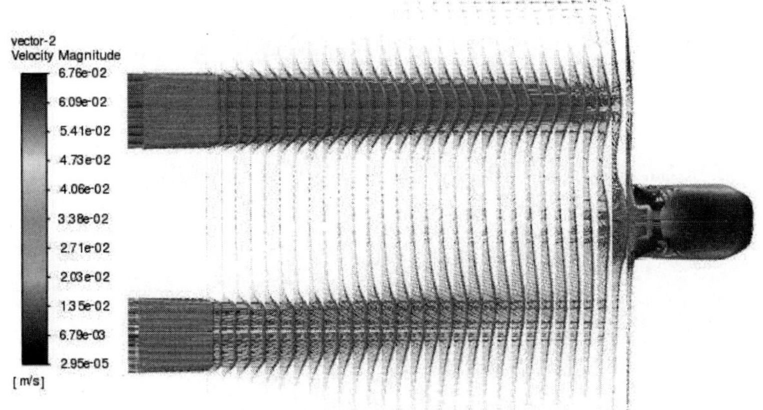

图 8-32　速度矢量图

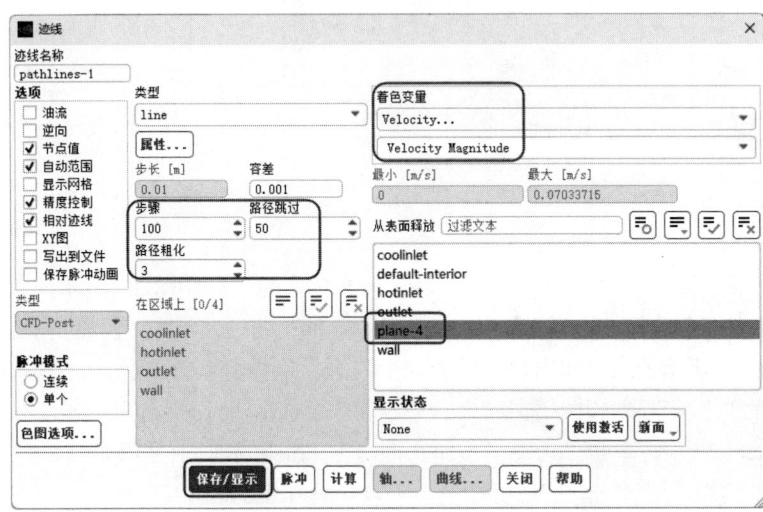

图 8-33　“迹线”对话框

图 8-34　流线图

（7）查看压力损失。

选择功能区中的“结果”→“报告”→“表面积分”选项，弹出如图 8-35 所示的“表面积分”对话框。在“报告类型”下拉列表框中选择“Area-Weighted Average”选项，在“表面”列表框中选择“hotinlet”“coolinlet”“outlet”选项，单击“计算”按钮，即可在 Fluent 窗口中显示如图 8-36 所示的入口和出口平均压力信息，这样可以计算出进、出口的压力损失。

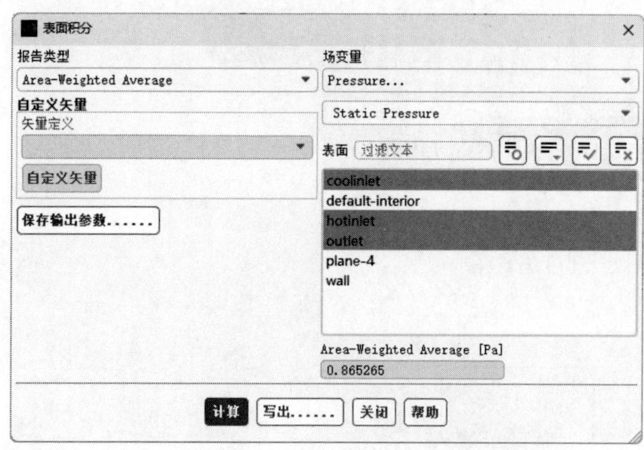

图 8-35　“表面积分”对话框

```
           Area-Weighted Average
                 Static Pressure                  [Pa]
-------------------------------- --------------------
                       coolinlet            1.2887291
                        hotinlet            1.3289144
                          outlet          -0.93322243
                ---------------- --------------------
                             Net           0.56147367
```

图 8-36　入口和出口的平均压力信息

（8）查看流量。

选择功能区中的“结果”→“报告”→“通量”选项，弹出如图 8-37 所示的“通量报告”对话框。在“边界”列表框中选择“hotinlet”“coolinlet”“outlet”选项，单击“计算”按钮，即可在 Fluent 窗口中显示如图 8-38 所示的入口和出口的质量流量信息，这样可以看出进、出口质量是否守恒。

在图 8-37 中的“选项”选项组中选中“总传热速率”单选按钮，在“边界”列表框中选择“hotinlet”“coolinlet”“outlet”选项，单击“计算”按钮，即可在 Fluent 窗口中显示如图 8-39 所示的入口、出口和壁面的热通量信息。通过这些信息可以看出，能量是守恒的。

Note

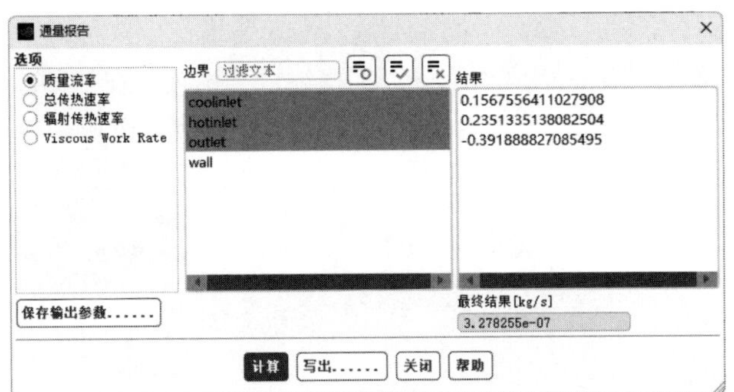

图 8-37　“通量报告”对话框

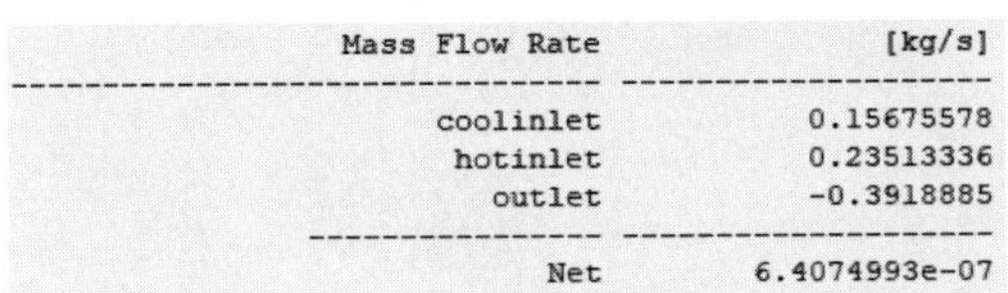

Mass Flow Rate	[kg/s]
coolinlet	0.15675578
hotinlet	0.23513336
outlet	-0.3918885
Net	6.4074993e-07

图 8-38　入口和出口的质量流量信息

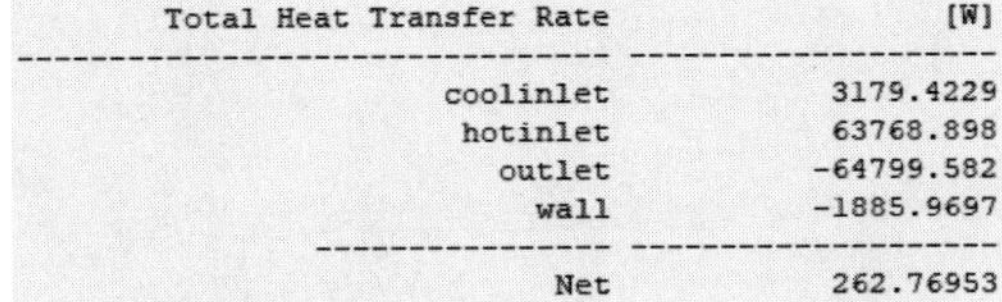

Total Heat Transfer Rate	[W]
coolinlet	3179.4229
hotinlet	63768.898
outlet	-64799.582
wall	-1885.9697
Net	262.76953

图 8-39　入口、出口和壁面的热通量信息

8.2　三维流-固耦合散热模拟

视频讲解

在一个环形板上安装电子芯片，在本例中模拟成一个长方体。空气以 0.5 m/s 的速度从模型的一端进入，从另一端流出。模型外部温度保持在 298 K，具体参数如图 8-40 所示。现在用 Fluent 来模拟该流-固散热问题。

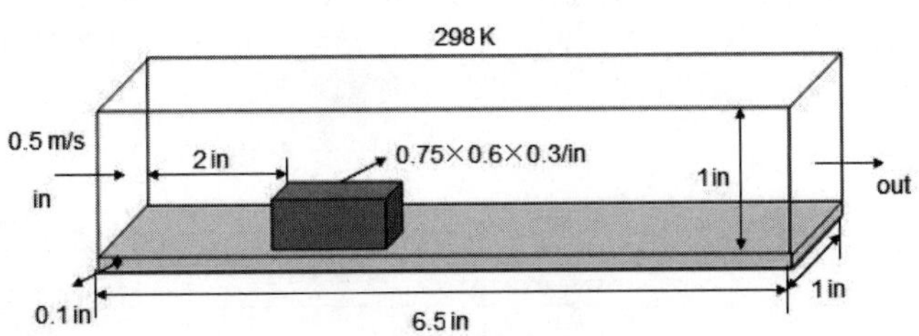

图 8-40　实例模型

8.2.1　导入 Mesh 文件

（1）读入 Mesh 文件。打开 Workbench 程序，展开左边工具箱中的“分析系统”栏，将“流体流动（Fluent）”选项拖动到“项目原理图”界面中，创建一个含有“流体流动（Fluent）”的项目模块，然后右击“网格”栏，在弹出的快捷菜单中选择“导入网格文件”→“浏览”命令，弹出“文件导入”对话框，找到 Model10.msh 文件，单击“打开”按钮，Mesh 文件就被导入 Fluent 求解器。

（2）启动 Fluent 应用程序。右击“流体流动（Fluent）”项目模块中的“设置”栏，在弹出的快捷菜单中选择“编辑”命令，然后弹出“Fluent Launcher 2022 R1（Setting Edit Only）”启动器对话框，选用 3D 单精度求解器。单击“Start”（启动）按钮，启动 Fluent 应用程序。

8.2.2　计算模型的设定

（1）选择功能区中的“域”→“网格”→“检查”→“执行网格检查”选项，确定最小网格大

Note

于 0。

（2）选择功能区中的“域”→“网格”→“网格缩放”选项，在如图 8-41 所示的“缩放网格”对话框的“网格生成单位”下拉列表框中选择“in”，单击“比例”按钮。

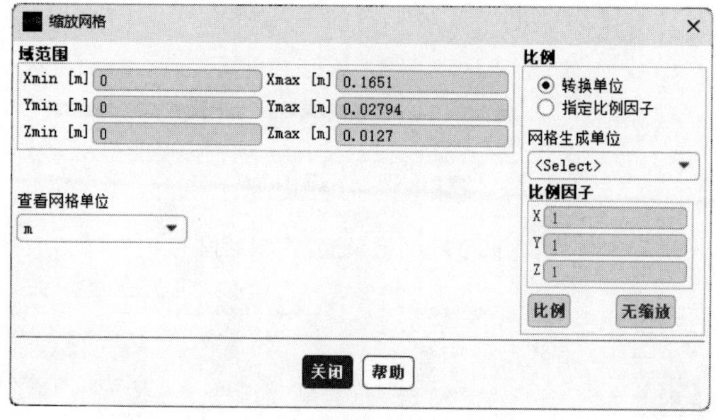

图 8-41 “缩放网格”对话框

（3）选择功能区中的“物理模型”→“求解器”→“通用”选项，弹出“通用”面板，本例保持系统默认设置即可满足要求。

（4）打开能量方程。选中功能区中的“物理模型”→“模型”→“能量”复选框，即打开能量方程。

（5）选择功能区中的“物理模型”→“模型”→“黏性”选项，在弹出的对话框中选择“层流”，单击“OK”按钮。

（6）选择功能区中的“物理模型”→“材料”→“创建编辑”选项，在如图 8-42 所示的“创建/编辑材料”对话框中的“材料类型”下拉列表框中选择“solid”，在“名称”文本框中输入“board”，删除“化学式”中的内容，将“热导率”设置为“0.1”；单击“更改/创建”按钮。同理，按照图 8-43 所示的参数创建材料 chip。

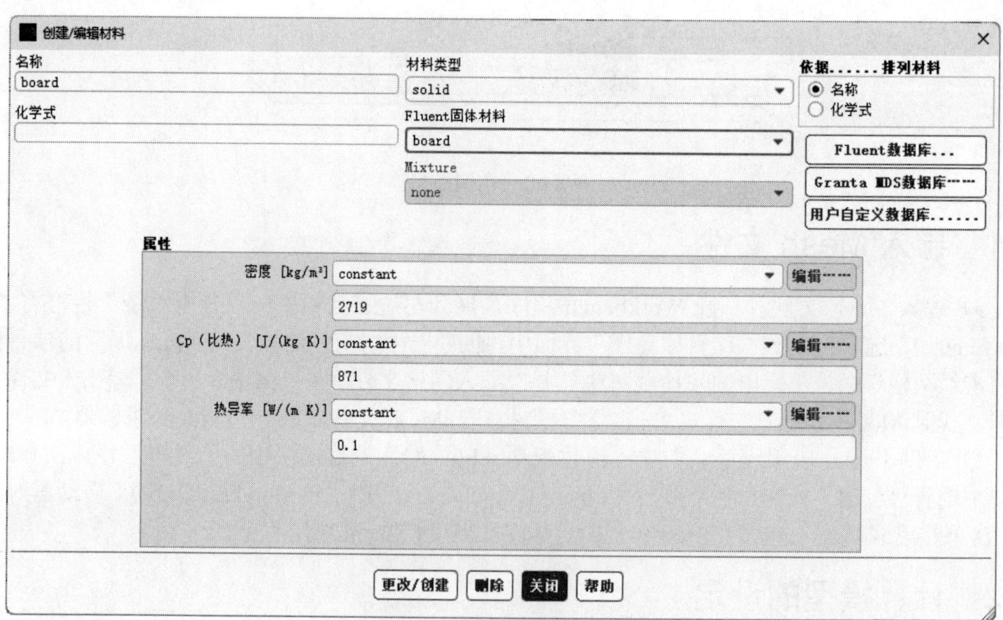

图 8-42 board 材料参数的设置

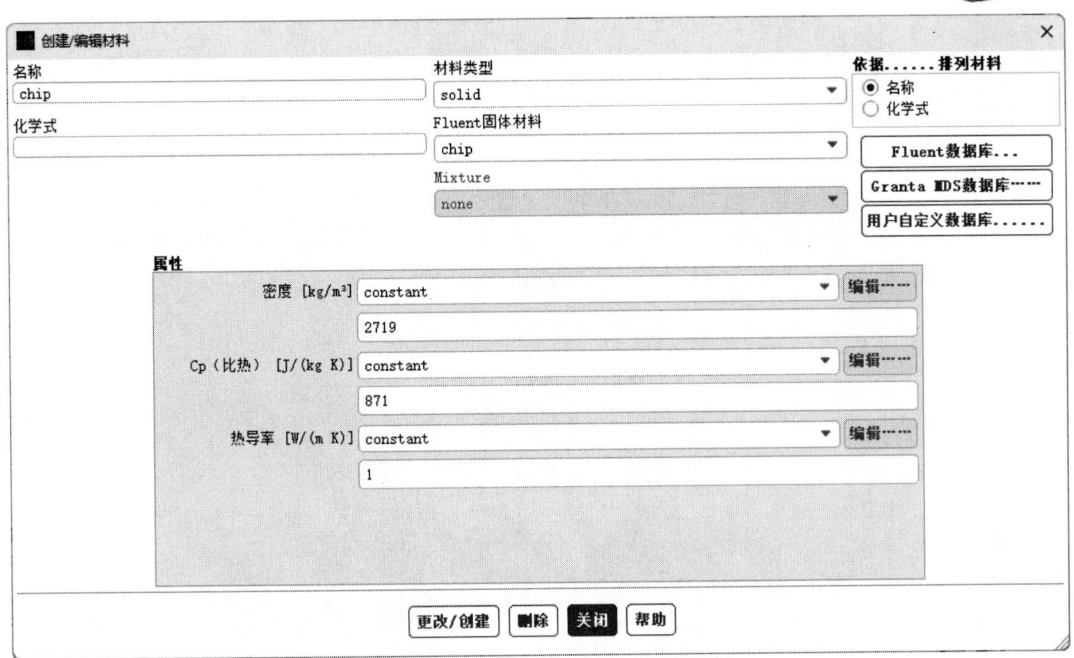

图 8-43　chip 材料参数的设置

（7）选择功能区中的“物理模型”→“区域”→“单元区域”选项，弹出“单元区域条件”面板。在“区域”下面选择“fluid”，单击“编辑”按钮。在弹出的 Fluid 面板中选择“材料名称”为“air”。回到“单元区域条件”面板，在“区域”下面选择“board-solid”，单击“编辑”按钮，在弹出的“固体”对话框中选择“材料名称”为“board”，如图 8-44 所示。

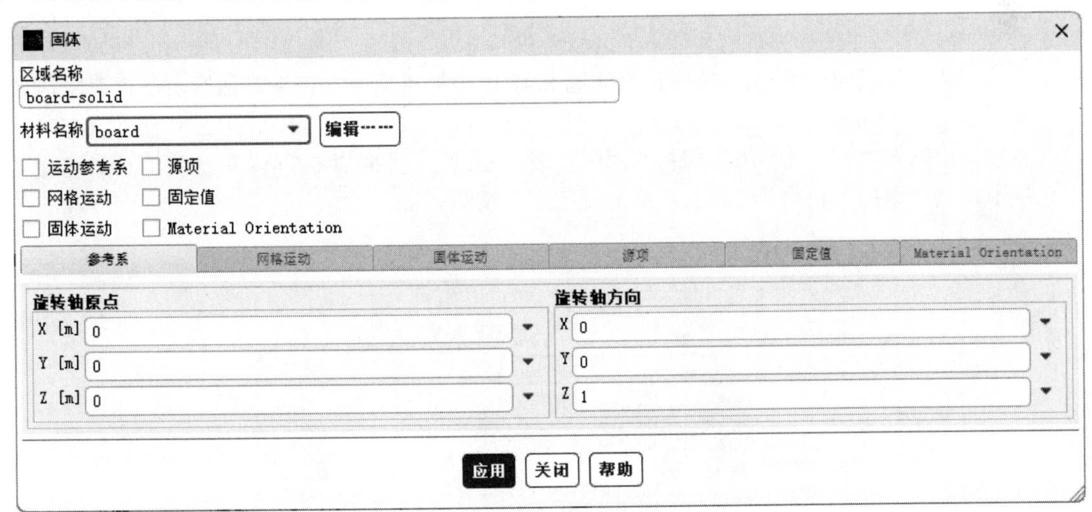

图 8-44　“固体”对话框 board-solid 材料类型设置

（8）同理指定 chip-solid 的材料类型。在弹出的“固体”对话框中选中“源项”复选框，如图 8-45 所示。在“源项”选项卡“能量”后面，单击“编辑”按钮，进入如图 8-46 所示的“能量源项”对话框，将数量设为“1”，从下拉列表框中选择“constant”，将前面数值设定为“904000”，单击“OK”按钮。

Note

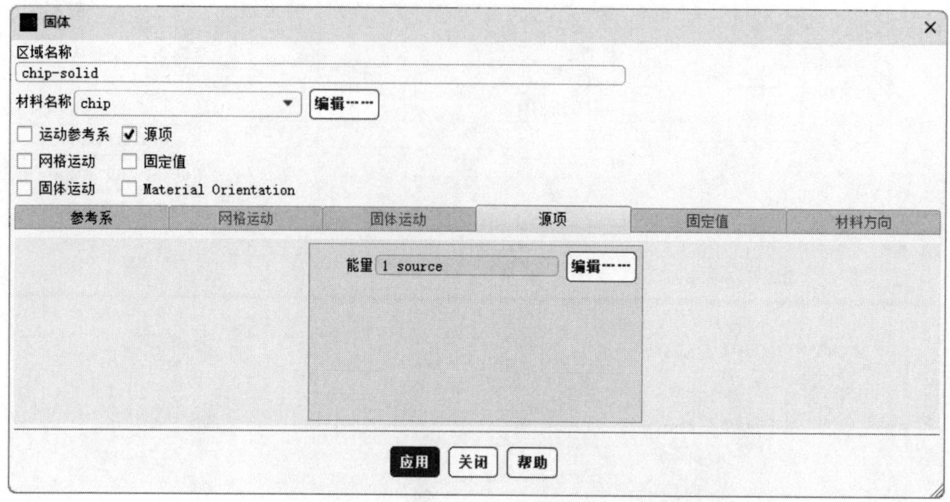

图 8-45 “固体”对话框 chip 材料类型设置

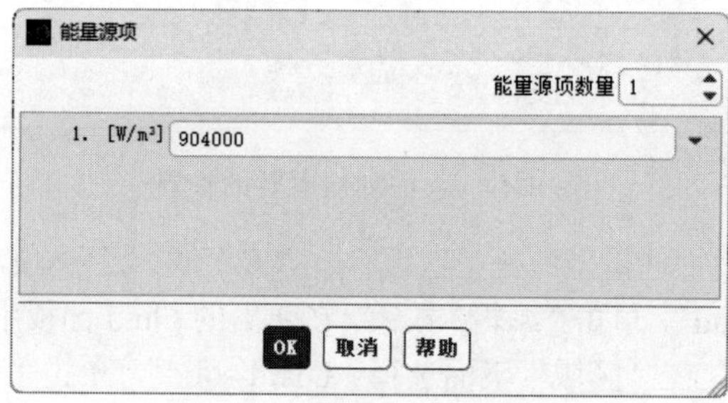

图 8-46 “能量源项”对话框

（9）选择功能区中的“物理模型”→“区域”→“边界”选项，弹出“边界条件”面板。在“区域”下面选择“in”，单击“编辑”按钮进入如图 8-47 所示的“速度入口”对话框，在“速度定义方法”文本框中选择“Magnitude and Direction”；在“速度大小”文本框中输入“0.5”，在“流方向的 X 分量”文本框中输入“1”，其他方向保持为“0”。表示 air 沿 x 方向以 0.5 m/s 的速度流动。选择“热量”选项卡，将“温度”设定为 298 K，单击“应用”按钮。

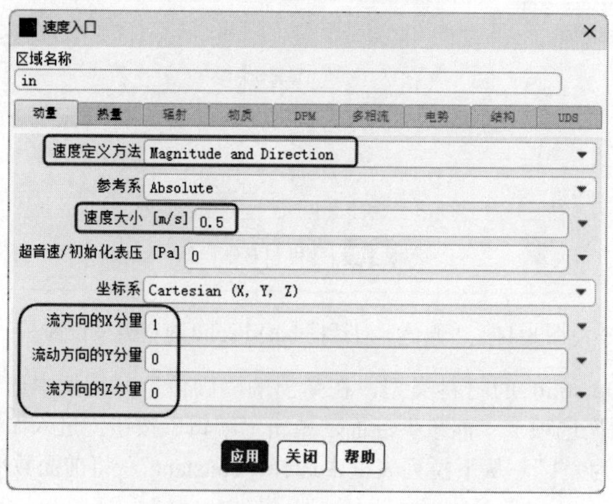

图 8-47 “速度入口”对话框

（10）回到“边界条件”面板，在“区域”下面选择“out”，单击“编辑”按钮，进入“压力出口”对话框，将“温度”设定为 298 K，其他各项保持默认值，单击“应用”按钮。

（11）回到“边界条件”面板，在“区域”下面选择“wall”，单击“编辑”按钮进入 wall 面板，选择“热量”选项卡，在“传热相关边界条件”下选中“对流”单选按钮，设置“传热系数”为“1.5”，“来流温度”值为“298”，如图 8-48 所示，单击“应用”按钮。同理，对 board-bottom-wall 进行设置。

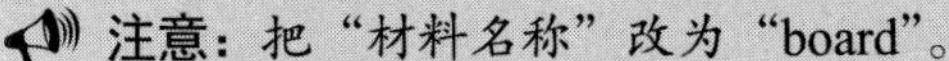

注意：把“材料名称”改为“board”。

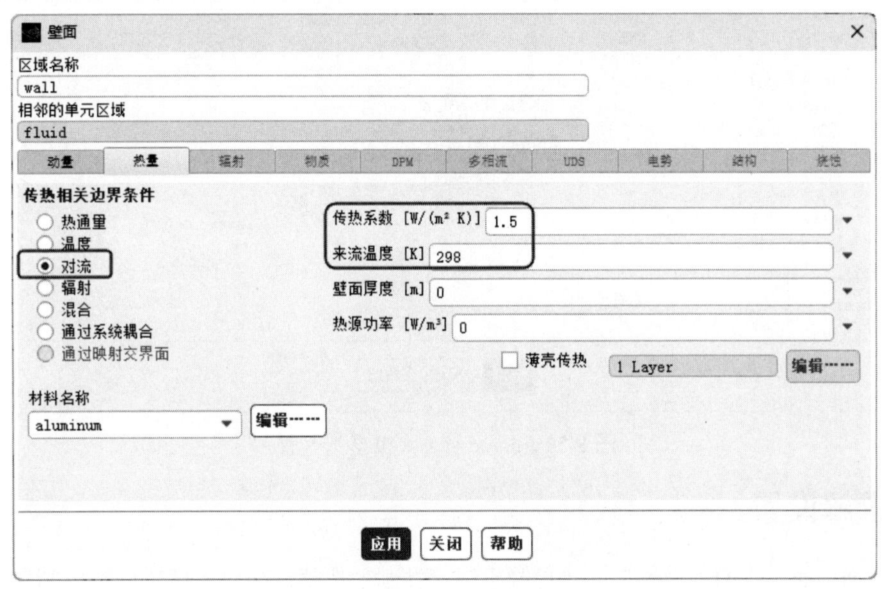

图 8-48　“壁面”对话框

（12）回到“边界条件”面板，在“区域”下面选择“chip-bottom-wall”，单击“编辑”按钮进入“wall”面板，选择“热量”选项卡，在“传热相关边界条件”下选中“耦合”单选按钮，在“材料名称”下拉列表框中选择“chip”，如图 8-49 所示，单击“应用”按钮。同理对 chip-side-wall 和 board-top-wall 进行设置，“材料名称”需要改为“chip”和“board”。

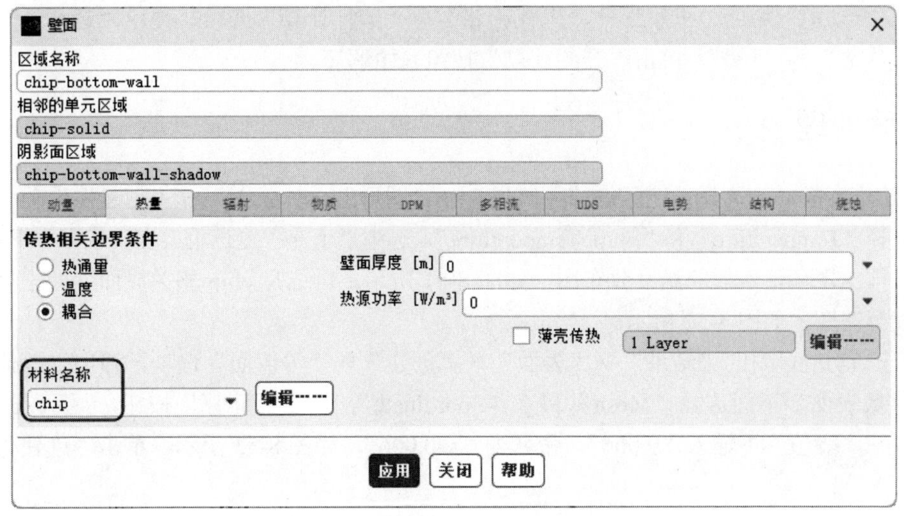

图 8-49　chip-bottom-wall 参数设置

Note

（13）回到“边界条件”面板，在“区域”下面选择“board-side-wall”，单击“编辑”按钮进入“wall”面板，选择“热量”选项卡，在“传热相关边界条件”下选中“热通量”单选按钮，在“材料名称”下拉列表框中选择“board”，如图 8-50 所示，单击“应用”按钮。

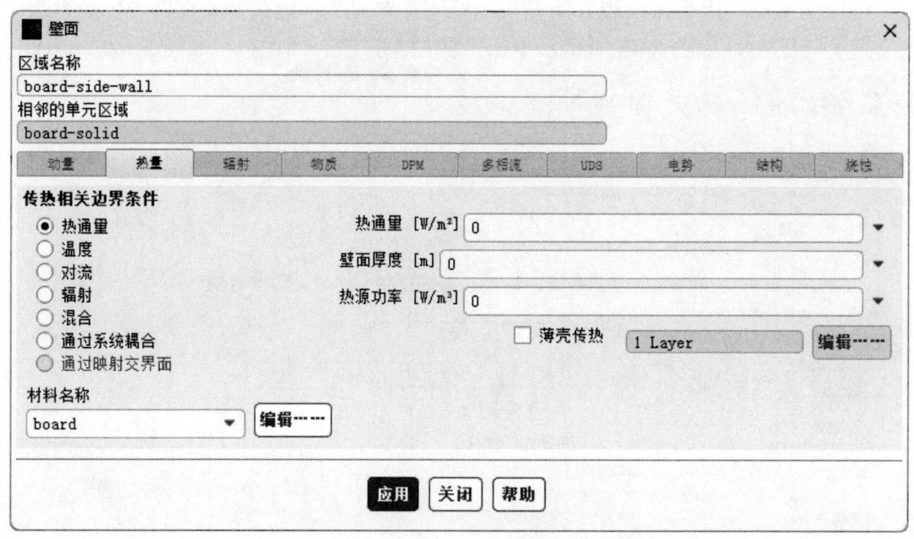

图 8-50　board-side-wall 参数设置

8.2.3　求解设置

（1）选择功能区中的“求解”→“控制”→“控制”选项，弹出“解决方案控制”面板，保持默认值。

（2）初始化。选择功能区中的“求解”→“初始化”→“标准”→“选项”选项，弹出“解决方案初始化”面板。在“计算参考位置”下拉列表框中选择“in”选项，单击“初始化”按钮。

（3）选择功能区中的“求解”→“报告”→“残差”选项，在“残差监控器”对话框中选中“绘图”复选框，单击“OK”按钮。

（4）选择功能区中的“求解”→“运行计算”→“运行计算”选项，弹出“运行计算”面板，设置“迭代次数”为“100”，单击“开始计算”按钮开始解算。

8.2.4　后处理

（1）迭代完成后，选择功能区中的“结果”→“图形”→“云图”→“创建”选项，在“着色变量”下选择“Temperature”和“StaticTemperature”，选中“填充”复选框，在“表面”下选择 board 相关界面，即出现环形木板的温度分布图，如图 8-51 所示。再选择 chip 相关界面，即出现电子芯片周围的温度分布图，如图 8-52 所示。

（2）选择功能区中的“结果”→“表面”→“创建”→“等值面”选项，弹出“等值面”对话框，在“常数表面”下面选择“Mesh”和“Y-Coordinate”；单击“计算”按钮，显示 Y 的最小值和最大值；在“等值”下输入“0.006”，命名为“y-0.006”，如图 8-53 所示，单击“创建”按钮创建平面。

图 8-51　环形木板的温度分布图

图 8-52　电子芯片周围的温度分布图

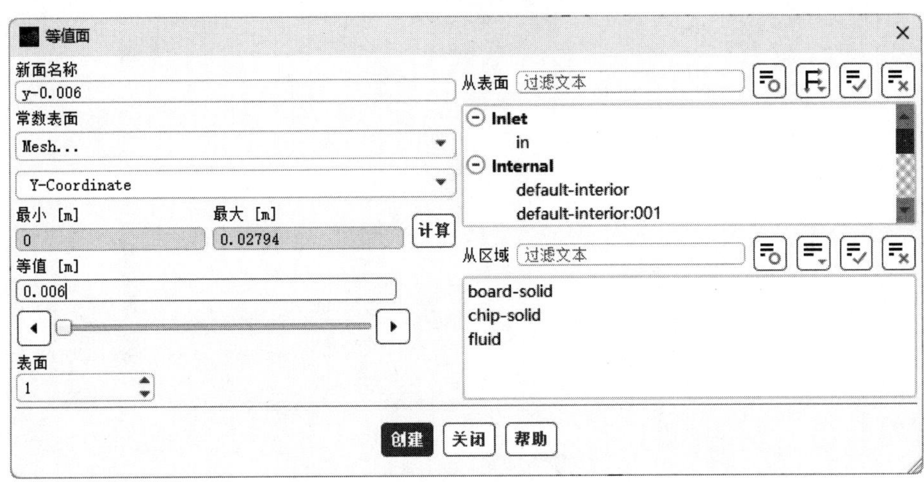

图 8-53　“等值面”对话框

Note

（3）选择功能区中的“结果”→“矢量”→“创建”选项，在如图 8-54 所示的“矢量”对话框中选择“Iso-surface：y-0.006”，在“比例”文本框中输入“4”。

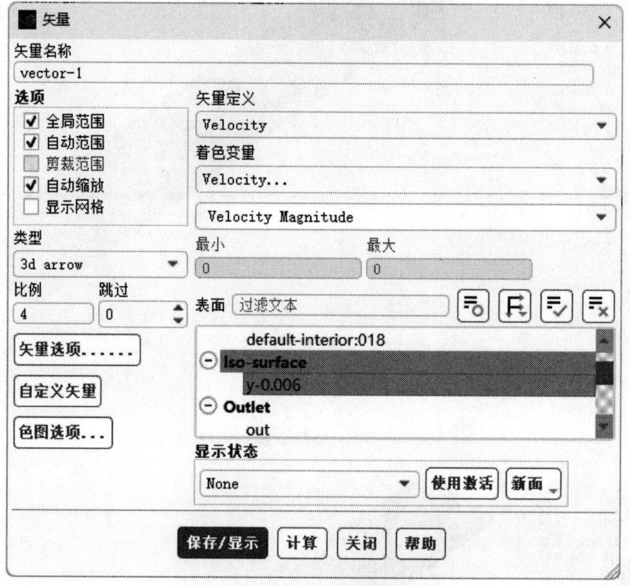

图 8-54 “矢量”对话框

（4）选择功能区中的“结果”→“图形”→“网格”→“创建”选项，弹出如图 8-55 所示的“网格显示”对话框，在“选项”选项卡中选中“面”复选框，取消选中“边”复选框，在“表面”列表框中选择“board-top-wall”和“chip-side-wall”。选中“按类型”单选按钮，然后单击“编辑”按钮，弹出如图 8-56 所示的“Zone Type Color and Material Assignment”对话框，可以改变网格颜色。如在“类型”列表框中选择“wall”，在“颜色”列表框中选择“blue”，单击“重置”按钮即可完成对颜色的定义。

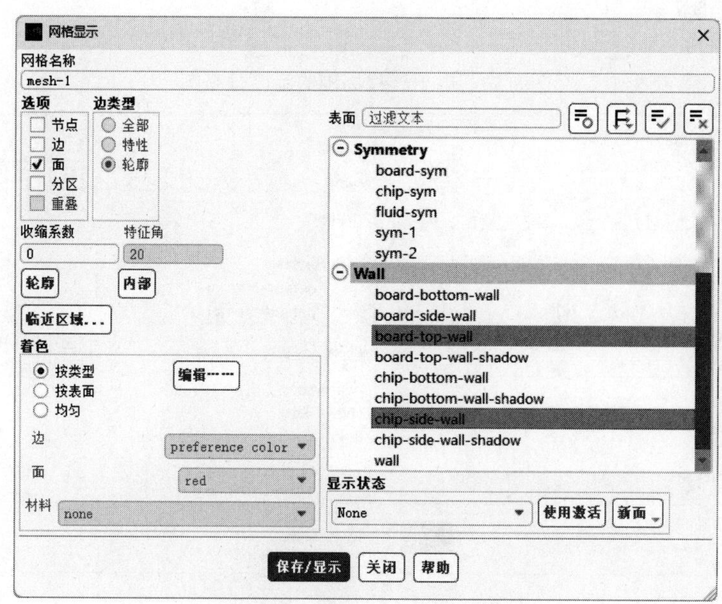

图 8-55 “网格显示”对话框

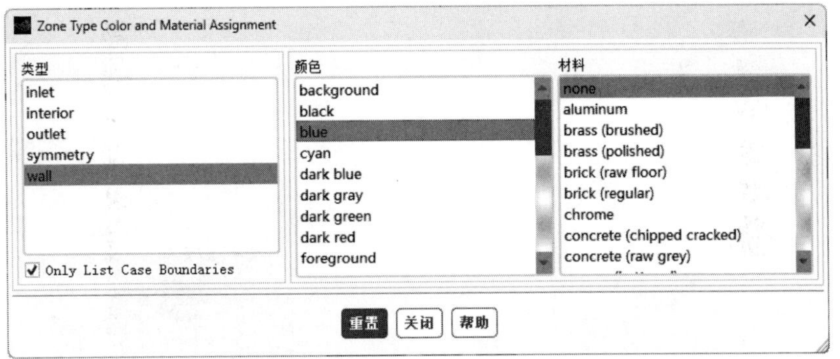

图 8-56　“Zone Type Color and Material Assignment”对话框

（5）单击“矢量”对话框下的“保存/显示”按钮，即出现截面的速度矢量图，如图 8-57 所示。

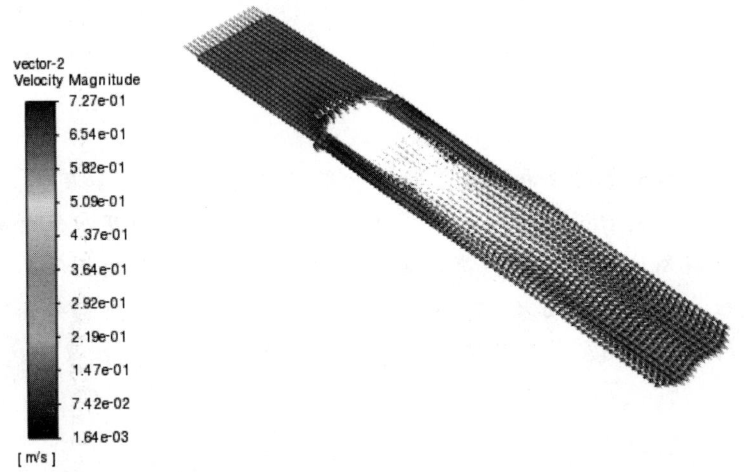

图 8-57　截面的速度矢量图

（6）计算完成的结果保存为 Case 文件和 Data 文件。选择功能区中的“文件”→“导出”→“Case&Data”选项，在弹出的“文件保存”对话框中将结果文件命名为 Model10.cas，保存 Case 文件的同时也保存了 Data 文件，即 Model10.dat。

第9章

多相流模型

工程问题中会遇到大量的多相流动。物质一般具有气态、液态和固态 3 相，但是多相流系统中相的概念具有更广泛的意义。在多相流动中，所谓的相可以定义为具有相同类别的物质，该类物质在所处的流动中具有特定的惯性响应并与流场相互作用。例如，相同材料的固体物质颗粒如果具有不同尺寸，即可把它们看成不同的相，因为相同尺寸粒子的集合对流场有相似的动力学响应。本章将简单介绍如何在Fluent中创建多相流模型。

9.1 Fluent 中的多相流模型

目前，有两种数值计算的方法处理多相流：欧拉-拉格朗日法和欧拉-欧拉方法。在 Fluent 中，拉格朗日离散相模型遵循欧拉-拉格朗日法，流体相被处理为连续相，通过直接求解时均化的纳维-斯托克斯方程来获得结果，而离散相是通过计算流场中大量的粒子、气泡或液滴的运动得到的。离散相和流体相之间可以有动量、质量和能量的交换。在欧拉-欧拉方法中，不同的相被处理成互相贯穿的连续介质，由于一种相所占的体积无法再被其他相占有，故此引入相体积率（phase volume fraction）的概念。体积率是时间和空间的连续函数，各相的体积率之和等于 1。从各相的守恒方程可以推导出一组方程，这些方程对于所有的相都具有类似的形式。从实验得到的数据可以创建一些特定的关系，从而使上述方程封闭。另外，对于小颗粒流（granular flows）可以应用分子运动论的理论使方程封闭。

在 Fluent 中，共有 3 种欧拉多相流模型，即 VOF（volume of fluid）模型、混合物（Mixture）模型和欧拉（Eulerian）模型，每一种模型都有其特定的适用范围和设定方法，下面针对 3 种模型依次加以介绍。

9.1.1 VOF 模型

VOF 模型，是一种在固定欧拉网格下的表面跟踪方法，当需要得到一种或多种互不相融流体间的交界面时，可以采用这种模型。在 VOF 模型中，不同的流体组分共用一套动量方程，计算时在全流场的每个计算单元内，都会记录下个流体组分所占有的体积率。VOF 方法适用于计算空气和水不能互相参混的流体的流动，应用例子包括分层流、自由面流动、灌注、晃动、液体中大气泡的流动、水坝决堤时的水流、喷射衰竭表面张力的预测，以及求得任意液-气分界面的稳态或瞬时分界面。对于分层流和活塞流，最方便的是选择 VOF 模型。

在 Fluent 应用中，VOF 模型具有一定的局限，具体如下。

☑ VOF 模型只能使用压力基求解器。

☑ 所有的控制容积必须充满单一流体相或者相的联合；VOF 模型不允许在空的区域中没有任何类型的流体存在。

☑ 只有一相是可压缩的。

☑ 计算 VOF 模型时不能同时计算周期流动问题。

☑ VOF 模型不能使用二阶隐式的时间格式。

☑ VOF 模型不能同时计算组分混合和反应流动问题。

☑ 大涡模拟紊流模型不能用于 VOF 模型。

☑ VOF 模型不能用于无黏流。

☑ VOF 模型不能在并行计算中追踪粒子。

☑ 壁面壳传导模型不能和 VOF 模型同时计算。

此外，在 Fluent 中，VOF 公式通常用于计算时间依赖解，但是，对于只关心稳态解的问题，它也可以执行稳态计算。稳态 VOF 计算是敏感的，只有当解独立于初始时间并且对于单相有明显的流入边界时才有解。例如，在旋转的杯子中自由表面的形状依赖于流体的初始水平，这样的问题必须使用非定常公式，而渠道内顶部有空气的水的流动和分离的空气入口可以采用稳态公式来求解。

Note

9.1.2 Mixture 模型

Mixture 模型可用于两相流或多相流（流体或颗粒）。因为，在欧拉模型中，各相被处理为互相贯通的连续体，Mixture 模型求解的是混合物的动量方程，并通过相对速度来描述离散相。Mixture 模型的应用包括低负载的粒子负载流、气泡流、沉降，以及旋风分离器。Mixture 模型也可用于没有离散相相对速度的均匀多相流。

Mixture 模型是 Eulerian 模型在几种情形下很好的替代。当存在大范围的颗粒相分布或者界面的规律未知或者它们的可靠性有疑问时，完善的多相流模型是不切实可行的。当求解变量的个数小于完善的多相流模型时，像 Mixture 模型这样简单的模型能和完善的多相流模型一样取得好的结果。

在 Fluent 应用中，Mixture 模型具有一定的局限，具体如下。

☑ Mixture 模型只能使用压力基求解器。

☑ 只有一相是可压缩的。

☑ 计算 Mixture 模型时不能同时计算周期流动问题的解。

☑ 不能用于模拟融化和凝固的过程。

☑ Mixture 模型不能用于无黏流。

☑ 在模拟气穴现象时，若湍流模型为 LES 模型则不能使用 Mixture 模型。

☑ 若 MRF 多旋转坐标系与混合模型同时使用时，则不能使用相对速度公式。

☑ 不能和固体壁面的热传导模拟同时使用。

☑ 不能用于并行计算和颗粒轨道模拟。

☑ 组分混合和反应流动的问题不能和 Mixture 模型同时使用。

☑ Mixture 模型不能使用二阶隐式的时间格式。

☑ Mixture 模型的缺点有界面特性包括不全、扩散和脉动特性难于处理等。

9.1.3 Eulerian 模型

Eulerian 模型是 Fluent 中最复杂的多相流模型。它建立了一套包含有 n 个参数的动量方程和连续方程来求解每一相。压力项和各界面交换系数是耦合在一起的。耦合的方式则依赖于所含相的情况，颗粒流（流-固）的处理与非颗粒流（流-流）是不同的。对于颗粒流，可应用分子运动理论来得出流动特性。不同相之间的动量交换也依赖于混合物的类别。通过 Fluent 的用户自定义函数（user-defined functions），用户可以自定义动量交换的计算方式。Eulerian 模型的应用包括气泡柱、上浮、颗粒悬浮，以及流化床等情形。

除了以下的限制，在 Fluent 中所有其他的可利用特性都可以在 Eulerian 多相流模型中使用。

☑ 只有 k–ε 模型能用于紊流。

☑ 颗粒跟踪仅与主相相互作用。

☑ 不能同时计算周期流动问题。

☑ 不能用于模拟融化和凝固的过程。

☑ Eulerian 模型不能用于无黏流。

☑ 不能用于并行计算和颗粒轨道模拟。

☑ 不允许存在压缩流动。

☑ Eulerian 模型中不考虑热传输。

☑ 相同的质量传输只存在于气穴问题中，在蒸发和压缩过程中是不可行的。

☑ Eulerian 模型不能使用二阶隐式的时间格式。

9.2 水油混合物T形管流动模拟实例

图 9-1 所示为一个 T 型管，直径为 0.5 m，水和油的混合物从左端以 1 m/s 的速度进入，其中油的质量分数为 80%。在交叉点处混合流分流，78%质量流率的混合流从下口流出，22%的质量流率的混合流从右端流出。

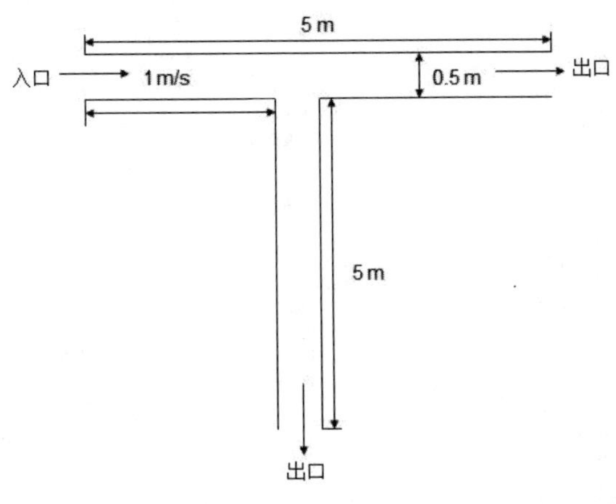

图 9-1 简单几何模型

9.2.1 导入 Mesh 文件

（1）读入 Mesh 文件。打开 Workbench 程序，展开左边工具箱中的“分析系统”栏，将“流体流动（Fluent）”选项拖动到“项目原理图”界面中，创建一个含有“流体流动（Fluent）”的项目模块，然后右击“网格”栏，在弹出的快捷菜单中选择“导入网格文件”→“浏览”命令，弹出“文件导入”对话框，找到 mixture.msh 文件，单击“打开”按钮，Mesh 文件就被导入 Fluent 求解器。

（2）启动 Fluent 应用程序。右击“流体流动（Fluent）”项目模块中的“设置”栏，在弹出的快捷菜单中选择“编辑”命令，然后弹出“Fluent Launcher 2022 R1（Setting Edit Only）”启动器对话框，选用 2D 双精度求解器。单击“Start”（启动）按钮，启动 Fluent 应用程序。

9.2.2 计算模型的设定

（1）选择功能区中的“域”→“网格”→“检查”→“执行网格检查”选项。

（2）选择功能区中的“物理模型”→“求解器”→“通用”选项，弹出“通用”面板，本例保持系统默认设置即可满足要求。

（3）选择功能区中的“物理模型”→“模型”→“多相流”选项，在弹出的“多相流模型”对话框中选中“Mixture”单选按钮，如图 9-2 所示，单击“应用”按钮，然后单击“关闭”按钮关闭。

（4）选择功能区中的“物理模型”→“模型”→“黏性”选项，在弹出的“黏性模型”对话框中选中“k-epsilon (2 eqn)”单选按钮，如图 9-3 所示，单击“OK”按钮。

（5）选择功能区中的“物理模型”→“材料”→“创建/编辑”选项，弹出“创建/编辑材料”对话框，在此对话框中单击“Fluent 数据库”按钮，在“Fluent 数据库”中选择“water-liquid (h2o<l>)”

和“fuel-oil-liquid (c19h30<1>)”，分别单击“复制”按钮，完成对材料的定义。

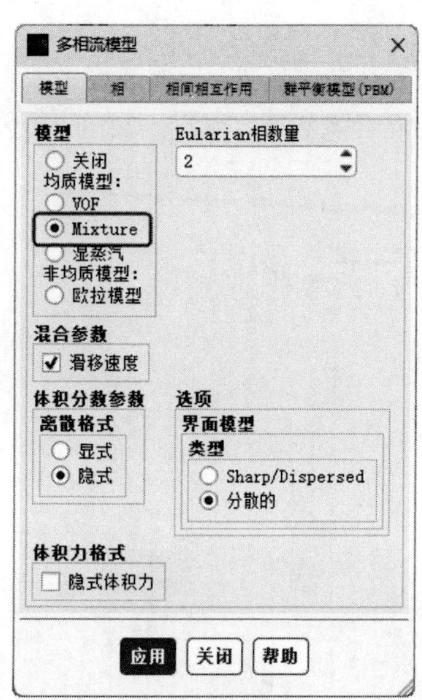

图 9-2 “多相流模型”对话框

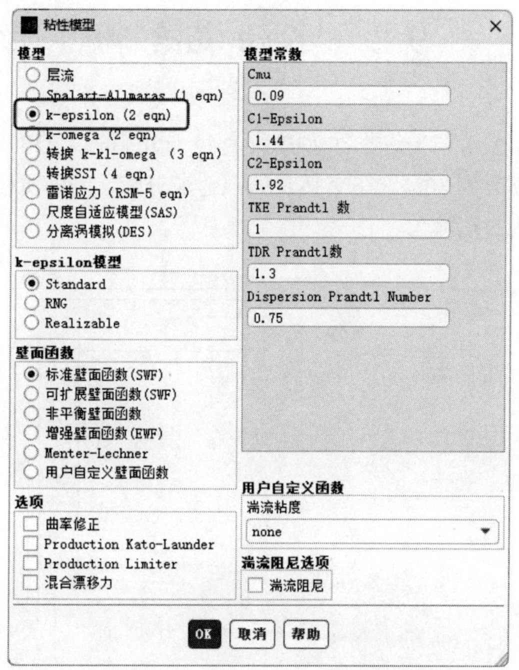

图 9-3 “黏性模型”对话框

（6）选择功能区中的“物理模型”→“模型”→“多相流”选项，弹出“多相流模型”对话框。单击“相”选项卡，选择“phase-1”，将“名称”改为“oil”，在“相材料”中选择“fuel-oil-liquid”，单击“应用”按钮，即完成对第一相的设定。

（7）回到“相”面板，选择“phase-2”，将“名称”改为“water”，在“相材料”中选择“water-liquid”，单击“应用”按钮，即完成对第二相的设定，改后的“多相流模型”对话框如图 9-4 所示。

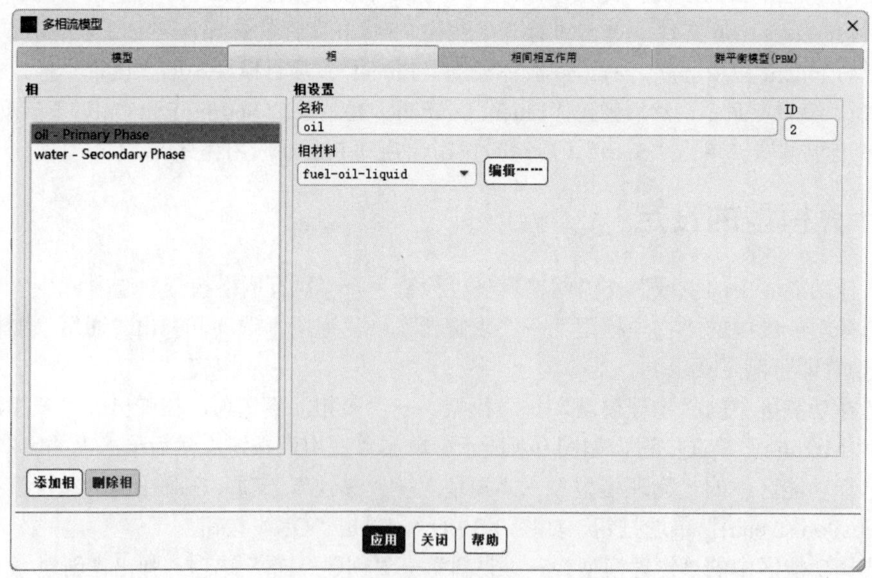

图 9-4 “多相流模型”对话框

（8）选择功能区中的“物理模型”→“求解器”→“工作条件”选项，弹出“工作条件”对话框，如图 9-5 所示，选中“重力”复选框，将 Y 方向上的加速度改为“-9.81”，单击“OK”按钮。

（9）选择功能区中的“物理模型”→“区域”→“边界”选项，弹出“边界条件”面板。

01 设置 in 的边界条件。

Note

① 在“边界条件”面板的“区域”列表框中选择“in”，在“相”列表框中选择“mixture”，“类型”列表框中选择“velocity-inlet”，单击“编辑”按钮，弹出“速度入口”对话框，如图 9-6 所示，在“动量”选项卡的“设置”列表框中选择“Intensity and Hydraulic Diameter”；将“湍流强度”设置为“1”，“水力直径”设置为“0.6”，设置完毕后单击“应用”按钮。

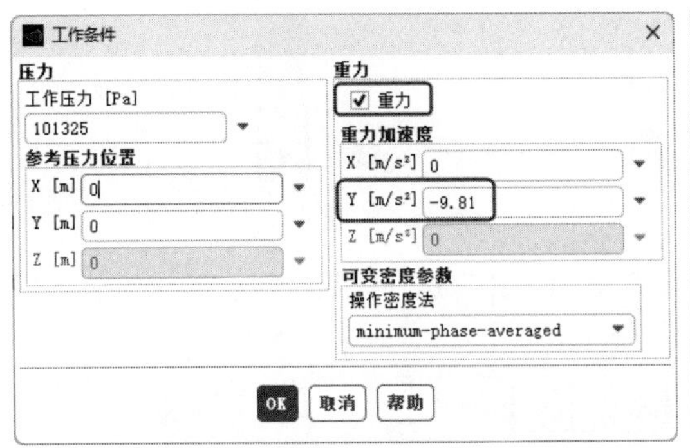

图 9-5 “工作条件”对话框

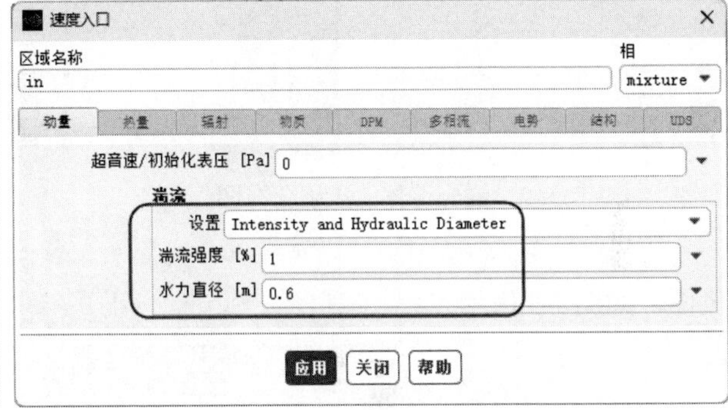

图 9-6 “速度入口”对话框

② 回到“边界条件”面板，在选择“in”的情况下，将“相”改为“water”，单击“编辑”按钮，弹出“速度入口”对话框，在“动量”选项卡的“速度大小”文本框中输入“1”，在“多相流”选项卡的“体积分数”文本框中输入“0.2”，单击“应用”按钮。同理完成对 oil 相的设定。

02 设置 out 的边界条件。

在“边界条件”面板的“区域”列表框中选择“out-1”，在“相”列表框中选择“mixture”，在“类型”列表框中选择“outflow”，单击“编辑”按钮，弹出“出流边界”对话框，在“流速加权”文本框中输入“0.78”，单击“应用”按钮。然后选择“out-2”，在“流速加权”文本框中输入“0.22”，单击“应用”按钮，完成对 out 边界条件的设置。

9.2.3 求解设置

（1）选择功能区中的“求解”→“控制”→“控制”选项，弹出“解决方案控制”面板，保持默认值。

（2）初始化。选择功能区中的“求解”→“初始化”→“标准”→“选项”选项，弹出“解决方案初始化”面板。在“计算参考位置”下拉列表框中选择“in”选项，单击“初始化”按钮。

（3）选择功能区中的“求解”→“报告”→“残差”选项，在弹出的对话框中选中“绘图”复选框，其他各项保持默认值，单击“OK”按钮。

（4）选择功能区中的“求解”→“运行计算”→“运行计算”选项，弹出“运行计算”面板，在“迭代次数”文本框中输入“1000”，单击“开始计算”按钮开始迭算。

9.2.4 查看求解结果

（1）迭代完成后，选择功能区中的“结果”→“图形”→“云图”→“创建”选项，得到混合流体的压强分布图和速度分布图，如图9-7和图9-8所示。

Note

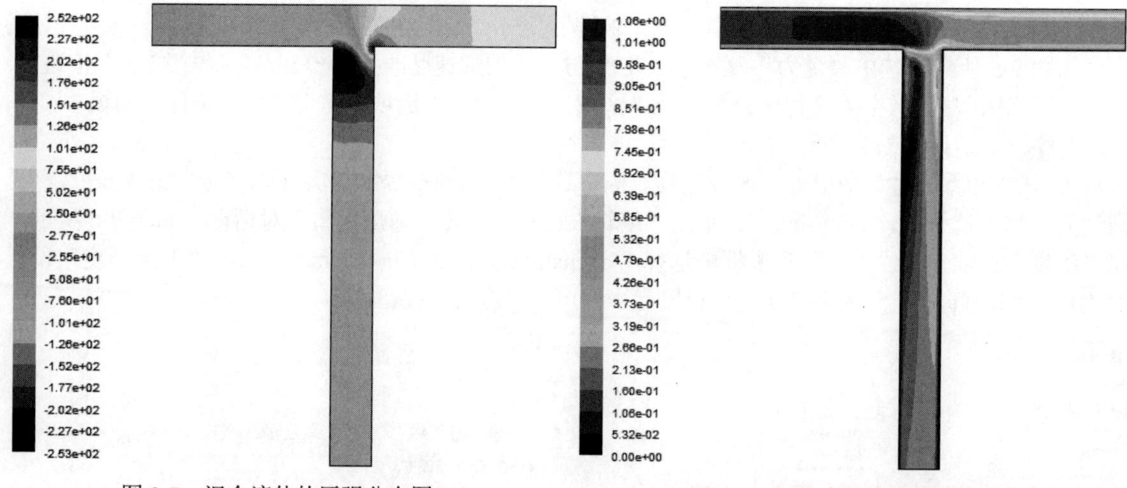

图 9-7　混合流体的压强分布图　　图 9-8　混合流体的速度分布图

（2）选择功能区中的“结果”→“矢量”→“云图”→“创建”选项，显示混合流体的速度矢量图，如图 9-9 所示。

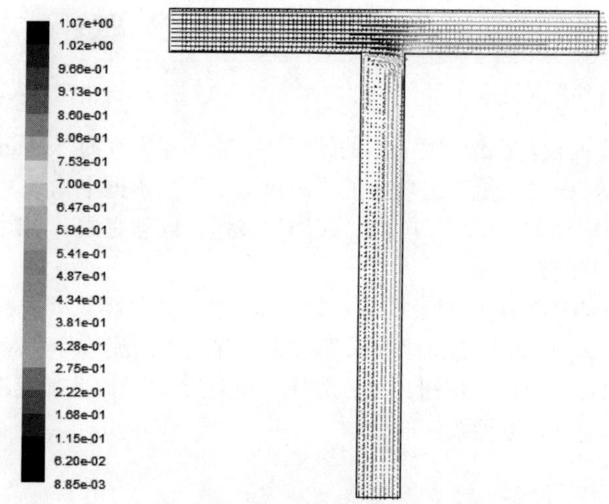

图 9-9　混合流体的速度矢量图

（3）计算完的结果要保存为 Case 文件和 Data 文件，选择功能区中的“文件”→“导出”→“Case&Data”选项，在弹出的“文件保存”对话框中将结果文件命名为“mixture.cas”，保存 Case 文件的同时也保存了 Data 文件，即 mixture.dat。

9.2.5　欧拉模型求解设置

（1）该模型也可用 Eulerian 模型来进行多相流计算。选择功能区中的“物理模型”→“模型”→“多相流”选项，在弹出的“多相流模型”对话框中选择“欧拉模型”，单击“应用”按钮。

（2）重新对流场进行初始化。选择功能区中的“求解”→“初始化”→“标准”→“选项”选项，弹出“解决方案初始化”面板。在“计算参考位置”下拉列表框中选择“in”选项，单击“初始化”按钮。

（3）选择功能区中的“求解”→“运行计算”→“运行计算”选项，弹出“运行计算”面板，在“迭代次数”文本框中输入“1000”，单击“开始计算”按钮开始迭算。

9.2.6　查看欧拉模型求解结果

（1）迭代完成后，选择功能区中的“结果”→“图形”→“云图”→“创建”选项，得到混合流体的欧拉模型压强分布图和速度分布图，如图 9-10 和图 9-11 所示。

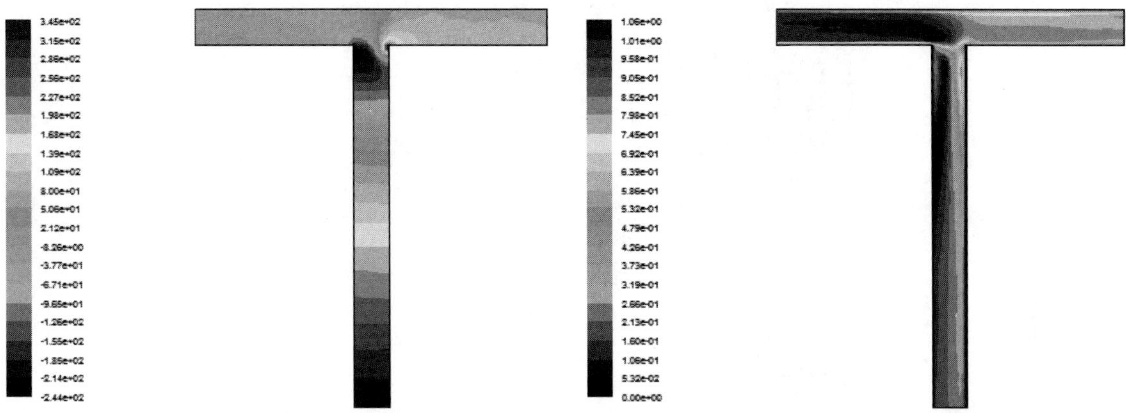

图 9-10　混合流体的欧拉模型压强分布图　　图 9-11　混合流体的欧拉模型速度分布图

（2）选择功能区中的“结果”→“矢量”→“云图”→“创建”选项，显示混合流体的欧拉模型速度矢量图，如图 9-12 所示。

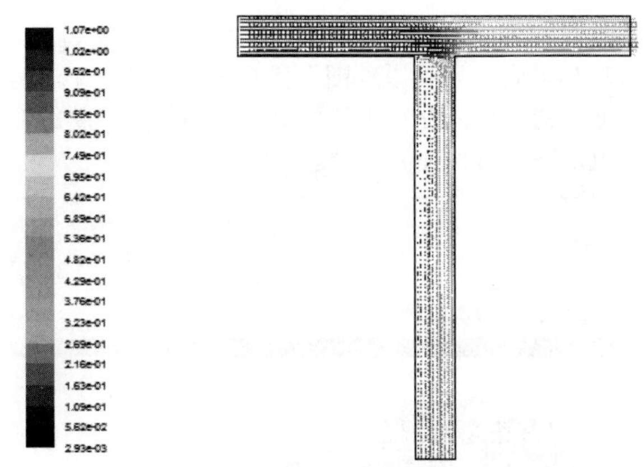

图 9-12　混合流体的欧拉模型速度矢量图

（3）计算完成的结果保存为 Case 文件和 Data 文件，选择功能区中的“文件”→“导出”→“Case&Data”选项，在弹出的“文件保存”对话框中将结果文件命名为“eulerian.cas”，保存 Case 文件的同时也保存了 Data 文件，即 eulerian.dat。

（4）选择功能区中的“文件”→“Exit”选项，安全退出 Fluent。

9.3　VOF 模型倒酒实例

图 9-13（a）所示为向酒杯倒酒的真实情况，在倒酒过程中可以将酒进入酒杯的部分视作入口，杯口的其他区域为空气的出口，酒杯内部为流体区域，酒杯的底部为固体区域（不参与分析），酒杯

的玻璃为壁面边界，由于 VOF 方法适用于计算空气和水这样不能互相参混的流体流动，因此，本例我们利用 VOF 模型模拟倒酒过程。图 9-13（b）所示为酒杯尺寸图，按该尺寸建模，结合酒杯的形状将该模型分为流体和固体两个区域。

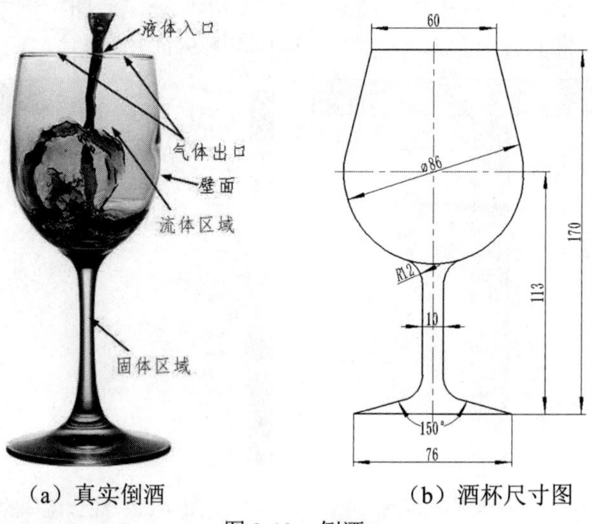

（a）真实倒酒　　　　（b）酒杯尺寸图

图 9-13　倒酒

9.3.1　创建几何模型

（1）启动 DesignModeler 建模器。打开 Workbench 程序，展开左边工具箱中的“分析系统”栏，将“流体流动（Fluent）”选项拖动到“项目原理图”界面中，创建一个含有“流体流动 （Fluent）”的项目模块，然后右击“几何结构”栏，在弹出的快捷菜单中选择“新的 DesignModeler 几何结构”命令，如图 9-14 所示，启动 DesignModeler 建模器。

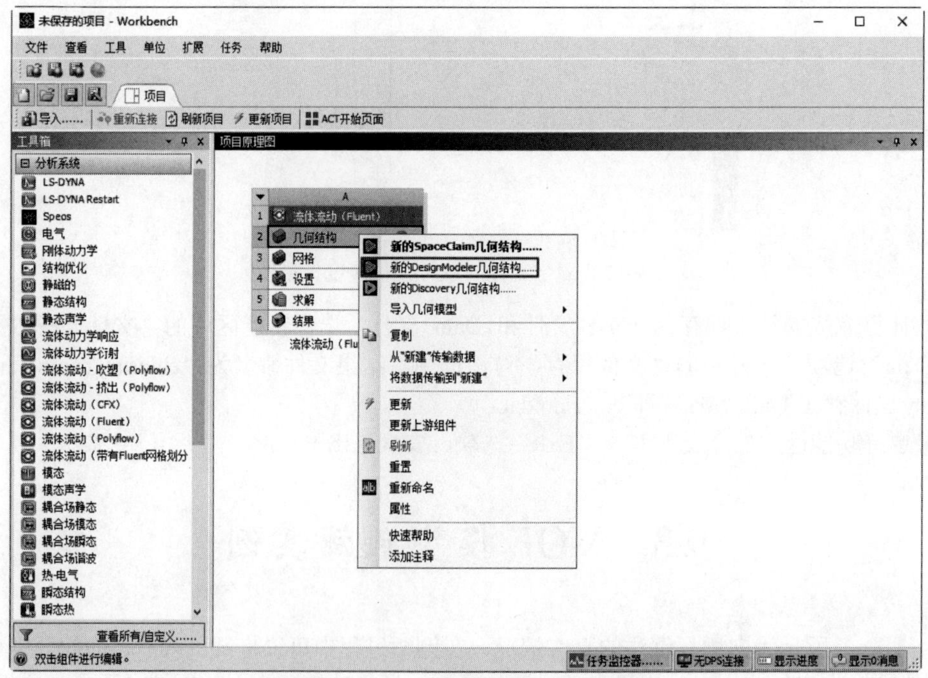

图 9-14　启动 DesignModeler 建模器

（2）设置单位。进入 DesignModeler 建模器后，首先设置单位，在菜单中选择“单位”→“毫米”命令，如图 9-15 所示，设置绘图环境的单位为毫米。

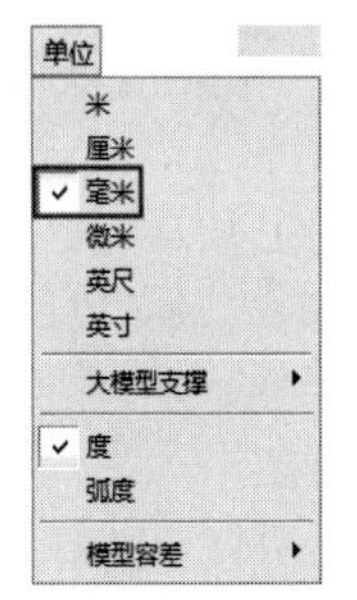

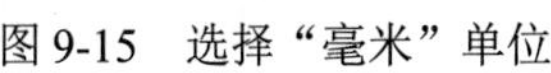
图 9-15　选择“毫米”单位

（3）新建草图。单击树轮廓中的“XY 平面”按钮 XY平面，然后单击工具栏中的“新草图”按钮，新建一个草图。此时，树轮廓中“XY 平面”分支下会多出一个名为“草图 1”的草图，然后右击“草图 1”，在弹出的快捷菜单中选择“查看”命令，如图 9-16 所示，将视图切换为正视于“XY 平面”方向。

（4）切换标签。单击树轮廓下端的“草图绘制”标签，如图 9-17 所示，打开“草图工具箱”，进入草图绘制环境。

（5）绘制草图 1。利用“草图工具箱”中的工具绘制酒杯杯身草图，如图 9-18 所示，然后单击“生成”按钮，完成草图 1 的绘制。

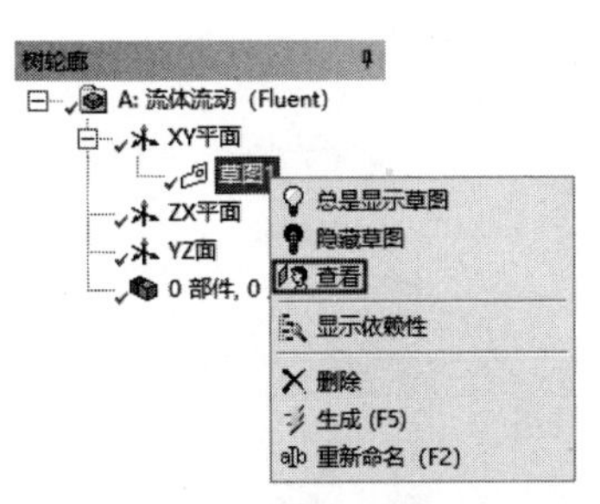

图 9-16　草图快捷菜单

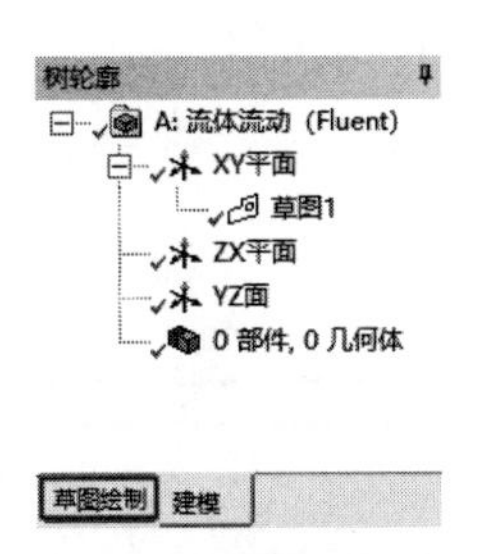

图 9-17　“草图绘制”标签

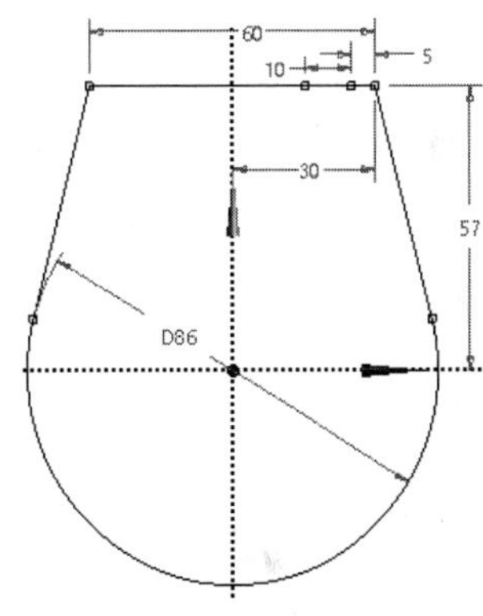

图 9-18　绘制草图 1

（6）绘制草图 2。选择“XY”平面，重新进入草图绘制环境，绘制草图 2，如图 9-19 所示。

（7）创建草图表面。选择“概念”→“草图表面”命令，在弹出的详细信息视图中设置“基对象”为草图 1，设置“操作”为“添加冻结”，如图 9-20 所示，单击“生成”按钮，创建草图表面 1；采用同样的方法，选择草图 2，创建草图表面 2，最终创建的模型如图 9-21 所示，然后关闭 DesignModeler 建模器。

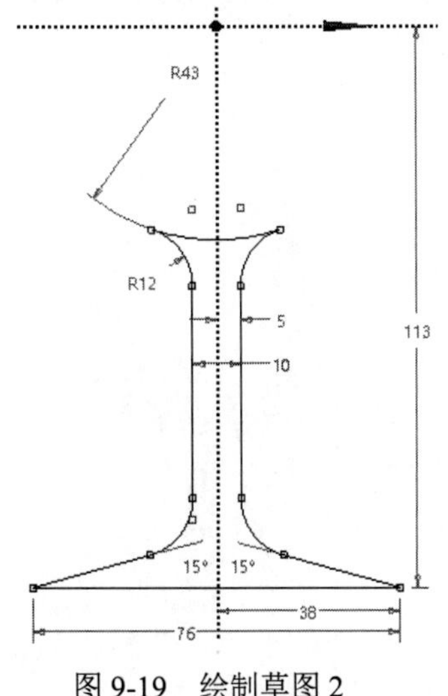

图 9-19　绘制草图 2

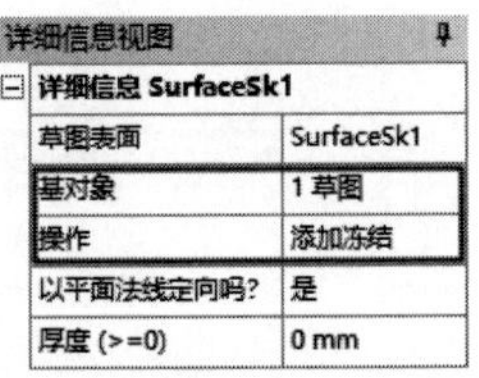
详细信息视图

详细信息 SurfaceSk1	
草图表面	SurfaceSk1
基对象	1 草图
操作	添加冻结
以平面法线定向吗？	是
厚度 (>=0)	0 mm

图 9-20　详细信息视图

图 9-21　酒杯模型

Note

9.3.2 划分网格及边界命名

（1）启动 Meshing 网格应用程序。右击“流体流动（Fluent）”项目模块中的“网格”栏，在弹出的快捷菜单中选择“编辑”命令，如图 9-22 所示，启动 Meshing 网格应用程序。

（2）设置模型流/固性质。在“模型”树中展开“几何结构”分支，显示该模型由两部分“表面几何体”构成，如图 9-23 所示，选择上面的“表面几何体”，左下角弹出表面几何体的详细信息，在“材料”栏中设置“流体/固体”为“流体”，如图 9-24 所示。同理，设置下面“表面几何体”的“流体/固体”为“固体”，如图 9-25 所示。

（3）全局网格设置。在树轮廓中单击“网格”分支，系统切换到“网格”选项卡。同时左下角弹出“网格”的详细信息，设置“单元尺寸”为“2.0 mm”，如图 9-26 所示。

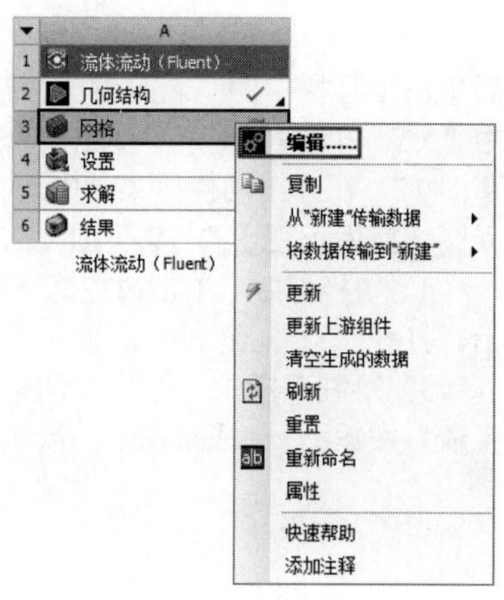

图 9-22 启动 Meshing 网格应用程序

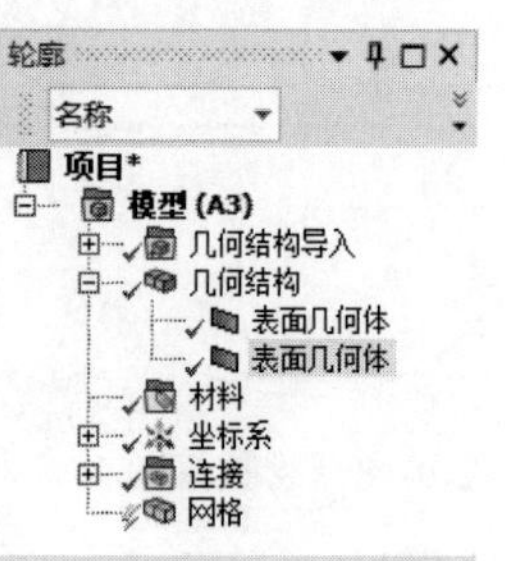

图 9-23 展开“几何结构”

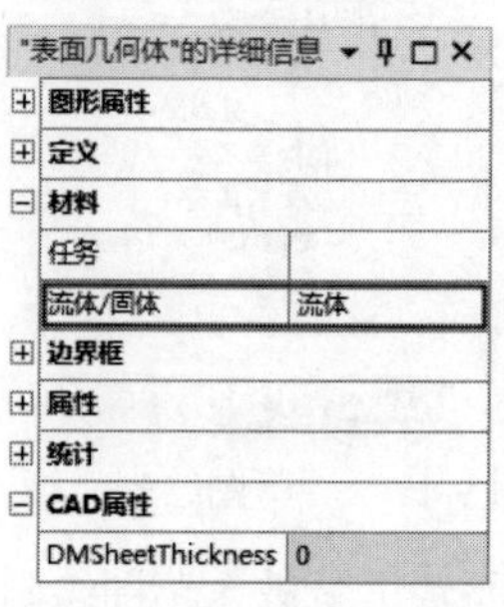

图 9-24 设置“流体”

图 9-25 设置“固体”

注意：设置 Meshing 网格应用程序的单位为毫米。

（4）设置划分方法。单击“网格”选项卡“控制”面板中的“方法”按钮，左下角弹出自动方法的详细信息，设置“几何结构”为酒杯的两个“表面几何体”，设置“方法”为“三角形”，此时该详细信息列表改为所有三角形法的详细信息列表，如图 9-27 所示。

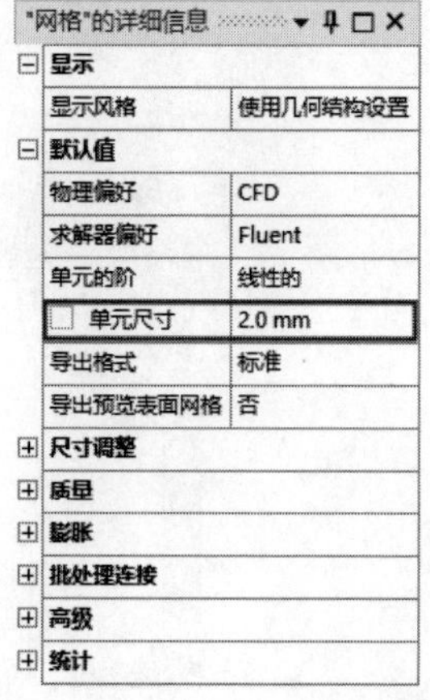

图 9-26 “网格”的详细信息

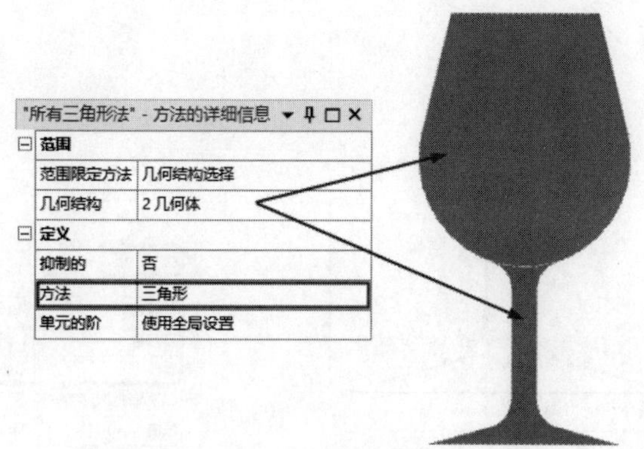

图 9-27 所有三角形法的详细信息

（5）划分网格。单击“网格”选项卡“网格”面板中的“生成”按钮，系统自动划分网格，结果如图 9-28 所示。

（6）边界命名。

01 命名入口名称。选择模型中上边线的中间边线，然后右击，在弹出的快捷菜单中选择“创建命名选择”命令，如图 9-29 所示，弹出“选择名称”对话框，然后在文本框中输入“inlet”（入口），如图 9-30 所示，设置完成后单击该对话框的“OK”按钮，完成入口的命名。

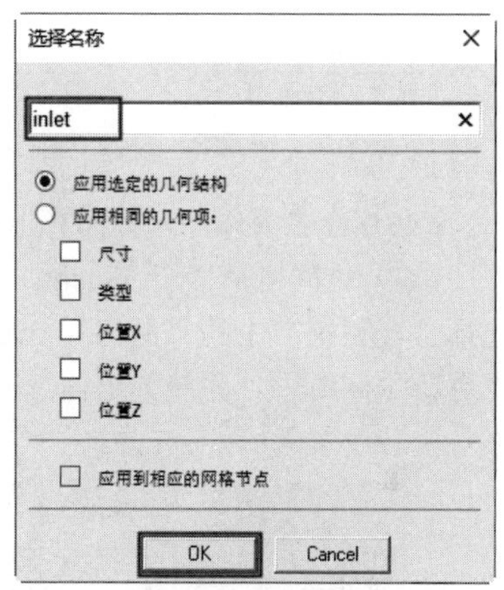

图 9-28 划分网格　　图 9-29 选择“创建命名选择”命令　　图 9-30 命名入口

02 命名出口名称。采用同样的方法，选择模型中上边线的另外两条边线，命名为“outlet”（出口），如图 9-31 所示。

03 命名上部杯体壁面名称。采用同样的方法，选择模型上部杯体的所有边，命名为“wall-fluid”（流体壁面），如图 9-32 所示。

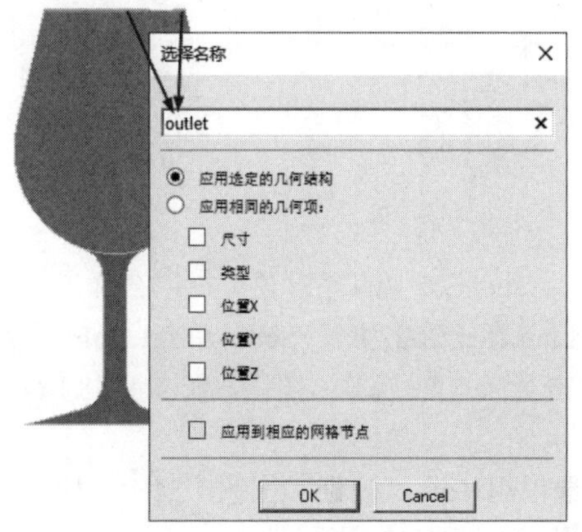

图 9-31 命名出口

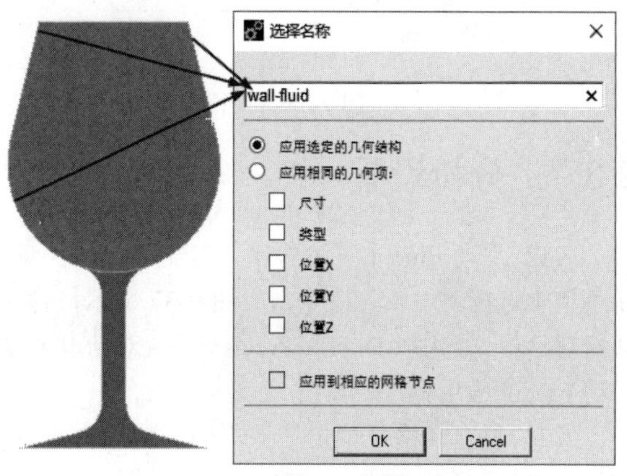

图 9-32 命名上部杯体壁面

Note

04 命名下部杯体壁面名称。采用同样的方法，选择模型下部杯体的所有边，命名为“wall-solid”（固体壁面），如图 9-33 所示。

05 命名流体。选择酒杯上部主体，将其命名为“fluid”（流体），如图 9-34 所示。

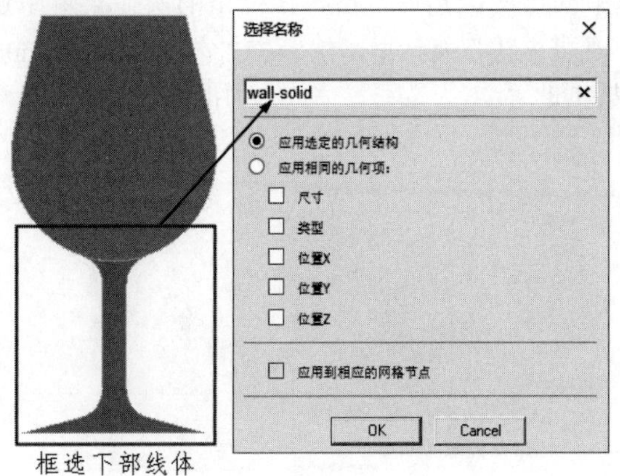

图 9-33　命名下部杯体壁面

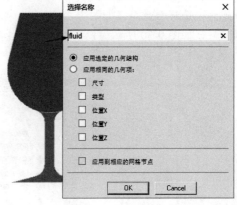

图 9-34　命名流体

06 命名固体。选择酒杯下部主体，将其命名为“solid”（固体），如图 9-35 所示。

（7）将网格平移至 Fluent。完成网格划分及命名边界后，需要将划分好的网格平移到 Fluent。选择“模型树”中的“网格”分支，系统自动切换到“网格”选项卡，然后单击“网格”面板中的“更新”按钮，系统弹出信息提示对话框，如图 9-36 所示，完成网格的平移。

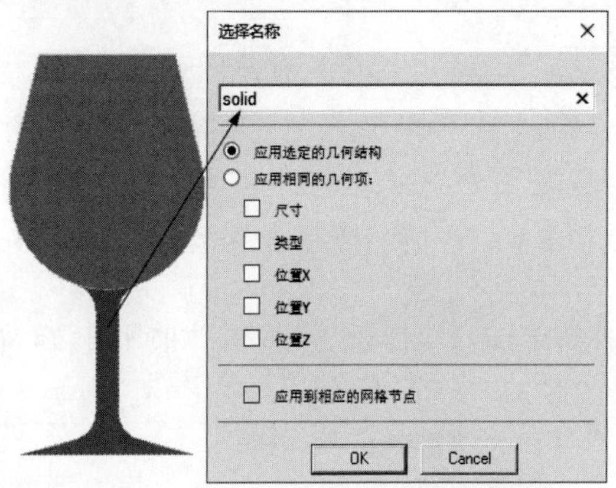

图 9-35　命名固体

图 9-36　信息提示对话框

9.3.3　分析设置

（1）启动 Fluent 应用程序。右击“流体流动（Fluent）”项目模块中的“设置”栏，在弹出的快捷菜单中选择“编辑”命令，如图 9-37 所示，弹出“Fluent Launcher 2022 R1（Setting Edit Only）”启动器对话框，选中“Double Precision”（双精度）复选框，单击“Start”（启动）按钮，如图 9-38 所示，启动 Fluent 应用程序。

（2）检查网格。单击任务页面“通用”设置“网格”选项组中的“检查”按钮 检查 ，检查网格，当“控制台”中显示“Done”（完成）时，表示网格可用，如图 9-39 所示。

（3）设置求解类型。在“任务页面”的“通用”面板中设置“求解器”类型为“压力基”，设置“时间”为“瞬态”，然后选中“重力”复选框，激活“重力加速度”，设置 Y 向加速度为−9.81 m/s^2，如图 9-40 所示。

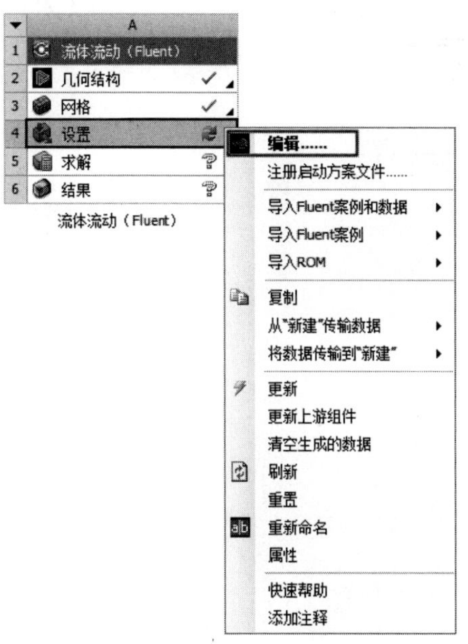

图 9-37　启动 Fluent 网格应用程序

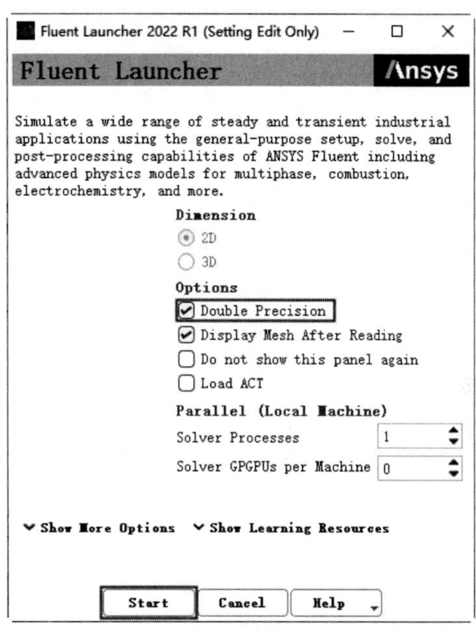

图 9-38　“Fluent Launcher 2022 R1（Setting Edit Only）”对话框

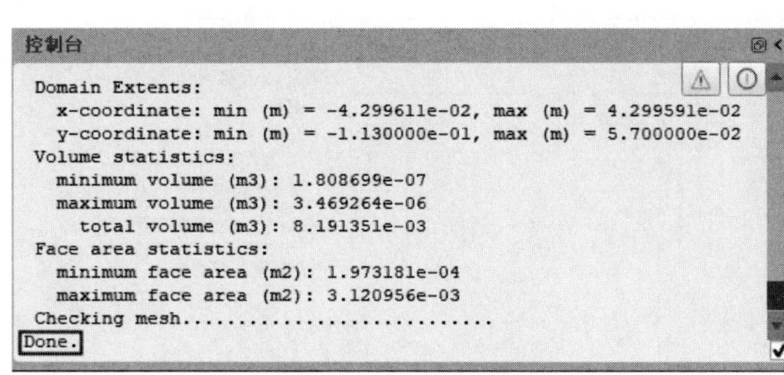

图 9-39　检查网格

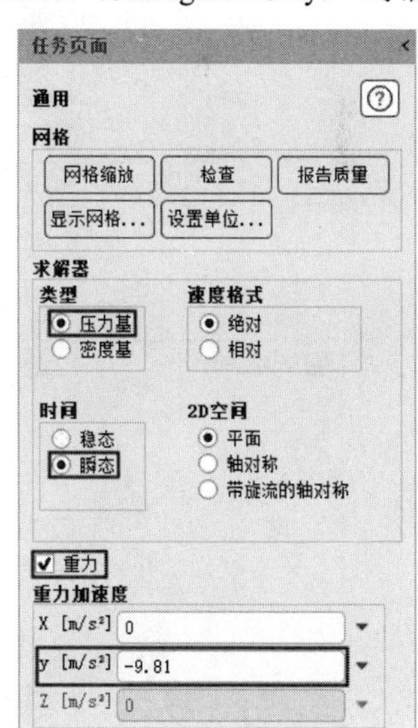

图 9-40　设置求解类型

（4）设置黏性模型。单击“物理模型”选项卡“模型”面板中的“黏性”按钮，弹出“黏性模型”对话框，在“模型”选项组中选中“k-epsilon（2 eqn）”单选按钮，在“k-epsilon 模型”选项组中选中“Realizable”（可实现）单选按钮，在“壁面函数”选项组中选中“可扩展壁面函数（SWF）”单选按钮，其余各项保持默认设置，如图 9-41 所示，单击“OK”按钮，关闭该对话框。

（5）定义材料。单击“物理模型”选项卡“材料”面板中的“创建/编辑”按钮，弹出“创建/

Note

编辑材料”对话框，如图 9-42 所示，系统默认的流体材料为“air”（空气），需要再添加一种“水”材料。单击对话框中的“Fluent 数据库”按钮Fluent数据库...，弹出“Fluent 数据库材料”对话框，在“Fluent 流体材料”列表框中选择“water-liquid（h2o <l>）”（液体水）材料，如图 9-43 所示。然后单击“复制”按钮复制，复制该材料，再单击“关闭”按钮关闭，关闭“Fluent 数据库材料”对话框，返回“创建/编辑材料”对话框，单击“关闭”按钮关闭，关闭“创建/编辑材料”对话框。

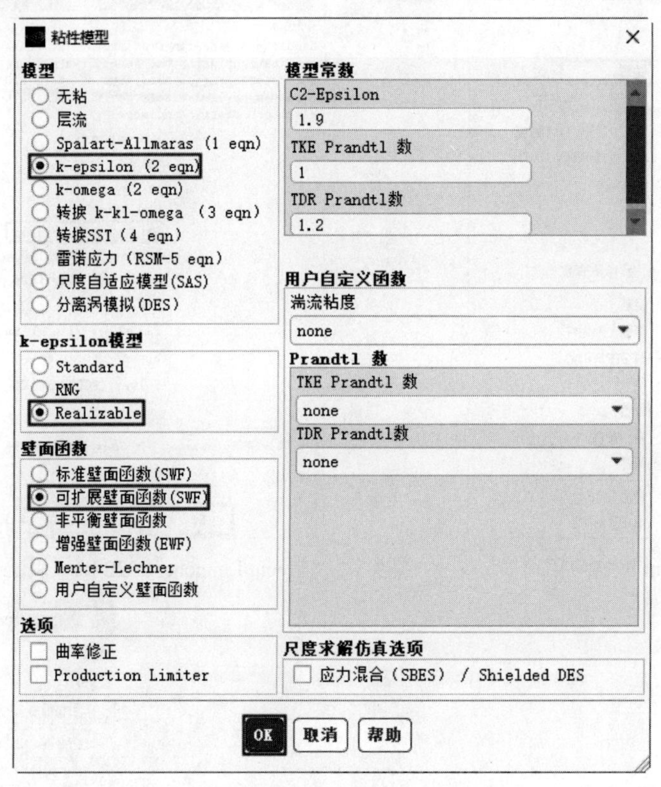

图 9-41　“黏性模型”对话框

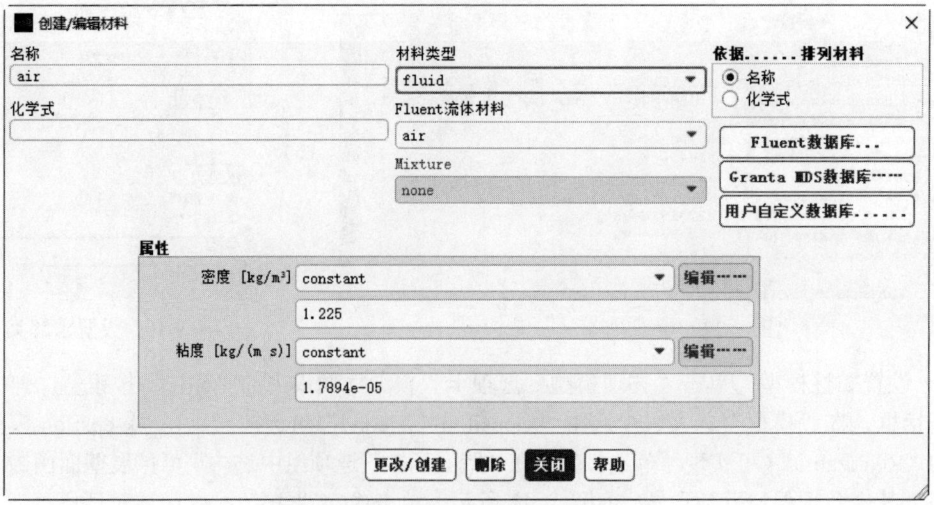

图 9-42　“创建/编辑材料”对话框

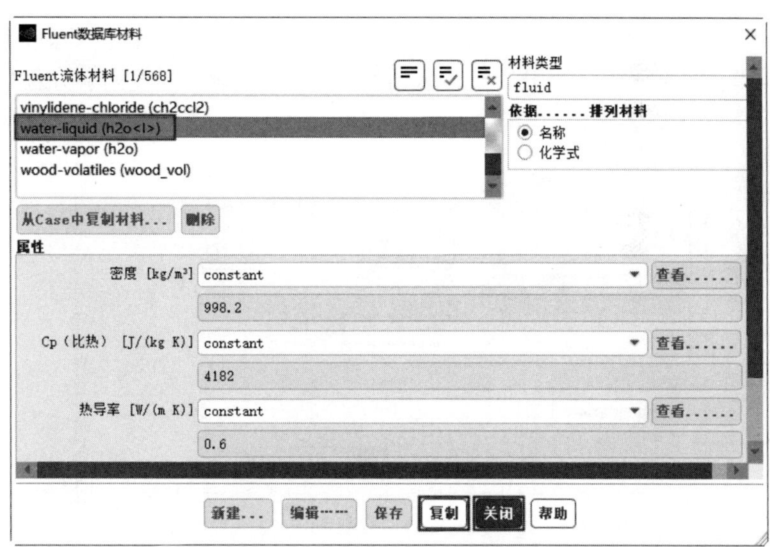

图 9-43 “Fluent 数据库材料”对话框

注意：由于酒杯的下部杯体不参与仿真求解，故不对酒杯的下部杯体材料进行设置，采用默认材料。

（6）设置多相流模型。

01 设置模型。单击“物理模型”选项卡“模型”面板中的“多相流”按钮，弹出“多相流模型”对话框，在“模型”选项组中选中“VOF”单选按钮，在“离散格式”栏中选中“隐式”单选按钮，在“体积力格式”栏中选中“隐式体积力”单选按钮，其余各项保持默认设置，如图 9-44 所示，单击“应用”按钮应用。

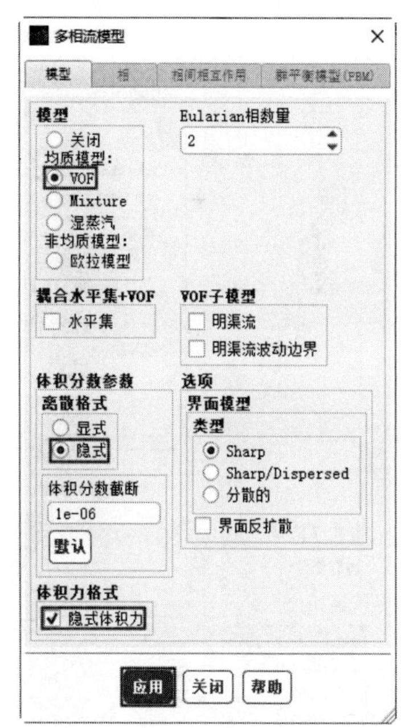

图 9-44 “多相流模型”对话框

02 设置相。在“多相流模型”对话框中选择“相”选项卡，切换到“相”面板，在左侧的“相”列表框中选择“phase-1 - Primary Phase”（主相），然后在右侧的“相设置”中设置“名称”为“water”（水），设置“相材料”为“water-liquid”（液体水），如图 9-45 所示。同理，设置“phase-2 - Secondary Phase”（第二相）的名称为“air”（空气），设置“相材料”为“air”（空气），然后单击“应用”按钮应用。

03 设置相间相互作用。在“多相流模型”对话框中选择“相间相互作用”选项卡，切换到“相间相互作用”面板，在“相间作用”列表框中选择“water air”（水-空气），在“全局选项”栏中选中“表面张力模型”复选框，选中“模型”“连续表面力”复选框，在“相间作用力设置”列表框中设置“表面张力系数”为“constant”（常数），设置“constant”（常数）值为“0.072”，如图 9-46 所示，然后单击“应用”按钮应用，再单击“关闭”按钮关闭，关闭“多相流模型”对话框。

（7）设置边界条件。

01 设置入口边界条件。单击“物理模型”选项卡“区域”面板中的“边界”按钮，“任务页面”切换为“边界条件”，在“边界条件”下方的“区域”列表框中选择“inlet”（入口）选项，设

置“inlet”（入口）的“相”为“mixture”（混合），“类型”为“velocity-inlet”（速度入口），如图 9-47 所示。单击“编辑”按钮编辑……，弹出“速度入口”对话框，设置“速度大小”为“0.4”，如图 9-48 所示。单击“应用”按钮应用，然后单击“关闭”按钮关闭，关闭“速度入口”对话框。

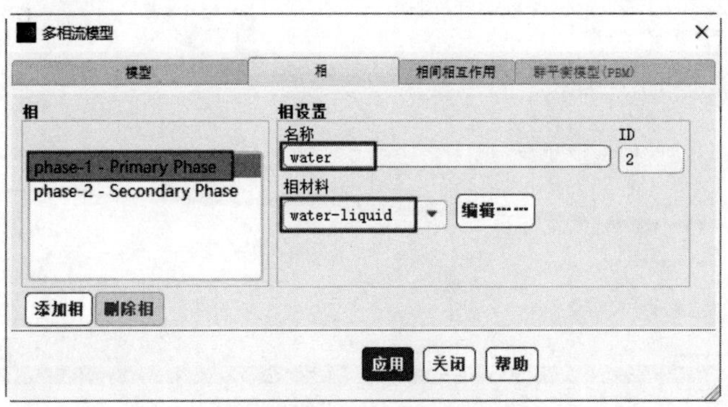

图 9-45　设置相

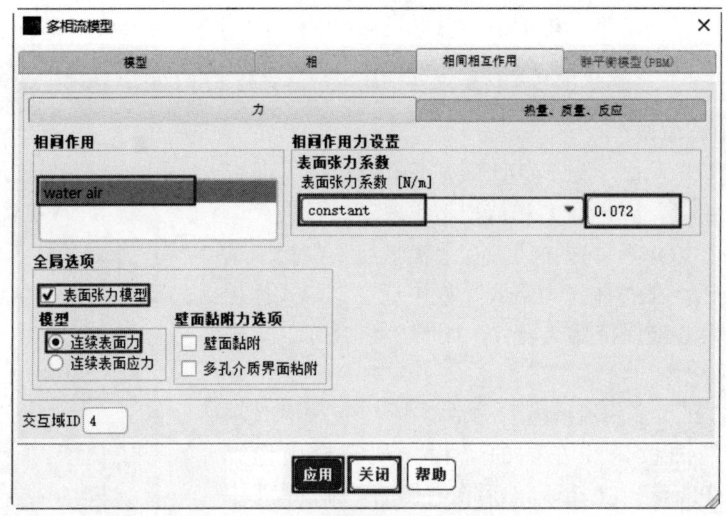

图 9-46　设置相间相互作用

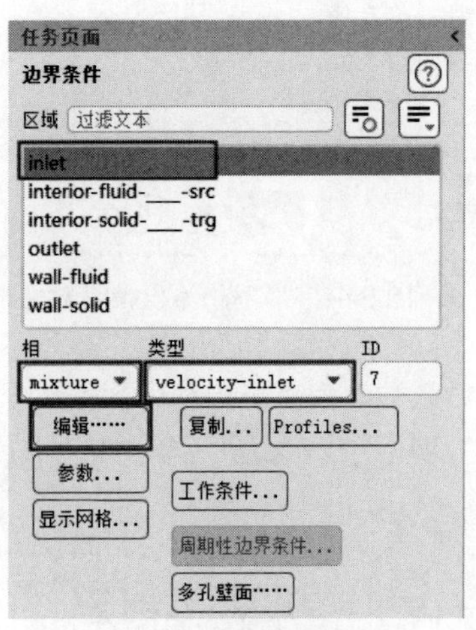

图 9-47　入口边界条件

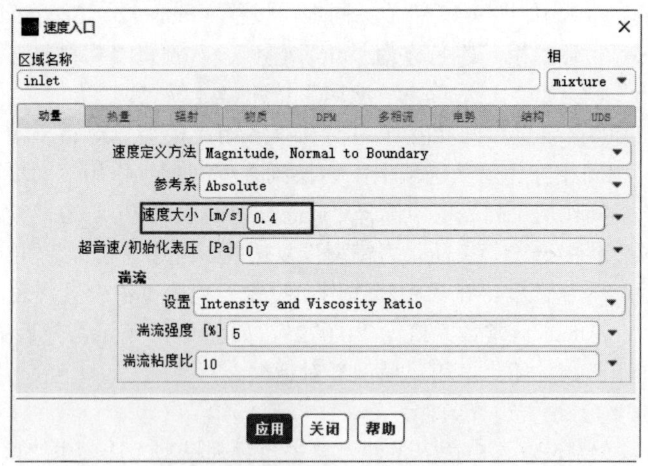

图 9-48　“速度入口”对话框

02 设置出口边界条件。在“边界条件”下方的“区域”列表框中选择“outlet”（出口）选项，设置“outlet”（出口）的“相”为“air”（空气），“类型”为“pressure-outlet”（压力出口），如图 9-49 所示。单击“编辑”按钮，弹出“压力出口”对话框，设置“回流体积分数”值为“1”，如图 9-50 所示，单击“应用”按钮，然后单击“关闭”按钮，关闭“压力出口”对话框。

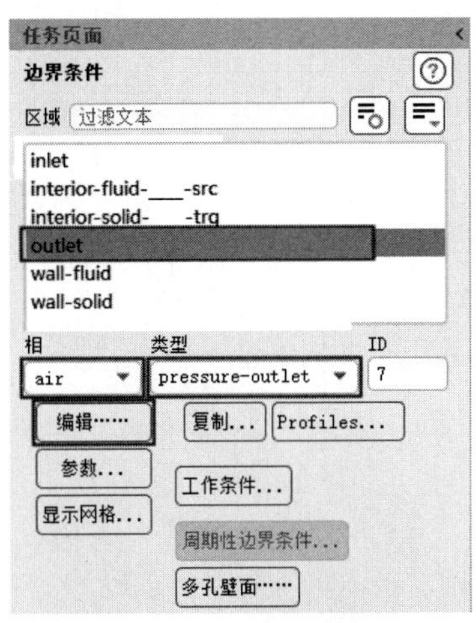

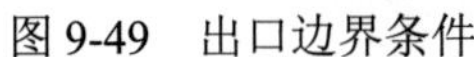

图 9-49　出口边界条件

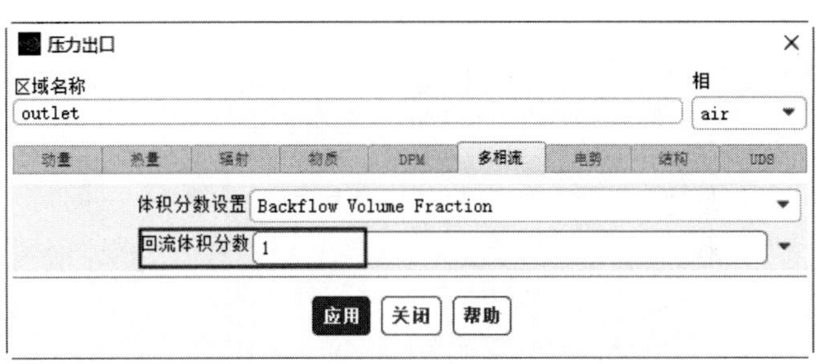

图 9-50　“压力出口”对话框

03 设置工作条件。在“边界条件”下方单击“工作条件”按钮，弹出“工作条件”对话框，设置“操作密度法”为“user-input”（用户输入），设置“工作密度”值为“1.225”，如图 9-51 所示，单击“OK”按钮，关闭“工作条件”对话框。

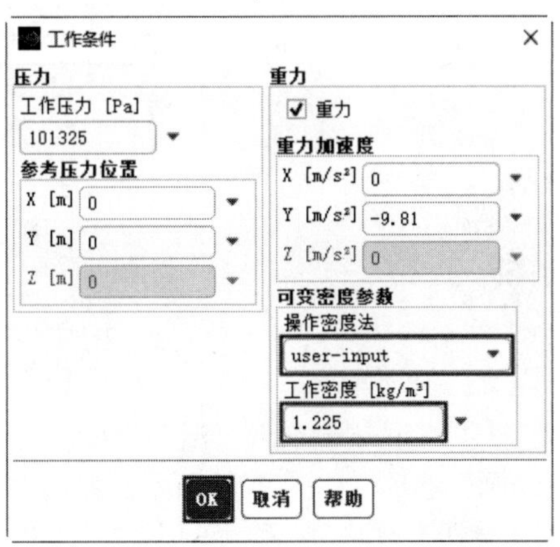

图 9-51　“工作条件”对话框

9.3.4　求解设置

（1）设置求解方法。单击“求解”选项卡“求解”面板中的“方法”按钮，“任务页面”切换为“求解方法”，在“压力速度耦合”选项组中设置“方案”为“PISO”算法，设置“压力”为“Body Force Weighted”（体积力），其余各项保持默认设置，如图 9-52 所示。

（2）流场初始化。在“求解”选项卡“初始化”面板中选中“标准”单选按钮，然后单击“选项”按钮，“任务面板”切换为“解决方案初始化”，在“初始值”选项组中设置“湍流动能”为“0”，

Note

设置“湍流耗散率”为“0”，设置“空气体积分数”为“1”，其余各项保持默认设置，如图 9-53 所示，然后单击“初始化”按钮初始化，进行初始化。

图 9-52　设置求解方法

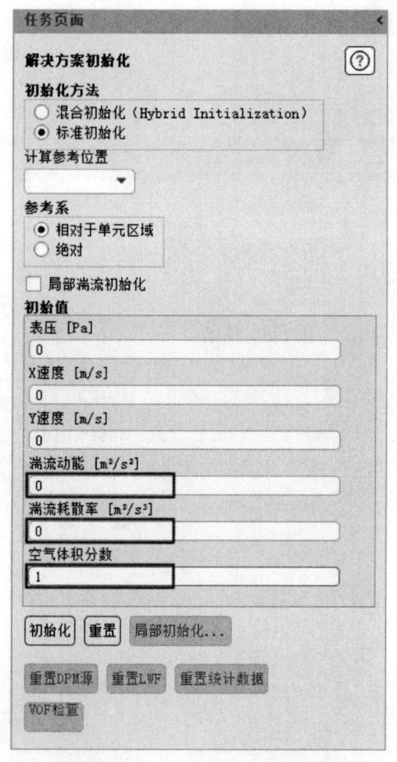

图 9-53　流场初始化

（3）设置解决方案动画。选择“求解”选项卡“活动”面板“创建”下拉列表框中的“解决方案动画”选项，如图 9-54 所示。弹出“动画定义”对话框，单击“新对象”按钮新对象，在弹出的下拉列表框中选择“云图”，如图 9-55 所示。弹出“云图”对话框，设置“云图名称”为“contour-1”（等高线-1），在“选项”列表框中选中“填充”“全局范围”“剪裁范围”复选框，设置“着色变量”为“Phases”（相），设置“最小”值为“0”，设置“最大”值为“1”，在“表面”列表框中选择“inlet”（入口）、“interior-fluid-__-src”（内部流体）、“interior-solid-__-trg”（内部固体）、“outlet”（出口）、“wall-fluid”（流体壁面）、“wall-solid”（固体壁面）选项，如图 9-56 所示。然后单击“保存/显示”按钮，再单击“关闭”按钮关闭，关闭“云图”对话框，返回“动画定义”对话框。设置“记录间隔”为“4”，设置动画对象为创建的云图“contour-1”（等高线-1），然后单击“使用激活”按钮使用激活，再单击“OK”按钮OK，关闭该对话框。

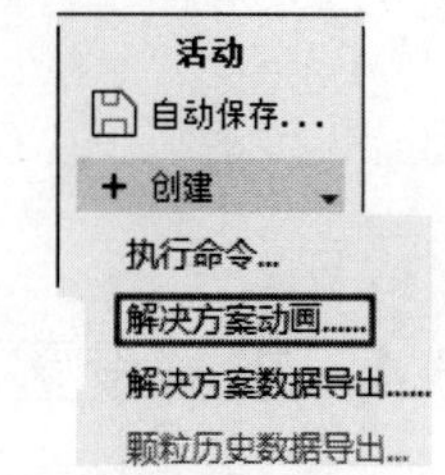

图 9-54　解决方案动画

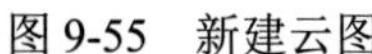

图 9-55　新建云图

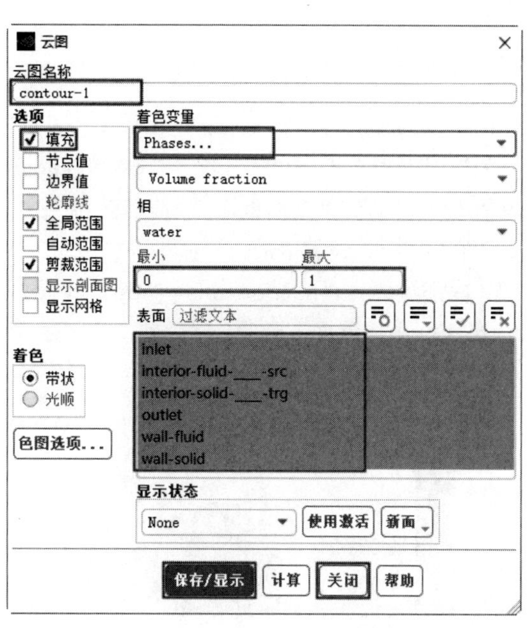

图 9-56　“云图”对话框

9.3.5　求解

单击“求解”选项卡“运行计算”面板中的“运行计算”按钮，将“任务页面”切换为“运行计算”，在“参数”选项组中设置“时间步数”为“350”，设置“时间步长”为“0.005”，设置“最大迭代数/时间步”为“5”，其余各项保持默认设置，如图 9-57 所示，然后单击“开始计算”按钮，开始求解。计算完成后，弹出提示对话框，如图 9-58 所示，单击“OK”按钮，完成求解。

图 9-57　求解设置

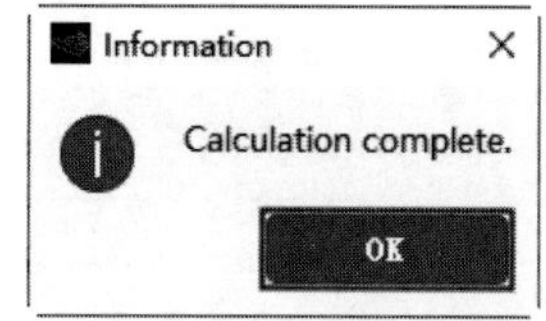

图 9-58　求解完成提示对话框

Note

9.3.6 查看求解结果

（1）查看云图。选择“结果”选项卡“图形”面板“云图”下拉列表框中的“创建”选项，打开“云图”对话框，设置“云图名称”为“contour-2”（等高线-2），在“选项”列表框中选中“填充”“节点值”“边界值”“全局范围”“剪裁范围”复选框，设置“着色变量”为“Phases”（相），设置“最小”值为“0”，设置“最大”值为“1”，在“表面”列表框中选择“inlet”（入口）、“interior-fluid-__-src”（内部流体）、“interior-solid-__-trg”（内部固体）、“outlet”（出口）、“wall-fluid”（流体壁面）、“wall-solid”（固体壁面）选项，然后单击“保存/显示”按钮，显示相云图，如图 9-59 所示。设置“着色变量”为“velocity”（速度），然后单击“保存/显示”按钮，显示速度云图，如图 9-60 所示。

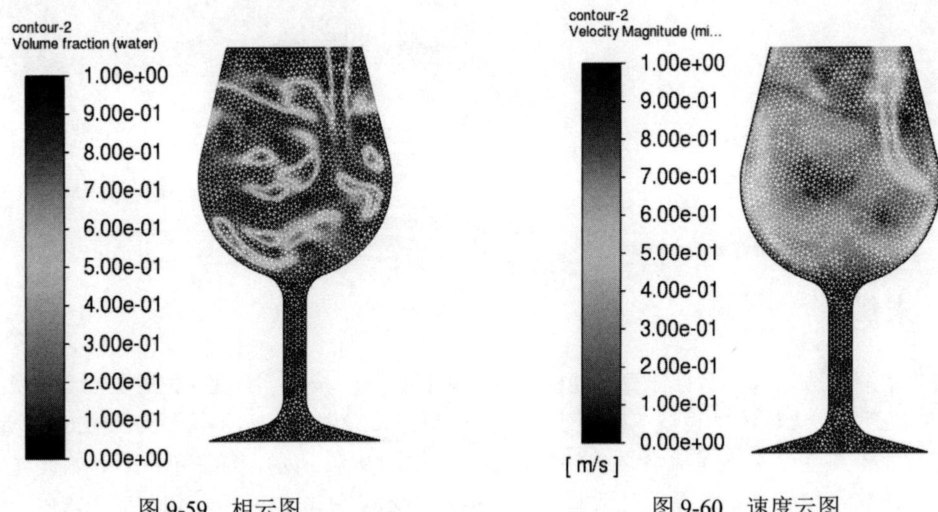

图 9-59 相云图　　图 9-60 速度云图

（2）查看残差图。单击“结果”选项卡“绘图”面板中的“残差”按钮，弹出“残差监控器”对话框，如图 9-61 所示，采用默认设置，单击“绘图”按钮，显示残差图，如图 9-62 所示。

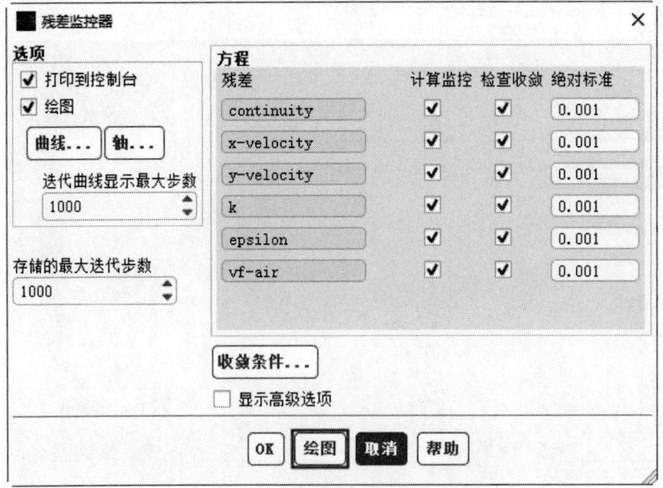

图 9-61 “残差监控器”对话框

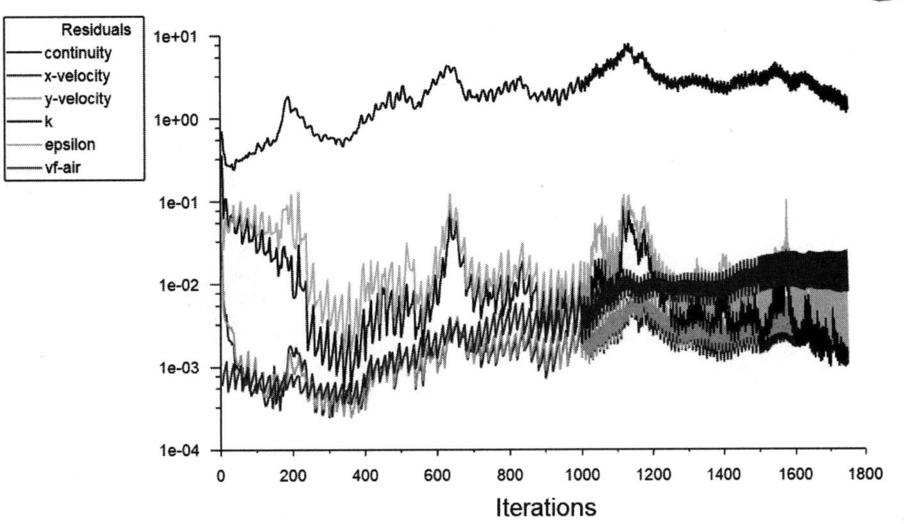

图 9-62　残差图

（3）查看动画。单击“结果”选项卡“动画”面板中的“求解结果回放”按钮，弹出“播放”对话框，如图 9-63 所示，单击“播放”按钮，播放动画。

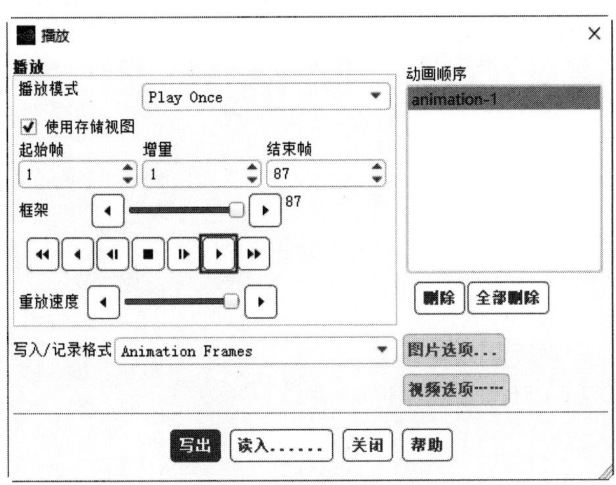

图 9-63　“播放”对话框

第10章

湍流分析

湍流分析问题是流场分析中一个非常经典的问题，研究人员对此问题进行了很多理论分析和探索。本章重点介绍在Fluent中解决湍流分析问题的基本方法和思路。

Note

10.1 湍流模型概述

湍流出现在速度波动的地方。这种波动使流体介质之间相互交换动量、能量和浓度变化，并且引起了数量的波动。由于这种波动是小尺度且是高频率的，因此，在实际工程计算中，直接模拟对计算机的要求很高。实际上，瞬时控制方程可能在时间、空间上是均匀的，或者可以人为地改变尺度，这样修改后的方程耗费较少。但是，修改后的方程可能包含我们不知道的变量，湍流模型需要用已知变量确定这些变量。

Fluent 提供了几种湍流模型，包括 spalart-allmaras（1 eqn）模型、k-epsilon（2 eqn）模型、k-omega（2 eqn）模型、转捩 k-kl-omega 模型、转捩 SST 模型、雷诺应力模型、尺度自适应模型、分离涡模拟模型和大涡模拟模型。但是，目前没有一个湍流模型对所有的问题都是通用的，因此，对于不同的分析类型需要选择相应的模型。选择模型时主要考虑以下几点：流体是否可压、建立特殊的可行的问题、精度的要求、计算机的能力、时间的限制。为了选择最合适的模型，用户需要了解不同模型的适用范围和限制。

Fluent 提供的湍流模型包括：单方程（spalart-allmaras）模型、双方程模型（标准 k-ε 模型、RNG k-ε 模型、Realizable k-ε 模型）及 Reynolds 应力模型和大涡模拟，如图 10-1 所示。下面具体介绍这几种模型。

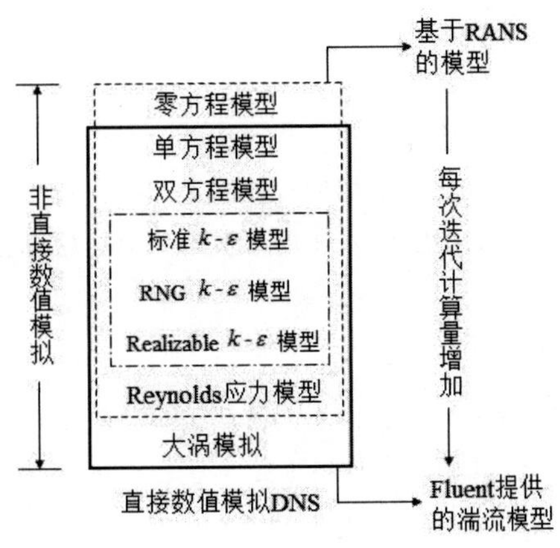

图 10-1 湍流模型详解

10.1.1 单方程（spalart-allmaras）模型

单方程模型求解的变量是 $\tilde{v}$，表征除近壁（黏性影响）区域以外的湍流运动黏性系数。$\tilde{v}$ 的输运方程为

$$\rho\frac{\mathrm{d}\tilde{v}}{\mathrm{d}t}=G_v+\frac{1}{\sigma_{\tilde{v}}}\left[\frac{\partial}{\partial x_j}\left\{(\mu+\rho\tilde{v})\frac{\partial\tilde{v}}{\partial x_j}\right\}+C_{b2}\left(\frac{\partial\tilde{v}}{\partial x_j}\right)\right]-Y_v \tag{10-1}$$

式中，G_v 是湍流黏性产生项；Y_v 是由壁面阻挡与黏性阻尼引起的湍流黏性的减少；$\sigma_{\tilde{v}}$ 和 C_{b2} 都是常数；v是分子运动黏性系数。

湍流黏性系数 $\mu_t=\rho\tilde{v}f_{v1}$，其中，$f_{v1}$ 是黏性阻尼函数，定义为 $f_{v1}=\dfrac{\chi^3}{\chi^3+C_{v1}{}^3}$，$\chi\equiv\dfrac{\tilde{v}}{v}$。而湍流黏

Note

性产生项 G_v 模拟为 $G_v = C_{b1}\rho\tilde{S}\tilde{v}$，其中 $\tilde{S} \equiv S + \frac{\tilde{v}}{k^2 d^2} f_{v2}$，$f_{v2} = 1 - \frac{\chi}{1+\chi f_{v1}}$，$C_{b1}$ 和 k 是常数，d 是计算点到壁面的距离；$S \equiv \sqrt{2\Omega_{ij}\Omega_{ij}}$，$\Omega_{ij} = \frac{1}{2}\left(\frac{\partial u_j}{\partial x_i} - \frac{\partial u_i}{\partial x_j}\right)$。在 Fluent 中，考虑到平均应变率对湍流的产生起很大作用，$S \equiv |\Omega_{ij}| + C_{\text{prod}}\min(0, |S_{ij}| - |\Omega_{ij}|)$，其中，$C_{\text{prod}}$=2.0，$|\Omega_{ij}| \equiv \sqrt{2\Omega_{ij}\Omega_{ij}}$，$|S_{ij}| \equiv \sqrt{2S_{ij}S_{ij}}$，平均应变率 $S_{ij} = \frac{1}{2}\left(\frac{\partial u_j}{\partial x_i} + \frac{\partial u_i}{\partial x_j}\right)$。

在涡量超过应变率的计算区域中计算出来的涡旋黏性系数会变小。适合涡流靠近涡旋中心的区域，那里只有单纯的旋转，湍流受到抑止。包含应变张量的影响更能体现旋转对湍流的影响。忽略了平均应变，估计的涡旋黏性系数产生项偏高。

湍流黏性系数减少项 Y_v 为 $Y_v = C_{w1}\rho f_w\left(\frac{\tilde{v}}{d}\right)^2$，其中，$f_w = g\left(\frac{1+C_{w3}^6}{g_6 + C_{w3}^6}\right)^{1/6}$，$g = r + C_{w2}(r^6 - r)$，$r \equiv \frac{\tilde{v}}{\tilde{S}k^2 d^2}$，$C_{w1}$、$C_{w2}$、$C_{w3}$ 都是常数，在计算 r 时使用的 $\tilde{S}$ 受平均应变率的影响。

在 Fluent 中，前面模型常数的默认值分别为 C_{b1}=0.1335，C_{b2}=0.622，$\sigma_{\tilde{v}} = 2/3$，C_{v1}=7.1，$C_{w1}=C_{b1}/k^2+(1+C_{b2})/\sigma_{\tilde{v}}$，$C_{w2}$=0.3，$C_{w3}$=2.0，$k$=0.41。

10.1.2 标准 k~ε 模型

标准 k~ε 模型需要求解湍动能及其耗散率方程。湍动能输运方程是通过精确的方程推导得出的，但耗散率方程是通过物理推理，数学上模拟相似原形方程得到的。该模型假设流动为完全湍流，分子黏性的影响可以忽略。因此，标准 k~ε 模型只适用于完全湍流的流动过程模拟。标准 k~ε 模型的湍动能 k 和耗散率 ε 方程为如下形式

$$\rho\frac{\mathrm{d}k}{\mathrm{d}t} = \frac{\partial}{\partial x_i}\left[\left(\mu + \frac{\mu_t}{\sigma_k}\right)\frac{\partial k}{\partial x_i}\right] + G_k + G_b - \rho\varepsilon - Y_M \tag{10-2}$$

$$\rho\frac{\mathrm{d}\varepsilon}{\mathrm{d}t} = \frac{\partial}{\partial x_i}\left[\left(\mu + \frac{\mu_t}{\sigma_\varepsilon}\right)\frac{\partial \varepsilon}{\partial x_i}\right] + C_{1\varepsilon}\frac{\varepsilon}{k}\left(G_k + C_{3\varepsilon}G_b\right) - C_{2\varepsilon}\rho\frac{\varepsilon^2}{k} \tag{10-3}$$

式中，G_k 表示由于平均速度梯度引起的湍动能的产生；G_b 表示由于浮力影响引起的湍动能的产生；Y_M 表示可压缩湍流脉动膨胀对总的耗散率的影响。湍流黏性系数 $\mu_t = \rho C_\mu \frac{k^2}{\varepsilon}$。

在 Fluent 中，作为默认值常数，$C_{1\varepsilon}$=1.44，$C_{2\varepsilon}$=1.92，$C_{3\varepsilon}$=0.09，湍动能 k 与耗散率 ε 的湍流普朗特数分别为 σ_k=1.0，σ_ε=1.3。

10.1.3 重整化群（RNG）k~ε 模型

重整化群 k~ε 模型是对瞬时的 Navier-Stokes 方程用重整化群的数学方法推导出来的模型。模型中的常数与标准 k~ε 模型不同，而且方程中也出现了新的函数或者项。其湍动能与耗散率方程与标准 k~ε 模型有相似的形式。

$$\rho\frac{\mathrm{d}k}{\mathrm{d}t} = \frac{\partial}{\partial x_i}\left[\left(\alpha_k \mu_{\text{eff}}\right)\frac{\partial k}{\partial x_i}\right] + G_k + G_b - \rho\varepsilon - Y_M \tag{10-4}$$

$$\rho\frac{\mathrm{d}\varepsilon}{\mathrm{d}t}=\frac{\partial}{\partial x_i}\left[\left(\alpha_\varepsilon\mu_{\mathrm{eff}}\right)\frac{\partial\varepsilon}{\partial x_i}\right]+C_{1\varepsilon}\frac{\varepsilon}{k}\left(G_k+C_{3\varepsilon}G_b\right)-C_{2\varepsilon}\rho\frac{\varepsilon^2}{k}-R \tag{10-5}$$

式中，G_k 表示由于平均速度梯度引起的湍动能的产生；G_b 表示由于浮力影响引起的湍动能的产生；Y_M 表示可压缩湍流脉动膨胀对总的耗散率的影响。这些参数与标准 k~ε 模型中的参数相同。α_k 和 α_ε 分别是湍动能 k 和耗散率 ε 的有效湍流普朗特数的倒数。湍流黏性系数计算公式为

$$\mathrm{d}\left(\frac{\rho^2k}{\sqrt{\varepsilon\mu}}\right)=1.72\frac{\tilde{v}}{\sqrt{\tilde{v}^3-1-C_v}}\mathrm{d}\tilde{v} \tag{10-6}$$

式中，$\tilde{v}=\mu_{\mathrm{eff}}/\mu$，$C_v\approx100$。对于前面方程的积分，可以精确到有效 Reynolds 数（涡旋尺度）对湍流输运的影响，有助于处理低 Reynolds 数和近壁流动问题的模拟。对于高 Reynolds 数，上面方程可以推导得出：$\mu_t=\rho C_\mu\frac{k^2}{\varepsilon}$，$C_\mu=0.0845$。这个结果和标准 k~ε 模型的半经验推导得出的常数 C_μ=0.09 非常近似。在 Fluent 中，如果保持默认设置，用重整化群 k~ε 模型针对高 Reynolds 数流动问题进行数值模拟。但对低 Reynolds 数问题进行数值模拟，必须进行相应的设置。

10.1.4　可实现 k~ε 模型

可实现 k~ε 模型的湍动能及其耗散率输运方程为

$$\rho\frac{\mathrm{d}k}{\mathrm{d}t}=\frac{\partial}{\partial x_i}\left[\left(\mu+\frac{\mu_t}{\sigma_k}\right)\frac{\partial k}{\partial x_i}\right]+G_k+G_b-\rho\varepsilon-Y_M \tag{10-7}$$

$$\rho\frac{\mathrm{d}\varepsilon}{\mathrm{d}t}=\frac{\partial}{\partial x_i}\left[\left(\mu+\frac{\mu_t}{\sigma_\varepsilon}\right)\frac{\partial\varepsilon}{\partial x_i}\right]+\rho C_1S\varepsilon-\rho C_2\frac{\varepsilon^2}{k+\sqrt{v\varepsilon}}+C_{1\varepsilon}\frac{\varepsilon}{k}C_{3\varepsilon}G_b \tag{10-8}$$

式中，$C_1=\max\left[0.43,\frac{\eta}{\eta+5}\right]$，$\eta=Sk/\varepsilon$。

在上述方程中，G_k 表示由于平均速度梯度引起的湍动能的产生；G_b 表示由于浮力影响引起的湍动能的产生；Y_M 表示可压缩湍流脉动膨胀对总的耗散率的影响，$C_{1\varepsilon}$ 和 $C_{3\varepsilon}$ 都是常数，σ_k 和 σ_ε 分别是湍动能及其耗散率的湍流普朗特数。在 Fluent 中，作为默认值常数，$C_{1\varepsilon}$=1.44，$C_{3\varepsilon}$=1.9，σ_k=1.0，σ_ε=1.2。

该模型的湍流黏性系数与标准 k~ε 模型相同。不同的是，黏性系数中的 C_μ 不是常数，而是通过公式 $C_\mu=\frac{1}{A_0+A_s\frac{U^*K}{\varepsilon}}$ 计算得到的。其中，$U^*=\sqrt{S_{ij}S_{ij}+\tilde{\Omega}_{ij}\Omega_{ij}}$，$\tilde{\Omega}_{ij}=\Omega_{ij}-2\varepsilon_{ijk}\omega_k$，$\Omega_{ij}=\bar{\Omega}_{ij}+2\varepsilon_{ijk}\omega_k$，$\tilde{\Omega}_{ij}$ 表示在角速度 ω_k 旋转参考系下的平均旋转张量率。模型常数 A_0=4.04，$A_s=\sqrt{6}\cos\phi$，$\phi=\frac{1}{3}\arccos(\sqrt{6}W)$，式中 $W=\frac{S_{ij}S_{jk}S_{ki}}{\tilde{S}}$，$\tilde{S}\equiv\sqrt{S_{ij}S_{ij}}$，$S_{ij}=\frac{1}{2}\left(\frac{\partial u_j}{\partial x_i}+\frac{\partial u_i}{\partial x_j}\right)$。从这些式子中可以发现，$C_\mu$ 是平均应变率与旋度的函数。在平衡边界层惯性底层，可以得到 C_μ=0.09，与标准 k~ε 模型中采用的常数一样。

该模型适用于流动类型比较广泛，包括有旋均匀剪切流、自由流（射流和混合层）、腔道流动和边界层流动。对以上流动过程，模拟结果都比标准 k~ε 模型的结果好，特别是在 k~ε 模型对圆口射流和平板射流模拟中，能得出较好的射流扩张角。

双方程模型中，无论是标准 k~ε 模型、重整化群 k~ε 模型还是可实现 k~ε 模型，3 个模型有类似的形式，即都有 k 和 ε 的输运方程。它们的区别在于：① 计算湍流黏性的方法不同；② 控制湍流扩

Note

Note

散的湍流普朗特数不同；③ ε 方程中的产生项和 G_k 关系不同，但它们都包含了相同的表示由于平均速度梯度引起的湍动能产生 G_k、表示由于浮力影响引起的湍动能产生 G_b、表示可压缩湍流脉动膨胀对总的耗散率的影响 Y_M。

湍动能产生项为

$$G_k = -\rho\overline{u_i'u_j'}\frac{\partial u_j}{\partial x_i} \tag{10-9}$$

$$G_b = \beta g_i \frac{\mu_t}{P_{rt}}\frac{\partial T}{\partial x_i} \tag{10-10}$$

式中，P_{rt} 是能量的湍流普朗特数，对于可实现 $k\sim\varepsilon$ 模型，默认设置值为 0.85；对于重整化群 $k\sim\varepsilon$ 模型，$P_{rt}=1/\alpha$，$\alpha=1/P_{rt}=k/\mu C_p$。热膨胀系数 $\beta=-\frac{1}{\rho}\left(\frac{\partial\rho}{\partial T}\right)_p$，对于理想气体，浮力引起的湍动能产生项变为

$$G_b = -g_i \frac{\mu_t}{\rho P_{rt}}\frac{\partial\rho}{\partial x_i} \tag{10-11}$$

10.1.5 k-epsilon（2 eqn）模型

k-epsilon（2 eqn）模型是一种双方程模型，在工业流体仿真中，应用最为广泛，该模型求解两个运输方程，利用涡黏方法模拟雷诺应力。k-epsilon（2 eqn）模型有 3 种形式：Standard（标准）k-epsilon 模型、RNG k-epsilon 模型和 Realizable（可实现）k-epsilon 模型。

1. Standard（标准）k-epsilon 模型

Standard（标准）k-epsilon 模型需要求解湍流动能及湍流耗散率方程，得到湍流动能及湍流耗散率的解，然后利用湍流动能及湍流耗散率的值计算湍流黏度，最后通过 Boussinesq（布西内斯克）假设得到雷诺应力解。湍动能输运方程是通过精确的方程推导得出的，但耗散率方程是通过物理推理、数学上模拟相似原形方程得出的。该模型假设流动为完全湍流，分子黏性的影响可以被忽略。因此，Standard（标准）k-epsilon 模型只适用于完全湍流的流动过程模拟。

2. RNG k-epsilon 模型

RNG k-epsilon 模型来源于严格的统计技术，它和 Standard（标准）k-epsilon 模型相似，但是做了以下改进。

☑ 在湍流动能方程中增加了一个附加项，使得在计算速度梯度较大的流场时精度更高。

☑ 模型中考虑了旋转效应，因此，强旋转流动计算精度也得到提高。

☑ 模型中包含了计算湍流 Prandtl（普朗特）数的解析公式，而不像 Standard（标准）k-epsilon 模型仅有用户定义的常数。

☑ Standard（标准）k-epsilon 模型是一个高雷诺数模型，而 RNG 模型在对近壁区进行适当的处理后可以计算低雷诺数效应。

3. Realizable（可实现）k-epsilon 模型

Realizable（可实现）k-epsilon 模型是一种新出现的 k-epsilon 模型，在分离流计算和带二次流的复杂流动计算中表现最为出色，但对于存在旋转和静止区的流场计算中会产生非物理湍流黏性，因此在进行该类型的计算时，最好不要选择 Realizable（可实现）k-epsilon 模型。

Realizable（可实现）k-epsilon 模型与 Standard（标准）k-epsilon 模型的区别主要有以下两点。

☑ Realizable（可实现）k-epsilon 模型采用了新的湍流黏度公式。

☑ 该模型的湍流耗散率是从涡量扰动量均方根的精确输运方程推导出来的。

10.1.6　k-omega（2 eqn）模型

k-omega（2 eqn）模型也是一种双方程模型。它在进行流体计算时主要考虑低雷诺数、可压缩性和剪切流扩散。它在预测逆压梯度边界层流动和分离方面具有较好的性能。k-omega 模型有 4 种形 式：Standard（标准）模型、GEKO 模型、BSL 模型和 SST 模型。

1. Standard（标准）k-omega 模型

Standard（标准）k-omega 模型适用于尾迹流动计算、混合层计算、射流计算，以及受到壁面限制的流动计算和自由剪切流计算。缺点是计算结果的敏感性相对较强，取决于剪切层内外的自由流的湍流动能与欧米伽的值，因此，在 Fluent 中一般不推荐使用 Standard（标准）k-omega 模型。

2. GEKO k-omega 模型

GEKO k-omega 模型提供足够灵活的单一模型来涵盖广泛的应用领域。虽然默认设置已经涵盖了大多数应用领域，但是模型仍提供了 4 个自由参数，可以针对特定类型的应用场合进行调整，而不会对模型的基本校准产生负面影响。它是一个强大的模型优化工具，但需要正确理解这些系数的影响以避免出现错误。该模型的默认值已经很强大，因此用户也可以在不使用任何修正的情况下应用该模型，用户应该确保任何调优都有高质量实验数据的支持，在 Fluent 中，推荐使用该模型。

3. BSL k-omega 模型

该模型广泛应用于空气动力流动模拟，可以精确预测壁面边界的细节特征。

4. SST k-omega 模型

该综合了 k-omega 模型在近壁区计算的优点和 k-epsilon 模型在远场计算的优点，将 k-omega 模型和标准 k-epsilon 模型都乘以一个混合函数后再相加就可以得到这个模型。在近壁区，混合函数的值等于 1，因此，在近壁区等价于 k-omega 模型。在远离壁面的区域，混合函数的值等于 0，因此，自动转换为标准 k-epsilon 模型。

与 Standard（标准）k-omega 模型相比，SST 模型增加了横向耗散导数项，同时在湍流黏度定义中考虑了湍流剪切应力的输运过程，该模型中使用的湍流常数也有所不同。这些特点使 SST 模型的适用范围更广，如可以用于带逆压梯度的流动计算、翼型计算、跨声速激波计算等。

10.1.7　转捩 k-kl-omega（3 eqn）模型

该模型用于预测边界层发展情况并计算转变开始，可以有效解决地边界层从层流状态到湍流状态的转变问题。在 Fluent 中，该模型主要应用于壁面约束流动和自由剪切流，也可以应用于尾迹流、混合层流动和平板绕流、圆柱绕流、喷射流等。

10.1.8　转捩 SST（4 eqn）模型

该模型是 k-omega 模型的变形，使用一个混合函数将 Standard（标准）k-epsilon 模型和 k-omega 模型结合起来，包含转捩和剪切选项；该模型仅适用于壁面流动，因此，对壁面距离有较强的依赖性，适用于存在逆压力梯度时的边界层流动。使用该模型有以下几个限制条件。

☑ 仅适用于壁面流动，模拟壁面流动从层流状态到湍流状态的转变，会将自由剪切流视为完全湍流，因此不适用于模拟自由剪切流中的转捩。

☑ 该模型不是伽利略不变量，因此，不适用于需要计算运动壁面的速度场中。

☑ 该模型不适用于不存在自由流的充分发展的管道流或渠道流中。

10.1.9 雷诺应力（RSM-5 eqn）模型

雷诺应力模型中没有采用涡黏度的各向同性假设，因此，从理论上说，比湍流模式理论要精确得多。雷诺应力模型不采用 Boussinesq（布西内斯克）假设，而是直接求解雷诺平均 N-S 方程中的雷诺应力项，同时求解耗散率方程，因此在二维问题中需要求解 5 个附加方程，在三维问题中需要求解 7 个附加方程。

从理论上说，雷诺应力模型应该比一方程模型和二方程模型的计算精度更高，但实际上雷诺应力模型的精度受限于模型的封闭形式，因此，雷诺应力模型在实际应用中并没有在所有的流动问题中都体现出优势。只有在雷诺应力明显具有各向异性的特点时才必须使用雷诺应力模型，如漩涡、燃烧室内流动等强烈旋转的流动问题。

Reynolds 应力模型（RSM）是求解 Reynolds 应力张量的各个分量的输运方程。具体形式为

$$\frac{\partial}{\partial t}\left(\rho\overline{u_i u_j}\right)+\frac{\partial}{\partial x_k}\left(\rho U_k\overline{u_i u_j}\right)=-\frac{\partial}{\partial x_k}\left[\overline{\rho u_i u_j u_k}+\overline{p\left(\delta_{kj}u_i+\delta_{ik}u_j\right)}\right]+\frac{\partial}{\partial x_k}\left(\mu\frac{\partial}{\partial x_k}\overline{u_i u_j}\right)-$$
$$\rho\left(\overline{u_i u_k}\frac{\partial U_j}{\partial x_k}+\overline{u_j u_k}\frac{\partial U_i}{\partial x_k}\right)-\rho\beta\left(g_i\overline{u_j\theta}+g_j\overline{u_i\theta}\right)+ \tag{10-12}$$
$$\overline{p\left(\frac{\partial u_i}{\partial x_j}+\frac{\partial u_j}{\partial x_i}\right)}-2\mu\overline{\frac{\partial u_i}{\partial x_k}\frac{\partial u_j}{\partial x_k}}-2\rho\Omega_k\left(\overline{u_j u_m}\varepsilon_{ikm}+\overline{u_i u_m}\varepsilon_{jkm}\right)$$

式中，左边第二项是对流项 C_{ij}；右边第一项是湍流扩散项 D_{ij}^{r}，第二项是分子扩散项 D_{ij}^{L}，第三项是应力产生项 P_{ij}，第四项是浮力产生项 G_{ij}，第五项是压力应变项 Φ_{ij}，第六项是耗散项 ε_{ij}，第七项是系统旋转产生项 F_{ij}。

在式（10-12）中，C_{ij}、D_{ij}^{L}、P_{ij}、F_{ij}不需要进行模拟，而 D_{ij}^{r}、G_{ij}、Φ_{ij}、ε_{ij}需要进行模拟以封闭方程。下面简单对几个需要模拟项进行模拟。

D_{ij}^{r} 可以用 Delay 和 Harlow 的梯度扩散模型来模拟，但这个模型会导致数值不稳定，在 Fluent 中，采用标量湍流扩散模型，即

$$D_{ij}^{T}=\frac{\partial}{\partial x_k}\left(\frac{\mu_t}{\sigma_k}\frac{\partial\overline{u_i u_j}}{\partial x_k}\right) \tag{10-13}$$

式中，湍流黏性系数用 $\mu_t=\rho C_\mu\dfrac{k^2}{\varepsilon}$ 来计算；σ_k=0.82，这和标准 k~ε 模型中选取 1.0 有所不同。

压力应变项 Φ_{ij} 可以分解为 3 项，即

$$\Phi_{ij}=\Phi_{i,j,1}+\Phi_{i,j,2}+\Phi_{ij}^{w} \tag{10-14}$$

式中，$\Phi_{i,j,1}$、$\Phi_{i,j,2}$ 和 Φ_{ij}^{w} 分别是慢速项、快速项和壁面反射项。

浮力引起的产生项 G_{ij} 可模拟为

$$G_{ij}=\beta\frac{\mu_t}{P_{rt}}\left(g_i\frac{\partial T}{\partial x_j}+g_j\frac{\partial T}{\partial x_i}\right) \tag{10-15}$$

耗散张量 ε_{ij} 可模拟为

$$\varepsilon_{ij}=\frac{2}{3}\delta_{ij}(\rho\varepsilon+Y_M) \tag{10-16}$$

式中，$Y_M=2\rho\varepsilon M_t^{\ 2}$，$M_t$是马赫数；标量耗散率 ε 用标准 k~ε 模型中采用的耗散率输运方程求解。

10.1.10 尺度自适应（SAS）模型

尺度自适应模型是一种改进的 URANS 公式，允许在不稳定流动条件下进行湍流仿真，该模型的基础是将冯·卡门长度尺度引入湍流方程并允许将冯·卡门长度根据 URANS 模型中的解析结构进行动态调整，从而在不稳定的流体区域进行类似于大涡模拟，在稳定流动区域进行 RANS 模拟。该方法的优点是模型的 RANS 部分不受网格尺寸的影响，因此，不会出现模型精度下降的情况。

10.1.11 分离涡模拟（DES）模型

分离涡模拟模型通过比较湍流长度尺度与网格间距的大小来实现 RANS 与 LES 模式之间的切换。该模型选择两者中的最小值，从而在 RANS 和 LES 模式之间进行切换。该模型可以阻止模型应力损耗以及网格导致的分离。该模型适用于外流空气动力学、气动声学和壁面湍流等。

10.1.12 大涡模拟

湍流中包含了不同时间与长度尺度的涡旋。最大的长度尺度通常为平均流动的特征长度尺度，最小长度尺度为 Komogrov 长度尺度。LES 的基本假设是：① 动量、能量、质量及其他标量主要由大涡输运；② 流动的几何和边界条件决定了大涡的特性，而流动特性主要在大涡中体现；③ 小尺度涡旋受几何和边界条件影响较小，并且各向同性，大涡模拟（LES）过程中，直接求解大涡，小尺度涡旋模拟，从而使其对网格要求比 DNS 低。

LES 的控制方程是对 Navier-Stokes 方程在波数空间或者物理空间进行过滤得到的。过滤的过程是过滤掉比过滤宽度或者给定物理宽度小的涡旋，从而得到大涡旋的控制方程为

$$\frac{\partial \rho}{\partial t}+u\frac{\partial \rho \overline{u}_i}{\partial x_i}=0 \tag{10-17}$$

$$\frac{\partial}{\partial t}\left(\rho \overline{u}_i\right)+\frac{\partial}{\partial x_j}\left(\rho \overline{u_i u_j}\right)=\frac{\partial}{\partial x_j}\left(\mu \frac{\partial \overline{u}_i}{\partial x_j}\right)-\frac{\partial \overline{p}}{\partial x_j}-\frac{\partial \tau_{ij}}{\partial x_j} \tag{10-18}$$

式中，τ_{ij} 为亚网格应力，$\tau_{ij}=\rho\overline{u_i u_j}-\rho\overline{u}_i\cdot\overline{u}_j$。

上述方程与 Reynolds 平均方程很相似，只不过大涡模拟中的变量是已过滤的量，而非时间平均量，并且湍流应力也不同。

大涡模拟无论从计算机能力还是从方法的成熟程度看，距离实际应用还有较长时间，但湍流模型方面的研究重点已转向大涡模拟，预计在今后 10 年内，随着这一方法的成熟以及计算机能力进一步提高，该方法将逐步成为湍流模拟的主要方法。

除上述各类模型外，有实用价值的还有改进的单方程模型（它对近壁流的模拟效果较好）以及简化的湍应力模型（即代数应力模型）。从实用性来说，它们很有推广价值，尤其是代数应力模型，既能反映湍流的各向非同性，计算量又远小于湍应力模型。

10.2 混合弯头中的流体流动和传热

视频讲解

本实例为混合弯头中流体流动和传热问题的设置和求解。混合弯头结构在电厂和工艺工业的管道系统中经常遇到。所以在设计弯管接头时，预测混合区域内的流场和温度场是很重要的。预测混合区

域内的流场和温度场是合理设计混合区的重要手段。有一温度为 293.15 K 的流体从管道直径为100 mm 的入口进入，并与从管道直径为 25 mm 的入口进入，温度为 313.15 K 的流体进行混合，预测两股流体混合后的流动情况和温度分布情况。图 10-2 所示为混合弯头模型尺寸。

Note

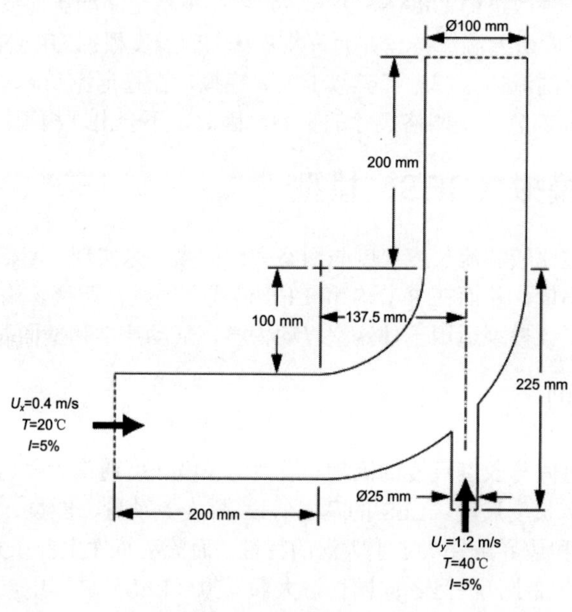

图 10-2　混合弯头

10.2.1　创建几何模型

（1）启动 DesignModeler 建模器。打开 Workbench 程序，展开左边工具箱中的“分析系统”栏，将“流体流动（Fluent）”选项拖动到“项目原理图”界面，创建一个含有“流体流动（Fluent）”的项目模块，如图 10-3 所示。（项目原理图中最初会出现一个绿色虚线轮廓，指示新系统的潜在位置。将系统拖动到其中一个轮廓时，它会变成一个红色框，以指示新系统的选定位置。）

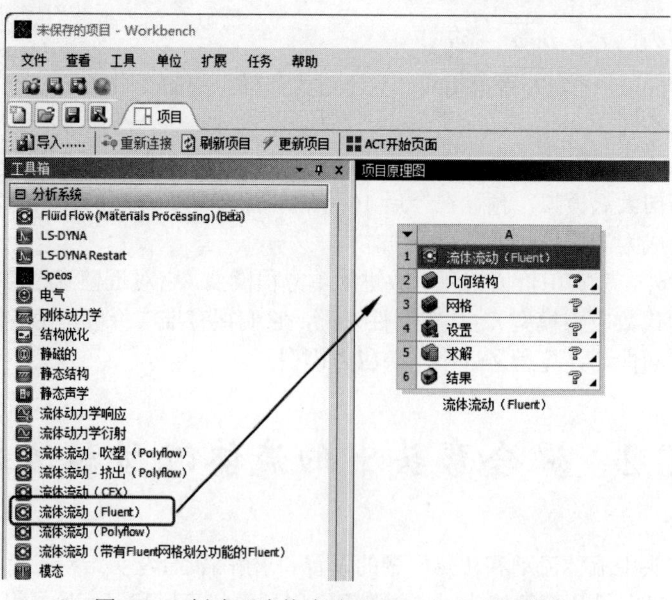

图 10-3　创建“流体流动（Fluent）”项目模块

（2）命名分析。双击“分析系统”下方的“流体流动(Fluent)”选项。将标签改为“elbow”，作为分析系统的名称。

（3）保存项目。在 Ansys Workbench 中选择“文件”→“保存”命令，弹出“另存为”对话框，可以在其中浏览工作文件夹并输入 Ansys Workbench 项目的特定名称。在“文件名”文本框中输入“elbow”作为项目文件名，然后单击“保存”按钮保存项目，如图 10-4 所示。Ansys Workbench 使用后缀名“.wbpj”保存项目，同时保存项目的支持文件。

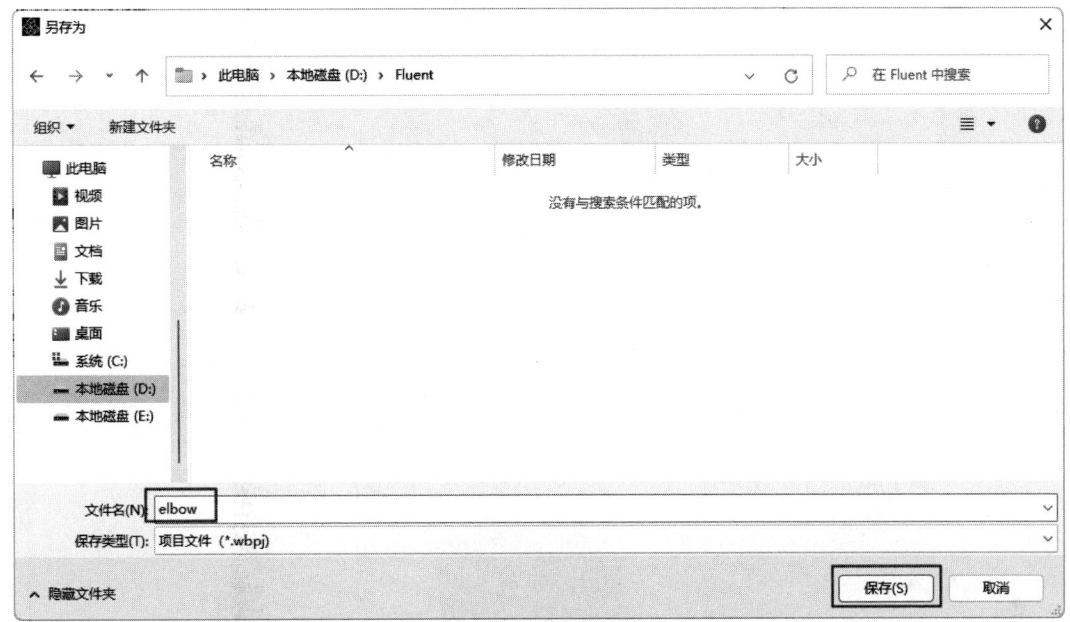

图 10-4　保存文件

（4）在 Ansys Workbench 项目原理图中右击“几何结构”栏，在弹出的快捷菜单中选择“新的 DesignModeler 几何结构...”命令，如图 10-5 所示，启动 DesignModeler 建模器。

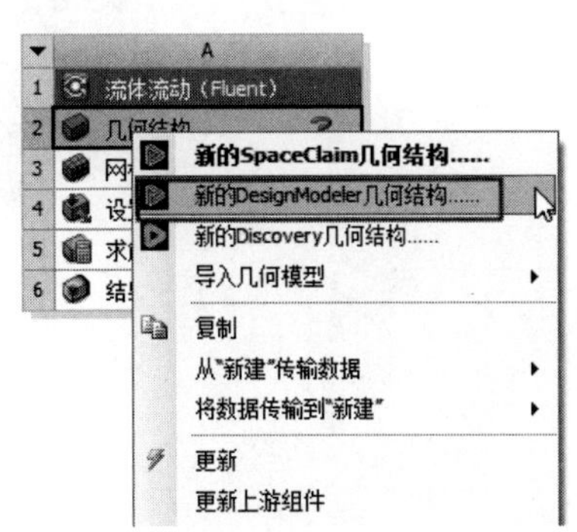

图 10-5　启动 DesignModeler 建模器

（5）设置单位。进入 DesignModeler 建模器后，选择“单位”→“毫米”命令，设置绘图环境的单位。

本实例的几何形状由一个大的弯管和一个较小的侧管组成。DesignModeler 提供了各种几何图元，可以组合这些图元来快速创建此类几何形状。

（6）创建主管。选择“创建”→“原语”→“圆环体”命令，如图 10-6 所示，图形窗口中将显示圆环几何体的预览。

（7）在弹出的详细信息视图中设置“FD10，基础 Y 分量”为“-1”，然后按 Enter 键，将底部 Y 分量设置为“-1”。然后将“FD12，角度（>0）”设置为“90°”；将“FD13，内半径（>0）”设置为“100 mm”；将“FD14，外半径（>0）”设置为“200 mm”，如图 10-7 所示，单击“生成”按钮，生成的模型如图 10-8 所示。“圆环体 1”项出现在树轮廓视图中。如果要删除此项目，可以在其上右击，然后从弹出的快捷菜单中选择“删除”命令。

Note

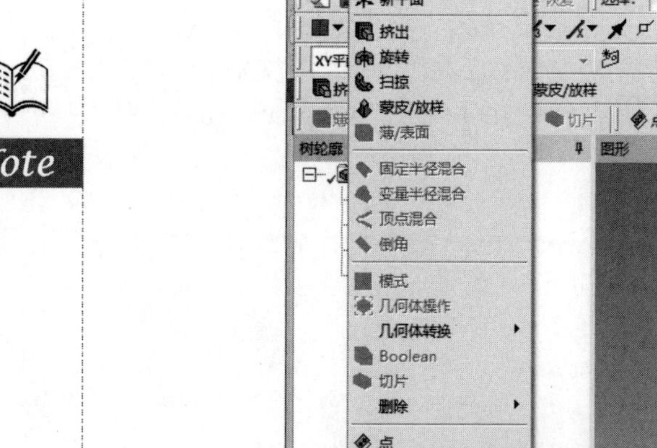

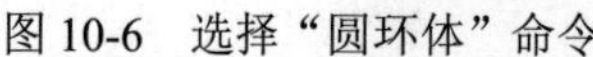
图 10-6　选择“圆环体”命令

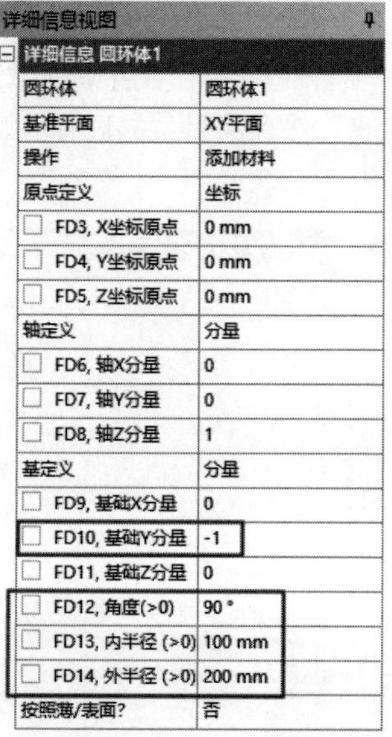

详细信息视图

详细信息 圆环体1

圆环体	圆环体1
基准平面	XY平面
操作	添加材料
原点定义	坐标
FD3, X坐标原点	0 mm
FD4, Y坐标原点	0 mm
FD5, Z坐标原点	0 mm
轴定义	分量
FD6, 轴X分量	0
FD7, 轴Y分量	0
FD8, 轴Z分量	1
基定义	分量
FD9, 基础X分量	0
FD10, 基础Y分量	-1
FD11, 基础Z分量	0
FD12, 角度(>0)	90 °
FD13, 内半径 (>0)	100 mm
FD14, 外半径 (>0)	200 mm
按照薄/表面?	否

图 10-7　圆环体的详细信息

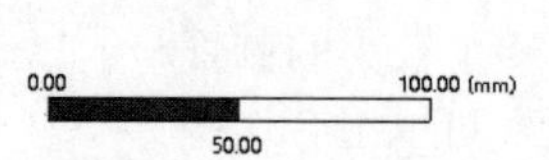

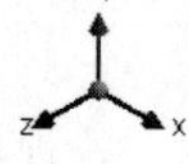

图 10-8　创建圆环体后的模型

（8）在工具栏中单击“面”按钮，确保选择过滤器设置为面。当将鼠标悬停在几何体上时，面选择光标出现选择弯头的顶面（Y 轴正方向），然后从“三维特征”工具栏中单击“挤出”按钮。

（9）在新拉伸（挤出 1）的详细视图中，单击“几何结构”右侧的“应用”按钮。将接受选择的面作为拉伸的基础几何图形。单击“方向矢量”右侧的“无（法向）”按钮。再次确保选择过滤器设置为“面”，选择弯头上的同一个面，如图 10-9 所示，指定拉伸将垂直于该面，然后单击“应用”按钮。

（10）在新拉伸（挤出 1）的详细信息视图中输入“200 mm”作为“FD1，深度（>0）”，如图 10-10 所示，然后单击“生成”按钮 生成，生成的模型如图 10-11 所示。

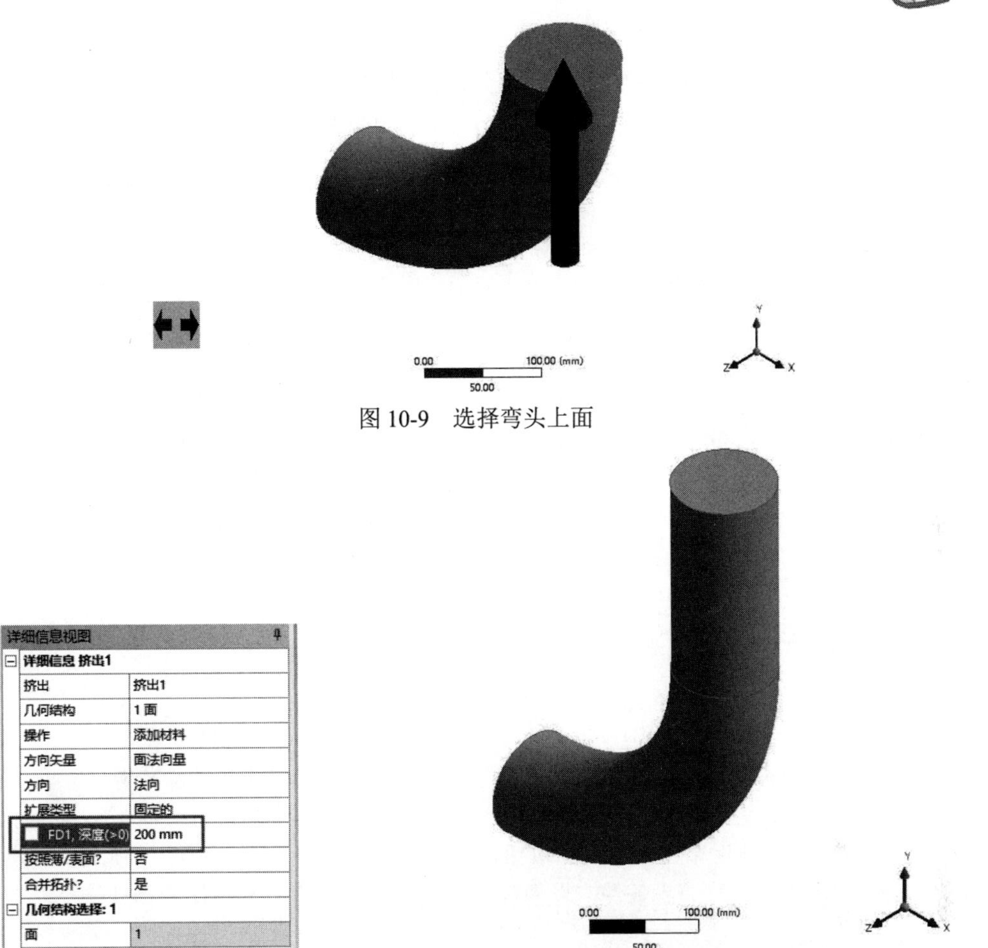

图 10-9　选择弯头上面

图 10-10　挤出的详细信息

图 10-11　创建挤出后的模型

（11）以同样的方式，挤压圆环段的另一面，以形成 200 mm 的入口延伸。可以使用旋转视图命令，以便轻松选择折弯的另一面。单击缩放到合适的图标，将使对象精确匹配并在窗口中居中。输入拉伸参数并单击“生成”按钮，生成的弯管主管几何图形，如图 10-12 所示。

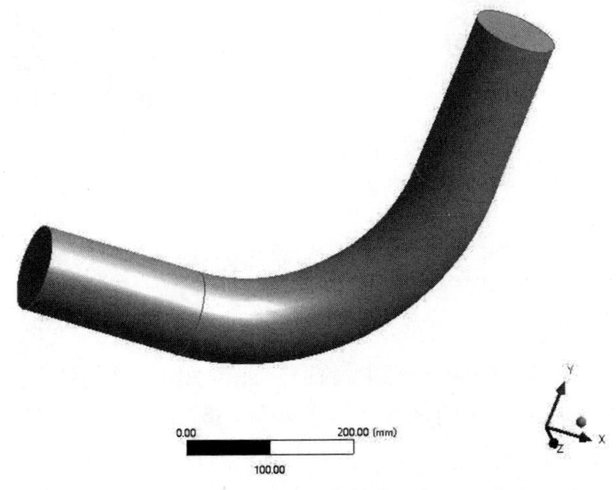

图 10-12　弯管主管几何图形

Note

（12）使用圆柱体基本体创建侧管。选择“创建”→“原语”→“圆柱体”命令，在详细信息视图中，按图 10-13 所示设置圆柱体的参数，原点坐标确定圆柱体的起点，轴组件确定圆柱体的长度和方向。然后单击“生成”按钮，创建圆柱体后的模型，如图 10-14 所示。

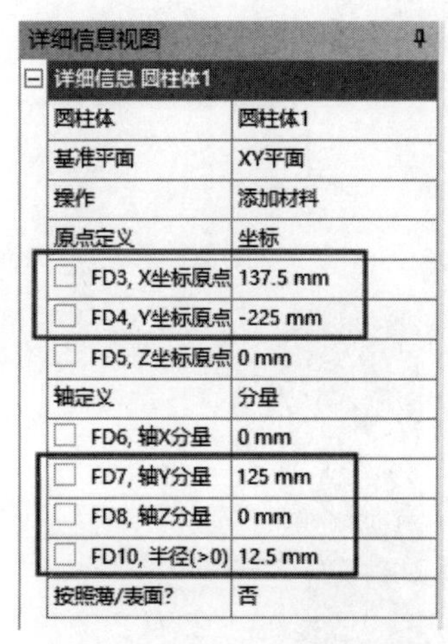

详细信息视图	
详细信息 圆柱体1	
圆柱体	圆柱体1
基准平面	XY平面
操作	添加材料
原点定义	坐标
FD3, X坐标原点	137.5 mm
FD4, Y坐标原点	-225 mm
FD5, Z坐标原点	0 mm
轴定义	分量
FD6, 轴X分量	0 mm
FD7, 轴Y分量	125 mm
FD8, 轴Z分量	0 mm
FD10, 半径(>0)	12.5 mm
按照薄/表面?	否

图 10-13　圆柱体的详细信息

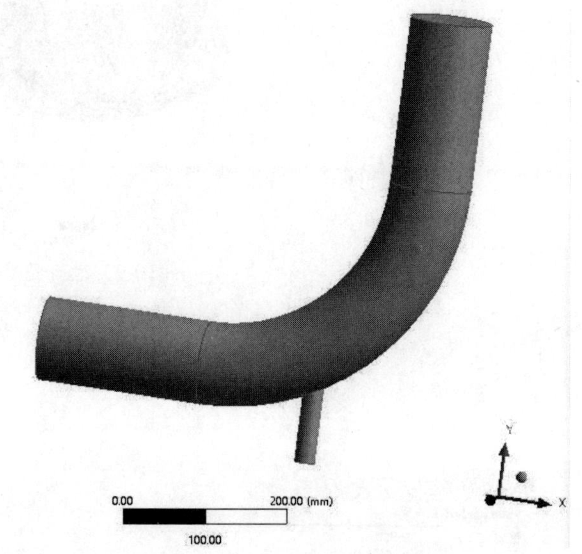

图 10-14　创建圆柱体后的模型

（13）创建几何体的最后一步是在其对称平面上分割实体，这将使计算量减半。选择“工具”→“对称”命令，在树轮廓中选择 XY 平面，然后单击详细信息视图中“对称平面 1”旁边的“应用”按钮，如图 10-15 所示。最后单击“生成”按钮，生成的模型如图 10-16 所示。使用此操作创建的新曲面将在 Fluent 中，指定对称边界条件，以便模型准确反映整个弯头几何体的物理特性。

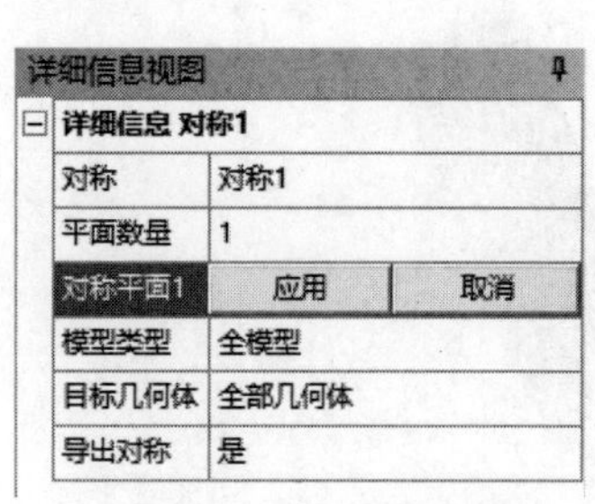

详细信息视图		
详细信息 对称1		
对称	对称1	
平面数量	1	
对称平面1	应用	取消
模型类型	全模型	
目标几何体	全部几何体	
导出对称	是	

图 10-15　对称的详细信息

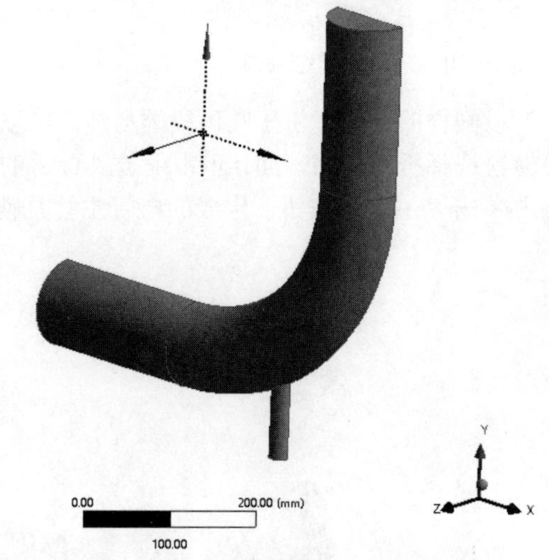

图 10-16　对称后的模型

（14）将几何体指定为流体。在树轮廓中，打开“1 部件，1 几何体”分支并选择“固体”。然后在几何体详细信息视图中，将几何体的名称从“实体”更改为“流体”，在“流体/固体”右侧下拉列表框中选择“流体”，然后单击“生成”按钮，完成流体的设置，如图 10-17 所示。

（15）选择“文件”→“关闭 DesignModeler”命令，或单击右上角的“×”图标，Ansys Workbench

可以自动保存几何图形并相应地更新项目原理图。几何体单元中的问号被复选标记替换，表示现在有一个几何体与流体流分析系统关联。

（16）在 Ansys Workbench 菜单栏中，选择“查看”→“文件”命令，系统显示如图 10-18 所示的文件。在文件视图中会显示本项目的所有文件。

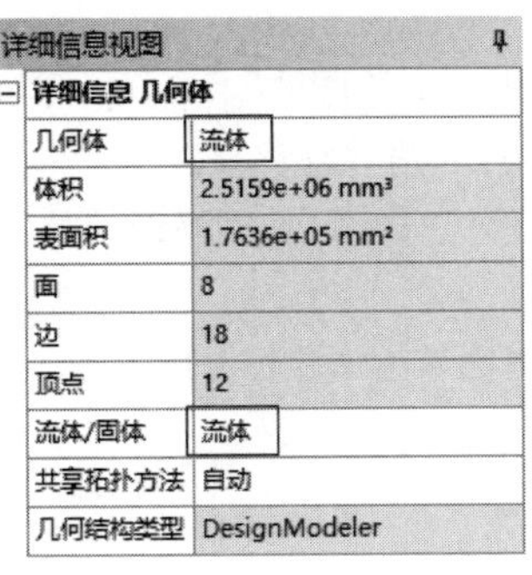

详细信息视图

详细信息 几何体	
几何体	流体
体积	2.5159e+06 mm³
表面积	1.7636e+05 mm²
面	8
边	18
顶点	12
流体/固体	流体
共享拓扑方法	自动
几何结构类型	DesignModeler

图 10-17　几何体的详细信息

文件

	A	B	C	D
1	名称	单...	尺寸	类型
2	elbow.wbpj		34 KB	Workbench项目文件
3	act.dat		259 KB	ACT Database
4	designPoint.wbdp		31 KB	Workbench设计点文件
5	FFF.agdb	A2	2 MB	几何结构文件

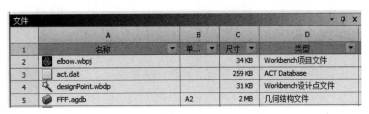

图 10-18　创建几何体后的项目文件视图

10.2.2　划分网格及边界命名

（1）启动 Meshing 网格应用程序。右击“流体流动（Fluent）”项目模块中的“网格”栏，在弹出的快捷菜单中选择“编辑”命令，启动 Meshing 网格应用程序。

（2）为了简化后续在 Fluent 中的工作，应通过为管道入口、出口和对称表面创建命名选择来标记几何体中的每个边界。在几何图形中，右击图 10-19 所示的大进气口，在弹出的快捷菜单中选择“创建命名选择”命令，弹出“选择名称”对话框。在“选择名称”对话框中输入“velocity-inlet-large”作为名称，如图 10-20 所示，然后单击“OK”按钮。

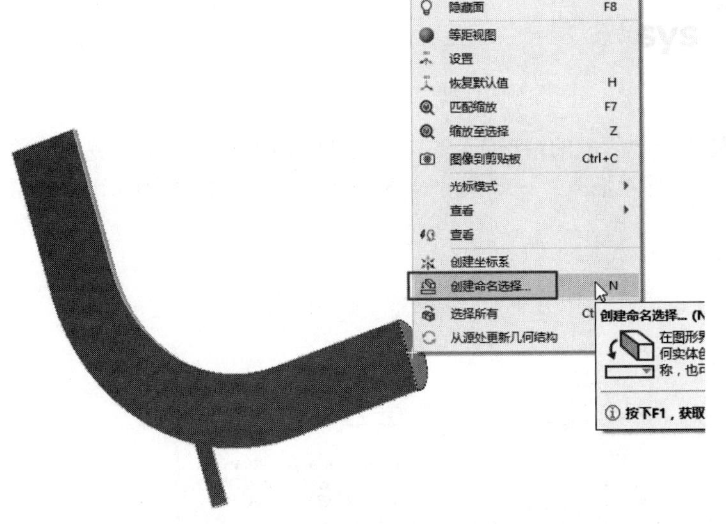

图 10-19　选择要命名的面

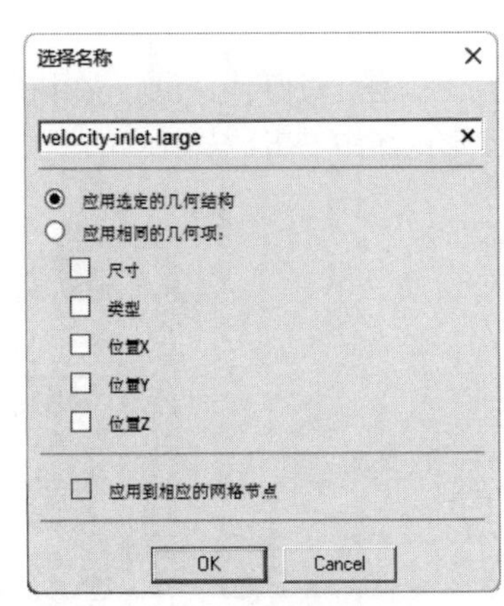

图 10-20　输入大进气口名称

（3）其他边界命名。

01 命名小入口名称。采用同样的方法，选择模型的小口，命名为“velocity-inlet-small”（小入口）。

02 命名大出口名称。采用同样的方法，选择模型的另一个大口，命名为“pressure-outlet”（大出口）。

03 命名对称平面名称。采用同样的方法，选择对称面，命名为“symmetry”（对称平面）。

（4）为流体创建命名选择。在图形工具栏中将选择过滤器更改为 Body（）。在图形显示中单击弯头以将其选中。然后右击，在弹出的快捷菜单中选择“创建命名选择”命令。在“选择名称”对话框中输入“Fluid”作为名称。通过为流体创建名为“Fluid”的命名选择，可以确保 Fluent 自动检测到的体积是在流体区域中，并进行相应的处理。

Note

（5）为 Ansys 网格应用程序设置基本网格参数。调整网格参数以获得更精细的网格。在大纲视图中，选择“项目/模型（A3）”下的“网格”以在大纲视图下显示“网格”的详细信息。

（6）由于 Ansys 网格应用程序自动检测到使用 Fluent 执行 CFD 流体流分析，将“物理偏好”选项设置为“CFD”，“求解器偏好”选项设置为“Fluent”。

（7）展开“质量”节点以显示其他质量参数。将“平滑”更改为“高”，如图 10-21 所示。

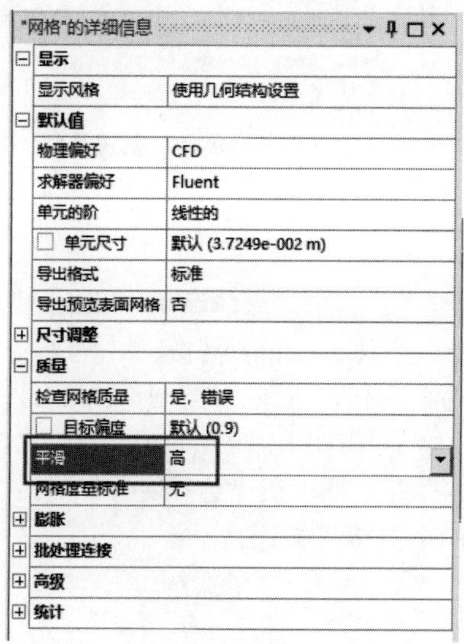

图 10-21 “网格”的详细信息

（8）添加尺寸控制。在树轮廓处于选中状态的情况下，单击图形显示中的弯头以将其选中。在图形区域中右击，从弹出的快捷菜单中选择“插入”→“尺寸调整”命令，如图 10-22 所示。

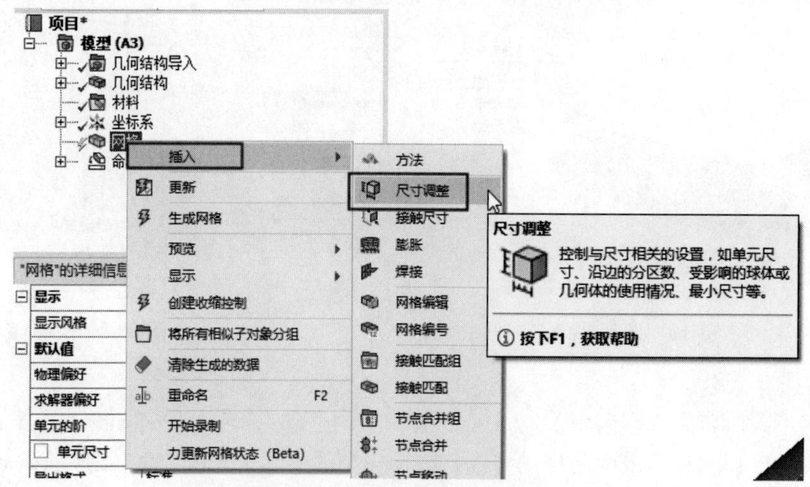

图 10-22 尺寸调整快捷菜单

（9）在树轮廓的“网格”下会出现一个新的“尺寸调整”条目。单击“尺寸调整”，在尺寸调整的详细信息中输入“6e-3”作为“单元尺寸”，如图 10-23 所示，然后按 Enter 键。

（10）再次单击大纲视图中的网格，并在网格的详细信息中展开“膨胀”节点以显示其他“膨胀”参数。将“使用自动膨胀”更改为“程序控制”，如图 10-24 所示。

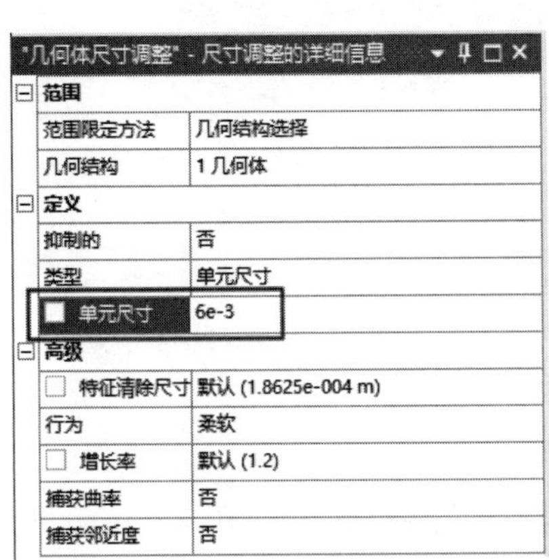

图 10-23 几何体尺寸调整的详细信息

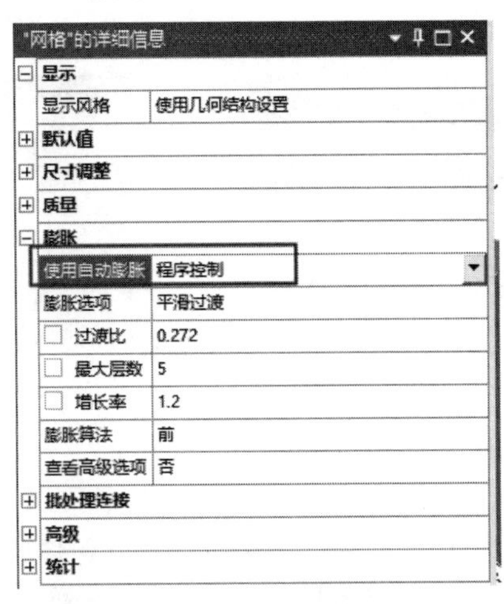

图 10-24 网格的详细信息

（11）生成网格。在树轮廓中的“网格”上右击，在弹出的快捷菜单中选择“更新”命令，如图 10-25 所示。使用“更新”功能自动生成网格，如图 10-26 所示。生成网格后，可以通过在“网格”视图的详细信息中打开统计信息节点来查看网格统计信息。这将显示节点数和元素数等信息。

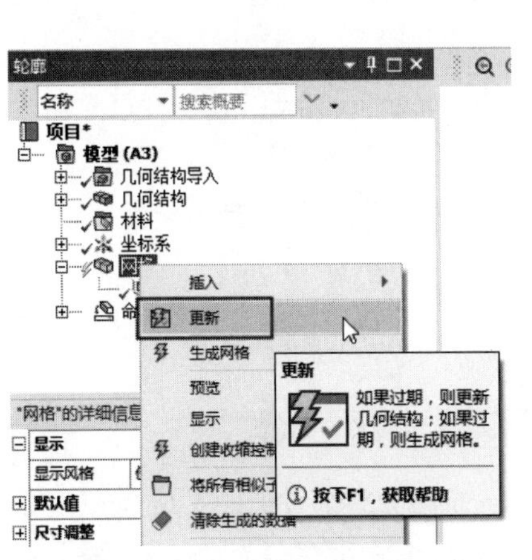

图 10-25 选择“更新”命令

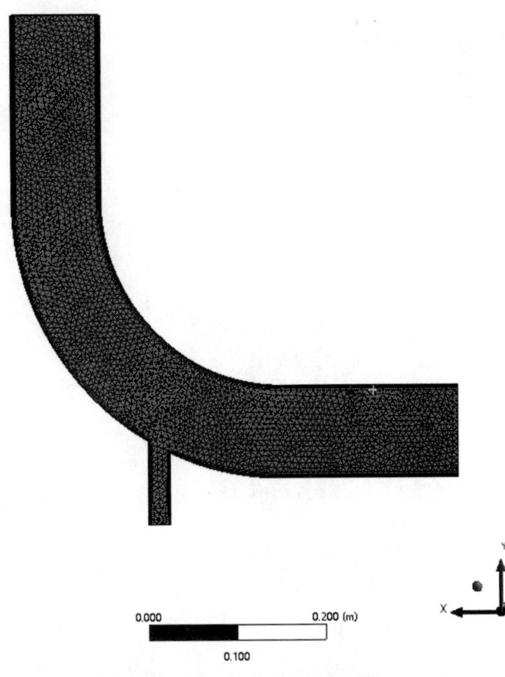

图 10-26 生成后的网格

（12）关闭 Ansys 网格应用程序。可以关闭 Ansys 网格应用程序而不保存它，因为 Ansys Workbench 自动保存网格并相应地更新项目原理图。如图 10-27 所示。网格单元中的“需要刷新”图标已替换为

Note

复选标记，表示现在有一个网格与流体流分析系统关联。

（13）在 Ansys Workbench 菜单栏中选择“查看”→“文件”命令，系统显示如图 10-28 所示文件视图。在文件视图中会显示本项目的所有文件。在文件列表中添加了网格文件（FFF.msh 和 FFF.mshdb）。FFF.msh 文件是在更新网格和 FFF 时创建的，FFF.mshdb 文件是在关闭 Ansys 网格应用程序时生成的。

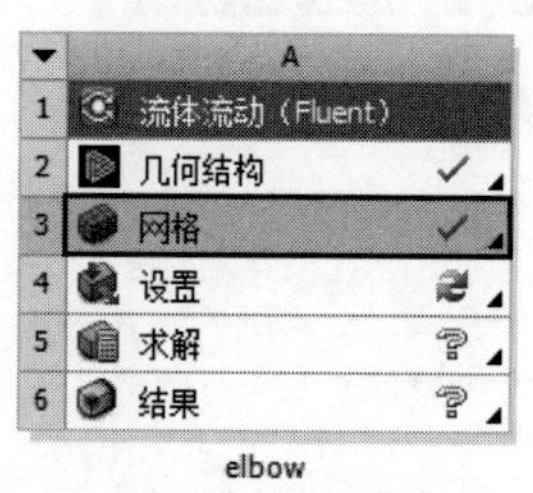

图 10-27　项目原理图

文件

	A	B	C	D
1	名称	单...	尺寸	类型
2	elbow.wbpj		34 KB	Workbench项目文件
3	act.dat		259 KB	ACT Database
4	designPoint.wbdp		31 KB	Workbench设计点文件
5	FFF.agdb	A2	2 MB	几何结构文件
6	FFF.mshdb	A3	9 MB	网格数据库文件
7	FFF.msh	A3	8 MB	Fluent网格文件

图 10-28　创建网格后项目的 Ansys Workbench 文件视图

10.2.3　分析设置

建立 CFD 模拟，现在已经为弯头几何体创建了计算网格，接下来，将使用 Fluent 设置 CFD 分析，然后查看由 Ansys Workbench 生成的文件列表。

（1）启动 Fluent 应用程序。右击“流体流动（Fluent）”项目模块中的“设置”栏，在弹出的快捷菜单中选择“编辑”命令，如图 10-29 所示。弹出“Fluent Launcher 2022 R1（Setting Edit Only）”启动器对话框，选择“Double Precision”（双倍精度）复选框，单击“Start”（启动）按钮，如图 10-30 所示，启动 Fluent 应用程序，启动后的图形界面如图 10-31 所示。

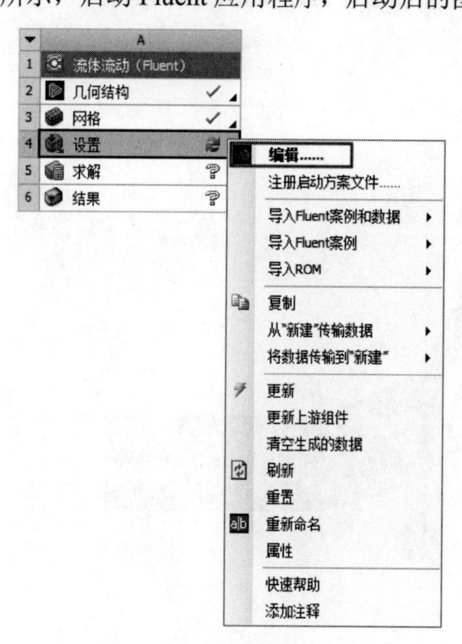

图 10-29　启动 Fluent 网格应用程序

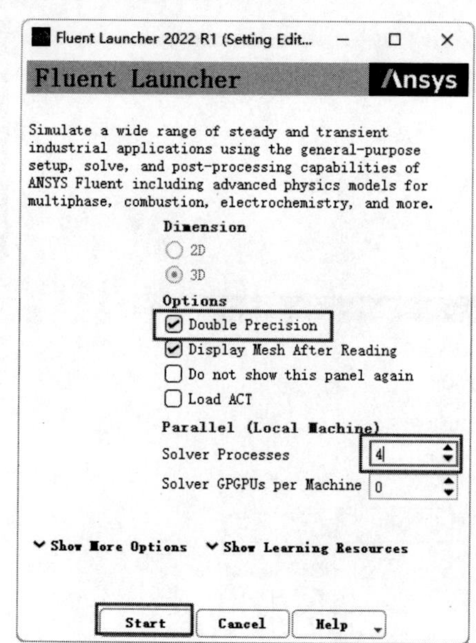

图 10-30　“Fluent Launcher 2022 R1（Setting Edit Only）”对话框

（2）检查网格。单击任务页面“通用”设置“网格”选项组中的“检查”按钮 检查 ，检查网格，当“控制台”中显示“Done”（完成）时，表示网格可用。Fluent 将在控制台中报告网格检查的结果，如图 10-32 所示。在不同平台上运行时，最小值和最大值可能略有不同。网格检查将以默认的国际单位制——米，列出网格的最小和最大 x、y 值。它还将报告许多检查的其他网格特征。此时将

报告网格中的任何错误。应确保最小体积不是负值，因为在这种情况下，Fluent 无法开始进行计算。

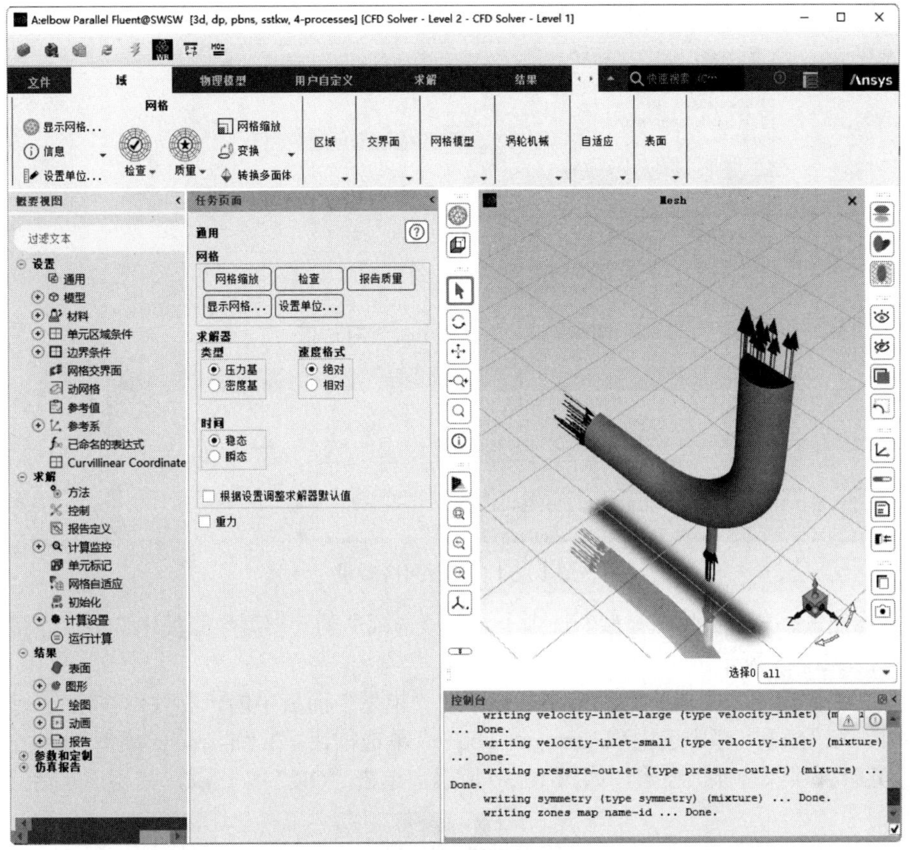

图 10-31　Fluent 界面

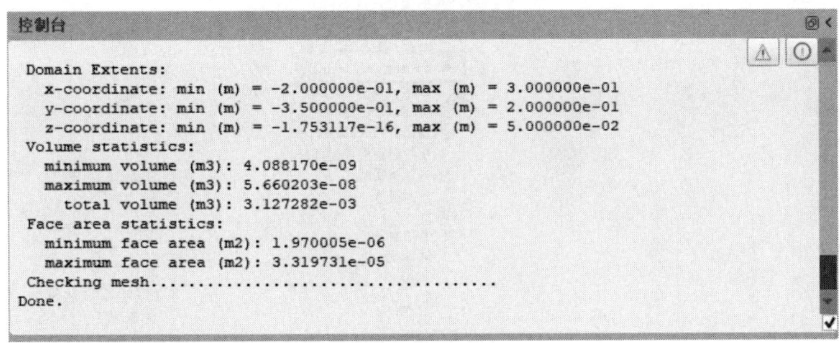

图 10-32　检查网格

（3）设置单位。由于在 Fluent 中基于以 mm 为长度单位指定和查看值，所以将 Fluent 中的长度单位 m（默认值）更改为 mm。

（4）单击任务页面“通用”设置“网格”选项组中的“设置单位”按钮设置单位...，打开“设置单位”对话框，在“数量”列表中选择“length”，在“单位”列表中选择“mm”，如图 10-33 所示，然后单击“关闭”按钮关闭，关闭该对话框。

（5）检查网格质量。单击任务页面“通用”设置“网格”选项组中的“质量”→“评估网格质量”按钮，检查网格质量，Fluent 将在控制台中报告网格质量检查的结果，如图 10-34 所示。网格的质量对数值计算的准确性和稳定性起着重要作用。因此，检查网格质量是执行稳健模拟的重要步骤。

Note

最小单元正交质量是网格质量的重要指标。正交质量的值的范围为 0～1，值越低表示单元格质量越差。一般来说，最小正交质量不应低于 0.01。

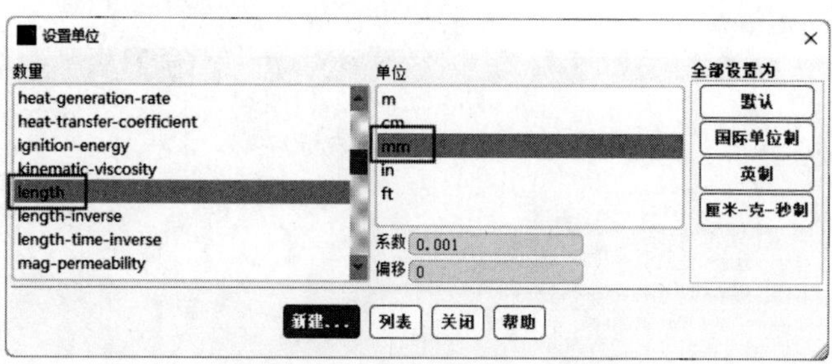

图 10-33 “设置单位”对话框

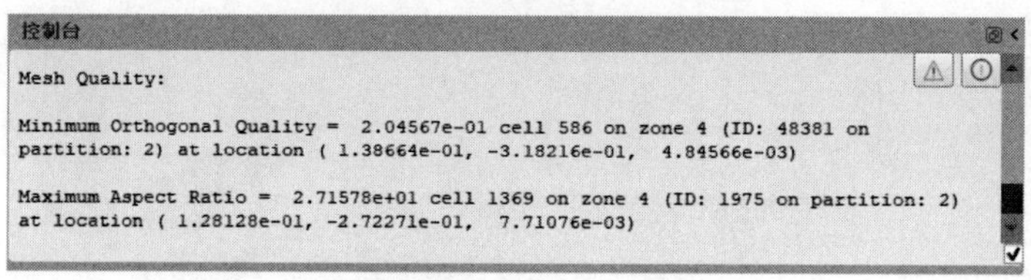

图 10-34 检查网格质量

（6）启动能量。单击“物理模型”选项卡，在该选项卡的“模型”面板中选中“能量”复选框，启动能量，如图 10-35 所示。

（7）设置黏性模型。单击“物理模型”选项卡“模型”面板中的“黏性”按钮，弹出“黏性模型”对话框，在“模型”栏中选中“k-omega（2 eqn）”单选按钮，在“k-omega 模型”栏中选中“SST”单选按钮，其余各项保持默认设置，如图 10-36 所示，单击“OK”按钮，关闭该对话框。

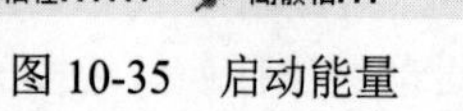

图 10-35 启动能量

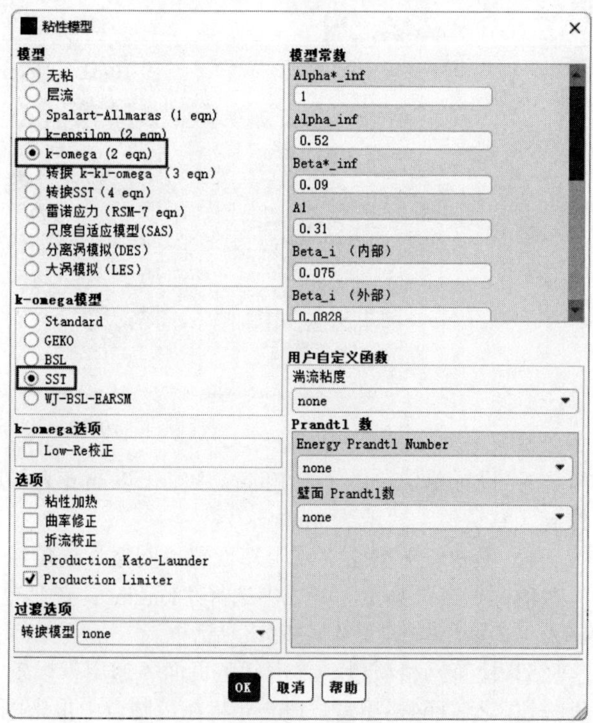

图 10-36 “黏性模型”对话框

（8）定义材料。

01 定义烟气材料。单击“物理模型”选项卡“材料”面板中的“创建/编辑”按钮，弹出“创建/编辑材料”对话框，如图 10-37 所示，设置“名称”为“water-liquid”，单击“Fluent 数据库”按钮，系统弹出“Fluent 数据库材料”对话框。

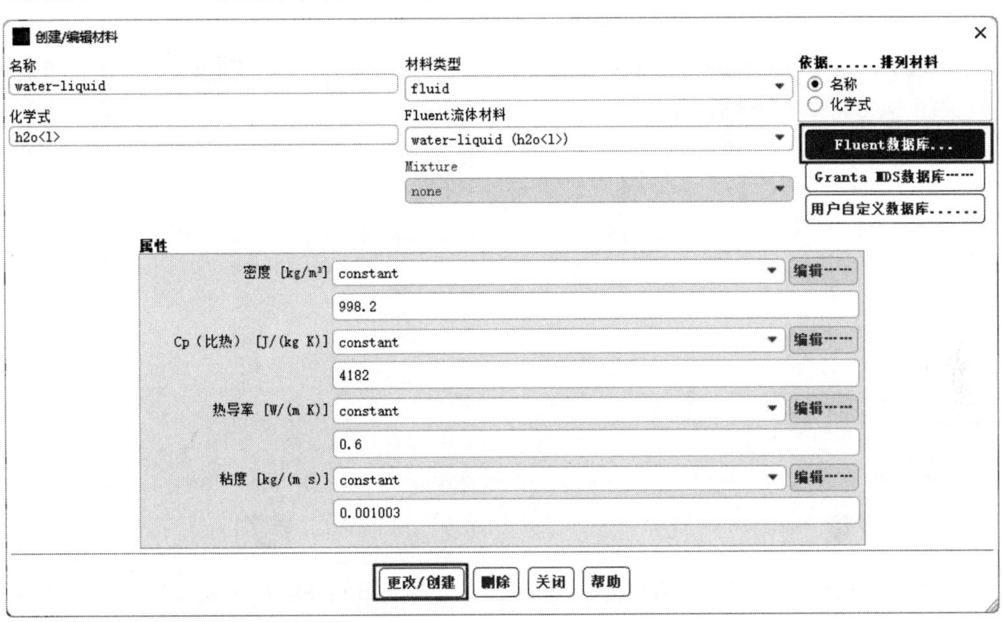

图 10-37　“创建/编辑材料”对话框

02 在“Fluent 流体材料”下拉列表框中选择“water-liquid（h2o <l>）”（液体水）材料，如图 10-38 所示，然后单击“复制”按钮，复制该材料，再单击“关闭”按钮，关闭“Fluent 数据库材料”对话框，返回“创建/编辑材料”对话框，单击“关闭”按钮，关闭“创建/编辑材料”对话框。

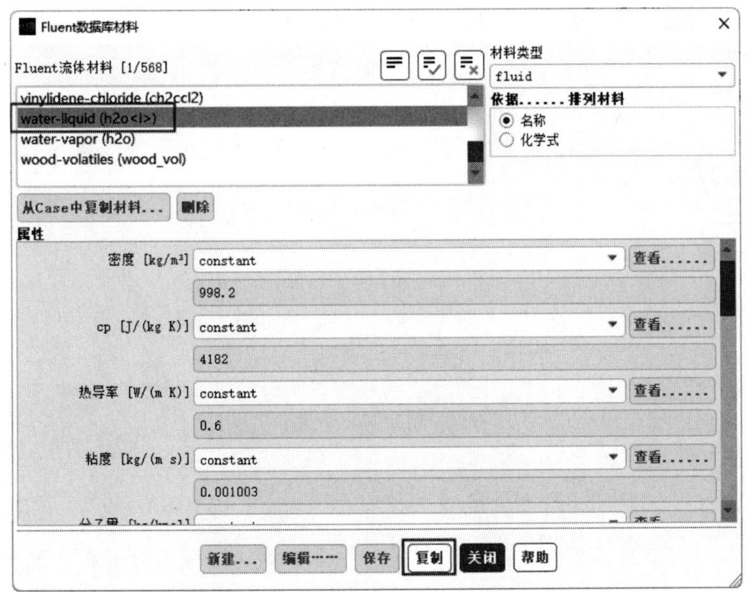

图10-38　“Fluent数据库材料”对话框

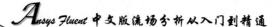

Note

03 设置冷入口边界条件。单击“物理模型”选项卡“区域”面板中的“边界”按钮，任务页面切换为“边界条件”，在“边界条件”下方的“区域”列表框中选择“velocity-inlet-large”选项，然后单击“编辑”按钮，弹出“速度入口”对话框。在“动量”选项卡中设置“速度大小”为“0.4”，在“湍流”组中将“设置”项设为“Intensity and Hydraulic Diameter”，设置“水力直径”为“100”，如图 10-39 所示。在“热量”选项卡中设置“温度”为“293.15”，在“物质”面板中设置“o2”为“0.23”，“n2”为“0.77”，如图 10-40 所示，单击“应用”按钮，然后单击“关闭”按钮，关闭“速度入口”对话框。

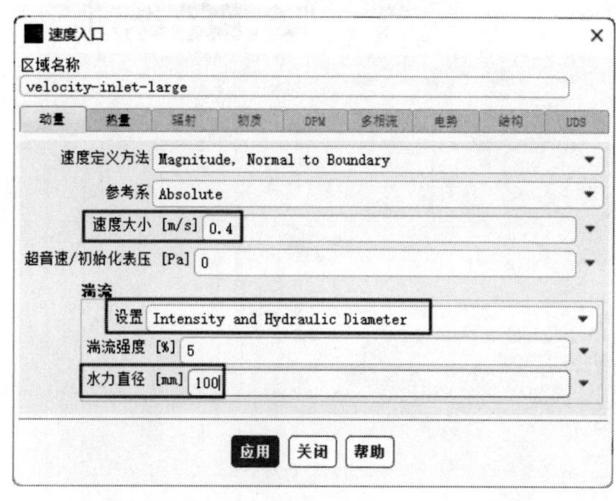

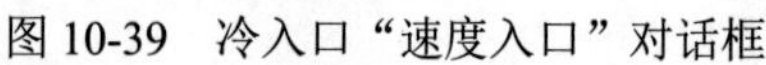
图 10-39　冷入口“速度入口”对话框

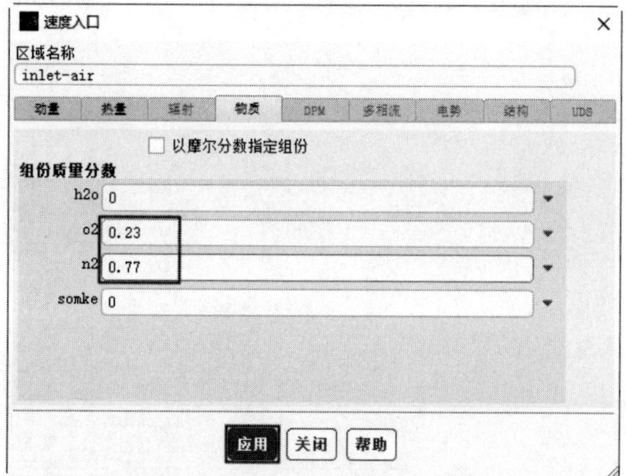

图 10-40　冷入口“热量”选项卡

（9）设置边界条件。

01 设置热入口边界条件。在“边界条件”下方的“区域”列表框中选择“velocity-inlet-small”选项，然后单击“编辑”按钮，弹出“速度入口”对话框，在“动量”选项卡中设置“速度大小”为“1.2”，在“湍流”组中将“设置”项设为“Intensity and Hydraulic Diameter”，设置“水力直径”为“25”，如图 10-41 所示。在“热量”选项卡中设置“温度”为“313.15”，如图 10-42 所示，单击“应用”按钮，然后单击“关闭”按钮，关闭“速度入口”对话框。

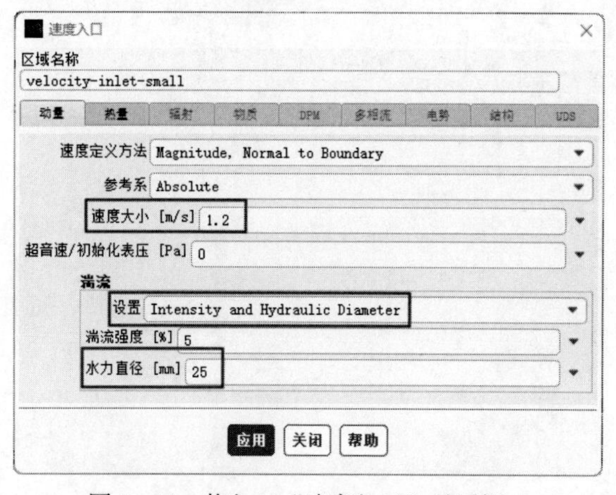

图 10-41　热入口“速度入口”对话框

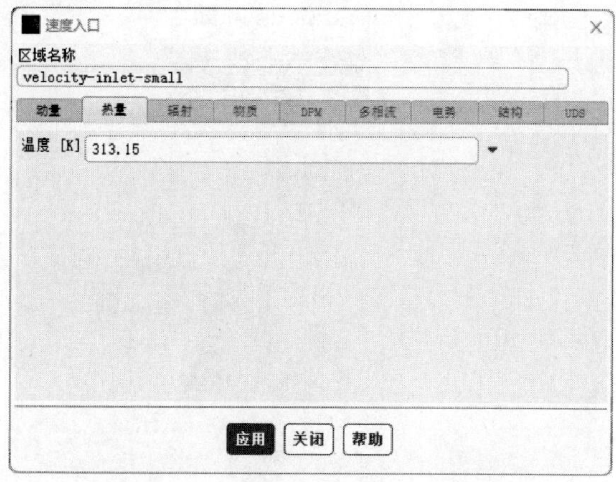

图 10-42　热入口“热量”选项卡

02 设置压力出口边界条件。在“边界条件”下方的“区域”列表框中选择“pressure-outlet”选项，然后单击“编辑”按钮，弹出“压力出口”对话框，在“动量”选项卡中设置“回流

端流黏度比”为“100”，如图 10-43 所示，单击“应用”按钮，然后单击“关闭”按钮，关闭“压力出口”对话框。

图 10-43　“压力出口”对话框

10.2.4　求解设置

（1）设置求解方法。单击“求解”选项卡“求解”面板中的“方法”按钮，任务页面切换为“求解方法”，保留系统默认设置即可。

（2）在计算过程中启用残差绘图。单击“求解”选项卡“报告”面板中的“残差”按钮，弹出“残差监控器”对话框，如图 10-44 所示。在“残差监控器”对话框中，确保在“选项”组中选中了“绘图”复选框，保留残差绝对标准的默认值。单击“OK”按钮，关闭“残差监控器”对话框。默认情况下，所有变量将由 Fluent 监控和检查，以确定解的收敛性。

图 10-44　“残差监控器”对话框

Note

（3）在出口（压力出口）处创建曲面报告定义。单击“求解”选项卡“报告”面板中的“定义”→“创建”→“表面报告”→“小平面最大值”按钮，弹出“表面报告定义”对话框，如图 10-45 所示，在“表面报告定义”对话框中输入”temp-outlet-0“作为名称，在“创建”选项组下，选中“报告文件”和“报告图”复选框。在求解运行期间，Fluent 将在报告文件中写入求解收敛数据，并在图形窗口中绘制求解收敛历史。在评估收敛性时，除方程残差外，监测物理解量也是一种很好的做法。单击向上箭头按钮将频率设置为 3，该设置表示 Fluent 在求解过程中每迭代 3 次后更新曲面报告的绘图并将数据写入文件。

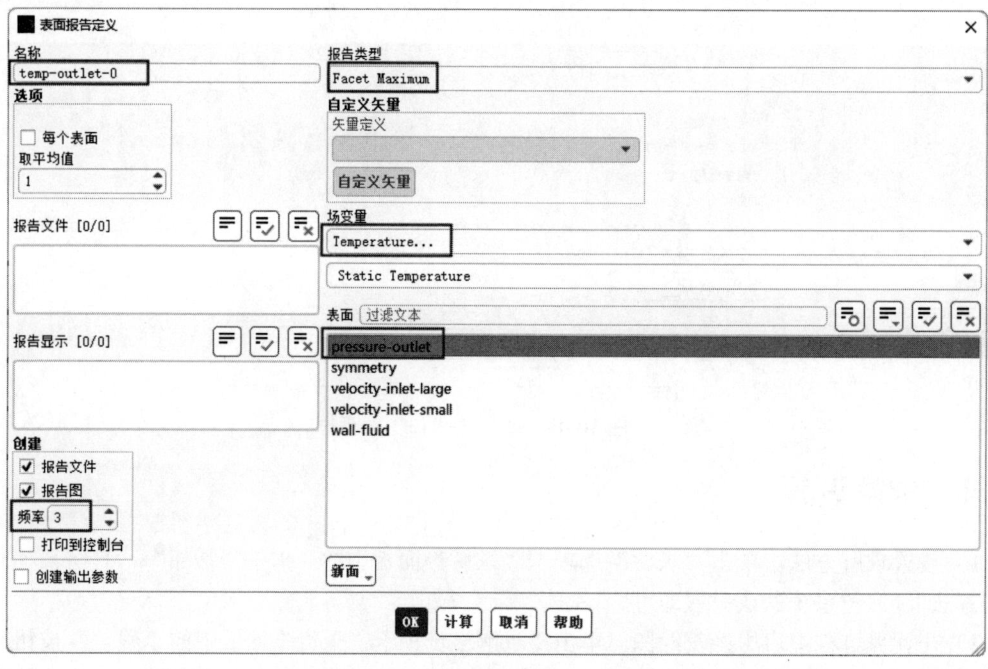

图 10-45 “表面报告定义”对话框

（4）在“表面报告定义”对话框中选择“报告类型”为“Facet Maximum”，在“场变量”下拉列表框中选择“Temperature”和“Static Temperature”选项。在“表面”列表框中选择“pressure-outlet”选项。单击“OK”按钮保存表面报告定义，并关闭“表面报告定义”对话框。新的表面报告定义 temp-outlet-0 显示在求解/报告定义树分支下。Fluent 还自动创建两个项目：temp-outlet-0-rfile（在求解/计算监控/报告文件树分支下）与 temp-outlet-0-rplot（在求解/计算/监控/报告文件树分支下）。

（5）在树中，双击 temp-outlet-0-rfile，并在“编辑报告文件”对话框中检查报告文件设置，如图 10-46 所示。该对话框自动填充来自 temp-outlet-0-rfile 报告文件定义的数据。在解决方案期间将写入报告文件的报告列在所选报告定义下。保留默认输出文件名，然后单击“OK”按钮。

（6）在树中，双击 temp-outlet-0-rplot，并在“编辑报告图”对话框中检查报告图设置，如图 10-47 所示。该对话框自动填充来自 temp-outlet-0-rplot 报告文件定义的数据。随着解决方案的进行，在选定的报告定义列出的报告将显示在图形选项卡窗口中，标题则在显示标题中被指定。保留显示标题和 Y 轴标签的默认名称，然后单击“OK”按钮。用户可以为不同的边界创建报告定义，并在同一图形窗口中显示它们。但是，同一报表绘图中的报表定义必须具有相同的单位。

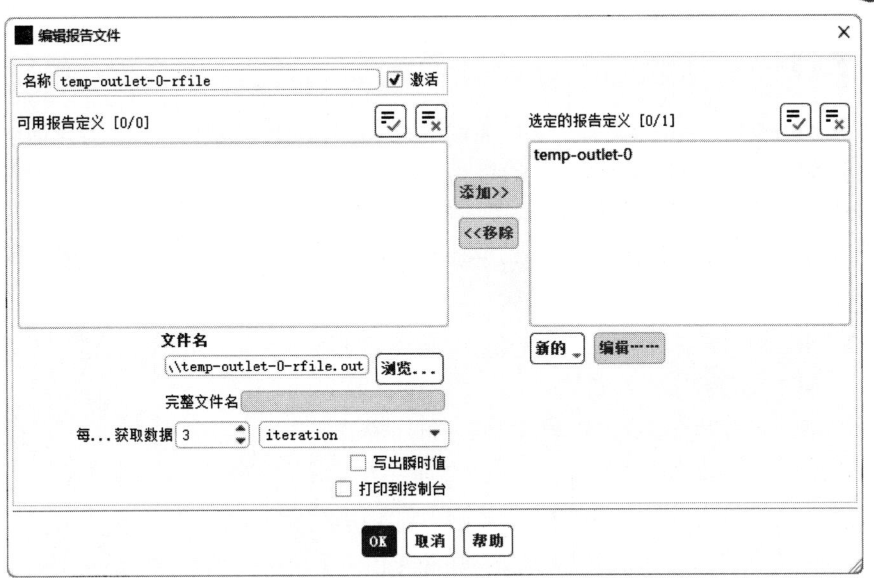

图 10-46 “编辑报告文件”对话框

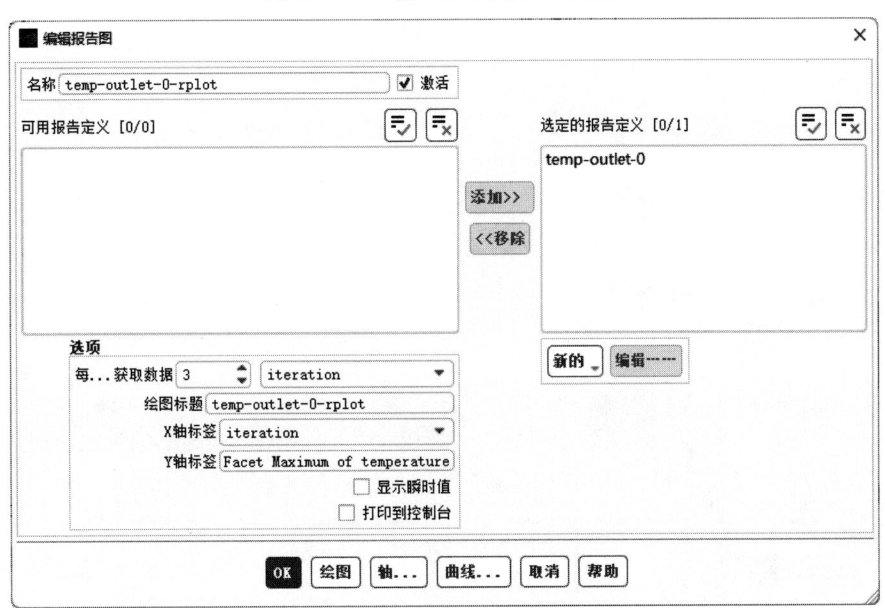

图 10-47 “编辑报告图”对话框

（7）流场初始化。在“求解”选项卡“初始化”面板中选中“混合”单选按钮，其余选项为默认设置，如图 10-48 所示，然后单击“初始化”按钮，进行初始化。

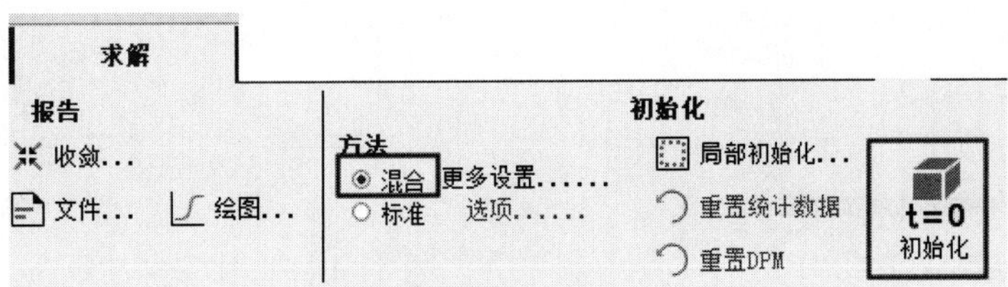

图 10-48 初始化

Note

10.2.5 求解

（1）单击“求解”选项卡“运行计算”面板中的“运行计算”按钮，任务页面切换为“运行计算”，在“参数”选项组中设置“迭代次数”为“250”，其余各项保持默认设置，如图 10-49 所示。然后单击“开始计算”按钮开始求解，计算完成后弹出提示对话框，单击“OK”按钮，完成求解。

注意：当使用程序计算解时，Workbench 中流体流动 Fluent 分析系统中的设置和求解单元的状态也在改变。

☑ 在访问“运行计算”任务页面并指定迭代次数后，设置单元的状态变为最新，解决方案单元的状态变为需要刷新。

☑ 迭代进行时，需要更新解决方案单元的状态。

☑ 当指定的迭代次数完成（或达到收敛）时，解单元的状态是最新的。

（2）随着计算的进行，将在图形窗口中绘制表面报告图。图 10-50 所示为压力出口处最高温度的收敛历史。残差历史将被绘制在比例残差选项卡视图中，图 10-51 所示为收敛解的残差。

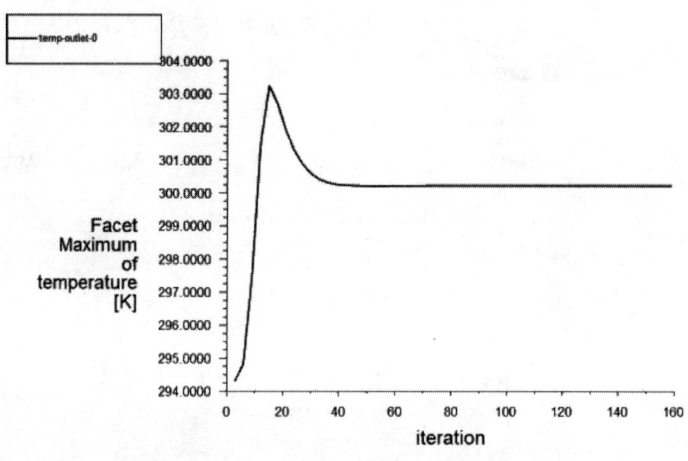

图 10-50　压力出口处最高温度的收敛历史

图 10-49　求解设置

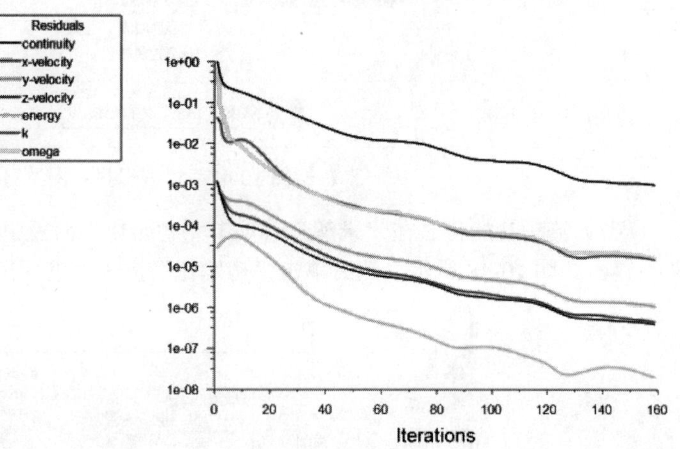

图 10-51　收敛解的残差

10.2.6　查看求解结果

（1）查看温度云图。选择“结果”选项卡“图形”面板“云图”下拉列表框中的“创建”选项，打开“云图”对话框，设置“云图名称”为“contour-vv”，在“选项”列表框中选中“填充”“节点值”“边界值”“全局范围”“自动范围”复选框，设置“着色变量”为“Temperature”（温度），设置“着色”为“带状”，选择“表面”为“symmetry”。然后单击“保存/显示”按钮，显示温度云图，如图 10-52 所示。

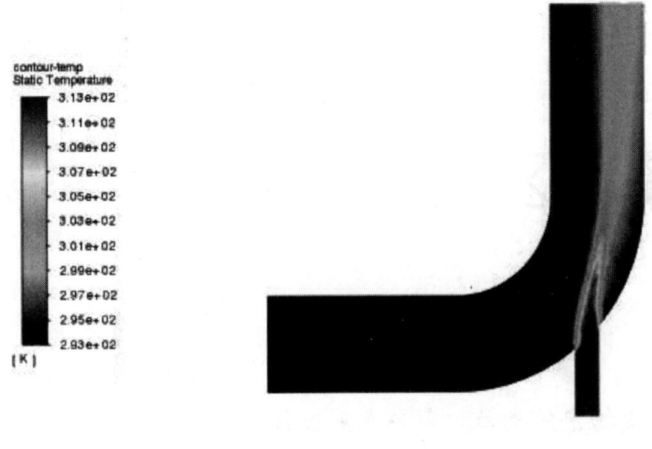

图 10-52　温度云图

（2）查看速度云图。设置“着色变量”为“velocity”，然后单击“保存/显示”按钮，显示速度云图，如图 10-53 所示。

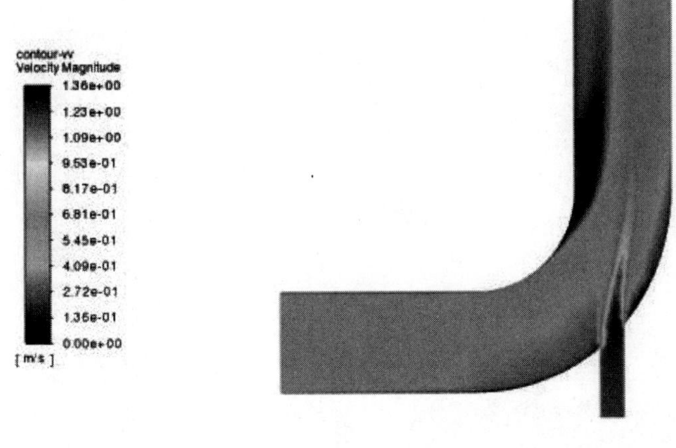

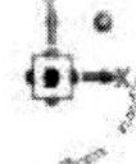

图 10-53　速度云图

可动区域中流动问题的模拟

在许多重要的工程问题中都包括涡流和旋转流动，Fluent 很适合模拟这些流动。在Fluent中，涡流和旋转流动主要分为以下五大类：涡流和旋转流的轴对称流动、完全的三维涡流或旋转流动、需要旋转坐标系的流动、需要多重旋转参考系或混合平面的流动、滑动网格的流动。

通过本章的学习，读者将重点掌握Fluent中可动区域的基本操作和后处理方法。

Note

11.1　无旋转坐标系的三维旋转流动

当几何图形有变化或具有周向流动梯度时，需要用三维模型预测漩涡流动。在三维模拟中，要注意坐标系的使用。本节首先介绍不使用旋转坐标系的三维旋转流动。为了确保计算的精度，本例针对三维旋转流动模型，对网格和湍流模型做了精确的处理，所以计算量比较大。对本例进行模拟，要先确保有一台性能较好的计算机。

如图 11-1 和图 11-2 所示，一个转轴在一个定子中旋转，如轴在轴承或密封圈中旋转。转轴的直径是 20 mm，转子和定子的间隙非常小（定子是转子直径的千分之五），当转子有一个微小的偏心量 r_o=0.01 mm 时，转子在定子中旋转就会受到一个径向力 F_r 和切向力 F_τ 的作用，普通的滑动轴承就是靠这样的力，支撑起转子的。本模型中，转子只是自身的转动，不跟随流体涡动，即涡动速度 Ω=0。其工作介质是水，入口的压力是 0.5 MPa（表压），出口的压力是大气压，模拟 ω=6000 r/min 的流动，观察转子的受力情况。

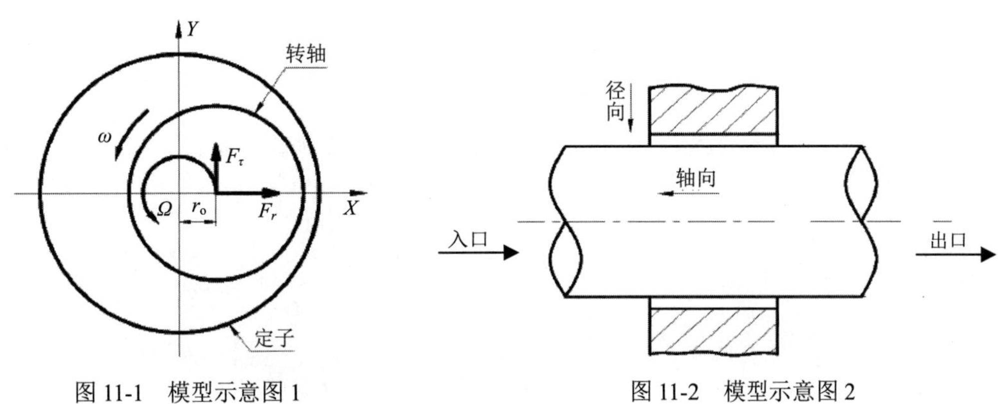

图 11-1　模型示意图 1　　　　图 11-2　模型示意图 2

11.1.1　导入 Mesh 文件

（1）读入 Mesh 文件。打开 Workbench 程序，展开左边工具箱中的“分析系统”栏，将“流体流动（Fluent）”选项拖动到“项目原理图”界面中，创建一个含有“流体流动（Fluent）”的项目模块，然后右击“网格”栏，在弹出的快捷菜单中选择“导入网格文件”→“浏览”命令，弹出“文件导入”对话框，找到 moving.msh 文件，单击“打开”按钮，Mesh 文件就被导入 Fluent 求解器。

（2）启动 Fluent 应用程序。右击“流体流动（Fluent）”项目模块中的“设置”栏，在弹出的快捷菜单中选择“编辑”命令，然后弹出“Fluent Launcher 2022 R1（Setting Edit Only）”启动器对话框，选用 3D 单精度求解器。单击“Start”（启动）按钮，启动 Fluent 应用程序。

11.1.2　计算模型的设定过程

1. 对网格的操作

（1）检查网格。选择功能区中的“域”→“网格”→“检查”→“执行网格检查”选项，对读入的网格进行检查。当主窗口区显示 Done 的提示时，表示网格可用。

Note

（2）显示网格。选择功能区中的“域”→“网格”→“显示网格”选项，弹出“网格显示”对话框。如图 11-3 所示，在“表面”列表框中选择所有的边界，单击“显示”按钮，显示模型。观察模型，查看是否有误。

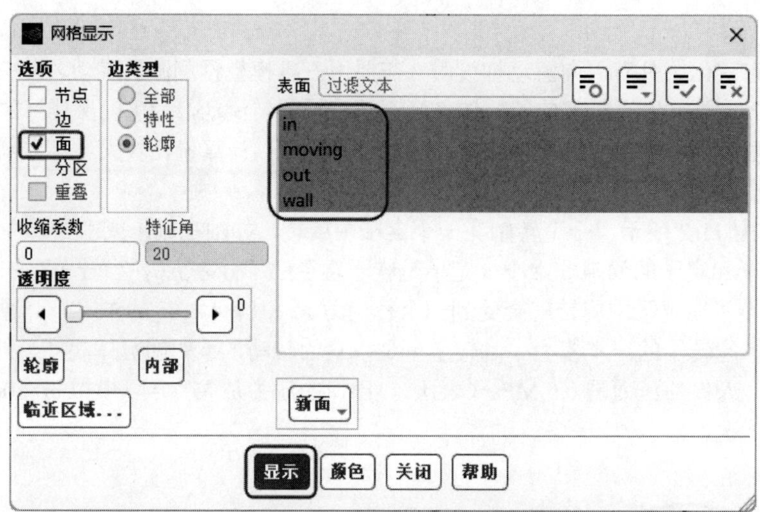

图 11-3　“网格显示”对话框

（3）标定网格。选择功能区中的“域”→“网格”→“网格缩放”选项，弹出如图 11-4 所示的“缩放网格”对话框。在“网格生成单位”下拉列表框中选择“mm”，单击“比例”按钮，将尺寸缩小 1000 倍，单击“关闭”按钮，完成网格的标定。

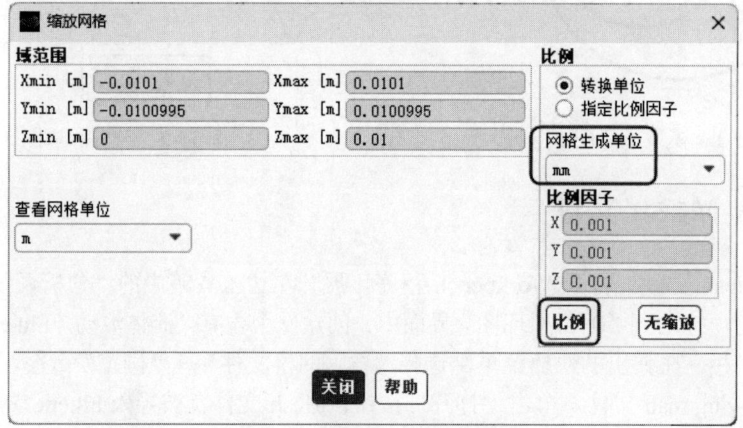

图 11-4　“缩放网格”对话框

2. 设置计算模型

（1）设置求解器类型。选择功能区中的“物理模型”→“通用”选项，弹出如图 11-5 所示的“通用”面板，保持所有默认设置。

（2）设置湍流模型。由于在本模型中有大量的涡流，因此，应使用某一种高级湍流模型：RNG k-ε 模型、Realizable k-ε 模型或者雷诺应力模型。对于较弱的中等涡流，RNG k-ε 模型和 Realizable k-ε 模型比 Standard k-ε 要好一些；对于强度较高的漩涡流动，应使用雷诺应力（RSM）模型；对于 6000 r/min 的模型，则应采用 RNG k-ε 模型。

由于本模型模拟的是高速旋转转子周围的流场，不适用于采用标准壁面函数的模型，所以需要使用非平衡壁面函数。

选择功能区中的“物理模型”→“模型”→“黏性”选项，弹出如图 11-6 所示的“黏性模型”对话框。在“模型”选项组中选中“k-epsilon（2 eqn）”单选按钮，在“k-epsilon 模型”选项组中选中“RNG”单选按钮，在“壁面函数”选项组中选中“非平衡壁面函数”单选按钮，其他选项保持系统默认设置，单击“OK”按钮。

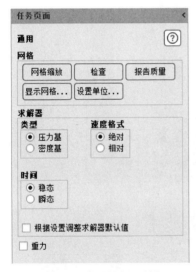

图 11-5 “通用”面板

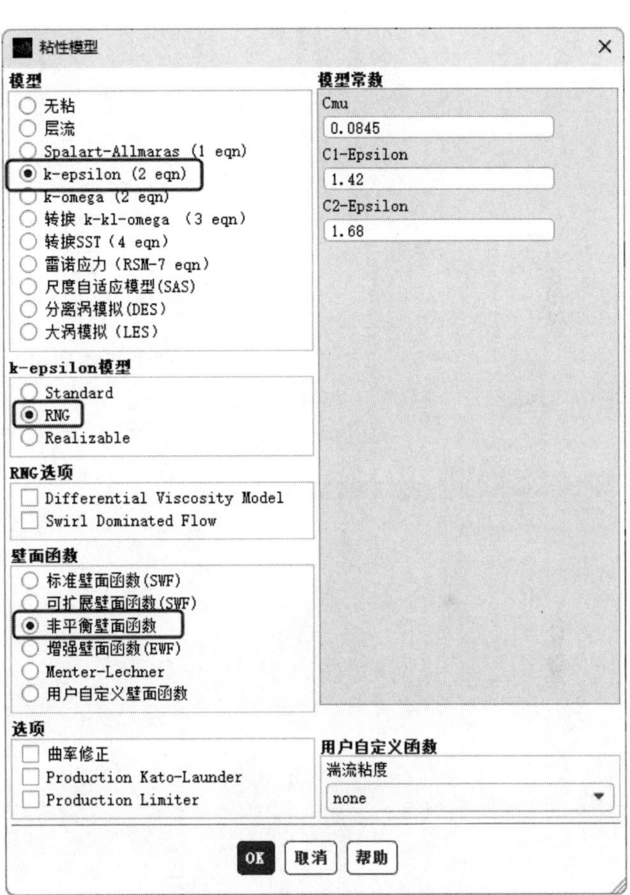

图 11-6 “黏性模型”对话框

3. 设置物性

选择功能区中的“物理模型”→“材料”→“创建/编辑”选项，弹出如图 11-7 所示的“创建/编辑材料”对话框。单击“Fluent 数据库”按钮，弹出如图 11-8 所示的“Fluent 数据库材料”对话框。在“材料类型”下拉列表框中选择“fluid”选项，选择流体类型；在“依据……排列材料”选项组中选中“名称”单选按钮，表示通过材料的名称选择材料；在“Fluent 流体材料”列表框中选择“water-liquid（h2o<1>）”选项，保持水的参数不变；单击“复制”按钮，再单击“关闭”按钮，关闭对话框。保持“创建/编辑材料”对话框中其他选项为默认设置，单击“关闭”按钮。

4. 设置运算环境

选择功能区中的“物理模型”→“求解器”→“工作条件”选项，弹出如图 11-9 所示的“工作条件”对话框，保持系统默认设置，直接单击“OK”按钮。

Note

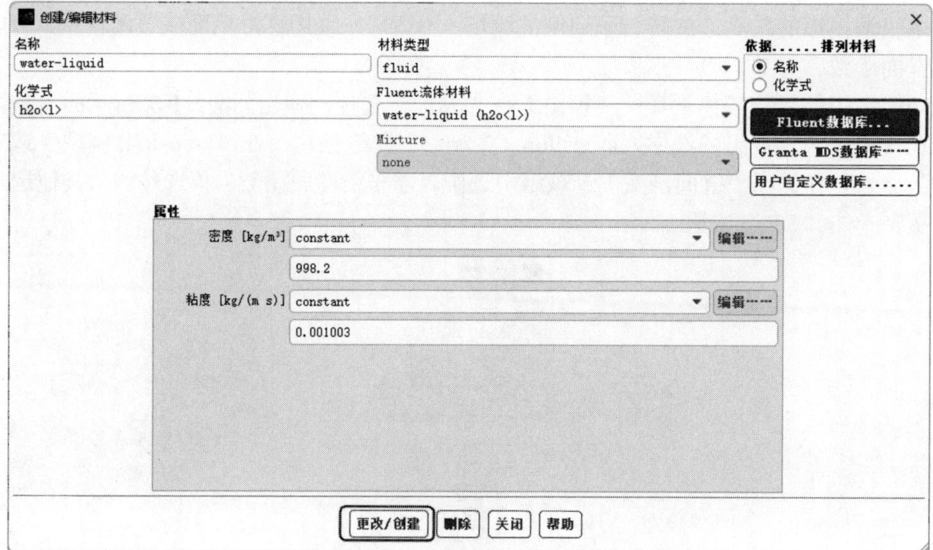

图 11-7 “创建/编辑材料”对话框

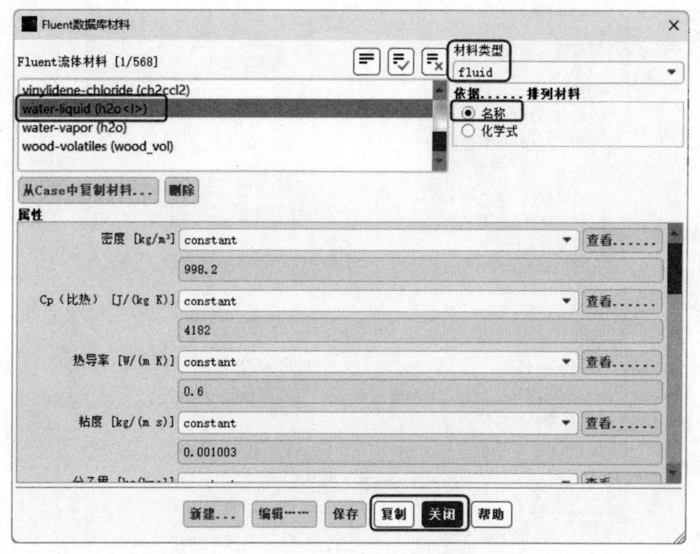

图 11-8 “Fluent 数据库材料”对话框

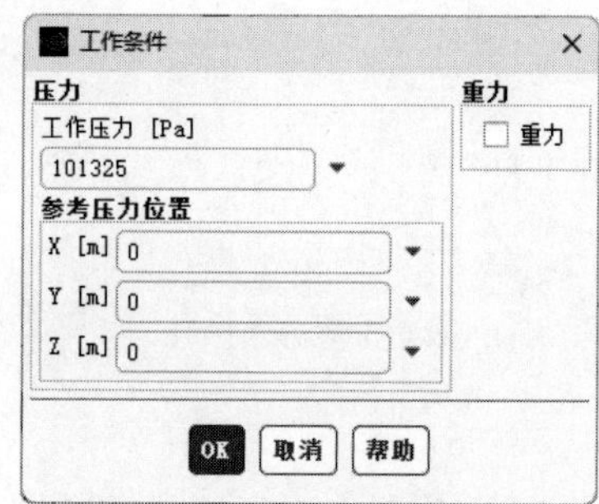

图 11-9 “工作条件”对话框

5. 设置边界条件

（1）定义压力入口边界。选择功能区中的“物理模型”→“区域”→“边界”选项，弹出如图 11-10 所示的“边界条件”面板。在“区域”列表框中选择“in”选项，“类型”选项为“pressure-inlet”，单击“编辑”按钮，弹出如图 11-11 所示的“压力进口”对话框。选择“动量”选项卡，在“总压（表压）”文本框中输入“500 000”，保持“超音速/初始化表压”文本框中的默认值“0”，在“方向设置”下拉列表框中选择“Normal to Boundary”选项，在“设置”下拉列表框中选择“K and Epsilon”方法，在“湍流动能”和“湍流耗散率”文本框中都输入“0.01”，单击“应用”按钮，再单击“关闭”按钮，关闭“压力进口”对话框。

（2）定义转子壁面边界。本模型要设置旋转壁面，旋转速度是 628 rad/s，即 6000 rad/min，以（0.01,0,0）为起点，以平行于 Z 轴的直线为旋转中心轴。

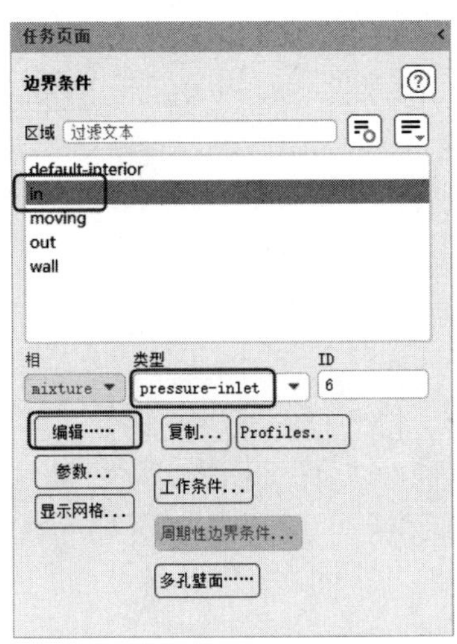

图 11-10　“边界条件”面板

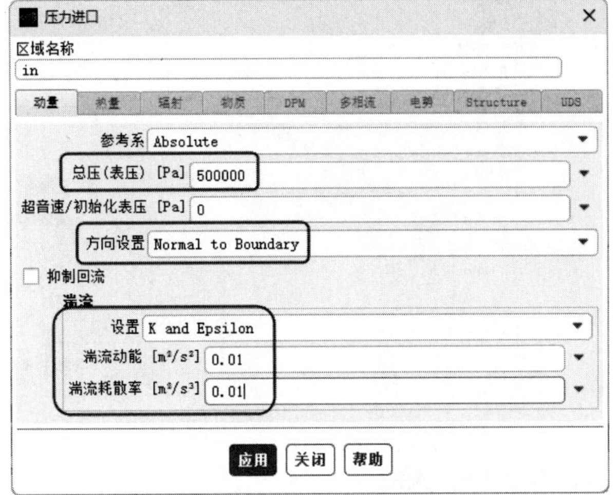

图 11-11　“压力进口”对话框

在“区域”列表框中选择“moving”选项，“类型”选项为“wall”，单击“编辑”按钮，弹出“壁面”对话框。选择“动量”选项卡，在“壁面运动”选项组中选中“移动壁面”单选按钮，在“运动”选项组中选中“相对于相邻单元区域”和“旋转的”单选按钮，在“速度”文本框中输入“628”（628 rad/s=6000 r/min），在“旋转轴原点”选项组中输入坐标（0.01,0,0），在“旋转轴方向”选项组中输入（0,0,1），在“剪切条件”选项组中选中“无滑移”单选按钮，如图 11-12 所示，单击“应用”按钮，再单击“关闭”按钮，完成转动壁面的设置。

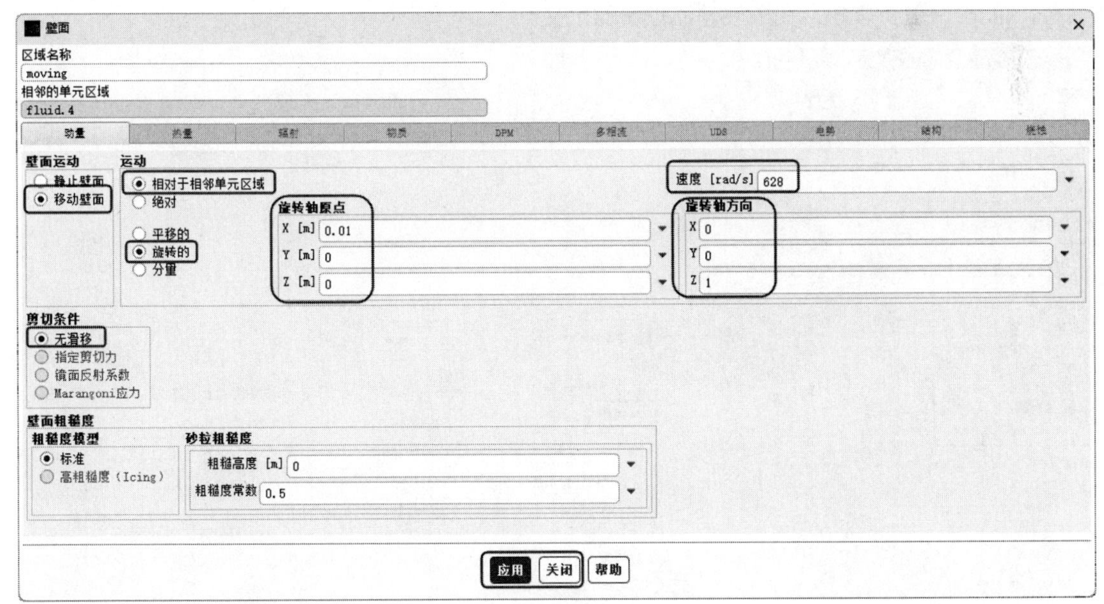

图 11-12　“壁面”对话框

（3）设置工作流体。选择功能区中的“物理模型”→“区域”→“单元区域”选项，弹出“单元区域条件”面板。在“区域”列表框中选择“fluid”选项，“类型”选项为“fluid”，单击“编辑”按钮，弹出如图 11-13 所示的“流体”对话框。在“材料名称”下拉列表框中选择“water-liquid”选项，其他选项保持系统默认设置，单击“应用”按钮，再单击“关闭”按钮，完成工作流体设置。

Note

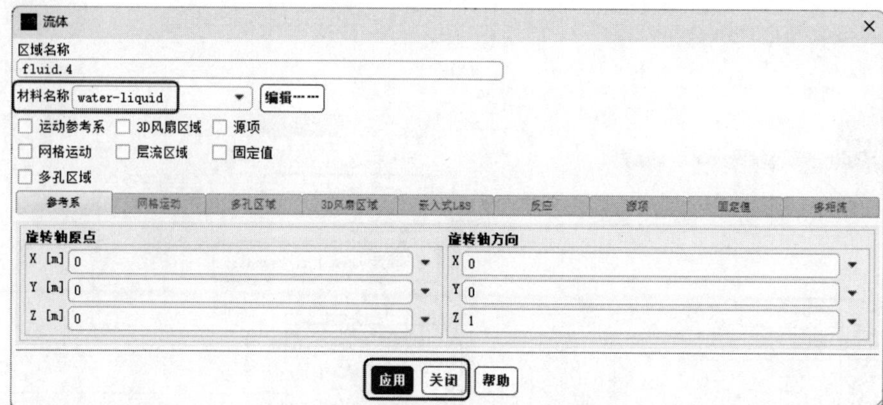

图 11-13 “流体”对话框

6. 设置求解策略

（1）设定求解参数。选择功能区中的“求解”→“求解”→“方法”选项，弹出“求解方法”面板。如图 11-14 所示，在“空间离散”选项组的“压力”下拉列表框中选择“PRESTO!”选项，“空间离散”选项组的其他下拉列表框中均选择“Second Order Upwind”选项，以提高计算精度，其他选项保持系统默认设置。

提示：“PRESTO!”适用于高速流动，特别是含有旋转及高曲率的情况。

（2）定义求解残差监控器。选择功能区中的“求解”→“报告”→“残差”选项，弹出“残差监控器”对话框。如图 11-15 所示，在“选项”选项组中选中“绘图”复选框，其他选项保持系统默认设置，单击“OK”按钮，完成残差监控器的定义。

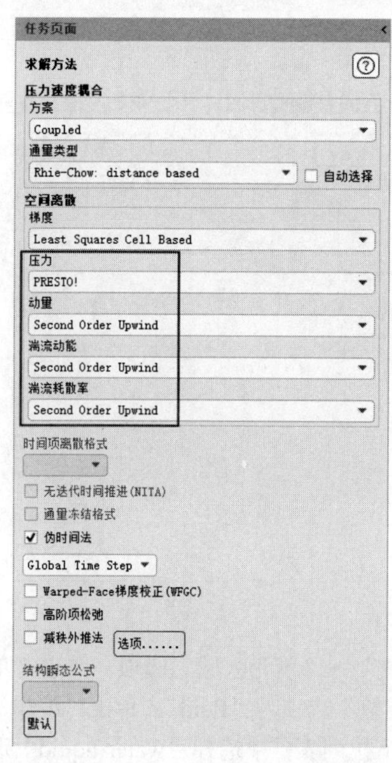

图 11-14 “求解方法”面板

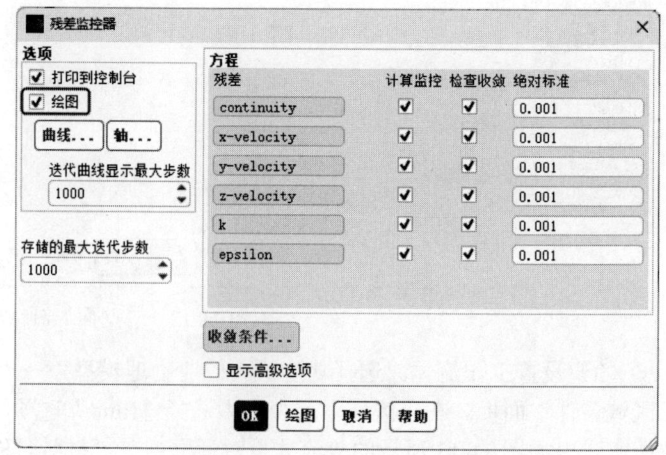

图 11-15 “残差监控器”对话框

11.1.3　模型初始化

（1）选择功能区中的“求解”→“初始化”面板，如图 11-16 所示，在“初始化”面板上单击“初始化”按钮进行初始化，此时整个计算区域将被速度入口的数值初始化，单击“关闭”按钮，关闭对话框，完成初始化。

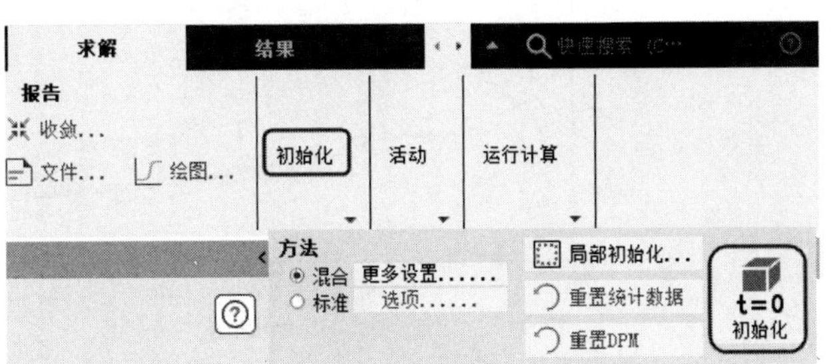

图 11-16　“初始化”面板

（2）保存 Case 文件和 Data 文件。选择功能区中的“文件”→“导出”→“Case & Data”选项，保存 Case 文件和 Data 文件。

11.1.4　迭代计算

选择功能区中的“求解”→“运行计算”→“运行计算”选项，弹出“运行计算”面板，如图 11-17 所示，在“迭代次数”文本框中输入“100”，先迭代 100 步，观察计算收敛情况，单击“开始计算”按钮，进行迭代计算。

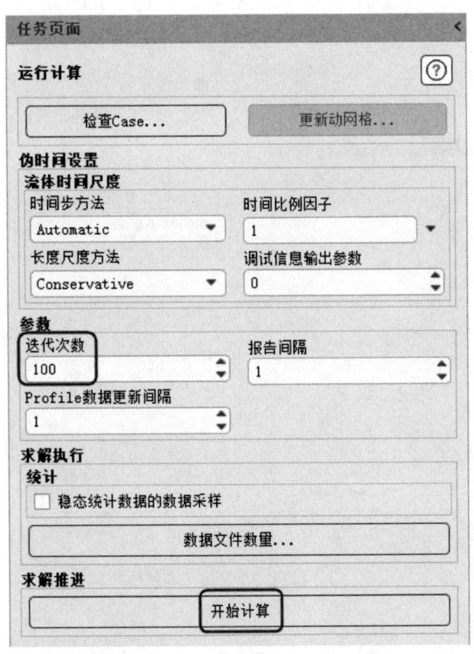

图 11-17　“运行计算”面板

当计算迭代到 30 步左右时，计算收敛，得到如图 11-18 所示的残差图。

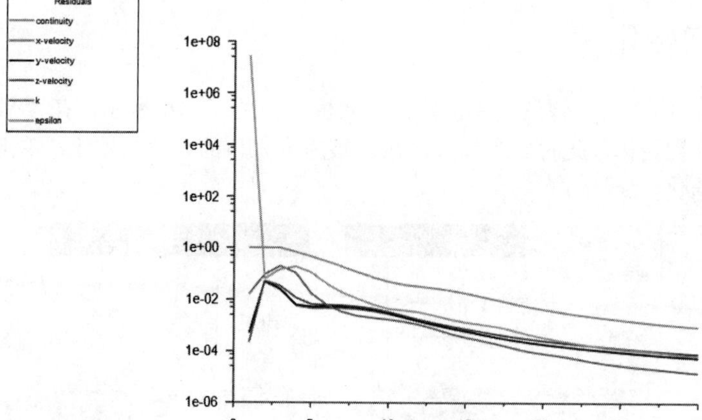

图 11-18　残差图

11.1.5　Fluent 自带后处理

1. 显示转子壁面的受力

由于转子壁面偏心，将会受到一个径向力和一个切向力，现观察其受力情况。

选择功能区中的“结果”→“报告”→“力”选项，弹出“力报告”对话框，在“方向矢量”文本框中输入不同的值观察其受力情况。如图 11-19 和图 11-20 所示，在“选项”选项组中选中“力”单选按钮，在“方向矢量”文本框中输入“(1,0,0)”代表显示径向力，在“方向矢量”文本框中输入“(0,1,0)”代表显示切向力，在“壁面区域”列表框中选择“moving”选项，单击“打印”按钮，在显示窗口显示径向力/切向力的受力信息，分别如图 11-21 和图 11-22 所示。

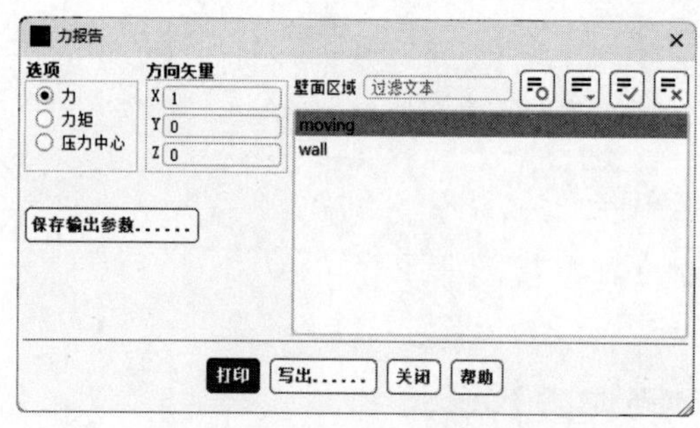

图 11-19　“力报告”对话框 1

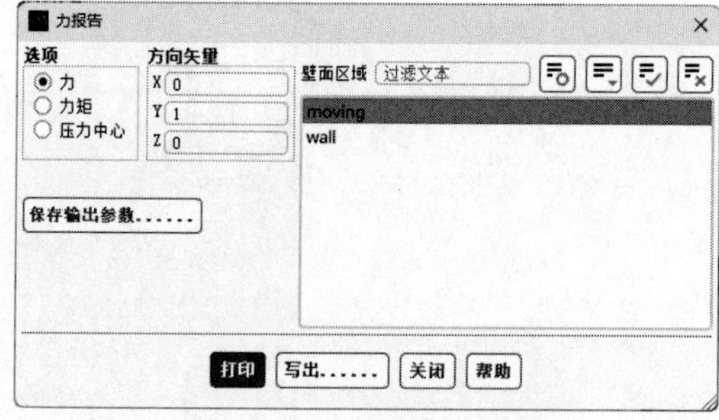

图 11-20　“力报告”对话框 2

```
Forces - Direction Vector (1 0 0)
                          Forces [N]                                       Coefficients
Zone                      Pressure        Viscous         Total            Pressure        Viscous         Total
moving                    -2.1021373      0.016846195     -2.0852911       -3.4320609      0.027503992     -3.404557
------------------------- --------------- --------------- ---------------  --------------- --------------- ---------------
Net                       -2.1021373      0.016846195     -2.0852911       -3.4320609      0.027503992     -3.404557
```

图 11-21　径向力受力

```
Forces - Direction Vector (0 1 0)
                          Forces [N]                                       Coefficients
Zone                      Pressure        Viscous         Total            Pressure        Viscous         Total
moving                    6.9786325       0.23404954      7.212682         11.393686       0.3821217       11.775807
------------------------- --------------- --------------- ---------------  --------------- --------------- ---------------
Net                       6.9786325       0.23404954      7.212682         11.393686       0.3821217       11.775807
```

图 11-22　切向力受力

2. 显示流量

选择功能区中的“结果”→“报告”→“通量”选项，弹出如图 11-23 所示的“通量报告”对话框。在“选项”选项组中选中“质量流率”单选按钮，在“边界”列表框中选择“in”和“out”选项，其他选项保持系统默认设置，单击“计算”按钮，在“结果”列表框中显示入口和出口的流量，其流量大约是 0.06 kg/s，在“结果”列表框右下角显示入口和出口的流量差，达到了 10^{-6} 偏差。

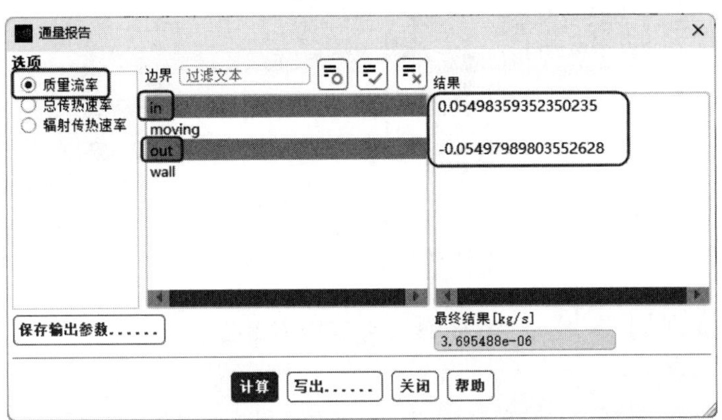

图 11-23　“通量报告”对话框

3. 显示圆环面上的周向速度

（1）创建 Z=5 的平面。选择功能区中的“结果”→“表面”→“创建”→“等值面”选项，弹出如图 11-24 所示的“等值面”对话框。在“常数表面”选项组的两个下拉列表框中分别选择“Mesh”和“Z-Coordinate”选项，表示创建与 Z 轴垂直的平面，单击“计算”按钮，显示模型在 Z 方向上的取值范围，本模型的取值范围是 0～0.01 m，在“等值”文本框中输入“5”，表示要创建 Z=5 的平面，单击“创建”按钮，创建 Z=5 的平面。

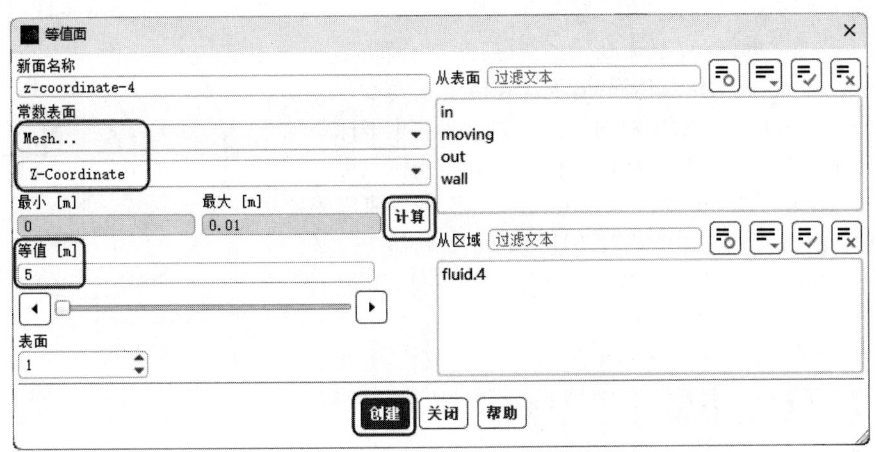

图 11-24　“等值面”对话框

（2）显示入口、Z=5 和出口平面的周向速度。选择功能区中的“结果”→“图形”→“云图”→“创建”选项，弹出“云图”对话框。如图 11-25 所示，在“着色变量”选项组的两个下拉列表框中分别选择“Velocity”和“Tangential Velocity”选项，在“表面”列表框中选择“in”“out”“z-coordinate-4”选项，在“选项”选项组中选中“填充”复选框，单击“保存/显示”按钮，显示“in”“out”“Z=5”处的周向速度。

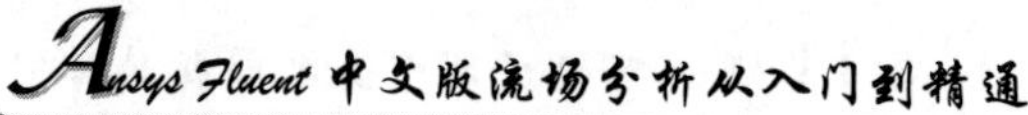

Note

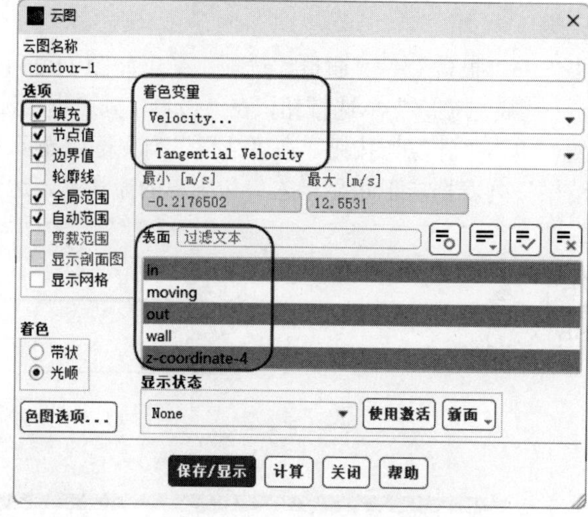

图 11-25 “云图”对话框

视频讲解

11.2 单一旋转坐标系中三维旋转流动

通常，Fluent 中的模型都是创建在惯性参考坐标系中（如无加速度坐标系统）的，但是，Fluent 也可以在具有加速度的参考坐标系中创建流动模型。这样，用于描述流动的运动方程就包含了加速度参考坐标系统。旋转设备中的流动问题是工程中常见的有关加速度参考坐标系的例子，很多这样的流动问题可以通过创建一个与旋转设备一起运动的坐标系来建模，从而使径向的加速度为常数，这一类的旋转问题在 Fluent 中可用旋转参考坐标系来处理。本节将讨论如何在单一旋转坐标系下模拟流动问题。

紧接 11.1 节描述的问题，转子在定子中除自身的旋转速度 ω=6000 r/min 以外，还随工作流体涡动，涡动速度分别为 $\Omega=\omega/2$ 和 $\Omega=\omega$，如图 11-26 所示。对于涡动问题，如果在静止坐标系中观察，转子的位置是随时间变化的，但是在旋转坐标系中，是一个稳态的问题，转子壁面围绕轴心旋转的相对角速度为 $\omega-\Omega$，定子壁面围绕原点旋转的相对角速度为$-\Omega$。其他工作条件与 11.1 节的问题相同，现用旋转坐标系模拟该问题，并做同样的后处理。

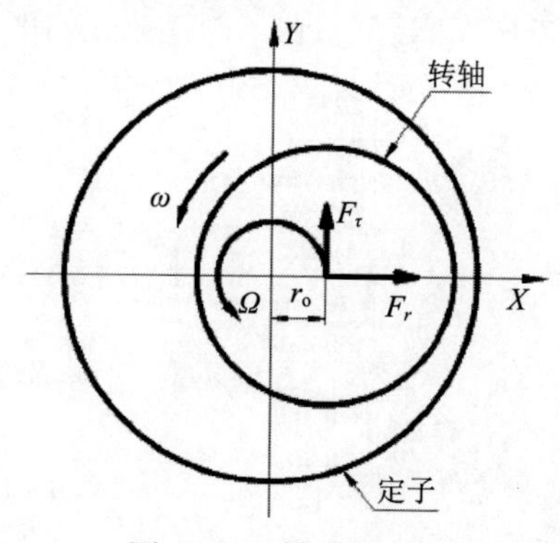

图 11-26 模型示意图

由于本节模拟的模型与 11.1 节中的模型大体相似，所以基本的建模过程不再赘述，只在 11.1 节的 Case 文件上做一些修改。

11.2.1 利用 Fluent 导入 Case 文件

（1）读入 Mesh 文件。打开 Workbench 程序，展开左边工具箱中的“分析系统”栏，将“流体流动（Fluent）”选项拖动到“项目原理图”界面，创建一个含有“流体流动（Fluent）”的项目模块，然后右击“网格”栏，在弹出的快捷菜单中选择“导入网格文件”→“浏览”命令，弹出“文件导入”对话框，选择 11.1 节已创建的 moving.msh 文件，单击“打开”按钮，Mesh 文件就被导入 Fluent 求解器。

（2）启动 Fluent 应用程序。右击“流体流动（Fluent）”项目模块中的“设置”栏，在弹出的快捷菜单中选择“编辑”命令，弹出“Fluent Launcher 2022 R1（Setting Edit Only）”启动器对话框，选用 3D 单精度求解器。单击“Start”（启动）按钮，启动 Fluent 应用程序。

11.2.2　$\Omega=\omega/2$ 涡动模型的修改和计算

1. 修改边界条件

保持计算模型设定大体不变，只需在边界条件上做一些修改。

（1）修改工作流体，设置旋转坐标系。选择功能区中的“物理模型”→“区域”→“单元区域”选项，弹出如图 11-27 所示的“单元区域条件”面板。在“区域”列表框中选择“fluid.4”选项，其对应的“类型”选项为“fluid”，单击“编辑”按钮，弹出“流体”对话框，如图 11-28 所示。选中“运动参考系”复选框，在“速度”文本框中输入“314”，表示涡动速度 Ω=3000 r/min，其他选项保持系统默认设置，单击“应用”按钮。

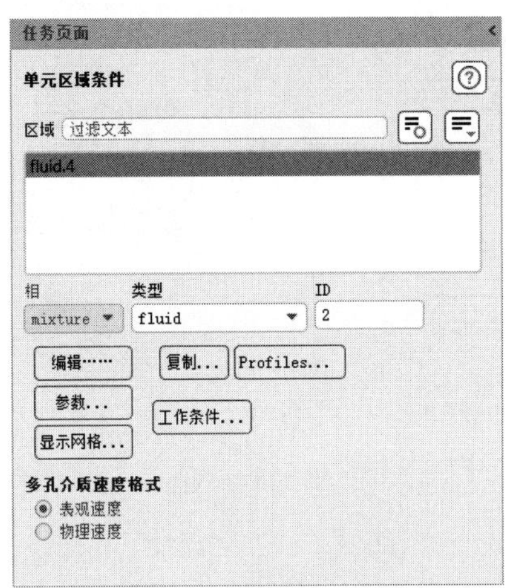

图 11-27　“单元区域条件”面板

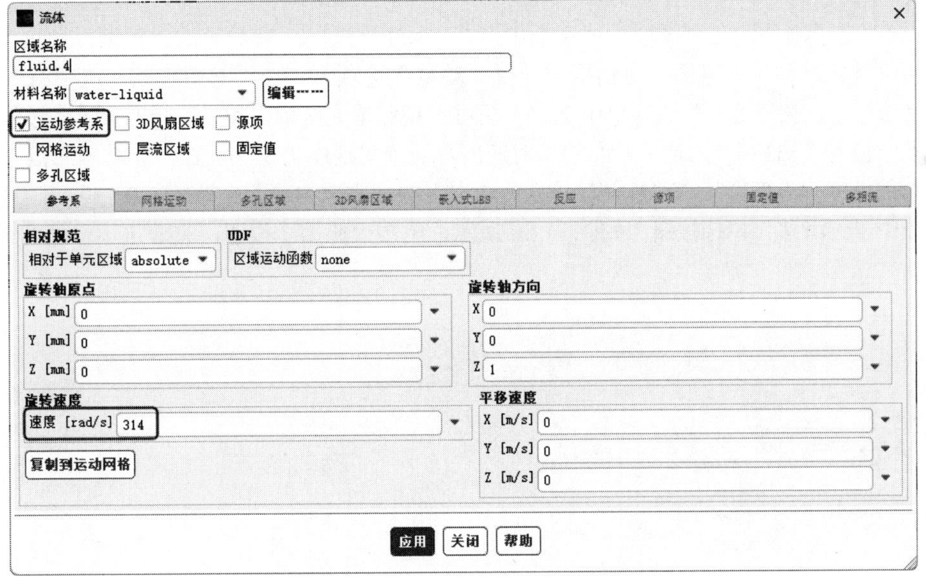

图 11-28　“流体”对话框

（2）修改转子壁面。选择功能区中的“物理模型”→“区域”→“边界”选项，弹出“边界条件”对话框。在“区域”列表框中选择“moving”选项，“类型”选项为“wall”，单击“编辑”按钮，弹出“壁面”对话框。选择“动量”选项卡，在“壁面运动”选项组中选中“移动壁面”单选按钮，在“运动”选项组中选中“相对于相邻单元区域”和“旋转的”单选按钮，在“速度”文本框中输入“314”，为转子壁面的相对速度，而绝对速度仍是 628 rad/s，在“旋转轴原点”选项组的文本框中输入坐标“(0.01,0,0)”，在“旋转轴方向”选项组的文本框中输入坐标“(0,0,1)”，在“剪切条件”选项组中选中“无滑移”单选按钮，如图 11-29 所示，单击“应用”按钮，完成转子壁面的设置。

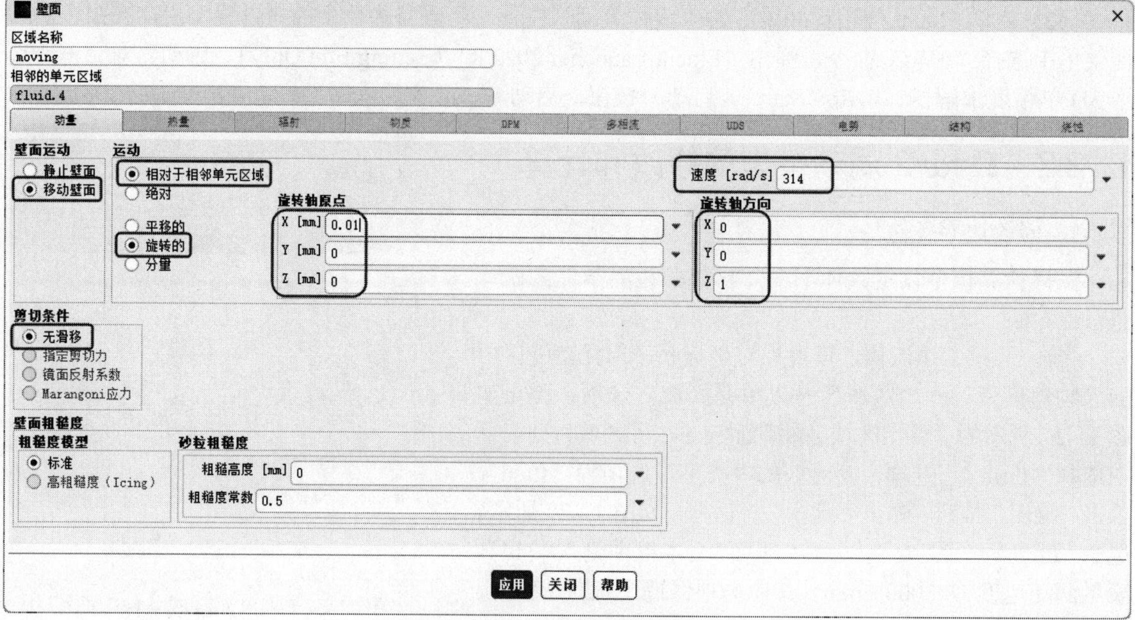

图 11-29 “壁面”对话框 1

（3）修改定子壁面。在“区域”列表框中选择“wall”选项，其对应的“类型”选项为“wall”，单击“编辑”按钮，弹出“壁面”对话框。选择“动量”选项卡，在“壁面运动”选项组中选中“移动壁面”单选按钮，在“运动”选项组中选中“相对于相邻单元区域”和“旋转的”单选按钮，在“速度”文本框中输入“-314”，为定子壁面的相对速度，而绝对速度仍是 0，在“旋转轴原点”选项组的文本框中输入坐标“(0,0,0)”，在“旋转轴方向”选项组的文本框中输入坐标“(0,0,1)”，在“剪切条件”选项组中选中“无滑移”单选按钮，如图 11-30 所示，单击“应用”按钮，完成定子壁面的设置。

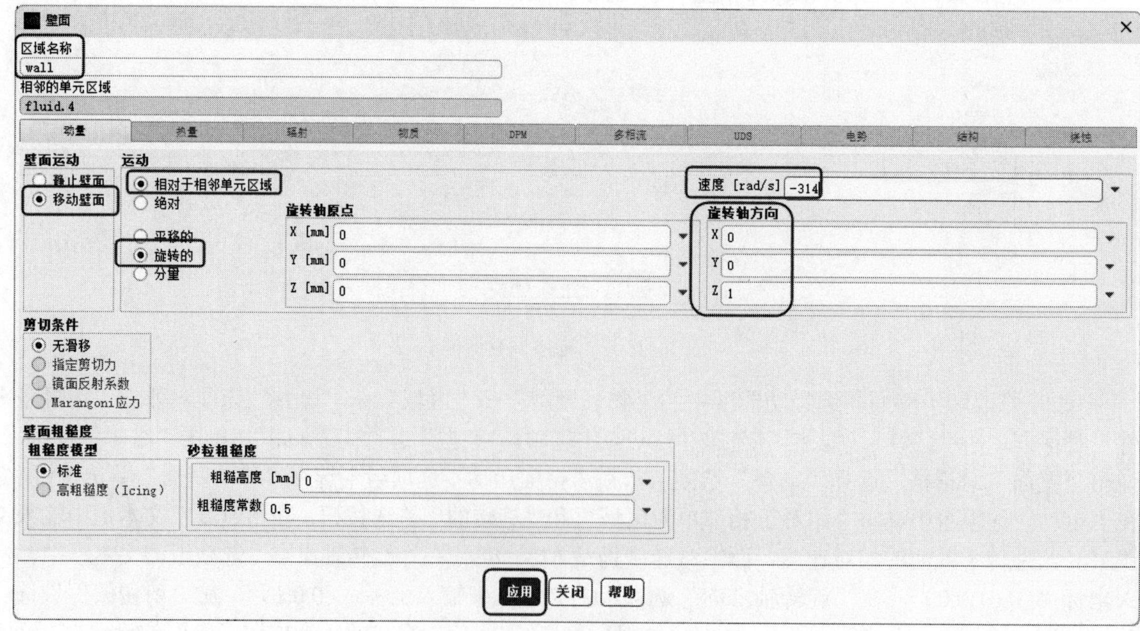

图 11-30 “壁面”对话框 2

2. 计算初始化

与 11.1 节的例子相同，选择压力入口的数值为计算的初始条件。

3. 迭代计算

选择功能区中的“求解”→“运行计算”→“运行计算”选项，弹出“运行计算”面板，如图 11-31 所示。在“迭代次数”文本框中输入“40”，当计算迭代到 23 步时，计算收敛，得到如图 11-32 所示的残差图。保存 Case 文件和 Data 文件（建议重新命名一个文件名）。

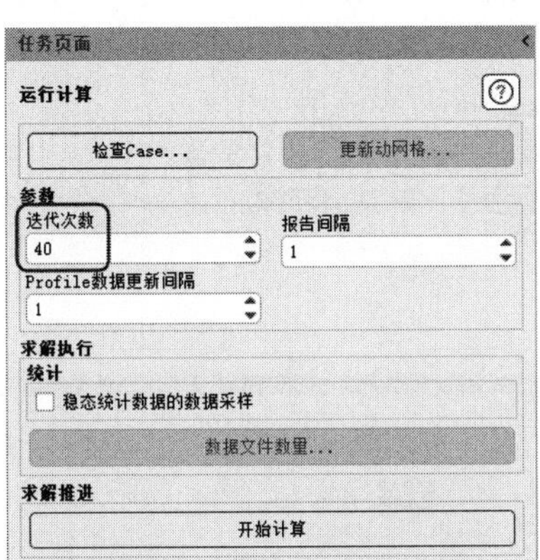

图 11-31　“运行计算”面板

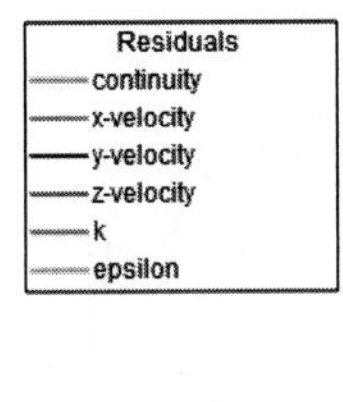

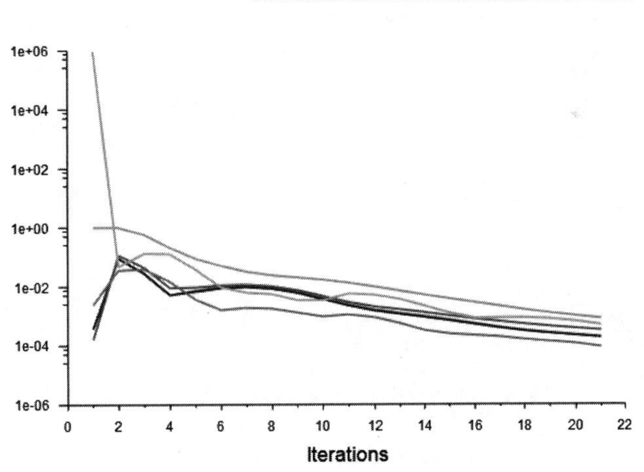

图 11-32　残差图

4. 后处理

本节的计算关系与 11.1 节的运算结果相似，所以做与 11.1 节相似的后处理。

（1）显示转子壁面的受力情况。分别观察转子受到的径向力和切向力，操作方法与 11.1 节类似。得到的径向力和法向力分别如图 11-33 和图 11-34 所示。

```
Force vector: (1 0 0)
                          pressure        viscous          total       pressure        viscous          total
zone name                    force          force          force    coefficient    coefficient    coefficient
                                 n              n              n
-------------------------  -------------  -------------  -------------  -------------  -------------  -------------
moving                      -1.7715348  -0.0060662678     -1.7776011     -2.8923017  -0.0099041108     -2.9022058
-------------------------  -------------  -------------  -------------  -------------  -------------  -------------
net                         -1.7715348  -0.0060662678     -1.7776011     -2.8923017  -0.0099041108     -2.9022058
```

图 11-33　所受径向力

Note

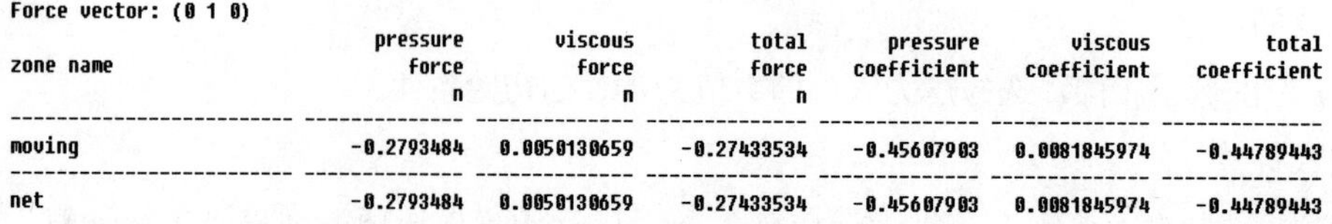
Force vector: (0 1 0)

zone name	pressure force n	viscous force n	total force n	pressure coefficient	viscous coefficient	total coefficient
moving	-0.2793484	0.0050130659	-0.27433534	-0.45607903	0.0081845974	-0.44789443
net	-0.2793484	0.0050130659	-0.27433534	-0.45607903	0.0081845974	-0.44789443

图 11-34　所受法向力

（2）显示流量。同样显示压力进口和压力出口的流量，所得结果如图 11-35 所示。

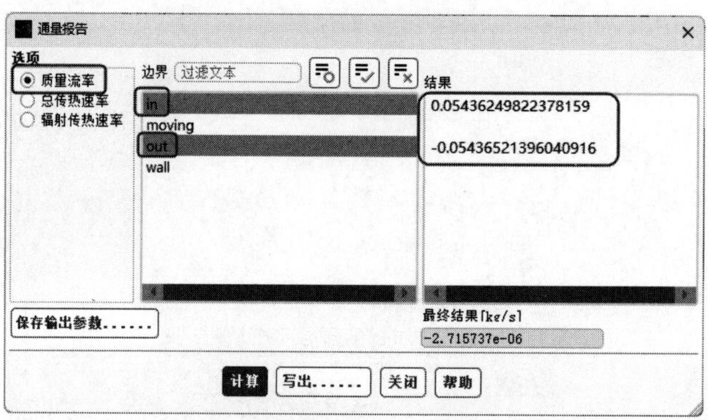

图 11-35　进、出口流量

11.2.3　Ω=ω 涡动模型的修改和计算

1. 修改边界条件

（1）修改工作流体，设置旋转坐标系。在如图 11-36 所示的“流体”对话框中，将工作流体的旋转速度设为 628 rad/s。

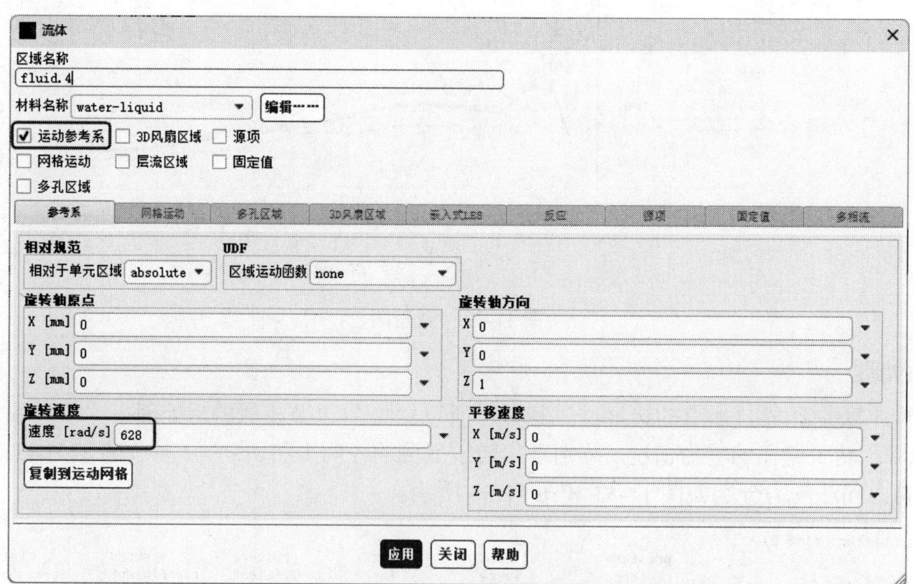

图 11-36　“流体”对话框

（2）修改转子壁面。在如图 11-37 所示的“壁面”对话框中，设置转子（moving）壁面的相对速度为 0，其绝对速度依旧是 628 rad/s。

Note

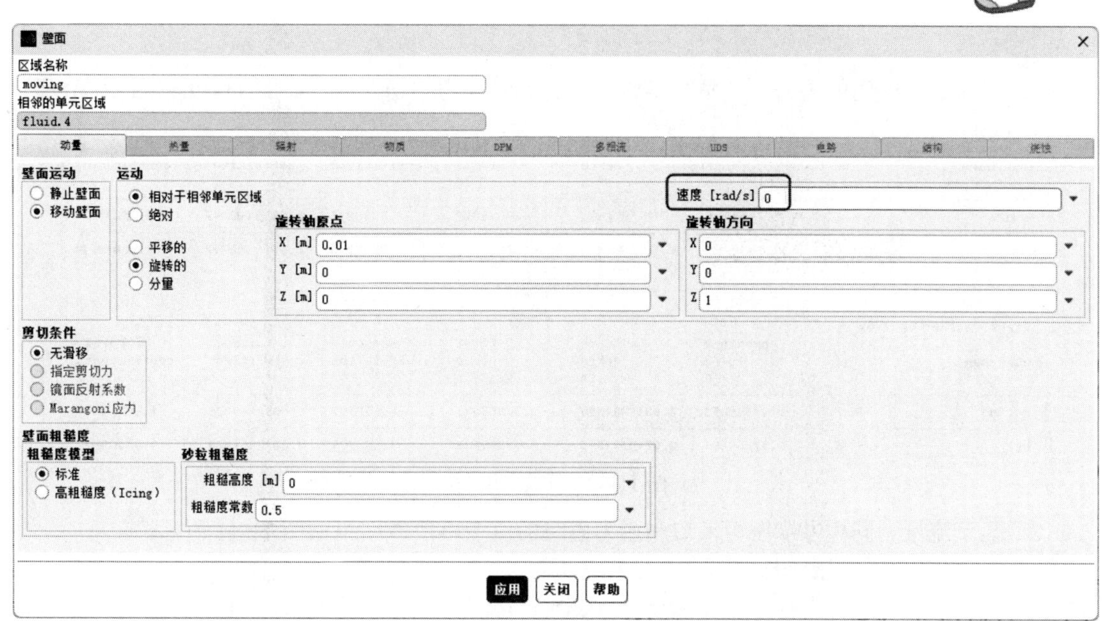

图 11-37　“壁面”对话框 1

（3）修改定子壁面。在如图 11-38 所示的“壁面”对话框中，设置定子（wall）壁面的相对速度为-628，其绝对速度依旧是 0。

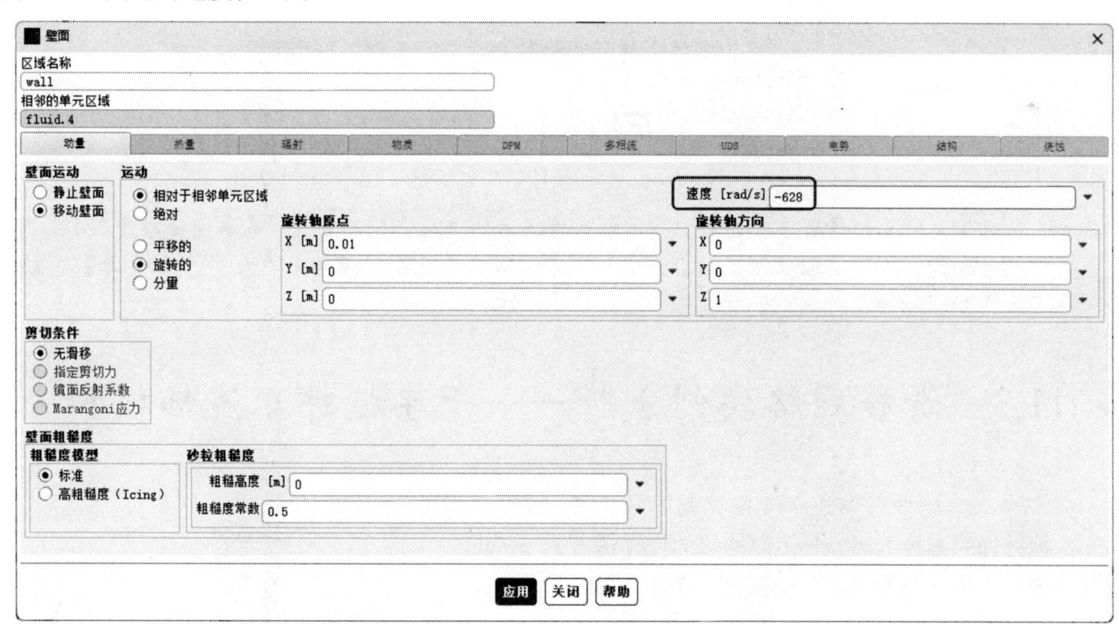

图 11-38　“壁面”对话框 2

2. 计算初始化

依旧选择压力入口的数值为计算的初始条件。

3. 迭代计算

在“运行计算”面板的“迭代次数”文本框中输入“40”，当计算迭代到 239 步时，计算收敛。保存 Case 文件和 Data 文件（建议重新命名一个文件名）。

Note

4. 后处理

（1）显示转子壁面的受力。分别观察转子受到的径向力和切向力，如图 11-39 和图 11-40 所示。

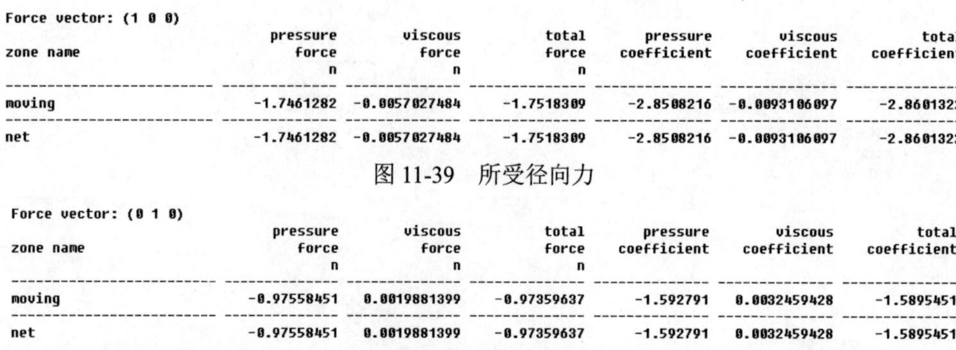

Force vector: (1 0 0)

zone name	pressure force n	viscous force n	total force n	pressure coefficient	viscous coefficient	total coefficient
moving	-1.7461282	-0.0057027484	-1.7518309	-2.8508216	-0.0093106097	-2.8601322
net	-1.7461282	-0.0057027484	-1.7518309	-2.8508216	-0.0093106097	-2.8601322

图 11-39　所受径向力

Force vector: (0 1 0)

zone name	pressure force n	viscous force n	total force n	pressure coefficient	viscous coefficient	total coefficient
moving	-0.97558451	0.0019881399	-0.97359637	-1.592791	0.0032459428	-1.5895451
net	-0.97558451	0.0019881399	-0.97359637	-1.592791	0.0032459428	-1.5895451

图 11-40　所受切向力

（2）显示流量。同样显示压力入口和压力出口的流量，所得结果如图 11-41 所示。

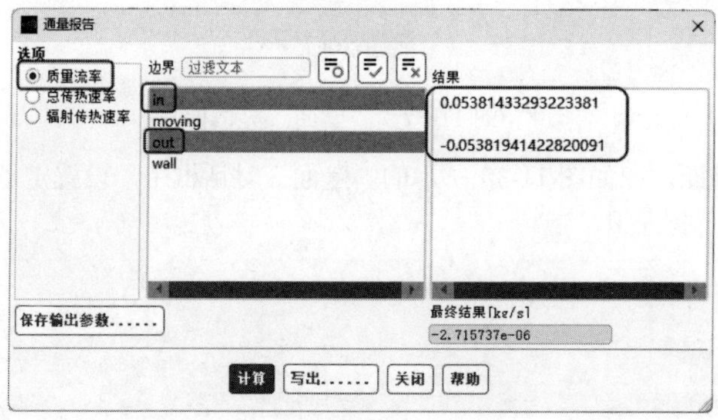

图 11-41　“通量报告”对话框

提示：对比 3 次计算的结果可以发现，径向力不随涡动的速度变化而变化，基本保持在 1.7 N 附近；而切向力，则随着涡动速度从 0 到 ω，由正变成负，且绝对值越来越大。对于泄漏量，也基本不受涡动速度的影响。

视频讲解

11.3　滑移网格实例分析——十字搅拌器流场模拟

在一个二维搅拌器中，十字搅拌桨的叶轮长 10 cm，宽 2 cm，搅拌桶的半径为 50 cm，搅拌桨的搅拌速度为 5 rad/s，取叶轮中心为坐标系原点，几何模型如图 11-42 所示。

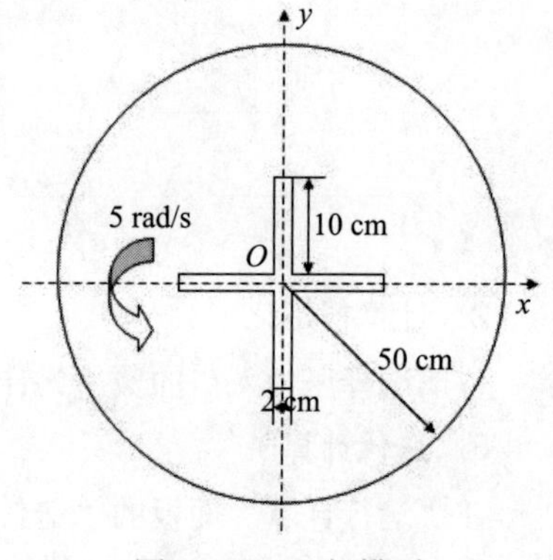

图 11-42　几何模型

11.3.1　导入 Mesh 文件

（1）读入 Mesh 文件。打开 Workbench 程序，展开左边工具箱中的“分析系统”栏，将“流体流动（Fluent）”选项拖动到“项目原理图”界面，创建一个含有“流体流动（Fluent）”的项目模块，然后右击“网格”栏，在弹出的快捷菜单中选择“导入网格文件”→“浏览”命令，弹出“文件导入”对话框，

选择 Impeller.msh 文件，单击“打开”按钮，Mesh 文件就被导入 Fluent 求解器。

（2）启动 Fluent 应用程序。

右击“流体流动（Fluent）”项目模块中的“设置”栏，在弹出的快捷菜单中选择“编辑”命令，弹出“Fluent Launcher 2022 R1（Setting Edit Only）”启动器对话框，选用二维单精度求解器。单击“Start”（启动）按钮，启动 Fluent 应用程序。

（3）检查网格文件。

选择功能区中的“域”→“网格”→“检查”→“执行网格检查”选项，检查网格文件。

11.3.2　计算模型的设定

（1）选择功能区中的“物理模型”→“求解器”→“通用”选项，在弹出的“通用”面板中的“时间”选项组中选中“瞬态”单选按钮，其他选项保持默认值，如图 11-43 所示。

（2）选择功能区中的“物理模型”→“模型”→“黏性”选项，在弹出的“黏性模型”对话框中选中“k-epsilon（2 eqn）”（k~ε 模型）单选按钮，其他选项保持默认值，如图 11-44 所示。

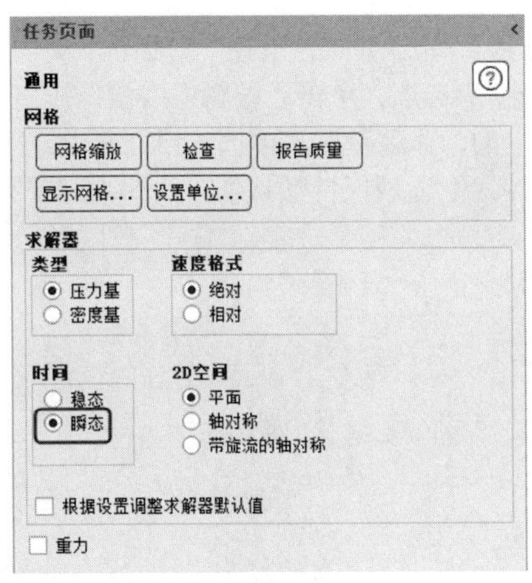

图 11-43　“通用”面板

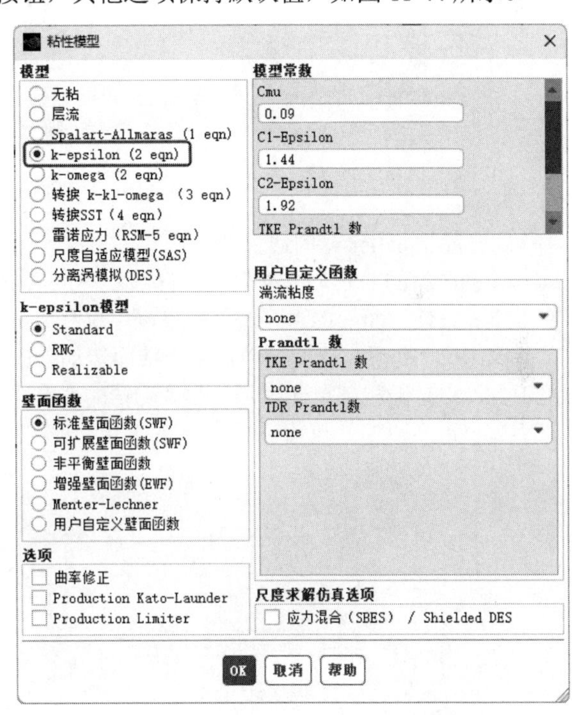

图 11-44　“黏性模型”对话框

（3）选择功能区中的“物理模型”→“材料”→“创建/编辑”选项，从 Fluent 自带的材料数据库中调用“water-liquid（h2o<l>）”，依次单击“复制”“关闭”“更改/创建”“关闭”按钮，完成材料的定义。

（4）选择功能区中的“物理模型”→“区域”→“单元区域”选项，弹出“单元区域”面板。

01 设置流体静区域的边界条件。

在“单元区域”面板的“区域”列表框中选择“jing”选项，单击“编辑”按钮，弹出“流体”对话框，在“材料名称”下拉列表框中选择“water-liquid”选项，其他选项保持默认值，单击“应用”按钮。

Note

02 设置流体流动区域的边界条件。

在“单元区域条件”面板的“区域”列表框中选择“dong”选项，单击“编辑”按钮，弹出“流体”对话框，在“材料名称”下拉列表框中选择“water-liquid”选项，运动类型选择网格运动，并在旋转速度的“速度”文本框中输入“5”，如图 11-45 所示，单击“应用”按钮。

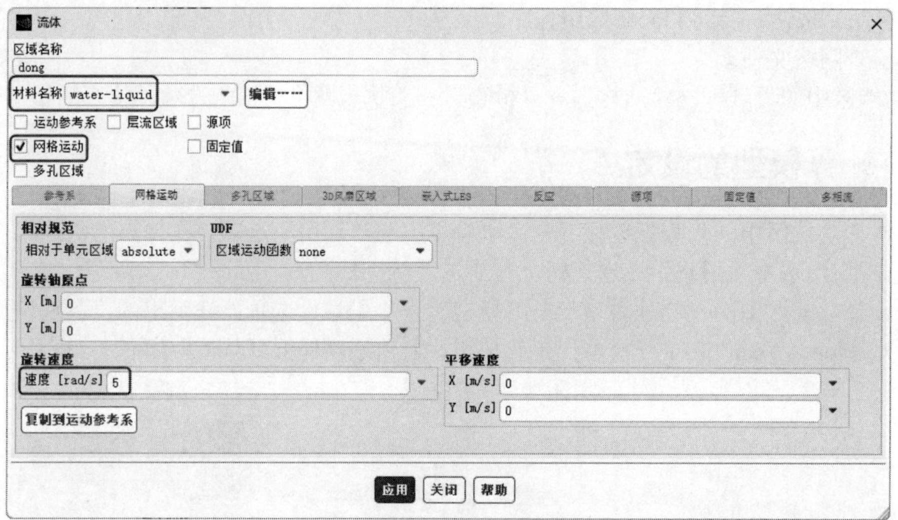

图 11-45 “流体”对话框

03 设置 impeller-w 的边界条件。

选择功能区中的“物理模型”→“区域”→“边界”选项，弹出“边界条件”对话框。

在“边界条件”面板的“区域”列表框中选择“impeller-w”选项，单击“编辑”按钮，弹出“壁面”对话框，在“动量”选项卡中选中“壁面运动”选项组中的“移动壁面”单选按钮，选中“运动”选项组下的“相对于相邻单元区域”和“旋转的”单选按钮，其他选项保持默认值，如图 11-46 所示，设置完毕后单击“应用”按钮。

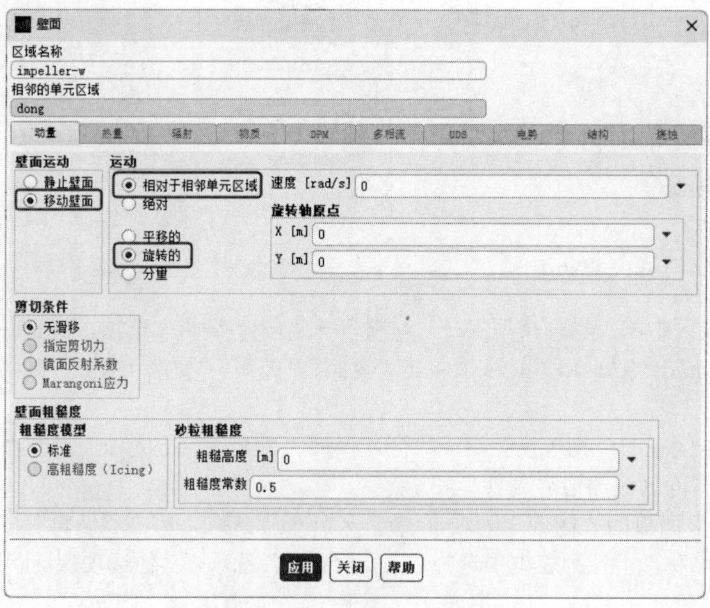

图 11-46 “壁面”对话框

Note

04 定义交界面。

选择功能区中的“域”→“交界面”→“网格”选项，弹出“网格交界面”对话框，在“边界区域”中选择“interface-1”和“interface-2”，将“网格交界面”命名为“interface”，如图 11-47 所示，单击“创建”按钮，即完成交界面的创建。

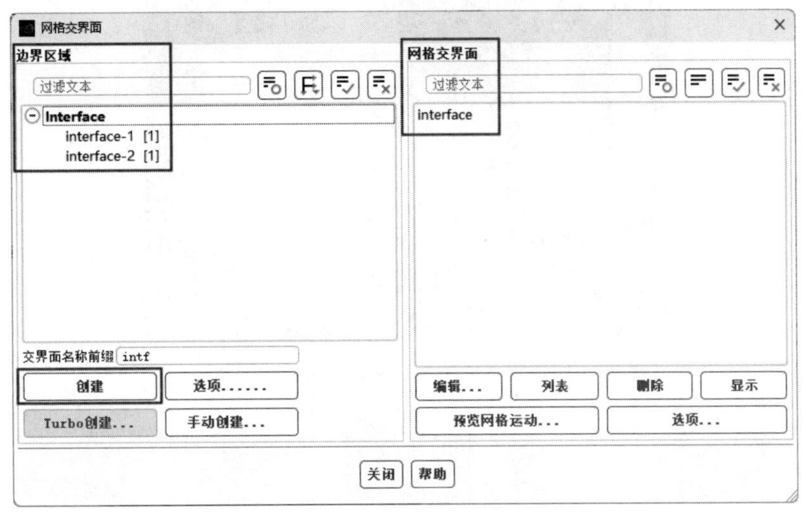

图 11-47　“网格交界面”对话框

11.3.3　求解设置

（1）选择功能区中的“求解”→“控制”→“控制”选项，弹出“解决方案控制”面板，保持默认值即可。

（2）对流场进行初始化。选择功能区中的“求解”→“初始化”→“标准”→“选项”选项，在弹出的“解决方案初始化”面板中选择“all-zone”，单击“初始化”按钮。

（3）选择功能区中的“求解”→“运行计算”→“运行计算”选项，在弹出的“运行计算”面板中设置“时间步长”为“0.1”，“时间步数”为“500”，“最大迭代数/时间步”为“40”，其他选项保持默认值，单击“开始计算”按钮即可开始解算。

11.3.4　后处理

（1）迭代完成之后，选择功能区中的“结果”→“图形”→“云图”→“创建”选项，弹出“云图”对话框。在“着色变量”下拉列表框中选择“Velocity”和“Velocity Magnitude”选项，单击“显示”按钮，即出现搅拌区域的流速分布图，如图 11-48 和图 11-49 所示。

（2）选择功能区中的“结果”→“矢量”→“云图”→“创建”选项，选择“矢量定义”下拉列表框中的“Velocity”选

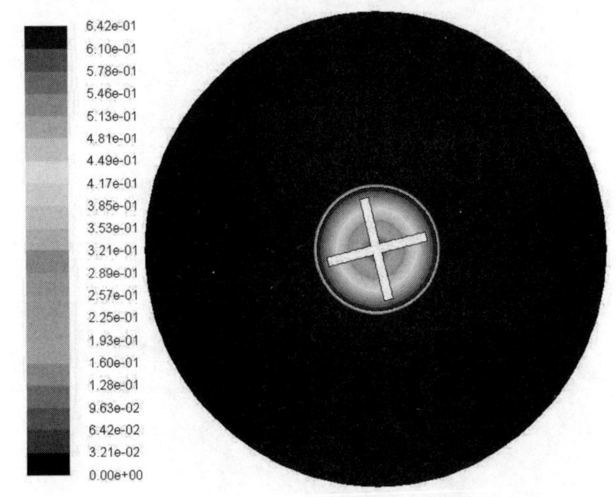

图 11-48　全区域的流量分布图

项，即出现搅拌区域的速度矢量图，如图 11-50 所示。

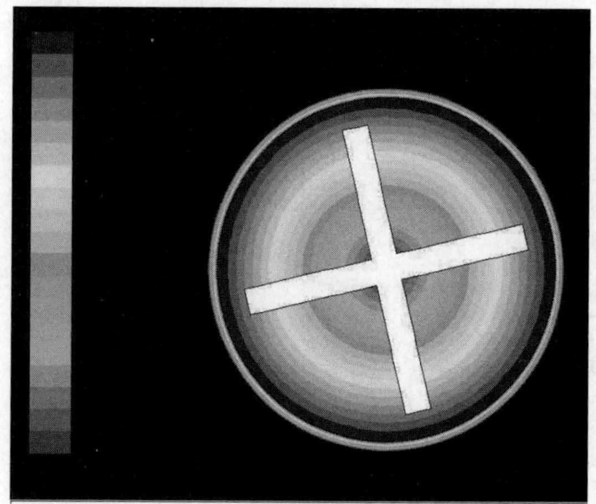

图 11-49　十字搅拌桨的流速分布图

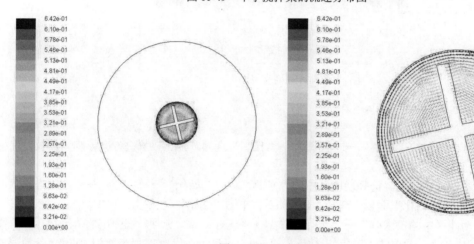

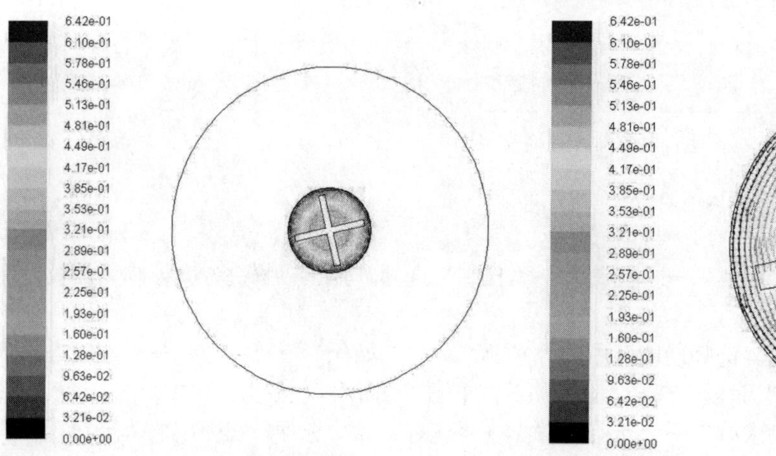

图 11-50　速度矢量图

第12章

动网格模型的模拟

我们生活在一个无时无刻不在运动的世界中。然而，前面提到的所有问题都是基于静止状态的。在工程应用中，经常遇到计算区域的几何结构处在运动变化中，例如，压缩机中的汽缸和气球的膨胀等。Fluent 2022 R1 提供了可以模拟这类情况的模型，即动网格模型。

通过本章的学习，读者将重点掌握 Fluent 中动网格的基本操作和后处理方法。

12.1 动网格模型概述

Note

动网格模型用来模拟流场形状由于边界运动而随时间改变的情况。边界的运动形式可以是预先定义的运动，即可以在计算前指定其速度或角速度；也可以是预先未做定义的运动，即边界的运动要由前一步的计算结果决定。

网格的更新过程由 Fluent 根据每个迭代步中边界的变化情况自动完成。在使用移动网格模型时，必须首先定义初始网格和边界运动的方式，并指定参与运动的区域，也可以用边界函数或者 UDF 定义边界的运动方式。Fluent 要求将运动的描述定义在网格面或网格区域上。如果流场中包含运动与不运动两种区域，则需要将它们组合在初始网格中以对它们进行识别。那些由于周围区域运动而发生变形的区域必须被组合到各自的初始网格区域中。不同区域之间的网格不必是正则的，可以在模型设置中使用 Fluent 提供的非正则或者滑动界面功能将各区域连接起来。

动网格计算中网格的动态变化过程可以用 3 种模型进行计算，即弹簧光顺模型（spring-based smoothing）、动态分层模型（dynamic layering）和局部重划模型（local remeshing）。

1. 弹簧光顺模型

在弹簧光滑模型中，网格的边界被理想化为节点间相互连接的弹簧。移动前的网格间距相当于边界移动前由弹簧组成的系统处于平衡状态。在网格边界节点发生位移后，会产生与位移成比例的力，力的大小根据胡克定律计算。边界节点位移形成的力虽然破坏了弹簧系统原有的平衡，但是在外力作用下，弹簧系统经过调整将达到新的平衡，也就是说，由弹簧连接在一起的节点，将在新的位置上重新获得力的平衡。从网格划分的角度来说，从边界节点的位移出发，采用胡克定律，经过迭代计算，最终可以得到使各节点上的合力等于零的、新的网格节点位置。原则上，弹簧光顺模型可以用于任何一种网格区域，但是在非四面体网格区域（二维非三角形），需要满足下列条件。

（1）移动为单方向。

（2）移动方向垂直于边界。

2. 动态分层模型

对于棱柱型网格区域（六面体和或者楔形），可以应用动态分层模型。动态分层模型是根据紧邻运动边界网格层高度的变化，添加或者减少动态层，即在边界发生运动时，如果紧邻边界的网格层高度增大到一定程度，就将其划分为两个网格层；如果网格层高度降低到一定程度，就将紧邻边界的两个网格层合并为一个层。动网格模型的应用有如下限制。

（1）与运动边界相邻的网格必须为楔形或者六面体（二维四边形）网格。

（2）在滑动网格交界面以外的区域，网格必须被单面网格区域包围。

（3）如果网格周围区域中有双侧壁面区域，则必须首先将壁面和阴影区分割开，再用滑动交界面将二者耦合起来。

（4）如果动态网格附近包含周期性区域，则只能用 Fluent 的串行版求解，但是如果周期性区域被设置为周期性非正则交界面，则可以用 Fluent 的并行版求解。

3. 局部重划模型

在使用非结构网格的区域上一般采用弹簧光顺模型进行动网格划分，但是如果运动边界的位移远远大于网格尺寸，则采用弹簧光顺模型可能导致网格质量下降，甚至出现体积为负值的网格，或因网格畸变过大导致计算不收敛。为了解决这个问题，Fluent 在计算过程中将畸变率过大，或尺寸变化过

于剧烈的网格集中在一起进行局部网格的重新划分。如果重新划分后的网格可以满足畸变率要求和尺寸要求，则用新的网格代替原来的网格；如果新的网格仍然无法满足要求，则放弃重新划分的结果。

在重新划分局部网格之前，首先要将需要重新划分的网格识别出来。Fluent 中识别不合乎要求的网格的判据有两个：一个是网格畸变率，一个是网格尺寸。其中，网格尺寸又分最大尺寸和最小尺寸。在计算过程中，如果一个网格的尺寸大于最大尺寸，或者小于最小尺寸，或者网格畸变率大于系统畸变率标准，那么该网格就被标志为需要重新划分的网格。在遍历所有动网格之后，开始重新划分网格的过程。局部重划模型不仅可以调整体网格，也可以调整动边界上的表面网格。需要注意的是，局部重划模型仅能用于四面体网格和三角形网格。在定义了动边界面以后，如果在动边界面附近同时定义了局部重划模型，则动边界上的表面网格必须满足下列条件。

Note

（1）需要进行局部调整的表面网格是三角形（三维）或直线（二维）。

（2）将被重新划分的面网格单元必须紧邻动网格节点。

（3）表面网格单元必须处于同一个面上并构成一个循环。

（4）被调整单元不能是对称面（线）或正则周期性边界的一部分。

动网格的实现在 Fluent 中是由系统自动完成的。如果在计算中设置了动边界，则 Fluent 会根据动边界附近的网格类型，自动选择动网格计算模型。如果动边界附近采用的是四面体网格（三维）或三角形网格（二维），则 Fluent 会自动选择弹簧光顺模型和局部重划模型对网格进行调整。如果是棱柱型网格，则会自动选择动态层模型进行网格调整，而在静止网格区域中不进行网格调整。

12.2 用动网格方法模拟隧道中两车相对行驶的流场

视频讲解

在一个隧道中，有两辆相对行驶的车辆，假设两车的大小相同，其行驶的速度都为 10 m/s，如图 12-1 所示。现模拟两车行驶过程中，车辆外部的空气流场变化。

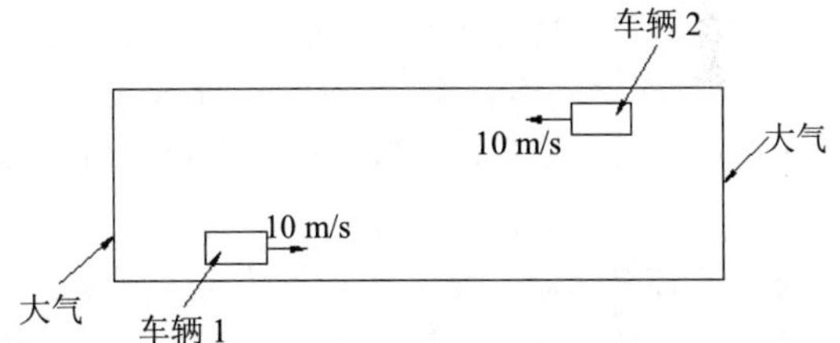

图 12-1　两车相对行驶示意图

12.2.1 创建几何模型

（1）启动 DesignModeler 建模器。打开 Workbench 程序，展开左边工具箱中的“分析系统”栏，将“流体流动（Fluent）”选项拖动到“项目原理图”界面，创建一个含有“流体流动（Fluent）”的项目模块，然后右击“几何结构”栏，在弹出的快捷菜单中选择“新的 DesignModeler 几何结构”命令，启动 DesignModeler 建模器。

（2）设置单位。进入 DesignModeler 建模器后，选择“单位”→“米”命令，设置绘图环境的单位为米。

（3）新建草图。单击树轮廓中的“XY 平面”按钮 XY平面，然后单击工具栏中的“新草图”按钮，新建一个草图。此时，树轮廓中“XY 平面”分支下会多出一个名为“草图 1”的草图，右击“草图 1”，在弹出的快捷菜单中选择“查看”命令，将视图切换为正视于“XY 平面”方向。

（4）切换标签。单击树轮廓下端的“草图绘制”标签，打开“草图工具箱”，进入草图绘制环境。

（5）绘制草图 1。利用“草图工具箱”中的工具绘制模型的草图，大矩形尺寸为 100×30，两个小矩形尺寸为 10×5，如图 12-2 所示，然后单击“生成”按钮，完成草图 1 的绘制。

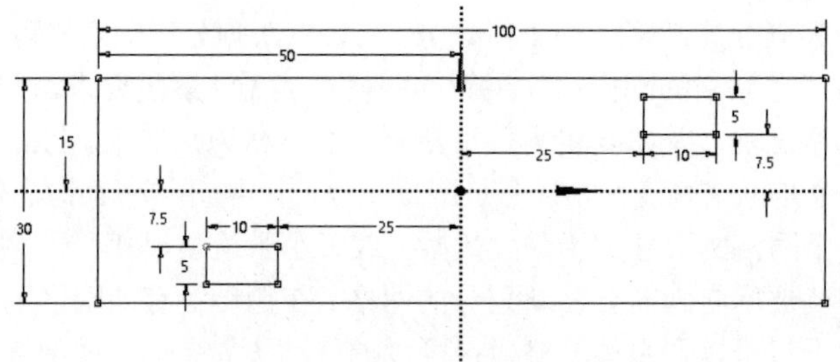

图 12-2　绘制草图 1

（6）创建草图表面。选择“概念”→“草图表面”命令，在弹出的详细信息视图中，设置“基对象”为草图 1，设置“操作”为“添加材料”，如图 12-3 所示，单击“生成”按钮，完成模型的创建，结果如图 12-4 所示。

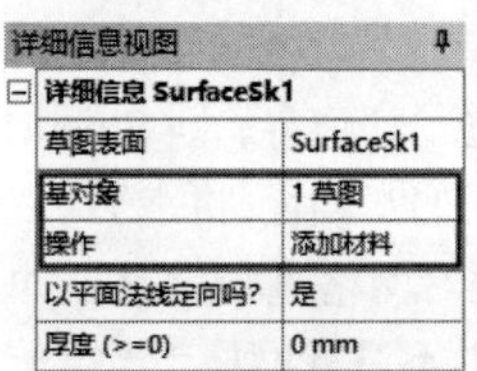

详细信息视图	
详细信息 SurfaceSk1	
草图表面	SurfaceSk1
基对象	1 草图
操作	添加材料
以平面法线定向吗?	是
厚度 (>=0)	0 mm

图 12-3　详细信息视图

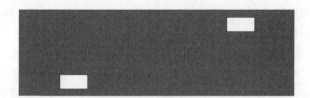

图 12-4　创建模型

12.2.2　划分网格及边界命名

（1）启动 Meshing 网格应用程序。右击“流体流动（Fluent）”项目模块中的“网格”栏，在弹出的快捷菜单中选择“编辑”命令，启动 Meshing 网格应用程序。

（2）全局网格设置。在树轮廓中单击“网格”分支，系统切换到“网格”选项卡。同时左下角弹出网格的详细信息，设置“单元尺寸”为“2.0 m”，如图 12-5 所示。

（3）设置划分方法。单击“网格”选项卡“控制”面板中的“方法”按钮，左下角弹出自动方法的详细信息，设置“几何结构”为模型的“表面几何体”，设置“方法”为“三角形”，其余选项为默认设置，此时详细信息变为所有三角形法的详细信息，如图 12-6 所示。

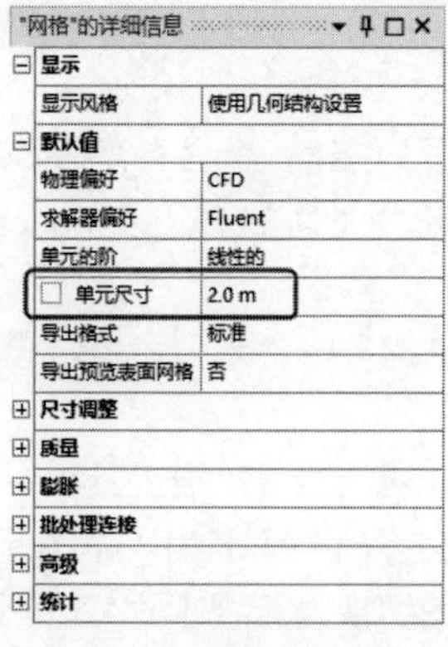

"网格"的详细信息	
显示	
显示风格	使用几何结构设置
默认值	
物理偏好	CFD
求解器偏好	Fluent
单元的阶	线性的
单元尺寸	2.0 m
导出格式	标准
导出预览表面网格	否
尺寸调整	
质量	
膨胀	
批处理连接	
高级	
统计	

图 12-5　网格的详细信息

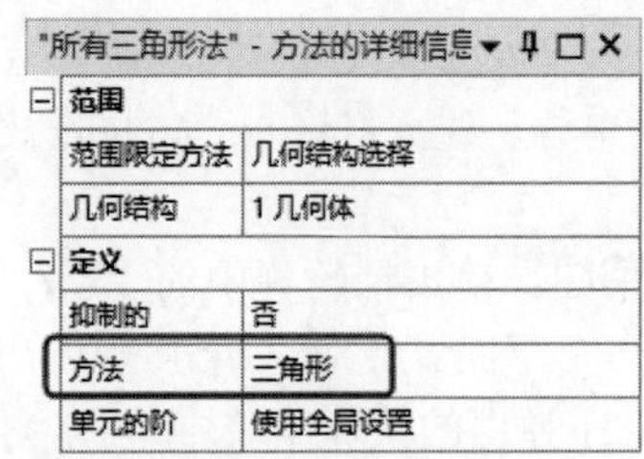

"所有三角形法" - 方法的详细信息	
范围	
范围限定方法	几何结构选择
几何结构	1 几何体
定义	
抑制的	否
方法	三角形
单元的阶	使用全局设置

图 12-6　所有三角形法的详细信息

（4）添加尺寸控制。“网格”分支在树轮廓中仍处于选中状态的情况下，单击图形工具栏中的“边选择”按钮，选择两辆汽车的 8 条边右击，在弹出的快捷菜单中选择“插入”→“尺寸调整”命令，

如图 12-7 所示。在树轮廓的“网格”下会出现一个新的“尺寸调整”条目，单击“尺寸调整”选项。在尺寸调整的详细信息中输入“0.5 m”作为“单元尺寸”，如图 12-8 所示，然后按 Enter 键。

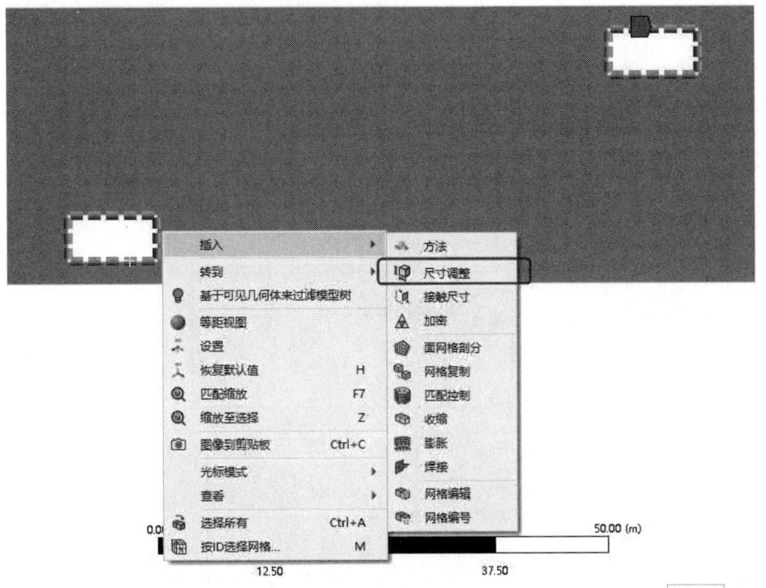

图 12-7　尺寸调整快捷菜单

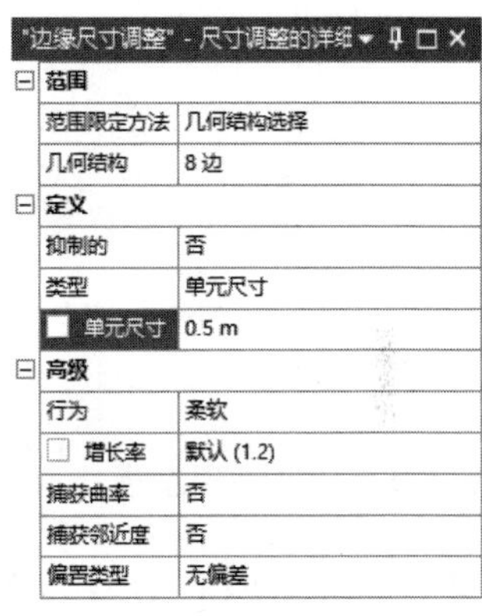

图 12-8　几何体尺寸调整的详细信息

（5）划分网格。单击“网格”选项卡“网格”面板中的“生成”按钮，系统自动划分网格。划分完成后的图形如图 12-9 所示。

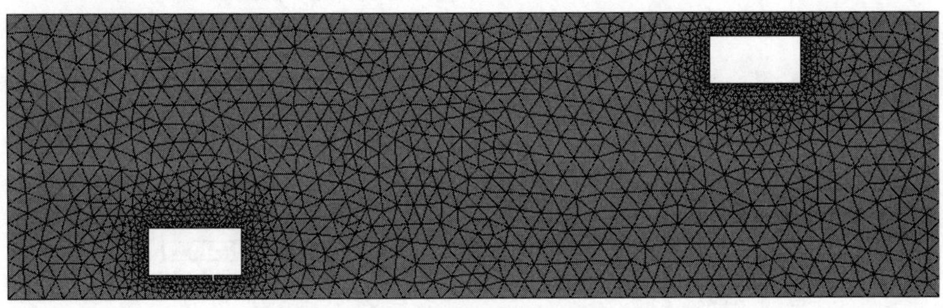

图 12-9　划分网格后的图形

可以看到，这样的划分方法使小矩形附近的区域网格变密，而远离小矩形的区域网格则变稀疏。

（6）边界命名。

01 命名矩形左边线。右击模型中大矩形最左侧的边，在弹出的快捷菜单中选择“创建命名选择”命令，弹出“选择命名”对话框，然后在文本框中输入“in”，如图 12-10 所示，设置完成后单击该对话框的“OK”按钮，完成矩形左边线的命名。

02 命名矩形右边线。右击模型中大矩形最右侧的边，在弹出的快捷菜单中选择“创建命名选择”命令，弹出“选择命名”对话框，然后在文本框中输入“out”，设置完成后单击该对话框的“OK”按钮，完成矩形右边线的命名。

03 命名小汽车。选择左下方小矩形的所有 4 条边，通过右键快捷菜单的方式在弹出对话框的文本框中输入“car1”，再选择右上方小矩形的 4 条边，采用同样的方式在文本框中输入“car2”。

（7）完成网格划分及命名边界后，需要将划分好的网格平移到 Fluent。选择树轮廓中的“网

格”分支，系统自动切换到“网格”选项卡，然后单击“网格”面板中的“更新”按钮，系统弹出提示对话框，如图 12-11 所示，完成网格的平移。

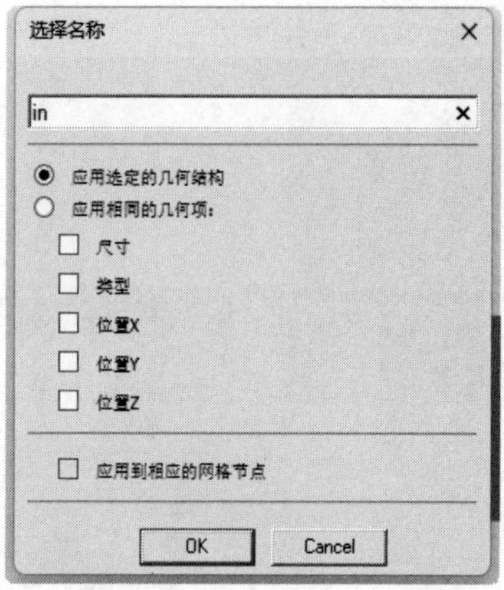

图 12-10　命名矩形外壁面

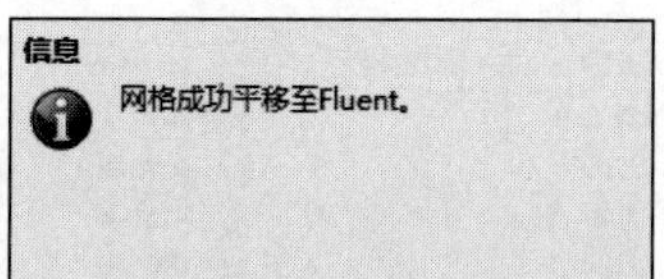

图 12-11　提示对话框

12.2.3　分析设置

启动 Fluent 应用程序。右击“流体流动（Fluent）”项目模块中的“设置”栏，在弹出的快捷菜单中选择“编辑”命令，如图 12-12 所示，弹出“Fluent Launcher 2022 R1（Setting Edit Only）”启动器对话框，选中“Double Precision”（双倍精度）复选框，单击“Start”（启动）按钮，如图 12-13 所示，启动 Fluent 应用程序。

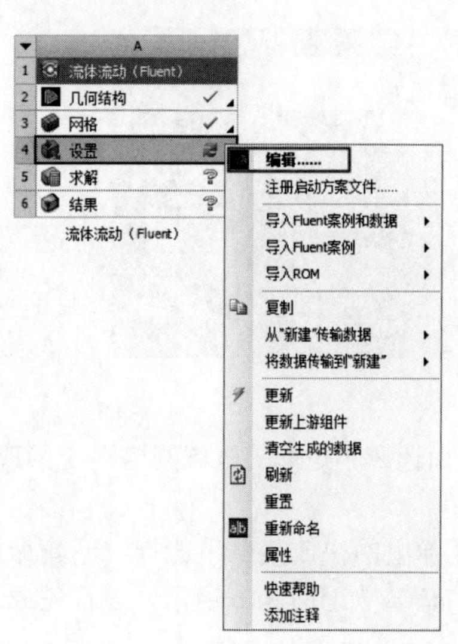

图 12-12　启动 Fluent 网格应用程序

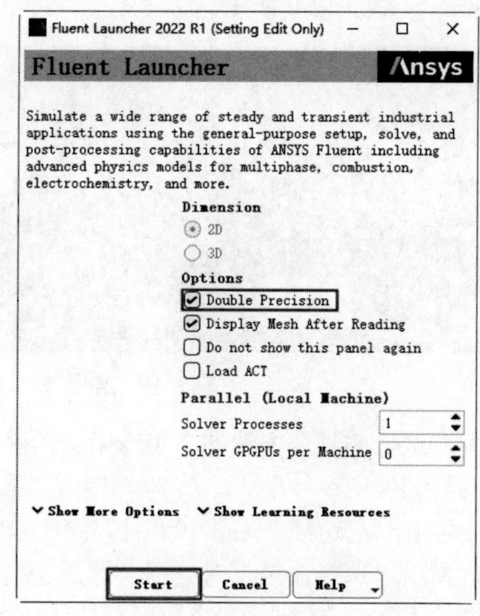

图 12-13　“Fluent Launcher 2022 R1（Setting Edit Only）”对话框

1. 对网格的操作

（1）检查网格。选择功能区中的“域”→“网格”→“检查”→“执行网格检查”选项，对读入的网格进行检查，当主窗口显示“Done”时，表示网格可用。

（2）显示网格。选择菜单栏中的“域”→“网格”→“显示网格”命令，弹出“网格显示”对话框。在“表面”列表框中选择所要观看的区域，单击“显示”按钮，显示模型，查看模型是否有错误。

Note

2. 设置计算模型

（1）设置求解器类型。选择功能区中的“物理模型”→“求解器”→“通用”选项，弹出“通用”面板。在“时间”选项组中选中“瞬态”单选按钮，采用非定常求解器，其他选项保持系统默认设置。

（2）设置湍流模型。选择功能区中的“物理模型”→“模型”→“黏性”选项，弹出“黏性模型”对话框。在“模型”选项组中选中“k-epsilon”单选按钮，其他选项保持系统默认设置，单击“OK”按钮。

对于流体物性、操作条件和边界条件均保持默认设置，对于本例，主要设定动网格参数。

3. 读入 Profile 轮廓文件

（1）写入 Profile 文件。在 Windows 中创建记事本文件，在记事本中写入一段代码，如图 12-14 所示，该代码表示 Profile 文件的名称是 car1，在 t=0 s～15 s 时，V_x 一直是 10 m/s。

在 Windows 记事本里再创建一个 car2 的 Profile 文件，如图 12-15 所示。这两个文件分别以 car1.txt 和 car2.txt 为文件名进行保存。

```
((car1 2 point)
(time 0 15.0)
(v_x 10 10)
)
```

图 12-14　car1 的 Profile 代码

```
((car2 2 point)
(time 0 15.0)
(v_x -10 -10)
)
```

图 12-15　car2 的 Profile 代码

（2）读入 Profile 文件。选择菜单栏中的“文件”→“读入”→“Profile”命令，弹出如图 12-16 所示的“Select File”对话框，在文件类型下拉列表框中选择“All Files（*）”选项，分别选择 car1.txt 和 car2.txt 文件，单击“OK”按钮，读取文件。

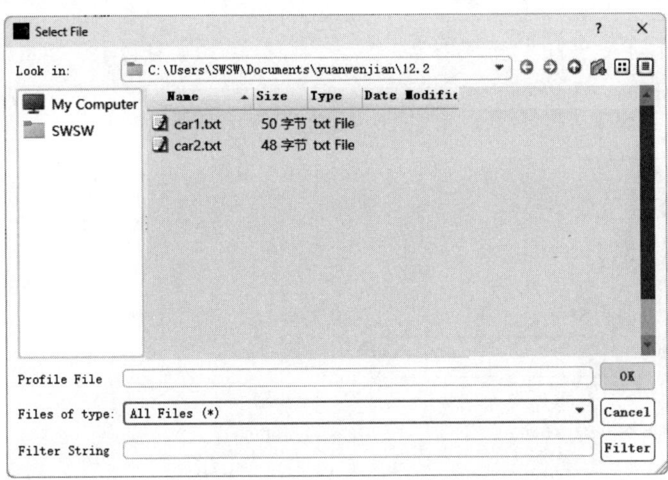

图 12-16　“Select File”对话框

4. 设置动网格

（1）设置动网格参数。选择功能区中的“域”→“网格模型”→“动网格”选项，弹出“动网格”面板。选中“动网格”复选框，在“网格方法”选项组中选中“光顺”和“重新划分网格”复选框，单击“设置”按钮，进入“光顺”选项卡，选中“弹簧/Laplace/边界层”单选按钮，然后单击“高级”按钮，系统弹出“网格光顺参数”对话框，在“弹簧常数因子”文本框中输入“0.05”，其他设置如图 12-17 所示。

选择“重新划分网格”选项卡，如图 12-18 所示，选中“尺寸函数”复选框，其他选项按图中所示设置，单击“OK”按钮，完成网格参数的设定。

（2）设置动网格区域。在“动网格”面板中，单击“动网格区域”列表下的“创建/编辑”按钮，弹出如图 12-19 所示的“动网格区域”对话框。在“类型”选项组中选中“刚体”单选按钮，在“区域名称”下拉列表框中选择“car1”选项，即设置 car1 为移动的刚体；选择“运动属性”选项卡，在“运动 UDF/离散分布”下拉列表框中选择“car1”选项；选择“网格划分选项”选项卡，在“单元高度”文本框中输入“0.1”，单击“创建”按钮，创建一个新的动区域，在“动网格区域”列表框中出现“car1”选项。

Note

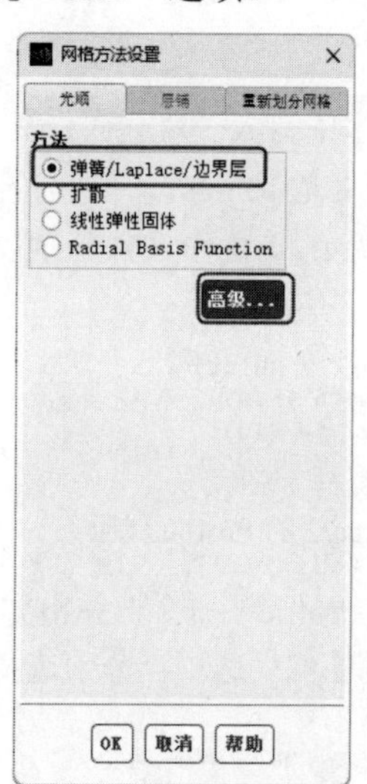

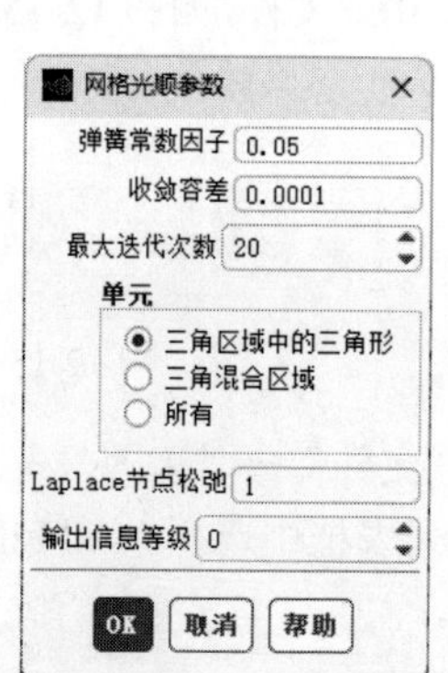

图 12-17　设置“光顺”参数

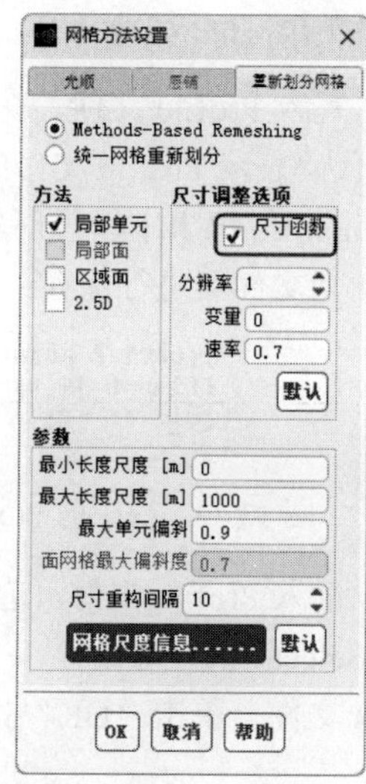

图 12-18　“重新划分网格”选项卡

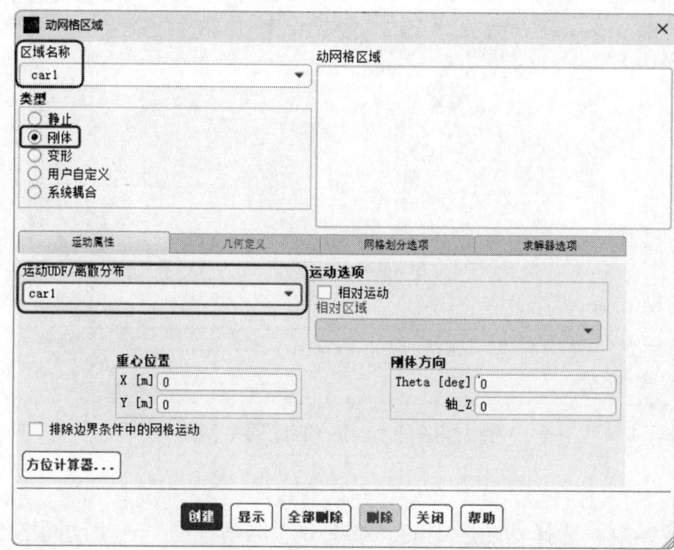

图 12-19　“动网格区域”对话框

重复类似的操作，将 car2 区域设置为“刚体”类型，在“运动 UDF/离散分布”下拉列表框中选择“car2”选项。

5. 预观看网格的变化

在计算之前，可以先看看动网格的网格变化情况，观察是否合理。

（1）保存 Case 文件。选择菜单栏中的“文件”→“导出”→“Case”命令，在“名称”文本框中输入“move-car”，保存 Case 文件。

（2）再次显示网格。选择功能区中的“域”→“网格”→“显示网格”选项，弹出“网格显示”对话框。在“表面”列表框中选择所有区域，单击“显示”按钮，*t*=0 s 时的网格如图 12-20 所示。

（3）运动网格。选择功能区中的“求解”→“运行计算”→“运行计算”选项，弹出“运行计算”面板，然后单击“预览网格运动”按钮，弹出如图 12-21 所示的“网格运动”对话框。在“时间步长”文本框中输入“0.1”，表示观察每过 0.1 s 的网格变化，在“时间步数”文本框中输入“10”，在“选项”选项组中选中“显示网格”复选框，并且将“显示频率”调整框中的数值设为“1”，单击“预览”按钮，开始观察网格的变化，*t*=1 s 时和 *t*=2 s 时的网格分别如图 12-22 和图 12-23 所示。

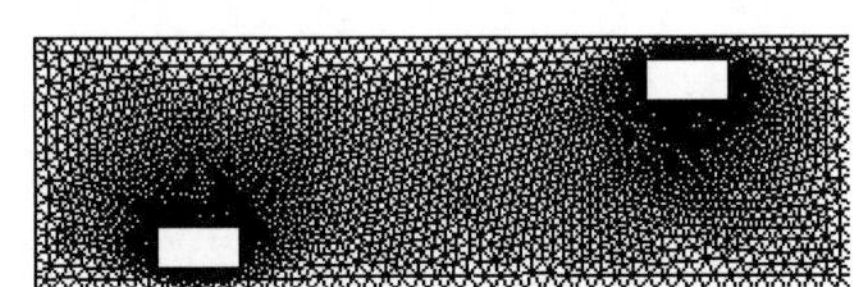

图 12-20　*t*=0 s 时的网格

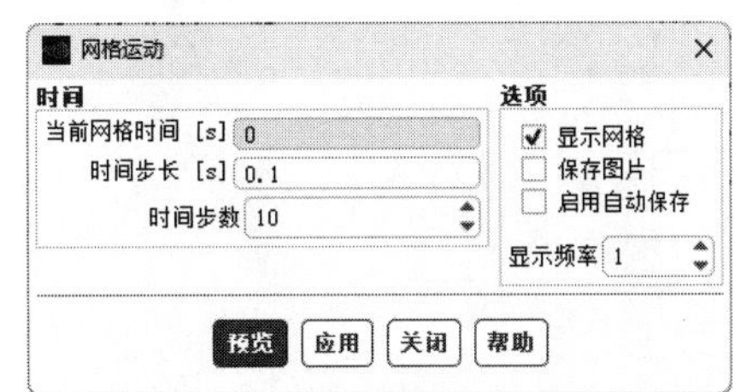

图 12-21　“网格运动”对话框

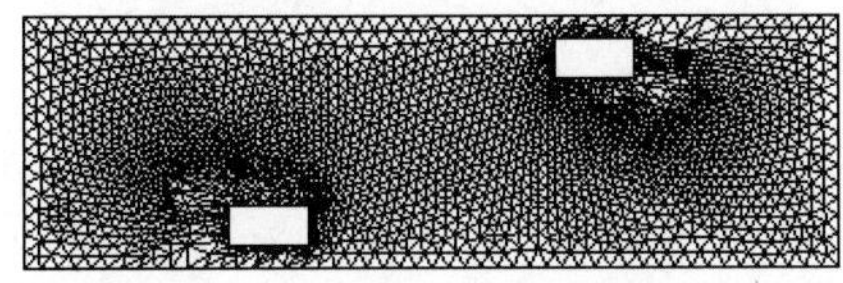

图 12-22　*t*=1 s 时的网格

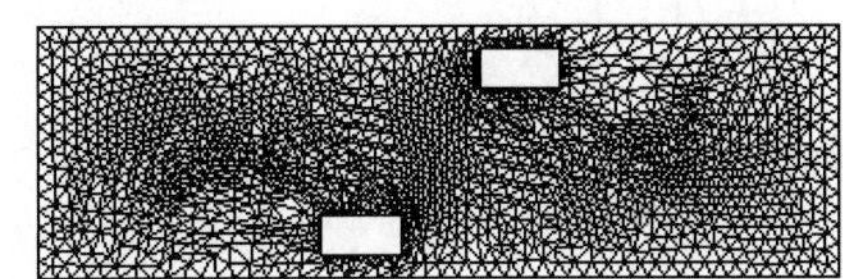

图 12-23　*t*=2 s 时刻的网格

（4）读取 Case 文件。由于网格的运动改变了网格的形状，所以需要读取保存好的 move-car.cas 文件。

选择菜单栏中的“文件”→“导入”→“Case”命令，选择 move-car.cas 文件，读入 Fluent，当 Fluent 主窗口显示“Done”时，表示读入成功。

6. 设置求解策略

（1）设定求解参数。保持所有求解参数为默认设置。

（2）定义求解残差监视器。选择功能区中的“结果”→“绘图”→“残差”选项，弹出“残差监控器”对话框。在“选项”选项组中选中“绘图”复选框，其他选项保持系统默认设置，单击“OK”按钮，完成残差监视器的定义。

12.2.4　模型初始化

（1）选择菜单栏中的“求解”→“初始化”→“标准”→“选项”命令，弹出如图 12-24 所示的“解决方案初始化”面板。在“计算参考位置”下拉列表框中选择“oolinlet”选项，单击“初始化”按钮，完成初始化操作。

（2）保存 Case 文件和 Data 文件。选择菜单栏中的“文件”→“写出”→“自动保存”命令，弹出如图 12-25 所示的“自动保存”对话框，在“保存数据文件间隔”文本框中输入“10”，表示每计算 10 个时间步自动保存一次 Case 文件和 Data 文件，单击“OK”按钮，完成自动保存设置。

Note

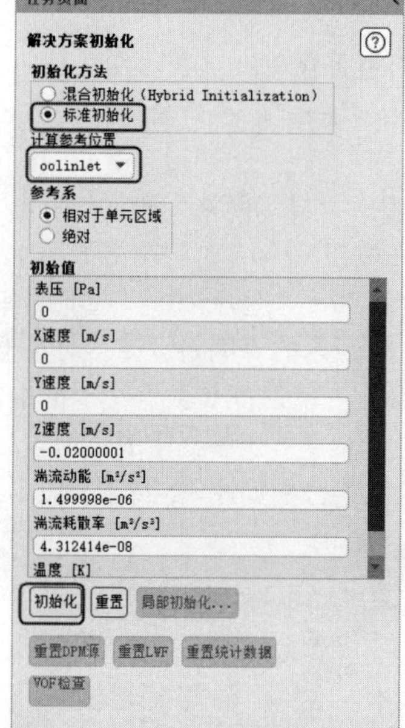

图 12-24 “解决方案初始化”面板

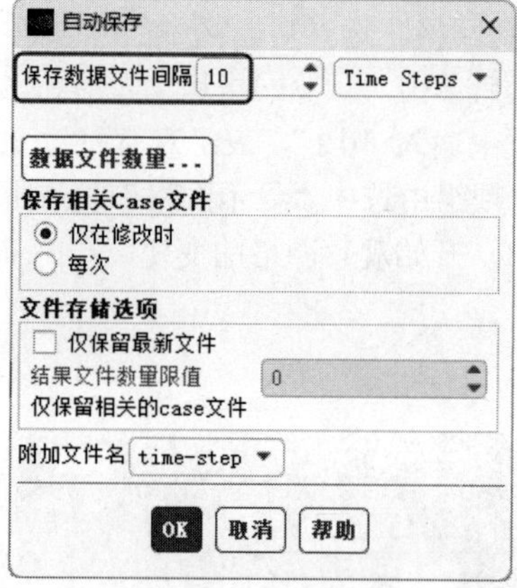

图 12-25 “自动保存”对话框

12.2.5 迭代计算

选择功能区中的“求解”→“运行计算”→“运行计算”选项，弹出“运行计算”面板，如图 12-26 所示。在“时间步长”文本框中输入“0.1”，表示每个时间步长是 0.1 s；在“时间步数”文本框中输入“30”，表示计算 30 个时间步长，即模拟 3 s 中的流动；在“最大迭代数/时间步”文本框中输入“100”，表示每个时间步最多迭代 100 步，单击“开始计算”按钮，开始迭代计算，得到如图 12-27 所示的残差图。

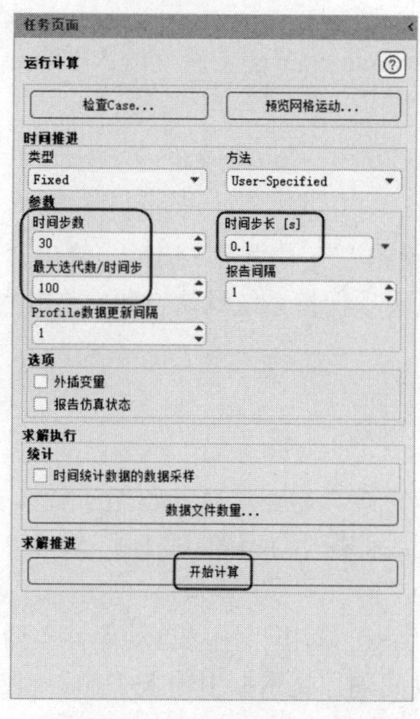

图 12-26 “运行计算”面板

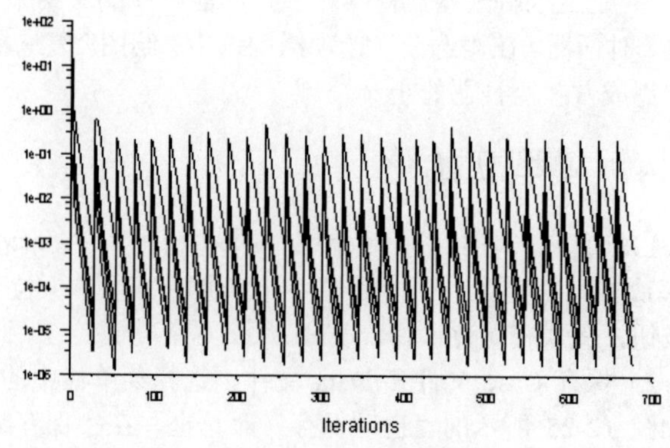

图 12-27 残差图

12.2.6 Fluent 自带后处理

在迭代计算过程中，Fluent 自动保存了 1 s、2 s 和 3 s 时的 Case 文件和 Data 文件，在后处理过程中，当需要用到其中某一时刻的数据时，可以选择菜单栏中的“文件”→“导入”→“Case & Data”命令，读取某一时刻的 Case & Data 文件，例如，move-car-0010.cas 文件。

（1）显示速度分布图。选择功能区中的“结果”→“图形”→“云图”→“创建”选项，弹出“云图”对话框。在“着色变量”选项组的两个下拉列表框中分别选择“Velocity”和“Velocity Magnitude”选项，在“选项”选项组中选中“填充”复选框，其他选项保持系统默认设置，单击“显示”按钮，显示的速度分布图如图 12-28～图 12-30 所示。

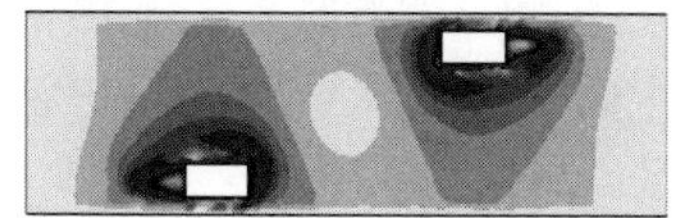

图 12-28　t=1 s 时的速度分布图

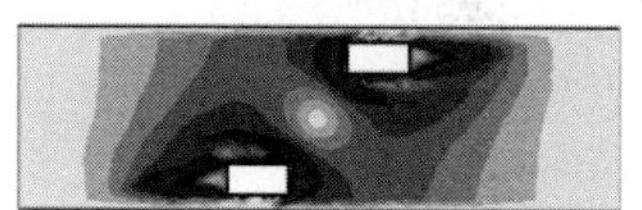

图 12-29　t=2 s 时的速度分布图

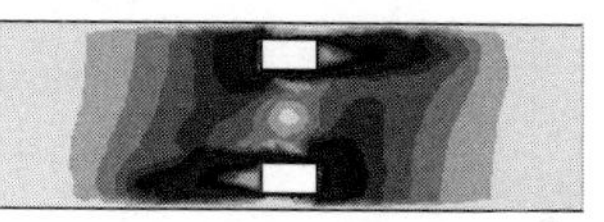

图 12-30　t=3 s 时的速度分布图

（2）显示压力分布图。在“云图”对话框“着色变量”选项组的两个下拉列表框中分别选择“Pressure”和“Static Pressure”选项，在“选项”选项组中选中“填充”复选框，其他选项保持系统默认设置，单击“显示”按钮，显示的压力分布图如图 12-31 和图 12-32 所示。

图 12-31　t=1 s 时的压力分布图

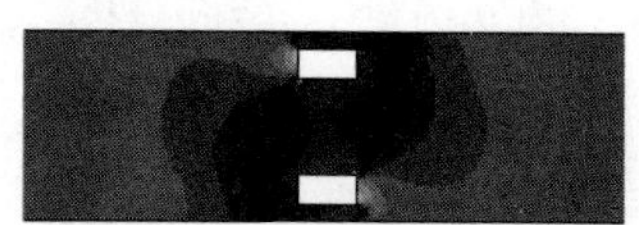

图 12-32　t=3 s 时的压力分布图

（3）读取小汽车所受的力。选择功能区中的“结果”→“报告”→“力”选项，弹出“力报告”对话框。该对话框中的参数设置如图 12-33 和图 12-34 所示。在“选项”选项组中选中“力”单选按钮；在“方向矢量”选项组中输入坐标“(1,0,0)”，代表显示径向力；在“方向矢量”选项组中输入坐标“(0,1,0)”，代表显示轴向力，在“壁面区域”列表框中选择“car1”和“car2”选项，单击“打印”按钮。显示 X 和 Y 方向的受力信息分别如图 12-35～图 12-40 所示。

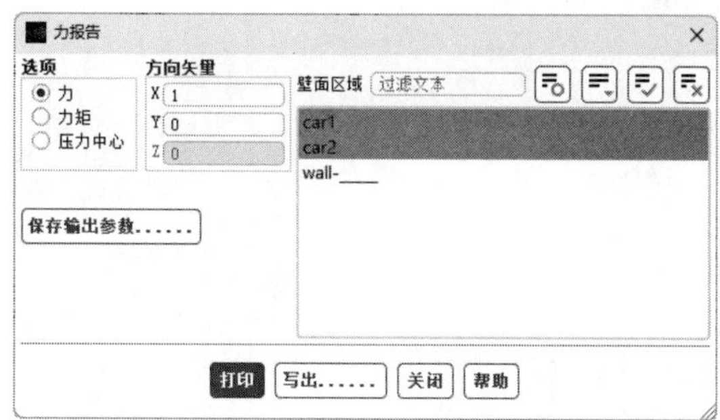

图 12-33　“力报告”对话框 1

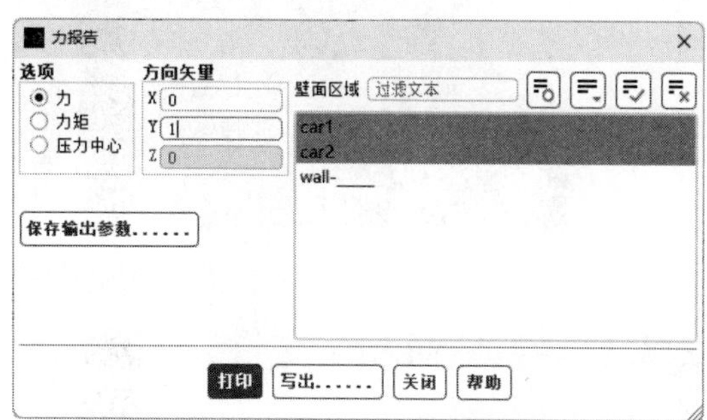

图 12-34　“力报告”对话框 2

zone name	pressure force n	viscous force n	total force n
car1	-637.52545	-5.746387	-643.27184
car2	663.48718	5.6514263	669.13861
net	25.961731	-0.09496069	25.86677

图 12-35　t=1 s 时的两车 X 方向受力

zone name	pressure force n	viscous force n	total force n
car1	154.99129	0.31353882	155.30483
car2	-172.06131	-0.37838849	-172.4397
net	-17.070023	-0.064849675	-17.134872

图 12-36　t=1 s 时的两车 Y 方向受力

Note

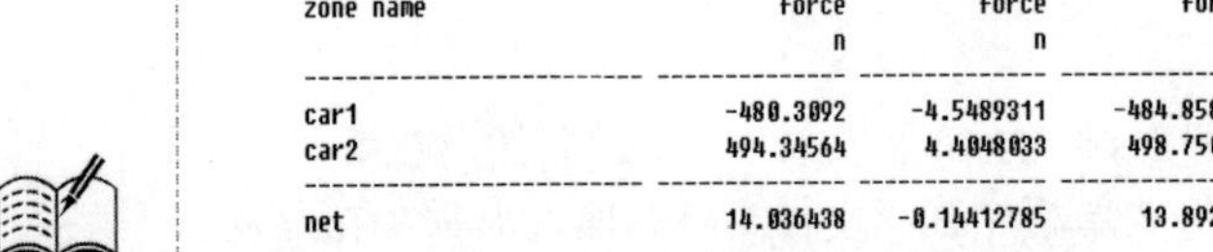

zone name	pressure force n	viscous force n	total force n
car1	-480.3092	-4.5489311	-484.85814
car2	494.34564	4.4048033	498.75045
net	14.036438	-0.14412785	13.89231

图 12-37　t=2 s 时的两车 X 方向受力

zone name	pressure force n	viscous force n	total force n
car1	232.38626	0.18209729	232.56836
car2	-226.98663	-0.22559975	-227.21223
net	5.3996277	-0.043502465	5.3561252

图 12-38　t=2 s 时的两车 Y 方向受力

zone name	pressure force n	viscous force n	total force n
car1	-364.96109	-3.5548127	-368.5159
car2	370.19775	3.6377461	373.8355
net	5.2366638	0.082933426	5.3195972

图 12-39　t=3 s 时的两车 X 方向受力

zone name	pressure force n	viscous force n	total force n
car1	212.49225	0.26199618	212.75424
car2	-261.78857	-0.30514011	-262.09371
net	-49.296326	-0.043143928	-49.33947

图 12-40　t=3 s 时的两车 Y 方向受力

视频讲解

12.3　三维活塞在汽缸中的运动模拟实例

已知一个冲程为 10 mm、直径为 8 mm 的气缸，活塞从其顶部向下运动。活塞在气缸内的运动如图 12-41 所示，现在用 Fluent 动网格来模拟活塞在气缸中的运动。

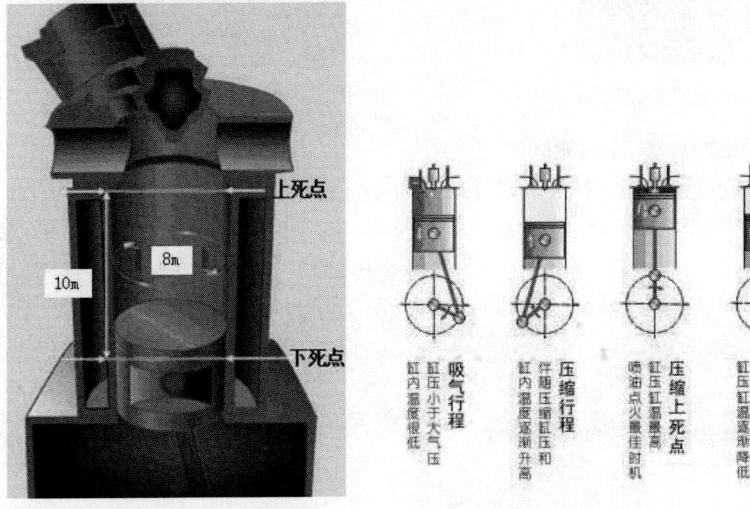

图 12-41　活塞在气缸内运动示意图

12.3.1　导入 Mesh 文件

（1）读入网格文件。打开 Workbench 程序，展开左边工具箱中的“分析系统”栏，将“流体流动（Fluent）”选项拖曳到“项目原理图”界面，创建一个含有“流体流动（Fluent）”的项目模块，然后右击“网格”栏，在弹出的快捷菜单中，选择“导入网格文件”→“浏览”命令，弹出“文件导入”对话框，找到 valve.msh 文件，单击“打开”按钮，Mesh 文件就被导入 Fluent 求解器。

（2）启动 Fluent 应用程序。右击“流体流动（Fluent）”项目模块中的“设置”栏，在弹出的快捷菜单中选择“编辑”命令，弹出“Fluent Launcher 2022 R1（Setting Edit Only）”启动器对话框，采用双精度 2D 模式，单击“Start”（启动）按钮，启动 Fluent 应用程序。

（3）进行检查。选择功能区中的“域”→“网格”→“检查”→“执行网格检查”选项。

12.3.2　计算模型的设定

（1）选择功能区中的“物理模型”→“求解器”→“通用”选项，弹出“通用”面板，在“通用”面板中设置“时间”为“瞬态”，如图 12-42 所示。

（2）启动能量方程。选中功能区中的“物理模型”→“模型”→“能量”复选框，即启动能量方程，如图 12-43 所示。

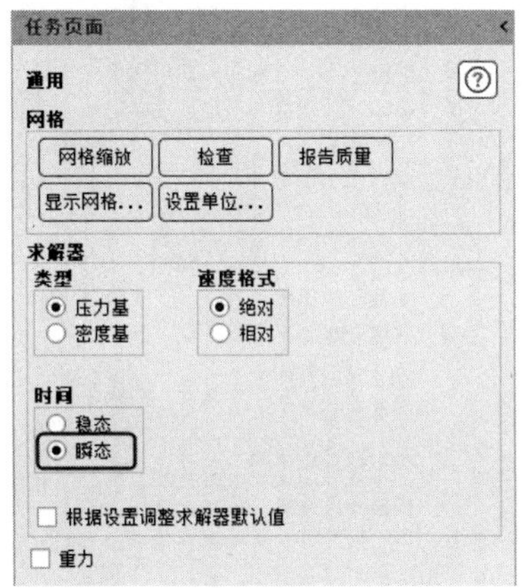

图 12-42　“通用”面板

图 12-43　启动能量方程

（3）选择功能区中的“物理模型”→“材料”→“创建/编辑”选项，弹出“创建/编辑材料”对话框，如图 12-44 所示，设置“密度”为“ideal-gas”，其他各项保持默认值，单击“更改/创建”按钮。

图 12-44　“创建/编辑材料”对话框

（4）选择功能区中的“域”→“网格模型”→“动网格”选项，在弹出的“动网格”面板中选

择“动网格”选项，在“网格方法”选项组中选中“光顺”“重新划分网格”“内燃机”复选框。单击“网格方法”选项组下的“设置”按钮，其中各项参数的设置如图 12-45 所示。

（5）选择“重新划分网格”选项卡，各项参数的设置如图 12-46 所示，单击“OK”按钮。

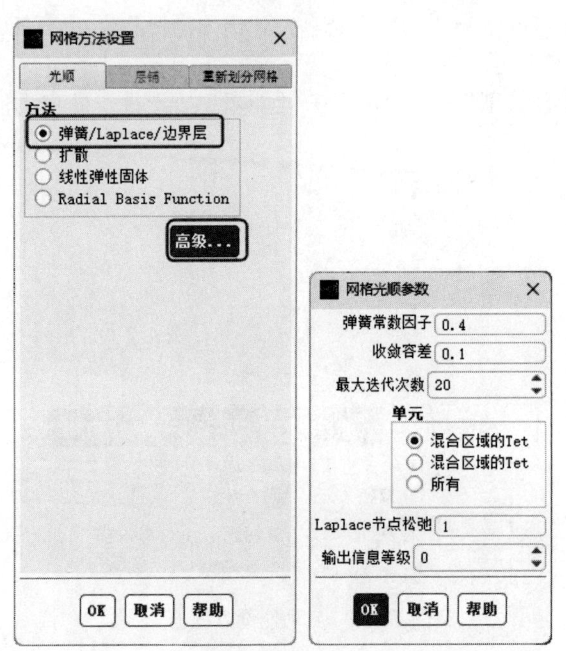

图 12-45　动网格参数设置——“光顺”

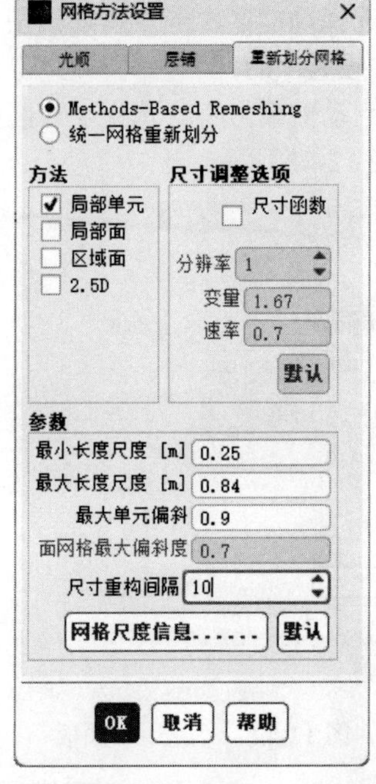

图 12-46　动网格参数设置——“重新划分网格”

（6）返回“动网格”画板，单击“选项”选项栏下的“设置”按钮，打开“内燃机”设置选项卡，具体参数的设置，如图 12-47 所示。“起动曲柄角”与“曲柄周期”分别设为“180”和“720”，表示当活塞处在下死点位置时，活塞杆的曲柄为 180°，到上死点时曲柄角为 360°，再次回到下死点时曲柄角为 540°，再到上死点即为一周期 720°。设置“曲柄半径”为 4，“连杆长度”为 14。

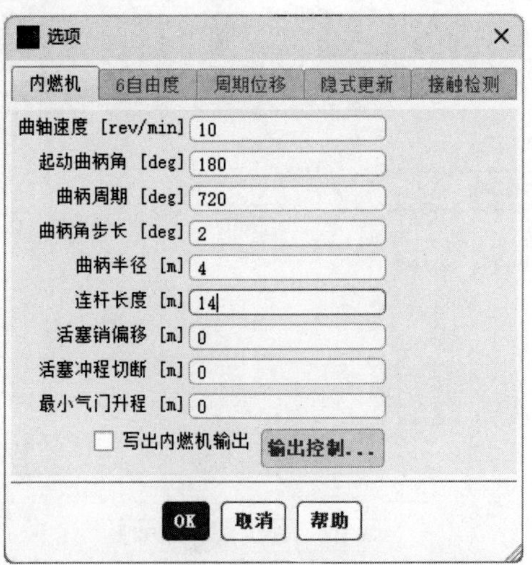

图 12-47　动网格参数设置——“内燃机”

（7）单击“动网格区域”下的“创建/编辑”按钮，弹出“动网格区域”对话框，如图 12-48 所示。

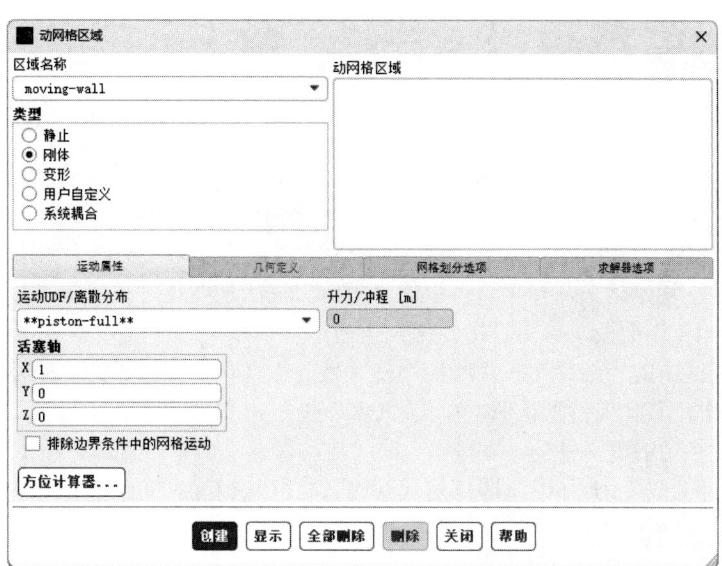

图 12-48　“动网格区域”对话框

01 设置活塞（moving-wall）的运动。

在“区域名称”下拉列表框中选择“moving-wall”选项；在“类型”列表框中选中“刚体”单选按钮；在“运动 UDF/离散分布”下拉列表框中选择“**piston-full**”选项；选择“网格划分选项”选项卡，设置“单元高度”为“1”；单击“创建”按钮。

02 设置活动壁面（side-wall-1）的运动。

在“区域名称”下拉列表框中选择“side-wall-1”选项；在“类型”列表框中选中“变形”单选按钮；选择“几何定义”选项卡，在“定义”下拉列表框中选择“cylinder”选项；设置“圆柱半径”为 4 m，“圆柱原点”的坐标为“(0, 0, 0)”，“圆柱轴”的坐标为“(1, 0, 0)”，如图 12-49 所示，单击“创建”按钮。

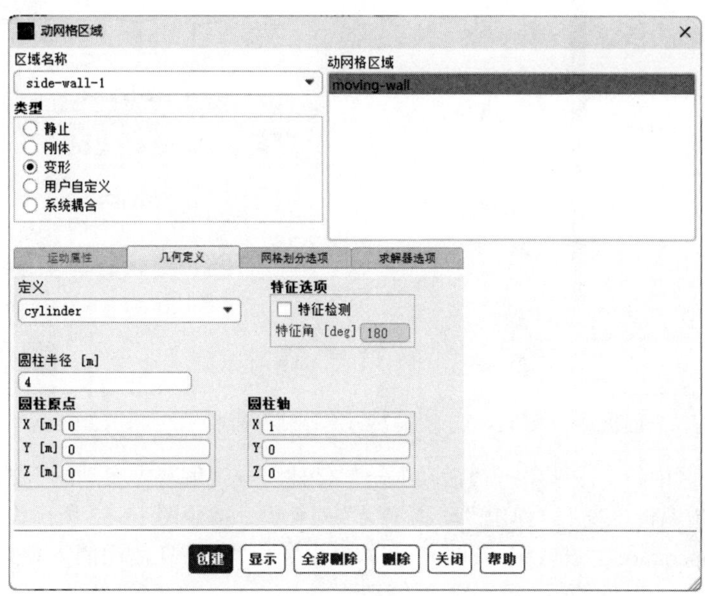

图 12-49　动网格区域设置——活动壁面设置

Note

12.3.3　求解设置

（1）选择功能区中的“求解”→“求解”→“方法”选项，弹出“求解方法”面板，如图 12-50 所示。在“压力速度耦合”（Pressure-Velocity Coupling）下拉列表框中选择“PISO”算法。

（2）选择功能区中的“求解”→“控制”→“控制”选项，弹出“解决方案控制”面板，如图 12-51 所示。设置“亚松驰因子”（Under-Relaxtion Factors）的“压力”为“0.6”、“动量”为“0.9”。

（3）对流场进行初始化。选择功能区中的“求解”→“初始化”→“标准”→“选项”选项，弹出“解决方案初始化”面板，单击“初始化”按钮。

（4）选择功能区中的“结果”→“绘图”→“残差”选项，在弹出的“残差监控器”对话框中选中“绘图”复选框，其他保持默认值，单击“OK”按钮。

（5）选择菜单栏中的“文件”→“写出”→“自动保存”命令，弹出如图 12-52 所示的对话框，设置“保存数据文件间隔”为“90”，即每迭代 90 步保存一次 Case 文件与 Data 文件。

图 12-50　“求解方法”面板

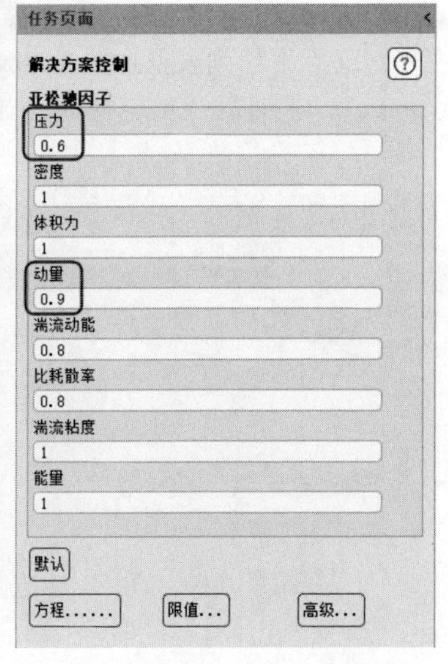

图 12-51　“解决方案控制”面板

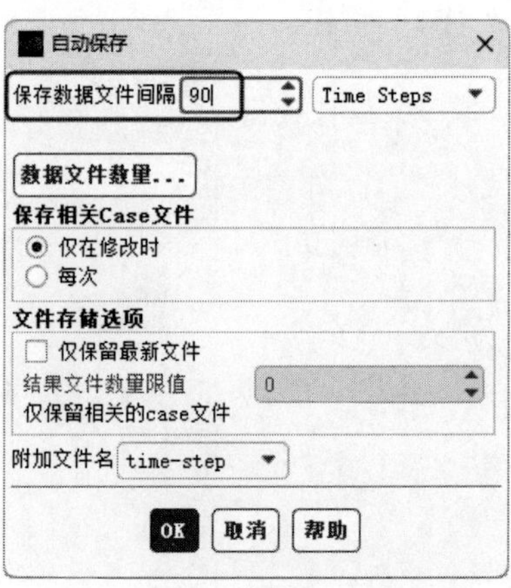

图 12-52　“自动保存”对话框

（6）选择功能区中的“求解”→“活动”→“创建”→“解决方案动画”选项，单击“解决方案动画”下的“创建/编辑”按钮，弹出“动画定义”对话框，按照图 12-53 所示设置参数。在“名称”文本框中输入“temperature”，在“记录间隔”文本框中输入“5”，在后面的下拉列表框中选择“time-step”选项，即每隔 5 个时间步保存一次温度等高线图。

（7）在“动画定义”对话框中单击“新对象”按钮，在弹出的下拉列表中选择“云图”选项，

弹出如图 12-54 所示的“云图”对话框，在“选项”列表框中选中“填充”复选框，在“着色变量”选项组的两个下拉列表框中分别选择“Temperature”和“Static Temperature”选项，同时在“表面”列表框中选择“moving-wall”“side-wall-1”“side-wall-2”“side-wall-3”“top”选项，单击“保存/显示”按钮，弹出如图 12-55 所示的 t=0 s 时的静温云图。返回到“动画定义”对话框，在动画对象中选择刚创建的“contour-1”云图，单击“OK”按钮。

Note

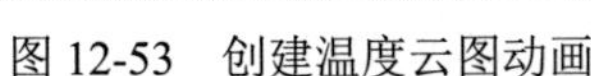

图 12-53　创建温度云图动画

图 12-54　设置温度云图对话框

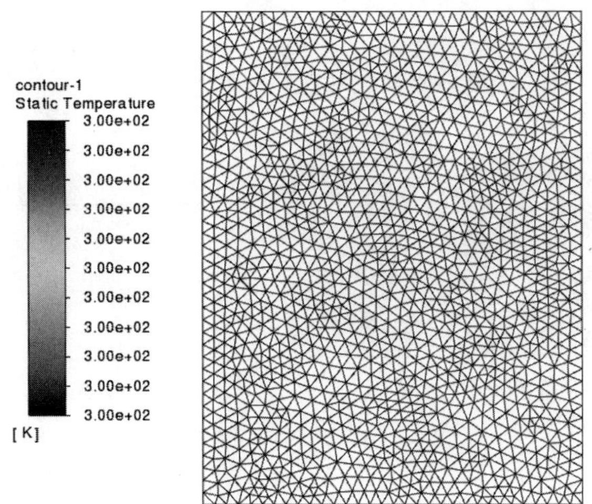

图 12-55　t=0 s 时的静温云图

（8）选择功能区中的“求解”→“运行计算”→“运行计算”选项，弹出“运行计算”面板，设置“时间步数”为“180”，其他选项保持默认值，单击“开始计算”按钮即可开始解算。

12.3.4　查看求解结果

选择功能区中的“结果”→“图形”→“云图”→“创建”选项，弹出“云图”对话框，在“着

色变量”选项组下选择“Temperature”和“Static Temperature”选项，在“表面”列表框中选择全部选项，单击“显示”按钮，出现气缸静温分布图，如图 12-56 和图 12-57 所示。

Note

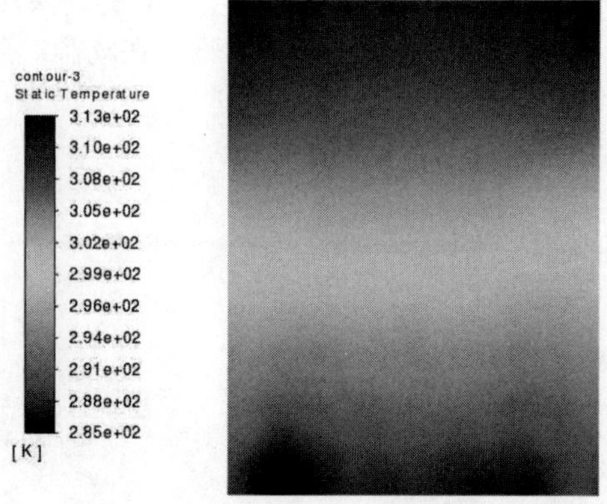

图 12-56　在第 180 个时间步时（活塞处于下死点）的气缸静温分布

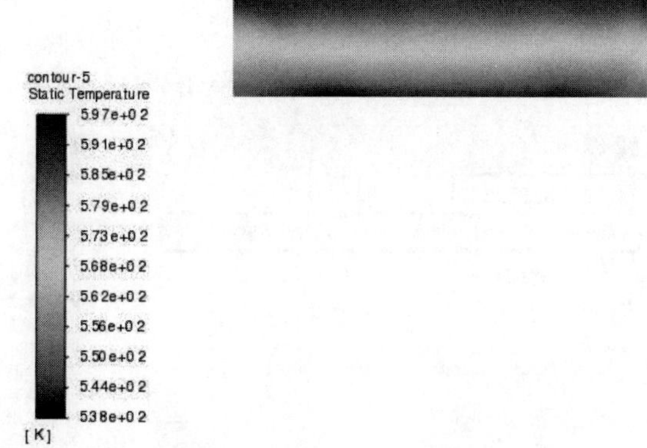

图 12-57　在第 90 个时间步时（活塞处于上死点）的气缸静温分布

视频讲解

12.4　动网格小球落水模拟

小球落水是生活中常见的一种现象，本例计算小球自空气中坠入水中的过程。观察小球坠落过程中流场的变化情况，同时监测小球重心的运动规律。小球位于水面上 3 m 高处，小球直径 0.4 m，下方水深 5 m，计算区域为高 10 m、宽 10 m 的矩形。如图 12-58 为小球落水现象及尺寸图。

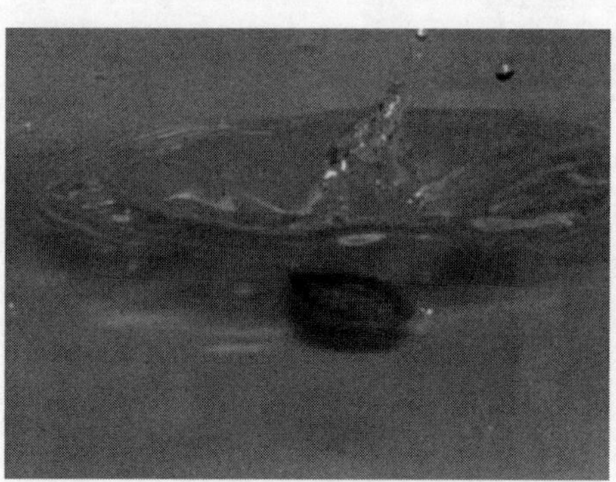

（a）落水瞬间

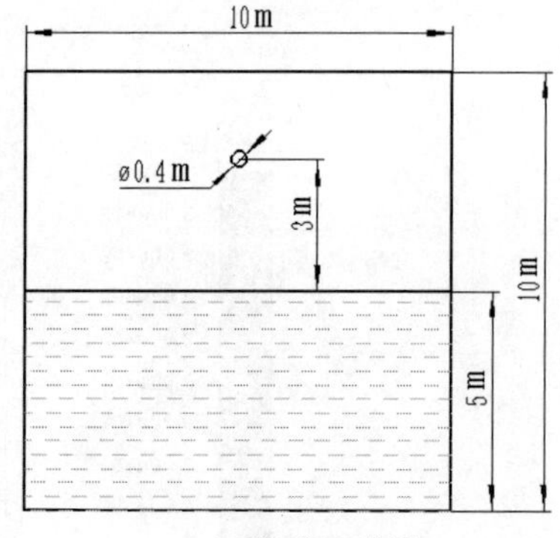

（b）模型尺寸图

图 12-58　小球落水

12.4.1　创建几何模型

（1）启动 DesignModeler 建模器。打开 Workbench 程序，展开左边工具箱中的“分析系统”栏，将“流体流动（Fluent)”选项拖动到“项目原理图”界面，创建一个含有“流体流动　(Fluent)”的项目模块，然后右击“几何结构”栏，在弹出的快捷菜单中选择“新的 DesignModeler 几何结构”命令，启动 DesignModeler 建模器。

（2）设置单位。进入 DesignModeler 建模器后，选择“单位”→“米”命令，设置绘图环境的单位为米。

（3）新建草图。单击树轮廓中的“XY 平面”按钮 XY平面，然后单击工具栏中的“新草图”按钮，新建一个草图。此时树轮廓中“XY 平面”分支下会多出一个名为“草图 1”的草图，然后右击“草图 1”，在弹出的快捷菜单中选择“查看”命令，将视图切换为正视于“XY 平面”方向。

（4）切换标签。单击树轮廓下端的“草图绘制”标签，打开“草图工具箱”，进入草图绘制环境。

（5）绘制草图 1。利用“草图工具箱”中的工具绘制小球和计算区域的管道草图，如图 12-59 所示，然后单击“生成”按钮，完成草图 1 的绘制。

（6）创建草图表面。选择“概念”→“草图表面”命令，在弹出的详细信息视图中，设置“基对象”为 1 草图，设置“操作”为“添加材料”，如图 12-60 所示，单击“生成”按钮，完成模型的创建，结果如图 12-61 所示。

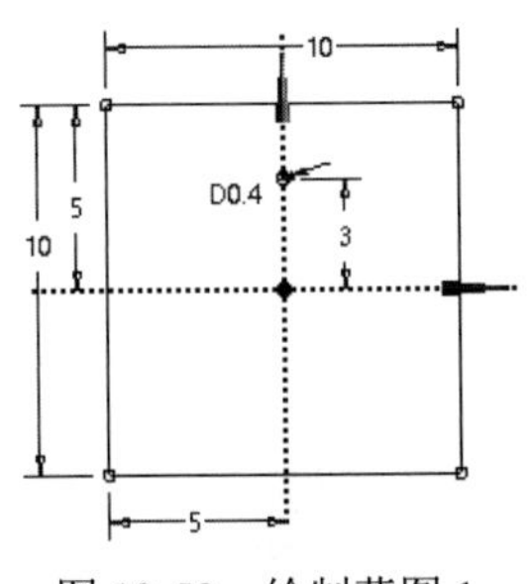

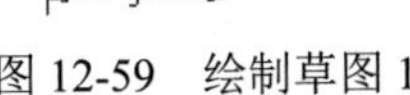

图 12-59 绘制草图 1

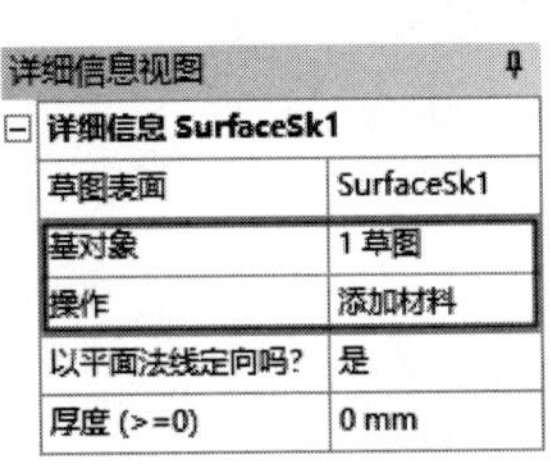

详细信息视图	
详细信息 SurfaceSk1	
草图表面	SurfaceSk1
基对象	1 草图
操作	添加材料
以平面法线定向吗?	是
厚度 (>=0)	0 mm

图 12-60 详细信息视图

图 12-61 创建模型

12.4.2 划分网格及边界命名

（1）启动 Meshing 网格应用程序。右击“流体流动（Fluent）”项目模块中的“网格”栏，在弹出的快捷菜单中选择“编辑”命令，启动 Meshing 网格应用程序。

（2）全局网格设置。在树轮廓中单击“网格”分支，系统切换到“网格”选项卡。同时左下角弹出网格的详细信息，设置“单元尺寸”为 100 mm，如图 12-62 所示。

（3）设置划分方法。单击“网格”选项卡“控制”面板中的“方法”按钮，左下角弹出自动方法的详细信息，设置“几何结构”为模型的“表面几何体”，设置“方法”为“三角形”，其余选项保持默认设置，此时详细信息变为所有三角形法的详细信息，如图 12-63 所示。

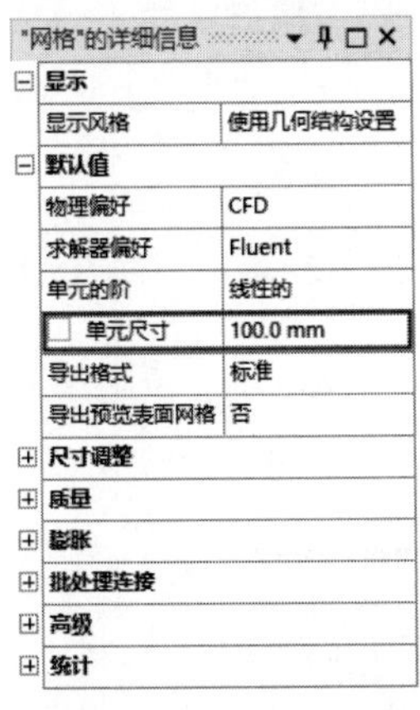

"网格"的详细信息	
显示	
显示风格	使用几何结构设置
默认值	
物理偏好	CFD
求解器偏好	Fluent
单元的阶	线性的
单元尺寸	100.0 mm
导出格式	标准
导出预览表面网格	否
尺寸调整	
质量	
膨胀	
批处理连接	
高级	
统计	

图 12-62 网格的详细信息

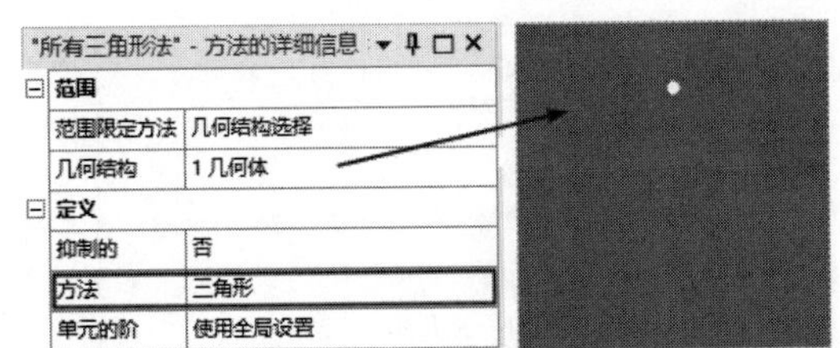

"所有三角形法" - 方法的详细信息	
范围	
范围限定方法	几何结构选择
几何结构	1 几何体
定义	
抑制的	否
方法	三角形
单元的阶	使用全局设置

图 12-63 所有三角形法的详细信息

（4）划分网格。单击“网格”选项卡“网格”面板中的“生成”按钮，系统自动划分网格。

（5）边界命名。

01 命名矩形外壁面。选择模型中矩形边线，右击，在弹出的快捷菜单中选择“创建命名选

Note

择”命令，弹出“选择名称”对话框，在文本框中输入“wall”（壁面），如图 12-64 所示，设置完成后单击“OK”按钮，完成矩形外壁面的命名。

02 命名计算区域壁面。采用框选的方法，选择模型中矩形框的所有边线，命名为“ball”。

（6）将网格平移至 Fluent。完成网格划分及命名边界后，需要将划分好的网格平移到 Fluent。选择树轮廓中的“网格”分支，系统自动切换到“网格”选项卡，然后单击“网格”面板中的“更新”按钮，系统弹出提示对话框，如图 12-65 所示，完成网格的平移。

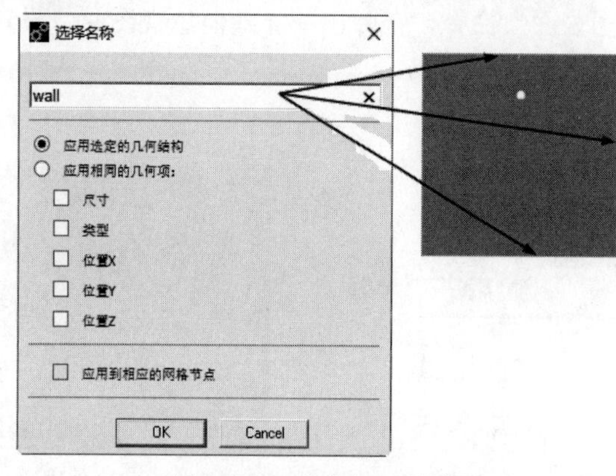

图 12-64　命名矩形外壁面

图 12-65　信息提示对话框

12.4.3　分析设置

（1）启动 Fluent 应用程序。右击“流体流动（Fluent）”项目模块中的“设置”栏，在弹出的快捷菜单中选择“编辑”命令，如图 12-66 所示，弹出“Fluent Launcher 2022 R1（Setting Edit Only）”启动器对话框，选中“Double Precision”（双倍精度）复选框，单击“Start”（启动）按钮，如图 12-67 所示，启动 Fluent 应用程序。

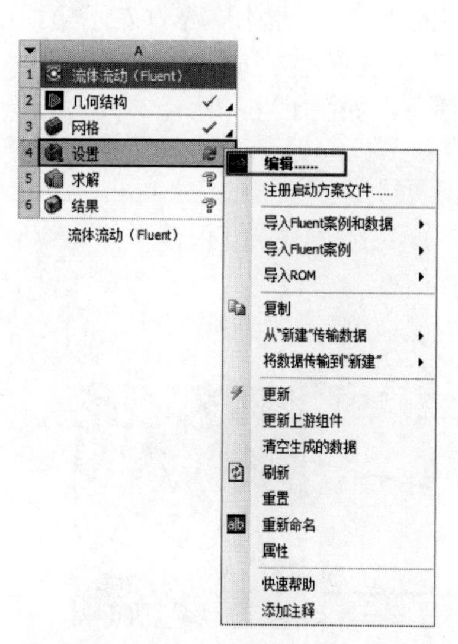

图 12-66　启动 Fluent 网格应用程序

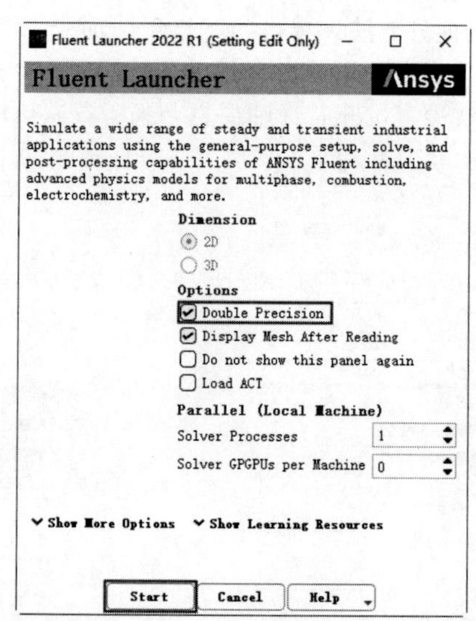

图 12-67　“Fluent Launcher 2022 R1（Setting Edit Only）”对话框

（2）检查网格。单击任务页面“通用”设置“网格”选项组中的“检查”按钮 检查 ，检查网格，当“控制台”中显示“Done”（完成）时，表示网格可用。

（3）设置求解类型。在任务页面“通用”设置“求解器”选项组中选择类型为“压力基”，选择

时间为“瞬态”，然后选中“重力”复选框，激活“重力加速度”选项组，设置 Y 向加速度为−9.81 m/s^2，如图 12-68 所示。

（4）设置黏性模型。单击“物理模型”选项卡“模型”面板中的“黏性”按钮，弹出“黏性模型”对话框，在“模型”选项组中选中“k-omega（2 eqn）”单选按钮，在“k-omega 模型”选项组中选中“SST”单选按钮，其余选项为默认设置，如图 12-69 所示，单击“OK”按钮，关闭该对话框。

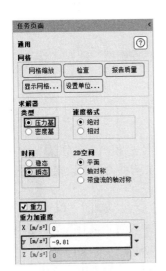

图 12-68　设置求解类型

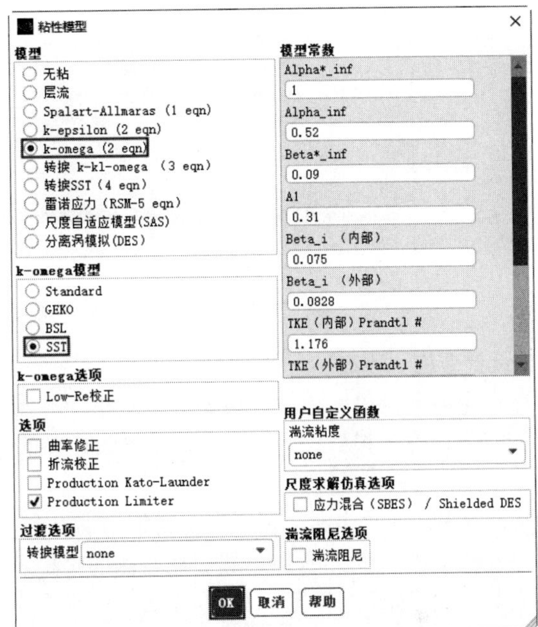

图 12-69　“黏性模型”对话框

（5）定义材料。单击“物理模型”选项卡“材料”面板中的“创建/编辑”按钮，弹出“创建/编辑材料”对话框，如图 12-70 所示，系统默认的流体材料为“air”（空气），需要再添加一个“水”材料。单击该对话框中的“Fluent 数据库”按钮 Fluent数据库...，弹出“Fluent 数据库材料”对话框，在“Fluent 流体材料”列表框中选择“water-liquid（h2o <l>）”（液体水）材料，如图 12-71 所示。然后单击“复制”按钮 复制，复制该材料，再单击“关闭”按钮 关闭，关闭“Fluent 数据库材料”对话框，返回“创建/编辑材料”对话框，单击“关闭”按钮 关闭，关闭“创建/编辑材料”对话框。

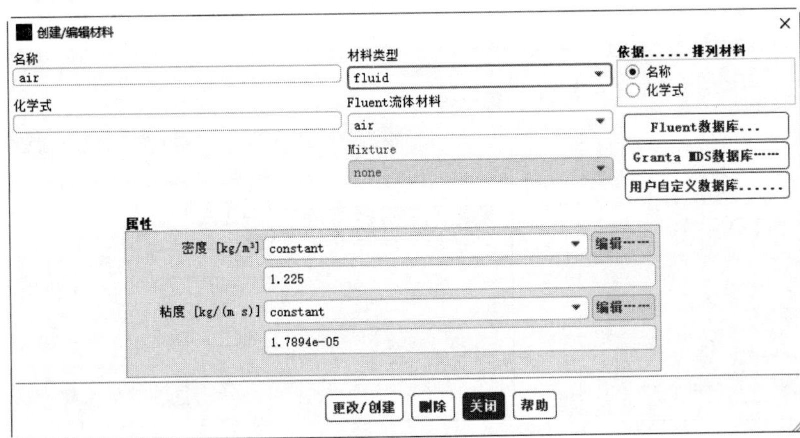

图 12-70　“创建/编辑材料”对话框

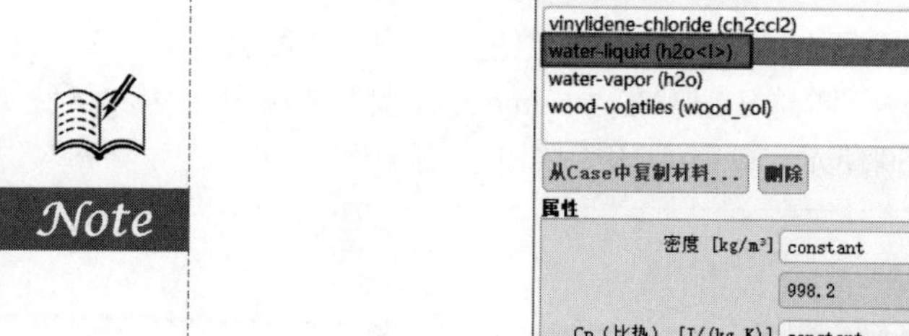
Note

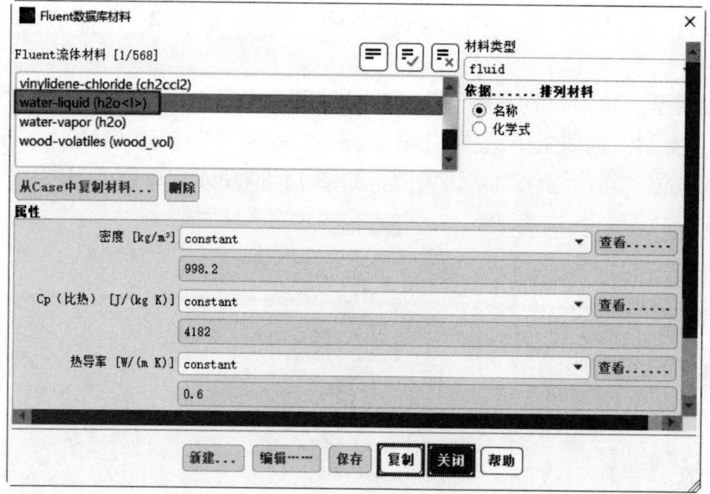

图 12-71 “Fluent 数据库材料”对话框

（6）设置多相流模型。

01 设置模型。单击“物理模型”选项卡“模型”面板中的“多相流”按钮，弹出“多相流模型”对话框，在“模型”选项组中选中“VOF”单选按钮，其余选项为默认设置，如图 12-72 所示，单击“应用”按钮。

02 设置相。在“多相流模型”对话框中切换到“相”选项卡，在左侧的“相”列表框中选择“phase-1-Primary Phase”（主相），然后在右侧的“相设置”选项组中设置“名称”为“air”（空气），设置“相材料”为“air”（空气），如图 12-73 所示。同理，设置“phase-2-Secondary Phase”（第二相）的名称为“water”（水），设置“相材料”为“water-liquid”（液体水），然后单击“应用”按钮。

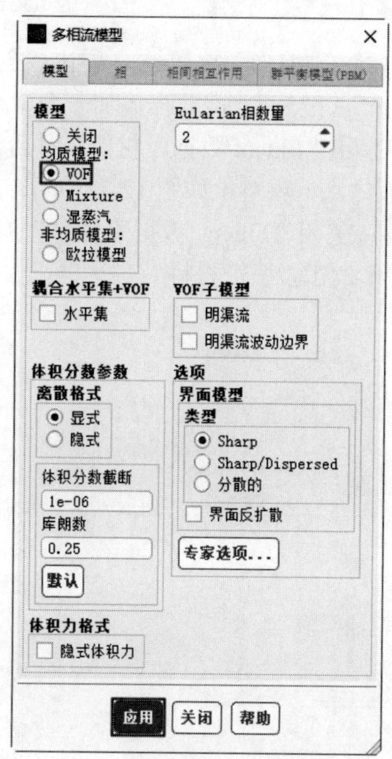

图 12-72 “多相流模型”对话框

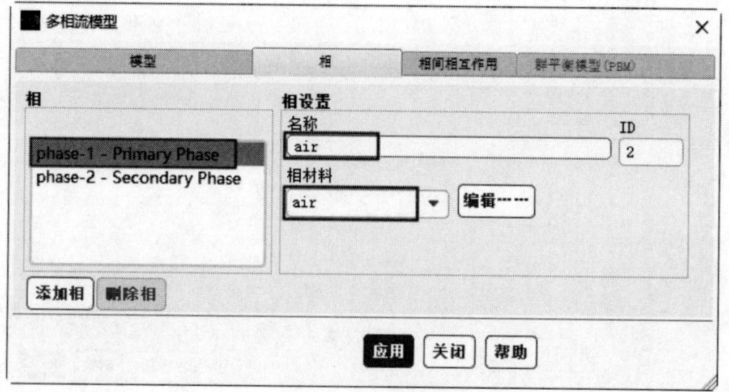

图 12-73 设置相

03 设置相间相互作用。在“多相流模型”对话框中切换到“相间相互作用”选项卡，在左侧的“相间作用”列表框中选择“air water”（空气-水），然后在“全局选项”选项组中选中“表面张力模型”复选框，设置“模型”为“连续表面力”，在右侧的“相间作用力设置”选项组中，设置“表面张力系数”为“constant”（常数），设置“constant”值为“0.072”，如图 12-74 所示。然后单击“应用”按钮 应用 ，再单击“关闭”按钮 关闭 ，关闭“多相流模型”对话框。

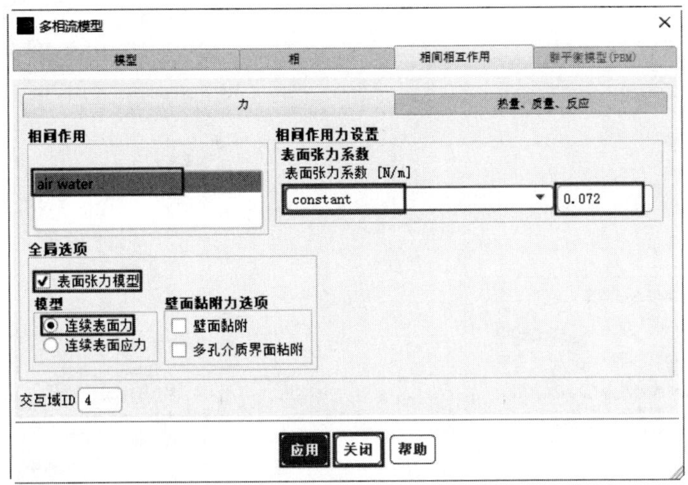

图 12-74　设置相间相互作用

（7）编写并读入 Profile 文件。

01 编写 Profile 文件。新建一个 txt 文件，编写以下内容，作为本例中的边界函数，然后以“xiaoqiu”作为文件名保存文件。

```
((xiaoqiu 3 point)
(time 0 0.01 0.05)
(v_x 0 0 0)
(v_y 0 -200 -200))
```

02 读入 Profile 文件。选择“文件”→“读入”→“Profile”命令，打开“Select File”（选择文件）对话框，然后设置“Files of type”（文件类型）为“All Files (*)”（所有类型），然后找到编写的 Profile 文件，如图 12-75 所示，单击“OK”按钮 OK ，读入 Profile 文件。

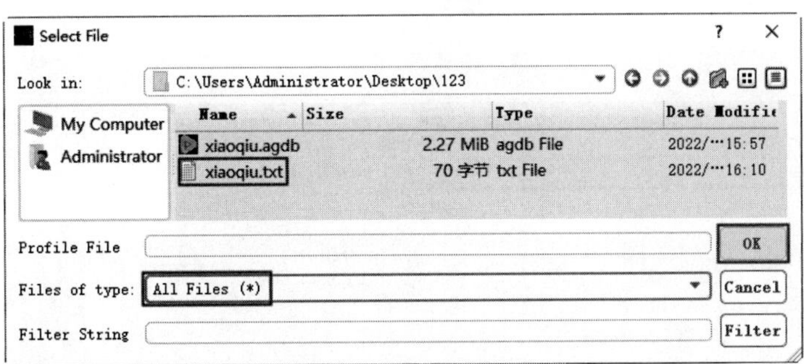

图 12-75　读入 Profile 文件

（8）设置动网格。

01 设置网格方法。单击“域”选项卡“网格模型”面板中的“动网格”按钮，“任务页

Note

面”切换为“动网格”，在“动网格”下方选中“动网格”单选按钮，激活动网格的设置，在“网格方法”面板中选中“光顺”和“重新划分网格”单选按钮，然后单击“设置”按钮设置……，打开“网格方法设置”对话框，在“光顺”选项卡中选中“弹簧/Laplace/边界层”单选按钮，如图 12-76 所示。切换到“重新划分网格”选项卡，在“参数”选项组中单击“默认”按钮默认，如图 12-77 所示，然后单击“OK”按钮，关闭“网格方法设置”对话框。

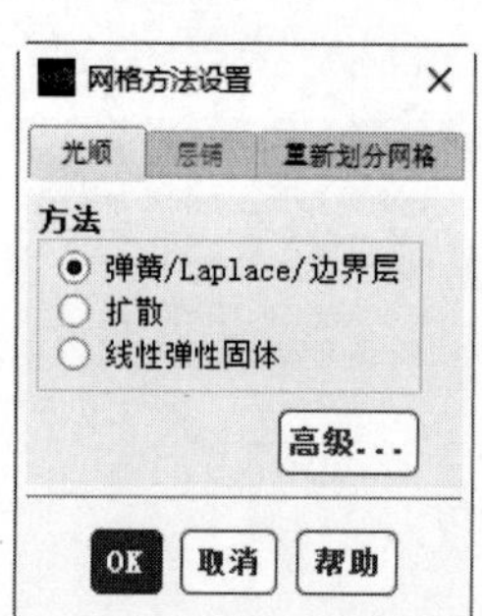

图 12-76　设置“光顺”选项卡

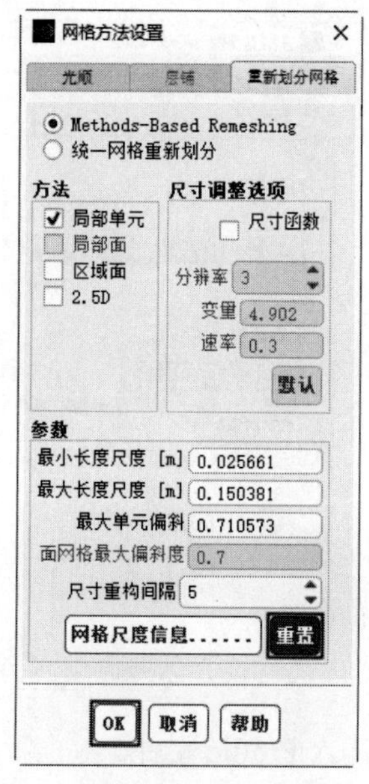

图 12-77　设置“重新划分网格”选项卡

02 创建动网格。单击“动网格”任务页面中的“创建/编辑”按钮，打开“动网格区域”对话框，在“区域名称”下拉列表框中选择“ball”选项，然后在“运动属性”选项卡的“运动 UDF/离散分布”下拉列表框中选择创建的 Profile 文件定义的运动“xiaoqiu”，其余选项为默认设置，如图 12-78 所示，然后单击“创建”按钮创建，创建动网格。

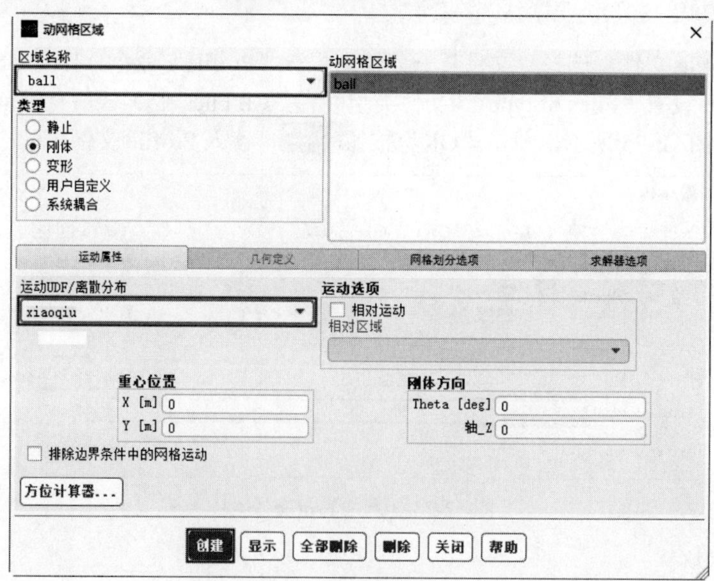

图 12-78　创建动网格

03 创建静止网格。在“动网格区域”对话框中设置“区域名称”为“wall”，在“类型”列表框中选中“静止”单选按钮，其余选项为默认设置，如图 12-79 所示，单击“创建”按钮创建，创建静止网格，然后单击“关闭”按钮关闭，关闭“动网格区域”对话框。

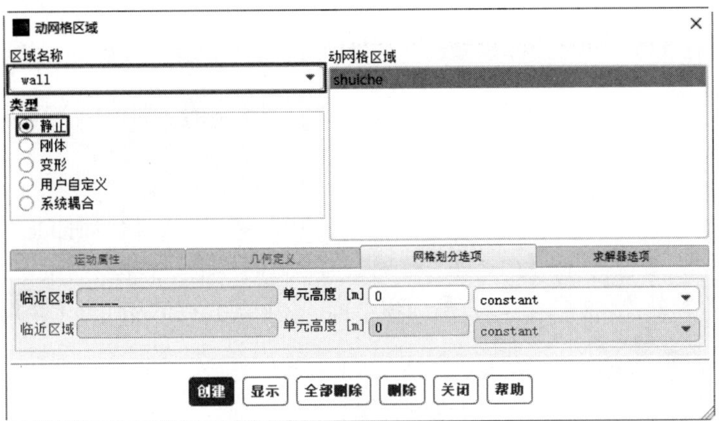

图 12-79　创建静止网格

（9）区域标记。单击“域”选项卡“自适应”面板中的“自动”按钮，打开“网格自适应”对话框，如图 12-80 所示，选择“单元标记”下拉列表框中的“创建”→“区域”选项，打开“区域标记”对话框，如图 12-81 所示，设置“名称”为“shui”，在“输入坐标”选项组中设置“X 最小值”为-5，“X 最大值”为 5，“Y 最小值”为-5，“Y 最大值”为 0，然后单击“保存/显示”按钮保存/显示，在图形区域显示标记的水区域，如图 12-82 所示，单击“关闭”按钮关闭，返回“网格自适应”对话框，再单击“关闭”按钮×，关闭该对话框。

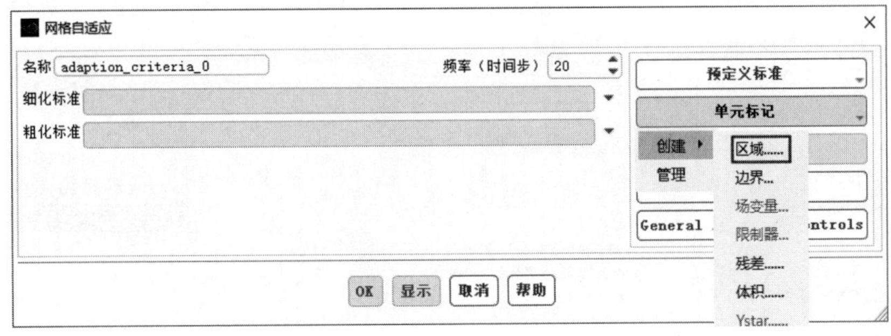

图 12-80　“网格自适应”对话框

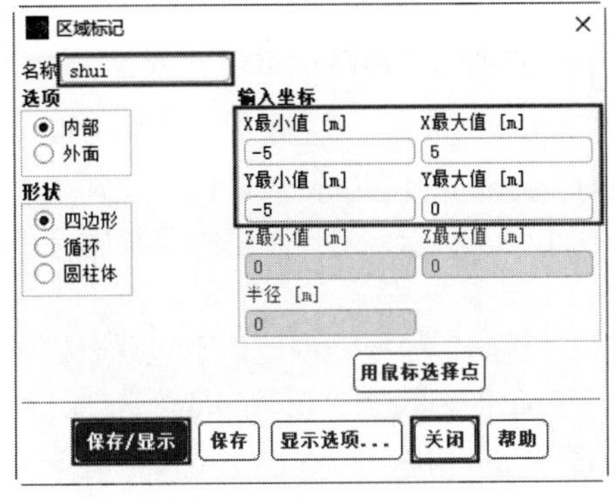

图 12-81　“区域标记”对话框

图 12-82　标记的水区域

12.4.4　求解设置

Note

（1）设置求解方法。单击“求解”选项卡“求解”面板中的“方法”按钮，“任务页面”切换为“求解方法”，采用默认设置，如图 12-83 所示。

（2）流场初始化。

01 整体初始化。单击“求解”选项卡“初始化”面板中的“初始化”按钮，系统自动进行初始化。

02 局部初始化。单击“求解”选项卡“初始化”面板中的“局部初始化”按钮，弹出“局部初始化”对话框，在“相”下拉列表框中选择“water”（水）选项，选择“Variable（变量）”为“Volume Fraction”（体积分数），设置“值”为 1，在“待局部初始化的标记”中选择“shui”，如图 12-84 所示，单击“局部初始化”按钮局部初始化...，进行局部初始化，然后单击“关闭”按钮关闭，关闭该对话框。

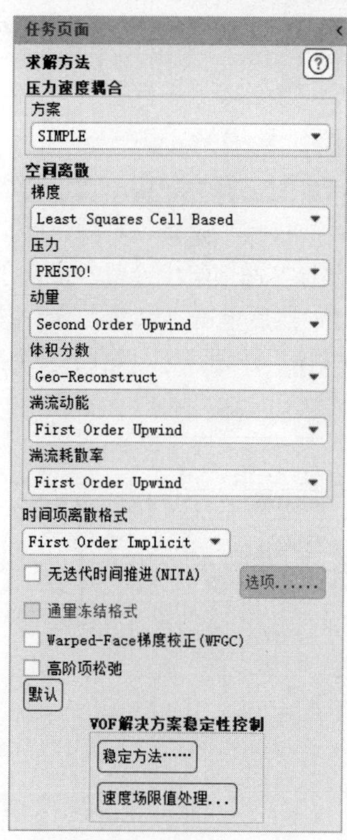

图 12-83　设置求解方法

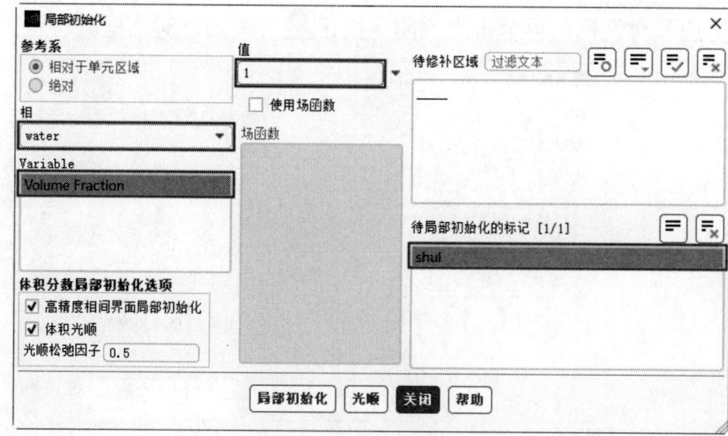

图 12-84　“局部初始化”对话框

03 查看初始化效果。选择“结果”选项卡“图形”面板“云图”下拉列表框中的“创建”选项，弹出“云图”对话框，设置“云图名称”为“contour-1”（等高线-1），设置“着色变量”为“Phases”（相），设置“相”为“water”（水），如图 12-85 所示，然后单击“保存/显示”按钮，显示初始相云图，如图 12-86 所示。

（3）设置解决方案动画。选择“求解”选项卡“活动”面板“创建”下拉列表框中的“解决方案动画”选项，如图 12-87 所示，弹出“动画定义”对话框，设置“记录间隔”为“1”，设置“动画对象”为“contour-1”，然后单击“使用激活”按钮使用激活，如图 12-88 所示，再单击“OK”按钮OK，关闭该对话框。

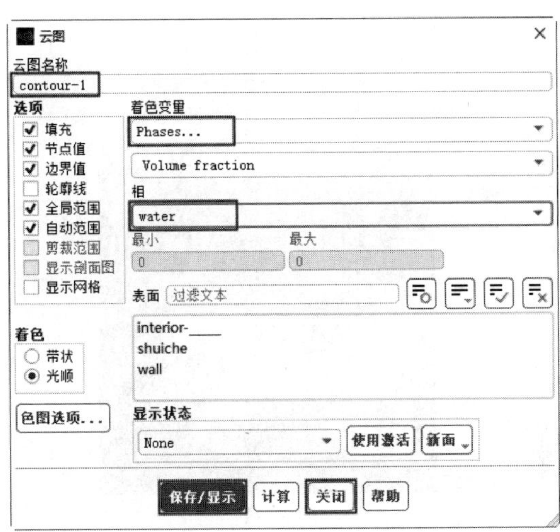

图 12-85 “云图”对话框

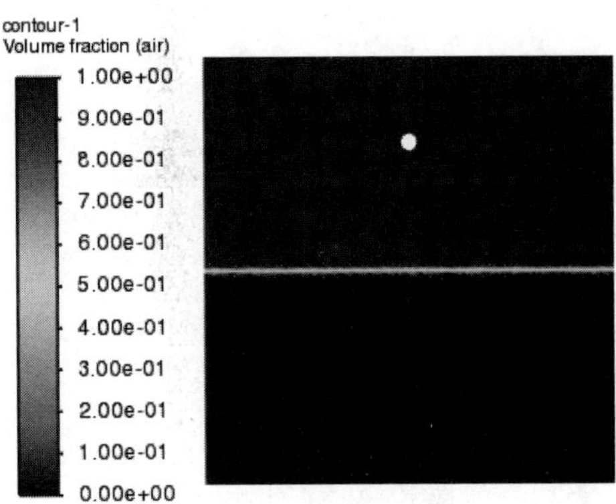

图 12-86 初始相云图

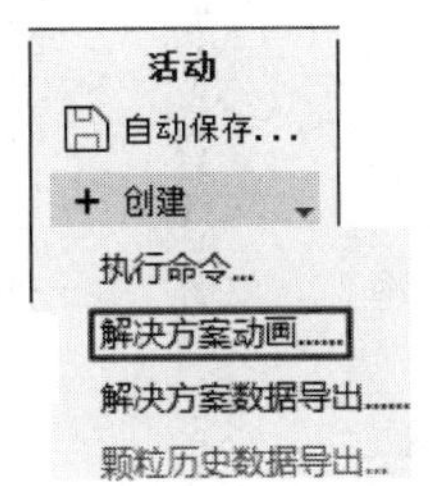

图 12-87 解决方案动画

图 12-88 设置“动画定义”对话框

12.4.5 求解

单击“求解”选项卡“运行计算”面板中的“运行计算”按钮，“任务页面”切换为“运行计算”，在“参数”选项组中设置“时间步数”为“400”，设置“时间步长”为“0.0001”，其余选项为默认设置，如图 12-89 所示，然后单击“开始计算”按钮，开始求解，计算完成后，弹出提示对话框，单击“OK”按钮，完成求解。

图 12-89 求解设置

12.4.6 查看求解结果

（1）查看云图。

01 查看相云图。在“概要视图”列表中展开“结果”分支中的“图形”分支，找到“云图”将其展开，然后右击创建的相云图，在弹出的快捷菜单中选择“编辑”命

Note

令，如图 12-90 所示，重新打开“云图”对话框，在该对话框中单击“保存/显示”按钮，显示计算后的相云图，如图 12-91 所示。

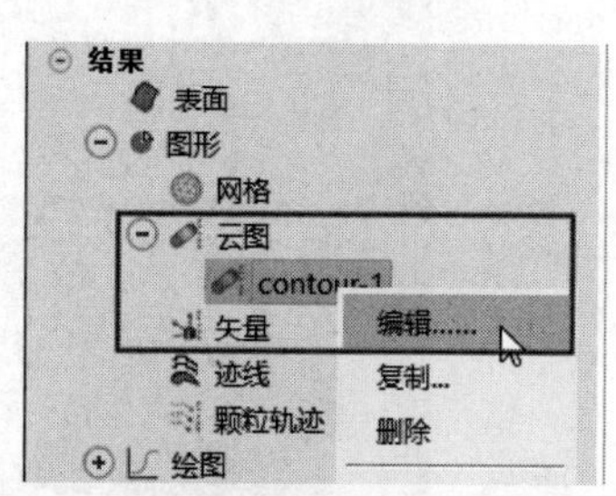

图 12-90　右击相云图

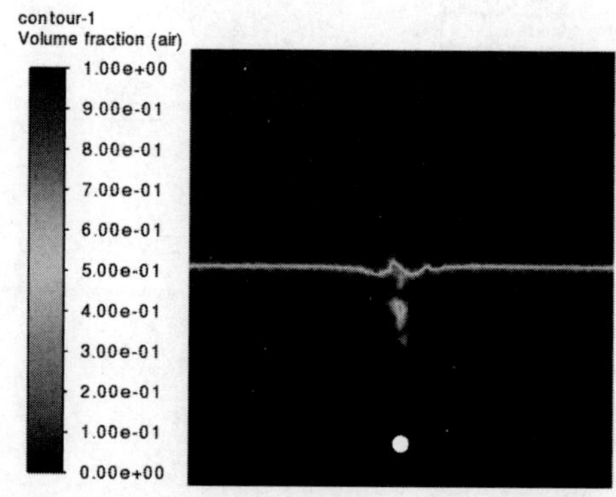

图 12-91　显示相云图

02 查看速度云图。在“云图”对话框中设置“着色变量”为“Velocity”（速度），然后单击“保存/显示”按钮，显示速度云图，如图 12-92 所示。

（2）查看残差图。单击“结果”选项卡“绘图”面板中的“残差”按钮，打开“残差监控器”对话框，如图 12-93 所示，采用默认设置，单击“绘图”按钮，显示残差图，如图 12-94 所示。

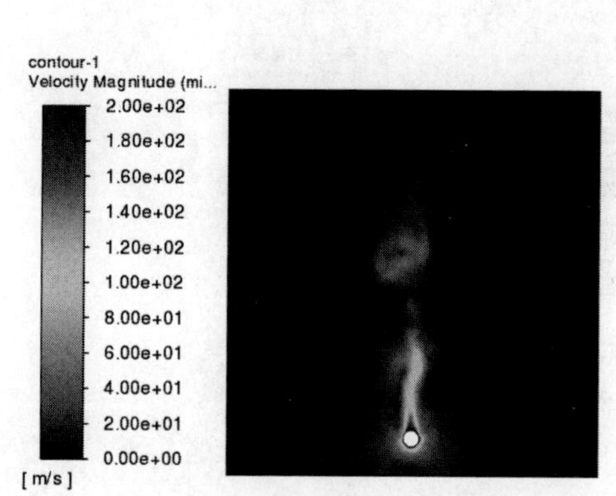

图 12-92　速度云图

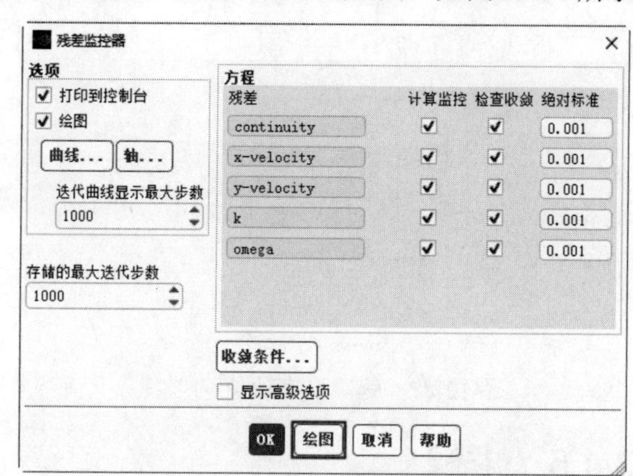

图 12-93　“残差监控器”对话框

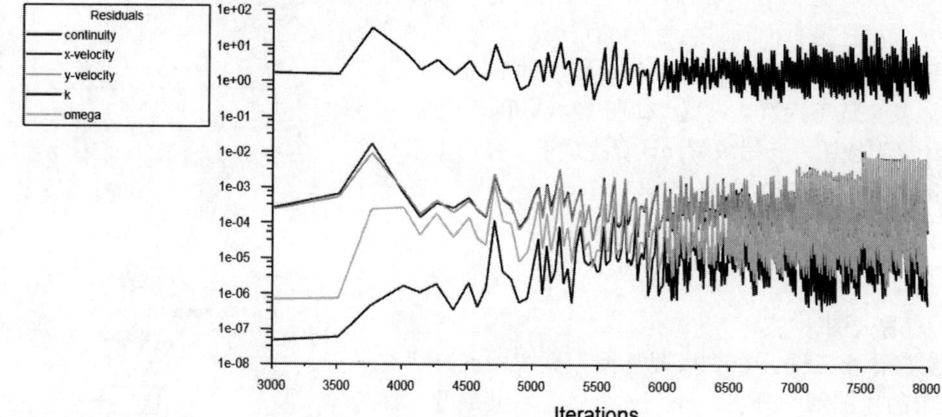

图 12-94　残差图

（3）查看动画。单击“结果”选项卡“动画”面板中的“求解结果回放”按钮，弹出“播放”对话框，如图 12-95 所示，单击“播放”按钮，播放动画，查看粒子轨迹动画。

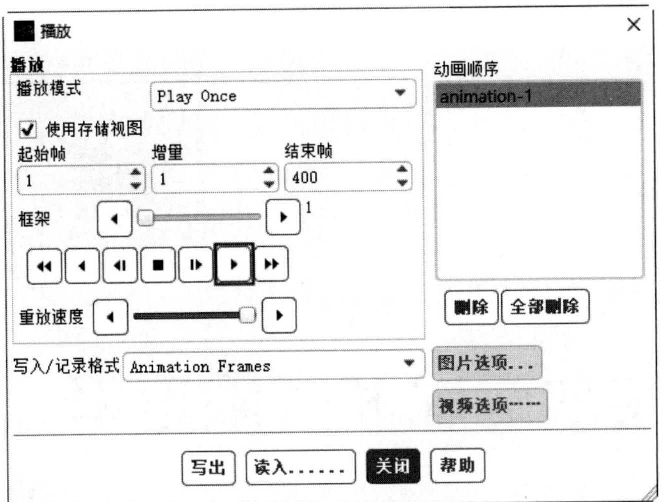

图 12-95　“播放”对话框

第13章

物质运输和有限速率化学反应模型模拟

Fluent提供了多种模拟反应的模型：有限速率模型、非预混燃烧模型、预混燃烧模型、部分预混燃烧模型以及 PDF 输运方程模型。本章将具体介绍组分传输与有限速率化学反应的模拟。

本章主要讲述有限速率化学反应模型的基本思想和应用范围，将具体介绍燃烧模型的设置解决方法，并通过乙烷燃烧模拟和乙炔-氧的实例帮助读者学习利用 Fluent 解决该类模型的操作，为处理相关问题打下基础。

13.1　有限速率化学反应

13.1.1　化学反应模型概述

1. 层流有限速率模型

层流有限速率模型使用 Arrhenius 公式计算化学源项，忽略湍流脉动的影响。这一模型对于层流火焰的计算是精确的，但在湍流火焰中，Arrhenius 化学动力学的高度非线性使该模型的计算一般不精确。对于化学反应相对缓慢、湍流脉动较小的燃烧，如超声速火焰可能是适用的。

化学物质 i 的化学反应净源项通过有其参加的 N_r 个化学反应的 Arrhenius 反应源的和计算得到，即

$$R_i = M_{w,i}\sum_{i=1}^{N_r}\hat{R}_{i,r} \tag{13-1}$$

式中，$M_{w,i}$ 是第 i 种物质的分子量；$\hat{R}_{i,r}$ 为第 i 种物质在第 r 个反应中产生的分解速率。反应可能发生在连续相反应的连续相之间，或是在表面沉积的壁面处，或是发生在一种连续相物质的演化中。

考虑以如下形式写出的第 r 个反应。

$$\sum_{i=1}^{N}v'_{i,r}M_i \underset{k_{b,r}}{\overset{k_{f,r}}{\longleftrightarrow}} \sum_{i=1}^{N}v''_{i,r}M_i \tag{13-2}$$

式中，N 表示系统中化学物质数目；$v'_{i,r}$ 表示反应 r 中反应物 i 的化学计量系数；$v''_{i,r}$ 表示反应 r 中生成物 i 的化学计量系数；M_i 表示第 i 种物质的符号；$k_{f,r}$ 表示反应 r 的正向速率常数；$k_{b,r}$ 表示反应 r 的逆向速率常数。

式（13-2）对于可逆和不可逆反应都适用。对于不可逆反应，逆向速率常数 $k_{b,r}$ 可以被忽略不计。

式（13-2）中的和是针对系统中的所有物质的，但只有作为反应物或生成物出现的物质才有非零的化学计量系数。因此，不涉及的物质将从方程中清除。

反应 r 中物质 i 的产生/分解摩尔速度如下。

$$\hat{R}_{i,r} = \Gamma\left(v''_{i,r}-v'_{i,r}\right)\left(k_{f,r}\prod_{j=1}^{N_r}\left[C_{j,r}\right]\eta'_{j,r} - k_{b,r}\prod_{j=1}^{N_r}\left[C_{j,r}\right]\eta''_{j,r}\right) \tag{13-3}$$

式中，N_r 表示反应 r 的化学物质数目；$C_{j,r}$ 表示反应 r 中每种反应物或生成物 j 的摩尔浓度；$\eta'_{j,r}$ 表示反应 r 中每种反应物或生成物 j 的正向反应速度指数；$\eta''_{j,r}$ 表示反应 r 中每种反应物或生成物 j 的逆向反应速度指数。

Γ 表示第三体对反应速率的净影响，由下式给出

$$\Gamma=\sum_{j}^{N_r}\gamma_{j,r}C_j \tag{13-4}$$

式中，$\gamma_{j,r}$ 为第 r 个反应中第 j 种物质的第三体影响。在默认状态下，Fluent 在反应速率的计算中不包括第三体影响。但是当有它们的数据时，可以选择包括第三体影响的数据。

反应 r 的正向速率常数 $k_{f,r}$ 通过 Arrhenius 公式计算，即

$$k_{f,r} = A_r T^{\beta_r} e^{-E_r/RT} \tag{13-5}$$

式中，A_r 表示指数前因子（恒定单位）；β_r 表示温度指数（无量纲）；E_r 表示反应活化能（J/kmol）；R 表示气体常数（J/kmol·K）。

对于 Fluent 中的问题，数据库可以确定并提供 $\nu'_{i,r}$、$\nu''_{i,r}$、$\eta'_{j,r}$、$\eta''_{j,r}$、β_r、A_r、E_r 并选择提供 $r_{j,r}$。

如果反应是可逆的，逆向反应常数 $k_{b,r}$ 可以根据以下关系式得出，即

$$k_{b,r}=\frac{k_{f,r}}{K_r} \tag{13-6}$$

其中，K_r 为平衡常数，从下式计算得出，即

$$K_r=\exp\left(\frac{\Delta S_r^0}{R}-\frac{\Delta H_r^0}{RT}\right)\left(\frac{p_{\text{atm}}}{RT}\right)^{\sum_{r=1}^{N_R}\left(\nu''_{j,r}-\nu'_{j,r}\right)} \tag{13-7}$$

其中，p_{atm} 表示大气压力（101 325 Pa）。指数函数中的项表示 Gibbs 自由能的变化，其各部分按下式计算得出，即

$$\frac{\Delta S_r^0}{R}=\sum_{i=1}^{N}\left(\nu''_{i,r}-\nu'_{i,r}\right)\frac{S_i^0}{R} \tag{13-8}$$

$$\frac{\Delta H_r^0}{RT}=\sum_{i=1}^{N}\left(\nu''_{i,r}-\nu'_{i,r}\right)\frac{h_i^0}{RT} \tag{13-9}$$

其中，S_i^0 和 h_i^0 是标准状态的熵和标准状态的焓（生成热）。这些值在 Fluent 中作为混合物材料的属性被指定。

2．涡耗散模型

燃料迅速燃烧，反应速率由混合湍流控制。在非预混火焰中，湍流缓慢地通过对流/混合燃料和氧化剂进入反应区，在反应区它们快速燃烧。在预混火焰中，湍流对流/混合冷的反应物和热的生成物进入反应区，在反应区迅速地发生反应。燃烧受到混合限制，过程变得复杂，但是可以忽略掉未知化学反应的动力学速率。

Fluent 提供了湍流-化学反应相互作用模型，基于 Magnussen 和 Hjertager 的工作，称为涡耗散模型。

反应 r 中物质 i 的产生速率 $R_{i,r}$ 由下面两个表达式中较小的一个给出。

$$R_{i,r}=\nu'_{i,r}M_{w,l}A\rho\frac{\varepsilon}{k}\min_{\Re}\left(\frac{Y_{\Re}}{\nu'_{R,r}M_{w,R}}\right) \tag{13-10}$$

$$R_{i,r}=\nu'_{i,r}M_{w,i}AB\rho\frac{\varepsilon}{k}\frac{\sum_p Y_P}{\sum_j^N \nu''_{j,r}M_{w,j}} \tag{13-11}$$

在式（13-10）和式（13-11）中，化学反应速率由大涡混合时间尺度 k/ε 控制，如同 Splading 的涡破碎模型。只要湍流出现（$k/\varepsilon>0$），燃烧即可进行，不需要点火源来启动燃烧。通常对于非预混火焰是可行的，但在预混火焰中，反应物一旦进入计算区域（火焰稳定器上游）就开始燃烧。实际上，Arrhenius 反应速率作为一种动力学开关，阻止反应在火焰稳定器之前发生。一旦火焰被点燃，涡耗散速率通常会小于 Arrhenius 反应速率，并且反应是被混合限制的。

尽管 Fluent 允许采用涡耗散模型和有限速率/涡耗散模型的多步反应机理（反应数>2），但可能会产生不正确的结果。原因是多步反应机理基于 Arrhenius 速率，每个反应都不一样。在涡耗散模型中，每个反应都有同样的湍流速率，因而该模型只能用于单步（反应物—产物）或是双步（反应物—中间产物—产物）整体反应。该模型不能预测化学动力学控制的物质，如活性物质。为合并湍流流动中的多步化学动力学机理，可使用 EDC 模型。

3．LES 的涡耗散模型

当使用 LES 湍流模型时，湍流混合速率〔式（13-10）和式（13-11）中的 k/ε〕被亚网格尺度混

合速率替代。计算公式为

$$\left|\overline{S}\right| \equiv \sqrt{2\overline{S}_{ij}\overline{S}_{ij}} \tag{13-12}$$

4. 涡-耗散-概念（EDC）模型

涡-耗散-概念（EDC）模型是涡耗散模型的扩展，以在湍流流动中包括详细的化学反应机理。它假定反应发生在小的湍流结构中，称为良好尺度。良好尺度的容积比率按下式模拟。

$$\xi^* = C_\xi\left(\frac{v\varepsilon}{k^2}\right)^{\frac{3}{4}} \tag{13-13}$$

其中，*表示良好尺度数量；C_ξ 表示容积比率常数，即 2.1377；v 表示运动黏度。

认为物质在好的结构中，经过一个时间尺度，即

$$\tau^* = C_\tau\left(\frac{v}{\varepsilon}\right)^{\frac{1}{2}} \tag{13-14}$$

后开始反应。

其中，C_τ 为时间尺度常数，等于 0.4082。

在 Fluent 中，良好尺度中的燃烧发生在定压反应器中，初始条件取单元中当前的物质和温度。经过一个 τ^* 时间的反应后，物质状态被记为 Y_i^*。

物质 i 的守恒方程中的源项计算公式为

$$R_i = \frac{\rho\left(\xi^*\right)^2}{\tau^*\left[1-\left(\xi^*\right)^3\right]}\left(Y_i^* - Y_i\right) \tag{13-15}$$

EDC 模型能在湍流反应流动中合并详细的化学反应机理。但是，典型的机理具有不同的刚性，它们的数值积分计算量很大。因而，只有在快速化学反应假定无效的情况下，才能使用这一模型，例如在快速熄灭火焰中缓慢的烧尽 CO、在选择性非催化还原反应中的 NO 转化。

推荐使用双精度求解器，以避免刚性机理中固有的大指数前因子和活化能产生的舍入误差。

（1）壁面表面反应和化学蒸汽沉积。

对于气相反应，反应速率是在容积反应的基础上被定义的，化学物质的形成和消耗成为物质守恒方程中的一个源项。沉积的速率由化学反应动力和流体到表面的扩散速率控制。壁面表面反应因此在丰富相中创建了化学物质的源（和容器），并决定了表面物质的沉积速率。

Fluent 把沉积在表面的化学物质与气体中的相同化学物质分开处理。类似地，涉及沉积的表面反应被定义为单独的表面反应，因而其处理也与涉及相同化学物质的丰富相反应不同。表面反应采用的连续方法在高 Knudsen 数（非常低压力下的流动）下是不适用的。

（2）颗粒表面反应。

颗粒反应速率 R 可以表示为

$$R = D_0(C_g - C_s) = R_c(C_s)^N \tag{13-16}$$

其中，D_0 表示 bulk 扩散系数；C_g 表示大量物质中的平均反应气体物质浓度（kg/m^3）；C_s 表示颗粒表面的平均反应气体物质浓度（kg/m^3）；R_c 表示化学反应速率系数；N 表示显式反应级数（无维）。

在式（13-16）中，颗粒表面处的浓度 C_s 是未知的，因此，需要消掉，表达式改写为如下形式：

$$R = R_c\left[C_g - \frac{R}{D_0}\right]^N \tag{13-17}$$

式（13-17）需要通过一个迭代过程求解，除去 N=1 或 N=0 的特例。当 N=1 时，式（13-17）可以写为

$$R = \frac{C_g R_c D_0}{D_0 + R_c} \tag{13-18}$$

Note

在 N=0 的情况下，如果颗粒表面具有有限的反应物浓度，则固体损耗速度等于化学反应的速度；如果表面没有反应物，则固体损耗速度根据扩散控制速率而变化。在这种情况下，出于稳定性的原因，Fluent 采用化学反应速率。

13.1.2 有限速率化学反应的设置

1. 选定物质输送和反应，并选择混合物材料

选择功能区中的“物理模型”→“模型”→“组分”选项，弹出“组分模型”对话框，如图 13-1 所示。

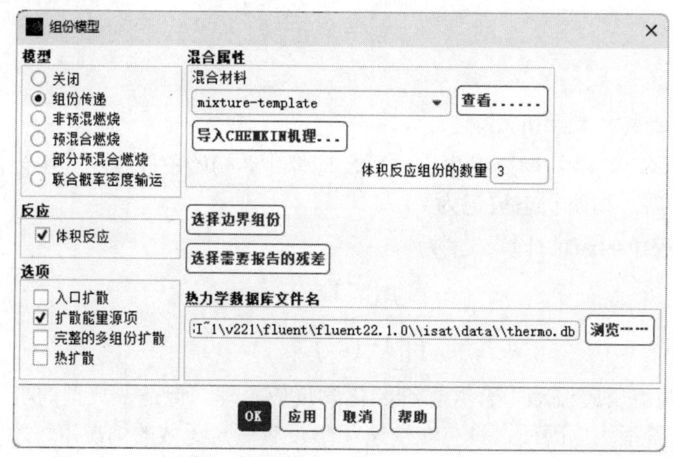

图 13-1 “组分模型”对话框

（1）在“模型”选项组中选中“组份传递”单选按钮。

（2）在“反应”选项组中选中“体积反应”复选框。

（3）在“混合属性”选项组的“混合材料”下拉列表框中选择问题中需要使用的混合物材料。下拉列表框中包括所有在当前数据库中定义的混合物。若要检查某种混合物材料的属性，可以选中该混合物并单击“查看”按钮。如果要使用的混合物不在列表框中，则选择混合物模板（mixture-template）材料。

（4）在湍流-化学反应相互作用模型中，可以使用如下 4 种模型。

☑ 层流有限速率模型：只计算 Arrhenius 速率，并忽略湍流-化学反应相互作用。

☑ 涡耗散模型（针对湍流流动）：只计算混合速率。

☑ 有限速率/涡耗散模型（针对湍流流动）：计算 Arrhenius 速率和混合速率，并使用其中较小的速率。

☑ EDC 模型（湍流流动）：使用详细的化学反应机理模拟湍流-化学反应相互作用。

2. 定义混合物的属性

选择功能区中的“物理模型”→“材料”→“创建/编辑”选项，在弹出的“创建/编辑材料”对话框中选择“材料类型”为“mixture”。单击“混合物组分”右边的“编辑”按钮，打开“物质”对话框，如图 13-2 所示。

在“物质”对话框中，已选物质列表显示所有混合物中的流体相物质。如果模拟壁面或微粒表面反应，已选物质列表将显示所有混合物中的表面物质。表面物质是那些从壁面边界或离散相微粒（如

Si(s)）产生或散发出来的，以及在流体相物质中不存在的物质。

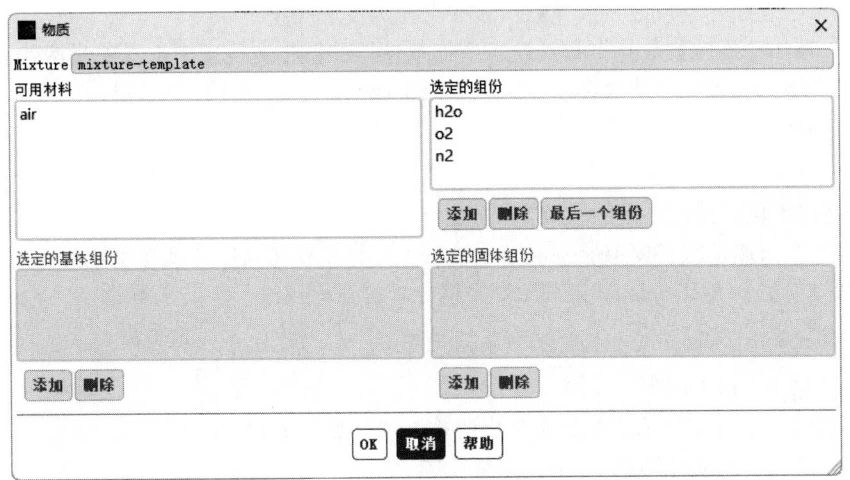

图 13-2　“物质”对话框

3. 定义反应

如果 Fluent 模型中涉及化学反应，可以接着定义参与的已定义物质的反应。在“组分模型”对话框的“反应”选项组中显示适当的反应机理，依赖于在“组分模型”对话框中选择的湍流-化学反应相互作用模型。如果使用层流有限速率或 EDC 模型，反应机理将是有限速率的；如果使用涡耗散模型，反应机理将是涡耗散的；如果使用有限速率/涡耗散模型，反应机理将是有限速率/涡耗散的。

为了定义反应，单击“反应”右侧的“查看”按钮，弹出“反应”对话框，如图 13-3 所示。

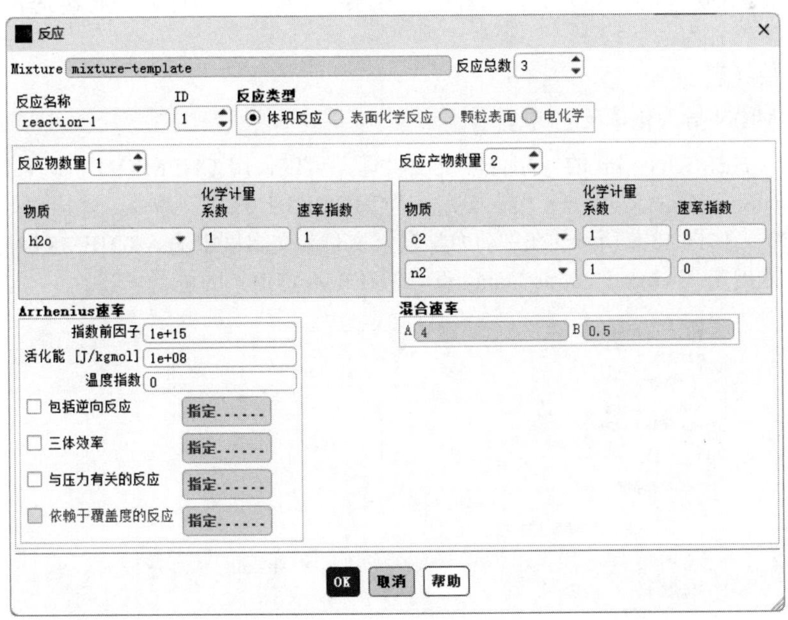

图 13-3　“反应”对话框

定义反应的步骤如下。

（1）在“反应总数”调整框中设定反应数目（容积反应、壁面反应和微粒表面反应），可使用箭头调整数值或直接输入数值后按 Enter 键。

（2）如果是流体相反应，保持默认选项“体积反应”作为反应类型。如果是壁面反应或者颗粒表面反应，选择“表面化学反应”或“颗粒表面”作为反应类型。

（3）通过增加“反应物数量”和“反应产物数量”的值指定反应中涉及的反应物和生成物的数量。在“物质”下拉列表框中选择每一种反应物或生成物，然后在“化学计量系数”和“速率指数”区域中设定它的化学计量系数和速率指数。

Note

4. 定义化学物质的其他源项

（1）刚性层流化学反应系统的求解。

当使用层流有限速率模型模拟层流反应系统时，可能需要在反应机理是刚性时使用耦合求解器。另外，可以通过使用 stiff-chemistry 文本命令为耦合求解器提供进一步的求解稳定性。

注意：stiff-chemistry 选项对非耦合求解器是没有的，它只能用于耦合求解器（隐式的或显式的）。

（2）EDC 模型求解。

01 用涡耗散模型和简单的单步或两步放热机理计算一个初始解。

02 使用适当的物质能够进行 EDC 化学反应。

03 如果物质的数目和反应顺序改变，则需要改变物质的边界条件。

04 通过关闭“组分模型”对话框中的“容量反应”选项暂时取消反应的计算。

05 在“解决方案控制”面板中选择物质方程的求解。

06 对物质混合场计算一个解。

07 打开“组分模型”对话框中的“容量反应”选项，选定反应计算，并在“湍流-化学相互作用”下选择 EDC 模型。

08 在“解决方案控制”面板中选择能量方程的求解。

09 对混合了物质和温度的场计算一个解。如果火焰吹熄，可能还需要补充一个高温区域。

10 打开所有方程。

11 计算最终解。

5. 从 CHEMKIN 导入化学反应机理

如果有一个 CHEMKIN 格式的气相化学反应机理，可以使用 CHEMKIN 机理、Import 面板将机理文件导入 Fluent。选择“文件”→“导入”→“CHEMKIN 机理”命令，弹出“导入 CHEMKEN 格式机理”对话框，如图 13-4 所示。在“动力学输入文件”文本框中输入 CHEMKIN 文件的路径（如路径/file.che），并指定 Thermodynamic Data File（THERMO.DB）的位置。

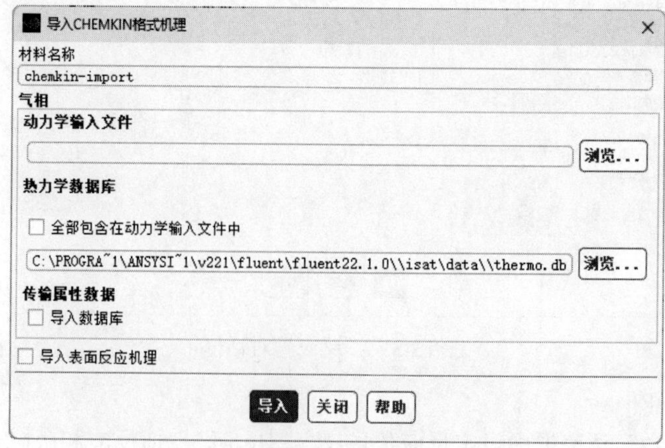

图 13-4 “导入 CHEMKEN 格式机理”对话框

13.2　预混燃烧模型实例——乙炔-氧燃烧

氧与乙炔在割炬中按比例进行混合，形成预热火焰，并将高压纯氧喷射到被切割的工件上，使被切割金属在氧射流中燃烧，氧射流并把燃烧生成的熔渣（氧化物）吹掉而形成割缝，如图 13-5（a）所示。乙炔-氧燃烧是典型的预混燃烧，本实例就利用该模型来模拟乙炔-氧燃烧过程，模型尺寸图如图 13-5（b）所示。

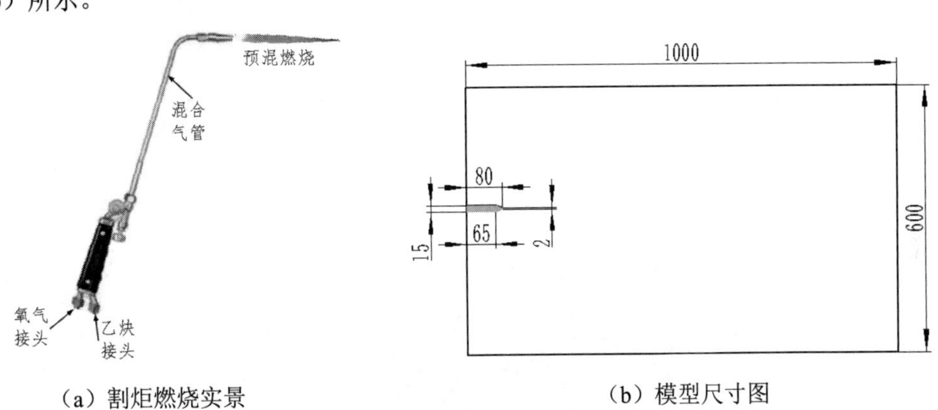

（a）割炬燃烧实景　　（b）模型尺寸图

图 13-5　乙炔-氧燃烧

13.2.1　创建几何模型

（1）启动 DesignModeler 建模器。打开 Workbench 程序，展开左边工具箱中的“分析系统”栏，将“流体流动（Fluent）”选项拖动到“项目原理图”界面，创建一个含有“流体流动（Fluent）”的项目模块，然后右击“几何结构”栏，在弹出的快捷菜单中选择“新的 DesignModeler 几何结构”命令，启动 DesignModeler 建模器。

（2）设置单位。进入 DesignModeler 建模器后，选择“单位”→“毫米”命令，设置绘图环境的单位为毫米。

（3）新建草图。单击树轮廓中的“XY 平面”按钮 XY平面，然后单击工具栏中的“新草图”按钮，新建一个草图。此时树轮廓中“XY 平面”分支下会多出一个名为“草图 1”的草图，然后右击“草图 1”，在弹出的快捷菜单中选择“查看”命令，将视图切换为正视于“XY 平面”方向。

（4）切换标签。单击树轮廓下端的“草图绘制”标签，打开“草图工具箱”，进入草图绘制环境。

（5）绘制草图 1。利用“草图工具箱”中的工具绘制模型空间草图，如图 13-6 所示，然后单击“生成”按钮，完成草图 1 的绘制。

（6）绘制草图 2。选择“XY”平面，重新进入草图绘制环境，绘制草图 2，如图 13-7 所示。

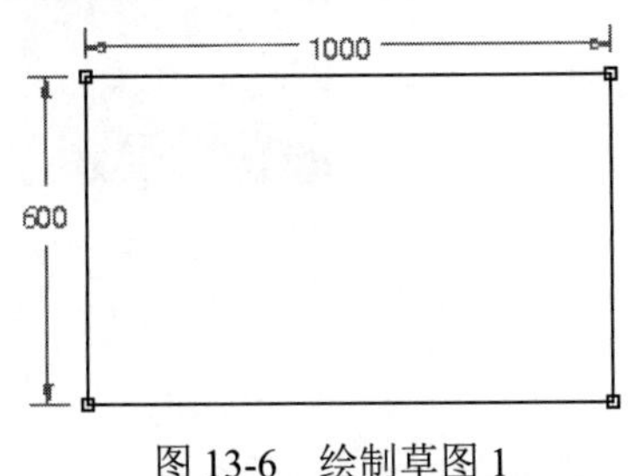

图 13-6　绘制草图 1

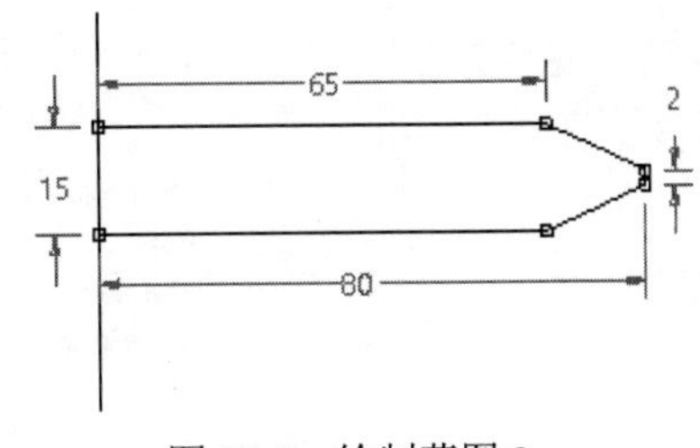

图 13-7　绘制草图 2

（7）创建草图表面。选择“概念”→“草图表面”命令，在弹出的“详细信息视图”中设置“基对象”为草图 1，设置“操作”为“添加冻结”，如图 13-8 所示。单击“生成”按钮，创建草图表面 1。采用同样的方法，选择“草图 2”，创建草图表面 2，最终创建的模型如图 13-9 所示。

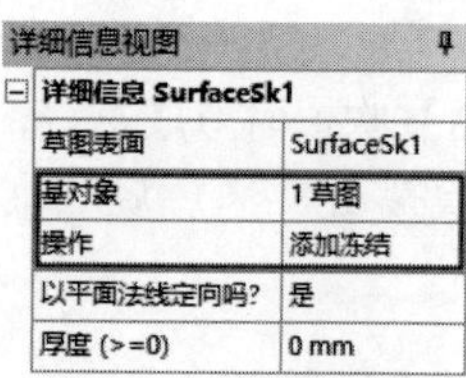

详细信息视图

详细信息 SurfaceSk1	
草图表面	SurfaceSk1
基对象	1 草图
操作	添加冻结
以平面法线定向吗?	是
厚度 (>=0)	0 mm

图 13-8　详细信息视图

图 13-9　创建草图表面

（8）布尔操作。选择“创建”→“Boolean”命令，在弹出的“详细信息视图”中设置“操作”为“提取”，设置“目标几何体”为表面几何体 1，设置“工具几何体”为表面几何体 2，设置“是否保存工具几何体？”为“否”，如图 13-10 所示。单击“生成”按钮，最终创建的模型如图 13-11 所示。

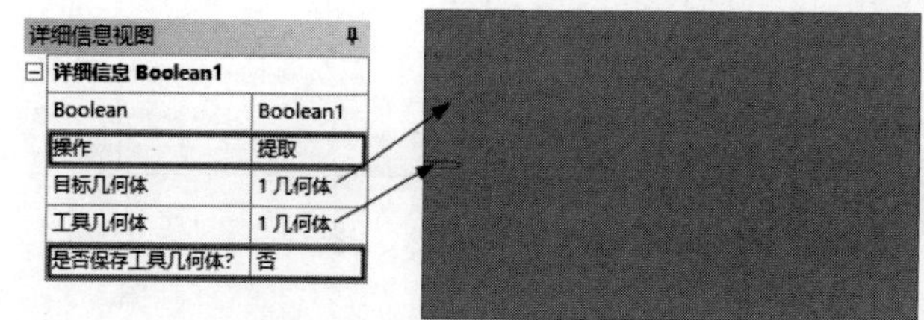

详细信息视图

详细信息 Boolean1	
Boolean	Boolean1
操作	提取
目标几何体	1 几何体
工具几何体	1 几何体
是否保存工具几何体?	否

图 13-10　布尔操作详细信息

图 13-11　创建模型

13.2.2　划分网格及边界命名

（1）启动 Meshing 网格应用程序。右击“流体流动（Fluent）”项目模块中的“网格”栏，在弹出的快捷菜单中选择“编辑”命令，启动 Meshing 网格应用程序。

（2）全局网格设置。在树轮廓中单击“网格”分支，系统切换到“网格”选项卡。同时左下角弹出网格的详细信息，设置“单元尺寸”为“5.0 mm”，如图 13-12 所示。

（3）面网格剖分。单击“网格”选项卡“控制”面板中的“面网格剖分”按钮，左下角弹出面网格剖分的详细信息，设置“几何结构”为模型的“表面几何体”，其余各项保持默认设置，如图 13-13 所示。

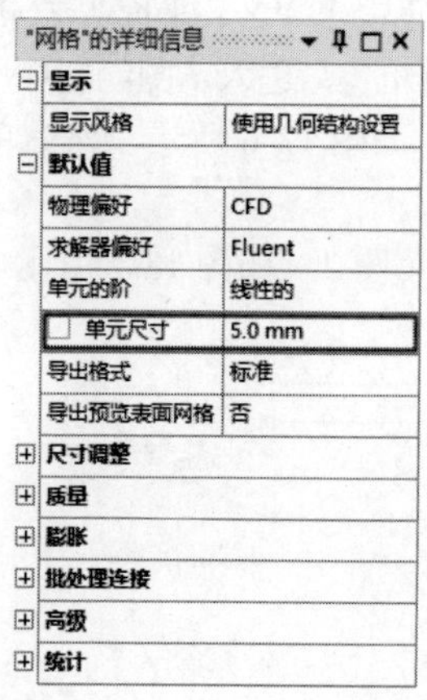

"网格"的详细信息

显示	
显示风格	使用几何结构设置
默认值	
物理偏好	CFD
求解器偏好	Fluent
单元的阶	线性的
单元尺寸	5.0 mm
导出格式	标准
导出预览表面网格	否
尺寸调整	
质量	
膨胀	
批处理连接	
高级	
统计	

图 13-12　网格的详细信息

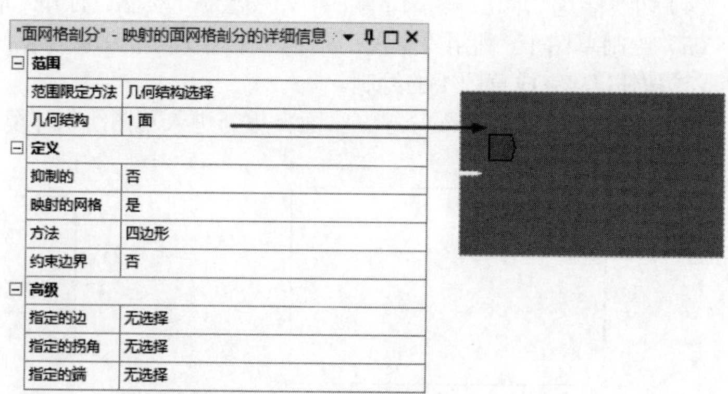

"面网格剖分" - 映射的面网格剖分的详细信息

范围	
范围限定方法	几何结构选择
几何结构	1 面
定义	
抑制的	否
映射的网格	是
方法	四边形
约束边界	否
高级	
指定的边	无选择
指定的拐角	无选择
指定的端	无选择

图 13-13　面网格剖分详细信息

(4)划分网格。在“网格”选项卡的“网格”面板中单击“生成”按钮，系统自动划分网格。

(5) 边界命名。

01 命名出口名称。选择模型的四周边界线，然后右击，在弹出的快捷菜单中选择“创建命名选择”命令，弹出“选择名称”对话框，然后在文本框中输入“outlet”（出口），如图 13-14 所示，设置完成后单击该对话框的“OK”按钮，完成出口的命名。

02 命名入口名称。采用同样的方法，选择模型的入口边线，命名为“inlet”（入口）。

03 命名壁面名称。采用同样的方法，选择剩余的边线，命名为“wall”（壁面）。

04 命名流体名称。采用同样的方法，选择模型实体，命名为“fluid”（流体）。

(6)将网格平移至 Fluent。完成网格划分及命名边界后，需要将划分好的网格平移到 Fluent。选择树轮廓中的“网格”分支，系统自动切换到“网格”选项卡，然后单击“网格”面板中的“更新”按钮，系统弹出提示对话框，如图 13-15 所示，完成网格的平移。

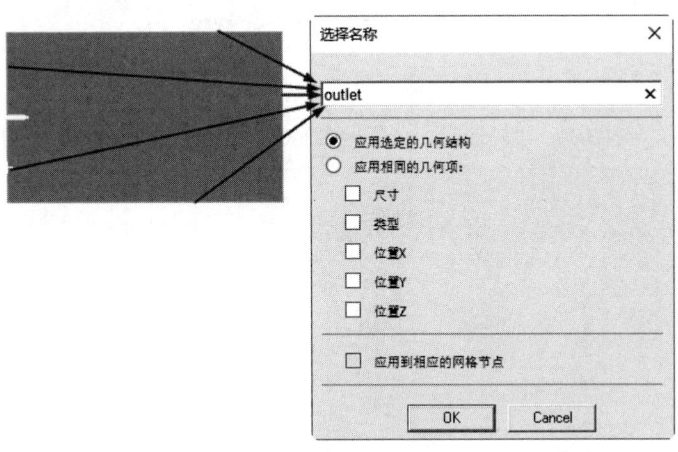

图 13-14　命名出口

图 13-15　提示对话框

13.2.3　分析设置

(1) 启动 Fluent 应用程序。右击“流体流动（Fluent）”项目模块中的“设置”栏，在弹出的快捷菜单中选择“编辑”命令，如图 13-16 所示，然后弹出“Fluent Launcher 2022 R1（Setting Edit Only）”启动器对话框，选中“Double Precision”（双精度）复选框，单击“Start”（启动）按钮，如图 13-17 所示，启动 Fluent 应用程序。

(2) 检查网格。单击任务页面“通用”设置“网格”选项组中的“检查”按钮 检查 ，检查网格，当“控制台”中显示“Done”（完成）时，表示网格可用。

(3) 网格缩放。单击任务页面“通用”设置“网格”选项组中的“网格缩放”按钮 网格缩放 ，打开“缩放网格”对话框，设置“查看网格单位”为“mm”，如图 13-18 所示，然后单击“关闭”按钮 关闭 ，关闭该对话框。

(4) 设置单位。单击任务页面“通用”设置“网格”选项组中的“设置单位”按钮 设置单位... ，打开“设置单位”对话框，在“数量”列表框中选择“temperature”选项，在“单位”列表框中选择“C”选项，如图 13-19 所示，然后单击“关闭”按钮 关闭 ，关闭该对话框。

Note

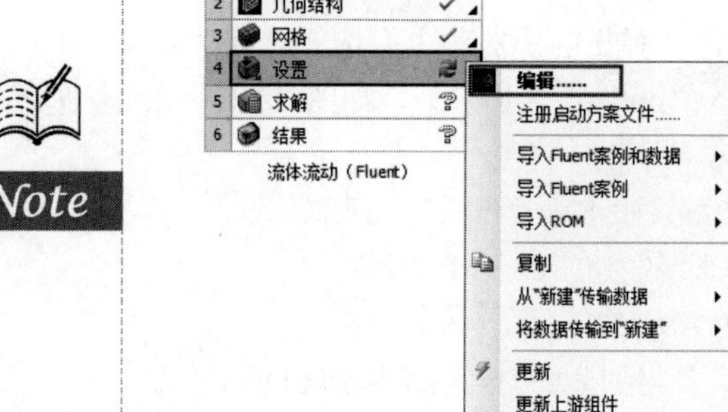

图 13-16 启动 Fluent 网格应用程序

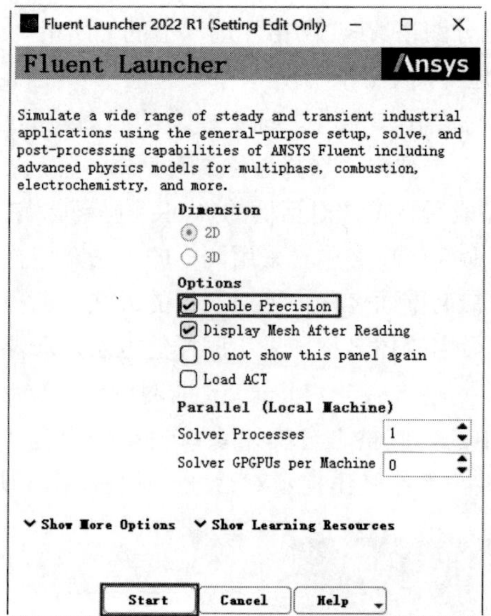

图 13-17 “Fluent Launcher 2022 R1（Setting Edit Only）”对话框

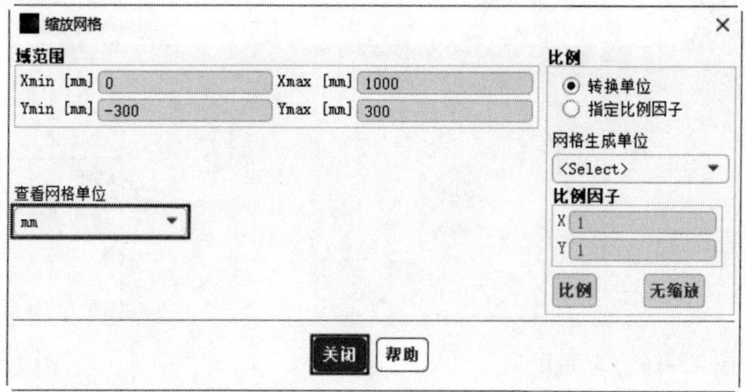

图 13-18 “缩放网格”对话框

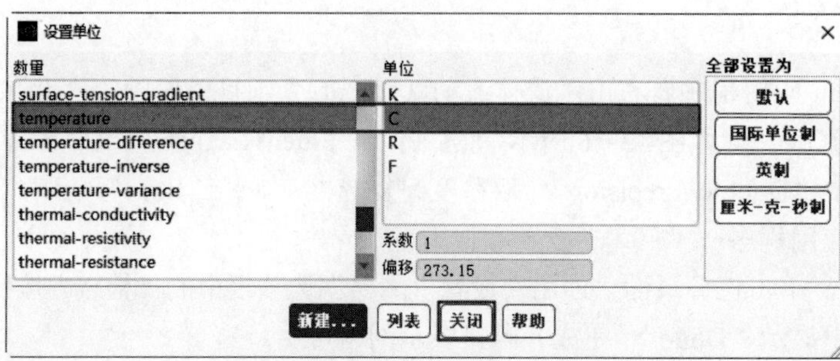

图 13-19 “设置单位”对话框

（5）设置黏性模型。单击“物理模型”选项卡“模型”面板中的“黏性”按钮，弹出“黏性模型”对话框，在“模型”选项组中选中“k-epsilon（2 eqn）”单选按钮，其余各项为默认设置，如图 13-20 所示，单击“OK”按钮，关闭该对话框。

（6）设置组分模型。单击“物理模型”选项卡“模型”面板中的“组分”按钮，弹出“组分模型”对话框，在“模型”选项组中选中“预混燃烧”单选按钮，弹出一个提示对话框，如图 13-21 所示，单击“OK”按钮，将其关闭。然后在“组分模型”对话框中单击“应用”按钮，展开

“组分模型”对话框，弹出一个提示对话框，如图 13-22 所示。单击“OK”按钮，返回到“组分模型”对话框，其余各项保持默认设置，如图 13-23 所示，单击“OK”按钮，将其关闭。

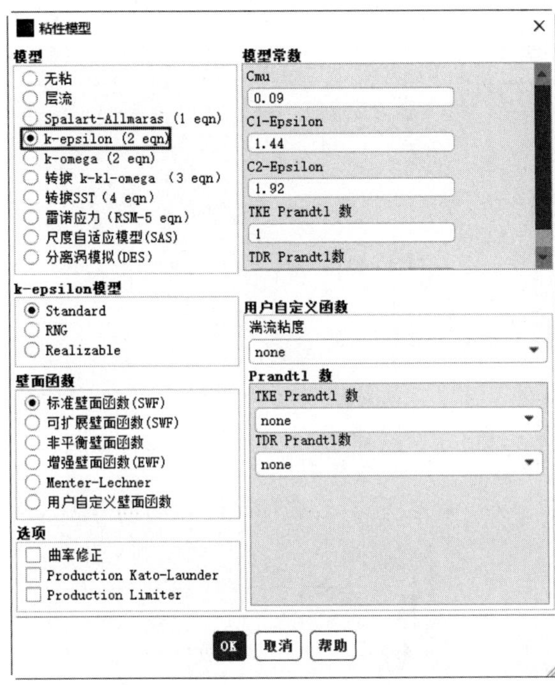

图 13-20　“黏性模型”对话框

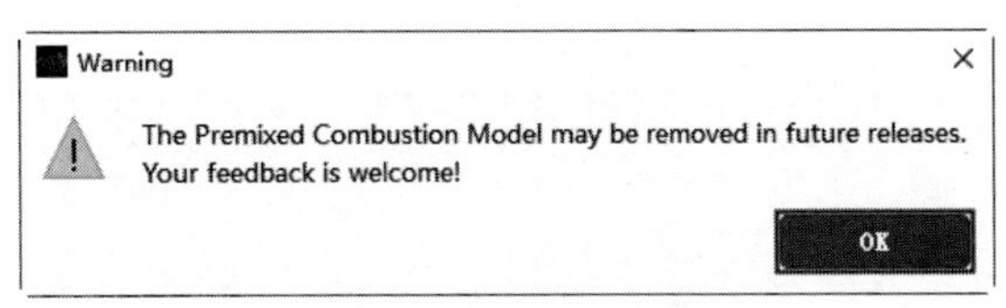

图 13-21　提示对话框

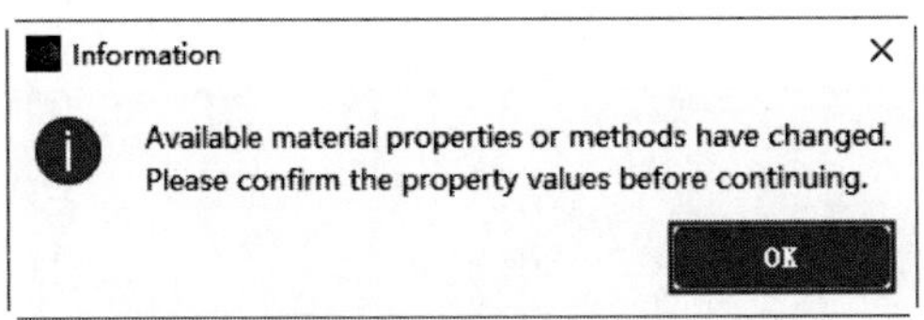

图 13-22　提示对话框

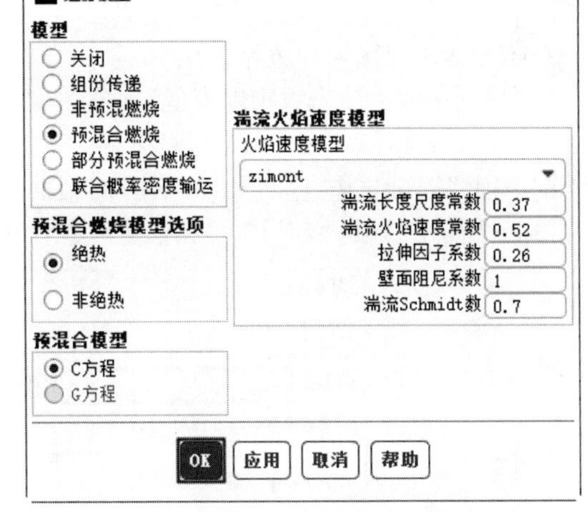

图 13-23　“组分模型”对话框

（7）定义预混材料。单击“物理模型”选项卡“材料”面板中的“创建/编辑”按钮，弹出“创建/编辑材料”对话框，设置“名称”为“c2h2-o2”（乙炔-氧气），在“属性”选项组中设置“黏度”为“1.72e-05”，设置“绝热未燃烧密度”为“1.311”，设置“绝热未燃烧温度”为“30”，设置“绝热燃烧温度”为“3300”，设置“层流火焰速度”为“1.7”，其余各项保持默认设置，如图 13-24 所示。然后单击“更改/创建”按钮，弹出一个提示对话框，如图 13-25 所示，单击“No”按钮，关闭该提示对话框，然后单击“关闭”按钮，关闭“创建/编辑材料”对话框。

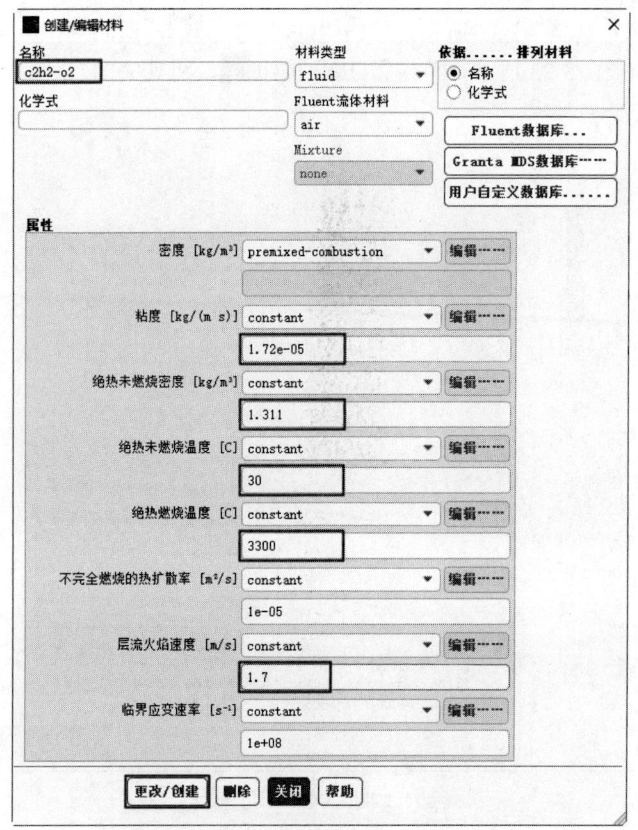

图 13-24 “创建/编辑材料”对话框

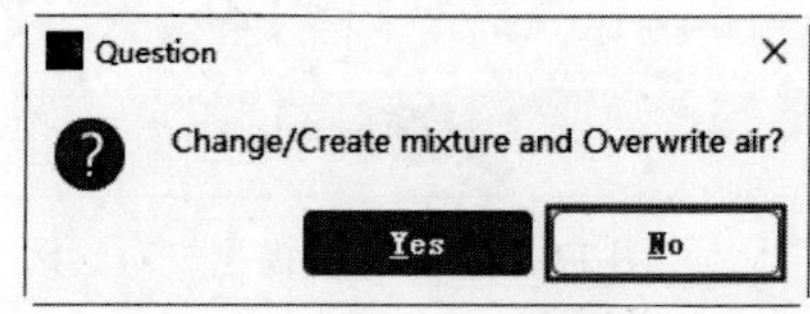

图 13-25 提示对话框

（8）设置单元区域和边界条件。

设置单元区域。单击“物理模型”选项卡“区域”面板中的“单元区域”按钮，任务页面切换为“单元区域条件”，在“单元区域条件”下方的“区域”列表框中选择“fluid”（流体）选项，然后单击“编辑”按钮，弹出“流体”对话框，在“材料名称”下拉列表框中选择创建的“c2h2-o2”，如图 13-26 所示，单击“应用”按钮，然后单击“关闭”按钮，关闭“流体”对话框。

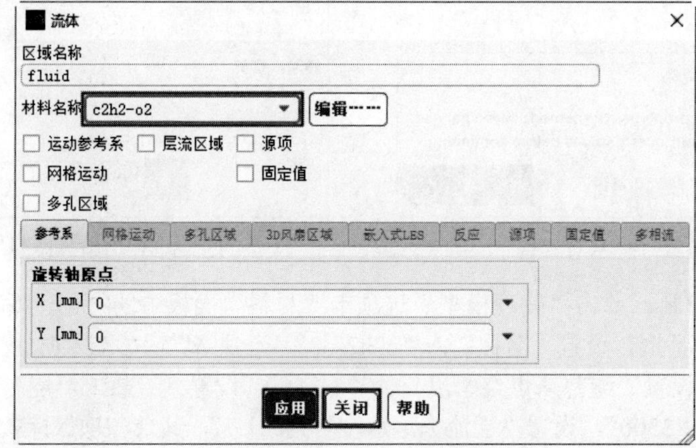

图 13-26 “流体”对话框

设置入口边界条件。单击“物理模型”选项卡“区域”面板中的“边界”按钮，“任务页面”

切换为“边界条件”，在“边界条件”下方的“区域”列表框中选择“inlet”（入口）选项，然后单击“编辑”按钮编辑……，弹出“速度入口”对话框，在“动量”选项卡中设置“速度大小”为“50”，如图 13-27 所示。在“物质”选项卡中设置“进度变量”为“0”，表示从该入口进入的燃料进行的是发生反应，如图 13-28 所示。单击“应用”按钮应用，然后单击“关闭”按钮关闭，关闭“速度入口”对话框。

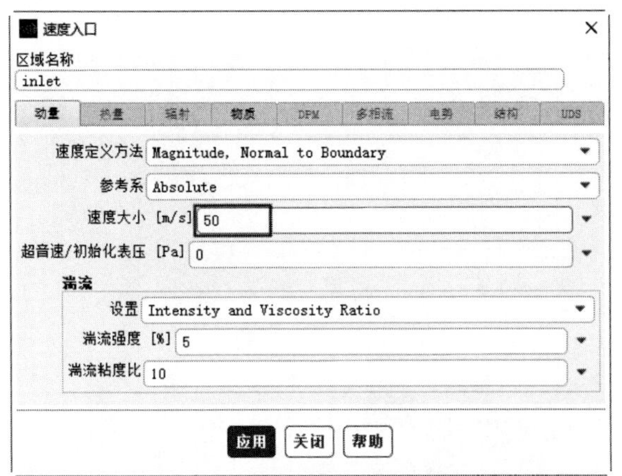

图 13-27　设置入口速度

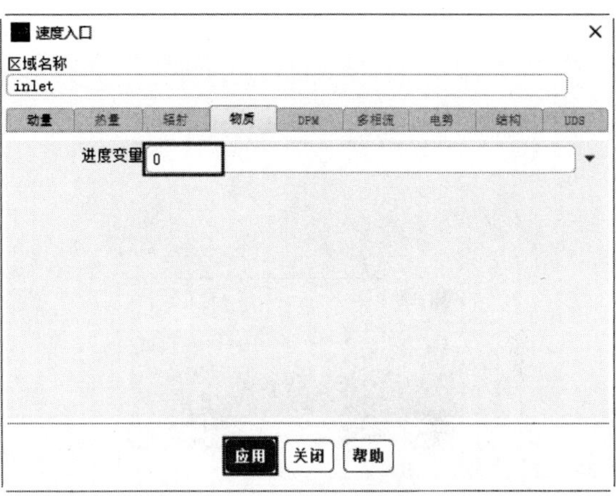

图 13-28　设置进度变量

设置出口边界条件。在“边界条件”下方的“区域”列表中选择“outlet”（出口）选项，然后单击“编辑”按钮编辑……，弹出“压力出口”对话框，在“物质”选项卡中设置“回流进度变量”值为“1”，表示该出口的物质已完全反应，如图 13-29 所示。单击“应用”按钮应用，然后单击“关闭”按钮关闭，关闭“压力出口”对话框。

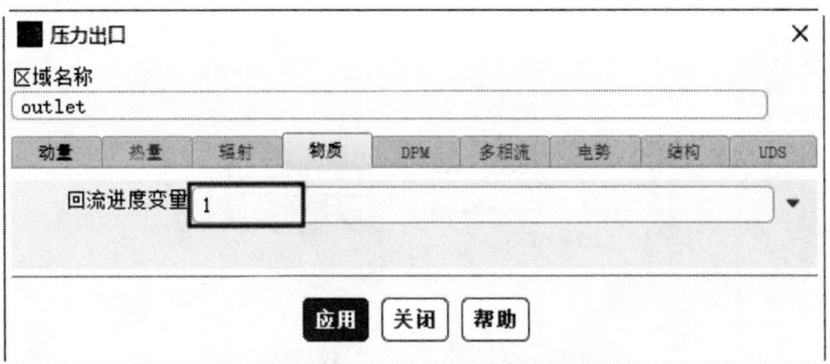

图 13-29　设置回流进度变量

13.2.4　求解设置

（1）设置求解方法。单击“求解”选项卡“控制”面板中的“控制”按钮，“任务页面”切换为“求解方案控制”，单击其中的“方程”按钮方程……，弹出“方程”对话框，选择“Flow”（流体）、“Turbulence”（湍流）和“Premixed Combustion”（预混燃烧）3 个方程，如图 13-30 所示，然后单击“OK”按钮，关闭“方程”对话框。

（2）流场初始化。

整体初始化。在“求解”选项卡“初始化”面板中选中“标准”单选按钮，然后单击“选项”按钮，“任务页面”切换为“解决方案初始化”，设置“计算参考位置”为“all-zones”（所有区域），其余各项保持默认设置，如图 13-31 所示，然后单击“初始化”按钮初始化进行初始化。

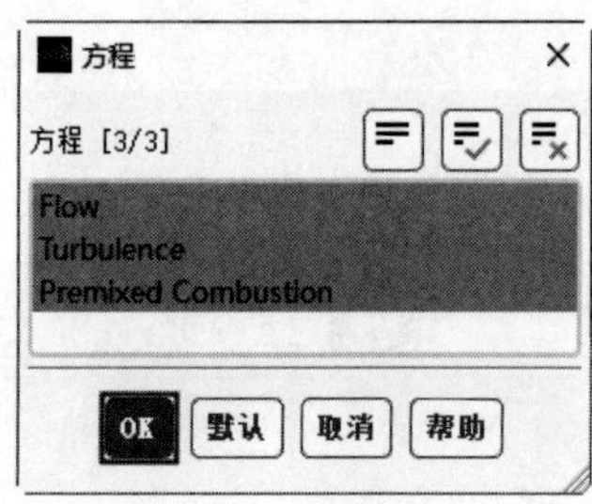

图 13-30 “方程”对话框

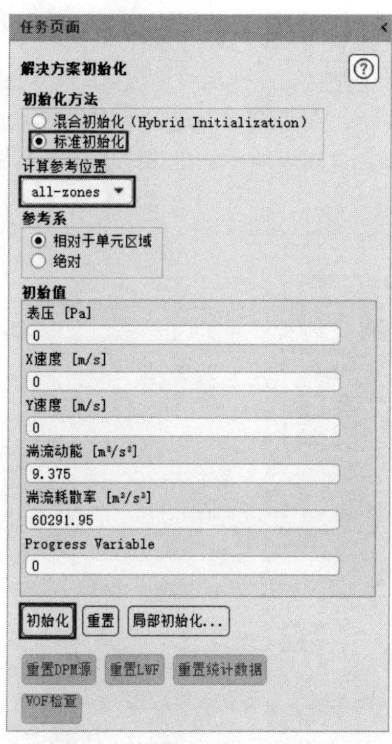

图 13-31 流场整体初始化

局部初始化。在“解决方案初始化”任务面板中单击“局部初始化”按钮局部初始化...，弹出“局部初始化”对话框，在“Variable”（变量）列表框中选择“Progress Variable”（进度变量），在“待修补区域”列表框中选择“fluid”（流体），设置“值”为“1”，如图 13-32 所示。单击“局部初始化”按钮局部初始化...，进行局部初始化，然后单击“关闭”按钮关闭，关闭该对话框。

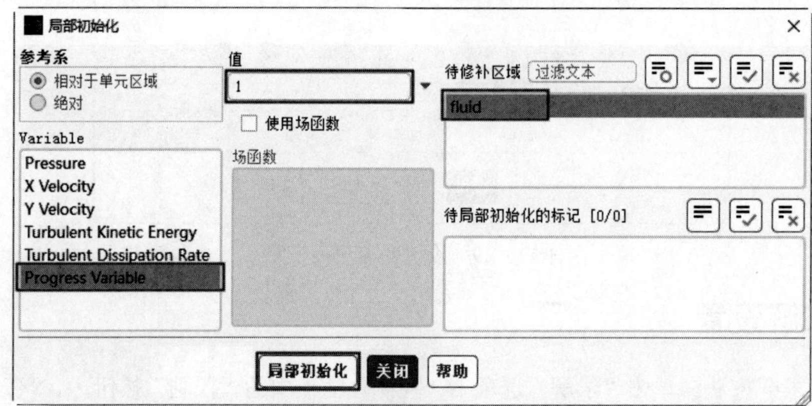

图 13-32 “局部初始化”对话框

13.2.5 求解

单击“求解”选项卡“运行计算”面板中的“运行计算”按钮，“任务页面”切换为“运行计算”，在“参数”选项组中设置“迭代次数”为“500”，其余各项保持默认设置，如图 13-33 所示。然后单击“开始计算”按钮，开始求解，计算完成后弹出提示对话框，单击“OK”按钮，完成求解。

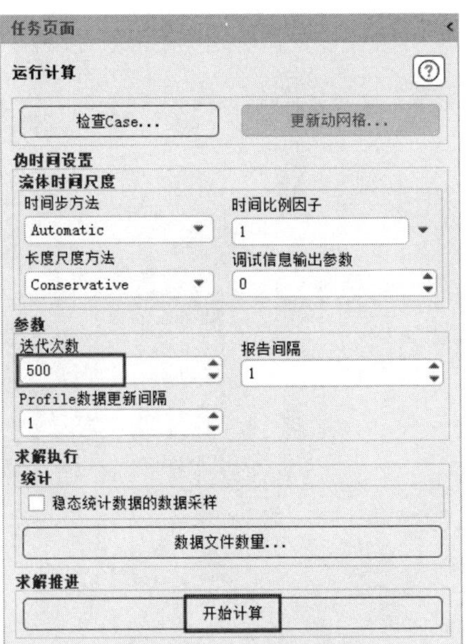

图 13-33　求解设置

13.2.6　查看求解结果

（1）查看温度云图。选择“结果”选项卡“图形”面板“云图”下拉列表框中的“创建”选项，弹出“云图”对话框，设置“云图名称”为“contour-1”（等高线-1），在“选项”列表框中选中“填充”“节点值”“全局范围”“自动范围”复选框，设置“着色变量”为“Premixed Combustion”（预混燃烧），然后单击“保存/显示”按钮，显示预混燃烧云图，如图 13-34 所示。

（2）查看速度云图。设置“着色变量”为“Velocity”（速度），然后单击“保存/显示”按钮，显示速度云图，如图 13-35 所示。

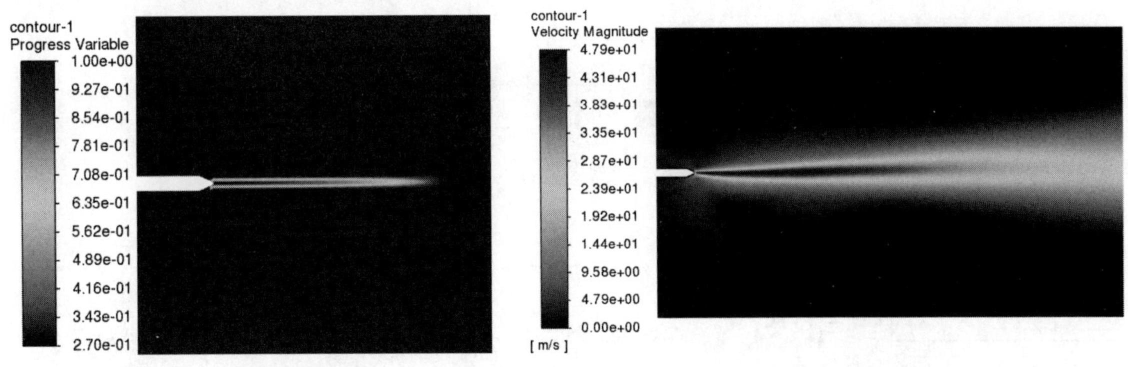

图 13-34　预混燃烧云图　　　图 13-35　速度云图

（3）查看速度矢量图。选择“结果”选项卡“图形”面板“矢量”下拉列表框中的“创建”选项，弹出“矢量”对话框，设置“矢量名称”为“vector-1”（矢量-1），在“选项”选项组中选中“全局范围”“自动范围”“自动缩放”复选框，设置“类型”为“arrow”（箭头），设置“比例”为“0.2”，设置“着色变量”为“Velocity”（速度），如图 13-36 所示，然后单击“保存/显示”按钮，显示速度矢量图，如图 13-37 所示。

（4）查看残差图。单击“结果”选项卡“绘图”面板中的“残差”按钮，弹出“残差监控

Note

器”对话框，如图 13-38 所示，采用默认设置，单击“绘图”按钮，显示残差图，如图 13-39 所示。

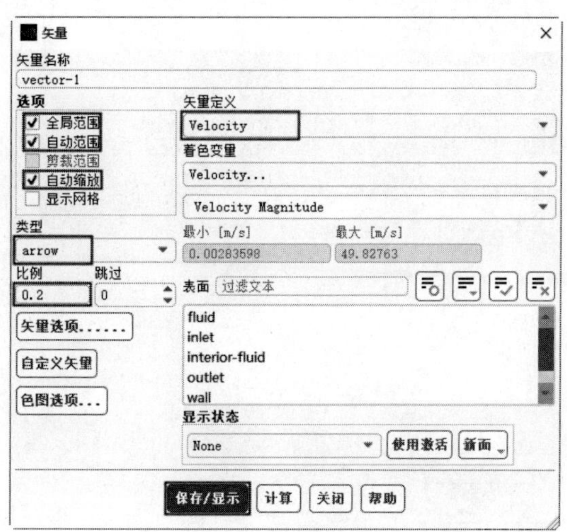

图 13-36 “矢量”对话框

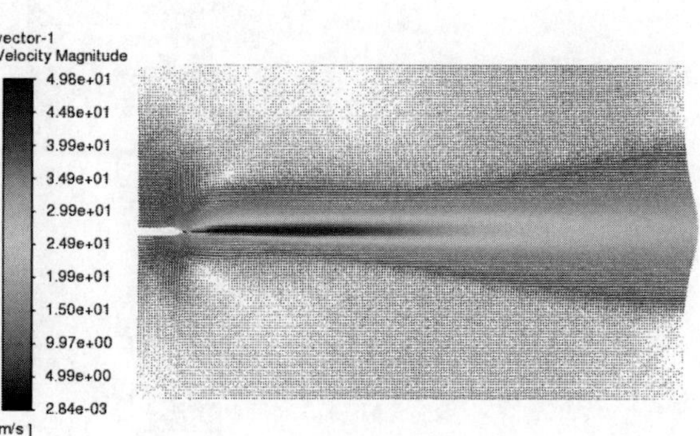

图 13-37 速度矢量图

图 13-38 “残差监控器”对话框

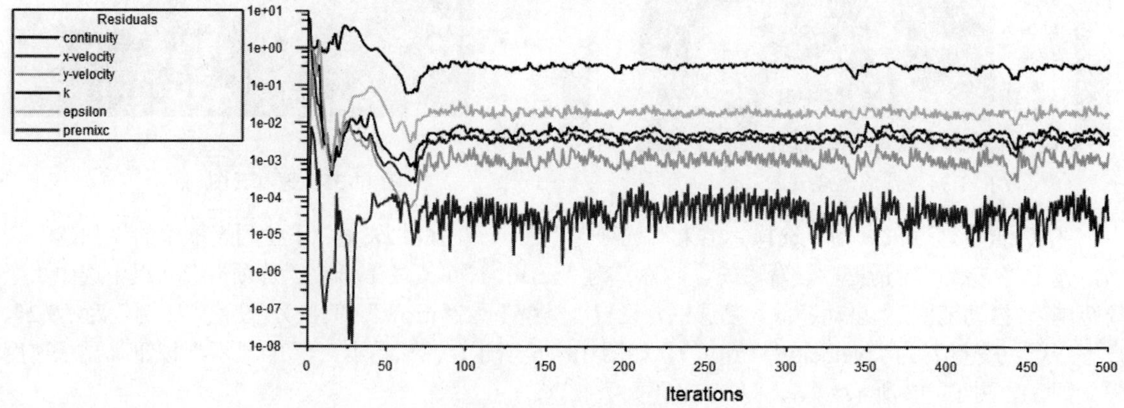

图 13-39 残差图

视频讲解

13.3　乙烷燃烧模拟实例

图 13-40 所示为燃烧器的几何尺寸图。图形上面有一个乙烷的入口，流速为 50 m/s，左侧为空气的入口，空气的流速为 1 m/s，下面为出口，高速的乙烷和低速的空气混合后在燃烧器中燃烧。

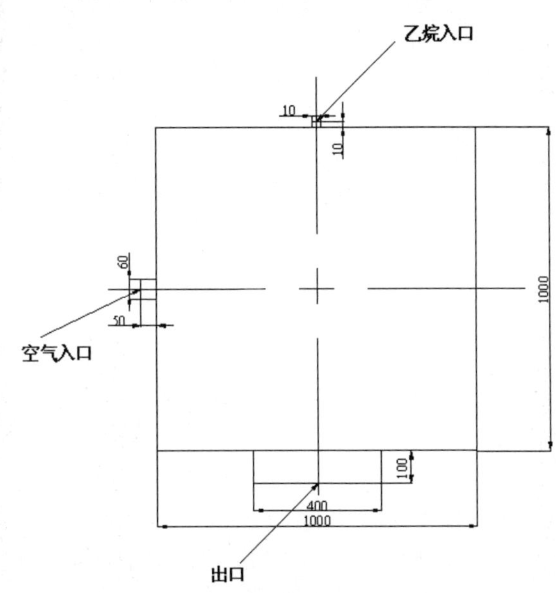

图 13-40　燃烧器的几何尺寸图

在本节中，要求学会使用 finite-rate 化学模型分析乙烷和空气的燃烧系统，反应的化学方程式为

$$C_2H_6+2O_2 \longrightarrow CO_2+2H_2O$$

13.3.1　利用 Fluent 求解器求解

本实例我们使用导入模型及网格的方式进行分析，下面将.msh 文件导入 Fluent 并进行求解。

1. Fluent 求解器的选择

本例中的燃烧器是一个二维问题，问题的精度要求不高，所以在启动 Fluent 时，选择二维单精度求解器即可。

2. 读入网格文件

打开 Workbench 程序，展开左边工具箱中的“分析系统”栏，将“流体流动（Fluent）”选项拖动到“项目原理图”界面，创建一个含有“流体流动（Fluent）”的项目模块，然后右击“网格”栏，在弹出的快捷菜单中选择“导入网格文件”→“浏览”命令，弹出“文件导入”对话框，找到 ranshao.msh 文件，单击“打开”按钮，Mesh 文件就被导入 Fluent 求解器。

3. 检查网格文件

启动 Fluent 应用程序。右击“流体流动（Fluent）”项目模块中的“设置”栏，在弹出的快捷菜单中选择“编辑”命令，然后弹出“Fluent Launcher 2022 R1（Setting Edit Only）”启动器对话框，单击“Start”（启动）按钮，启动 Fluent 应用程序。

Note

网格文件读入以后，一定要对网格进行检查。选择功能区中的“域”→“网格”→“检查”→“执行网格检查”选项，Fluent 求解器检查网格的部分信息如下所示。

```
    Domain Extents:
      x-coordinate: min (m) = -5.000000e+01, max (m) = 1.000000e+03
      y-coordinate: min (m) = -1.000000e+02, max (m) = 1.005000e+03
    Volume statistics:
      minimum volume (m3): 2.500000e-01
      maximum volume (m3): 2.497876e+01
        total volume (m3): 1.043050e+06
    Face area statistics:
      minimum face area (m2): 5.000000e-01
      maximum face area (m2): 5.000000e+00
    Checking mesh.........................
   Done.
```

从上述信息中可以看出网格文件几何区域的大小。注意，最小体积（minimum volume）数必须大于零，否则不能进行后续的计算，若是出现最小体积数小于零的情况，需要重新划分网格，此时可以适当减小实体网格划分中的 Spacing 值，必须注意这个该值对应的项目为 Interval size。

4. 设置计算区域尺寸

选择功能区中的域”→“网格”→“网格缩放”选项，弹出如图 13-41 所示的“缩放网格”对话框，对几何区域尺寸进行设置。从检查网格文件的步骤可以看出，几何区域默认的尺寸单位都是 m，对于本例，在“网格生成单位”下拉列表框中选择“mm”选项，然后单击“比例”按钮，即可满足实际几何尺寸，最后单击“关闭”按钮，关闭对话框。

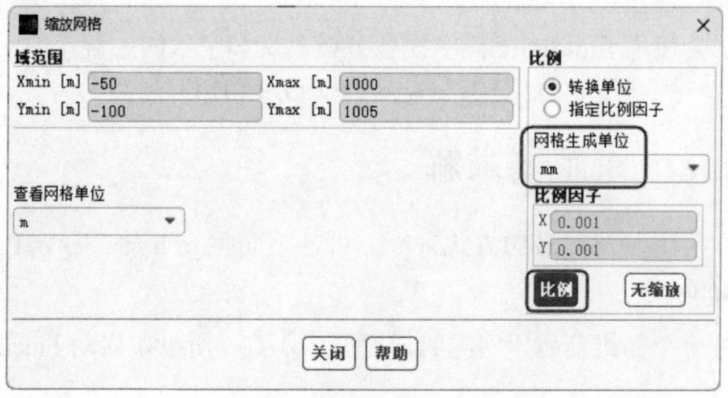

图 13-41 “缩放网格”对话框

5. 显示网格

选择功能区中的“域”→“网格”→“显示网格”选项，弹出如图 13-42 所示的“网格显示”对话框。如果网格满足最小体积的要求，就可以在 Fluent 中显示网格。可以通过图 13-42 所示对话框的“表面”列表框选择要显示文件的部分，单击“显示”按钮，即可看到如图 13-43 所示的 Fluent 中的网格。

6. 选择计算模型

（1）定义基本求解器。选择功能区中的“物理模型”→“求解器”→“通用”选项，弹出“通用”面板，本例采用系统默认设置即可满足要求。

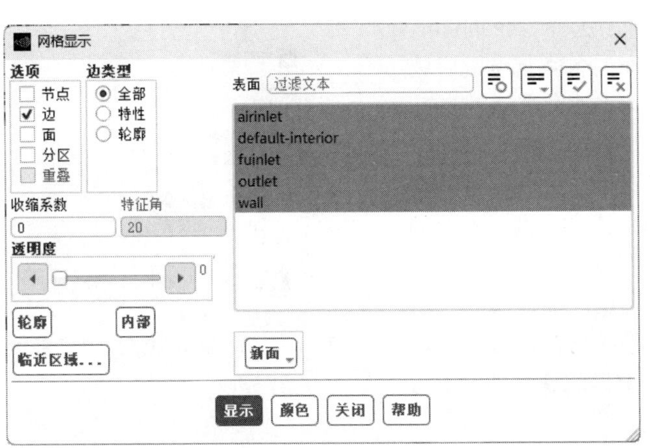

图 13-42　“网格显示”对话框

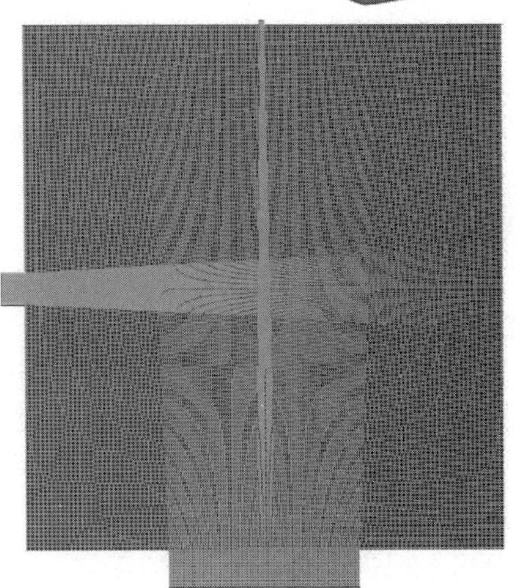

图 13-43　显示网格

（2）指定其他计算模型。选择功能区中的“物理模型”→“模型”→“黏性”选项，弹出如图 13-44 所示的“黏性模型”对话框 1，此燃烧器中的流动形态为湍流，选中“k-epsilon（2 eqn）”单选按钮，弹出如图 13-45 所示的“黏性模型”对话框 2，本例采用系统默认参数设置即可满足要求，单击“OK”按钮。

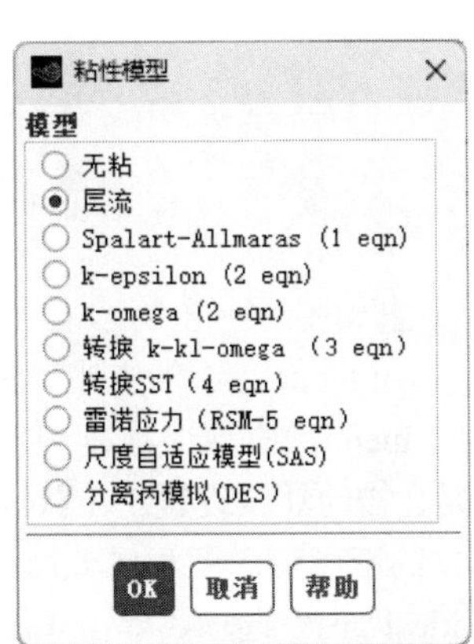

图 13-44　“黏性模型”对话框 1

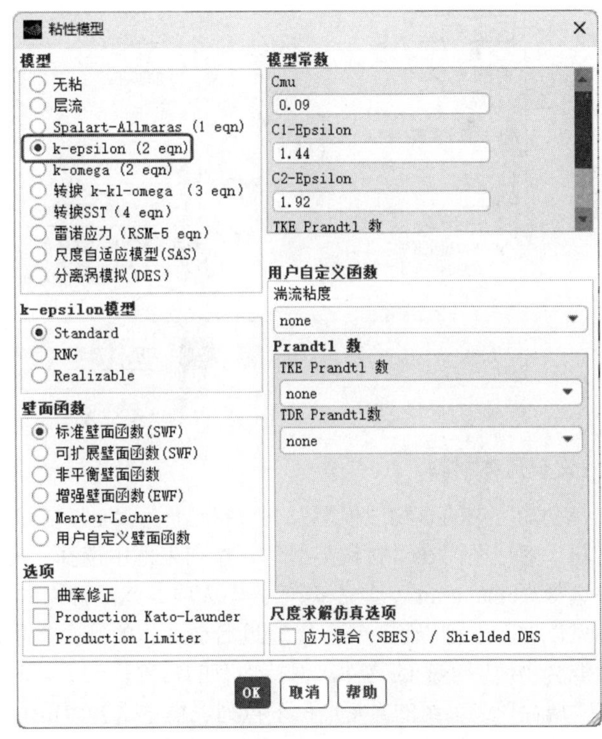

图 13-45　“黏性模型”对话框 2

（3）启动能量方程。选中功能区中的“物理模型”→“模型”→“能量”复选框，即启动能量方程。

（4）启动化学组分传输与反应。选择功能区中的“物理模型”→“模型”→“组分”选项，弹

Note

出如图 13-46 所示的“组分模型”对话框 1。选中“组分传递”单选按钮，弹出如图 13-47 所示的“组分模型”对话框 2。在“混合材料”下拉列表框中选择“ethane-air”选项；该列表框中包含了 Fluent 数据库中存在的各类化学混合物的组合，选择被预先定义的混合物，可以获得一个化学反应的完整描述。系统内的化学组分及其物理性质和热力学性质也在混合物中被定义，还可以通过“创建/编辑材料”对话框改变混合物材料的性质。在“反应”选项组中选中“体积反应”复选框，在“湍流-化学反应相互作用”选项组中选中“Eddy-Dissipation”单选按钮，涡耗散模型在计算反应速率时，假定化学反应要比湍流扰动（涡）对反应的混合速率快。其他选项保持系统默认设置，单击“OK”按钮，系统将提醒用户确定从数据库中提取属性值，单击“OK”按钮即可。

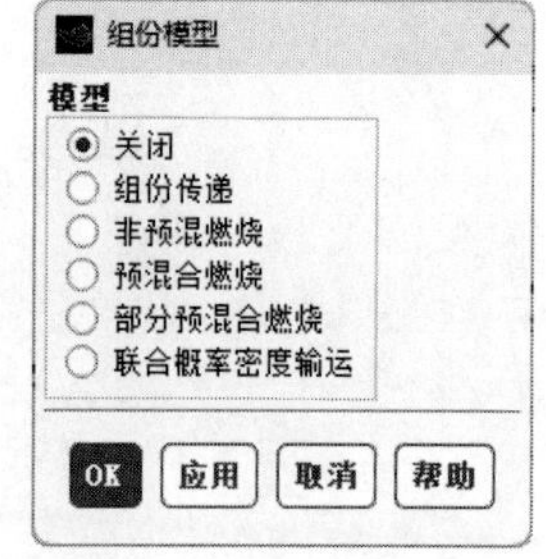

图 13-46 “组分模型”对话框 1

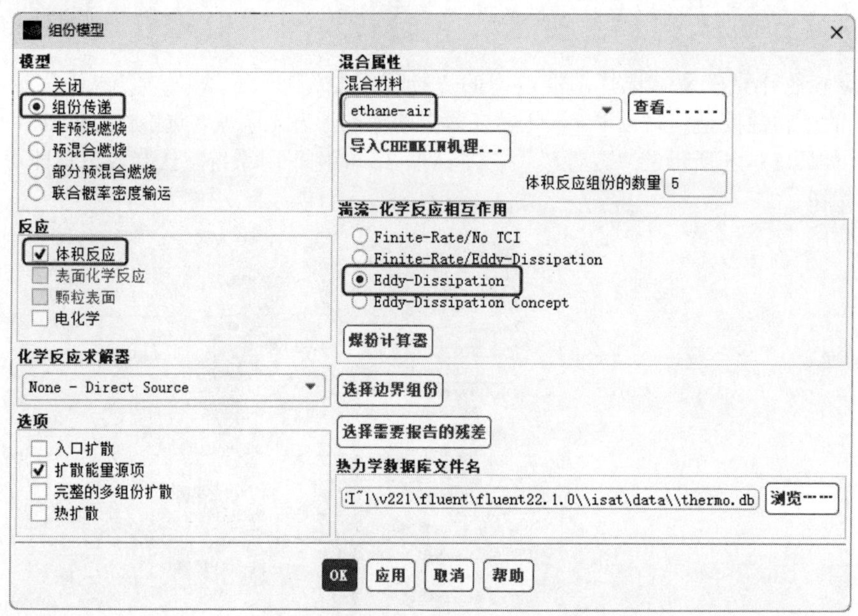

图 13-47 “组分模型”对话框 2

7. 设置流体材料

选择功能区中的“物理模型”→“材料”→“创建/编辑”选项，弹出如图 13-48 所示的“创建/编辑材料”对话框，在“材料类型”下拉列表框中选择“mixture”选项，Fluent“混合燃料”下拉列表框中选择“ethane-air（乙烷和空气）”选项。此混合物的物性已经从 Fluent 数据库中被复制出来，用户也可以对其进行修正，还可以通过启动气体的准则方程，来修正混合物的默认设置。在默认的情况下，混合物使用不变的物性，保持现有的常物性假设，只允许混合物的密度随温度和成分而改变。

在“属性”选项组的“密度”下拉列表框中选择“incompressible-ideal-gas”选项，单击“混合物组分”下拉列表框右侧的“编辑”按钮，弹出如图 13-49 所示的“物质”对话框，在该对话框中添加和删除混合物材料的组分。这里不必进行修正，单击“取消”按钮，关闭“物质”对话框。在“创建/编辑材料”对话框中，单击“属性”选项组中“反应”下拉列表框右侧的“编辑”按钮，弹出如图 13-50 所示的“反应”对话框，保持系统默认设置，单击“OK”按钮，检查其他的物性。单击“创建/编辑材料”对话框中的“更改/创建”按钮，保持系统默认设置，关闭对话框。

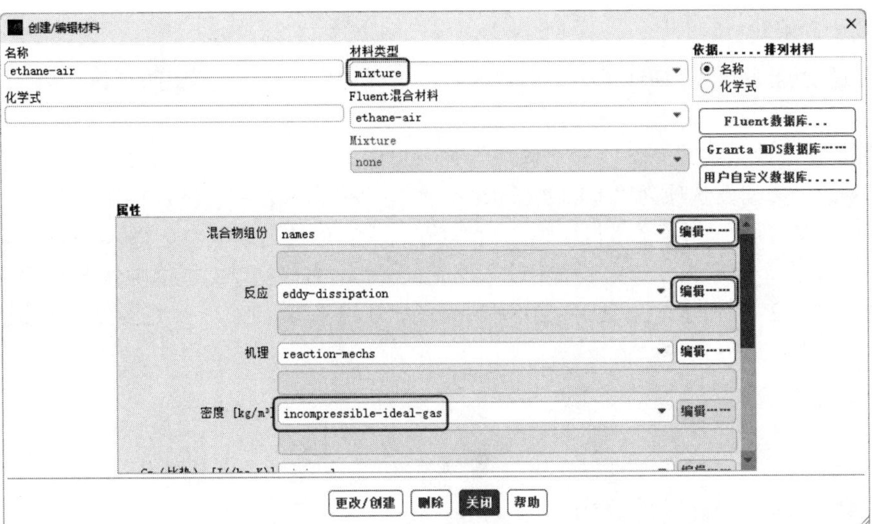

图 13-48　“创建/编辑材料”对话框

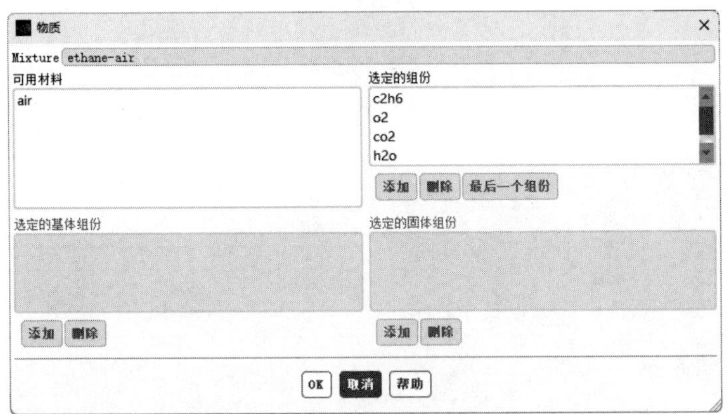

图 13-49　“物质”对话框

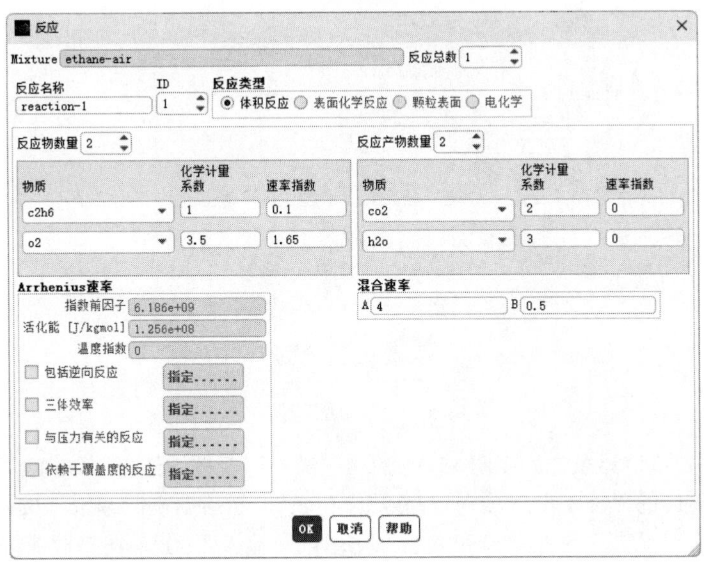

图 13-50　“反应”对话框

Note

8. 设置边界条件

（1）选择功能区中的“物理模型”→“区域”→“边界”选项，弹出如图 13-51 所示的“边界条件”面板。

（2）设置空气入口边界条件。在“区域”列表框中选择“airinlet”选项，也就是空气的入口，可以看到对应的“类型”选项为“velocity-inlet”，单击“编辑”按钮，弹出如图 13-52 所示的“速度入口”对话框 1。在“速度大小”文本框中输入“1”，在“设置”下拉列表框中选择“Intensity and Hydraulic Diameter”选项，在“湍流强度”文本框中输入“5”，在“水力直径”文本框中输入“0.06”。选择“物质”选项卡，如图 13-53 所示，在“o2”文本框中输入“0.22”，其他选项保持系统默认设置，单击“应用”按钮，空气入口边界条件设定完毕。

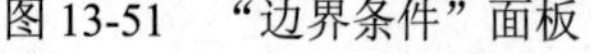
图 13-51 “边界条件”面板

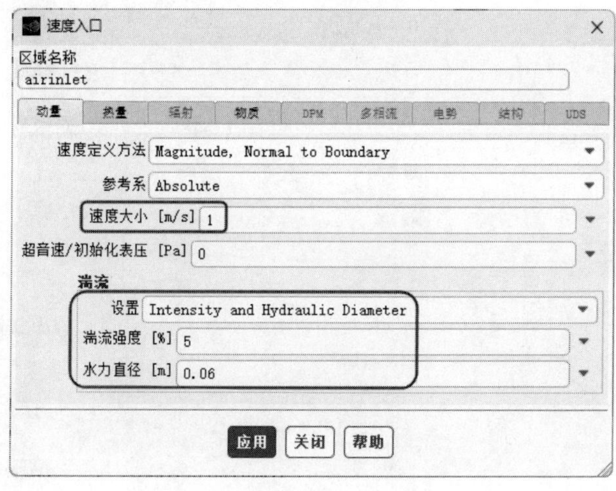

图 13-52 “速度入口”对话框 1

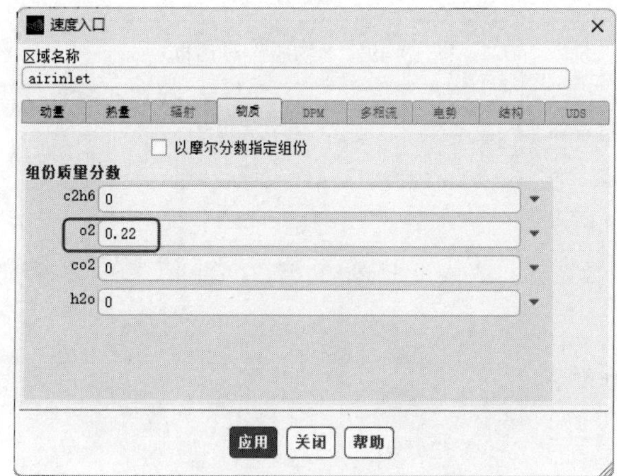

图 13-53 “物质”选项卡 1

（3）设置燃料入口边界条件。在图 13-51 的“区域”列表框中选择“fuinlet”选项，也就是燃料的入口，可以看到对应的“类型”选项为“velocity-inlet”，然后单击“编辑”按钮，弹出如图 13-54 所示的“速度入口”对话框 2。在“速度大小”文本框中输入“50”，在“湍流强度”文本框中输入“10”，在“湍流黏度比”文本框中输入“0.01”，选择“物质”选项卡，如图 13-55 所示。在“c2h6”

文本框中输入“1”，单击“应用”按钮，燃料入口边界条件设定完毕。

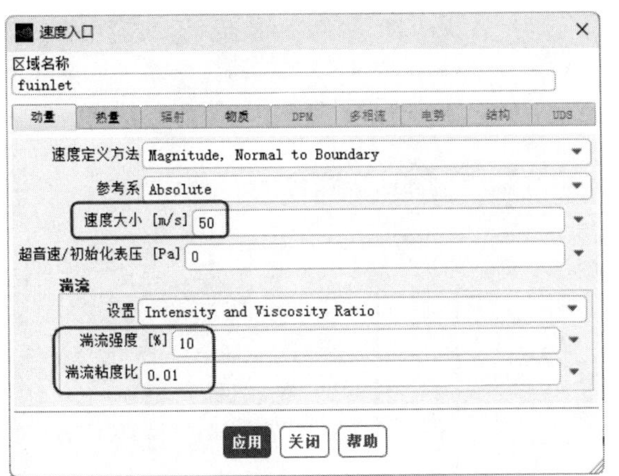

图13-54　“速度入口”对话框2

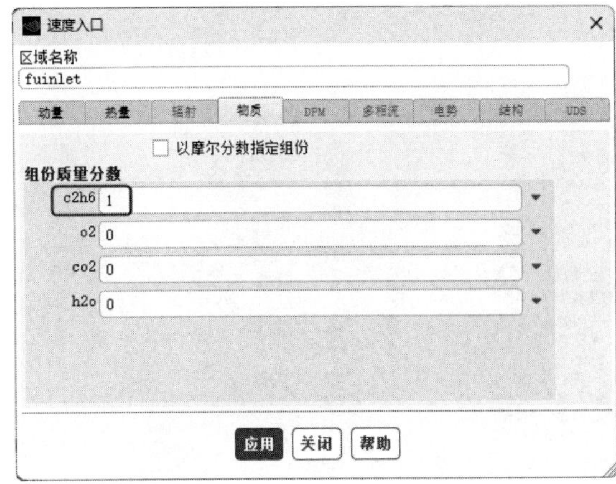

图13-55　“物质”选项卡2

（4）设置出口边界条件。outlet 边界条件设置如图 13-56 和图 13-57 所示。

图 13-56　“压力出口”对话框 1

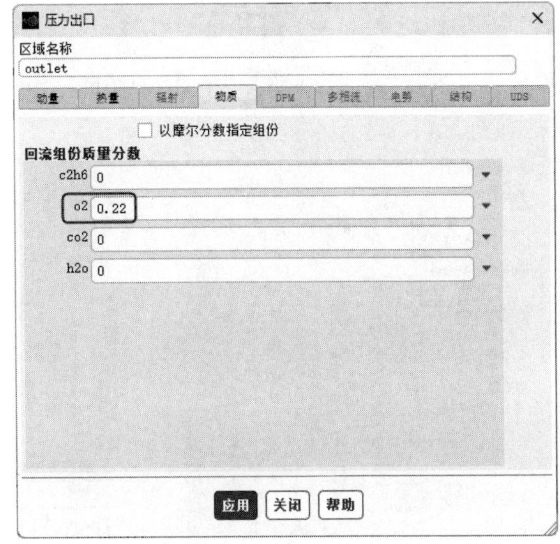

图 13-57　“压力出口”对话框 2

（5）设置 wall 的边界条件。wall 的热边界条件温度设为 300 K，如图 13-58 所示。

9. 求解方法的设置及控制

边界条件设定好以后，即可设定连续性方程和能量方程的具体求解方式。

（1）设置求解参数。选择功能区中的“求解”→“控制”→“控制”选项，弹出如图 13-59 所示的“解决方案控制”面板。组分的松弛因子都被设置为“0.8”，其他选项保持系统默认设置。

（2）初始化。选择功能区中的“求解”→“初始化”→“标准”→“选项”选项，弹出“解决方案初始化”面板。在“计算参考位置”下拉列表框中选择“all-zone”选项，在“初始值”选项组中的设置如图 13-60 所示，单击“初始化”按钮。

（3）打开残差图。选择功能区中的“求解”→“报告”→“残差”选项，弹出“残差监控器”对话框。选中“选项”选项组中的“绘图”复选框，从而在迭代计算时动态显示计算残差，其他选项

设置如图 13-61 所示，最后单击“OK”按钮。

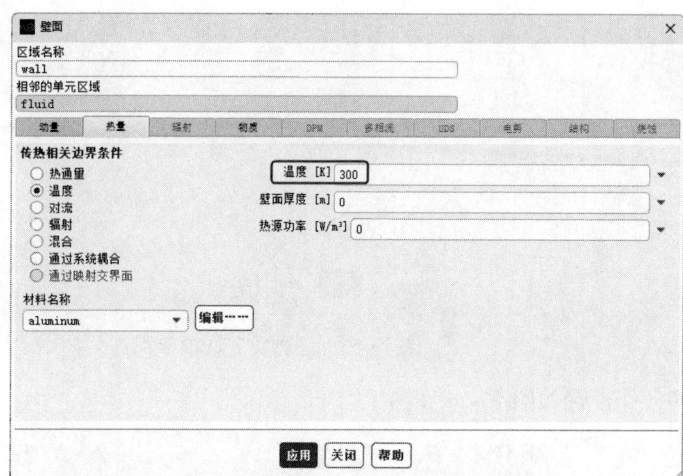

图 13-58 “壁面”对话框

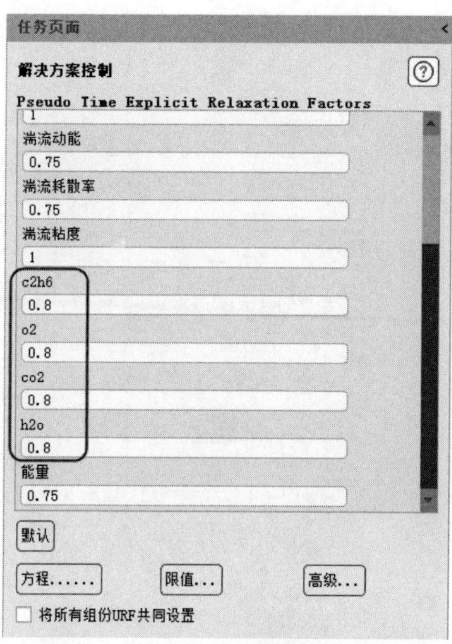

图 13-59 “解决方案控制”面板

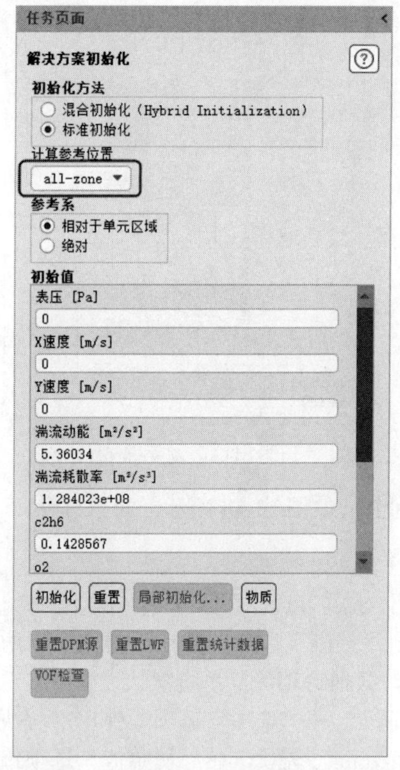

图 13-60 “解决方案初始化”面板

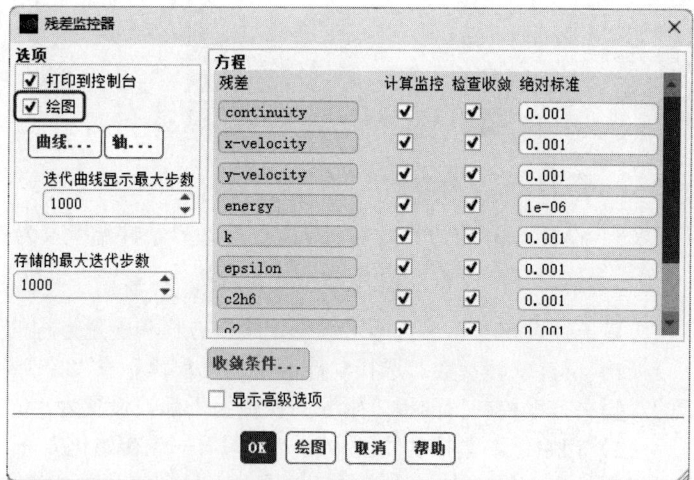

图 13-61 “残差监控器”对话框

（4）保存 Case 文件和 Data 文件。选择功能区中的“文件”→“导出”→“Case & Data”选项，保存前面所做的所有设置。

10. 迭代

保存好所做的设置以后，即可进行迭代求解。选择功能区中的“求解”→“运行计算”→“运行计算”选项，弹出“运行计算”面板，迭代设置如图 13-62 所示，单击“开始计算”按钮，Fluent 求解器开始求解，得到的残差图如图 13-63 所示，在迭代到 233 步时计算收敛。

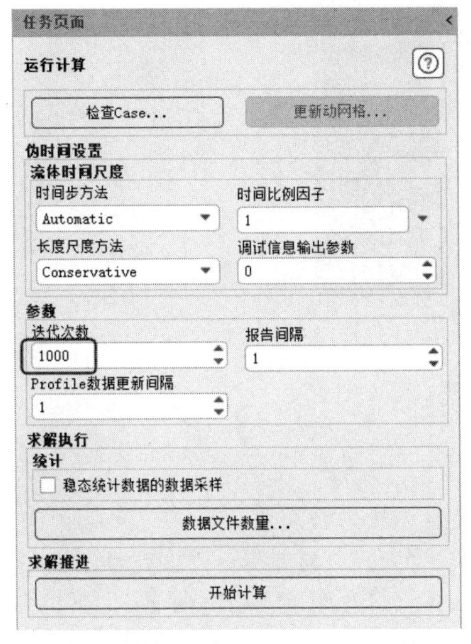

图 13-62　“运行计算”面板

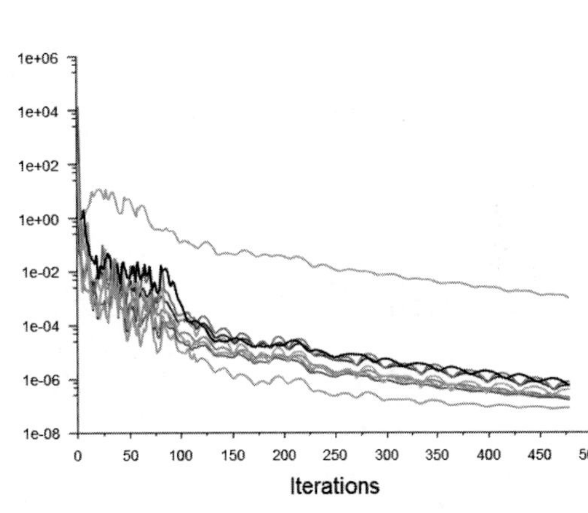

图 13-63　残差图

11. 显示温度等高线

迭代收敛后，选择功能区中的“结果”→“图形”→“云图”→“创建”选项，弹出如图 13-64 所示的“云图”对话框。在“表面”列表框中选择要显示的部分，单击“保存/显示”按钮，即可显示如图 13-65 所示的常热容时的温度等值线图。

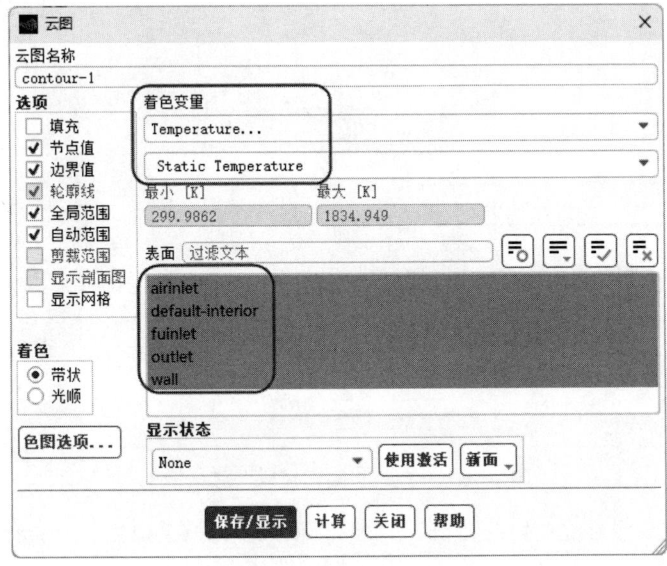

图 13-64　“云图”对话框

Note

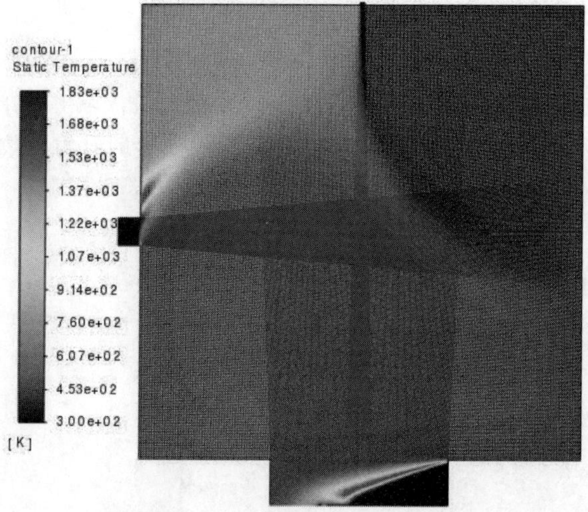

图 13-65　常热容时的温度等值线图

13.3.2　采用变比热容的解法

由于物性对温度有依赖性，本步骤将使用数据库中随温度变化的物性数据进行计算。

（1）启动比热对组分变化的特性。选择功能区中的“物理模型”→“材料”→“创建/编辑”选项，弹出“创建/编辑材料”对话框 1。如图 13-66 所示，在“属性”选项组的“Cp（比热）”下拉列表框中选择“mixing-law”为比热计算方法，单击“更改/创建”按钮，产生基于全部组分质量分数加权的混合比热。

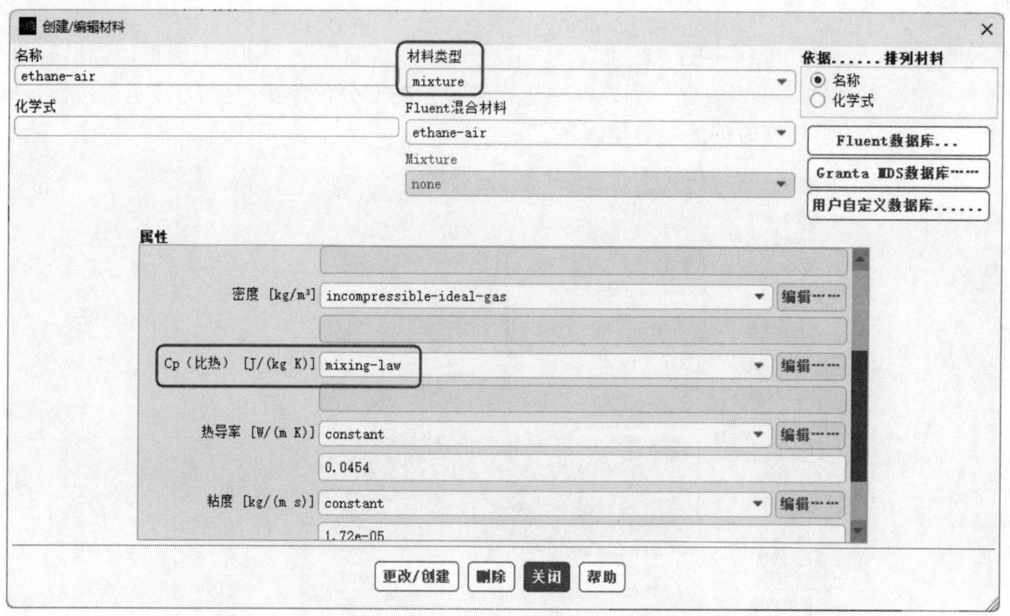

图 13-66　“创建/编辑材料”对话框 1

（2）启动组分比热随温度变化的特性。在图 13-66 的“材料类型”下拉列表框中选择 fluid 选项，如图 13-67 所示，在“Fluent 流体材料”下拉列表框中选择“carbon-dioxide（co2）”选项，在“属性”选项组的“Cp”下拉列表框中选择“piecewise-polynomial”选项，弹出如图 13-68 所示的“分段多项

式离散分布”对话框。该对话框描述了二氧化碳的比热随温度变化的默认系数。单击“创建/编辑材料”对话框中的“更改/创建”按钮，进行二氧化碳物性方面的更改。重复以上的步骤处理其他组分。

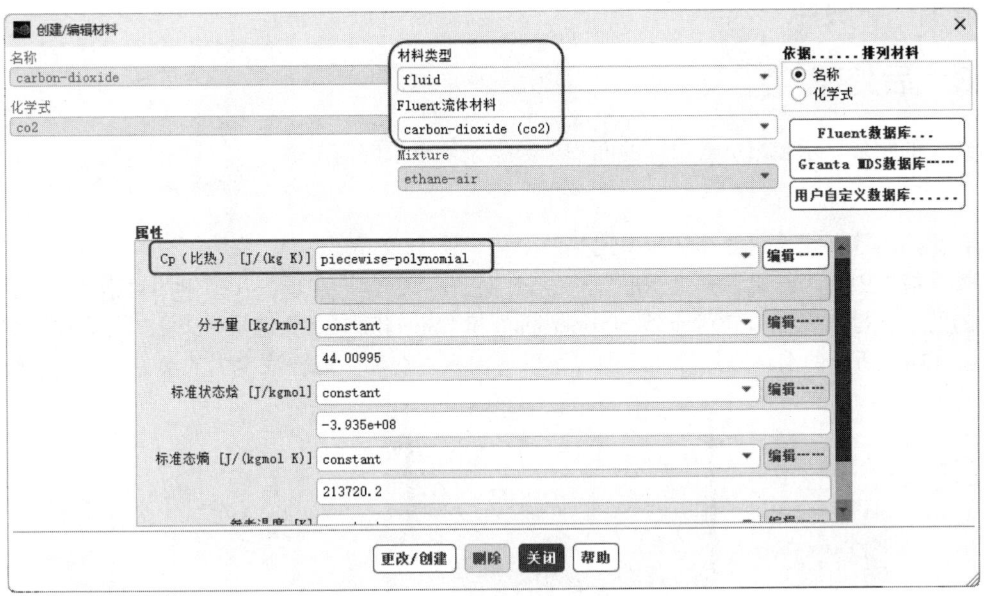

图13-67　“创建/编辑材料”对话框2

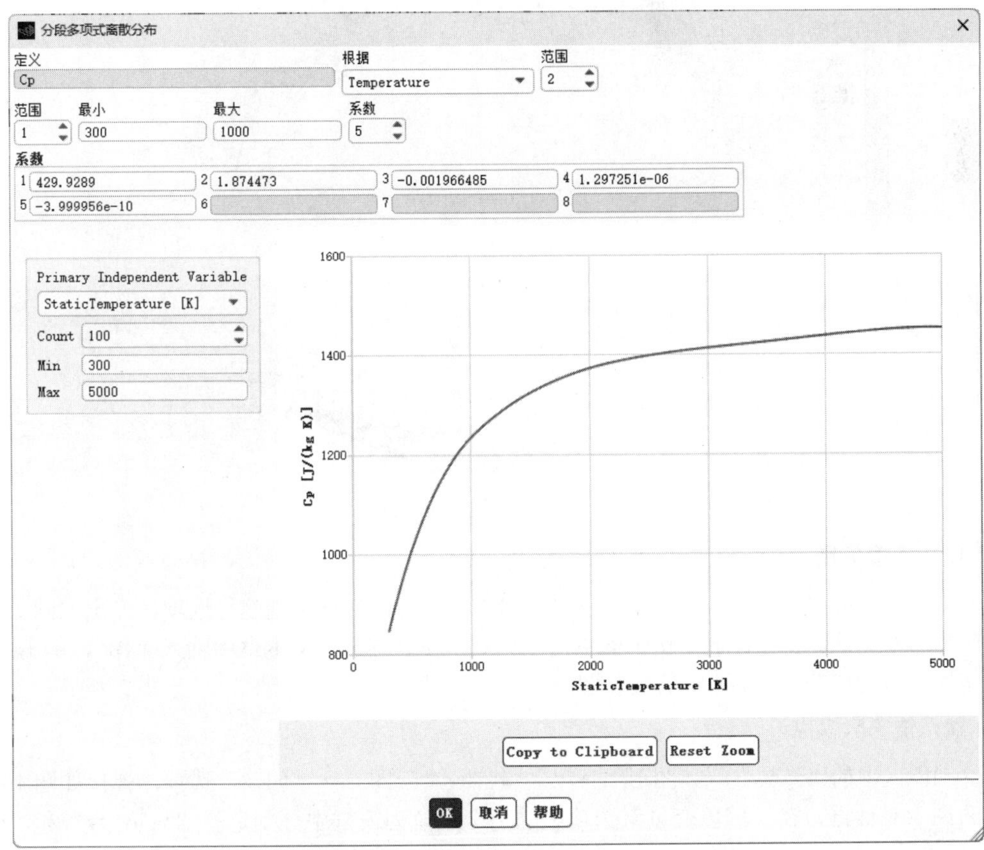

图13-68　“分段多项式离散分布”对话框

（3）进行重新计算。选择功能区中的“求解”→“运行计算”→“运行计算”选项进行求解。

（4）保存新的 Case 文件和 Data 文件。选择功能区中的“文件”→“导出”→“Case&Data”选项，保存修改后的设置。

13.3.3 后处理

由结果的图形显示和燃烧器出口的面积分数据来检查求解情况。

1. 显示混合比热等高线

混合比热的等高线显示计算区域中比热的变化。

选择功能区中的“结果”→“图形”→“云图”→“创建”选项，在弹出的对话框“着色变量”选项组的两个下拉列表框中分别选择“Properties”和“Specific Heat”选项，单击“保存/显示”按钮，得到如图 13-69 所示的混合比热等高线图，可以看出在乙烷和生成物浓度大的地方混合比热较大。

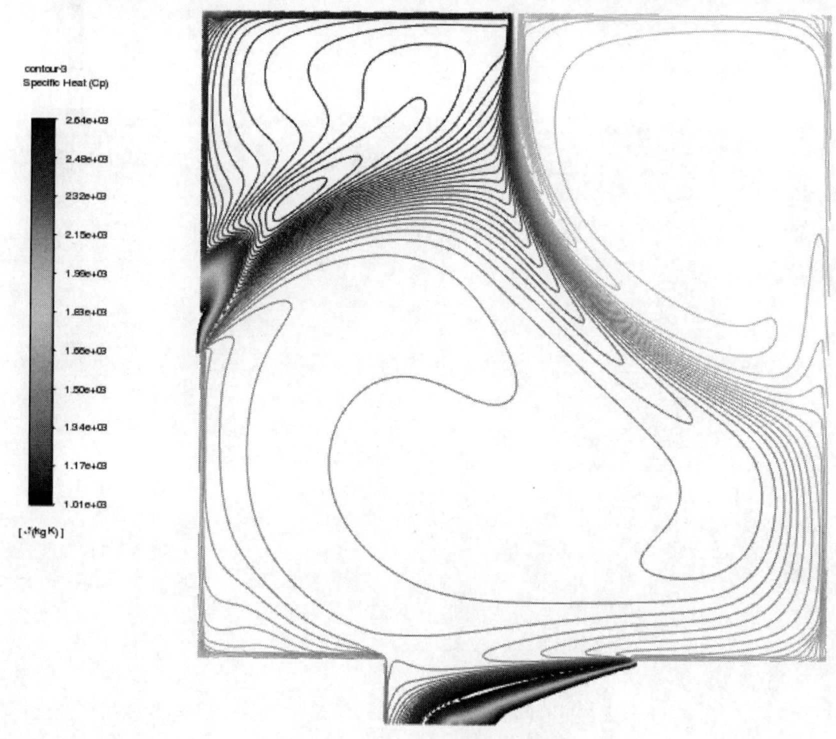

图 13-69　混合比热等高线图

2. 显示速度矢量

选择功能区中的“结果”→“图形”→“矢量”→“云图”→“创建”选项，弹出如图 13-70 所示的“矢量”对话框。在“比例”文本框中输入“3”，在“跳过”文本框中输入“10”，单击“保存/显示”按钮，得到如图 13-71 所示的矢量图。

3. 显示流函数等高线

选择功能区中的“结果”→“图形”→“矢量”→“云图”→“创建”选项，弹出如图 13-72 所示的“云图”对话框，在“着色变量”选项组的两个下拉列表框中分别选择“Velocity”和“Stream Function”选项，单击“保存/显示”按钮，得到如图 13-73 所示的流函数图线。

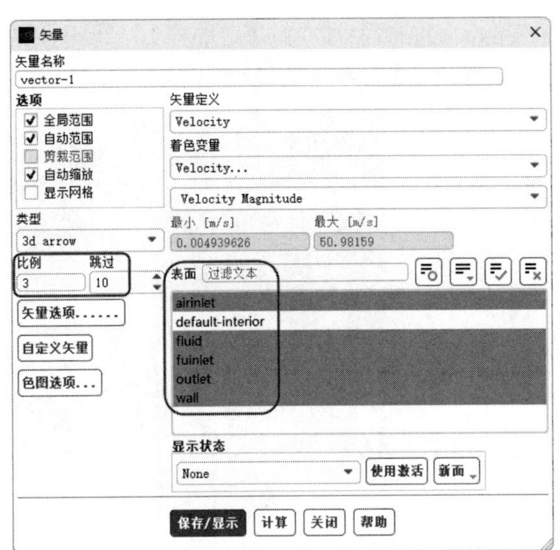

图 13-70　“矢量”对话框

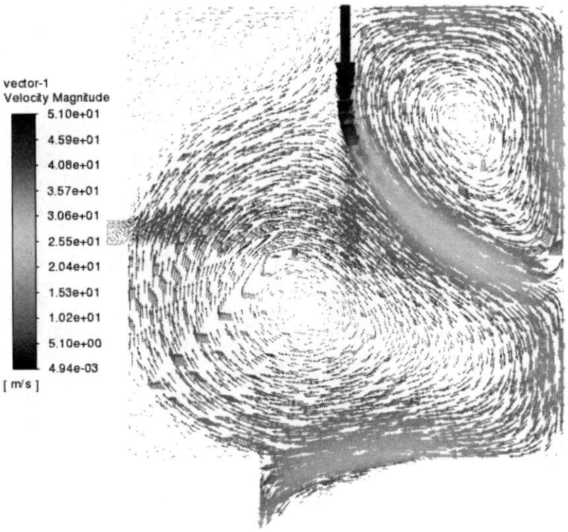

图 13-71　矢量图

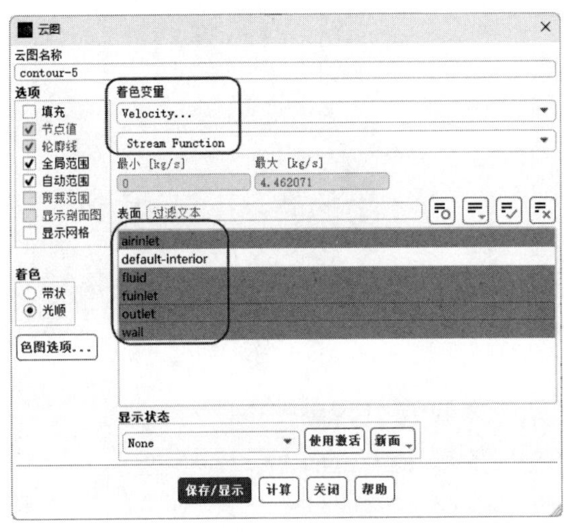

图 13-72　流函数显示设置

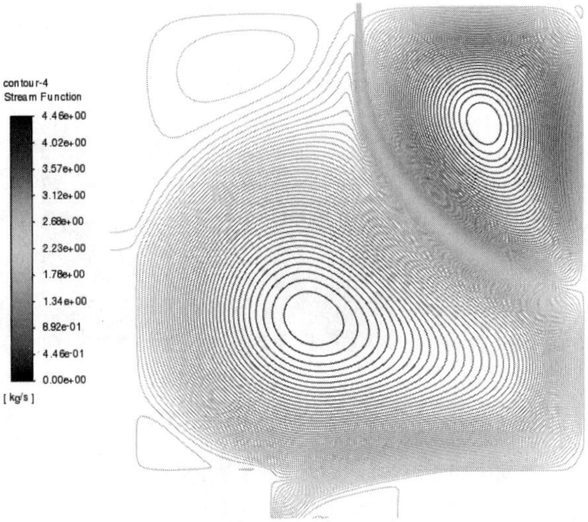

图 13-73　流函数图线

选择功能区中的“结果”→“图形”→“矢量”→“云图”→“创建”选项，弹出如图 13-70 所示的“矢量”对话框。在“比例”文本框中输入“3”，在“跳过”文本框中输入“10”，单击“保存/显示”按钮，得到如图 13-71 所示的矢量图。

4. 显示每个组分的质量分数等高线

在“云图”对话框“着色变量”选项组的两个下拉列表框中分别选择“Species”和“Mass fraction of c2h6”选项，在“选项”选项组中选中“填充”复选框，单击“保存/显示”按钮，得到如图 13-74 所示的 C_2H_6 的质量分数等高线。

重复上述操作，得到如图 13-75～图 13-77 所示的 O_2、CO_2 和 H_2O 的质量分数等高线。

5. 确定出口的平均温度和速度

选择功能区中的“结果”→“报告”→“表面积分”选项，弹出如图 13-78 所示的“表面积分”对话框。在“报告类型”下拉列表框中选择“Mass-Weighted Average”选项，在“场变量”选项组的

两个下拉列表框中分别选择“Temperature”和“Static Temperature”选项，在“表面”列表框中选择“outlet”为积分面，单击“计算”按钮，在 Fluent 窗口中看到质量加权平均温度为 503.9542 K。

Note

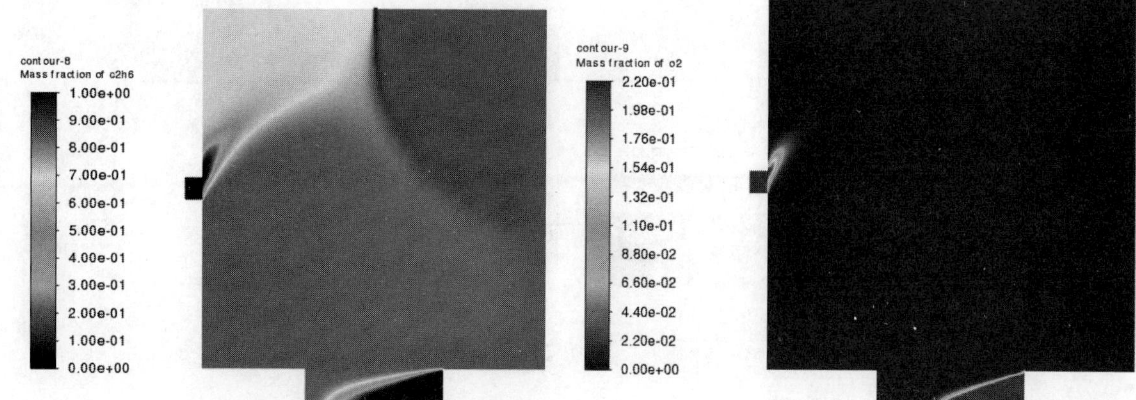

图 13-74　C_2H_6 的质量分数等高线

图 13-75　O_2 的质量分数等高线

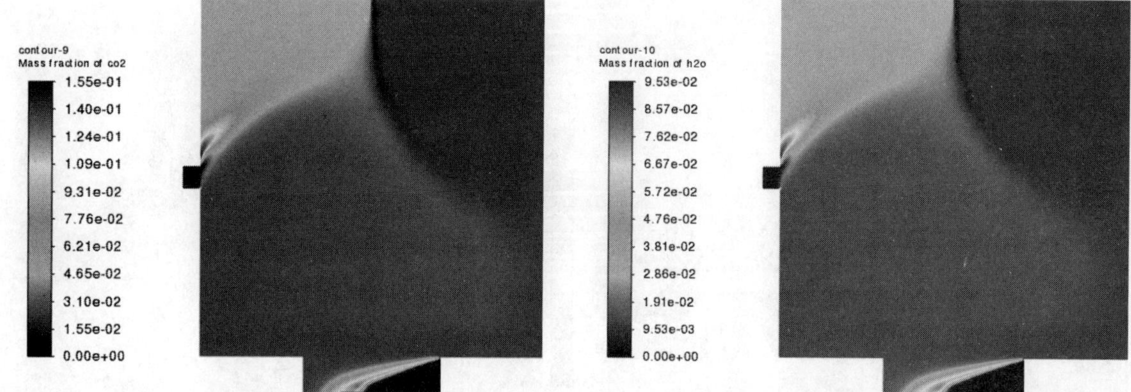

图 13-76　CO_2 的质量分数等高线

图 13-77　H_2O 的质量分数等高线

在如图 13-78 所示对话框的“报告类型”下拉列表框中选择“Area-Weighted Average”选项，在“场变量”选项组的两个下拉列表框中分别选择“Velocity”和“Velocity Magnitude”选项，在“表面”列表框中选择“outlet”为积分面，单击“计算”按钮，在 Fluent 窗口中，看到面积加权平均速度为 3.4838 m/s。

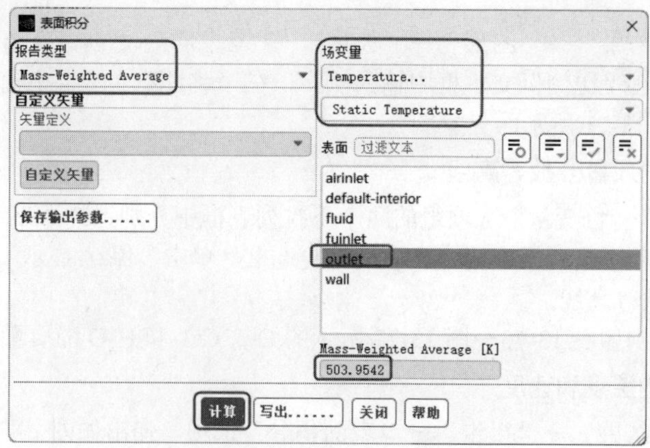

图13-78　“表面积分”对话框